BUILDING SYSTEMS FOR INTERIOR DESIGNERS

(3rd Edition)

建筑系统的室内设计师指南

（第三版）

[美]科基·宾格利（Corky Binggeli）著

王延娥　陈海蛟　陈思达　译

電子工業出版社
Publishing House of Electronics Industry
北京 • BEIJING

Building Systems for Interior Designers (3rd Edition)
978-1-118-92554-6
Corky Binggeli

版权贸易合同登记号 图字：01-2019-6421

图书在版编目(CIP)数据

建筑系统的室内设计师指南：第3版 /（美）科基·宾格利（Corky Binggeli）著；王延娥，陈海蛟，陈思达译. — 北京：电子工业出版社，2020.7

书名原文：Building Systems for Interior Designers (3rd Edition)

ISBN 978-7-121-38276-5

Ⅰ.①建… Ⅱ.①科… ②王… ③陈… ④陈… Ⅲ.①室内装饰设计-指南 Ⅳ.①TU238.2-62

中国版本图书馆 CIP 数据核字(2020)第021614号

责任编辑：郑志宁
印　　刷：三河市鑫金马印装有限公司
装　　订：三河市鑫金马印装有限公司
出版发行：电子工业出版社
　　　　　北京市海淀区万寿路 173 信箱　邮编：100036
开　　本：889×1194　1/16　印张：29.5　字数：846 千字
版　　次：2020 年 7 月第 1 版(原书第 3 版)
印　　次：2020 年 7 月第 1 次印刷
定　　价：138.00 元

凡所购买电子工业出版社图书有缺损问题，请向购买书店调换。若书店售缺，请与本社发行部联系，联系及邮购电话：(010)88254888，88258888。
质量投诉请发邮件至 zlts@phei.com.cn，盗版侵权举报请发邮件至 dbqq@phei.com.cn。
本书咨询联系方式：(010)88254210，influence@phei.com.cn，微信号：yingxianglibook。

《建筑系统的室内设计师指南》(第一版)一书的出版源于我的教学需要，这是一本能让学习室内设计的学生了解建筑师和工程师的工作、掌握与他们合作技巧的教科书。目前的第三版则是在第二版基础上更新了室内设计师的角色定位——室内设计师是整个建筑设计团队的一分子。第三版也满足了室内设计师对当今建筑系统的设计和设备信息掌握的特殊需求。

今天的室内设计师可以与其他设计行业、建筑行业的人员通力合作，共同打造集功能性、可持续性和健康性于一体的建筑。复杂的数字控制技术使室内设计可以同时满足不同的居住者需求，既使他们有多样的工作风格及不同的时间安排，在进行室内设计时也会同时兼顾这种对室内环境个性化的控制，既可以提升工作者的满意度，也有利于生产力的提高。

可持续性设计支持对建筑系统进行整体设计，即各种建筑系统与建筑/工程学科之间旧式的地域界限将被打破。既有建筑物正在被改造并重新利用，以适应新的用途。建筑节能和节水的效果得到了广泛的认可。《建筑系统的室内设计师指南》(第三版)正是反映了这些变化。

此外，本书采纳了富有经验的教育专家的建议，在用最佳的方式组织内容、聚焦重点方面更胜一筹。更新后的内容编排更流畅，更有助于教学。

本书的第一部分关注环境条件和场地、建筑的围护结构及建筑设计过程、可持续设计、人体与建筑环境的相互作用等，也包括建筑规范如何保护我们。第二部分涉及建筑的形式、结构和元素，包括地板或天花板组件、墙壁、楼梯、窗户和门等。第三部分介绍声学设计原理和建筑声学原理。

第四部分讨论了供水、废物与再利用系统的设计，以及卫浴设备和电器设备等生活用具的设计。第五部分介绍了热控制、室内空气质量、通风和湿度控制及供热与制冷的设计和选择原理。第六部分阐述了电力系统、配电，以及照明系统的基本原理。第七部分以消防安全设计、运输系统、通信、安全、控制设备等的设计为内容，对本书做了总结。

《建筑系统的室内设计师指南》(第三版)中超过40%的内容是新的。该版本包含485幅插图，其中约260幅是新增内容，160幅是重新绘制或修订过的；新版中还包含175个表格，其中125个是新增或经过明显修改的；还包括其他章节索引材料的参考文献，给室内设计师的小贴士；核心术语都给出了定义并以**粗体**表示出来；引用的建筑学和工程学知识有助于设计师理解其他专业设计人员的观点。

室内设计师需要了解这些观点，并尊重其他专业设计人员的专业知识。无须进行深入的工程计算，《建筑系统的室内设计师指南》(第三版)为设计师提供了需要的信息。该书聚焦于建筑设计过程中最能影响居住者功能需求的部分，并为室内空间的设计提供了一个技术性的、但又十分容易理解的基础性内容。住宅、商业建筑及机构空间设计都包含在内。

《建筑系统的室内设计师指南》(第三版)被美国国家室内设计师资格认证委员会(NCIDQ)列为室内设计师资格考试的参考书。本版中增补了在线资料，包括教师手册、讨论主题、核心术语的定义、每章的幻灯片演示文稿，以及一个含有“样题”的试题库，补充资料可在网站www.wiley.com/go/bsid3e上获得。

科基·宾格利(美国室内设计师协会)

马萨诸塞州阿灵顿市

致　谢

写一本书要进行大量的工作并坚持不懈。把手稿和插图变成一本出版物，需要更多人的共同努力。迄今为止，我已经出版了七本书，其中一些书还有了第二版和第三版。这些都是我与约翰·威利团队合作的成果。在此，我想再次感谢他们的专业精神、大力支持及良好建议。

我要特别感谢编辑保罗·道格拉斯、劳伦·帕娄斯基和塞斯·斯瓦茨，还有他们能干的助手迈克尔·纽和梅琳达·诺克，以及制作编辑艾米·欧德姆。

我的同事和学生们给予了我有关本书的十分宝贵的反馈意见，这个版本满足了他们的需求。我要特别感谢由美国国家室内设计师资格认证委员会(NCIDQ)会员、高点大学(High Point University)教授简·尼克尔斯博士，能源与环境设计先锋绿色建筑评价体系(LEED)认证专家、肯特州立大学(Kent State University)的卓季勇教授，以及美国建筑师协会(AIA)、国际室内设计协会(IIDA)、美国绿色建筑认证协会的认证专家，萨凡纳艺术与设计学院(Savannah College of Art and Design)的布莱恩·斯文尼三人组成的审核小组，他们使我受益匪浅。

我每次出书，我的丈夫凯斯·柯克帕特里克都给予我极大的支持和帮助，我内心充满感激。他忍受着我的执拗，照顾我的起居，在我举棋不定时，他总能给出令我信服的建议。凯斯还检查了书中所有的插图并提出了宝贵意见。谢谢你，凯斯!

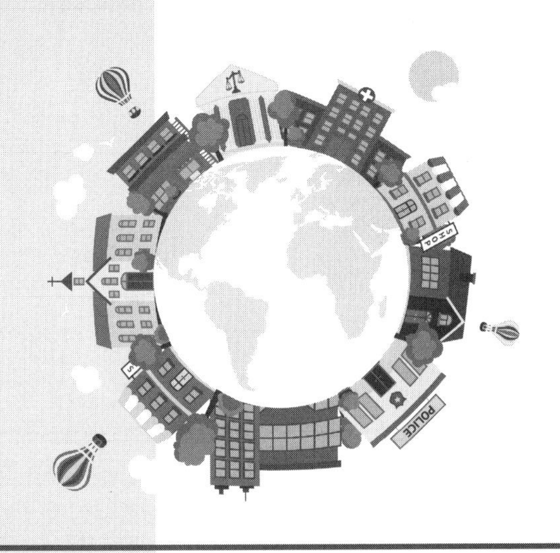

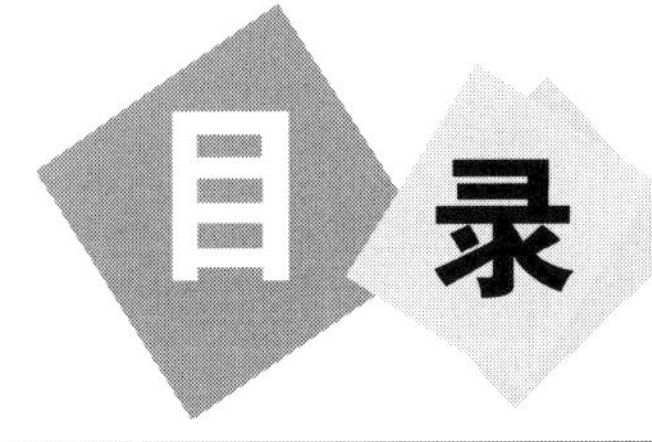

目录

第一部分　建筑、环境与健康和安全

第二部分 建筑组件

第三部分 声 学

第四部分　水与废物系统

第五部分　采暖、制冷和通风系统

第六部分　电气与照明系统

第七部分　消防、运输、安保与通信

第一部分

建筑、环境与健康和安全

今天，室内设计师与其他设计和建筑专业人员密切合作，共建集功能性、可持续性和健康性于一体的建筑。可持续设计包括对建筑系统的整体设计，各种建筑和工程学科之间旧的区域差异开始显现。因为既有建筑因其所包含的材料和能量而受到重视，所以许多设计工程会对建筑物内部进行翻新改造。

现在，室内设计师越来越多地作为环保设计团队的一员参与到设计工作之中。可持续设计要求室内设计师仔细观察建筑物所在的场地、气候和地理环境对室内空间的影响。随着建筑内部自然环境和自然景观的联系越来越紧密，室内设计师可以在内部空间和外部空间之间架起桥梁。设计师能否智慧地使用能源，取决于他们对太阳、风、温度等环境因素对建筑物内部影响的认识。

《建筑系统的室内设计师指南》(第三版)重点探讨了影响室内设计的建筑元素，同时提出了包含多学科的建筑设计方法。我们将从观察环境、建筑与人类健康和安全之间的关系等方面来开启对整个建筑系统的研究。

第一章“环境条件与场地”，探讨气候变化、能源来源与消耗，以及场地条件对建筑设计的影响。

第二章“为环境而设计”，研究了建筑围护结构和保温材料在热量流动过程中所起的作用，介绍了节能设计、建筑设计过程和可持续设计。

第三章“为人类健康和安全而设计”，论述了人体与建筑环境的相互作用，以及建筑规范如何保护我们。

一个普遍的思路是，作为对环境和气候变化的回应，建筑物和场地的规划与发展应该保持对环境的敏感性，以减少它们对主动环境控制系统和所耗能源的依赖。

引自弗朗西斯·程，《建筑施工图解》(第5版)，威利出版集团，2014年。

第一章　环境条件与场地

建筑物是由我们对庇护所的需求演变而来的。除了作为庇护所，我们还依赖建筑物提供卫生、视觉与听觉环境、空间和移动手段，以此让我们免受外界侵害。

> 建筑的形式、规模和空间结构是设计师对众多条件的回应——建筑物的功能规划要求、结构与建造的技术要求、经济现实及形象与风格的表现品质等。此外，建筑物的建筑风格应该与周边环境和外部空间相协调。
>
> 引自弗朗西斯·程、科基·宾格利，《室内设计图解》(第3版)，威利出版集团，2012年。

我们依靠建筑物获得洁净的空气，并让其帮助我们改善热辐射、空气温度、湿度和气流。建筑物的结构依靠场地条件来支撑，场地条件还有助于防止水患和控制火势。场地也可以提供净水、清除废物并循环利用，也可以提供集中能源。

一旦满足这些基本的生理需求，我们就会转向为感官舒适、效率和隐私创造条件。我们需要照明，但也需要营造视觉隐私的屏障；我们寻求能够清晰听到别人说话的空间，但又希望这个空间能保证隐私性。建筑物的结构为所有人、物体及建筑物的建筑特征提供了稳定的支持。

我们对建筑物功能的第三个期待是能够满足社会需求。我们试图利用建筑物控制其他人和动物进出我们的活动空间。建筑物通过窗户、电话、邮箱、电脑和视频网络使我们能够与外界进行交流，并保持联系，通过把能源分配到方便的地点(主要是通过电气系统)来支持我们的各种活动。

最后，一个能够承载所有这些复杂功能的建筑必须在花费少或不费力的情况下建成。一旦建成，它必须能够以一种经济的方式来运转、维护和改造。建筑物必须是灵活的，才能适应不断变化的用途。最终，建筑物的部件应该可以拆卸，并能够在其他建筑中重复使用。

设计一个包含所有这些功能的建筑物需要建筑系统的设计者、建造者和用户之间相互协调。建筑物的环境条件及其场地为建筑师、工程师和其他设计专业人员制造了复杂的因素。他们要与景观设计师一起，检查场地的底土、地表水位、表层土和岩石，为挖掘基坑、建造地基和景观规划做准备。丘陵、山谷和山坡会影响雨水的排放和道路的位置，也会造成土壤侵蚀。场地是否避风或有无阳光照射，是建筑师确定建筑物位置和景观类型的基础。场地附近的建筑物可能会产生阴影、转移风向、改变自然的排水方式等影响，也会导致听觉和(或)视觉隐私的丧失。

引　言

在第一章中，我们开始研究建筑物及其场地的设计。对满足建筑环境要求的被动系统和机械系统会有整体的了解，这将使室内设计师受益很多。对建筑系统的整体认识可以使室内设计师掌握相关术语和基本要求，基于此可以向建筑师、工程师和承包商提出更有价值的问题。

这种认识始于对环境和场地条件的基本了解。建筑物的设计及建筑物与场地的关系，都受到当地

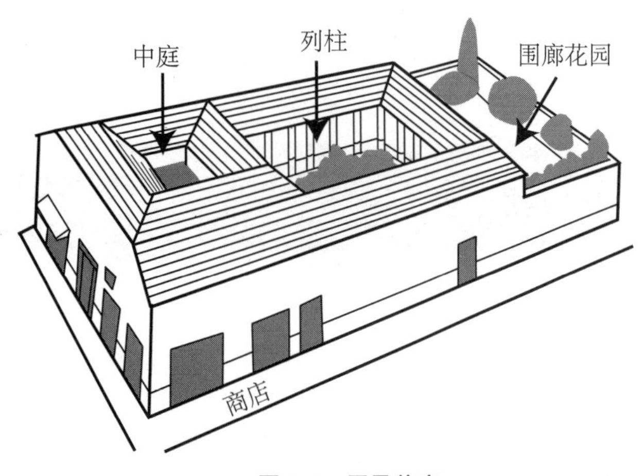

图 1.1 罗马住宅

气候的影响；对能源及其历史的了解有助于在建筑物中正确地使用这些能源；当室内设计师打算向周围环境开放建筑物内部时，他们应对可能遇到的机遇和挑战做到心中有数。

纵观建筑历史，建筑物的设计既要关注周围的场所和环境，又要照顾到建筑物内的人、各类活动及物体(图 1.1)。虽然室内设计师主要关注建筑物的内部，但是他们的工作经常会受到外部建筑和场地的影响。

建筑物的形式和朝向是建筑师的主要关注点。建筑物所在地的气候及周围的自然特征和建筑特色，是建筑师、景观设计师和工程师首先要考虑的问题。在 20 世纪末期，建筑师开始将他们的建筑视野拓宽至社会领域，包括无障碍设计和可持续设计。了解这两方面的相关知识，对室内设计师来说非常重要。

对建筑的设计，包括其体量、形态和朝向，要考虑内部空间和外部环境之间的关系。为成为建筑设计团队中积极和负责任的一员，室内设计师必须了解组成设计团队的建筑师、工程师和其他顾问的角色与关注点。反过来，设计团队的其他成员也将从他们与室内设计师的沟通中受益。

对气候变化和可再生能源的关注，使室内设计师开始关心建筑物如何应对场地和气候条件，以及建筑物如何运行等问题。虽然室内设计师不直接负责选址和选择建筑能源工作，但是他们在选择支持能源保护的室内材料和使用现场可用能源等方面发挥着重要作用。

室内布局可以增强或阻挡太阳辐射，以保持室内或温暖或凉爽。选择保温的室内材料有助于采用被动式太阳能设计。在许多情况下，这样的项目是在既有建筑中进行的，而且大部分的工作属于室内设计范畴。此外，室内设计师也可能参与户外空间的设计，如设计与建筑物相连的露台。

气候变化

室内设计师关注建筑如何应对其场地和气候的变化，如何为其运行提供动力等因素，因为这些与他们选择何种室内材料相关。他们会选择不产生温室气体、支持能源节约和使用可再生能源的室内装修材料。

根据国际气候变化委员会(IPCC)2014 年的报告，气候变暖是确定无疑的，这种现象主要是由人类制造的温室气体造成的(图 1.2)。大气和海洋都在变暖，雪和冰的数量也在减少，海平面已经上升。

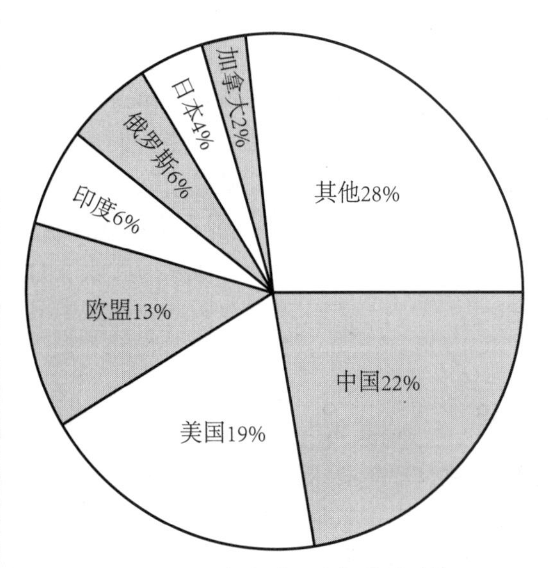

图 1.2 2008 年全球温室气体排放情况

> 温室气体的持续排放将导致气候系统所有组成部分的进一步变暖和持久变化，这很可能会对人类和生态系统造成严重的、普遍的和不可逆转的影响。限制气候变化需要大量和持续地减少温室气体排放。减排与适应并举，才能限定气候变化带来的风险。(IPCC 第五次评估综合报告，《气候变化综合报告决策者摘要(2014 年)》)

全球气温的小幅上升已经导致夏季更热、降水模式发生变化和海平面上升等现象。一些地区多次发生干旱灾害，而另一些地区则水灾肆虐。温暖气候所致的疾病(如疟疾)很可能会蔓延开来。物种灭绝不再是危言耸听。

破坏性结果还包括加拿大北部、美国阿拉斯加和俄罗斯的永久冻土层融化。这可能导致大量的有机物质被分解，释放出**二氧化碳**和甲烷。根据美国**环境保护署**(EPA)的说法，永久冻土层的融化已经造成了地面下沉，这无疑会损坏建筑物和基础设施。

能 源

根据美国环境保护署的数据，美国的建筑物消耗占总能源消耗总量的41%，占电力消耗问题的65%。建造和运行建筑物都需要能源，而能源的来源对于关注全球气候变化和节能的室内设计师而言非常重要。作为建筑设计团队的一员，室内设计师可以使用可再生能源和被动式设计。节约能源、在建筑中使用清洁可再生能源，可以减少由发电厂和在建筑物内部燃烧燃料所造成的空气污染。

能源通常分为可再生能源和不可再生能源。**可再生能源**是来自自然资源的能源，如阳光、风能或地热，这些资源在一定时间内可以自然得到补充。

除了地热、核能和潮汐能外，我们所用的能源都来自太阳。在1800年以前，太阳是热能和光能的主要来源，风能则主要用于粮食的运输和加工。早期工业都沿河流、溪涧设立，以便于利用水力。在19世纪30年代，地球上约有十亿人依靠木材取暖，依靠动物进行运输和工作，依靠燃烧石油或煤气照明。后来，矿物的发现使轻便且便利可靠的煤、石油和天然气等燃料进入了人们的生活，为工业革命的快速发展提供了动力。到了20世纪，煤炭、水力发电和天然气成了主要的燃料。

煤、石油和天然气等矿物燃料是由地表下的动、植物物质经过长时间的化学作用形成的。虽然矿物燃料仍在不断形成，但是它们的时间框架决定了它们不可跟随其被消耗的速度再生，因此，它们被认为是不可再生的燃料。世界上剩余的矿物燃料储量有限，其中很大一部分非常昂贵，而且对环境有害。如今，建造建筑物的速度可比矿物燃料的供应速度要快得多。

随着世界上矿物燃料供应的减少，建筑物必须慎重使用不可再生燃料——如果还有的话。就地寻找资源，如日光照明、被动式太阳能采暖、被动式制冷、太阳能热水和**光伏**(PV)电能成为设计需求。

某些类型的能源，如太阳能，可以直接用于建筑物的采暖和制冷。其他类型的能源，如电能，则是由另一种燃料源所产生的。

电 能

由于电能使用方便且用途广泛，今天的建筑严重依赖电能。电能被认为是高质量能源，然而，用于产生电力的能源(通常是煤)，实际上只有三分之一达到了其最终用途，其余大部分都在生产和传输过程中被浪费掉了。截至2009年，电能消耗出现了自第二次世界大战以来的首次下降。除亚洲和中东外，世界上所有地区的电能消耗都在减少。

电能照明会产生热量，这反过来又会增加炎热天气中空调的用电量。采用日光照明是一项重要的可持续设计技术。但是，日光依赖于天气和白昼的时间，因此电气照明仍然发挥着重要作用。

有关日光照明和电气照明的更多信息，请参见第十七章“照明系统”。

其实利用电能对建筑物进行加热，实际上是在用高质量的能源完成低质量的任务。无论是被动式太阳能采暖设计还是主动式太阳能采暖设计，都是使用这种不受限制的免费能源来加热建筑物内部。这比单纯利用电力要环保得多。

参见第十四章“采暖与制冷”，了解更多关于太阳能采暖设计的信息。

可再生能源

可再生能源包括太阳能(热、光和电)、风能、水电能、地热和生物能。而由太阳能或风能产生的电力又可以反过来用于从水中产生氢气——一种高级的燃料。以上这些都被认为是可再生能源，因为它们可以被不断补充，但我们对能源的需求可能会超过补给的速度。一些可再生能源，如水力发电，也可能对环境产生负面影响。

太阳能

太阳能作用于地球的大气层，是气候和天气形成的原因。地球的自转决定了地球的哪一部分面向太阳，同时控制着昼夜的更替。植物的生长依赖太阳的能量，人类和其他动物依赖植物提供食物和居所。太阳能几乎是我们所有能源的来源。它虽然不会产生空气、水、土地，但也不会产生污染，太阳能随处可得，使用起来非常安全。太阳能可用于空间加热、水加热和光伏电能。

白天，太阳的能量加热了大气、陆地和海洋。晚上，大部分热量又被释放回太空。太阳的温暖将空气和湿气输送到地球表面，并产生季节和天气模式。

太阳能的历史

一直以来，人们就靠太阳来取暖和照明。大约在公元前50年，罗马人把玻璃窗安装在建筑物中以获取日光和太阳的热量；富人们通常会在别墅中建一间阳光房。

在《十大建筑书籍》一书中，罗马建筑师兼工程师马库斯·维特鲁威斯·波里奥这样写道：

> 如果我们对私人住宅的设计是正确的，那么必须在一开始就注意到这些房屋所在的国家和气候……这是因为，地球的一部分直接位于太阳的轨道上，一部分远离轨道，还有一部分则位于这两者之间。(莫里斯·希基·摩根翻译，哈佛大学出版社，1914年；多佛出版社，1960年再版，170页)

意大利文艺复兴时期的建筑大师安德烈亚·帕拉迪奥(1508—1580)——《四大建筑书籍》的作者——受到了维特鲁威斯的启发。帕拉迪奥把夏季房间设计在房屋的北面，冬天的房间在南面，以充分利用阳光。

图1.3 1933年乔治·弗雷德里克·凯克设计的“明日之屋”

17世纪时，为了在温室里种植外来植物，太阳能供暖在北欧地区再度繁荣起来。改进的玻璃制造工艺使高档住宅旁的玻璃暖房(温室)得以普及。

1933年，美国现代主义建筑师乔治·弗雷德里克·凯克(1895—1980)在芝加哥为“进步的世纪”展览会设计了“明日之屋”(图1.3)。他意识到，在阳光明媚的冬天，即使没有炉子，全玻璃屋也可以保持温度，因此，他在20世纪30年代至40年代设计了太阳能房子。

太阳辐射

随着太阳射线的扩散，太阳辐射因与太阳的距离变远而下降。太阳射线穿过大气层的路径在早晨和晚上的两个时段比中午时要长，而在中午时到达两极的路径比到赤道的要长(图 1.4)。

太阳辐射发出的**电磁光谱**包括从极短的 X 射线到很长的无线电波(图 1.5)。太阳辐射被地球大气中的尘埃、烟雾、气体分子、臭氧、二氧化碳和水蒸气反射、分散和吸收。被散射或重新发射的辐射称为漫射辐射。到达地球表面而未被散射或吸收的辐射称为直接辐射。

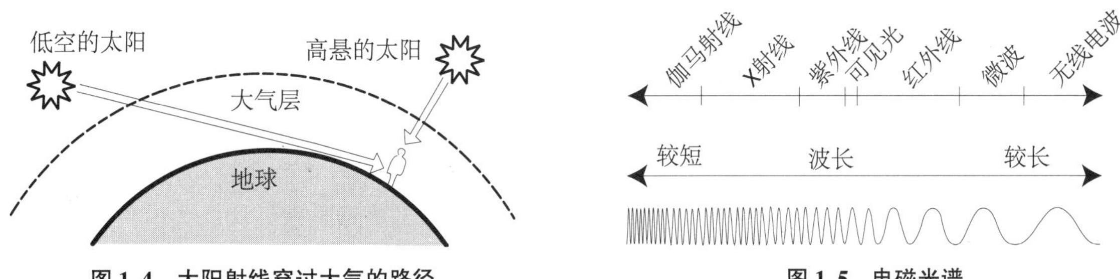

图 1.4　太阳射线穿过大气的路径

图 1.5　电磁光谱

紫外线(UV)波长只占到达海平面的太阳射线长度的一小部分，而且太短，肉眼看不到。紫外线触发绿色植物中的**光合作用**，产生我们呼吸的氧气、食物，以及我们用来取暖和发电的燃料。在光合作用下，植物从空气中吸收二氧化碳并释放氧气；人类和其他动物吸入氧气并呼出二氧化碳。当我们食用植物或食草动物的时候，植物将太阳的能量转移给我们。动物粪便发生分解并释放氮、磷、钾、碳等元素到空气、土壤和水中，这些能量又会回到环境中。动物或微生物将死去的动、植物分解成基本的化学物质，然后重新循环来滋养植物。

紫外线可以杀死许多有害的微生物，还可以净化大气并消除阳光照射表面的致病细菌。紫外线还能在我们的皮肤中产生用以合成钙的维生素 D。光合作用还可以产生建造用的木材、织物和造纸用的纤维，以及带给我们阴凉和美丽的景观植物。

红外线(IR)辐射的波长比可见光长，它携带太阳的热量。太阳通过直接照射温暖了我们的身体和建筑物，也通过加热我们周围的空气带给我们温暖的感觉。

辐射穿过的地球大气层距离以及大气条件，在很大程度上决定了到达地球表面的辐射量。这一距离随着地球朝向或远离太阳的倾斜角度的变化而变化。在夏天，太阳辐射直接垂直于地球表面时，该角度达到最高；到了冬天，太阳辐射穿过大气的路径变长时，这个角度最低。因此在南部的室内空间中，最大的潜在太阳能增益(在北半球)发生在冬季(图 1.6)。离赤道越近，全年的太阳直射就越高(图 1.7)。

图 1.6　太阳在北纬的各个角度

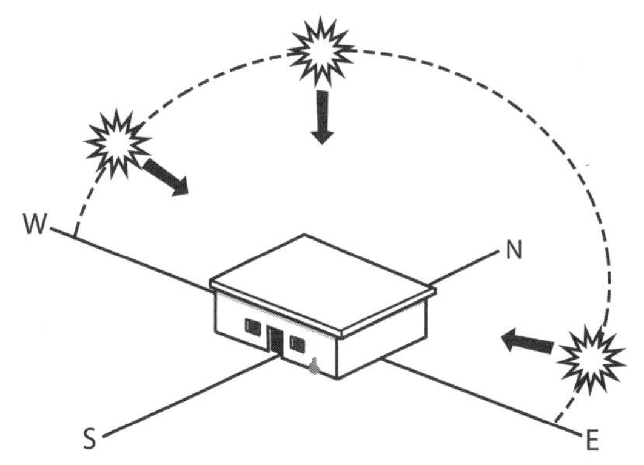

图 1.7　太阳在热带的各个角度

暴露在太阳的直接照射之下，织物染料可能褪色、许多塑料可能分解。这是室内设计师在指定室内装修材料时应注意的一个问题。

白天，阳光透过窗户和天窗照亮室内。直射的阳光往往过于明亮，使人眼产生不适感。当日光被大气散射或被树木或建筑物遮挡时，光线变得宁静、平和。在厚厚的云层之下和夜晚，人造光也可以提供充足的照明。

阳光也具有破坏性。虽然大多数紫外线辐射被高空臭氧层拦截，但穿透的部分也足以使我们的皮肤灼伤、疼痛。长时间暴露于紫外线辐射之下可能会导致皮肤癌。阳光还能造成油漆、屋顶、木材等建筑材料的老化。

有关光伏(PV)技术的更多信息，请参见第十五章“电气系统的基本知识”。

光伏(PV)技术可以将太阳能直接转化为建筑工地的电能。光伏集热器提供加热水或电力的能量。硅元素是地壳中最常见的材料，仅次于氧元素。光伏电池通常由硅制成。光伏电池非常可靠，没有活动部件也不会产生噪声、烟雾和辐射。

利用太阳能采暖需要考虑遮阳的问题，以避免过热。古代希腊和罗马的建筑使用门廊和柱廊来遮阴挡雨。效仿他们的做法，美国南部的希腊复兴建筑用柱子支撑的大型悬壁结构和大窗户来增加通风，用白色作为建筑物的外部颜色以获得最大的太阳反射率。

风　能

风能来源于太阳加热空气及在地面时产生的气流。利用涡轮机将风能转化为机械能，发电机再将机械能转化为电能。

公元前200年，中国使用风车抽水。到了公元11世纪，风车在中东地区被用来磨碎粮食。工业革命期间，随着蒸汽发动机占据主导地位，风车的使用量逐渐下降。1890年，丹麦开发了更大的**风力涡轮机**来发电。20世纪30年代，风力涡轮机为美国农村地区带来了低成本的电力(图1.8)。

美国大部分地区风能充足。风力涡轮机需要建在有风的地方，同时要尽可能提高涡轮机的高度以获得更高的风速(图1.9)。尽管风是一种间歇源，但是涡轮机可以连接到电网以获得稳定的电力。独立系统需要用蓄电池储存电量。混合动力系统将风能与太阳能光伏发电结合起来。风能主要用于阳光较少、多风的冬季，太阳能则在夏季提供电力。小型风力发电机所产生的噪声一般不会引起人的反感，更大的涡轮机正在设计之中，可以大幅降低噪声。

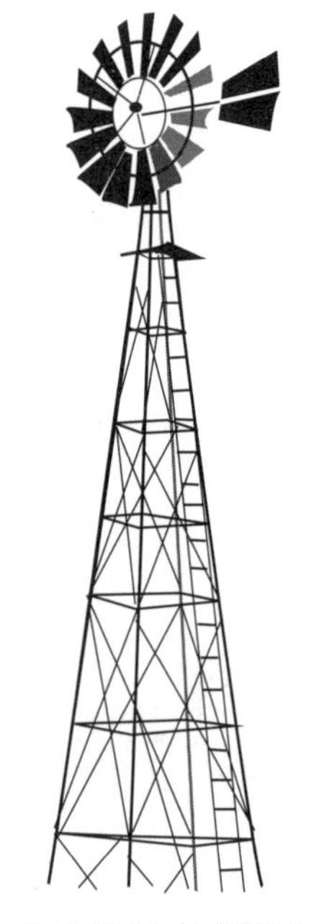

图1.8　20世纪30年代的风力涡轮机

图1.9　今天的风力涡轮机

图 1.10 水枪镗孔机

水电能

水电能(水力发电)是当储存在大坝后面的水在高压下释放出来时所产生的能量。这种能量被转化为机械能，通过涡轮机来发电。在美国，大约5%的能量是由水电能提供的。

水电能有着悠久的历史(图 1.10)。1882年，世界上第一座水力发电站开始在威斯康星州阿普尔顿的福克斯河上运行。到1907年，水力发电占美国总发电量的15%。

如今，水电能已经广泛应用。水坝通常需要淹没大片土地才能形成蓄水湖，这就扰乱了当地的生态，也阻挡鱼儿到达其产卵地。在美国，一些过时的、危险的和破坏生态的水坝正在被拆除。

微型动力系统是非常小的水力发电系统，依靠没有水坝的流动河水运行。它们需要至少3英尺(约1米)的高度变化，高度差越大，效果越好。

地热能

地热能由地球内部的热量组成。在地表以下大约10英尺(约3米)，地球保持着相当恒定的温度。地热系统收集、集中并分配这种能量。地热能有两种常见的用途：从地球深处吸取热量；利用热泵在地表附近进行地热交换。

地热能通过传导、膨胀的岩浆或循环到深处的地下水，将充足的热量带到地表附近并提取出来。在冰岛和日本，地热能被用于建筑物供暖。在爱达荷州的博伊西，直接的地热能源可以为超过65个市中心企业供暖。

有关热泵的更多信息，请参见第十四章“采暖与制冷”。

第二个过程，即地热交换。冬季，利用**热泵**从地表下提取热量，并利用地面作为夏季冷却的散热器，因此同一热泵既可以用于加热也可以用于冷却。地热交换式热泵可以显著降低能耗、减少污染物和温室气体的排放。地源热泵比空气源热泵效率更高，比电阻加热炉的效率高3~4倍，比标准的空调设备耗能低70%。

生物质能

生物质是植物的有机物质。光合作用为生物质转化提供了材料，包括柴火、农作物秸秆和动物粪便的燃烧。生物质可以替代矿石燃料所产生的化学物质，用于发电和作为交通工具的燃料。

生物质能有两个来源：为获取生物质能而栽种的植物；农业、工业或垃圾的有机废物。当生物质分解时，它为新植物创造食物；将其转化为能量可以改变这种用途。生物质在生长过程中产生的二氧化碳与燃烧时返回大气中的二氧化碳是等量的。

从生物质能中提取的生物燃料包括乙醇、生物柴油和甲烷。生物质转化为燃料可能比从产品本身获得的能量要多，在这种情况下，它不是一个可持续的过程。

氢　气

氢气是地球上最充足的元素，它存在于许多有机化合物和水中。虽然氢气不是自然产生的气体，但它可以从其他元素中分离出来，并作为燃料燃烧。在把氢气作燃料电池时，氢气与氧气电化学结合，产生电和热，该过程只释放水蒸气。当用作燃料时，氢气是无污染的，燃烧时只产生水，不会造成全球变暖。

我们必须打破化学键，把封锁在化合物，如水中的氢释放出来。最实用的方法是通过电解水，即利用风力发电或光伏发电使电流通过水，把水分解成氢和氧。

氢气可用在燃料电池中，产生无污染的电能，也可用于为汽车发动机提供动力。氢气必须储存在厚重而昂贵的高压罐中。如果想以液体形式储存，则必须冷却至华氏零下 423 度(-253 ℃)。

可再生能源的储存

风能和太阳能都不容易储存。无论选择何种储能方式，总会损失一些能量。电池会损失掉一些作为热量储存起来的电能，要储存大量的能量就要使用大量的电池。

风能和水电能通过机械方式发电，在转化为电能之前，它们的能量可以储存起来。电解产生的氢气可以储存，在与氧气重新结合后可以恢复能量。氢燃料电池可以缓慢地释放储存的能量。

将光伏发电系统连接到现有的电网上，使电网在夜晚光伏发电系统不活跃时继续供电。额外的光伏能量被发送到电网上，再使用一种特殊的光伏电度表，**净计量**只向用户收取过度使用的电量费用。

不可再生能源

到 1950 年，石油和天然气差不多均分了能源市场。由于美国国内煤炭、石油和天然气的价格相对低廉和充裕，美国这时完全可以自给自足。

从 20 世纪 50 年代开始，美国经历了进口原油和石油产品稳步增长的阶段。1973 年，石油生产国的政治环境导致了油价的剧烈波动，高昂的价格鼓励了能源保护和替代能源的开发。1973 年的石油危机对建筑的施工和运营产生了重大影响。不稳定的政治环境引起了人们对减少进口石油量的重视。2005—2011 年，美国的进口石油量下降了 33%。

我们最常用的燃料——石油、天然气和煤炭——都是矿物燃料。我们在 1850 年左右开始使用矿物燃料。虽然供应依然有限，但是要想在不破坏环境的情况下获得它们，难度越来越大。我们经历的大部分空气污染和烟雾、酸雨和全球气候变化，都是燃烧矿物燃料造成的。显然，这些资源在短期内是不可再生的，是不是可持续资源。

石　油

石油是一种液态的碳氢化合物，存在于某些岩层中，可以提取和提炼，生产出包括汽油、煤油和柴油在内的燃料。石油通常被称为“油”，特别是当用作燃料或润滑剂时。石油被用来给建筑物供暖、制造润滑剂、塑料和其他化学品，也用于驱动车辆。

大约在公元 4 世纪，第一批油井在中国开采。19 世纪中期，石油第一次被提炼成用于照明的煤油。1859 年，第一口油井在宾夕法尼亚州的泰特斯维尔钻探。20 世纪 20 年代，燃料油开始取代煤炭用于建筑供暖。

新井位于更深的水下，或几乎无法到达的地方。油页岩正在成为一种更常见的石油来源。从焦油砂中提取石油需要大量的能源，这导致开采成本很高，环境成本也很高。

天然气

1821 年，在纽约的弗雷多尼亚，第一口旨在获取天然气的矿井开钻。天然气最初被用作路灯的燃料。1855 年，罗伯特 · 本生发明了本生灯，这使天然气开始为烹饪和建筑物供暖提供热量。然而直到 20 世纪 40 年代，天然气管道一直很少。

天然气用于发电，用于工业、住宅和商业用途。超过半数的美国商业机构和住宅利用天然气供暖。

天然气主要由甲烷组成，燃烧时产生二氧化碳。纵横交错的管道网络将天然气输送到美国和欧洲的大部分地区。在北美，大多数容易获得的天然气已经被开采出来，而深井能供应的天然气仍然有限。

现在，从页岩中回收的天然气占美国天然气的 30%。与用于发电的煤相比，页岩天然气的供应相对清洁。然而，开采天然气时水力压裂的过程带来了巨大的环境风险，包括可能的井水污染和地震。

天然气提取和运输过程还可能释放出甲烷(一种温室气体)。

液态天然气(LNG)无臭、无色、无毒，也不具腐蚀性。天然气可以在华氏零下 260 度(-162 ℃)的条件下，冷凝后液化用油轮进行长距离运输。高昂的生产成本和昂贵的低温储罐限制了其广泛的商业用途。人们对成本和安全性的担忧限制了其在美国终端的发展。

煤　炭

从公元前 3490 年起，中国的考古证据就记载了煤炭的地表开采及其在家庭中的使用。苏格兰的煤炭开采始于 16 世纪，在 17 世纪取得了进展。18 世纪英国的工业革命导致英国大量使用煤炭来驱动蒸汽机(图 1.11)。

图 1.11　19 世纪早期英国斯塔福德郡的布拉德利煤矿

20 世纪 90 年代以来，建筑中的煤炭使用量有所下降，许多大城市限制了其应用。煤炭是世界范围内发电量最大的能源。它也用于工业过程，如精炼金属。目前在美国，大部分煤炭用于发电和重工业。

煤不便于运输、搬运或使用。因为燃烧时很脏，还可能会引起酸雨，所以它的使用仅限于大型燃烧器。大型燃烧器通常安装昂贵的设备，以减少空气污染。现代技术可以清洗和过滤煤燃烧排放物中的硫黄粉末，而那些仍在排放大量污染空气的老旧燃煤电厂，也在政府的施压下进行了改造。然而，即使有了这种设备，燃烧煤炭仍然会产生二氧化碳并导致全球变暖。

美国有足够维持一个多世纪的煤炭量。然而深部开采使矿工们面临着爆炸和塌方的危险，以及因暴露于煤尘中而引发严重的呼吸系统疾病的风险。露天开采对土表有破坏性，尽管有可能复垦，但成本巨大。美国西部是目前大部分露天开采的所在地。那里水资源稀缺，复垦的难度更大。

核　能

核能是由裂变产生的。核能的引入保证了能源资源的使用能够缓慢一些。

第一座核电站于 1957 年投入使用。2014 年，美国 31 个州的 62 个核电站拥有 100 个反应堆。根据美国环保署的数据，美国大约 20%的电力是由核能产生的。

尽管核裂变最初被认为是解决能源问题的答案，但核裂变已成为昂贵和不可取的发电方式之一。1979 年宾夕法尼亚州三里岛发生的严重灾难险些酿成大祸；1986 年乌克兰切尔诺贝利核电站的爆炸、2011 年日本福岛第一核电站发生的核灾难，已经使我们的恐惧变成了现实。

核电站在运行过程中含有高压、高温和高放射性，建造周期长且造价昂贵。公众对低辐射的长期释放、高辐射排放及放射性燃料的处置问题，都深感担忧。核反应堆消耗大量的冷却水，使河流温度升高。此外，核材料还面临着落入恐怖分子或不可靠政府手中的危险。民用用途仅限于研究和发电。

全球气候变化

全球变暖和变冷是地球自然循环的一部分。然而目前正在发生的全球变暖，在很大程度上要归因于人类的行为。大气中某些气体的存在可以使太阳的紫外线(UV)辐射通过，但却阻挡了地球上的光源发出的红外线(IR)辐射。越来越多的气体，尤其是二氧化碳的不断增加，产生了一种叫作温室效应的变暖趋势。

温室效应

温室效应是一种自然现象，有助于调节地球的温度，保护地球表面不受昼夜巨大温差的影响。温室气体是阻隔地球热量的污染物，尤其是燃烧矿物燃料产生的二氧化碳。当温室气体在大气中积聚时，它们吸收阳光和红外辐射，并防止部分热量辐射回太空，将太阳的热量困在离地球较近的地方。如果所有温室气体突然消失，我们的地球将会比现在的温度低华氏 60 度(15.5 ℃)，使得人类无法居住。但这些气体在大气中的大量增加又会导致全球气候变暖。

人类活动极大地促进了温室气体的产生。在过去的几千年里，包括建筑建设和运行在内的各种活动，都在以更快的速度向大气中释放温室气体，加速了全球气候变化。根据美国商务部国家海洋和大气管理局(NOAA)2013 年度的温室气体指数，全球变暖程度自 1990 年以来增加了 34%。

温室气体包括二氧化碳、甲烷、一氧化二氮、臭氧、**氯氟烃**等气体(表 1.1)。温室气体大部分是由燃烧矿石燃料产生的，包括煤、石油和天然气。水汽也可以被认为是一种温室气体，因为它吸收了从地球重新辐射的红外辐射。

室内设计师可以指定材料和设备，以避免燃烧燃料和使用破坏环境的制冷剂，选择由环保材料制成的保温材料、室内装饰材料和其他产品。

当前地球的平均温度大约是华氏 61 度(16 ℃)。极地冰盖已经开始融化。随着冰盖融化，海平面将上升，导致沿海洪水泛滥。气候的相关变化会影响农业生产和某些地区的宜居性。

我们可以通过节约能源和使用替代燃料来减少矿物燃料的使用，从而帮助控制全球变暖。设计师可以推行节能设计，并使用清洁、可再生的能源。

表 1.1 温室气体

温室气体	人类行为	注 解
二氧化碳	燃烧矿石燃料、生产水泥、砍伐森林	产生于水汽之后，最常见的温室气体
甲烷	垃圾填埋、水稻种植、畜牧业、矿物燃料燃烧、填埋物	是二氧化碳之后第二常见的温室气体
一氧化二氮	尼龙生产、硝酸生产、农业、汽车发动机、生物质燃烧	是一氧化氮后第三常见的温室气体
氢氟烃	制造灭火剂、制冷剂	氯氟烃的替代品，不影响臭氧层但增加二氧化碳
全氟化碳	从氧化铝中生产铝	非常有效，非常耐用
六氟化硫	电气设备制造、窗口填补惰性气体、镁铸件	极其有效，但在大气中含量低

臭 氧

地球由一层臭氧气体包围，使地球免受来自太阳的有害紫外线辐射。平流层中臭氧的损耗可导致更多的紫外线辐射到达地球表面。我们要保护高空臭氧层，它可以在紫外线辐射到达地球之前将其拦截大部分。

臭氧层的变薄在很大程度上是由于建筑物的空调系统使用了氯氟烃制冷剂。从空调中逸出的氟氯化碳，以喷雾罐推进剂的形式释放出来，或从其他制冷剂中释放出来，缓慢地迁移到高空大气层。在那里它们可以持续消耗为地球提供保护的臭氧层，时间可达 50 年。

参见第十四章“采暖与制冷”，获取更多有关制冷剂的信息。

氟氯化碳制冷剂的生产已经被禁止，但以前释放的化学物质继续使臭氧层变薄。1990 年，美国《清洁空气法》规定在 2020 年之前允许销售使用**氢氟氯烃**的新制冷设备；在此之后，只允许现有系统的服务。在美国，氟氯烃的生产预计将在 2030 年被完全禁止。截至 2014 年，平流层臭氧层正在恢复，但预计完全恢复要到 2050 年或更晚。包括氯氟烃、氢氟氯烃和**氢碳氟化合物**在内的制冷剂也是导致全球变暖的温室气体。

建筑能耗

根据美国国家科学院的数据，美国84%的能源来自矿物燃料。美国以不足世界5%的人口，消耗了近25%的初级能源。仅在2010年，建筑物的能耗就占到41%。

太阳的能量以固定的速度到达地球，而在矿物燃料中储存了数百万年的太阳能也是有限的。随着人口的不断增长，人们将会消耗更多的能源。我们不知道什么时候会用完，但我们知道，浪费有限的资源是危险的。通过精心的设计，建筑师、室内设计师和建筑工程师可以使这些有限的资源持续更长的时间。

建筑物内部的设计可以帮助保持室内的温暖或凉爽。保温的内部材料可用于**被动式太阳能设计**，这依赖于建筑物本身的设计，而不是消耗燃料的机械设备。

现在，建筑设计师和业主都在努力提高能源效率，以最大限度地降低成本和节约资源。美国建筑规范就包括节能标准。美国越来越重视能源利用和全球气候变化。节约资源和使用环保能源已成为建筑设计师的标准做法。

建筑场地条件

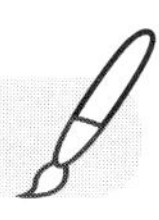

在设计过程的早期，场地规划的决策会影响建筑照明和控制系统的选择，以及所用能源的数量和类型。利用诸如阳光、水、风和植物生命等现场资源，可以替代或补充建筑物对不可再生燃料的依赖。场地规划要考虑现有的场地条件、气候条件和建筑的预期用途。对于室内设计师来说，从一开始就了解和参与建筑设计过程是非常重要的。

建筑布局

建筑物在地面上的位置和朝向影响其结构、水的供应与保存，也会影响到收集和保持来自太阳和地球的热量、利用自然风进行冷却和通风的情况、发生火灾的概率，以及安静或喧闹的程度。以上每一个条件都对建筑物的设计产生影响，其结果可以反映和传达一种地域感。

与环境的关系

建筑把人、车辆、材料和各种活动的声音集中到一个地点。该地点与电力、水和天然气等公用设施相连。建筑改变了该地点夜间的电气照明方式。热量通过开口和建筑物的围护结构，从建筑物中流入和流出。液体和固体废物经常被转移到场地之外进行处理或处置。

当建筑物填满整个场地时，现场资源变得有限，风和阳光可能被阻挡。能被吸收的热量和水分越来越少，屋顶可能是唯一能够培育植物的地方。景观美化可以改变水的流动模式。

气　候

气候是对天气长时间的系统观察得出的结论，包括温度、**相对湿度**、太阳辐射和风速等标准。气候随着地球与太阳的位置关系的改变，以及纬度和经度的不同而变化。气候的特征包括日照、湿度和降水，以及气温、运动和质量。

> 相对湿度(RH)是指空气中水蒸气的含量，表示在相同温度下达到饱和所需水量的百分比。

为适应当地气候条件而做的设计可以减少运行采暖和制冷设备所需的燃料。室内遮阳可以减少对机械制冷的需求，可开合的窗户可以在需要的时候让太阳的温暖进入室内。

> 有关窗户和窗户处理的更多信息，请参见第六章“窗和门”。

局部气候

局部气候随着一天中的不同时段和一年四季的变化而变化。由于地球能够储存热量并延迟释放热量(一种被称为**热滞后**的现象)，所以下午的气温通常比早晨高。每天的最低气温通常出现在日出之前，因为那时，前一天的大部分热量已经消散。尽管 6 月北半球受到的太阳辐射最多，但由于蓄热的长期效应，夏季气温在 7 月或 8 月才达到峰值。由于这种残余的储存热量，1 月和 2 月——冬至后约一个月——是最冷的月份。在高纬度地区，由于白昼较短、太阳辐射较弱，无论是北部还是南部，气温通常都偏低。

小气候

场地可能有不同于周边地区的**小气候**，这是由于较大的气候与特定场地的气候特征(如地形、植被、海拔、大型水体的靠近程度、景观和风力模式)相互作用产生的。建筑物可以通过改变雨水的方向来滋养植物，通过阻挡或引导风向，以及在大量材料中储存热量来调节或维持高温，从而影响小气候。因此，选址要考虑它的微气候优势。

热　岛

城市有时会建立自己的微型气候**热岛**。这些岛屿的全年气温相对温暖，由空调、火炉、电灯、汽车发动机和建筑机械等热源产生。热岛的热量差别很大，这取决于它的位置、季节和一天中的时间段，以及它所包含的建筑物。

城市往往比周围地区多云，而且由于积聚的热量，往往会有更多的雨，雪却相对较少。风在密集的建筑物之间流动。垂直的高墙和狭窄的街道可以减少太阳辐射。太阳的热量被巨型建筑物表面吸收后又重新辐射出去，只有很少的热量被反射回到昏暗的夜空。高度反光的玻璃表面使光变得更强，增加了邻近建筑物的夏季制冷负荷。大城市中建筑物所产生的对流上升气流，会对区域性气候造成影响。

气候类型

对环境敏感的建筑物要根据场地的气候类型进行设计。经过几百年反复试验和不断试错而演变来的土著建筑，提供了适合四种基本气候——寒带、温带、干热和湿热——的建筑模型。

寒带气候中的设计

寒带气候的特征是冬季寒冷漫长，夏季短暂，偶尔炎热。寒带气候通常位于北纬或南纬 66.5°~90°的地区；美国的北达科他州就有部分地区属于寒带气候。

图 1.12　19 世纪 90 年代拓荒者在内布拉斯加州麦克库克附近建造的洞穴屋

为寒冷气候设计的建筑物要重视保暖性。尽量减少建筑物的表面积可以减少暴露在低温中的面积。建筑物的朝向便于它吸收冬季阳光的热量。被动式太阳能供暖通常用于支持没有机械辅助情况下的保暖。寒带气候地区的建筑物窗户相对较少，以控制热量损失；窗户可能需要设计防风功能。

将建筑物建在朝南的山坡里，就像把建筑物埋在地里一样，可以减少热量损失，同时还可以防风(图 1.12)。

温带气候中的设计

温带气候的特征是冬天寒冷、夏天炎热。温带气候位于纬度 23.5°~66.5°，如华盛顿特区。

温带气候青睐这样的设计：天气炎热时能促进

空气流动，冬天又能抵御寒冷的冬季风。为温带气候设计的建筑物采用冬季供暖和夏季降温的设计，特别是在潮湿的地区。在北半球，朝南的墙壁暴露在冬日的阳光下；而在夏季，房屋的东、西两侧及屋顶则处在阴凉之中。冬季落叶的阔叶树在炎热的天气中可以保护建筑免受阳光照射，并允许冬季的阳光照射进室内(图 1.13)。

图 1.13 20 世纪 30 年代温带气候地区的房屋

在保温良好的建筑物内添加蓄热材料，有助于使通过窗户的太阳能热增益与热损失，与内部活动产生的热增益保持均衡；同时也能缓和夏季白天的高温。

干热气候中的设计

炎热干旱气候地区的夏季漫长而炎热，冬季短暂但阳光充足。每天的温差波动大，黎明时气温最低，下午最热。冬天非常寒冷。美国的亚利桑那州的部分地区就是干热气候。

干热气候条件下的建筑物以控制热量和阳光为特色。那里的建筑常常试图利用风和雨来降温及增加湿度，并充分利用凉爽的冬日阳光。

图 1.14 1880 年美国新墨西哥州的陶斯普韦布洛村

干热的气候设计为东、西侧和屋顶提供夏季遮阴。当热量从外部缓慢移动到内部时，它们利用巨大的墙壁来创造一个时间差(图 1.14)。具体策略包括遮蔽小窗户和户外空间，以避免阳光射进室内，也会用浅色的室内色彩来漫射有限的日光。

封闭的庭院可以提供阴凉之地并促进空气流动，而喷泉、水池和植物则会增加湿度。在干热的气候中，阳光照射的表面应该是浅色的，以便尽可能多地反射阳光。

湿热气候中的设计

湿热气候有很长的夏季，季节性变化很小，温度相对恒定。天气总是闷热而潮湿的，新奥尔良州就是这样的气候。

为湿热气候设计的建筑物利用遮光物来减少太阳能热量的增量，利用大窗户、飞檐和百叶窗来增加凉爽的微风。尽管在冬天，有些阳光是有利的，但这里的房屋还是尽量减少东、西两侧的暴露，以减少太阳能热量的增加。高高的天花板可以容纳大窗户，并有助于空气分层，使较凉爽的空气处于居住者的活动高度，而较暖的空气则从上层空间离开。地板可以高出地面之上(图 1.15)，

其他气候设计的实例可以在第二章“为环境而设计”和第十二章“热舒适原理”中看到。

图 1.15 新几内亚克拉伦斯山区的树屋

使地板下有供空气循环的架空层。

场地条件

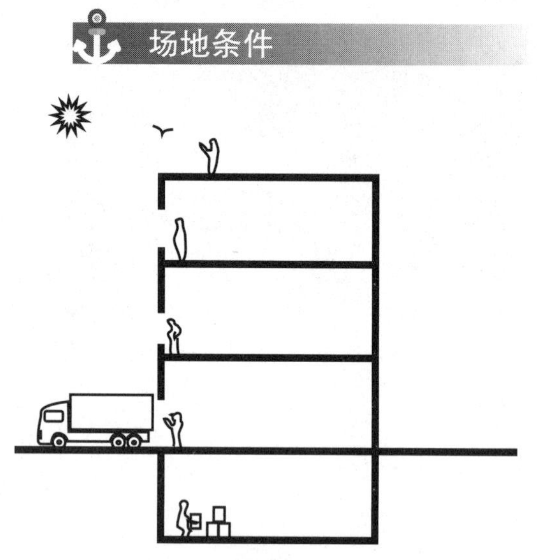

图 1.16　建筑物可以使用的层

建筑师分析建筑工地的地理条件，包括夏季和冬季的日照模式、风场类型、水流模式和小气候条件。他们研究随着垂直距离的变化，到达隐秘处和现场的通道、景色、声音、热量、光线、空气运动和水会发生怎样的变化，并将此信息应用到建筑空间的功能设计中，以匹配建筑物的水平和垂直层设计(图 1.16)。

某一特定建筑场地的气候是由太阳的角度和路径、空气温度、湿度、降水、空气运动和空气质量决定的。建筑设计师根据土壤类型、地表特征及场地的地形描述场地。场地有水域会影响到那里的动植物。居住在该场地的人们会接触并改变这里的景观、热量水平、噪声和其他特征。

建筑物的结构取决于场地上土壤和岩石的状况。建造建筑物可能会拆除或使用当地的泥土、石料等材料。建造建筑物带来的变化会破坏、改变或建立原生植物和动物的栖息地。建造悬空的结构对自然地形和现有植被的干扰最小。收进型屋顶平台有利于日光和新鲜空气的进入。根据建筑规范的要求，平台应符合高度限制(图 1.17)。

一般情况下，公共设施在建筑物边界处与配电系统连接。这些设施包括水和煤气管道，以及供电线路。建筑物燃烧燃料可直接造成空气污染，而供应能源的发电厂和接收废物的焚化炉及垃圾填埋场，则间接造成空气污染。人的存在对环境有很大的影响。

建筑物的内部通过向景观、噪声、气味等干扰物开放或关闭来对周围环境做出反应。内部空间与现场既有的步道、车道、停车场和花园连接(图 1.18)。水井、化粪池系统等地下设施的存在，会影响住宅建筑的浴室、厨房和洗衣房及商业建筑中各种设施的设计。

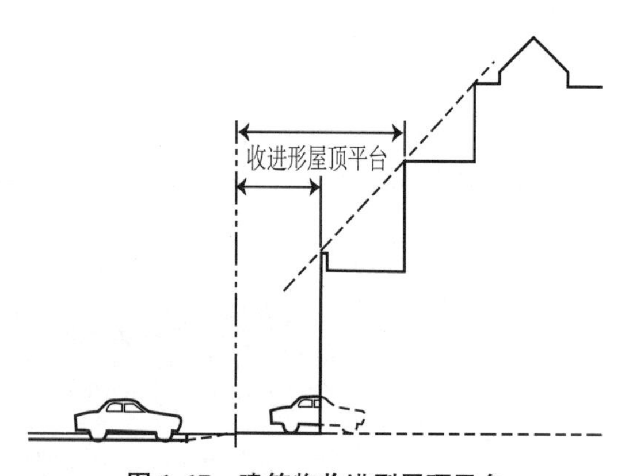

图 1.17　建筑物收进型屋顶平台

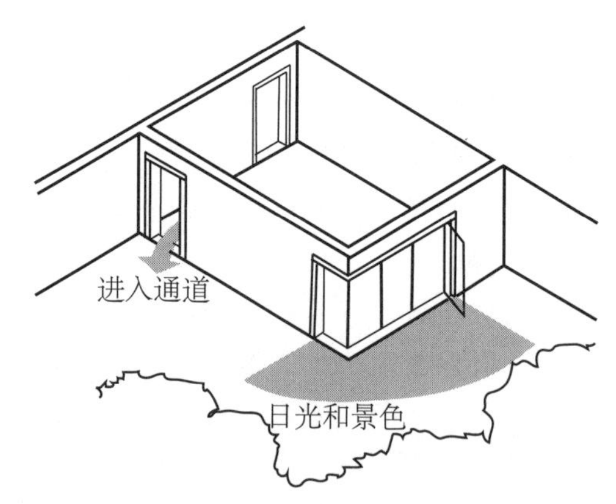

图 1.18　室内与室外的连接

城市的坚硬表面和平行的墙体加剧了噪声的影响。相邻建筑物的机械系统可能非常嘈杂，而且如果不减少空气吸入就很难屏蔽，尽管较新的设备通常比较安静。植物仅能稍微降低噪声水平，但视觉上柔和的外观却能给人一种声音柔软的感觉。风吹过树叶的声音可能有助于掩蔽噪声。喷泉也会对掩蔽声音有帮助。

场地以前的用途

有效的规划可以在尽量减少城市扩张的同时，创造高效、环境可持续的城市形态。在公共交通枢纽附近选址的建筑物避免了矿石燃料的消耗。

影响土地重复利用的是人类的活动，而不是未开发的土地。土地再利用通过使土地恢复其生产性用途来支持土地保护(表1.2)。土地再利用也可以促进贫困地区的经济复苏和社会振兴。

风与场地

风通常在清晨最弱，下午最强。随着季节的变化，风能改变它们的作用，有时风向也会改变。常绿灌木、树木和篱笆可以使低矮建筑物附近的风减慢、分散。

建筑物周围的风场类型是复杂的，建筑物之间的局部风况通常会增加建筑物入口通道外的风速。在遇到障碍物之后，风的流动通常返回原来的流动模式(图1.19)。篱笆和植物这样较低密度的防风林，往往比更密实的建筑材料能够降低风返回的速度。

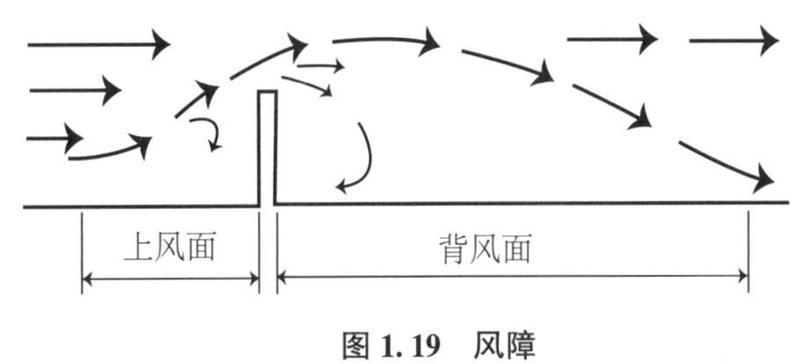

图1.19 风障

表1.2 土地再利用

类 型	说 明	注 解
绿色土地	未开发的天然土地受到人类活动的影响很小或没有影响，包括除农耕之外没有其他活动的农田	应避免基本农田的流失。通过为建筑物选址来支持生物多样性；避免侵占动物栖息地
褐色土地	被遗弃、闲置或使用不当的工业和商业用地，由于实际的或感知到的环境污染而使扩建或重建变得异常复杂	有害物质、污染物或玷污物使土地再利用变得复杂。在旧的基础设施附近且周边有潜在劳动力的褐色土地，可能具备一定价值
灰色土地	荒芜的或废弃的建筑工地，但不一定是被污染的土地	基于城市中可供应土地的缺乏、现有基础设施的薄弱和政府激励措施的匮乏，这种灰色土地也可能是有一定价值的
黑色土地	包括废弃煤矿带和地下煤矿等地区	地表水的pH可能非常低，可能受到了铁、铝、锰、硫酸盐的污染

水与场地

大片水域能够调节白天和黑夜之间，甚至全年的气温；较小水体的蒸发有助于降低夏季的气温。

建筑场地的水可能是沉淀的雨水或雪水，也可能是地下水和土壤中的水分。有些场地提供适于饮用(可饮用)的水，而在有些场地则需要经过处理排除废水。

喷泉、瀑布和树木都能提高场地的湿度、降低温度。白天，大的水体通常比陆地更凉爽，晚上则更温暖，成为缓和局部气温波动并产生近海风的储热库。冬天，它们通常比陆地温暖，夏天则更凉爽。

雨水落在带有飞檐的斜屋顶上，经由排水沟和落水管收集后，或被地表径流带走，或通过雨水下水道进入地下。排水总管是在隔墙内垂直运行的管道，它携带着水，沿建筑结构向下流到雨水道。即使平坦的屋顶也有轻微的斜度，将雨水收集到屋顶的雨水斗中，经由建筑物的内部排到外面。

参见第九章“供水系统”，了解更多雨水利用的信息。

场地和建筑物应设计成能够最大限度地保持场地现场的降雨。屋顶蓄水池和水箱盛载着落在屋顶上的雨水，使地面有更多的时间来吸收地面径流。

植物与动物

建筑场地为各种植物和动物提供了生存环境。牧草、杂草、开花植物、灌木和树木都能够吸储降水、防止水土流失、提供遮阴地和偏转风向。无论是白天还是晚上，长满草的地方都比铺砌的路面凉快。植物在食物和水循环中起着重要的作用，在四季中的成长和变化帮助我们标记时间。在一年中最暖的时段里，它们可以把多余的太阳热量和光照挡在建筑物外。植被在白天吸收水分，晚上再释放掉。植物通过将空气中的微粒吸附在其叶子上，然后再经雨水冲刷到地面来改善空气质量；光合作用可以吸收气体、烟雾和其他污染物。

植物能带给我们愉悦感，还能增强私密性。植物能够衬托或映衬景色，缓和噪声，并在视觉上把建筑物和整个场地连在一起。

落叶植物的叶子的生长和落下，更多地随着室外温度的变化周期而变化，而太阳位置的不同并不是影响植物落叶的主要因素。在北半球，太阳在 3 月 21 日到 9 月 21 日期间达到最大强度，6 月到 10 月这段时间白天的温度最高。此时，植物可提供最多的阴凉(图 1.20、图 1.21)。常青树全年都可以提供树荫，还有助于减少冬季的雪眩光。

图 1.20　夏季能遮阴的落叶树

图 1.21　冬季的落叶树

在北半球，一扇朝南的窗户上，一株落叶蔓生藤在乍暖还寒的春天开始生长，在最炎热的天气里茂盛，为室内遮挡阳光，并适时掉落叶子，迎接冬日的阳光。在寒冷的春天里，把垂直的蔓生藤架设计在东、西立面的效果更好，而水平的藤架则适合任何方向(图 1.22)。葡萄藤的蒸发作用还可以使其邻近区域的气温下降。

白蚁危害是温暖气候中的一个问题。如果该地区有白蚁，建议在开始改造工程之前先进行检查。

细菌、霉菌和真菌将死去的动植物分解成土壤养分。因为蜜蜂、黄蜂、蝴蝶和鸟类要为植物传粉，所以它们都待在建筑物之外。白蚁可能破坏建筑物的结构。建筑物的居住者可能欢迎猫、狗等宠物进入建筑物，却不会允许有害动物入内，如老鼠、浣熊、松鼠、蜥蜴和流浪狗等。

图 1.22　爬满藤蔓的窗格

树　荫

树木发挥遮阴的能力取决于朝向，也与建筑物或室外空间的接近程度，形状、高度和伸展度及枝叶的密度有关。在北半球，最有效的遮阴时间和方向是在早晨的东南部和傍晚的西南部，因为此时，太阳的角度低，还投下了长长的阴影。

树荫下的气温比阳光照射下的气温低 5~11 ℉(3~6 ℃)。在阳光直射下，一面被大树遮挡的墙温度可能会低 20~25 ℉(11~14 ℃)。

这种温度下降是由于树荫加上树叶的蒸腾作用带来的。紧挨墙壁的灌木也会产生类似的结果——限制冷空气的活动并防止气流渗透到建筑物中。有大型树木的社区其气温比没有大树的社区最高可低 10 ℉(6 ℃)。

建筑物的选址与朝向

场地的位置、建筑物的朝向和几何形状，以及当地气候条件都会影响建筑物及其系统的设计。建筑师及其顾问参与得越早，对建筑物的选址和确定建筑物的朝向就越有益。通过跨学科设计团队的密切协调，建筑师可以优化场地的使用和场地与当地环境的整合。设计团队的每一个成员——包括室内设计师——都可以决定场地如何影响他(她)的行为及如何更好地实现可持续的设计目标。

建筑物的朝向与室内布局之间的相互作用有着悠久的历史。古罗马建筑师维特鲁威斯就公共浴室的设计如此写道："必须选择最温暖的位置，即选择一个远离北方和东北方的区域。热水浴和温水浴的房间应该安装西南方向的照明设施，或者，如果条件不允许，至少要从南面采光，因为洗澡的时间主要是从中午到晚上。"(《十大建筑书籍》，多佛出版公司，1960 年)

关于建筑物朝向的考虑包括太阳的方位、地形或相邻建筑、盛行风、可利用的日光和树荫、景物、景观美化和灌溉需求。建筑物的朝向、形式和紧凑性对采暖、制冷和照明系统及节能都有重大影响。建筑物的朝向及其宽度和高度，决定了建筑物如何避开过多的热量或寒冷，以及如何获得良好的通风或光线。例如，为每个房间提供日光和自然通风的愿望限制了多层酒店的宽度。

最大限度地减少暴露东、西两侧的建筑物通常会更节能，尤其是大面积的玻璃幕墙会在夏季吸收热量。用可开合的窗户来确定主立面的朝向，使窗口垂直于主风，这样有助于自然通风。一个东西走向的直线形建筑，其较长的南立面朝向太阳，有利于获取最大量的冬季太阳能。

在设计利用太阳能取暖的建筑物时，必须要注意在温暖的天气中温度是否过高。屋顶为夏季过度的太阳辐射提供了屏障，尤其是在太阳直射的低纬度地区。从屋顶传递到建筑物内部的太阳热能可导致天花板的温度过高。所以可以用耐热材料、高热容材料或屋顶结构中的通风空间，来降低过高的天花板温度。

让建筑物入口远离或避开寒冷的冬季风，并且用气闸、门廊或双入口门来缓冲，可以减少人们进出房屋时室内外空气的变化量。

> 将没有暖气的车库、储藏室或门之间的阳光间，设置在一个有空调设备的室内空间旁边，是控制建筑物中空气损失的非常有效的方法。

室内布局

为了确保建筑整体的兼容性，在建筑物建造的过程中，以及在确立其大致形状、遮阳方法和朝向时，应该考虑室内的布局。

在北半球，最需要热量和光线的房间应位于建筑物的南面。而缓冲区，如卫生间、厨房、走廊、楼梯间、仓库、车库、设备室和杂物间等空间则需要较少的光线和空调，可以设置于北面或西面。对光线需求较高的区域应当利用自然采光。会议室基本不需要透过窗户获取光线和景色，可以设置于远离窗户的地方。因活动或设备造成内部热量增加而需要冷却的空间，应该设置于建筑物的北面或东面。

把适应低温的空间设置在建筑物的北侧，可以节省机械加热和冷却所用的能量。把车库等缓冲空间设在北部或西部，可以保护建筑内部免受冬季的严寒或夏季西面的暴晒。

> 有关日光照明和室内布局的更多信息，请参见第十七章"照明系统"。

> 对室内空间的布局进行规划，尽可能利用标准尺寸的材料和产品，可以最大限度地减少建筑垃圾。

建筑物的开口是光线、阳光和新鲜空气的来源。建筑物开口为人们个性化地选择室内温度和接触户外空气提供了机会。但是，它们不利于控制湿度，还为灰尘和花粉进入室内打开了通道。

既有建筑

既有建筑物往往会被拆除，并被新建筑中的新产品所取代。建筑物再利用是一种更大程度的可持续实践。用**手工拯救拆卸的方法**将建筑物拆除，并将其组成部分重新使用，这是劳动密集型的替代方案，可能需要为工人们提供就业培训，但在能源利用方面是明智的。

历史性保护和适应性再利用是资源回收利用的最高形式。建筑物再利用减少了对新土地的需求，回收利用既有建筑物，减少了材料的使用，也减少了建筑垃圾和垃圾填埋场的数量。通过将旧建筑保存在可用的状态，并保护其原始用途或者找到一个新用途，可以为社会创造一种延续性和文化丰富性的感觉。

对仍在使用中的既有建筑物进行改造，需要把其占用区域从建设区域分离出来并加以保护。必须采取措施控制噪声。在拆除和建造期间，必须防止各种管道和通气道受到灰尘、湿气、微粒、化学污染物和微生物的污染。施工现场应加强通风和废气排放。

第一章介绍了气候变化、能源和场地条件。在第二章中，我们将探讨建筑的围护结构——建筑物外部和内部之间的连接界面——如何控制建筑热流，还将介绍建筑设计过程的基本原理，以及可持续设计如何提高能源效率。

第二章　为环境而设计

建筑物的结构及其环境控制系统都被用来控制室内的热环境。建筑物本身及其环境系统，应共同以一种节能的方式提升其居住者的热舒适性。建筑师和他们的顾问寻找建筑围护结构的被动环境控制与主动机械设备之间的平衡。

> 一旦环境改造的繁重工作已经转由场地和建筑围护结构的被动装置，最好尽可能地将主动装置的作用，限制在只需微调即可使内部环境达到最佳状态的程度……机器，无论多么强大，都不能完全取代建筑师在建筑物选址和配置方面的良好设计判断。因为是建筑物的外壳，而不是机械设备，必须创造满足人类需求的基本条件，无论是精神上的还是身体上的。
>
> 引自爱德华·艾伦，《建筑是如何工作的》(第3版)，牛津大学出版社，2005年。

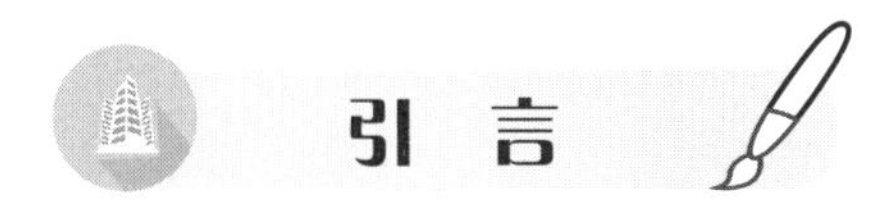

引　言

在第二章中，我们将研究建筑物围护结构和保温材料在热流中的作用，介绍节能设计、建筑的设计过程及可持续设计。

由建筑师、景观设计师、工程师和室内设计师共同参与设计的建筑物，既美观舒适又具有社会意义。有过居住或使用体验的人对此感受尤为强烈。这既需要有对构成和形式的敏感性，又需要有对科学和技术的理解。

建筑师寻求通过物理形式来解释人类居住的想法。他们的目标是设计一种环境，它能在不施加过多外部压力的情况下培养人类的努力意识。

作为设计团队的一员，室内设计师的工作是支持而不是阻碍能源在建筑物的围护结构中流动。他们在被动系统的设计中扮演着重要角色，因而更关注能源的使用。可持续性设计和环保材料的使用得益于室内设计师的技能。室内设计师在住宅和商业建筑的**绿色建筑认证**过程中起着重要的作用。

> 能源与环境设计先锋绿色建筑评价体系(LEED)是一个绿色建筑认证项目，为那些符合先决条件并获得了积分的建筑项目提供资格认证，由美国绿色建筑委员会(USGBC)发起。

建筑的围护结构

建筑就像我们的皮肤一样，是我们的身体和环境之间的交界面。建筑的围护结构是建筑内部与外界接触的地点，是能量、材料和生物进出的地方。建筑的结构、机械、电气和管道等系统相互交织，创造出一个内部环境来支持我们的需求和活动，并对外部天气和场地条件做出反应。反过来，建筑本身及其场地也受到地球更大的自然模式的影响。

建筑的围护结构包围并保护内部空间。它提供了一个遮风挡雨的屏障，防止人们受到阳光和恶劣气候的伤害。围护结构的入口是建筑物内部和外部世界之间的过渡地带。

围护结构可以接纳或排斥热增益，容纳内部热量，并消散多余的内部热量。建筑物的表面主要通过表面温度影响居住者的舒适度。反过来，当空气拂过温热的表面时，也可以改变空气的温度。空气流动和相对湿度对冷却很重要。此外，空气质量对于大多数建筑物的供暖和制冷都很重要。

历 史

历史上的建筑设计已经展示了许多方法，来设计适合当地环境而不使用机械设备的庇护所。

草皮房屋主要由德国和斯堪的纳维亚移民定居在美国和加拿大的大草原上时建造的，那里冬季寒冷，夏季炎热(图 2.1)。大草原上粗壮而坚韧的草根可以被切割成长方形，然后横放在两英尺(约 0.6 米)厚的墙壁里。房屋的南侧有一扇门和两扇或更多的窗户，通常每一侧都有一扇窗。房屋使用了各种各样的屋面材料。草皮房屋隔热良好，但容易潮湿，易受雨水侵害，需要经常维修。草皮房屋的内墙由帆布或灰泥铺成。草皮房屋冬暖夏凉，不易发生火灾。

在炎热干旱的中东沙漠地区，阿拉伯帐篷是历史上游牧民族的房子(图 2.2)。帐篷由轻型木杆架搭建而成，上面覆盖一条手工编织的毯子。这是一个重量轻、模块化的移动庇护所，能提供阴凉和促进空气运动。

图 2.1　美国内布拉斯加州安塞尔莫镇的草皮房屋

图 2.2　传统的阿拉伯帐篷

在传统的建筑中，通过被动系统提供取暖、冷却和采光，来躲避天气带来的危害。在北美洲的大部分地区，精心设计的屋顶、墙壁和窗户及室内的表面，可以在一年中大部分时间里使室内的温度舒适宜人。做好计划可以让我们避开最不舒服的时间，午睡的传统表明了这一点。

建筑围护结构被认为是分隔室内与室外环境的屏障。建筑师创造了一个独立的环境，工程师用能源设备来控制环境。控制空气湿度、空气运动和污染物含量的愿望造成了封闭建筑物的趋势，除了通过受控的机械设备输入外，将室外空气排除在外。这导致了日光、视野和有用的太阳能也被排除在外。

动态围护结构

建筑围护结构不必是屏障，而是可以动态地封闭室内空间。美洲原住民的帐篷就是一个传统的动态建筑围护结构(图 2.3)。

现在，节约能源的需要鼓励我们，将建筑围护结构视为一个与外部自然能源的力量和内部建筑环境相互作用的动态边界(图 2.4)。围护结构要恰当地与场地的资源——阳光、风和水——相协调。控制好这个边界就可以平衡建筑物内外的能量流动。

图 2.3 苏族人的圆锥形帐篷

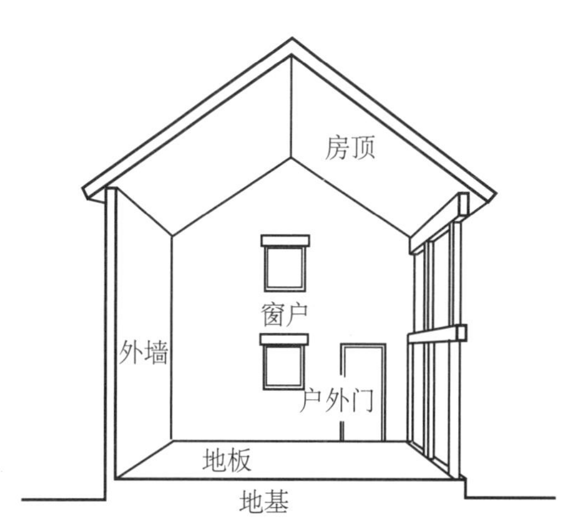

图 2.4 建筑物的围护结构

建筑围护结构的动态元件包括可开合的窗户、窗口的遮阳设备和隔热的百叶窗。动态建筑围护结构对变化中的条件和需求有敏感度，可以让太阳的温暖和光亮、微风和声音进入室内，也可以将它们拒之门外。围护结构的开口和屏障可以是静态的，如墙壁；可以进行开/关的操作，如门；也提供可调节的控制，如百叶窗帘。究竟哪一种建筑结构的解决方案是适当的，取决于所需选项的范围、当地可用的材料及当地的风格偏好。

有关建筑如何影响热舒适性的更多信息，请参见第十二章“热舒适原理”。

建筑围护结构的灵活性越大，提供适当的控制就越重要。改造往往是出于审美和实用的需要。住宅建筑的住户改造围护结构，通常是为了适应太阳的角度和室外温度的变化，或者是为了在挡住昆虫的同时引入微风。在寒冷或阳光明媚的日子里，热色调和其他窗户处理方法，可以阻止被动式太阳能收集热红外线(IR)辐射。用于采光和太阳能控制设备的其他用户控件包括遮阳篷、遮光窗帘和半透明窗帘。

有关窗户处理的更多信息，请参见第六章“窗和门”。

动态围护结构要求用户理解如何、为什么及何时进行调整，这需要从设计者到相应的建筑人员的相互沟通或使用自动化控制系统。

建筑围护结构的不导热部件，如实心墙、地板和屋顶，通常被视为热量、光线、空气和噪声的固定屏障。它们阻止热传导的能力各不相同，因为它们的结构、朝向和选材各不相同。

建筑的围护结构与规范

如今，建筑设计要符合能源规范和客户制定的能源标准，因此建筑设计人员必须能够评估建筑围护结构的性能。随着新概念和新节能产品的使用，设计者需要对其进行分析。

美国采暖、制冷与空调工程师学会(ASHRAE)是一个全球性协会，旨在通过可持续的技术，创造节能舒适的建筑环境，以给人类带来福祉。它通过调研、编写标准、出版活动和继续教育等方式，致力于构建系统、节能、室内空气质量、制冷和可持续性发展的标准。

在北美洲，对非住宅建筑热围护性能的建筑规范要求，通常是在《ANSI/ASHRAE/IES 标准 90.1-2013——非低层住宅建筑的建筑能源标准》中提出的。住宅建筑通常符合《国际节能规范》或《ASHRAE 住宅能源标准 90.2》的要求。

这些规范中的标准是建筑围护结构的最低要求。**美国绿色建筑委员会(USGBC)**在**能源与环境**

设计先锋绿色建筑评价体系(LEED)评级系统中要求：围护结构的设计要超过这些标准的 15%~60%。符合 LEED 标准的建筑通常使用能控制日光和太阳能的元素。

外　墙

外墙是建筑围护结构的一部分。它们支持垂直荷载和水平风荷载。外墙控制着建筑物内外的热量、空气、声音、湿气和水汽进出建筑物。建造外墙是为了抵御风吹雨淋和日晒，以及增强耐火性。坚固的外墙作为**剪力墙**，将侧向风荷载和地震荷载传递给建筑物的地基。外墙可以在施工细节上多样化(图 2.5)。

建筑物的垂直结构支撑通常由承重墙或梁柱框架提供。承重墙通常是相互平行建造的(图 2.6)。

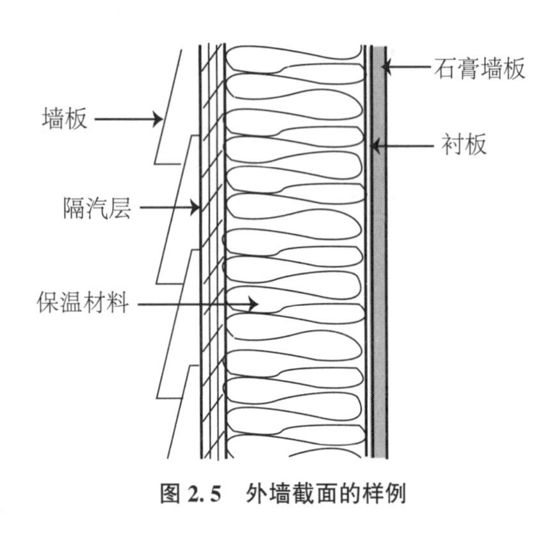

图 2.5　外墙截面的样例

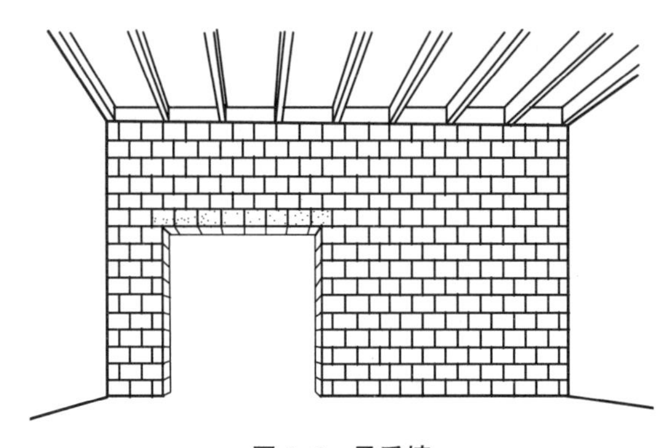

图 2.6　承重墙

有关承重墙的更多信息，请参见第五章“地板/天花板组件、墙壁和楼梯”。

幕墙是对非承重的外墙表面的处理(图 2.7)。幕墙的框架或面板由单根柱、立柱与外墙托梁的组合结构或楼板的边缘支撑。幕墙的结构支撑可以位于其表面平面的前面、内侧或后面。

智能幕墙

智能幕墙也被称为双层幕墙或气候墙。智能幕墙有一个额外的玻璃外墙，这层外墙可以由太阳能控制，也能**自然通风**。智能幕墙可以把被动式太阳能的收集、遮阳、采光和增加热阻等功能与机械系统结合起来。

智能幕墙通常包含一个双层玻璃单元，毗邻一个 6~30 英寸(约 152~762 毫米)深的气室，外面是一层**安全玻璃**(符合消费者产品安全委员会测试要求的玻璃)。百叶窗帘和可开合窗户使幕墙具有了活力。智能幕墙的设计有利于舒适的通风和夜间散热，同时防止雨水、噪声和大风进入。

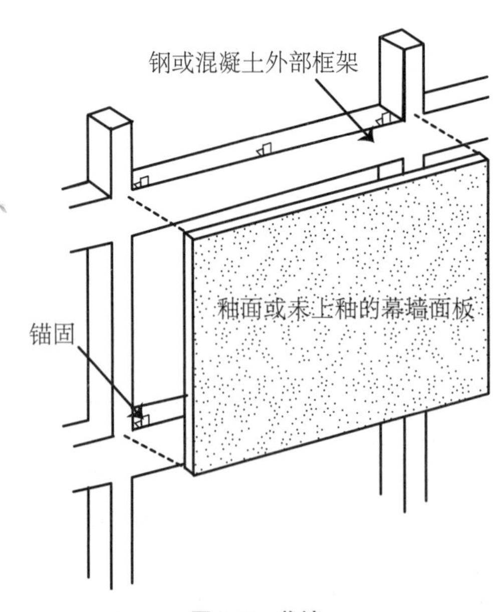

图 2.7　幕墙

屋 顶

屋顶可以控制热辐射、温度、湿度和气流。登上屋顶可以远眺美景。屋顶也能在视觉上营造私密性。屋顶是建筑物结构支撑的一部分，能够阻挡生物进入，也用于防水和控制火势。它们也可以是净水的来源，也可以保护声音的私密性。

屋顶暴露在极端的天气条件中。热屋顶是夏季供暖面临的问题。晴朗夜晚的辐射损失可以使屋顶的温度降到低于室外气温的程度，这在夏天可能是好的，但在冬季却很糟糕。

建筑师可以将屋顶视为建筑物内部空间的主要遮蔽元素。屋顶的形状和坡度必须与屋顶的类型相适应。屋顶的结构也控制着水汽的传递、空气的**渗透**(渗漏)及热量和太阳辐射的流动。屋顶可能需要防火。

建筑物的屋顶系统可以保护室内空间(图2.8)。屋顶结构必须足够坚固，才能够跨越空间，承载自身重量及所有附加设备和雪或雨的重量。此外，屋顶必须能抵抗侧向力和**地震力**及风力的抬升。屋顶的结构体系必须与柱和承重墙系统相对应。这会影响室内空间的布局和屋顶结构支撑的天花板的类型。长的屋顶跨度使内部空间更加灵活，而较短的屋顶跨度则可以使空间划分得更精细。

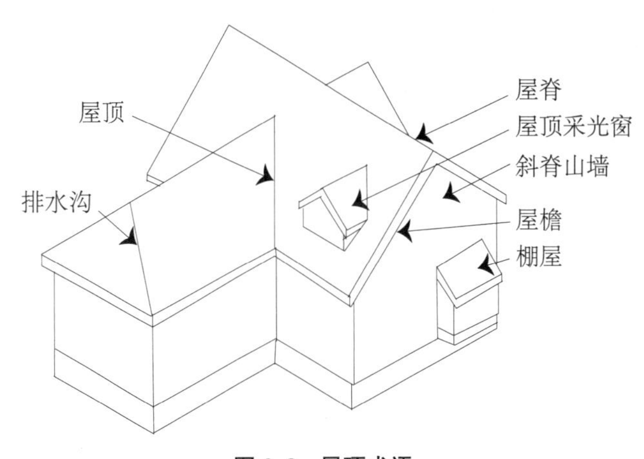

图2.8 屋顶术语

屋顶形式

屋顶结构的形式对建筑物的外观有很大影响(表2.1)。它们要么是平的，要么是由一个或多个斜坡组成。水顺着倾斜的屋顶流到屋檐上，可能是可用的。斜屋顶下的内部空间可以使用。

表2.1 屋顶的形式

形 式	说 明
平屋顶	倾斜率通常为每英尺0.25英寸(约6毫米)，通常通向屋内下水道
斜屋顶	一个或多个斜坡
棚屋顶	一个人字形的坡
人字形屋顶	从中央脊向两侧倾斜，在每一端形成一个三角形的山墙
复折屋顶	一个斜屋顶，每一侧有一个较浅的上坡和一个较陡的下坡
四坡屋顶	倾斜的边像人字形屋顶，但端部也倾斜，与中央脊相连接
折线形屋顶	类似于一个较浅的四坡屋顶，设置在一个较陡的中下部分之上

屋顶保温材料与阁楼

建筑物可以通过屋顶获得大量热量。这种增益可以通过使用额外的隔热材料和反射太阳的辐射来减少。白色屋顶可以反射一半的热量，而黑色屋顶则会吸收这些热量。

平屋顶的隔热材料安置在屋顶平台的顶部，以避免结构件、照明器材或通风管道等穿透隔热层。隔热层应沿着椽子或倾斜屋顶桁架上的顶线布置。重要的是要把管道系统设在隔热层的室内一侧。

在寒冷的天气条件下，屋顶下面没有隔热层的阁楼，有时是由隔热的天花板与房子的居住空间隔开的。虽然阁楼没有隔热，但它仍然可能比室外暖和。阁楼向室外排气可以使其散发水汽，以免水分通过隔热的天花板进入室内。

绿色屋顶与屋顶花园

绿色屋顶，也叫作植被屋顶，是一种天然的屋顶覆盖物，通常由种植在轻质土壤中或防水膜上面的生长介质中的植物组成(图 2.9)。这种天然的覆盖物可以保护屋顶膜不受日常气温波动和紫外线(UV)辐射的影响。绿色屋顶能够控制雨水的径流量，改善空气和水质。它们有助于减少城市的热岛效应。绿色屋顶可以帮助稳定室内空气的温度和湿度，降低采暖和制冷成本(表 2.2)。

表 2.2　绿色屋顶的类型

类　型	说　明
精细型	种有较大树木、灌木和草坪，且带有灌溉和排水系统的屋顶花园，至少需要 12 英寸(约 305 毫米)的土壤深度。屋顶板通常是混凝土材质
粗放型	低维护。通常使用 4~6 英寸(约 102~152 毫米)深的轻质生长基，来种植小型、耐寒的植物和粗草。混凝土、钢或木质屋顶板
模块化	装着 3~4 英寸(约 76~102 毫米)工程土的阳极氧化铝容器，或再生聚苯乙烯托盘里养着生长缓慢的植物。固定在每个模块底部的垫圈保护屋顶表面并控制排水

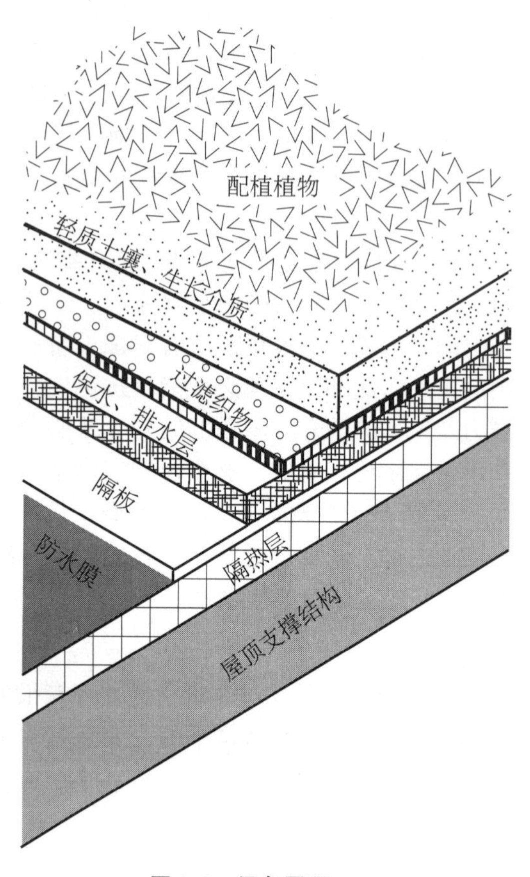

图 2.9　绿色屋顶

绿色屋顶的价值在于创造了野生动物的栖息地，使建筑物和城市更加人性化。一个小的绿色屋顶可以被设计成屋顶花园，供居住者使用。

有关建筑物基础的信息，请参见第四章“建筑的形式、结构与元素”。

绿色屋顶必须建在足够坚固的框架上，并且要仔细做好防水，因为一旦植物生长就位，就很难发现漏水的位置。对屋顶植被的护理必须是不间断的。

热流与建筑围护结构

我们已经研究了建筑围护结构的物理部分，现在研究热流如何通过围护结构。这涉及一些术语和热力学基础知识。

术　语

在讨论能量流时，有几个术语非常有用。当考虑电气和热设计的基础知识时，这些术语将会被重新审视，但是现在的介绍将有助于我们了解建筑围护结构及其与可持续设计的关系。

(1) **功率**是指在单位时间内所做的功的多少。

(2)**能源**是指向建筑物提供能量的资源。

(3)**显热**是当有温差时流动的热能形式。作为所有材料中原子振动的内部能量，热能的流动是很明显的。材料的温度表明了这种振动的程度、材料内部的热量密度。显热会导致温度的变化。

(4)**潜热**是指用来改变物质状态(如蒸发水分)的可感热，如蒸发水。潜热会导致水分含量的变化，通常是空气中湿度的变化。显热流和潜热流合起来等于总热流。

(5)**热阻**是建筑物在室内外温度稳定的情况下，通过围护结构的任何部分获得或失去热量的速率。粗略地说，材料的热阻与其密度成反比。

热力学

热力学是科学的一个分支，研究热能与其他形式能量之间的关系。掌握热力学原理对于理解建筑物围护结构的能效至关重要。我们在此将尽量简化。

温度变化的规律

热力学定律是物理学的基本定律。它们定义了温度、能量和**熵**的物理性质(倾向于下降或无序)。热力学的第一和第二定律，对于理解热能(热量)如何从一个物体流向另一个物体来说非常重要。

热力学第一定律指出，能量既不能被创造也不能被消灭。在一个环境中，能量的总量保持不变，可以从一个地方转移到另一个地方、从一种形式转变为另一种形式。在建筑物中，为了达到不同的目的，可以反复使用相同的能量，这样就提高了能效。

热力学第二定律表明，无序是事物正常本质的一部分。它指出，随着时间的推移，能量日趋降低。每一次形式转换都会损失一些能量。理想的情况是，把高质量的能量储备起来用于高质量的用途，如照明和运行发动机。一旦降为低质量的能量，则用于空间加热或水加热。

这些物理定律与建筑材料和系统的维护有关，需要定期添加能量和材料以抵抗自然的力量。热力学定律在采暖、通风和空调系统等设计方面都有具体的应用。

热力学的另一个定律——热力学第零定律，也同样适用。**热力学第零定律**有助于给温度下定义。它指出，如果两个热力学系统中的每一个系统都与第三个热力学系统保持热平衡，则它们彼此也必定处于热平衡。热量只从较高的温度流向较低的温度，因此热量流动需要温度上的差异。

热流与围护结构

通过建筑物的热流取决于季节(冬季向室外流动、夏季向室内流动)，其路径要么通过建筑物的外壳材料，要么通过与户外的空气进行交换。热量从外部流入建筑物或从建筑物内部流出，取决于建筑物内外部的温度差、建筑物围护材料的热阻及围护结构存储热量的能力。

建筑物围护结构吸收或损失多少热量，受到围护结构外部构造及建筑物外部风速的影响。构成建筑外壳的每一层材料，都应有助于阻止热量流入或流出建筑物。所阻挡的量取决于构成围护结构材料的性能和厚度。比重大且结构致密的材料对热流的阻力通常比轻型材料小。

墙壁和屋顶的某些部分，如金属框架柱，比其他部分更快速地传递热量(图2.10)。这些结构部件被称为**热桥**，它们在隔热良好的组件中损失热量明显。当天花板或墙壁中有热桥时，较冷的区域会吸引冷凝水，这种水有可能污染室内的装饰面。木立柱比金属立柱传导的热量少(图2.11)。

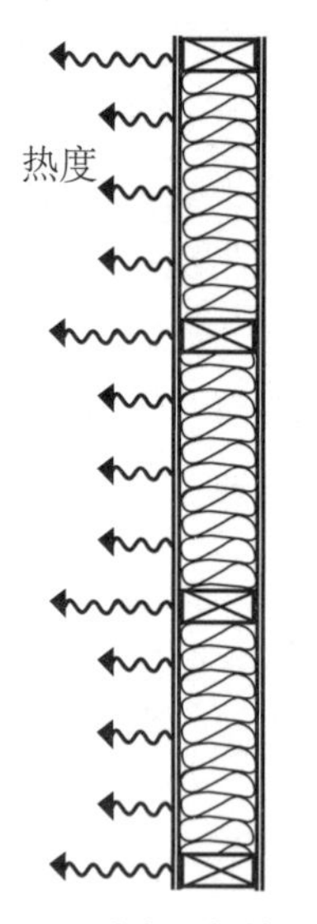

图 2.10　通过木立柱墙的热桥

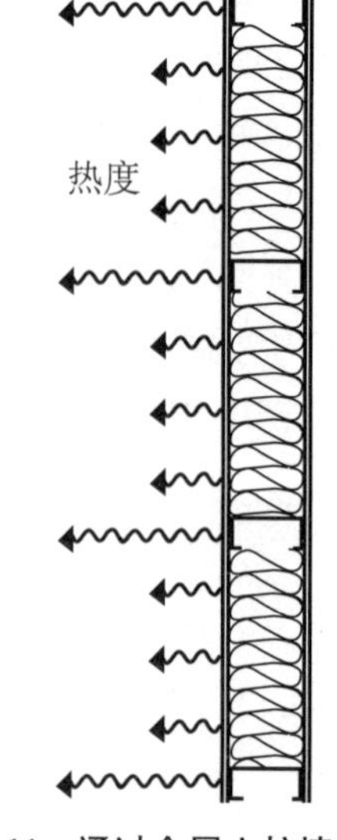

图 2.11　通过金属立柱墙的热桥

建筑师通过增加隔热层或反光片，或者创造更多的空气间层来增加热阻。建筑围护结构两个表面之间，只有在空气流通不足的情况下才能有效地抵御气流。空气间层的厚度通常不是很重要，但是空气间层的数量却很重要。高效的保温材料(如玻璃纤维棉隔热层)包含多个空气间层，其隔音效果比仅有空气间层要好。高水平的隔热处理可以保持舒适的室内温度、控制冷凝和水分问题，并可减少围护结构的热量传递。

紧密结构和保温包层的使用大大减少了渗透。隔热的围护结构在整个建筑物中形成一个连续不间断的热封套，大大提高了建筑物的保温性能。

热容量

材料储存热量的能力称为**热容量**。用高热容量材料建造的建筑围护结构，可以通过白天储存热量、夜间释放热量来减少热量的流动。这不仅可以减慢热量流动速度，还可以减少进入建筑物内部的多余热量。热容量与质量大致成正比。

内部和表层荷载主导的建筑

建筑形式也会影响热量进出建筑物的方式。高大厚重的建筑物可以保护大量的楼内面积免受室外天气的影响。电气照明所产生的热量足以使建筑物在冬天保持温暖。这类建筑被称为**内部荷载主导的建筑**，这样的建筑全年都需要空调。

就单薄型建筑物来说，其内部空间几乎都有一堵外墙，冷天需要取暖、热天需要制冷。电照明所提供的热量达不到那么多，因为日光能满足大多数白天的需要。这类建筑物被称为**表层荷载主导的建筑**。

热量和水分的流动过程

当物体与其周围环境的温度不同时，热量就会从较热的地方流到较冷的地方，水分从集中度较高的区域流向集中度较低的区域。这两种情况都会发生在建筑物的围护结构中。

显热可以导致温度的变化。显热是通过以下三种方式获得或损失的：

(1)**对流**是流体(通常为空气)与固体之间的热量交换。流体的运动缘于加热或冷却，在传热程度上起着关键的作用。

(2)**传导**指的是分子与分子之间的热量传递。它可以发生在材料内部或不同材料之间，分子的接近程度(材料密度)在热传递的程度中起关键作用。

(3)**辐射**是热量通过电磁波从较热的表面流到不相连的、较冷表面的过程。辐射发生在空旷的空间内和很远(如太阳和地球之间)的距离之间。

另一个可能发生在建筑物围护结构内的过程是**蒸发**，它将热量从潮湿的建筑物围护表面带走。水分蒸发时，由液态变为蒸汽，并失去潜热。蒸发对建筑物的影响比对人体小得多；通过围护组件和经由空气失去水分，是建筑物中潜在热增益和热损耗的主要手段。

通过建筑围护结构的热量传递受围护结构的表面积、建筑材料、厚度、日照、遮阳、外部颜色、环境温度和内部空间温度的影响。

热量是通过围护结构的固体包层进行传导的，并通过辐射和对流通过围护结构的气穴传播。内部气流使空气分子与室内表面接触，从而在空气和室内表面之间传递热量。

一旦热量移动到墙体的固体材料内部，热量就会被传导。在墙柱之间的空隙中，热量通过对流或辐射在其中流动。

当热量被传递到空气中时，靠近墙壁的一层空气的温度就会上升，然后在暖空气的浮力作用下继续上升。从空气传递到室内表面的热量冷却下来，变得更重，密度更大，逐渐下降，循环模式发生了逆转。热量辐射发生在内部表面和房间内容物之间、外部表面和建筑环境之间。

通过建筑物围护结构的热传递，可导致建筑物内的显热损失和热增益。人的存在不仅使潜热量增加，还增加了空气中的湿度和通风控制设备。如果室外潮湿，这些设备的制冷负荷就可能会增加。

热质量

坚实的结构会导致**热滞后**，从而产生更稳定的条件。美国西南部的土坯建筑就是一个很好的例子(图2.12)。在建筑物东、西两侧及屋顶上的坚实结构，能最大限度地减少夏季太阳能的热增量。

当太阳热度最高的时间与室内热量需求量最大的时间不同时，热滞后是有用的。由于被动式太阳能供热系统的温度是由太阳控制，而不是由恒温器来控制的，所以室内温度每天都有变化。

图 2.12 1940 年新墨西哥州馅饼镇的土坯房内部

> 有关热质量的更多信息，请参见第十二章“热舒适原理”。

在炎热的夏天，热质量也可以防止室温上升得过高；冬天，被太阳晒热的表面有助于创建一个比正常室温低5~10 ℉(3~6 ℃)的舒适空间。

热损失

建筑物通过传输、渗透和通风，使热量通过围护结构消耗掉。损失的多少取决于暴露的面积、室内和室外的温差，以及建筑表面的热阻。通过紧凑的设计、建筑物之间共用墙的使用及保温材料的使用，可以减少建筑物的热损失。

渗透造成的热量损失取决于室外冷空气进入建筑物的量，以及室内和室外空气的温差。它是通过换气方法或裂缝法计算的，两者都不是很精确，通过鼓风机门测试更准确(图2.13)。鼓风机门测试装置经常用来评估对既有的住宅建筑进行隔离的必要性。鼓风机门测试的操作简单，在考虑翻新旧建筑时非常有用。

> 有关渗透和通风的更多信息，请参见第十三章“室内空气质量、通风和湿度控制”。

热增量

建筑物通过传输、渗透、通风及太阳对热质量的影响来获得热量。它们也从内部热源获得热量，包括人员、照明和机械设备。

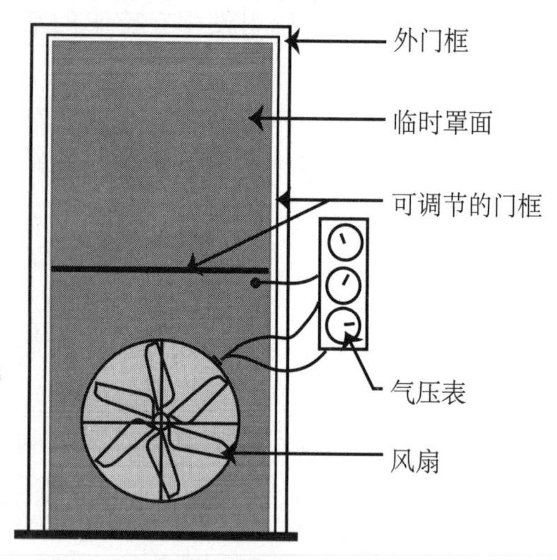

图 2.13 鼓风机门测试装置

通过指定浅色的饰面，室内设计师可以减少太阳辐射通过玻璃和加热不传热表面所产生的热增量。

U-因子和 R 值

U-因子(有时称为 U-值)是热量流过建筑物围护组件的稳态速率的表达式。它们被用于规范和标准中，是由工程师指定的围护结构散热设计的标准。

开窗是指在建筑物的立面上设置窗户和门。

U-因子包括建筑物围护组件中的所有元素和所有合理的传热方式(对流、传导和辐射)，包括经过窗户和天窗的热流。由于窗户或天窗各部分之间的热流率不同，情况比较复杂。美国国家门窗评级委员会(NFRC)将这些变化组合成一个单位的单一值。U-因子越低(通常小于 1)，特定温度差的热流越低。

R 值测量特定材料的热阻。R 值是 U-因子的倒数。它表示对热流的抵抗程度，即建筑物围护结构元件的隔热能力。U 值越低，R 值越高，隔热值就越高，因此，R 值越高，材料传导热量所需的时间越长。这是经实验证实了的。

欲了解门窗的 U 值和 R 值，请参见第六章“窗和门”。

建筑物围护结构所使用的材料及其结构组件会影响其 R 值(表 2.3)。结构的朝阳方向和暴露于强风的面积也会影响穿过屏障的热量。通过了解 R 值及所需的室内温度和室外气候条件，工程师可以估算出建筑围护结构抵御热传递的能力，并调节室内条件以获得热舒适度。

表 2.3 室内材料的 R 值

类　别	材　料	R 值
内墙饰面	0.5 英寸的干墙	0.45
	5/8 英寸的干墙	0.56
	3/8 英寸的镶板	0.47
地板	3/4 英寸的地板胶合板	0.93
	5/8 英寸的刨花板垫层	0.82
	3/4 英寸的实木地板	0.68
	瓷砖、亚麻油毡	0.05
	地毯、纤维垫	2.08
	地毯、橡胶垫	1.23
空气膜	室内天花板	0.61
	内墙	0.68
气室	0.5~4 英寸	1.00

透过围护结构的水分

水以液体和蒸汽的状态通过建筑物的围护结构。空气中含有水汽，水汽从集结度较高的区域向集结度较低的区域移动。夏天，水分通常流入装有空调的建筑物中，使室内空气的湿度增加。这就需要除湿，通常通过消除新增水分凝结所需的潜热的方法来除湿。冬天，则可能需要向空气中添加水蒸气来达到所需的相对湿度。这通常是通过增加潜热以获得蒸发水分来实现的。

蒸汽压

蒸汽压是蒸汽与其液体或固体形式接触时产生的压力。蒸汽压的差异造成水分在建筑物围护结构组件中的流动。在组件中有空隙的地方，水汽由气流携带而行。凝结在围护结构内的水汽可使绝缘材料失效，损坏木结构元件，并滋生霉菌。水容易渗透到许多建筑材料中，包括石膏板、混凝土、砖、木材等绝缘材料，以及大部分内部装修材料。

蒸汽缓凝剂

蒸汽缓凝剂是阻止水汽通过围护结构组件的材料。它们是非常薄的薄膜，在围护结构内几乎不占任何空间。蒸汽缓凝剂有时被称为蒸汽屏障，但这是一个不太准确的术语。

在墙壁内、屋顶或地板上放置蒸汽缓凝剂是至关重要的，放置位置因建筑类型和当地气候的不同而变化。蒸汽缓凝剂应在蒸汽接近其露点之前(即液滴开始凝结和露水形成的温度)，阻止水汽在围护结构组件内流动。

蒸汽缓凝剂应该安装在装饰材料的下面且温暖的一侧，但是温暖面是可以改变的。在寒冷气候中，温暖面在室内；而在炎热的气候条件下有空调的建筑物里，温暖面则在室外。在不太热或不很冷的气候条件下，是不需要蒸汽缓凝剂的。当给既有建筑物添加隔热材料时，设计人员应考虑这些材料对蒸汽缓凝剂的类型和位置的影响。

在围护组件内的适当位置放置塑料薄膜而不是乙烯基墙纸，或在内墙表面涂一层蒸汽缓凝漆，能更好地防止水汽迁移。这种塑料薄膜还有助于阻挡气流通过围护结构。但是在有水汽问题的老旧建筑中，安装蒸汽缓凝剂通常是行不通的。一个替代方案是堵塞墙壁中的漏气孔，并在暖侧墙面涂上一层油漆，也可用一种特殊的蒸汽缓凝涂料。

围护结构的热性能

20世纪建造的建筑往往忽视了围护结构的能效，依靠由廉价石油驱动的机械设备去创造想要的内部环境。1973年的石油危机改变了这一局面，节能设计成为当务之急。

自20世纪70年代以来，围护结构的能效得到大幅提高(表2.4)。更厚、更好的墙体和屋顶隔热材料改善了R值和U-因子。优质的窗户材料和结构提高了窗户的整体性能。

表2.4 围护结构能效的改进

产 品	说 明
结构保温板(SIP)	夹在定向刨花板(OSB)之间的硬质泡沫，用于墙壁和作为屋顶结构的部分。与现场组装的框架系统相比，采用壁厚较小的绝缘芯和蓄热表面，气密性和绝缘性更好
气凝胶	质轻、透明、多孔的二氧化硅气凝胶可以在不使用氯氟烃的情况下发泡成空腔。添加碳以吸收红外辐射，增加其R值
充气板	密封的塑胶袋用于隔热，用由高分子薄膜和低导电的氩、氪或氙气合成的蜂窝挡板封闭

保温材料

保温材料既能减少热增量和热损失，也能减少气流。当保温材料用于外墙、天花板，特别是窗户时，室内的舒适度明显提高。保温材料还有助于控制室内平均辐射温度。

平均辐射温度(MRT)是工程师用来表示室内空间及其陈设如何在特定位置向人体辐射热量的数值。平均辐射温度测量空间中每个表面的温度，并确定空间中要测量平均辐射温度的地点的具体位置。它要考虑每个表面发射多少热量，以及表面位置与要测量平均辐射温度的点有何关联。平均辐射温度是通过详细分析和复杂计算得出的。平均辐射温度非常抽象，不能直接测量。

保温材料可降低通过增加平均辐射温度来加热内部空间所造成的能量消耗。保温材料是防止建筑物围护结构热量损失的主要手段，因此，用保温材料把建筑物从上到下保护起来很重要。在寒冷气候中，房屋中任何一个加热区域与未加热区域相连接的地方都应做保温处理(图2.14)。

可以通过拆下既有建筑的电源插座盖、仔细观察内部来检查墙壁是否做过保温处理，或者通过在衣柜或橱柜的外墙面上钻两个间隔大约 4 英寸(约 102 毫米)、深度为 0.25 英寸(约 6 毫米)的孔，然后用手电筒照射其中一个孔，同时查看另一个孔。保温材料的承包商可能会将植物纤维素或玻璃纤维绝缘材质的保温材料吹到墙体中。

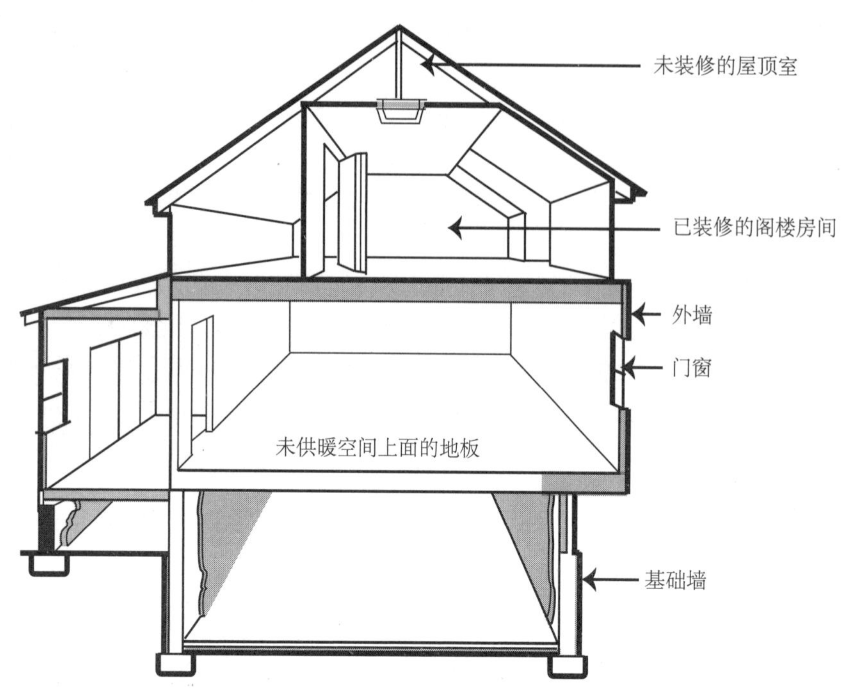

图 2.14 一间房屋可以做保温处理的地方

要想在室内地面没有供暖设备的屋顶室中添加保温材料，可以在托梁上加一层厚约 12 英寸(约 305 毫米)的絮垫。如果给一个已经装修好的带有大教堂式天花板的空间做保湿处理，要么拆除室内干墙以便安装保温材料，要么在现有屋顶上再建一个新的保温外墙屋顶。

建筑物中高达 20%的热损失是由不保温的基础墙造成的。混凝土或砖石砌筑的地下室最好用闭孔聚苯乙烯泡沫板在外墙做保温(图 2.15)。要使地下室的内部隔热，必须首先从外面保持墙壁干燥。然后，将聚苯乙烯泡沫隔热板直接黏附到内壁表面，并铺设木条，以创造一个通风的空气间层，最后把饰面钉拧在带有通风间隙的木条上。在给地下室做保温处理之前，一定要先处理好排水方面的问题。

大多数保温隔热材料的表面都不应暴露在室内或室外。

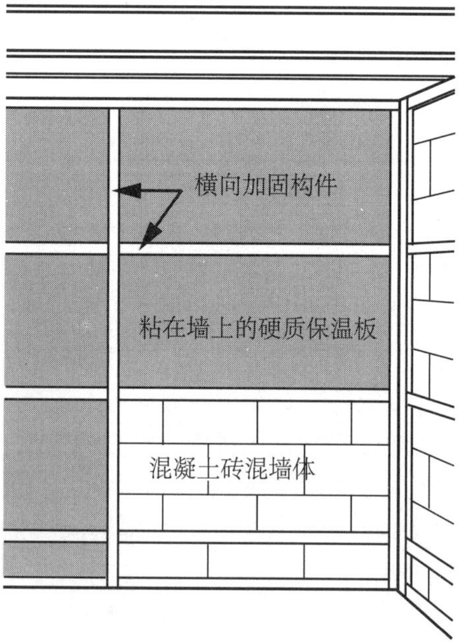

横向加固构件
粘在墙上的硬质保温板
混凝土砖混墙体

图 2.15 地下室墙壁的保温处理

空气膜与空气间层

空气膜是附着在建筑组件裸露表面上的一层薄薄的污浊空气。无论是内部还是外部表面上的空气膜，都对建筑组件的保温性能有很大作用。表面越粗糙，空气膜越厚，其保温值就越高。只需极小的空气流动，就可以使保温层黏附到建筑组件的表面，从而增加热阻。固体材料裸露表面上的空气膜通过对流和辐射增加热传递。温暖的房间空气与较冷的空气混合，沿着围护结构的内表面流动，会对空气膜的保温性能产生干扰。

空气间层是一个空气层，包含在两侧由干墙、砖或保温材料等建筑材料组成的空间内(图 2.16)。一层空气就可以减慢热量通过建筑物围护结构的传递速度。空气间层对热增量或热损耗所造成的阻力取决于它的宽度、位置(水平、垂直或倾斜)及周围的材料。

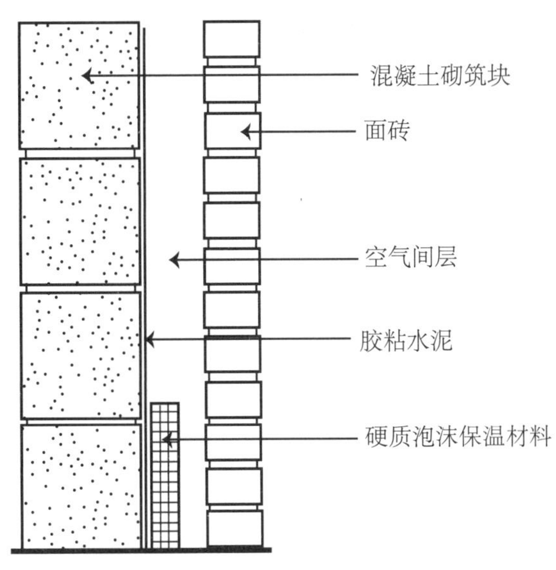

图 2.16 砌筑墙体的空气间层

气密层

根据建筑规范，需要在墙壁和屋顶中建一个气密层，以避免空气泄漏。气密层的类型取决于结构类型。许多类型的构架墙都在外部饰面材料施工之前，使用连续的片材包裹在建筑物外部。气密层必须是气密的，但允许水汽通过。在一些情况下，当气密层建在墙壁的温暖一侧时，气密层会起到蒸汽屏障的作用。

保温材料的类型与形式

在选择保温材料的类型时，应考虑其性能规格及材料厚度可能带来的所有问题。保温材料的特性包括 R 值、防潮性、耐火性、产生有毒烟雾的可能性、物理强度和稳定性。

无机纤维或多孔材料包括玻璃纤维、岩棉、矿渣棉、珍珠岩和蛭石。有机纤维或多孔材料包括棉花、合成纤维、软木、泡沫橡胶和聚苯乙烯。

大多数保温材料的有效性都归功于非常小的空气间层，它减缓了热量的传递。反射绝热材料和真空绝热板(VIPs)是两个例外。反射绝热材料由金属或金属化反射箔膜组成，需要较大的空气间层，主要作为辐射屏障；真空绝热板是一种由坚硬芯材和气密的外壳复合而成的真空保温材料。

保温材料的形式

保温材料有多种形式(表 2.5 和图 2.17、图 2.18、图 2.19)。松散填充的保温材料通常用于不保温的既有墙体。它也可以手工倒入或用喷嘴吹入空腔或在阁楼地板上方的支撑膜上。

表 2.5 保温材料的类型

类 型	注 解
松散填充的玻璃纤维或纤维素(碎报纸)	被吹入立柱空间和阁楼
松散填充的膨胀矿物(珍珠岩、蛭石)	被倒入砌筑的墙洞
就地起泡的膨胀粒料和液体纤维混合物	浇筑、起泡、喷淋或吹入空腔，以密实地填充角落、裂纹和裂隙
泡沫	喷入空腔或地下室壁等表面
柔性和半刚性的保温絮垫和毯子	絮垫可能会被蒸汽阻燃剂覆盖；也用于隔音，但潮湿时不起作用；毯子应以卷而非片的形式提供
硬质保温材料(挤塑聚苯乙烯、泡沫玻璃、聚异氰脲酸酯)	防潮，通常用于室外；以块、板和片的形式用于管道上

图 2.17　松散填充的保温材料

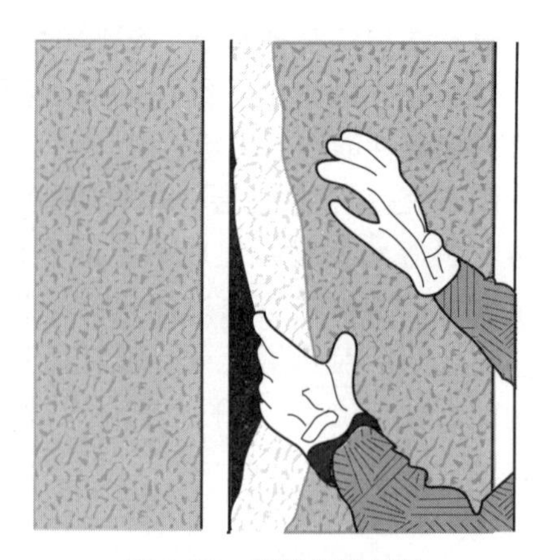

图 2.18　絮垫保温材料

活动的保温材料

活动的保温材料可在冬季的夜晚提供额外的保温，还能消除天窗和窗户的黑洞效应，并可在夏天提供额外的隔热和遮阳。此外，有些类型的活动保温材料具有美学价值。硬质板具有很高的 R 值，但安装和使用非常复杂。

风往往限制外部百叶窗的热性能，需要密封，以防止窗户附近的空调风引起的短路对流(图 2.20)。

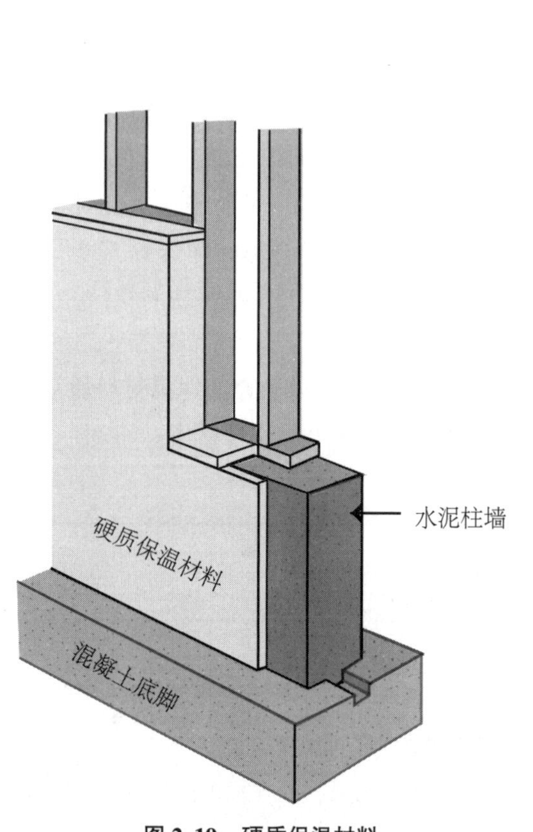

图 2.19　硬质保温材料

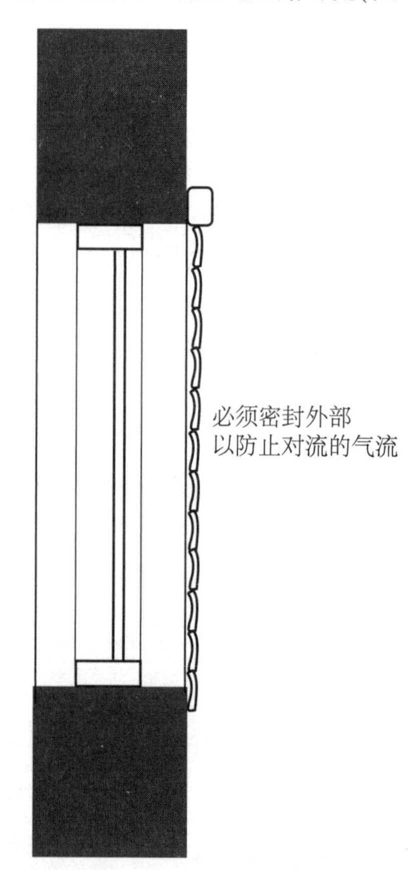

图 2.20　外部隔热百叶窗

带有由绝缘泡沫或反射膜制成的热衬里的窗帘，可以将 R 值增加至三个 R 单位。必须密封边缘，以防止对流。为了使边缘处也有好的密封效果，热衬里窗帘应该从天花板一直延伸到地板，并配有磁条或搭扣，再使用蒸汽屏障来减少窗户上的冷凝。

带有反射涂层或隔热百叶窗(板条)的百叶帘，可以控制日光及热增量和热损失。可以调节隔热百叶窗，以允许或限制光和热的通过。

对直接吸收太阳热能的窗玻璃进行保温处理，既可以节省室内热量，也可以阻挡夏季的阳光，还可以控制隐私，以及避免黑洞效应，即看到窗外的黑暗。

添加保温材料

添加更多的保温材料可以增加围护结构的热阻。低传导率的保温材料能提供高的热阻。通过减少穿过围护结构的热传递，保温材料减少了采暖和制冷的能源需求。高级别的保温材料能够保持舒适的室内平均辐射温度，还有助于控制冷凝和湿气问题。

超级隔热

超级隔热使用额外的隔热材料加上额外的热质量，连同窗户的隔热处理，共同达到隔热效果。超级隔热的建筑物使用的隔热材料约为规范中要求的最低值的两倍。超级隔热建筑旨在不使用中央供暖系统。虽然这些建筑因气候和建筑风格的不同而有所差异，但它们都是密闭的，保暖性能高，使用通风系统来控制空气质量。人和设备所产生的热量足以在夜间保持舒适的温度而不需要额外加热，只是在寒冷的冬夜后可能需要一些额外的热量。

靠太阳取暖的超隔热建筑将隔热材料与面积适中的高效窗户结合。它使用与被动式太阳能建筑相同数量的加热燃料取暖，更好地控制了气温和阳光直射。

节能设计

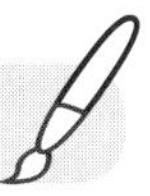

节能建筑设计应从依靠建筑物本身结构的被动建筑系统开始。一旦建筑物本身的贡献达到最大，就可以考虑使用节能的主动机械系统。

被动系统

被动系统的设计需要改变设计团队的观点，以及能源规范和标准的评估方式。大多数能源效率标准只处理现场能源的使用情况，却忽略了用于运输燃料的非现场能源和发电过程中损失的能源。

被动设计始于设计过程的早期，需要对建筑结构进行早期和持续的关注。它还需要建筑的居住者真诚参与和合作。被动式太阳能系统往往比主动式太阳能系统更容易创造愉悦的室内环境。建筑物本身可以教导用户和访客如何使用它。

被动设计的解决之法是让大自然去做这项工作。被动设计通常使用可再生能源。这种方法就是往小处想、往简单和局部想。

被动系统与物理学规则配合使用，并常常从大自然中寻找生物设计的原型。被动式系统塑造的建筑形式支持使用太阳热能、日光和自然通风。被动设计避免了高级资源用于低级任务的浪费。

高度集成的被动系统组件是一个整体，而不是分散的部件，因此提高室内设计师对多学科、多功能系统性能的认识，可以使初始成本分散在多种功能上。

欲了解关于被动设计的更多信息，请参见第十四章“采暖与制冷”和第十七章“照明系统”。

被动系统可用于气候控制、防火、照明、音响、流通和卫生。由于具有高水平的隔热、被动式太阳能、被动冷却和采光等性能，被动系统在紧急情况下使居住者的生存能力更强。

被动式太阳能设计

被动式太阳能系统收集、存储和重新分配太阳能，而不使用电风扇、水泵等复杂控制设备。基本的建筑元件，如窗户、墙壁和地板，具有包括蓄热和热辐射等多种功能。

被动式太阳能系统至少有两个要素：一个是带有朝南的玻璃窗(北半球)的能量采集器；另一个是

储能器，后者通常是一种像岩石或水这样储热量大的材料。被动式太阳能设计通常是三步方法中的第二步。首先，提供保暖性，然后是被动式太阳能设计，最后是机械加热(如果需要的话)。

被动式太阳能系统的设计一般包括朝向、室内规划、玻璃窗的坡度、遮光和反射体(表 2.6)。

表 2.6　设计被动式太阳能系统的考虑事项

考虑事项	注　解
朝向	太阳光通常从南面通过垂直窗照射进建筑物，这样可以获得最多的冬季阳光；借助适当的遮阳，获得最少量的夏季阳光
室内规划	旨在利用太阳的每日变化周期。东侧早餐区早晨有阳光；南或西南侧的客厅或家庭娱乐房可以利用一天中稍晚的阳光
玻璃窗的坡度	垂直玻璃窗更便宜、更安全，无论是在室外还是在室内，遮光都更容易，适合夜间保温
遮光	炎热和干燥区域的反射热量需要遮光。悬垂结构(遮阳篷、阳台)有助于阻挡潮湿地区的漫辐射
反射体	外部高光反射体可以加强收集太阳能，同时最大限度地减少热损失和热增量，且有助于采光
	白色的漫射反射体仅将少量入射阳光反射进窗户

直接增热系统

直接增热被动式太阳能系统通过普通的开窗将太阳能直接引入室内空间。该空间本身被用作太阳能收集器，用于储存多余的白天热量，以便在夜间和阴天时释放出来。太阳能的收集依赖于朝南的玻璃窗(北半球)，战略上处于能够吸收内部空间热质量的位置。根据具体情况，一个设计合理的直接增热系统能有效地控制和利用入射太阳能的 30%~75%。

许多室内物品，如干墙、家具和书籍，可以充当热质量。中色至深色有助于吸收热量。不要在储热地板上铺地毯。

直接增热系统利用砌体或水等热质量高的材料来存储热量。地板、墙壁和(或)天花板通常是由储热量大、储存效果好的材料制成。空间内的大型家具内的其他物体也可以存储热量。

玻璃有利于过滤紫外线辐射，但如果使用直接增益系统，玻璃传导的紫外线却可以使油漆、室内家具等其他建筑材料漂白褪色。建议选择耐褪色的颜色和材料。

直接增热系统需要仔细设计现场条件和窗户处理，以防止室内眩光。可以使用透明玻璃或光漫射玻璃。可调节的窗户隔热材料可以防止太阳热量在夜间通过玻璃窗流失到外面。较小或较少的窗户可以减少夏季热量增加的问题。朝南的窗户(北半球)、侧天窗和天窗可以促进温室效应。

使用直接增热系统，每天室内气温波动相对较大，常常在 10~30 ℉(6~17 ℃)区间波动。即使添加了传统的加热系统，也仍然会有一些温度波动。

间接增热系统

间接增热系统在太阳和被占用空间之间放置热存储质量。阳光照射到间接增热系统，在那里阳光被吸收并储存起来，然后慢慢地转移到被占用的空间。储热材料可以是砖石砌体或水。间接增热系统的三种基本类型包括蓄热墙、屋顶水池、温室和阳光间。

(1) 蓄热墙

特朗贝墙体系统和水体蓄热墙都是间接增热蓄热墙。特朗贝墙是由工程师菲力克斯·特朗贝和建筑师雅各布·米歇尔在 20 世纪 60 年代研发的。特朗贝墙由热质量组成，通常约为 12 英寸(约 305 毫米)厚，就在一大块朝南的玻璃里侧(图 2.21)。特朗贝墙应该是厚重的砖石结构，通常由混凝土、砖、石或土坯等固体材料制成，或由钢质水箱构成，还使用一些半透明或透明塑料管。

阳光被吸收并通过墙壁传导到被占用的空间。传导的热量和墙壁发射的长波辐射，都被困在玻璃窗和墙壁之间。热量逐渐穿过墙壁，在夜间产生低档但有效的辐射热。

特朗贝墙的墙内通常有一个直接增热开口，用于采光和观景。特朗贝墙热度稳定，有很大一部分热量通过辐射传到太空。要使特朗贝墙和遮盖着它的玻璃之间的空气间层保持干净，可能是一个棘手的问题。为了不干扰辐射热的散发，必须尽量减少墙壁内表面上的物品。特朗贝墙可能使居住空间显得非常封闭，但可能适合卧室，在那里封闭和黑暗更受欢迎。

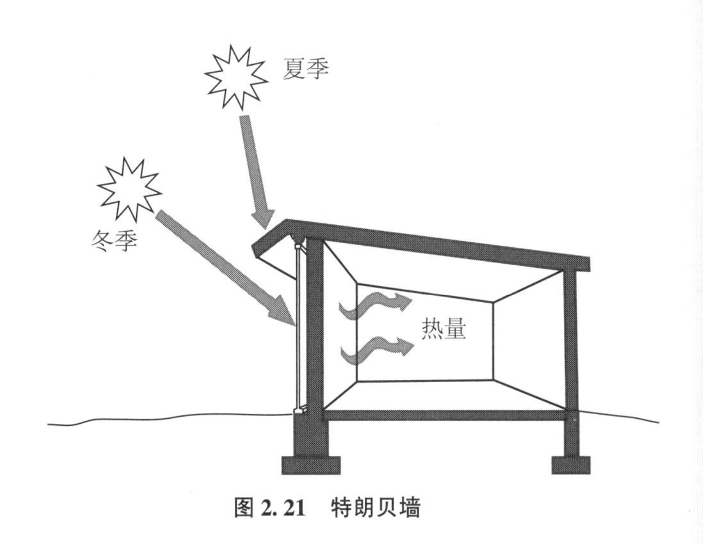

图 2.21 特朗贝墙

水体蓄热墙的工作原理与砖石结构类似，但由于热传递通过墙壁靠的是对流而不是传导，所以热量向室内的移动要迅速得多。水体蓄热墙由波纹镀锌钢管、钢桶或不透明的玻璃纤维增强塑料管制成。

(2)屋顶水池

屋顶水池是间接增热太阳能系统，由位于单层建筑屋顶上的大型塑料袋中的水组成。屋顶水池通常由金属板屋顶结构支撑，该结构被用作下面房间的成品天花板，热量从存储热量的水池传导到室内空间。水袋上方的隔热板可用电动装置操控。

冬天，屋顶水池白天暴露在阳光下，夜间覆盖上保温材料。夏天，水池白天被遮盖起来与太阳隔绝；夜晚揭开盖子，水池在大气的自然对流和辐射可以散热。屋顶水池也可以在夏季提供被动散热。

(3)温室和阳光间

温室和阳光间结合了直接和间接系统的性能。两者都可以通过改造建在既有建筑的南墙(北半球)。附属的阳光间可以作为主空间的缓冲区，天气暖和时还可以作为额外的居住空间。在温暖的天气里，它们通常需要遮阳和通风。

温室由太阳辐射直接加热。温室和居住区之间的热墙(砖石或水)接收直射阳光并将热传递到相邻空间。被加热的温室空气也可以进入居住空间。有时用风扇把温室中多余的热空气抽吸到邻接空间。夜间，热墙的热量释放出来，有助于植物的生长；白天，热质量可以调节温度。温室的太阳能利用率高达60%~75%。如果想在温室中种植植物，必须考虑温度的变化范围和波动区间，因为这与植物的生长需要息息相关。

只有在天气允许的情况下，**阳光间**才被用作居住区的延伸空间。阳光间内积聚的热量转移到居住区以满足其采暖的需要，阳光间在夜间不会被加热。它可以是令人愉悦的生活空间，但为了保持主空间的舒适温度而忽冷忽暖。阳光间内一排储存热量的水罐占用大量的地板面积。

阳光间需要向外排放热气以防止过热；如果使用风扇，则开口可以小一些。要在主建筑和阳光间之间的共用墙壁上安装门、窗或通风口，以便在冬天给室内供热。为了有效，所有这些开口加起来必须占至少16%的玻璃面积。

主动式太阳能系统和混合系统

通常，靠太阳能加热的建筑物使用混合系统，即结合了主动和被动双重策略的供热系统。主动式太阳能供热系统利用机械设备来收集和储存太阳能。收集和储存的设计标准有点复杂。一列列大型太阳能收集器需要各种管道或沟槽来分配热量，以用于空间加热。

设计过程

历史上，建筑师通常自己解决建筑物的环境需求问题。然而到了 20 世纪，这个角色被委派给了工程师，他们用机械和电气设备作为回应。而如今，设计过程更加注重整体协作。

在最初的概念设计阶段，建筑师和室内设计师将类似功能和具有类似需求的空间分类组合，使其靠近它们所需的资源，整合和减少了配送网络。吸引公众频繁参与的活动应设在地面或接近地面的位置。封闭的办公室和公众不经常参与的工业活动，可以位于较高楼层和偏僻的位置。单独的周围环境受到严密控制的空间，如演讲厅、礼堂和手术室，通常设在室内或地下。需要隔音和限制公众进入或者需要引入室外空气的机械空间，必须紧靠冷凝器和冷却塔等相关室外设备，以便于检修和更换。

大型建筑物常被分成若干个区域。周边区域与建筑围护结构相连，通常向内侧延伸 15～20 英尺(约 4.6～6.1 米)(图 2.22)。周边区域受到外部天气和太阳变化的影响。在小型建筑中，周边区域的环境条件贯穿整个建筑物。内部区域不会受到极端天气的影响，需要供暖的情况较少，因为它们保持稳定的温度。一般来说，内部区域需要制冷和通风。

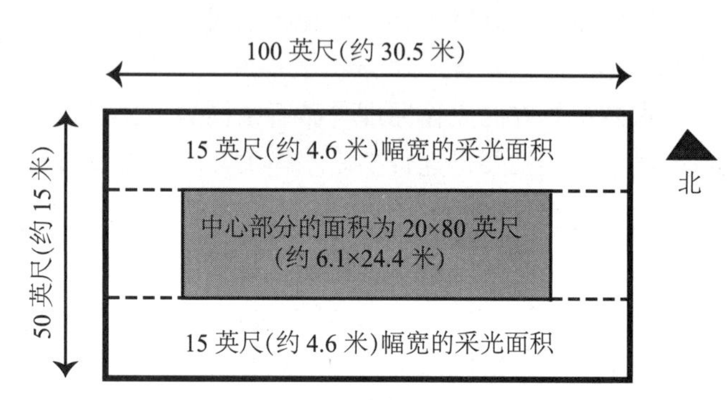

图 2.22　采光定位功能

混合用途的建筑物空间，被分成受外部条件影响最大的周边区域和保持相对稳定的内部区域(图 2.23)。这些区域又可以根据其用途、规划及内部对供暖和制冷的需求不同进一步细分。

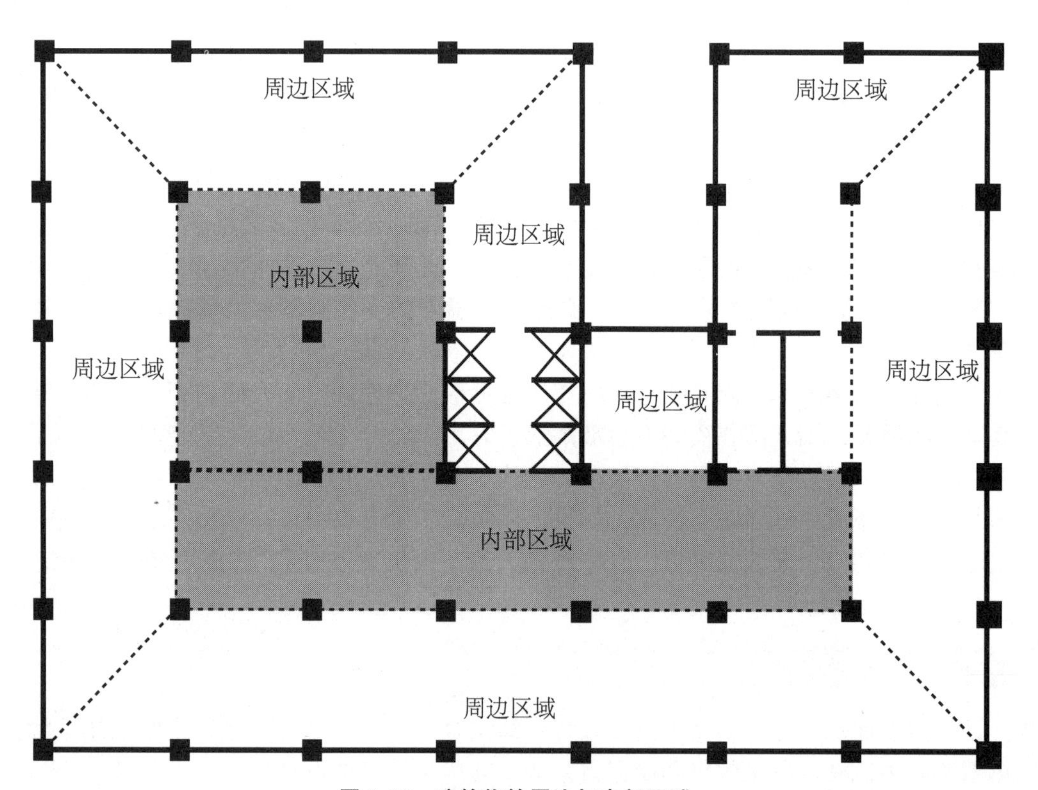

图 2.23　建筑物的周边与内部区域

设计团队

过去，建筑师直接负责整个建筑的设计。供暖和通风主要由蒸汽散热器和可开合的窗户组成。照明和电力系统也相对简单。

现在，建筑师通常是一个专家顾问团队的领导和协调者。这个团队集结了各方专家，包括结构、机械和电气工程师，以及消防、声学、照明和电梯专家和室内设计师(图 2.24)。具有能源节约意识的设计，需要整个设计团队从最初的设计阶段就密切合作。

在较大的项目中，设计团队可能包括很多不同专业的人员。室内设计师作为建筑团队的一分子，直接为建筑师工作，担任建筑师的顾问。在某些情况下，室内设计师也可以独立完成建筑内部的工作。

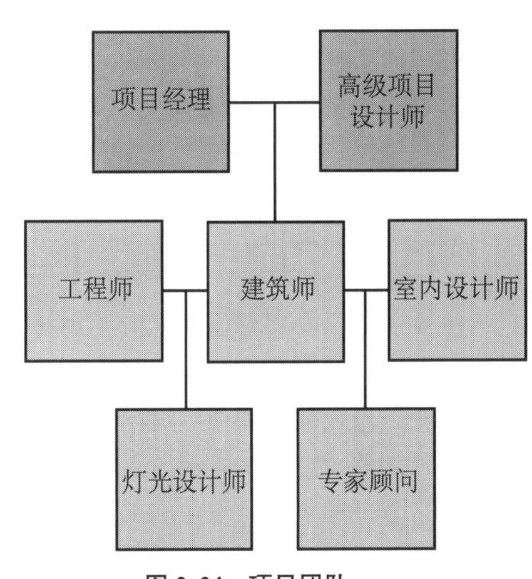

图 2.24　项目团队

室内设计师通常在设计过程的初始阶段就与建筑师和工程师会面，就新旧管道、机械和电气系统组件等室内设计问题进行协调。卫浴设备、自动洒水装置、灭火器、空气扩散器和回风口，以及管道和机械规范所包括的其他设施的位置，都必须与室内各要素相协调。管道、机械和电气系统通常需要同时进行规划，特别是在大型建筑物中。应将分配用的垂直和水平槽集成到建筑的中心和楼梯井中。吊顶和地板系统包括机械、电气和管道部件。它们的位置影响成品天花板、墙壁和地板系统的选择与布置。

在设计过程中，通过定义拟建建筑物的特性来确定项目的设计意图。这些都是设计团队工作的重点。设计意图如下：

(1)为居住者提供卓越的舒适度。

(2)适应最新的信息技术。

(3)重视室内环境质量和可持续设计。

(4)以使用被动系统为主，通过建筑本身而不是通过增加设备来实现设计目标。

(5)为居住者提供高度的灵活性，以方便居住者改变用途或能够适应其他条件。

集成设计

在集成设计过程中，每个组件都被视为整体的主要部分。集成设计是节能设计成功的关键(图 2.25)。节能设计要求团队从一开始就努力与所有学科密切合作。在最初的规划中，就应考虑到机械和电气控制系统，因为它们严重影响建筑形式、场地位置和方向。

现在，建筑师已经接受了把可持续设计作为目标和与其他设计专业人员合作的必要性。他们支持致力于教育建筑师的组织，包括美国绿色建筑委员会(USGBC)及它所倡导的美国能源与环境设计先锋绿色建筑评价体系(LEED)项目。

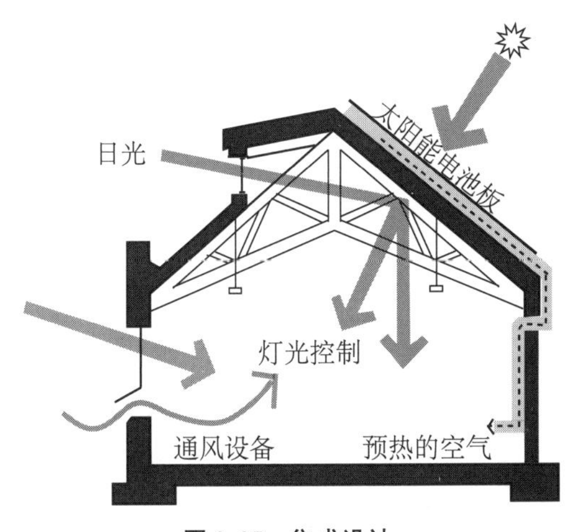

图 2.25　集成设计

> 持续性……呼吁采取全面的方法，考查发展对社会、经济和环境的影响，并要求规划者、建筑师、开发商、建筑业主、承包商、制造商、政府和非政府机构的充分参与。
>
> 引自弗朗西斯·程，《建筑施工图解》(第5版)，威利出版集团，2014年。

能效和节能及可持续材料的使用是可持续设计的重要组成部分。室内设计师也是这些目标的支持者、这一过程的贡献者。

人口的增长给建筑设计专业人员带来了大量工作，这也是很多重大问题的根源。根据联合国经济和社会事务部2013年的报道，1930年左右，世界人口达到了大约20亿。当时在美国，煤油和其他石油产品开始取代可再生能源，如用于燃料的木材和用于劳作的动物。2013年，世界人口超过70亿，这些人口主要依靠不可再生燃料。

能效与节能

建筑节能是一个复杂的问题，涉及建筑场地的敏感性、施工方法、日光的使用与控制，以及人工照明的设计、饰面和颜色的选择。采暖、通风、空调等设备的选择对能源使用有重大的影响。

节能是能效的一部分。虽然能效的重点是尽量减少不可再生能源的损耗，但节能意味着通过减少使用能源来节约能源。它有时具有“没有也行”的消极含义。

建筑施工和装修所使用的材料与方法对更大的世界产生影响。建筑物的设计决定了它在整个生命周期中将会使用多少能量。建筑物内部的材料与其制造和最终处置涉及的能源利用、浪费和污染有关。提高能效和使用清洁能源可以限制温室气体的排放。

用于取暖、制冷和调节空气的能源中，有80%以上来自不可再生能源。在美国，约67%的电力是由燃烧矿石燃料产生的，同时产生大量的二氧化碳。减少能源消耗需要节约能源，同时降低成本和环境影响。

节能设计可以最大限度地减少全球变暖问题。对被动暖通空调(HVAC)等设备和可再生能源技术的应用都有帮助。节能建筑降低了电力和燃料成本，降低了峰值电力和对新发电厂的需求，减少了空气污染、二氧化碳的排放，以及矿石燃料在生产和配送过程中对环境造成的其他负面影响。

可持续性与绿色设计

可持续建筑将人类文明视为自然世界的一个组成部分，通过鼓励在日常生活中的节约来保护自然。

联合国世界环境与发展委员会在《布伦特兰报告》(1987年)中如此定义**可持续性**，“可持续发展是一种既满足当代人需求，又不损害子孙后代满足他们自身需求能力的发展”。**可持续设计**是一种整体的建筑设计方法，通过对自然资源、能源、水和材料的保护与再利用，来减少社会、经济和生态对环境造成的负面影响。

可持续性的目标是不对环境造成净负面影响。这包括避免不可再生资源的消耗，使可再生资源的消耗率低于再生资源的消耗量，并限制任何形式的污染。

可持续设计也被称为**绿色设计**。美国环境保护署(EPA)将绿色建筑定义为：

> 从选址到设计、建造、运行、维护、翻新和拆解，在建筑物的整个生命周期中，环保和节能贯穿了建筑物的建成和使用过程。这一实践扩展并补充了古典建筑设计对经济性、实用性、耐久性和舒适性的关注。

绿色设计性能的潜在影响可以从以下方面来衡量：矿石燃料和其他不可再生资源的消耗、水的使用与水体的保护、全球变暖、平流层臭氧损耗与烟雾的产生、环境中酸的积累和有毒物质的释放。

《非低层住宅的高性能绿色建筑设计标准》(ASHRAE 189.1)为那些努力设计、建造和经营绿色建筑的人们，提供了一个全面的建筑可持续性方案。2012 年的《ICC-700——美国国家绿色建筑标准®》(NGBS)，可用于住宅建筑单户与多户型住宅和住宅开发项目的认证。

建筑师威廉·麦克唐纳和化学家米歇尔·布朗嘉特提出了指导可持续设计的三个原则：

(1)废物也是食物。生产的所有东西都能在它们有用的生命结束时，变成生产新事物原材料的健康来源。

(2)尊重多样性。设计一切尊重地域、文化和地方材料的东西。

(3)使用太阳能。必须把建筑物设计成能够响应这种无污染且可再生能源的作品。

再生设计

可持续设计的支持者都熟悉“减少、重复利用、回收利用”的说法。现在，许多设计师正在增加第四项工作，即“再生”。

能效的目标是减少净负能量的影响。绿色设计的目标是减少净负面的环境影响。

再生设计的目标是产生积极的环境影响，使世界在能源、水和材料等方面变得更好(图 2.26)。

加州理工大学约翰·T. 莱尔再生研究中心的波莫纳认为，再生系统的发展是确保可持续未来的最有希望的方法，不只是保护重要的自然资源，更会随着时间的推移使其增加。他告诉我们，再生设计重视社区支持系统的发展，这些系统可以通过整合自然过程、社区活动和人类行为来恢复、更新、复兴或再生。

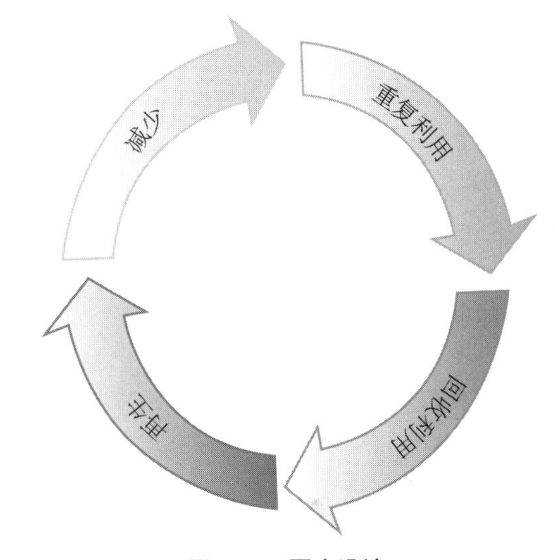

图 2.26 再生设计

能源与材料

大多数建筑物的使用寿命为 50 年，结构寿命可长达百年。为未来设计是困难的，尤其是考虑到建筑系统与变化的全球环境密切相关的时候。我们对不可再生能源的依赖，往往来自遥远的地方。这意味着消费者通常没有直接接触能源和系统，而这些能源和系统通常被设计成看不见的。大多数机械和电气系统使用不可再生材料(主要是金属和塑料)。

一方面，一旦不可再生资源枯竭，它们无法在与人类物种相关的时间框架内被取代。另一方面，可再生资源，如太阳能或可持续管理的森林，则是由自然控制的，它们可以被无限地获得。

天然气或石油、电网、水和污水管道等非现场资源通常都是由社会补贴的，而且往往需要大量的环境成本。利用可持续的现场资源，如日光照明、太阳能加热和冷却、水加热和光伏发电，以及雨水保留和现场废水处理，可以补充或替代非现场资源。

蕴含能量与建筑材料

蕴含能量是用于获取、加工、制造、运输和处理单位建筑材料的能量。蕴含能量考虑建筑能耗、维护和更换的影响。每一种建筑材料都含有蕴含能量。

> 减少材料的使用降低了对环境的影响，并最大限度减少材料处理和施工的浪费。使用由可再生资源制成的耐用材料，并避免使用不可再生的资源或材料。使用再循环和可回收的材料。使用当地建筑材料可减少运输所造成的蕴含能量。

机械和电气系统通常使用金属和塑料。这些材料因其强度、耐久性和耐火性及它们的电阻或导电性而被选择。它们对环境的影响包括开采、制造、运输和最终处置它们的能源成本。

为了节约能源和材料，限制污染，减少建筑材料和有效利用材料是明智的。要尽可能重复使用现有建筑和结构。选择对全球环境破坏最小的材料和产品，并评估材料生产是否产生有毒废物。

制定可持续发展目标

有环境意识的室内设计是一种创造室内空间的实践，试图为居住者提供可持续的健康环境。可持续的室内环境解决了室内环境对全球环境的影响。为了实现可持续设计，室内设计师必须与建筑师、开发商、工程师、环境顾问、后勤和建筑经理及承包商合作。

室内设计师的职业道德和职责包括创造健康又安全的室内环境。室内设计师的选择可以为建筑物的居住者提供舒适感，同时有益于环境。这种努力往往需要初步的概念创意，而不是额外的费用。

通常可以使用具有多种益处的技术，将成本分摊到若干应用程序上，从而在初始成本和收益之间获得更好的平衡。例如，一个设计使用日光和自然通风的建筑物也为太阳能供暖、室内空气质量和照明提供了帮助。这种方法超越了通常的建筑系统分类，将建筑与其现场紧密联系在一起。我们将在本书中讨论其中的许多技术，跨越建筑系统之间的传统障碍。

可持续设计策略

可持续的设计策略几乎适用于所有建筑系统(表 2.7)。建筑设计师应该从建筑围护结构、暖通空调(HVAC)系统、照明、设备、电器及可再生能源系统等方面进行整体研究。**能源荷载**——建筑物运行所使用的能源量——在与建筑现场的整合、可再生资源的使用、建筑围护结构的设计，以及高效的照明与电器的选择过程中而减少。减少能源荷载会导致更小、更便宜、更高效的暖通空调(HVAC)系统出现，从而减少能源消耗。

表 2.7 可持续建筑系统的设计策略

建筑系统	策　略
现场	使用现场能源。利用现场建筑增强采光和减少电照明的使用
建筑围护结构	使用隔热材料来减少通过围护结构的热传递
建筑施工	使用蕴含能量较少的材料。使用再生材料制造的产品和可回收的产品
门窗布局	使用由用户操作的控件，如窗帘或可开合的窗户
音响效果	通过建筑选址、吸音、空间规划、材料选择和选择高效设备来减少噪声污染
水	使用储存的雨水灌溉和冲马桶。指定节水和无水的卫浴设备
废物	控制建筑垃圾和工地废渣料。回收和重新利用材料和水
固定装置、电器	指定节能装置和电器
室内空气质量、通风和湿度控制	使用自然通风。通过适当的通风和避免污染物来改善室内空气质量
采暖、制冷	使用被动式太阳能采暖、制冷以及遮阳
电力	采用光伏能源或燃料电池
照明设备	设计日光采光，以节能电照明作为补充
通信和控制装置	采用集成和智能的建筑物操控装置控制通风、阳光与遮阳，以及电照明设备

电加热(3个单位的热量等于1个单位的电)比燃烧加热需要更多的能量(高达90%的效率，所以1.1~1.7个单位的燃料就产生1个单位的热量)。

建筑物及各种产品都可以设计成可重复使用和可回收利用。设计的建筑应该容易适应改变了的用途，从而减少拆除和新建建筑的数量，也延长了建筑的寿命。与结合了不同材料的产品相比，没有与其他材料相结合的产品，更容易分离、重复使用或回收利用其中的金属、塑料等成分。使用活动的和可重复使用的可拆卸建筑部件，虽然可以使建筑结构保持完好无损，但是不利于机械和结构系统的集成，并且更容易发生能源泄漏。

住宅的可持续设计策略

室内设计师经常处于支持住宅可持续设计策略的首要地位。整个家庭都应采用日光和节能光源。确定被动式太阳能加热系统所需的节能窗户的位置，可最大限度地减少冬季的热量损失和凉爽季节的热量增加。

使用标准尺寸的产品和材料有助于最大限度地减少建筑垃圾。回收建筑垃圾和拆卸废料，捐赠有用的细工家具、电器用具和固定装置，以供重复使用。

住宅厨房电器大约占家庭能源消耗的29%。室内设计师应与客户一起设计厨房，鼓励他们追求小巧、极简设计，而不是一味追求宽敞大气。指定健康环保的建筑材料和就地选择室内装修材料，包括回收和再利用的产品。支持使用节能的产品、电器和节水装置。

LEED 系统

如上所述，美国能源与环境设计先锋绿色建筑评价体系(LEED)是一个绿色建筑认证项目。为了获得 LEED 认证，建筑项目要满足先决条件并获得积分，才能得到不同等级的认证。每个评分系统的先决条件和积分不同，因此团队要选择最适合自己的项目。

LEED V4 于 2013 年 12 月推出。该版本强调材料的透明度，要求对建筑物中使用的产品及其来源有更好的了解。此外，还介绍了诸如计量和记录建筑物的能源与用水情况的先决条件。LEED V4 支持集成建筑系统。

美国绿色建筑委员会(USGBC)仍在不断修改 LEED，以满足当前的需要。从网址 http://www.usgbc.org/中可查看更新。

LEED 标准和评级系统

每个 LEED 评级系统集中了获得 LEED 认证的要求，对构建满足 LEED 认证条件的项目类型提出了独特要求(表 2.8)。项目团队使用与他们所选择的评级系统相适应的积分，来指导设计和运营决策。

表 2.8 LEED V4 评级系统

评级系统	涵盖的建筑类型
建筑设计与施工(BD+C)	新建筑的核心与外壳，如学校、零售店、酒店、数据中心、仓库和配送中心、医疗保健中心、家庭等
室内设计与施工(ID+C)	商业空间设计，如零售店、酒店
建筑运行与维护(O+M)	既有建筑，如学校、零售店、酒店、数据中心、仓库和配送中心
社区发展(ND)	社区发展计划

LEED 评级系统包括整合过程要求，即在设计前期纳入不同的团队成员，促进跨学科、跨团队的合作。

LEED 认证分为四个等级。最低的级别是合格，然后是白银、黄金和白金。项目获得的积分数决定了 LEED 认证的等级。

LEED 专业认证认可个人在可持续建筑方面的资质。室内设计师可以通过相关的 LEED 专业认证考试，成为 LEED 认证的专业人士。LEED 绿色联合考试是第一级。在参加五个项目类别之一的 LEED AP 考试之前，强烈建议您参加 LEED 注册项目的考试。

除了 LEED 之外，世界各地还有其他可持续设计项目(表 2.9)。

表 2.9　世界其他可持续设计项目

项　目	说　明
加拿大绿色建筑委员会	LEED 的一个版本，适用于加拿大的气候及其建筑实践和法规
2012 年美国国家绿色建筑标准®	美国国家标准学会（ANSI）批准的住宅绿色建筑评估系统。由国际规范委员会（ICC）和美国住宅建筑商协会（NAHB）共同开发
建筑能源计划：2030 年挑战	目标是到 2030 年将建筑物的温室气体排放量减少到零
生态建筑挑战	由国际生活未来研究所制定，是严格的国际可持续建筑认证项目，旨在促进建筑环境中可持续性的先进测量
绿色星球™	绿色建筑项目（GBI）的在线评估工具，用于新建或既有建筑、可持续的室内设计或建筑智能化
R-2000	加拿大自然资源部管理的加拿大非强制技术性能标准，用于能源效率、室内空气密度质量和环保家居建筑
英国建筑研究院环境评估方法	英国和加拿大的建筑研究机构环境评估方法（BREEAM），用于可持续设计、施工、运行的环境评估与评价体系

高性能建筑

高性能建筑集成并优化了所有主要的高性能建筑属性，包括能效、耐久性、生命周期性能和居住者生产力。在高性能建筑中，机械系统的设计应该阐明，系统在达到净零能耗或碳中和结果方面的作用。在历史上，被动系统已经被使用，但有一些局限性。最近，受限制较少的主动系统占主导地位，但这些系统可能对环境造成严重的影响。

净零建筑是指那些自给自足的、完全依靠可再生能源运行的建筑物。

被动式房屋（通常使用“passivhaus”这个德语词）是指建筑物中能效的非强制性标准。该标准降低了建筑物中的生态足迹，使它几乎不需要能源来为空间取暖或制冷。除住宅建筑外，该标准已广泛应用于办公楼、学校等其他建筑类型。

一所房子所使用的能量少于它产生的能量。这类房屋的特征是具有超隔热性的墙壁、屋顶和地板，以及兼具通风和热回收功能的气密性结构。高性能窗户的朝向适合太阳能和气候的要求，在夏天被完全遮挡起来。被动式太阳能系统用于空间供热，主动式太阳能系统用于家用热水。电器、电灯、供暖和制冷系统都是高效率的。光伏电能提供额外的电力需求。

本章探讨了建筑围护结构，介绍了节能设计、建筑设计过程和可持续设计。在第三章中，我们将研究人体如何与建筑环境相互作用，以及建筑规范如何保护我们。

第三章 为人类健康和安全而设计

建筑师、工程师和室内设计师都关心人体如何与建筑环境相互作用。工程师设计的系统保持热平衡和其他环境要求。这三类行业都用建筑规范来满足最低的健康和安全要求。

美国建筑师学会(AIA)的成员及其他具有强制性继续教育要求的建筑师，必须完成数小时有关健康、安全和福利(HSW)的培训。美国建筑师学会(AIA)将建筑物中的健康、安全和福利(HSW)定义为“任何与建筑或建筑工地的结构完整性或健全性和健康影响有关的东西。课程必须旨在保护普通大众”。(继续教育系统，美国建筑师学会，http://www.aia.org/education/AIAB089080，2014年7月4日访问)

援引美国室内设计师协会(ASID)的说法：

> 保护健康、安全和福利是每个室内设计师的职业责任。室内设计人员做出的每一项决定都会影响到公众的健康、安全和福利。这些决定包括指定符合或超出消防规范的家具、织物和地毯，以及提供适当疏散设施的空间规划。此外，设计人员还要为有特殊需求的人解决无障碍问题、人体工程学、照明、声学等设计方案。(健康与安全，www.asid.org/content/health-and-safety，2014年7月4日访问)

引 言

室内设计师的工作直接关系到建筑物居民的健康、安全和福利。可持续设计的方面，如室内空气质量和可持续材料对人类健康有直接影响。住宅和商业空间对健康和安全的要求有所不同。

公元前1772年以来，建筑安全一直是一个规范问题。当时，巴比伦的《汉谟拉比法典》规定了建筑施工不当的后果。20世纪70年代后期，由于新建办公楼的室内空气问题，人们开始关注与建筑有关的疾病；到了90年代，人们关注的焦点转为建筑材料的化学成分。

人体与建筑环境

建筑物为人们提供了舒适和安全的环境。要了解建筑系统是如何满足人们的需求的，必须首先看看人体如何感知室内环境并对其做出反应。

保持热平衡

我们对周围环境太冷或太热的感觉基于许多因素，远不只是空气的温度。季节、穿的衣服、湿度和空气流动量，以及物体在空间里散发的热量，都会影响我们的舒适度。与物体表面、移动的空气或物体散发的热量接触，我们会产生热或冷的感觉。对于一个人来说，在不同的时间和不同的情况下，可以感觉到各种各样的温度。我们可以通过三层保护来控制身体的热量损失，即皮肤、衣服和建筑物。

人体热量的产生

人体就像一台发动机，运行时能产生热量(图 3.1)。人体的燃料是我们吃的食物，食物中含有蛋白质、碳水化合物和脂肪等。在消化过程中化学物质、细菌和酶用以分解食物。有用的物质被泵入血液，并输送到全身。废物在消化过程中被过滤掉，并储存起来一并排出。

人体正常的体温约为 98.6 ℉(37 ℃)。如果这一温度增加几度，就会引起身体不适。身体只能将我们消耗的食物能量的五分之一转化为机械功，剩余的能量则以热量的形式释放出去或作为脂肪储存起来。身体产生的热量取决于我们做什么。这就是为什么人们在做有氧运动后身体能迅速升温的原因。身体需要持续地冷却才能释放这些多余的热量。

个体的新陈代谢决定了能量消耗的速度，这主要取决于我们的肌肉活动水平(图 3.2)。我们的**代谢率**遵循一个正常的每日周期，并受到我们吃什么、何时吃及吃多少的影响。代谢率因身体表面积和体重、健康状况、性别和年龄而异。我们的代谢率在 10 岁左右时最高，老年时最低。怀孕和哺乳期时代谢率增加 10%左右。

特定人群(儿童、老年人)的代谢率可能会影响为他们设计的空间的热质量。

代谢率也受到个体穿着的衣服量、周围环境和大气条件的影响。在我们发烧、持续活动时，以及在寒冷的条件下，如果没有穿保暖的衣服，代谢率就会增加。冬季衣物的重量可能会增加 10% ~ 15%的代谢率。

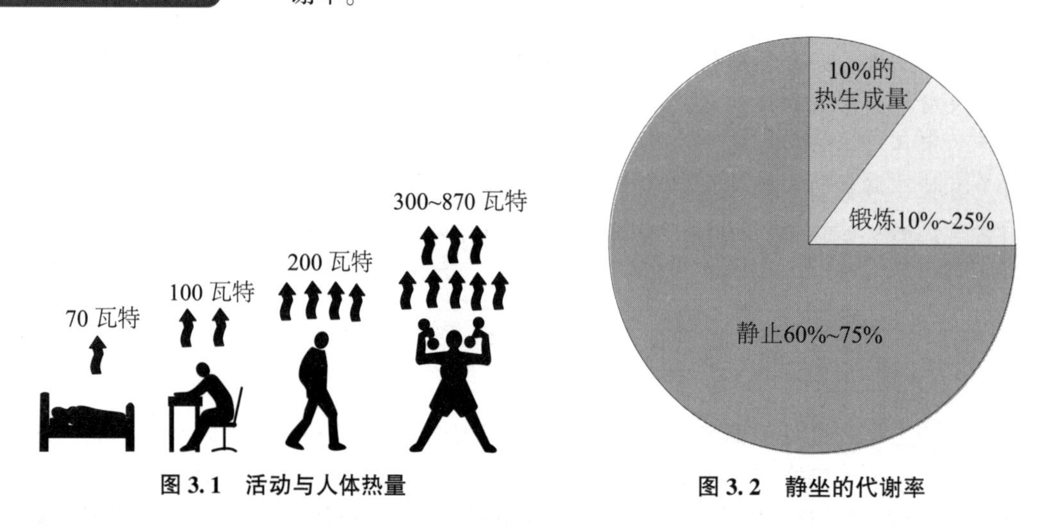

图 3.1 活动与人体热量

图 3.2 静坐的代谢率

一组能使你的身体以最小量的身体调节即可保持正常体温的条件，被称为**热平衡**。当身体过于努力地维持热平衡时，我们会感到不舒服。

作为室内空间的设计者，我们的目标是创造一个既不太热也不太冷，人们可以舒适而高效地生活的环境。当热生成等于热损失时，我们会体验到**热舒适**。我们的思维敏捷、身体高效运转，此时工作效率是最高的。

皮肤与身体内部的相互作用

皮肤是我们与环境的主要接触面，也是最重要的热流调节器。当皮肤接触到表面或移动的空气或者感受到辐射带来的热量时，我们就会感到压迫和疼痛，会有热或冷的感觉。大脑的下丘脑接收这些来自皮肤及核心体温的信号，会随着血液分布的变化做出反应。

如果大脑感觉到我们太冷了，就可以通过减少从身体核心到皮肤表面的血流量来减少体内热量流失的速率。此外，汗腺会使皮肤表面的水分减少，从而减少蒸发和热量损失。当温度更低时，我们的皮肤就会出现鸡皮疙瘩，这是身体试图通过蓬松的体毛产生保温效果。身体发抖则是试图增加身体的代谢率，以燃烧更多的燃料、产生更多的热量。

当我们太热时，流向皮肤表面的血液流量就会增加。汗腺向皮肤表面分泌水和盐(这会降低水汽压力)，通过蒸发增加热量损失(图3.3)。

热和冷的影响

我们的皮肤表面为身体内部和环境之间提供了一道隔热层，这与穿上一件轻便毛衣的效果大致相当。当天气冷的时候，我们会很快失去大量热量，尤其是颈后、头部、背部及胳膊和腿(图3.4)。这会增加心脏的负担，使更多的血液直接输送到皮肤并回到心脏，绕过大脑和其他器官，我们就会变得昏昏欲睡，精神迟钝。最终，当体温下降时，我们会感觉到体温过低，这可能导致昏迷或死亡。通过锻炼来增加热量的产生或者吃热的食物和饮料，以及洗热水澡或蒸桑拿，都可以扭转体温下降的趋势。

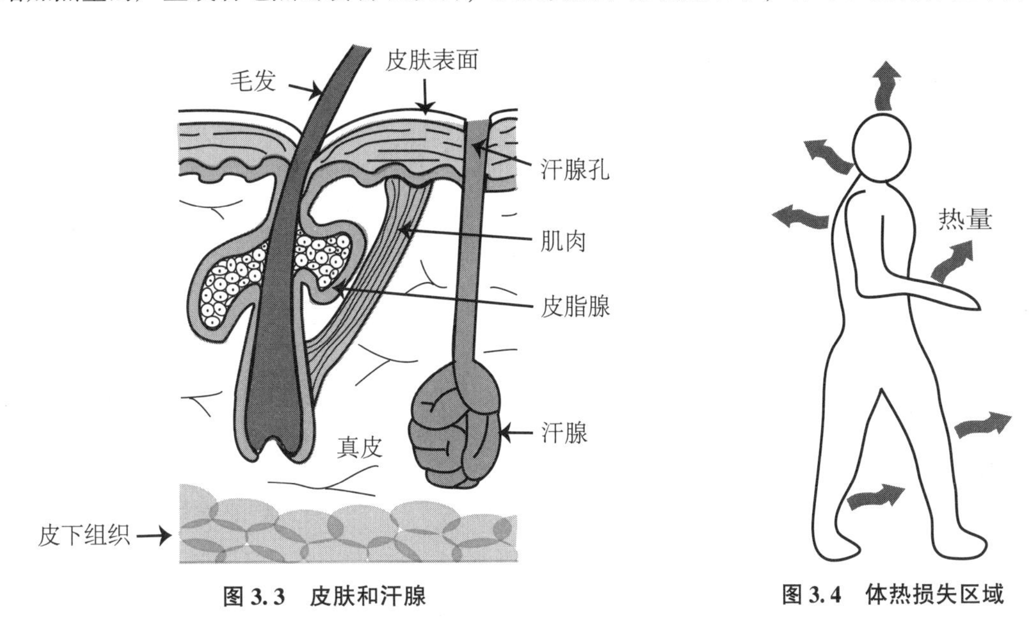

图3.3 皮肤和汗腺

图3.4 体热损失区域

当感觉很热时，皮肤表面的血流量会增加，汗腺会分泌盐和水，我们通过皮肤的水分蒸发来减少体热。水不断从呼吸道和肺部蒸发，我们呼出的空气中饱含水汽。在高湿度条件下，蒸发速度缓慢，而当身体试图进行补偿时排汗速度也会增加。当周围空气接近体温时，只有干燥、流动的空气才会降低我们的体温。

过热会增加疲惫感，降低我们对疾病的抵抗力。如果不给身体降温，身体深处的体温升高会损害代谢功能，还可能导致中暑和死亡(表3.1)。

传导、对流、辐射和蒸发已经在第二章“为环境而设计”中做了介绍。我们将在第十二章“热舒适原理”中再次讨论这些问题。

表3.1 过剩体热的传递机制

机 制	说 明	主变量
传导	热是通过与较冷的表面直接接触而传递的	表面温度
对流	来自身体的热量被空气分子所吸收	空气温度、空气运动和湿度
辐射	热量被转移到较冷的表面，无身体的接触	表面温度、身体的适应情况
蒸发	从身体表面提取的热量成了把液态水变成水汽的能量	湿度、空气运动、空气温度

通常，在一个舒适的70 ℉(18 ℃)左右的温度下，通过辐射、对流和传导，我们每小时会失去大约72%的身体热量(图3.5)。我们皮肤表面的蒸发会造成15%的损失，而从肺部呼出的蒸发又增加了7%。使吸入肺部的空气变暖会损失3%的热量，剩下3%的热量是随着粪便和尿液排出的。

当空气和表面温度接近体温时，辐射、对流和传导是无效的，蒸发是唯一能有效地使我们降温的过程。干燥移动的空气有助于蒸发发挥作用。

服装与适应环境

随着时间的推移，我们越来越多地需要建筑物做更多的工作来保持身体的热平衡，这样我们的身体就可以少做一些工作。这一要求导致更多的能源消耗。然而身体的热平衡大多是靠自己的衣服就可以控制的(图 3.6)。

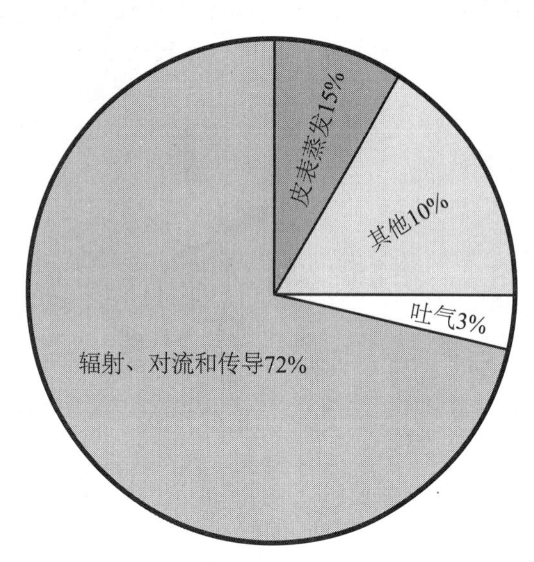

图 3.5　体热损失类型

图 3.6　服装与气候

服装是附加的一层身体保护，有助于保持热平衡。在寒冷的环境中，衣服具有保温层的作用。在炎热潮湿的环境中，我们在寻找阴凉处以保护皮肤不被太阳灼伤的同时，将皮肤暴露在空气中以增加热损失。在炎热干旱的环境里，衣服为我们提供随身携带的阴凉，并防止失去过多的水分。

我们还可以通过使自己适应更宽范围的热环境，来减少对建筑物机械系统的依赖。忍受稍高于或低于原来偏好的温度，调整我们的衣物以抵消节约的能源。我们可以在几天或几周内就能适应新的温度条件。

湿度与热舒适

湿度测定法是对湿空气的研究。湿度、热量和空气相互作用，影响建筑的性能。

在第二章“为环境而设计”中，我们研究了保温层内由于空气温度下降和露点而发生的冷凝情况。

通过添加水分、提高湿度可以使干燥的空气更舒适。然而空气温度和湿度之间的关系是复杂的。当空气温度上升时，它保持水分的能力也增强了，温暖的空气因此变得不那么稠密。当空气中的水分完全饱和时，水汽就会凝结；这个 100%相对湿度的饱和线是露点。

在炎热干燥的环境中，蒸发是造成热损失的主要因素，湿气对热传递的影响最大。在寒冷条件下，由对流、辐射和传导造成的热损失占主导地位，湿气的影响较小。

有关湿度的更多信息，请参见第十三章“室内空气质量、通风和湿度控制”。

视觉与听觉舒适度

视觉舒适度包含一系列情况，如为手头的工作提供足够的照明、控制眩光、提供视野及与户外的连接等。

即使我们快速地看一下太阳或者长时间欣赏雪景或浅色沙滩，眼睛都可能会受到损伤。照明装置的直接强眩光可能会使我们暂时失明。低光照水平又会降低我们的视力。调节到适度的低亮度可能需要花几分钟时间，这是设计室外(可能非常明亮或非常昏暗)与建筑内部之间的入口通道时，要考虑的一个重要因素。

室内设计师应避免光线的强烈对比，这会使视觉变得困难或痛苦。例如，一个非常明亮的物体对应一个非常黑暗的背景或者一个黑暗物体被强光照射。照明度和采光是室内设计的重要内容。

有关声学和视觉舒适度的更多信息，请参见第七章“声学设计原理”、第八章“建筑声学”和第十七章“照明系统”。

设计的建筑应该帮助我们舒适而高效地使用感官。喧嚣的声音可能会损害听力，特别是持续时间过长时；如果背景噪声太大，我们就很难听到比背景噪声弱得多的声音。声学的艺术和科学解决了此类影响建筑环境的问题。

其他人类环境要求

建筑系统满足了我们对水和清除废物的需求，保证了新鲜空气的供应。建筑系统还能保护我们免受身体上的伤害。

水与废物的清除

我们需要有规律地喝水，以使吃进去的食物经过加工运送到全身各种器官。水还有助于身体降温。我们需要不含有害微生物的食物和饮用水。受污染的食物和水会传播肝炎和伤寒。建筑系统的设计旨在及时清除身体里的废物以便做安全处理。

将在第九章“供水系统”和第十章“废物与再利用系统”中讨论这些问题。

新鲜空气

我们必须呼吸空气，以获取其中的氧气。氧气是燃烧食物衍生燃料这一化学反应的关键，能保证我们身体的运行(图 3.7)。当把空气吸入肺部时，一些氧气融入血液中。我们呼出的空气中含有二氧化碳和水，它们是燃烧产生的废物。每吸入一次空气，空气中不到五分之一的氧气就被二氧化碳所取代。必须持续不断地供应新鲜空气，以避免由于氧耗竭和二氧化碳蓄积使人失去意识。建筑物的通风系统能够确保我们在室内呼吸的空气清新干净。

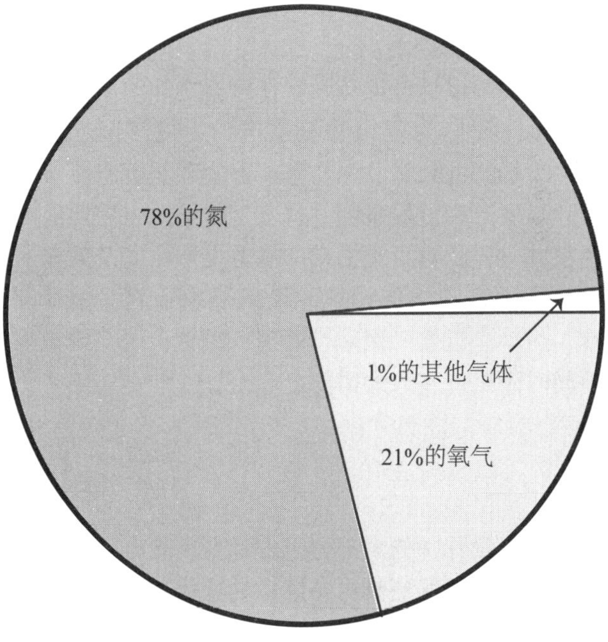

78%的氮

1%的其他气体

21%的氧气

图 3.7 空气中的氧气

保 护

人体会受到各种各样的细菌、病毒和真菌的侵袭。我们的皮肤、呼吸系统和消化道为微生物提供了一个有利的环境。有些微生物是有益的或者至少是良性的，但也有一些会引起疾病和不适。建筑物提供了清洗食物、盘子、皮肤、头发和衣服的设施，以使其他生命形式受到控制。设计不良或维护不善的建筑物可能是微生物滋生的温床。这些都是建筑的生活废物系统和室内空气质量设计要解决的问题。

有关室内空气质量和通风系统的更多信息，请参见第十三章“室内空气质量、通风和湿度控制”。

建筑物不准携带患有疾病的啮齿动物和昆虫进入。害虫会传播斑疹伤寒、黄热病、疟疾、昏睡病、脑炎、瘟疫等疾病和各种寄生虫。通风不够容易引发结核病和其他呼吸道疾病。充分的通风可以带走空气中的细菌和多余的水分。射进建筑物的阳光可以使环境变得干燥并被消毒。

我们的软组织、器官和骨骼需要得到保护，不能被坚硬和锋利的物体划伤。光滑的地板表面可以防止摔倒和脚踝损伤。建筑物可以帮助我们在不同的水平层次上下移动，不会有坠落的危险，并且保持火和热的物体远离我们的皮肤。

室内设计师必须时刻注意，尽可能避免坠落物、爆炸物、毒物、腐蚀性化学物质、有害辐射或电击等对人体造成伤害。通过设计有安全表面的空间、在高度发生变化的地方做平坦且明显的处理，以及适当地指定材料，我们才能保护建筑物的使用者。我们的设计要有助于防止和抑制火灾，并方便逃离燃烧的建筑物。

建筑物给了我们活动、工作和玩耍的空间，通过我们的设计为各种家庭活动提供了场所。在这里，人们可以生育和抚养儿童，与家人和朋友一起准备和分享食物、学习及以口头、手动和数字化形式进行交流。这里有供人们追求爱好、清洁和修缮房屋的空间与设施。我们的设计还可以创造展示和存放物品及居家工作的机会。我们设计的空间可以是封闭的、私密的，也可以对他人开放。我们设计的建筑物是安全的，不会被他人擅自闯入，并提供内部和外部沟通的方法。我们提供楼梯和运输机械，供人们在不同水平面之间自由移动(图 3.8)。

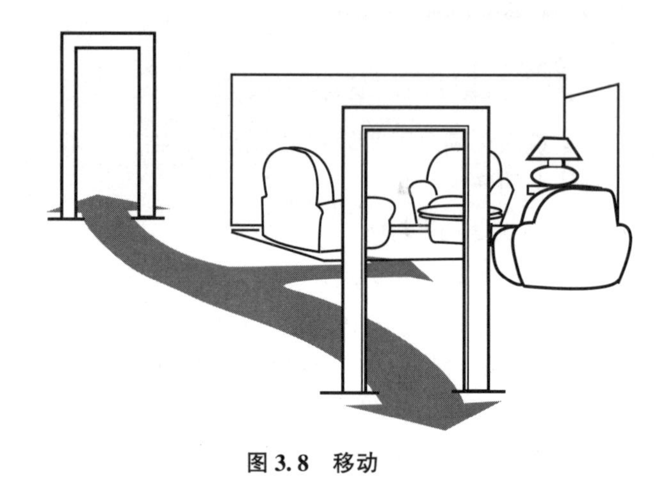

图 3.8　移动

有关楼梯的更多信息，请参见第五章“地板/天花板组件、墙壁和楼梯”；请参见第十九章“运输系统”，了解电梯和升降机的信息。

我们的设计也支持发生在家庭之外的所有社会活动。我们为建筑物提供电力，使车间、仓库、市场、办公室、工作室、谷仓和实验室能够设计、生产和分发货物。这些工作场所也需要有和家庭一样的对日常活动的基本支持，以及为完成工作所需的居住设施。我们聚在一起，做礼拜、运动、玩耍、娱乐、管理、教育、研究或观察有趣的物体。这些公共空间更为复杂，因为它们必须同时满足许多人的需要。

有害材料

室内设计师的大部分工作都是在既有建筑中进行的。改变拆卸废料的用途并回收利用，是比将其送往垃圾填埋场更具可持续性的替代方法，然而有些材料需要特殊处理。

翻修的注意事项

既有建筑中可能有对人体健康有害的材料。其中，一些可能在拆除期间暴露出来或受到干扰。拆除工作可能会使墙壁、阁楼等内死去的动物和昆虫的遗骸露出来。霉菌是潮气积聚的建筑物里常见的问题，对健康影响极大。

我们应仔细查阅地方法规，妥善处理可疑的拆卸废物。拆除区域应与建筑物的被占用区域隔离。这应该包括采暖、制冷和通风设备。此外，任何包含动物尸体的区域都应该被隔离。

铅

铅是一种金属化学元素，吸入过量会对胎儿、婴儿和幼儿造成伤害，导致学习障碍、恶心、神经损伤和死亡。铅颗粒悬浮在空气中或沉积在表面上。孩子们在地板和其他尘土飞扬的地面上玩耍时会把手放进嘴里，从而吸食油漆碎屑而使铅进入身体。

1975年之前，四分之三的美国房屋中都发现了含铅油漆(图3.9)。到1985年，管道和焊料中也有铅，旧管道和焊料都应该更换。

室内设计师应在开始改建工作之前，确认现场是否有含铅油漆。

美国2010年关于铅在翻新、修复和涂漆过程中的管理规定，适用于1978年或更早建造的所有房屋。所有进行翻修、修复或涂漆的承包商都必须经过培训和认证，以遵循安全的工作实践，包括对工作区域的控制、减少灰尘，并进行彻底清理。承包商必须向业主提供铅含量的数据报告。

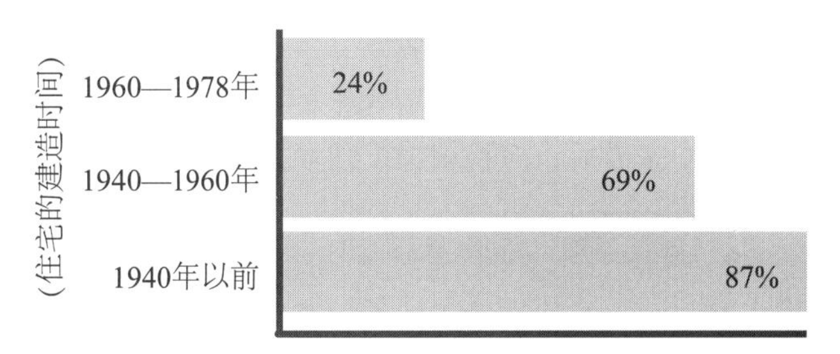

图3.9 住宅中的铅含量(EPA数据)

一个取得了专业执照的承包商应进行铅涂料减排。在此过程中，居住者必须离开建筑物，工人必须受到妥善的保护。铅漆不应被打磨或烧掉，线脚和其他木制品应该被替换或做化学处理。木地板必须密封或覆盖，物品应该被移除或覆盖，在此过程中应该控制灰尘。最后的清理工作应该使用**高效空气过滤器**(HEPA)来完成。

石 棉

20世纪70年代末以前建造的许多建筑中都有**石棉**。它可以与其他材料组合使用，或用作木材防腐剂。长时间吸入石棉纤维会导致癌症、肺部积液、石棉肺和肺部纤维性瘢痕。

石棉有白色、浅灰色或浅棕色三种颜色，看起来像粗糙的织物或纸，可能表现为一种稠密、浅灰色的灰泥类材料特有的纸浆状质地，可用于天花板、横梁和结构柱(图3.10)。直到1975年，石棉才被广泛应用于蒸汽管道和管道保温及炉子和炉子部件。1980年以前，吸声瓦、纤维水泥瓦和墙板都含有石棉。20世纪40年代到80年代生产的乙烯基地砖用石棉做黏合剂。至今，石棉纤维仍可在既有建筑中找到，特别是在加热系统部件和其他设备的隔热材料中、隔音天花板和乙烯基地砖上，以及在1977年以前购买的干墙接缝装修材料和质感涂料里。

图3.10 石棉

大多数石棉只要不向空气中排放纤维，我们就可以对其置之不理。如果它没有破碎，可以用一种特殊的密封剂密封，并用金属片覆盖。如果它的状态稳定，一定要在以后的改造或拆除过程中再做处理。

应避免破坏石棉材料，如钻孔、在墙壁或天花板上悬挂材料、磨损或拆除石棉材料下面的天花板砖等。

可以用包裹的方法修补石棉覆盖的蒸汽管道和锅炉表面，但是墙壁和天花板上的石棉通常无法修复，因为难以保持气密性。可以将石棉密封在低矮的天花板处或不太可能被水浸泡或破坏的小面积区域，或者在石棉不太可能变质的地方。然而封装可能比拆除的成本更高。

拆除是唯一的永久性解决方案，但如果操作不当，可能比将石棉留在原地更危险。拆除必须由取得认证和授权的专家来完成。

拆除石棉的区域必须用气密的塑料密封屏障隔离，并在负压下使用特殊的高效空气过滤器过滤。这一工作完成后，应检查施工现场并检测空气质量。

霉　菌

潮湿的建筑物有助于细菌、真菌(包括**霉菌**和昆虫)的生长。建筑物的湿气或来自内部，如漏水的管道等，或来自雨水等外部条件。当地毯、墙壁和天花板等材料长期潮湿时，霉变就可能发生。相对湿度过高和淹水也会产生潮气。

研究表明，呼吸系统症状、哮喘、过敏性肺炎、鼻窦炎、支气管炎和呼吸道感染，与暴露在建筑内潮湿和霉菌的环境中有关。患有哮喘或过敏性肺炎的人，如果没能认识到疾病与暴露于潮湿的建筑物环境之间的关系，并且继续接触，则有发展为更严重疾病的风险。(美国国家职业安全与健康研究所【NIOSH】发出预警：防止办公楼、学校及其他非工业建筑的潮湿环境所引起的职业性呼吸道疾病，DHHS【NIOSH】出版号：2013—102，2012年11月)

参见第十三章“室内空气质量、通风和湿度控制”，了解更多关于霉菌的信息。

建筑规范和标准

政府通过制定建筑规范、政府授权的文件，来确定最低可接受的建设实践，以回应人们对安全的关切。这些规范规定了室内设计师和建筑师的工作，也规定了建筑的机械、电气、管道等其他系统的设计和安装方式。

标准规定了建筑设计方面的最低要求。标准是由一个公认的权威机构制定的，通常是一个经过大量的外部审查和投入后的协商一致的过程。在很多情况下，规范指的是标准。

建筑规范

规范界定了社会公认的最低限度。美国的大部分规范都是**指令性规范**，它规定某些事情必须以某种方式完成。指令性规范规定了执行规范的手段和方法。**性能规范**是说明必须满足目标的规范，并且可以提供遵从性的选项。

一个项目的管辖权由建筑物所在的位置决定。**管辖区域**是使用相同的规范、标准和规章的地理区域。管辖区域可以小到乡镇或大到整个州。对某一特定地点项目有管辖权的机构，如建筑部门或卫生部门，负责强制执行规范要求；一个项目可能会受到多个管辖机构的监督检查。

对于谁可以设计一个项目，以及需要什么类型的图纸，大多数行政辖区都有严格的要求。通常，图纸必须由在该州登记过的注册建筑师或注册工程师盖章。在某些情况下，不允许室内设计师负责一个项目，但可能需要作为建筑师团队的一员参加工作。有些州可能允许注册室内设计师为楼层有限的和面积有限的建筑物设计图纸。与团队中的建筑师和工程师建立合适的关系，是室内设计师的设计工作满足规范要求的关键。

《ICC 国际建筑物与设施性能规范》(IPC)是一个示范性建筑规范，它试图把不同地域的建筑规范要求统一起来。《ICC 国际建筑物与设施性能规范》(IPC)由国际规范委员会(ICC)在 2002 年推出，目前已被全美各州采用。

室内设计师必须核对当地的管辖权，以确定应该遵循哪些规范。专业组织和政府机构在主要法规变更时会提供继续教育项目。

一些州有基于示范规范的州规范，而其他州则只有本地规范，有时各州规范和本地规范覆盖了同一个区域。并非每一个管辖区都定期更新其规范。这意味着在特定的管辖范围内，所引用的规范可能不是该规范的最新版本。如果规范发生改变，一个或多个年度附录会与更改版一起发布，并在发布下一个完整版的规范时纳入正文。

除了基本的建筑规范外，管辖区还发布管道、机械和电气规范。在有大量管道或机械工程的项目中，注册工程师将负责设计和规范问题。在较小的项目中，有职业资格证的管道工或机械承建商会知晓相关规范。

室内设计师通常不需要知道或研究大多数管道或机械的规范问题。然而室内设计师需要了解有关管道和机械的要求，如如何确定所需卫浴设备的数量。

规范执行官员

规范部门是地方政府机构，在一个管辖区内强制执行各项规范。规范官员是规范部门的雇员，负责解释和执行该管辖区域内的规范、标准和规章。

计划审查员是一名规范官员，负责在项目的初步实施和最终许可审查阶段检查计划和施工图。计划审查员检查规范和标准的遵守情况，并与设计师密切合作。

消防局长通常代表当地的消防部门。在初步实施和最后审查期间，消防局长与计划审查员一起核对图纸，看图纸是否符合消防法规。

建筑检查员在发出建筑许可证后实地考察项目工地，确保所有施工与施工图纸一致，并符合法规中的规范。

标准和组织

规范引用政府机构、行业协会和标准撰写组织制定的标准作为参考。标准可能包括定义、推荐做法、测试方法、分类或要求的规格。

非营利组织**美国国家消防协会(NFPA)**成立于 1896 年，通过提供和倡导规范和标准、研究、培训和教育，以减少火灾等灾害给生活造成的负担。美国国家消防协会(NFPA)研究和出版了超过 300 个标准，旨在最大限度地减少火灾以及其他风险的可能性和影响。《NFPA 101®生命安全准则®》和《NFPA 70——美国国家电工规程®》均为美国国家消防协会(NFPA)的出版物，为消防安全提供指导。美国国家消防协会(NFPA)还确立了测试要求，包括从纺织品、消防设备到安全通道的设计等方面。

美国**国家标准协会(ANSI)**成立于 1918 年，致力于确保消费者的安全和健康以及保护环境。该协会监督数以千计的准则和指导方针的制定、颁布和实施。这些准则和指导方针直接影响几乎所有行业的业务，包括声学设备、建筑设备、能源分配等。

ASTM 国际，前身为美国测试和材料协会(ASTM)，可追溯至 1898 年。ASTM 国际开发了超过 1.2 万个 ASTM 自愿协商标准，世界各地都在使用。这些标准用于提高产品质量、加强安全性、促进市场准入和贸易，并建立消费者的信心。

ASHRAE®，前身为美国采暖、制冷和空调工程师学会(ASHRAE)，成立于 1959 年，旨在发起研究项目，并制定暖通空调(HVAC)和制冷系统的性能水平标准。机械工程师、制冷专家和安装人员都使用 ASHRAE 标准。《ANSI/ASHRAE/IES 标准 90.1——非低层住宅建筑的建筑能源标准》为商业和多层住宅建筑的节能设计提供最低要求。该标准经常更新以回应新技术。

UL，前身为美国保险商试验室(UL)，是一家全球性的独立安全科学公司，自 1894 年以来努力创新安全的解决方案，希望从公共电力的采用到可持续性、可再生能源和纳米技术等方面取得的新突破中，找到解决办法。UL 致力于促进安全的生活和工作环境，为人员、产品和场所提供保护措施。该组织对产品、系统和材料的使用者进行认证、验证、测试、检查、审计、建议和培训。UL 在产品目录里列出了所有通过其测试和批准的产品。

图 3.11　UL 标签

室内设计师会发现 UL 列出的《建筑材料、消防设备和防火指南》很实用。规范要求对某些产品进行测试和核准。UL 标签出现在许多家用电器、照明等电气设备上(图 3.11)。

美国联邦法规和条例

美国联邦政府监管联邦设施的建设，包括美国联邦大楼、退伍军人管理局医院和军事设施。美国联邦大楼的建造通常不受州或地方建筑法规和条例的制约。美国联邦政府颁布了适用于政府建造和所有的建筑物的条例，类似于示范法规。在某一特定项目中，有关当局可能会选择遵守更严格的当地要求，因此设计师必须核实哪些法规适用。

美国有超过 1000 部各州法规和各种各样的联邦法规。为了限制美国联邦监管，其消费品安全委员会鼓励行业自律和标准化，行业团体已经组成了数百个标准撰写组织和代表几乎所有行业的行业协会。

美国国会可以通过法律取代所有其他州和地方性的法规和标准。这些法律被收集在美国联邦法规中，每年修订一次。职业安全与健康标准(OSHA)、《公平住房法》(FHA)和《美国残疾人法案》(ADA)都是美国国会通过的法律，对室内设计师和建筑师具有广泛的影响。

OSHA

职业安全与健康管理局成立于 1970 年，通过制定和执行标准、提供培训、扩大服务范围、教育和协助来确保工人在安全健康的条件下工作。职业安全与健康标准通过规范建筑和内部项目的设计增加规范要求。建筑工程的承包商和分包商必须严格遵守职业安全与健康标准的要求。室内设计师应该意识到，这些规定对建筑的施工、设备和家具的安装过程都有影响。

《美国残疾人法案》(ADA)

建筑法规中的术语“**可进入的**”指的是残疾人无障碍设施，这是**《美国残疾人法案》(ADA)**和其他无障碍标准所要求的。司法和交通部制定了《美国残疾人法案》(ADA)的各项条款，由美国国会在 1990 年通过。此外，一些州还有自己的无障碍标准。

> 我们将在本书中引用《美国残疾人法案》(ADA)的规定。《美国残疾人法案》(ADA)的第三、第四部分直接影响室内设计师的工作。

《美国残疾人法案》(ADA)是一项综合性的民权法，有四个部分。第一部分是保护残疾人就业。第二部分包括州和地方政府提供的服务和公共交通。第三部分涵盖所有公共居住设施，指向公众提供食物或服务的任何设施。它也适用于商业设施，这些设施是非住宅建筑，但不向公众开放。第四部分涉及电信服务，要求电话公司为有听力和语言障碍的人提供电信中继服务。

第三部分中的条例已被纳入**2010 年 ADA 无障碍设计标准**(图 3.12)。该标准对各条例做了解释并对合规性做了说明。《美国残疾人法案》(ADA)处理建筑方面的关键问题，如无障碍路线和轮椅可到达洗手间的设计、涉及的通信问题包括报警系统和为视听障碍人士设计的标识系统。

所有包含公共住宿设施和(或)商业设施的新建筑，都必须符合《美国残疾人法案》(ADA)的特定要求，包括各种各样的项目类型，如住宿、餐厅、酒店和剧院等，还包括购物中心和商场、零售商店、银行、公共集会场所、博物馆和画廊，以及图书馆、私立学校、日托中心和专业办公室等。但美国国家和地方政府的大楼及一至两户住宅则不必遵守这一标准。

《美国残疾人法案》(ADA)对新建筑或既有建筑的新增建筑物的要求最为严格，但对既有建筑的改造和内部装修的要求则不够明确。当翻新一幢既有建筑物时，建筑物的特定区域必须按照《美国残疾人法案》(ADA)的要求进行更改。这些更改仅仅限于那些在结构和成本方面容易实现的变更。由于变更的困难或费用，可以免除不必要的负担。这些情况是由监管当局或法院视具体情况而定，经常会涉及难以判断的案件。

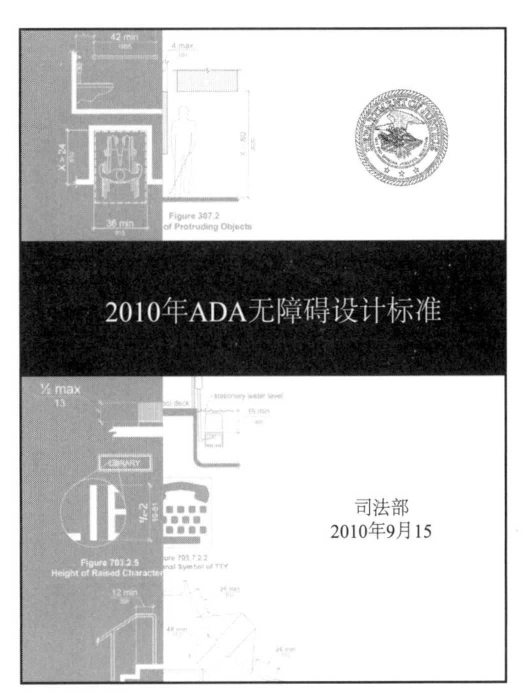

图 3.12 2010 年 ADA 无障碍设计标准

能效要求

能效要求规定了可接受的最低而不是最佳的性能水平。

国际规范委员会于 1998 年推出了**“国际节能规范”**(IECC)，旨在提高能效，包括节约成本、降低能耗、保护自然资源及能源使用对环境的影响。除此之外，一些州还有自己的能源规范。这些规范几乎涵盖了所有建筑系统，包括照明和配电。

在美国，商业和机构建筑最常用的标准是**《非低层住宅建筑的建筑能源标准》**(ANSI/ASHRAE/IES 标准 90.1)。该标准为大多数非住宅建筑的节能设计提供了最低要求。它为所有或部分新建筑及其系统的设计和建造，以及既有建筑中的新系统和新设备，提供了最低能效要求和遵从准则。它是工程师和其他参与建筑和建筑系统设计的专业人员不可缺少的参考依据。

住宅能效的规范和标准包括国际能源法规与**《低层建筑的节能设计》**(ANSI/ASHRAE 标准 90.2)。这些住宅的能源需求集中在建筑围护结构(墙壁、地板、屋顶、门、窗户)和用于采暖、制冷，以及家用热水的机械设备的性能上。

2012 年，**《国际住宅规范》**(IRC)将“国际节能规范”的住宅条款纳入关于能效的章节。该规范将美国和加拿大划分为由州、省、县和地区指定的八个气候区，每个区域都有许多特定使用的规范要求。这些要求包括对窗户、外部门和隔热材料的要求。

第一章至第三章介绍了影响建筑设计的环境和政府标准。在第二部分“建筑组件”中，我们将看到建筑的形式和结构、室内建筑元素，以及门和窗如何支撑、保护和塑造建筑的内部空间。

第二部分

建筑组件

尽管室内设计师的工作与室内空间有关，但室内设计师可从了解建筑物的建造方式、矗立或倒塌的原因，以及不同的建筑技术如何影响室内空间的塑造和利用等方面获益颇多。

第二部分“建筑组件”包含三章。

第四章“建筑的形式、结构与元素”，着眼于建筑物的形式如何与现场条件相互作用、影响建筑物能源的使用，并满足其居住者的需求。

第五章“地板/天花板组件、墙壁和楼梯”，介绍了提供水平支撑的地板系统、提供垂直支撑的墙壁系统，以及方便移动的楼梯和坡道。

第六章“窗和门”，讨论了窗户和天窗如何控制热辐射、提供采光和视野、提供通风，以及门如何方便进出并帮助控制火灾。

同第一部分一样，这部分所介绍的主题互连互融。

> 几乎每个建筑物组件都有一个以上的功能，有些组件通常同时服务十个或更多功能，并且这些功能是相互依赖的。举个例子，我们决定在一幢学校建筑的钢柱框架上面建造隔墙。如果用的材料是几片薄的石膏墙板，而不是砖块和砂浆，我们的选择将造成一系列的影响，包括该建筑的热性能、声学品质、教室内光线的质量和数量、管道和线路的安装方式、墙面的有效性、建筑结构必须承载的重量、建筑物的耐火性、如何建造及维护建筑物等。
>
> 引自爱德华·艾伦，《建筑是如何工作的》(第3版)，牛津大学出版社，2005年。

第四章　建筑的形式、结构与元素

建筑通过其结构元素表达建筑形式。这种形式反过来会影响建筑物对场地条件的反应。这些反应决定了建筑系统利用能源满足居住者需求的方式，对于使用被动系统的建筑尤其如此。

本章着眼于建筑形式和结构体系，介绍建筑物结构荷载的基本原理和承载这些荷载的要素，并且考察建筑结构的基本类型。

引言

建筑物的结构为建筑物提供支持并对运动进行调整。建筑结构的设计要能抵御火灾和帮助控制火势蔓延。通过设计，建筑物的结构应该能够控制热辐射、空气温度、表面的热质量、湿度和气流。如何设计建筑结构，会影响视觉和听觉的私密性，以及生物和材料的进入。

> 我们必须配置每一幢建筑物，使其能够承受自身的静荷载，同时还能承受活荷载——相当于人、家具、雪、风及理论上可能发生的地震的总和。
>
> 引自爱德华·艾伦，《建筑是如何工作的》(第 3 版)，牛津大学出版社，2005 年。

建筑物的建筑师和工程师必须估计这些荷载的大小。他们必须选择一个适合现场条件、建筑用途和预期荷载的结构体系。这个过程包括确定结构系统的精确配置和组件的必要强度、尺寸，以及用于将较大组件组装在一起的所有紧固装置。

历　史

早期的建筑物是用易腐烂的材料建造的，如树枝和兽皮，然后是用更耐用的石头、黏土、木材，以及目前的人造材料。

随着时间的推移，建筑物越来越高，跨越的距离也越来越长。在此过程中，建筑材料日渐结实，人们对建筑材料的了解也越来越多。

大多数不太耐用的早期建筑没有考古记录。一些石头建筑，如苏格兰奥克尼群岛(约在公元前 3180 年至公元前 2500 年)的斯卡拉布雷石头建筑被留存下来，为今天的建筑提供了证据。

历史古迹的保护

许多室内设计项目都发生在既有建筑里。有些项目在用途和布局上的变化很小，而另一些项目则需要大规模地拆除和重建。具有历史价值的建筑物值得被特别关注和保护。

美国联邦政府制定了标准，以确保其资助的项目，不会对已经在《美国国家史迹名录》(NRHP)上或符合美国国家史迹资格的建筑物产生不利影响。美国各州和地方政府及许多私人组织也采用这些标准。只有在使用美国联邦资金或其他与保护有关的资金奖励时，这些标准才是强制性的。一般来说，业主只需要符合适用的法规和分区条例即可。

建筑形式

建筑形式影响建筑系统的设计及其使用能量的多少。如第二章所讲，工程师将一些建筑物指定为内部荷载占主导，另一些为围护结构荷载主导。

高层建筑厚厚的围护结构使其大部分的内部空间不受气候影响。电照明产生的热量加上居民和设备产生的热量，使建筑物成为内部荷载占主导。这类建筑物一年四季都需要使用机械制冷。

较薄的建筑物需要在寒冷的天气取暖、在炎热的天气降温，以应对天气对建筑围护结构的影响。日光能够到达外围荷载为主导的建筑物中心，白天几乎不需要电照明。

在北半球，阳光从建筑物南墙上的玻璃窗射入。为了尽可能地保留热量和日光，设计师可能需要限制大面积玻璃窗的数量。大楼的设计师可以在建筑的其他地方寻找多余的热量，来温暖较冷的周边空间。

结构系统

设计和建造建筑物的**结构系统**是为了支撑施加在建筑物上的荷载，并将它们安全地传送到地面而不会损坏建筑物。建筑结构的组件保护建筑物的居住者和内容物。有些结构系统，如重型木材结构是以单一材料为基础的。其他结构系统则组合了多种材料，结构钢框架建筑通常包括水平钢梁和垂直钢柱，以及钢和混凝土的水平楼面。一栋建筑物可以有多个结构系统，如一个混凝土**基础**支撑着一个轻木框架的**上部结构**(图 4.1)。而有时看似是结构材料，如砖，实际上只是外部饰面材料而已。真正的**结构荷载**是一个混凝土结构系统。

建筑物的地下部分与土壤、岩石和地下水直接接触。地面以上的上部结构受到风、雨、雪和太阳的影响。建筑可以被设计成与周围环境融为一体，也可以被设计成与环境隔绝。这些设计选择对我们居住的世界产生直接的影响。

建筑物在地面以上的垂直延伸部分被称为上部结构，包括支撑地板和屋顶结构的柱、梁和承重墙。建筑物的上部结构建在地基上。

地基依次由地基下面及四周的土地支撑。在设计地基时，土壤条件、地下水和基岩的特征都要被考虑进去。

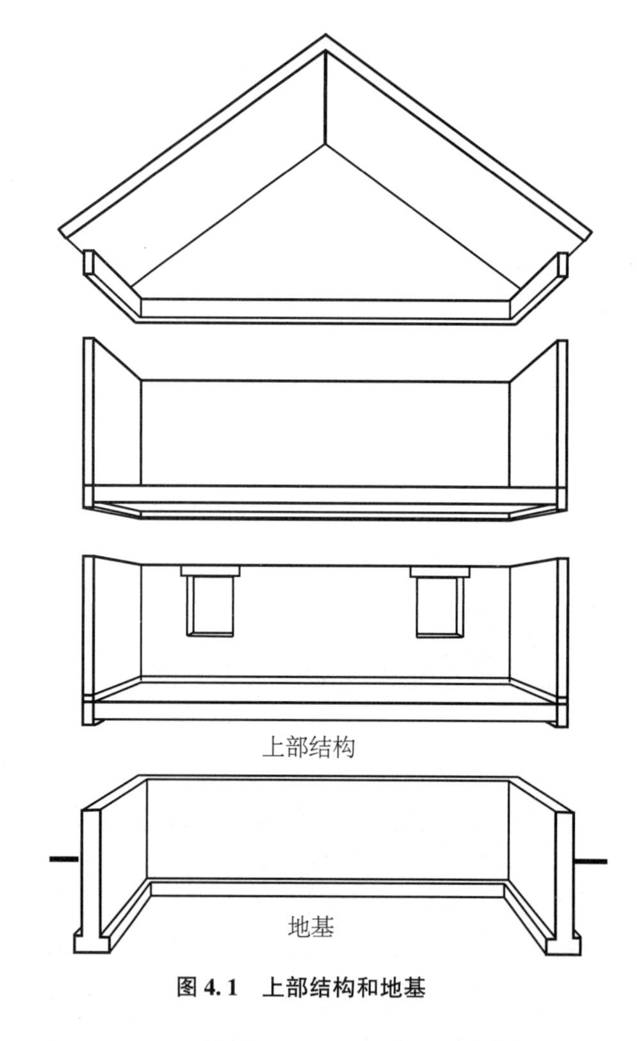

图 4.1　上部结构和地基

地　基

建筑物建在由混凝土、混凝土砌块或石头构成的地基之上。地基支撑楼板结构，并固定建筑物的其余部分。地基可以很深，足够建成一个地下室，仅留出电线和管槽通行的空间，也可以由一块直接固定在地面上的板坯构成。

一个由**桥墩**或柱子构成的地基，可以用来将建筑物的上部结构提到地面以上的高度，以防止洪水造成的破坏、适应陡峭倾斜的场地或者允许冷却空气在建筑物下面的循环。

地基还可以使建筑物的其余部分保持在潮湿的地面上，同时防止水进入建筑物。虽然地基周围的土壤有助于保持建筑的热量，但通常还是会给地基建一个外部保温层。尽管建筑师和工程师为给建筑物的地基提供一个稳固的基础煞费苦心，但是由于建筑物的荷载作用及变得坚实的地基下面的土壤，建筑物的结构会发生轻微下沉，逐渐沉降。这种结构变化是正常的。

在地基的基础上，基脚将地基的荷载分散到更广的范围(图 4.2)。一些建在不适合或不稳固土壤上的建筑物需要特别深的地基。要把桩基础和沉箱基础建在地表以下的岩石层上或密实的砂石、砾石上。

基础墙通常由混凝土或混凝土砌块(CMU)组成，尽管老建筑物可能用的是石头地基。混凝土基础墙是在结构内**现场浇筑**的(图 4.3)。与混凝土砌块(CMU)墙相比，混凝土基础墙的接缝更少，地下水更不容易渗入。**混凝土砌块(CMU)**是高度和宽度为 8 英寸(约 203 毫米)、长度为 16 英寸(约 406 毫米)的小单元。它们很容易操作，不需要模板。

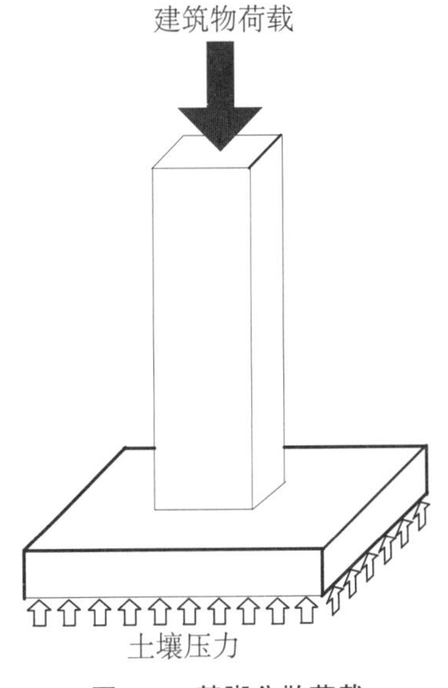

图 4.2 基脚分散荷载

图 4.3 现场浇筑的混凝土地基

板 坯

较低的周边温度可能会导致混凝土板内部因热传递而出现冷凝和潮湿问题，而不是地基泄漏问题。

混凝土板直接支撑在地面上，其厚度足以承载一层或两层建筑的墙柱荷载。混凝土板的导热性能好，因此当在板坯上覆盖一层地毯时，板坯外部边缘的温度会明显低于内部环境的温度。

除非建筑物是密闭的，并且安装了调节空气或除湿的设备，否则湿气可能会在潮湿的天气凝结在凉爽的板坯上。板坯下厚厚的碎石排水层可防止水积聚起来。碎石和板坯之间的连续膜将会阻挡水汽通过板坯。

最好不要在基础墙的内侧采取保温措施，因为这样会破坏它的热质量。相反地，基础墙接触土壤一侧应该从墙体到基脚进行全面的保温处理。

基础墙系统

绝缘混凝土模板(ICF)系统包括预制块或镶有塑料连接件的面板，主要用于地面以下。它们被浇筑成钢筋混凝土模板，并作为绝缘材料放置在适当的位置。

结构隔热板(SIP)是夹层预制板，能快速地与拼接板(并且不用热桥)连接。它们允许的渗透比标准结构少得多。受压的表层结构的面板承载了大部分结构荷载。

地下室

地下室墙通常也是基础墙，并且可能是一部分高于地面和一部分低于地面。地下室的地板通常是混凝土板。

地下室的温度常年保持在一个狭窄的范围内。对地下室和其他被土地保护的建筑构件来说，最大的问题是防止水的进入。

地下室的深度会影响地下室墙壁和地板的热量。做保温处理后，地下室的热损失显著降低。

爬行空间

爬行空间指的是在上部结构的下方、由连续的基础墙或桥墩组成的空间。爬行空间只是字面上的意思，意指太低以至于不能站立，甚至坐着。爬行空间通常是电线、管道和机械设备通过的槽隙。

爬行空间应保持通风，以应对来自室内空间和地面下的潮气。当水分扩散到爬行空间时，那里会产生霉菌。

建筑荷载

“**建筑荷载**”一词是指建筑物承受的任何一种力。建筑材料的重量是建筑荷载的一部分，建筑物内的家具或设备也是。建筑荷载也要把进出建筑物的人员和物品考虑在内。此外，建筑结构的设计还要适应风力(包括风暴)、积雪的重量和地震力(地震)。

建筑荷载的类型

恒载是垂直向下作用于一个结构上的静荷载，包括结构本身的重量及建筑构件、固定装置和永久附着其上的设备的重量。

静荷载是缓慢而稳定地施加到结构上，直至最大值。结构对静荷载的响应很慢。当静态力最大时，结构受到的影响最大。静荷载包括结构本身的重量、建筑构件的重量、固定装置和永久附着在结构上的设备的重量，以及活动或移动的活荷载的重量。

活荷载随时间变化，但一般是逐渐变化的。它们包括建筑物使用者、任何可移动的设备和家具，以及全部被收集起来的雪和水的重量。

动态荷载是突然施加到结构上，通常力度的大小和施力点会快速变化。地震和风引起的负载是动态荷载的例子。

压缩、变形和张力

建筑结构受力产生压缩、变形和张力(图 4.4)。

压缩是指材料的缩短或挤压，导致其尺寸或体积的减小。如果你按压一个坚实的垫子，里面的材料会被挤在一起。这种挤压可能导致垫子形状的改变。而当你把垫子压扁塞进织物袋时，织物的某些地方可能会被拉长。

横梁受到荷载之力向下弯曲的垂直距离被称为**变形**。随着负载变重、跨度变长，变形加大。当梁在负载下发生变形时，在荷载作用下梁的材料被压

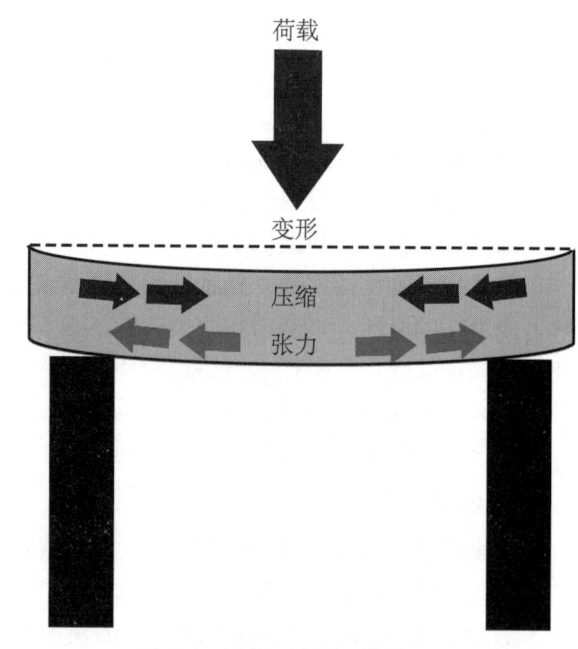

图 4.4　压缩、变形、张力

缩。同时，荷载底部的材料会被扯断。

张力是材料对沿其长度方向拉伸或拉拽的应力的反应。梁的弯曲和变形是内部受到了压缩和**拉伸**的组合应力。有趣的是，位于压缩和拉伸区域之间的材料受到的应力相对较小。这就是为什么钢梁的两端(顶部和底部)设计得比较宽，而几乎不受任何力的中间部分则设计得比较狭窄的原因。

跨越开口

结构载荷通过建筑物的结构系统传递到地面。荷载通过梁柱系统跨过开口进行传递。

承载建筑物荷载跨越开口的方法很多，包括横梁、桁架、门楣、拱门和梁托。拱顶和穹顶覆盖一个三维结构的区域。悬臂梁仅在一端提供支撑，而另一端则向外伸出。

横　梁

在横梁——长度大于其宽度或深度的水平结构构件——中压缩可导致梁向下弯曲。横梁的支座之间的距离被称为跨度。如果荷载施加在横梁的中心，那么中心将从水平方向向下弯曲。

木梁的历史悠久，尽管大多数都没有持续很长时间，但日本奈良县的法隆寺宝塔却是一个例外。它建于公元607年，被普遍认为是现存的世界上最古老的木制建筑之一。原建筑很可能被闪电击中烧毁了。自公元711年左右开始重建，1374年和1603年分别进行了维修和重新组装，修复所用的材料都有百年的历史。1954年修复时，7世纪所用的最初材料的15%~20%都被保留。

木梁的种类繁多(图4.5)。取自大树的横梁被用于重型木材结构。轻型木框架结构采用均匀切割的**规格材**木梁，以承载特定跨度的荷载。间隔梁采用封闭和开放相间隔的空间来保持其较轻的重量。叠层梁是由胶合在一起的木料制成的，非常牢固。还有很多类型的组合梁。

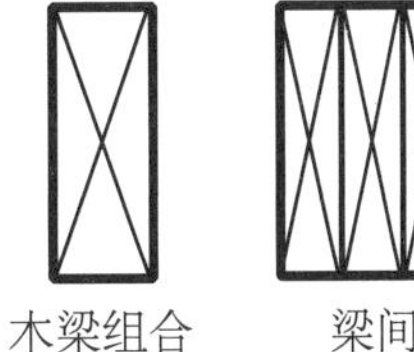
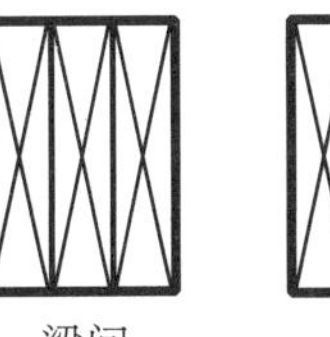

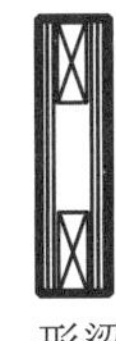

图4.5　木梁的类型

石梁的压缩性能良好，但张力相对较差(图4.6)。它们也很重，仅限于比钢梁更短的跨度。

钢梁坚固，拉伸和压缩性能都很好(图4.7)。钢梁和钢柱比较容易组合成网格模式。这使在室内设计大型开放式空间成为可能。

图4.6　马萨诸塞州劳伦斯市彭伯顿工厂的石梁和石柱(1967年)

图4.7　钢梁的形状

钢筋混凝土梁包含纵向和腹板钢筋(图 4.8)。它们几乎总是作为支撑板的一部分。

桁　架

跨越开口的另一种方式是**桁架**(图 4.9)。桁架可被看作是一种利用三角形的固有稳定性，来分散和支撑荷载的组合梁。与结合了张力和压缩性能的横梁不同，桁架中所有的构件都处于拉伸状态。

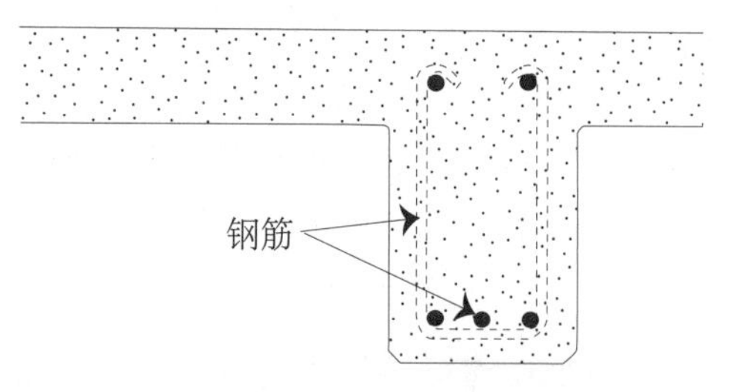

图 4.8　钢筋混凝土梁

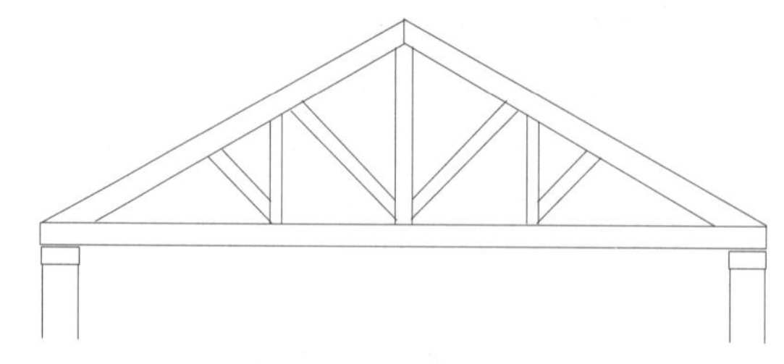

图 4.9　桁架

有些桁架看起来像内含小三角形的大三角形。其他的则是用直线围着的，甚至在顶部弯曲，但仍然由较小的三角形组成。

钢桁架由结构性角钢和三通螺栓组成或焊接成一个三角形框架。钢桁架可以采用多角度、弯曲、平坦和三角形的形式。

层压木桁架由较小的木片胶合成的大型桁架组成。层压木桁架可以比实木桁架更坚固，更容易形成曲线。

过梁、拱门和梁托

开口使墙壁结构的刚度被大大削弱。可以在门或窗户的开口上方建造一个过梁或拱桥来承受荷载，也可以把开口周围承受的压力分散到两边的墙壁上。

过梁是一个设置在门或窗上方的线性水平结构构件，以将荷载转移到窗口(图 4.10)。混凝土过梁通常用于石材、砖等砌筑结构。混凝土过梁通常内含增强抗拉强度的钢筋。木制门楣被称为**顶梁**，通常通过将标准规格木材切割成特定的宽度来增加其**强度**。

与柱子相同，**拱门**是结构构件，经常用来装饰和表达某种含义(图 4.11)。许多历史上著名的建筑风格都有自己特定的拱门类型。有些拱门是独立的，因为它们从拱形的每一个部位向两个方向传递荷载。

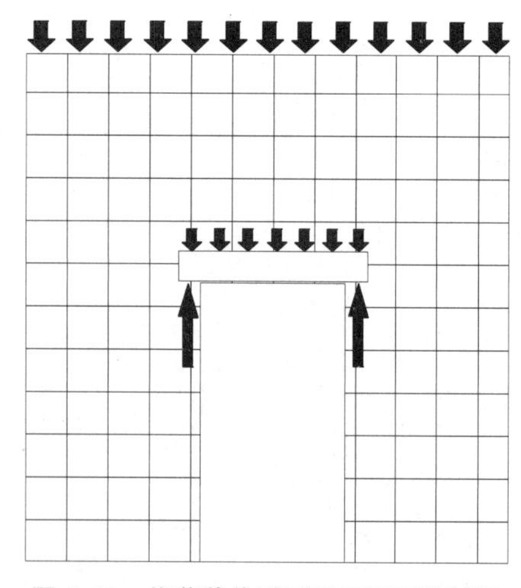

图 4.10　将荷载传递到开口周围的过梁

图 4.11　新罕布什尔州恩菲尔德区震颤派教会家庭住宅中的砌筑拱门

拱门用弯曲的结构跨越开口。拱形设计主要通过其轴线的抗压来支撑垂直荷载，并将荷载传递到拱两侧的承重面上。砌筑拱门是由一个个楔形石头或砖块砌成的。由弯曲的硬木、钢筋或钢筋混凝土建造的拱门既结实又稳固，承受弯曲应力的能力特别强。

罗马拱是半圆形的(图4.12)。拱门的每一块石头(拱石)都彼此紧压，置于顶部的楔石则将所有石头都固定在各自的位置。

梁托由砌筑单位组成，每一行都比下面一行向前延伸，各行堆叠而成。它们由结构顶部的重量支撑。砌石拱由砖块或石块之类的砌体构成，每一排从远离开口的一侧延伸到开口处，越高开口越小(图4.13)。梁托不能独立存在，依靠上方延伸砌体的重量以免掉入拱门。一般来说，就跨越开口而言，梁托的效果不如拱门。

图4.12 罗马拱

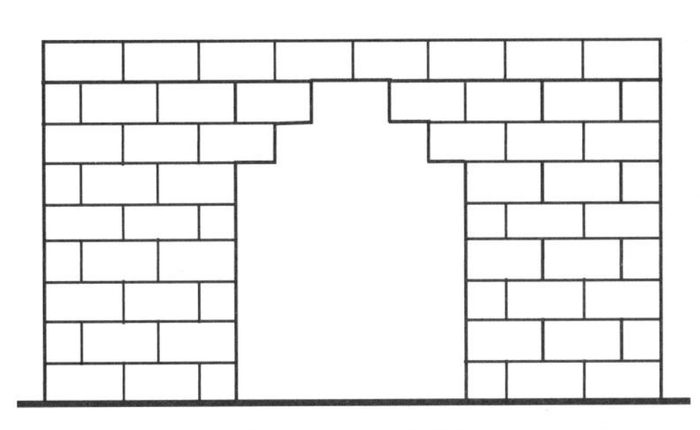

图4.13 砌石拱

拱 顶

大厅或房间的天花板可以由**拱顶**构成。拱顶是由石头、砖块或钢筋混凝土构成拱形结构。拱顶的功能就像一个三维的拱门。沿着拱顶的长度方向向下延伸形成支撑壁。支撑壁由扶壁支撑以抵抗向外的应力，正如拱门的两侧。

筒形拱顶实际上是一系列沿着轴线排列的罗马拱门(图4.14)。其横截面为半圆形。

穹棱(交叉)拱顶是由两个拱顶垂直交叉而成，形成两个对角交叉的拱门(图4.15)。当拱形被精巧地弯曲时，拱顶呈现华丽的三维形态。

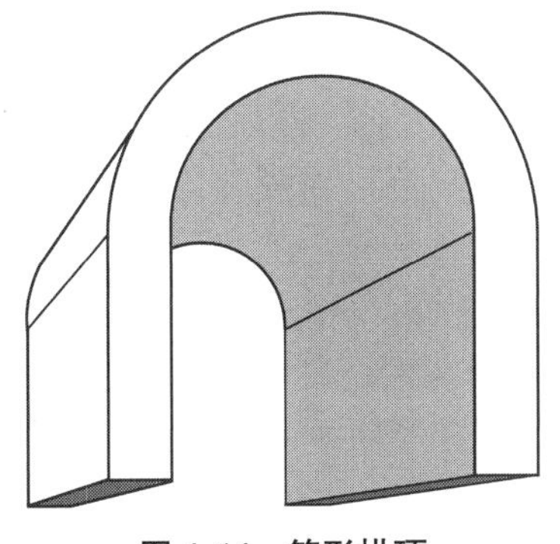

图4.14 筒形拱顶

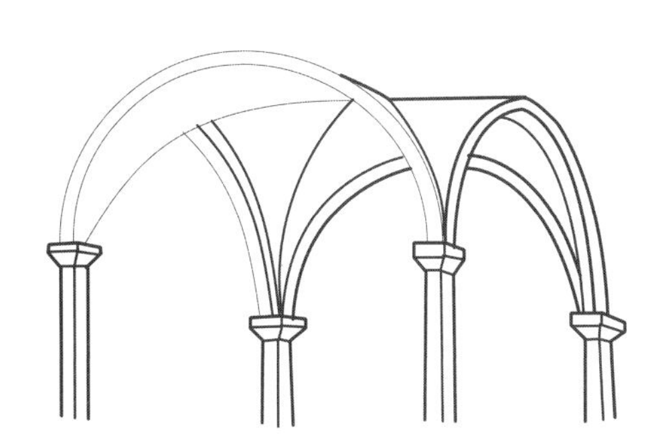

图4.15 穹棱拱顶

穹 顶

穹顶跨越圆形开口(图4.16)。圆形开口是一个由堆叠的砌块、钢筋混凝土或类似网格球顶的短线性单元组成的球面结构。一种使圆顶形象化的方法是使其像拱形那样在垂直轴上旋转。穹顶可以覆盖大型开放式的室内空间。它们由承重墙、柱和拱门或基墩支撑。

悬臂梁

仅靠一端的支撑力支撑一个水平结构是可能的。当向外延伸的结构超过支撑点时，这个结构就叫作**悬臂**(图4.17)。悬臂结构的重量及其所承载的负荷都被转移到支撑壁。悬臂的一个简单例子是跳水板。阳台和飞檐通常也都采用悬臂结构。

图4.16 新泽西州泽西市哈德森县法院大楼的穹顶内部

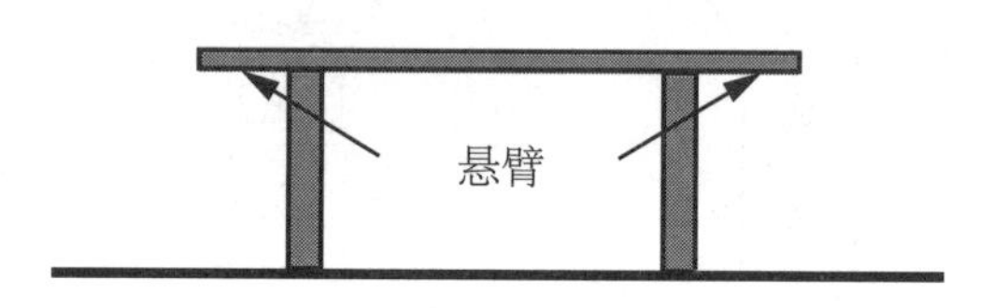

图4.17 悬臂梁

垂直支撑

建筑物中常用的一些垂直结构构件包括圆柱、壁柱、支墩、立柱和桩。

圆 柱

压缩和张力都发生在**圆柱**——一个比其宽度或深度更长的垂直结构构件上。当把荷载置于圆柱的顶部时，圆柱的材料将被压缩。有时，荷载量之大甚至可能压碎柱子。这很可能发生在石柱上。与其他材料一样，圆柱也会沿着它的长度弯曲(变形)，这一点与横梁很像(图4.18)。变形区域的一侧处于张紧状态，另一侧处于压缩状态。在这种情况下，细木柱往往无法继续支撑。

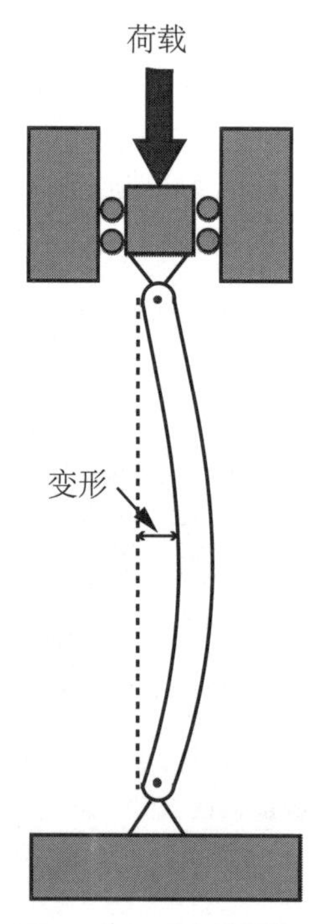

图4.18 压弯的圆柱

设计柱和梁的目的是将荷载安全地传送到地面。一根横梁上的荷载将被转移到两端的支撑点(圆柱)上。这样每一根圆柱只承载横梁一半的荷载，然后这些圆柱将荷载向下传送到地面。精心设计且加载适当的柱和梁，只会在非常明确的参数范围内发生变形。它们通常被设计为可以承受比正常使用中可预见的负载更大的荷载。

木柱可以是实木的，也可以由胶合板或机制板建造而成。间隔木柱由多个结构构件组成，内部有间隔和空间。当木柱无法支撑压力负荷时，那是因为木纤维被压碎了。细长的木柱也会因屈曲而无法支撑荷载。

砌体柱和壁柱通常是由抗压强度相同的小单元组成。

砖块或砌块堆叠起来的宽度和长度至少为12英寸(约305毫米)，最大长度为宽度的30倍。由拱门连接起来的一排柱子被称为**柱廊**。

壁柱看起来像是从墙壁突出来的柱子，可以从墙壁的一侧突出，也可以从两侧同时突出(图4.19)。壁柱支撑着墙壁，使其强度更大，在施加侧向力时更不容易倒塌。

石柱可以从一块巨大的石块上雕刻出来，也可以由一些大石块堆砌而成。它们几乎完全依靠压缩力把荷载传到地面。石柱与石梁被紧密地排列在一起，如经典的埃及柱常被集中布置在一个密集排列的多柱式走廊中。

在混凝土柱中加入钢筋有助于增强其抵抗作用力。为了使梁和板的成形更经济，可以把混凝土柱布置在规则的网格上。这些柱子通常被设计成从地基到顶部的连续单元。当与钢梁或木梁的网格一起使用时，混凝土柱凭借钢连接件与其他部件连接。

工厂制造的**预制混凝土**柱与预制梁一起，共同组成结构组件。预制柱和预制梁的连接通常不是刚性的，通常与剪力墙组装在一起。

钢柱可以放置在建筑物外墙平面的前面、内部或后面。钢柱通常采用宽凸缘或"W"形，但也有圆管和方形或矩形管。有些混凝土柱内包含结构钢柱。

图4.19 俄亥俄州斯普林菲尔德市某县法院的壁柱

支柱和立柱

支柱和柱子是线形垂直结构构件，非常像圆柱。它们可以像圆柱一样将建筑物的荷载传到地面。支柱也可以是独立的，如纪念碑。"**立柱**"通常是由一根树干制成的木柱，在栅栏和其他建筑中使用的较短的木头或金属垂直件也称为立柱。

承重墙

承重墙是一种用来在其整个表面上分散荷载的墙。在建筑结构框架中，用承重墙填充开口处使输送压缩力到达地面的面积大很多。

有关承重墙的更多信息，请参见第五章"地板/天花板组件、墙壁和楼梯"。

侧向力

如果用两根柱子支撑一根横梁的两端，然后从侧面用力推其中一根，它就会倒塌。这种结构安排不能很好地抵抗**侧向**(垂直于支撑的方向)的力。这种情况可以通过顶住支撑柱与梁相交的拐角来改善。

侧向稳定性是指结构抵抗横向外力却不滑动、翻转、屈曲或塌陷的能力(图4.20)。可以在框架上增加侧向支撑，以支撑建筑物表面，收集表面荷载，并将荷载传到支撑柱或承重墙。然后，框架承载垂直荷载并通过建筑物的地基将其传送到地面。这可以通过使用刚性接头、对角支撑或剪切板来实现。此外，地板和屋顶平面增加了侧向稳定性，就像非常深的水平横梁一样。

在我们所举的梁柱组合的例子中，拐角支撑使梁柱连接成刚性框架。想象一个没有照片的相框，框架可以很容易地偏离对准；而当你把一个坚硬的矩形纸板放在框架中，它将恢复直角拐角。纸板的平整表面也有助于均匀地分散应力，并帮助保持框架平直。

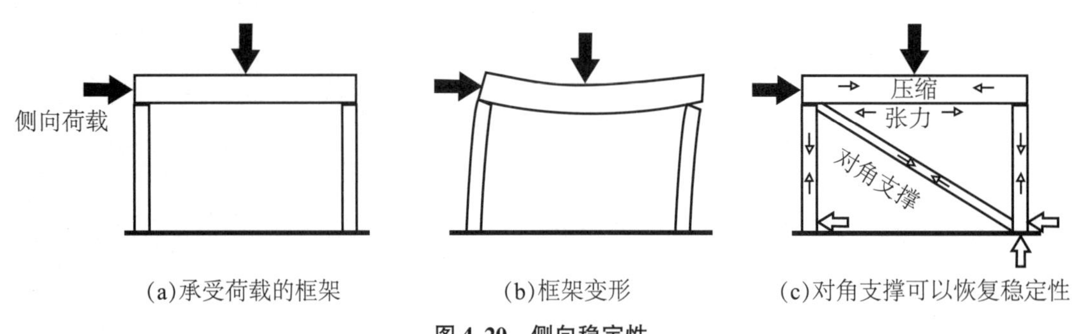

(a)承受荷载的框架　(b)框架变形　(c)对角支撑可以恢复稳定性

图 4.20　侧向稳定性

扶　壁

墙的表面最坚固。如果荷载垂直于墙壁平面，则墙体需要额外的侧向稳定性支撑。这种支撑可以通过在墙上建壁柱、增加横墙或横向刚性构架，或在两墙之间插入水平板来提供。**扶壁**是在墙上做加厚处理，以提供额外的结构支撑。它可能是一个相对简单的壁柱、一个厚重的外部扶垛或一个更复杂的飞拱。所有这些都有助于增加承载荷载和抵抗侧向力的面积。

横　墙

另一种适应侧向荷载的方法是将其他墙——**横墙**——与承重墙垂直。这些墙壁是建筑结构系统的一部分，对建筑的稳定性是必要的。它们即使没有承载来自上面的载荷，也可以帮助承重墙完成承载工作。

侧向稳定性也可以通过建造由水平板连接的两面墙壁来增加。这种连接板有助于平衡两面墙壁之间的荷载，并抵抗侧向力。

剪　力

剪力指的是两个平行的表面沿相反方向移动时发生的情况(图 4.21)。这就是剪子被称为剪刀的原因，即平行的刀片相互移过。

剪力墙是一种由木料、混凝土或砖石砌筑的墙体，能将荷载传递到地基同时保持自身的形状不变。剪力墙的设计旨在应对剪切力。在前面讲到的例子中，相框中的刚性纸板就起到了剪力墙的作用，使框架的拐角成直角。

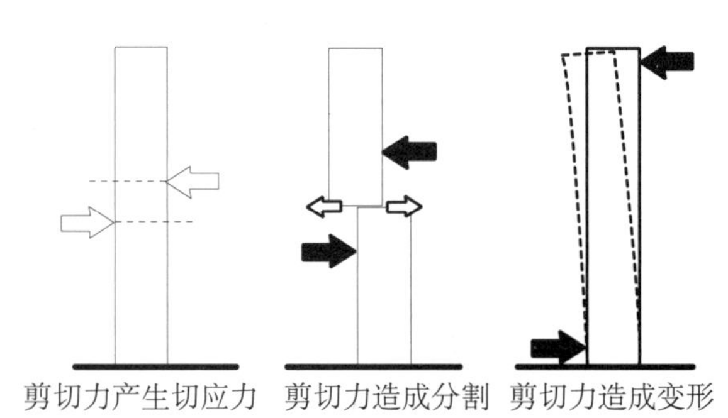
剪切力产生切应力　剪切力造成分割　剪切力造成变形

图 4.21　剪力

扭转力

支撑框架由带有对角支撑的木材或钢材构件组成。对角构件承载了原本会扭曲框架的荷载，并防止框架的拐角靠得更近或离得更远。与把整个框架全用板材支撑起来相比，对角支撑构件可以节省材料和重量。

随着建筑变得越来越高、越来越薄，它更有可能发生扭曲或摇摆。高层建筑需要增加对角支撑和(或)刚性芯支撑作为附加支撑。许多高层建筑采用筒体结构，由位于建筑物四周的刚性楼板平面连接起来的支撑系统组成。

格栅框架

庞大而复杂的结构常常由较小的结构单元组成。直线形的柱和梁框架组成一个网格，可以在其中轻松添加水平和垂直构件。在这个框架内，设计师可以自由地添加不遵循格栅规律的非承重墙。

结构网格在结构元素之间创建规则的开放空间。室内设计师随后可以自由地设计不同高度和配置的非承重隔墙，来塑造室内空间。

可以通过添加额外的柱子或拆除支撑构件来调整结构网格。在后一种情况下，对荷载的支撑必须从拆除的柱子上转移。

拆除柱子可能是一个复杂的过程。室内设计师在移除现有结构元素之前，应该咨询建筑师或结构工程师。

服务区

在大多数多层建筑中，楼梯、电梯、卫生间和补给柜都集中在一个**服务区**。将电线和管道从一层垂直地输送到另一层的机械、管道和电线管槽也经常位于服务区，配电箱、弱电箱、服务室和消防设备也在这里。通常情况下，这些区域在每一层的规划基本一致。

服务区的层高和地板的布局都不同于其他区域。设备间可能需要较高的天花板才能容纳大型管线和管道。一些功能区，如厕所、楼梯和电梯等候区，受益于日光、新鲜空气和景观，因此在布局上可以优先布置在建筑物的周界。

在几种常见的服务区布局中，(图 4.22) 中央区是最常用的。在高层写字楼中，单一服务区可提供最大面积的无障碍租用区域，并创建有效的配送模式。把服务区设在建筑物的边缘可以获得周边日光。两个对称的服务区可以提供侧向支撑和缩短配送距离，但是会降低布局的灵活性。在公寓楼和由重复单元组成的建筑物中可以设多个服务区，一般设在内部走廊沿途的单元之间。独立的服务区位于建筑物的外部，以节省可用的楼层建筑面积，但需要较长的服务时间。

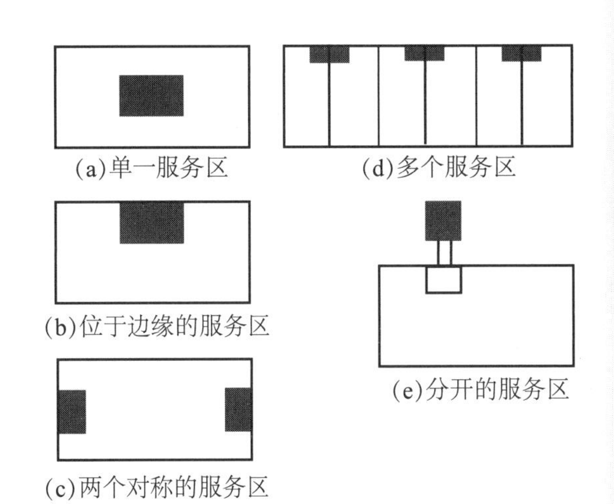

图 4.22 服务区的布局

服务区可以占用相当大的空间。连同入口大厅和装卸区，服务区几乎可以占据地面层及屋顶、地下室(图 4.23)。它们的位置必须与建筑物的结构布局相协调。此外，它们必须与空间使用和活动的模式相协调。从最远的可租赁区域到服务区的楼梯处，这段路径的清晰度和距离直接影响到建筑物在火灾中的安全性。

有关服务区的更多信息，请参见第十章“废物与再利用系统”。

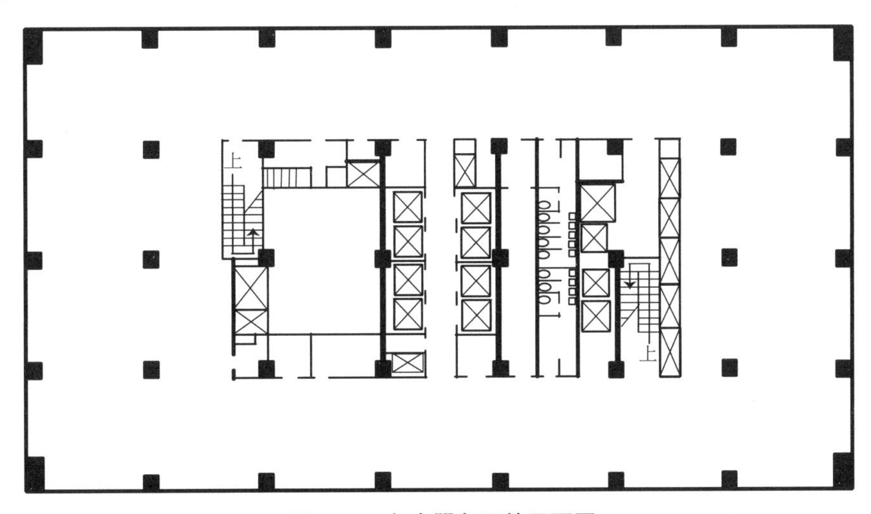

图 4.23 包含服务区的平面图

结构类型

本章的其余部分将介绍基本的结构构造类型，并了解它们如何影响建筑物的内部空间。这些类型包括轻型框架、梁柱与重型木、砖石、混凝土、金属等结构，以及其他结构类型。

轻型框架结构

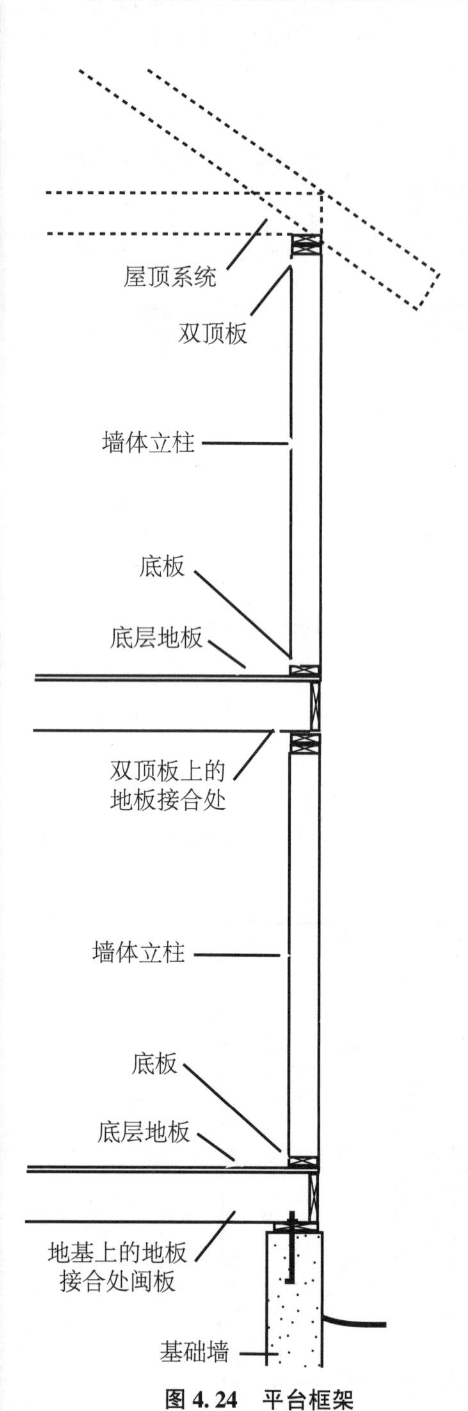

图 4.24　平台框架

构架是将相对纤细的构件装配和连接起来以构成和支撑一个结构的过程。**轻型框架结构**的结构元件由间隔紧密的规格材或轻型钢组成。轻型框架结构通常是就地取材建造的。

轻型木框架

在北美洲，由于有大量的木材供应，木框架结构传统上用于建造私人住宅和小型公共建筑。建筑物的框架由相对细长的构件组成，为上层建筑提供支撑和保持形状。

木板房是由木质框架建造的。外面通常用壁板包裹。**护套**是木板、胶合板或其他面板上的保护性覆盖物，作为壁板、地板或屋顶的基础。木瓦、木板或金属板等**壁板**构成框架建筑外墙的光滑表面。

在两堵框架墙的交汇处装配两到三个螺柱来加强墙角强度。墙角因在间柱间装配了斜角撑架而得到进一步加固。

在**平台框架**中，木制建筑是由一层一层的地板建造的。每层地板都是由只有单层楼高的立柱支撑(图 4.24)。每个楼层都是在下面楼层的顶部或者是在基础墙的闸板上。

轻钢框架

轻钢立柱被制成槽钢或“C”形，通常是预穿孔，以允许管道、线路和撑臂贯穿其中。轻钢立柱更轻，尺寸更加稳定，并且能够跨越比木托梁更长的距离。轻钢立柱是由钢板或钢条冷弯成型。轻钢立柱易于在现场切割和组装，经常用于轻质、不可燃、防潮的墙体结构(图 4.25)。它们用于支撑轻型钢托梁的承重墙和非承重隔墙。像木立柱一样，轻钢立柱墙有用于隔热和安装公用设施的空腔，墙壁可以用各种材料装饰。

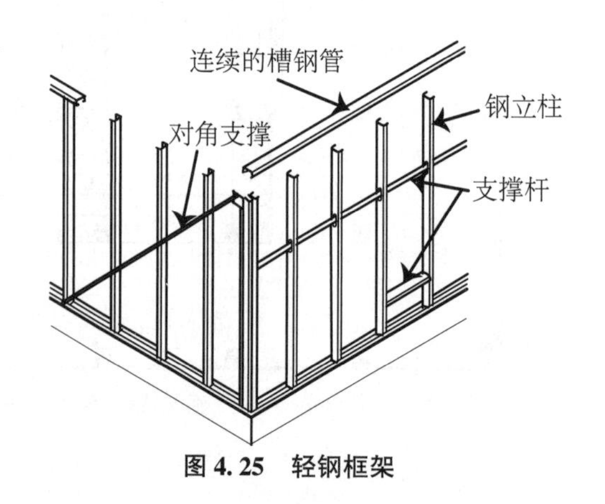

图 4.25　轻钢框架

梁柱与重型木结构

梁柱和板梁结构均采用垂直柱和水平梁承载结构荷载。重型木结构建筑采用大型木结构构件，可与砖墙结合使用。杆状结构用木杆将建筑物的地上部分抬高。

梁柱结构

在梁柱结构中，垂直柱和水平梁承载地板与屋顶荷载。由梁柱栅格构成的内部空间可以是互相开放的，也可以由非承重隔墙分隔成多个小空间。梁柱组成的骨架构架通常是看得见的。

木制梁柱结构将垂直支柱骨架与承载地板和屋顶荷载的水平梁连接起来。木结构中的立柱或圆柱由单独的支墩或墙基支撑。刚性的剪力墙或对角支撑为抵抗侧向风和地震提供支撑力。

板梁结构

板梁结构用木梁骨架支撑作为地板或屋顶的木板或铺面板。木板或铺面板横跨在木梁骨架上。

板梁结构的地板及屋顶系统与梁柱结构的墙壁系统一起使用，共同构成三维结构网格。如果想把这些网格构件直接暴露在室内空间，必须选用美观的木材，连接处的细节处理必须是高质量的。

重型木结构

采用大木柱和木梁的**重型木结构**比轻型木框架结构更耐火。建筑规范明确规定，不可燃的、耐火的外墙与符合最小尺寸要求的木制构件和楼承板相结合。不可燃的、耐火的外墙与木质构件和铺面板结合时，后者必须达到建筑规范中规定的最小尺寸要求。

重型木结构与砖坯结合使用时称为**厂房结构**。这种结构曾在北美早期的厂房中使用过。耐火砖墙、大型开放式空间及透过大窗户射进来的阳光，为新英格兰的纺织工业提供了理想的环境。至今许多建筑物仍然矗立，并被改造成办公室、住房、博物馆或艺术家的工作室。

杆结构

杆结构是把经过加压处理的木杆牢牢嵌入地面所形成的垂直结构。墩式地基支撑起地表或水面上的建筑物。运用杆结构可以把建筑物建在陡峭的斜坡上，而不必将该区域的所有树木夷为平地。

砖石结构

砖石结构可以追溯到最早的文明时期。建筑所用的天然品和制造品，如石头、砖或混凝土块通常被与砂浆搅拌在一起。砖石墙体耐用、耐火，其结构能有效承载压缩荷载。

几个世纪以来，砖石结构已经发展出特定的词汇(图4.26)。一个单排的砌体单元称为**横列**。多个横列堆叠在一起称为**面**。一个单位厚度的砌筑墙，其墙体的连续纵断面称为**叶**(或条)。

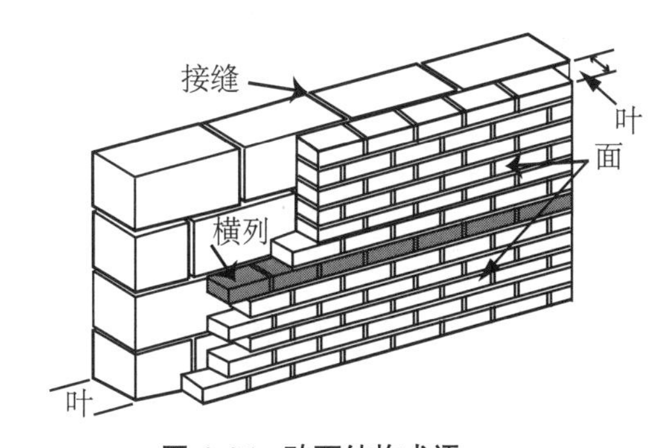

图4.26 砖石结构术语

砌筑墙通常是平行建造的支撑钢材、木材或混凝土材料的跨越系统。跨越系统通常包括空腹钢龙骨、木梁、钢梁、混凝土板或现场浇筑的水泥板。

砌筑墙结构

砌体单元可以组装成实心墙壁、空心墙壁或接缝处填充**砂浆**的镶面墙壁。砂浆通常由**波特兰水泥**、沙子和水混合而成。实心砌筑墙由实心或空心的砌体单元构成。**复合墙**是由多种砌体类型组成的墙体。

在灌浆砌筑墙体中，每单位厚度的两个砌块被黏结成一个单一的浆体(薄砂浆)。砌体墙的面层和背衬单元分别建造，最后形成**空腔壁**。空腔壁的两部分之间的空间，可以防止水穿过整个墙壁进入室内。充满空气的空腔起到了隔热的作用。

在墙壁支撑结构的外面粘贴一层石头、砖、混凝土或瓷砖等非结构材料的面层，这样的墙壁被称为**镶面墙壁**。表面饰面掩盖了实际的结构材料，里面可以是混凝土或砖石结构。

砌筑墙可以是无钢筋的，也可以是有钢筋的。配筋砌体墙在灌浆填充的空腔和接缝处都有钢筋。

砌体承重墙或剪力墙的最小厚度为 8 英寸(约 203 毫米)。有了钢筋，该厚度可以减少到 6 英寸(约 152 毫米)。在单层建筑中，6 英寸厚的实心砌筑墙限高 9 英尺(约 2.74 米)。

由于砌体是由小单元组成的，所以可以组成曲线形或不规则形状。砌筑墙使室内空间富有质感和色彩。

砌筑墙开口

砌筑墙的开口由拱门、石材或混凝土过梁横越。预制混凝土过梁可用于砖石和混凝土砌筑墙。混凝土砌石过梁搁置在开口两侧的砌体上。成对的角钢可以支撑开口的正面和背面。钢筋砖过梁砌成四至七个横列高，在砖结构的中心嵌入灌浆钢筋。

移动接缝

砌筑材料随温度和水分含量的变化而膨胀或收缩。黏土砌块吸水后膨胀，混凝土砌块在干燥后收缩。

在砌筑墙中使用**移动接缝**可以控制这些变化。当砌筑材料膨胀时，伸缩缝可以稍微闭合；而当混凝土砌体收缩时，控制缝就会微微张开。移动接缝沿砌筑墙的长度设置，每隔 100~125 英尺(约 31~38 米)一个，一般设在墙体的高度或厚度发生变化的地方，或者在圆柱、壁柱、墙壁的交汇处，以及靠近拐角的地方。它们也被安装在大于 6 英尺(约 1.8 米)宽的开口两侧和小于 6 英尺开口的一侧。

石砌体

天然石材的砌体耐用，耐候性好。石头可以被简单地放在砂浆中砌成双面墙或者用作饰面，与混凝土或砖石墙体黏合在一起(表 4.1)。

表 4.1 常见建筑石料的类型

石料类型	说 明
花岗岩	非常坚硬，坚固耐用，具有良好的耐候性和耐磨性
大理石	抗压强度高，在干燥的气候条件下或在不受降水影响的地方很耐用
石灰岩	比花岗岩软且多孔，暴露在外时会变硬，在干燥的气候条件下最耐用
砂岩	高渗透性，易操作，但耐用性相对较低
板岩	很容易被劈成板状，非常耐用

砖石结构的图案有时在室内墙上可见。用石头建造的内墙规模宏伟、色彩对比强、富有质感。在其他情况下，石头则被用作其他材料构成的墙体的饰面。

砖砌体

砖是由黏土制成的矩形砌块，在阳光下硬化或在**窑**(火炉或烤炉)中烧制而成。**普通砖**用于一般的建筑目的，所以没有特殊的颜色或纹理。**饰面砖**(也称为面砖)用在看得见的表面。饰面砖由特殊的黏土制成，或者经过处理创造出需要的颜色和纹理。

砖块会吸水，根据其暴露在外面的时间长短而划分为不同的等级。砖可用铸造黏土制成各种各样的表面纹理和密度。青砖是用过多和过少的空气交替烧制而成，产生不同的表面颜色。耐火砖是由抗高温的耐火黏土制成，用于火炉和壁炉的内壁。

砖是按照各种标准尺寸制成的。这些标准尺寸是以**公称尺寸**给出的。公称尺寸比实际砖的尺寸大，多出来的尺寸代表砂浆接缝的厚度。砖的尺寸和比例影响砖墙的规模和外观。砂浆接缝的类型和厚度根据其外观和脱水能力来选择。

墙体每一块砖的朝向都影响着墙的坚固性和外观。可以采用多种方式把砌体单元排列成规则的连接模式(图4.27)。

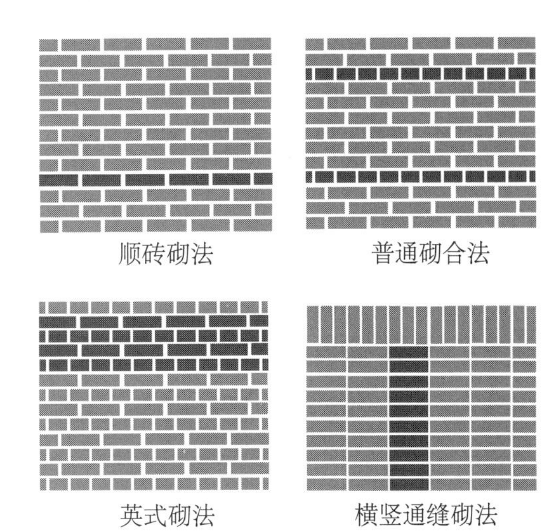

图 4.27 砌体连接模式样例

混凝土砌块

混凝土砌块(CMU)是由波特兰水泥、细骨料和水制成的预制砌筑单元。混凝土砌块(CMU)有多种形状和样式(图4.28)。

> 混凝土砖是实心或空心的混凝土砌块；它们常被错误地称为水泥砖。

混凝土砖可以砌成单叶的墙体，把钢筋嵌入水平缝的砂浆中。嵌入水泥浆里的钢筋可以穿过混凝土砌块的垂直槽。钢筋增强了墙体承载的垂直荷载、抵抗屈曲和侧向力的能力。

玻璃砖墙

半透明的空心玻璃砖表面纹理清晰或带有图案。把玻璃砖嵌入外墙的开口，既限制了视野又可以使光线进入。作为室内隔断，玻璃砖墙使室内熠熠生辉、若明若暗，富有质感。

生土建筑

由泥和水混合而成的**晒干砖块**已被使用了数千年。尽管未经烧制的稳定土抗拉强度较低，不适合高层建筑结构，但因其极高的抗压强度、超强的储热能力、低成本及小规模生产的能力，它已经被广泛应用于世界各地的少雨地区。

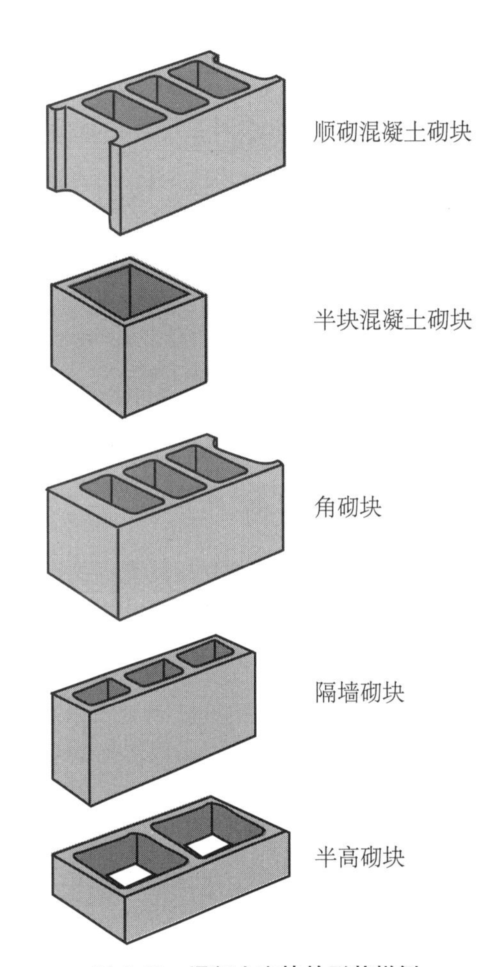

图 4.28 混凝土砌块的形状样例

土坯建筑没有保暖设施，传统上用于没有寒冷冬天的炎热干燥地区。土坯是由手工或机器混合黏土和砖石，浇筑在木质或金属模具里成型、在太阳下晒干而成。混合物中有时还会添加秸秆。尽管土坯砖有不同的尺寸，但它们通常是10英寸长×14英寸(约254×356毫米)宽、2~4英寸(约51~102毫米)厚。土坯砖很重。通常要在土坯建筑的内外两面都抹上灰泥。土坯建筑的开口传统上由被称作椽子的粗糙木梁横跨。土坯和夯土结构对地震几乎没有抵抗力，可能需要一个单独的结构框架。

夯土结构由黏土、淤泥、沙子和水混合后在墙体内压缩、干燥而成，是一种未经烧制的稳定土技术。潮湿的土壤被手工或机器压实到6英寸(约152毫米)高的层，然后被放置到先前放置的层上。

土坯墙和夯土墙的高度不等，从8英寸(约203毫米)的非承重内墙，到能支撑两层高达22英尺(约6.7米)的18英寸(约457毫米)厚的外墙。

混凝土结构

水泥是由压成细粉的黏土和石灰石制成的，作为混凝土和砂浆中的一种成分；“水泥”一词经常被误用作“混凝土”。

自罗马帝国以来，混凝土一直被当作结构材料使用。它是由经过煅烧(加热到不至于溶解或熔化的状态)的水泥和矿物骨料混合加水制成的。

混凝土中加入的**骨料**是坚硬的惰性矿物材料，如沙子和砾石。骨料占混凝土总量的60%~80%，对混凝土的强度、重量和耐火性有很大的影响。将其他添加剂(也称外加剂)加入混凝土，以提供特定的所需性能(表4.2)。

表4.2 混凝土添加剂

添加剂	说明
引气剂	在混凝土或砂浆混合物中驱散小气泡；提高可加工性，生产轻质绝缘的混凝土
催化剂	加快凝固和强度发展的速度
缓凝剂	减缓凝固，给予更多的工作时间
表面活性剂	有助于水润湿并渗透混合物或帮助分散其他添加剂
减水剂(超强塑剂)	减少养护混凝土所需的水量，通常可增加混凝土的强度
着色剂	用颜料或染料改变混凝土的颜色

混凝土要么在现场用混凝土搅拌机或搅拌车浇筑，要么在工厂控制的条件下预制。用于建筑的混凝土通常用钢筋或焊接钢丝网加固。

现浇混凝土

现浇混凝土是指在施工现场将混凝土浇筑到模板中，模板通常由预制的可重复使用的面板制成。可以在混凝土表面额外添加一些形式，以产生线性凹槽和其他图案。

现浇混凝土梁通常与它们所支撑的厚板一体成型并浇筑在一起。这种结构上的整合增加了建筑物的强度。

现浇钢筋混凝土楼板与其支撑的混凝土梁相结合。预制混凝土板或板材可由梁或承重墙体支撑。

立墙平浇结构

立墙平浇结构由直接浇筑在楼板上的钢筋混凝土墙板构成。钢筋混凝土墙板没有模板，直接被浇筑在楼板上，然后用起重机倒置于最终的垂直位置。倾斜面板的设计能够承受被提升和移动的应力，这可能比现场荷载大。**立墙平浇结构面板**具有良好的结构强度、保温性能和热质量，同时也具有耐寒性和耐火性。

预制混凝土

预制混凝土结构构件在场外浇筑和进行蒸汽养护，然后用起重机运到现场，固定到位。预制的建筑构件可以提供一致的强度、耐久性和加工质量，省掉了搭建现场模架的麻烦。可以给预制混凝土结构构件增加强度或添加预应力，以应对强度的增加或厚度的减少。

预应力混凝土结构通过在混凝土里的高强度钢筋束上施加拉力来增加强度(表4.3)。钢筋束的拉应力被转移到混凝土中。当混凝土承受荷载时，混凝土的变形方向与钢筋束的变形方向相反。这两种力量——来自预应力混凝土和电缆的力与来自荷载的力——相互抵消，使预应力混凝土结构能够跨越更长的距离、承载更重的荷载。

预制混凝土墙板用于承重墙和支撑现场浇筑的混凝土楼板或钢楼板和屋顶系统的立柱(表4.4)。

表 4.3 预制的预应力钢筋混凝土结构构件

类 型	说 明
实心平板	一种用于跨度较小、荷载均匀分布的厚板
空心板	具有中空心的板材，以减轻重量；荷载分布均匀，可以跨越中等至较长的跨度
单和双“T”形板	带有单杆或双杆的“T”形板材，板宽且平
花篮梁	“L”形或倒“T”形梁，突出的边缘支撑托梁或板的两端

金属结构

考古证据显示，公元前 1200 年左右，铁的生产开始于安纳托利亚。公元前 650 年左右，希腊的斯巴达开始大量生产钢铁。19 世纪引进的贝塞麦工艺使从铁水中去除杂质的过程实现了工业化。铸铁、锻铁、钢和不锈钢等钢铁材料因此可用于房屋结构。

表 4.4 预制混凝土柱

柱的尺寸	支撑的大致面积
10×10 英寸(约 254×254 毫米)	2000 平方英尺(约 186 平方米)
12×12 英寸(约 305×305 毫米)	2750 平方英尺(约 255 平方米)
16×16 英寸(约 406×406 毫米)	4500 平方英尺(约 418 平方米)

铸铁和锻铁

铸铁是一种易碎的铁基合金，含有碳和少量的硅。它被浇筑在模具中，经过机械加工制成建筑和装饰产品。铸铁具有很强的抗压性，但拉力和弯曲能力较弱；其结构在火灾中会变得不牢固。

从 19 世纪起，人们开始使用铸铁圆柱来支撑像伦敦水晶宫这样的玻璃建筑。它们轻盈优雅的外观依然留存于历史的遗迹中，虽然如今大多数建筑用铸铁都是纯装饰性的。

锻铁坚韧，可塑性强，相对柔软，很容易使用，经常被锻造成漂亮的线性设计款式。锻铁用于室内产品、大门和栅栏，以及其他相对轻荷载的建筑组件。

钢框架

钢是铁与碳的合金，有时为了特定的性能还会添加其他材料。钢的强度、硬度和弹性取决于其碳含量和热处理。在铁中加入碳元素会增加铁的强度和线束，但会降低它的延展性和焊接能力。

结构钢框架由热轧钢梁、**空腹托梁**及金属底板跨越的圆柱组成(表 4.5)。钢框架用于大梁、横梁和托梁构成的规则网格结构中最有效。柱的间距根据大梁或横梁的跨度而定。剪切面、对角支撑或采用特殊连接件的刚性框架，可以抵抗侧向风或地震荷载。

表 4.5 结构钢的形式样例

形 式	说 明
“W”形(宽凸缘)	带有较宽平行凸缘的“H”形结构，常用于梁和柱
“S”形(美国标准梁)	“S”形截面，凸缘内面是倾斜的
美国标准槽钢	矩形的“C”形截面，凸缘内面是倾斜的
角(角铁)	“L”形截面，腿长相等或不相等；由一对背对背连接的角铁组成双角钢
条钢	一条长形的实心钢条，有正方形、矩形或其他简单的截面形状
结构管	正方形、矩形或圆形截面的中空结构形状；管子是圆形结构管材
板材	平的薄板，厚度均匀，可能有一个独特的华夫面图案
金属薄片	一种薄的金属片或金属板，带有装饰条纹
空腹钢托梁(轻钢搁架)	由上弦杆支撑的轻钢托梁；网架通常是锯齿形的条钢

轧制结构钢的抗拉强度一般与抗压强度相当，是一种优良的结构建筑材料。然而，当暴露于水和空气中时，钢结构会生锈。由于钢在高温下会变形，钢结构必须涂上耐火材料或组合成耐火材料。

钢结构的外壁由牢牢固定在框架上的外壁板组成，使结构变硬，可以抵抗风荷载。幕墙是由结构框架支撑的外墙，除了承受自重和风荷载外，不承担任何荷载。

第二章“为环境而设计”介绍了幕墙。

刚性的钢框架常用于单层轻工业建筑、仓库和娱乐设施。框架由两根柱子和一根横梁，或由刚性连接件固定在一起的大梁组成。一排长跨度的横梁，或由一对外柱支撑的大梁，被称为单向梁系统，形成长、窄、无柱的空间。

结构钢框架非常适合具有开放内部空间的建筑物。

金属面板被制成波纹状，可以增加其刚度，增加的刚度反过来可以支撑更大的跨度。水平的金属铺板被焊接到它们所处的托梁或横梁上，并沿其长度方向用螺丝拧紧、焊接或接合彼此。

其他结构类型

外壳、薄膜和电缆结构是覆盖三维区域的其他方法。

壳体结构

壳体结构是一种薄的弧形板结构，通过压缩、拉伸和剪切来传递施加的力。壳体能够承受相对较大的均匀施加的力，但缺乏适应集中荷载所需的抗弯性能。薄壳结构由钢筋混凝土制造。壳表面可以是圆形、椭圆形或抛物线形。

缆索结构

缆索结构采用柔韧的钢丝绳或具有高强度的金属链条作为支撑。悬架结构用在受压构件之间悬挂和预加的缆索支撑施加的荷载。斜拉索结构采用从垂直或倾斜桅杆延伸的缆索，来支撑平行或径向排列的水平跨越构件。

膜结构

膜结构是一种薄而柔韧的表面，主要沿拉应力方向传递荷载。膜结构有如下几种类型(表 4.6)。

表 4.6　膜结构的类型

类　型	说　明
帐篷膜结构	受外力作用的预应力；在所有预期的荷载条件下完全绷紧；通常在相反的方向上急剧弯曲
网状结构	表面是密集排列的网线而不是织物材料
气承结构	一种由内部气压支撑的单膜；沿周边固定和密封
充气膜结构	一种由建筑构件内加压空气支撑的双层膜结构

混合结构类型

许多建筑物是由各种材料混合而成，有些建筑物则结合了不同的结构类型。通过了解结构材料的性质，就可以确定一个砖面的建筑物实际上是一个混凝土结构。建筑物的结构框架用一种材料，外墙用另一种材料的填充板，这是很常见的。

关于建筑物的结构类型，还有很多可以讨论的内容，也许这项简短的调查让你对历史建筑和创新建筑有了更多的了解。在第五章中，我们将关注建筑内部的水平构件，以及允许人们从建筑的一层移动到另一层的建筑系统。

第五章　地板/天花板组件、墙壁和楼梯

引　言

除了结构上的作用，建筑物的地板、墙壁和楼梯也定义了室内空间，并且为建筑物内部的移动提供了便利。

> 地板、墙壁和天花板的作用不仅仅是简单地划分出空间。它们的形态、结构和门窗洞口的样式，也给区划的空间注入了一定的空间或建筑特征。
>
> 引自弗朗西斯·程、科基·宾格利，《室内设计图解》（第3版），威利出版集团，2012年。

> 楼梯提供了从一层到另一层的移动方式，因此是建筑物整体流通方案中的重要环节。无论是在两层高的空间里，还是在狭窄的竖井里，楼梯都占据了相当大的空间。最后，安全性和舒适性是楼梯设计和布局时考虑的最重要的因素。
>
> 引自弗朗西斯·程，《建筑施工图解》（第5版），威利出版集团，2014年。

地板、墙壁、楼梯和坡道的构造会影响室内设计和人身安全。火灾发生时，它们的配置和表面材料都起着重要作用。

水平结构单位

建筑物的基本水平结构单位是钢筋混凝土板，或由支撑平板或盖板的**纵梁**（大的主梁）、横梁和**托梁**（较小的平行梁）组成的格栅。刚性平面结构沿着平面向许多方向分散荷载。荷载的应力通常会从最短和最直接的路线到达垂直支撑点。

刚性的地板结构作为水平的深梁，将水平荷载传递到刚性构架、剪力墙或斜撑框架上。刚性框架通常是由钢或带有刚性连接件的钢筋混凝土构成。刚性框架用于低层和中等高度的建筑。

地板/天花板组件

> 地板是室内空间的水平基准面。作为支持我们室内活动和家具的平台，地板必须被建造得牢固，能够安全地承载由此产生的荷载。
>
> 引自弗朗西斯·程、科基·宾格利，《室内设计图解》（第3版），威利出版集团，2012年。

地板的功能

地板的设计必须以能够承受特定空间的用途为目标。地板与许多其他建筑系统相互作用。地板提供结构支撑、控制火灾和表面的热品质，并提供可使用的表面。地板有助于控制湿度、气流、声音的私密性和生物的进入，有时还可以控制热辐射和空气温度，并阻止水的进入。

该组件的天花板部分在控制热辐射、空气温度、湿度、火灾、视觉和声音的私密性方面起着重要作用。天花板还有助于空气的流动，能够随着运动进行调整，有时还提供结构支撑。

地板/天花板组件的构成

地板系统由两个类别的组件构成。一类是一系列线形横梁和顶部覆盖一层防护套或盖板的托梁；另一类是钢筋混凝土板。

“地板/天花板组件”一词描述了地板和天花板是如何建造的。每一层的地板/天花板组件在厚度、部件、防火和隔音评级上都与其他组件不同。

地板/天花板组件的深度影响从天花板到地板的高度及建筑的总高度。地板系统的深度，与其所跨越的结构空间的大小，以及所用材料的强度有关。组件的设计通常必须容纳机械、管道和电气设备。

地板结构的边缘与支撑基础及结构墙的连接方式，影响建筑物的结构完整性和外观。这些连接的细节决定了建筑物控制空气噪声和结构噪声的能力，并影响组件的耐火等级。具有一定弹性且相对刚性的组件有助于支撑移动荷载。但是，地板和天花板组件中过多的弯曲和振动，可能会影响饰面材料和人体的舒适度。

有关地板系统如何阻挡噪声和火灾的信息，请参见第八章“建筑声学”和第十八章“消防安全设计”。

暴露的天花板

把建筑结构直接暴露在外作为成品天花板，可以达到最大的楼层高度。外露的天花板会暴露机械设备、水管设施、电气管道、自动喷水灭火系统、照明装置和通常隐藏在天花板上方的其他物品。这些部件可以随时被接触到。

使这些结构裸露在外可以省下安装天花板的成本。但是，设计机械、电气和管道系统以呈现一个符合规范的、完美的外观，其成本可能会抵消甚至超过节省下的费用。此外，暴露的天花板及其设备可能还需要涂漆。

地板和天花板之间的空间

建筑结构中一个封闭的部分被设计成空气可以流动的空间，构成空气分配系统的一部分，这个封闭部分通常被称为**充气室**。虽然“充气室”一词专门用于炉膛顶部的腔室(也称为炉罩)，但它也常用来指到地板结构的底部和下面的天花板组件之间的开放区域。通风管道从这里出来，将被加热或调节的空气输送到建筑物中有人居住的空间。有时，空气无须管道也可以通过这个空间，而此时这个开放区域被称为开放式充气室。

建筑规范限制建筑物中开放式充气室系统的数量，禁止在充气空间内使用可燃材料，并限制配线的类型。地板和天花板之间的区域通常布满电气、管道、采暖和制冷、照明和灭火等设备(图 5.1)。充气室中的设备有时会垂直向下，形成一个结构上的竖井(竖管)。开放式充气室必须与其他空间隔离，使充气室和竖井中的杂物不被抽回进气口。

相对于充气室内的其他设备，室内设计师通常关心的是定位照明或其他设计元素。

室内设计的关注点

在改建项目中，室内设计师必须了解原有地板中有哪些组件，并避免损坏它们。因施工质量不好、老化或者因地基下沉而造成的地面塌陷等，可能会导致地板变得不牢固或不平整。不平整的地板使瓷

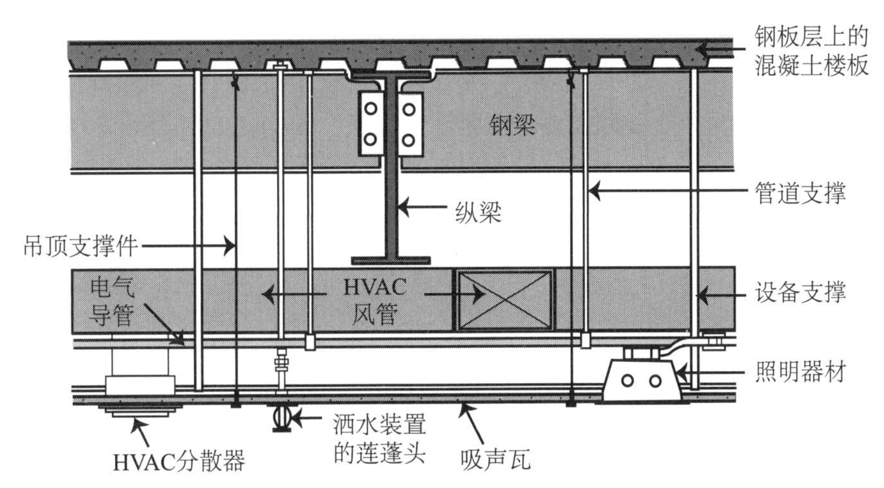

图 5.1　地板和天花板之间的空间

砖难以安装，容易出现瓷砖和灰泥开裂的情况。此外，不平整的地板经常吱吱作响。

应该检查楼板格栅，以确定地板的结构、是否存在损坏及框架构件的尺寸。把隐蔽的通风口和穿过地板/天花板组件的管道系统重新安置到新地点可能会很困难，而且费用很昂贵。

厕所或管道漏水造成的水害可能会削弱地板的结构。在翻新浴室前，应该抬起或掀开地板，或者检查下面的天花板是否有渗漏。损坏严重的可能需要更换**下层地板**（用于跨越楼板格栅的结构材料）或加固楼板格栅。应检查混凝土板上的楼板是否有潮湿和需要密封的裂缝。

家用电器需要稳定、平坦的地板才能彼此配合及适应橱柜。把厨房电器内置的调平脚调到合适的位置并非易事，所以楼板平整是非常必要的。

有些设备非常重，可能需要额外的结构支撑。例如，运动器材需要地板不仅能够支撑设备，还要有足够的硬度承受设备使用时发生的跳跃和重击。

楼板系统

楼板系统由混凝土板、木材或钢材建造而成。浮式地板和活动地板需要特殊的施工方法。

混凝土板

混凝土楼板是用钢加固的，或现场浇筑，或作为预制板材运送到现场。根据其加厚的面积和钢筋的布局，混凝土楼板可分为单向板、单向格栅板、双向平板或厚板，以及双向厚板和梁结构。

混凝土格子板用作室内天花板，经常被裸露安装，连同照明器材、送风口和回风格栅一起，被设计成刚好可以放入 24×24×18 英寸（约 610×610×457 毫米）的花格镶板里。管道系统、管线和电线都被安装在混凝土格子板上的地板系统下面。这种集成的方法需要参与项目的建筑专业人员之间进行更多的合作。

> 楼面底板材料必须光滑、平整，适合安装地板的饰面材料。有时，需要在既有混凝土地板上新加一层混凝土底板，或用找平材料使凹凸不平的地方平滑起来。

预制混凝土楼板系统由预制混凝土板、梁和“T”形结构件组成（图 5.2）。这些结

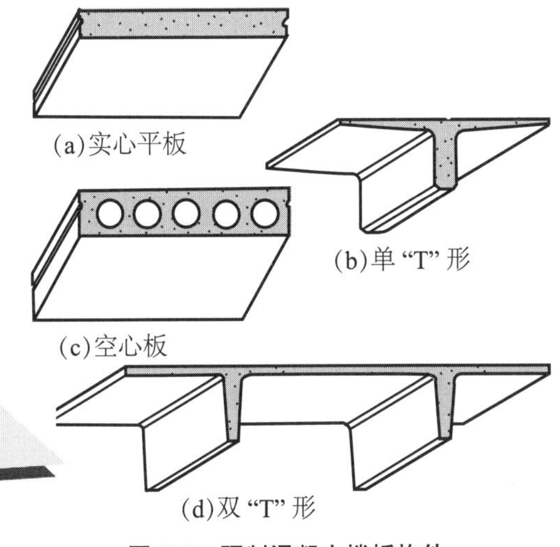

图 5.2　预制混凝土楼板构件

构构件可以由混凝土或砖石承重墙，或者钢或混凝土框架支撑。

预制混凝土板通常装有一层厚2~3.5英寸(约51~89毫米)的加固顶。在用地毯和垫料处理完混凝土板表面后，可以用光滑的混凝土板取代预制混凝土加固顶。预制板的底面可以在填缝、涂漆后暴露在外，也可以在板坯下面做个吊顶作为天花板的饰面。

有关地面板的更多信息，请参见第四章“建筑的形式、结构与元素”。

混凝土地面板与地面直接接触。地面的温度通常与室外空气的温度不同，土壤比空气更容易传热。几英寸的隔热材料可以使板坯的热流产生显著的差异。混凝土板的接缝可以收缩或膨胀(图5.3)。

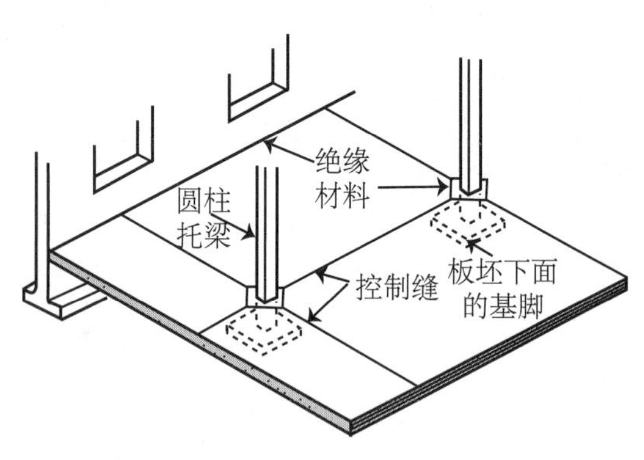

图5.3　混凝土板接缝

木地板系统

在轻型木框架结构中，木梁支撑结构板或铺面板。地板结构的底面可以是暴露的或用天花板的饰面材料覆盖。

木格栅由规格材制成，用简单的工具很容易进行现场切割。标称尺寸在2×6英寸(约51×152毫米)，其跨度可达10英尺(约3米)，或在2×12英寸(约51×305毫米)，跨度可达18英尺(约5.5米)。木格栅也可由**定向刨花板**(OSB)等复合材料预制而成。

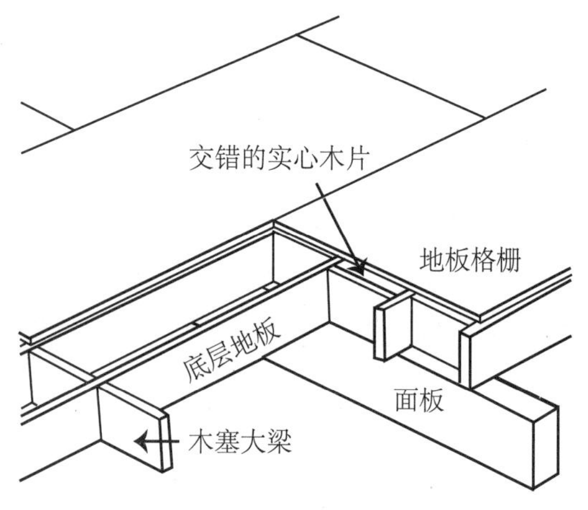

图5.4　木地板框架

地板组件由纵梁、支柱或承重墙支撑。当开口开在地板上或预期有集中荷载时，木框架的构件就会弯曲。非承重隔墙平行于格栅就是这种情况。当非承重隔墙垂直于格栅时，非承重隔墙上的荷载可以分布到众多格栅上。承重墙则必须从下面给予支撑。

木制板材和横梁组成的地板系统会传递撞击的声音，如脚步声。在地板系统下面安装天花板可以为隔热材料和隔音材料、管道、电线和管道工程提供一个隐蔽的空间。木框架结构是可燃性的，要求天花板和地板的饰面采用耐火材料。

底层地板在施工过程中起到了工作平台的作用，为地板的最后铺面提供一个光滑的基础，与格栅结合，可以形成一个结构隔膜，将侧向力传递到剪力墙(图5.4)。底层地板通常采用胶合板，但有时也用定向刨花板、华夫刨花板或颗粒板。

垫层是一个附加层，通常是胶合板或硬质纤维板，铺设在底层地板上。衬垫材料有助于分散地板上的冲击荷载，并为铺设饰面材料做好准备。该垫层可以是底层地板面板上单独的一层，也可以与底层地板结合成一种复合材料。

底层地板和垫层板被钉在至少两个开放的跨度上，其长度垂直于格栅，其末端是交错的。当被粘在或者钉在地板格栅上时，底板组合(底层地板和垫层板)与格栅组合成大的横梁，增加地板组件的刚度，可以避免地板的蠕动和吱吱作响。

预制的格栅和桁架适用于跨越简单的楼层平面。预制格栅和桁架通常是按照工程师的设计，在工厂组装后运到建筑工地的。预制木材比锯材更轻、**尺寸更稳定**(使用时能够保持其原始尺寸)，而且可以制造出更厚和更长的板材以跨越更长的距离。

木梁由实心锯材或胶合在一起的小木片制成。木梁由图案各异的金属接头连接并支撑。通常，当暴露在外时，木材的质量和结构对于室内的外观而言很重要。

木板和梁框架通常用于支持中等、均匀分布的荷载。横梁支持木质地板、胶合板或预制应力面板组成的结构地板面板。这种类型框架中的大多数分隔板是非承重的，可被放置在一个垂直于木板的底板上。当与地板的铺设方向一致时，非承重隔墙可能需要额外的支持。

图 5.5　钢板楼面板和钢梁

钢框架地板系统

钢结构建筑通常采用钢板、预制板或混凝土板。支撑钢板或预制板的钢梁反过来由大梁、立柱或承重墙支撑，这些通常是钢骨架系统的一部分(图 5.5)。

轻型或空腹格栅也被用于支持楼板。它们可以由砖石或钢筋混凝土承重墙支撑，也可以由钢梁或格栅梁(较重的空腹格栅)支撑。

浮式地板

> 吊顶式架空地板有助于设计师处理天花板噪声和设备杂乱的问题，但会降低装修后地板到天花板的高度。

浮式地板是没有钉在或粘在底层地板上的地板。相对简单的浮式地板与强化地板及其他饰面一起使用。

吸音浮动地板更为复杂，常用于声音传输必须被严格控制的地方。地板必须以不破坏吸音衬垫的方式传输荷载，以避免由于传输而产生的噪声。整个建筑必须是密闭的，不传播声音。墙壁上的护壁板不应将楼板与地板之间的缝隙连接起来。必须特别注意墙壁和渗透处，自始至终都要使用一致的结构。

> 有关活动地板系统的更多信息，请参见第十六章“配电系统”和第十四章“采暖与制冷”。

活动地板系统

活动地板系统通常用于办公室和机构空间，以便灵活布置家具和设备，以及维修地板下面的机械和电气设备。该系统由可拆卸的地板面板和可调节的底座组成。底座可将地板高度提升至 30 英寸(约 762 毫米)，最低高度有所不同。

钢、铝或轻质钢筋混凝土楼板为 24 英寸(约 610 毫米)。它们可以用方块地毯、弹性瓷砖、实木、水磨石、瓷砖等材料作为装饰面，还可以使用具备防火等级和经过静电放电控制的材料。

墙壁系统

墙壁是垂直的建筑元素，用来封闭、分隔和保护室内空间。墙壁通常被设计为支撑从地板和屋顶上转移的荷载，但墙有时是一个柱和梁的框架，横梁之间由非结构面板连接或填充。

> 承重墙和墙柱的布置形式应与建筑物内部空间的布局协调。

墙壁和地板一样，具有许多建筑功能。它们控制热辐射、空气温度、湿度、气流、声音和视觉的私密性，以及人和动物的进入。墙壁可以提供结构支撑，防水和防火，还可以提供有用的表面，控制其热特性并能自我调节以适应运动。墙的内部还可以安装其他建筑系统的电线和管道。

承重墙与框架

承重墙通常由混凝土和砖石建造而成，并被建筑规范列为不可燃构造。它们又重又坚固，并且依靠其材料的质量来支撑压缩荷载。它们在受压时很坚固，但需要用钢筋加固以适应拉伸比。它们的横向稳定性受其高宽比影响。它们的设计和施工需要适当配置伸缩接头。

为了调节拉应力，混凝土和砖墙可以用钢加固。它们通常被设计成承载相对较重的荷载，20~40 英尺(6~12 米)的跨度。

> 混凝土和砖石墙的内部表面常常暴露出来，使墙面呈现纹理和图案。

承重墙也可以用金属或木立柱建造。墙体框架可以在现场组装，也可以在场外预制。相对较小、轻量级的组件可以很容易被加工成各种形式。

立柱之间的空腔用于隔热、蒸汽缓凝剂、机械分布，以及机械和电气的电源插座。

在拆除墙之前，必须先确定该墙是否是承重墙。天花板格栅的方向可以在房间的上方、阁楼中或通过检修口进行检查。承重墙往往垂直于天花板格栅。如果格栅的方向与墙的方向相同，那么可能表明该墙壁不是承重墙。然而强烈建议听从合格的专业人士的建议。

结构框架

结构框架支持和承受各种非承重或幕墙系统。混凝土框架通常是刚性的，具有不燃、耐火的结构。木框架跨度较短，其承载的最大荷载比混凝土或钢框架要轻。木框架需要用对角支撑或剪切平面维持横向稳定性。木材框架如果满足一定的要求，也可以作为重型木结构。

内墙与隔墙

内墙和隔墙将建筑物的内部空间做了细分。它们可以是承重的，也可以是不承重的。它们的结构应该能够支撑装饰材料、提供隔音，并能够容纳机械和配电服务所需的连接件。

> 墙面涂材料决定墙壁组件的耐火等级。

内墙通常由间隔 16~24 英寸(约 406~610 毫米)的内置金属或木立柱承载垂直荷载。由于柱子相对较小，紧固技术又多种多样，所以它们在形式上相当灵活。墙体内的空腔可以容纳隔热材料，以及机械和电气设备。

墙壁开口

在墙上建造门和窗户这样的开口，可以使来自上方的垂直荷载分布在开口周围。门和窗户等开口的位置与大小受到结构系统和墙体材料组件的尺寸的影响。

声音控制

为了防止声音在内部空间之间的传播，墙壁可以用玻璃纤维或其他隔音材料隔音。在两个独立的平板上建造双柱墙，尤其是立柱相互交错的墙，能够有效隔音，但是会增加劳动力和材料的成本。双柱墙和交错立柱墙还可能会对管道的运行、布线和管道系统产生不利影响。

> 有关墙壁和声音控制的更多信息，请参见第八章“建筑声学”。

既有墙壁

> 既有墙壁可以隐藏电线、管道、排水管和通风管道，以及暖气、空调和回风管道。在开始拆除工作进行翻修之前，对这些进行检查尤为重要。

> 当需要保留不平整的墙壁时，使用像衬垫或壁板这样的表面处理办法就可以创造出一个光滑的表面用来工作。

在新老建筑中，如果墙面不平整、没有方形墙角，就会使安装饰品、电器和橱柜变得很困难。有些墙壁可能最初没有安装好。比如，旧的石膏墙壁经常会有裂缝，维修时会发生变形。受潮损坏或维修不当的干墙可能会软化，甚至弯曲。其结果是瓷砖和石材饰面可能无法平铺在变形的墙壁上，瓷砖缝也可能不成直线，镜子可能无法平稳地贴靠在墙壁上，玻璃门的边缘也可能无法密实地嵌入墙壁。

当墙壁或墙角的尺寸偏斜时，预制的淋浴器及其他固定装置可能无法被放置在角落位置，这时就必须填补空隙。在不平整又没有缝隙的角落安装橱柜或器具尤为困难。通常用橱柜填充剂来填补由于不均匀结构而产生的墙体缝隙，但这个问题可能需要更为复杂的解决方案。

楼梯与坡道

在多楼层的建筑物中，有必要为人员和物料在建筑物内的垂直移动提供方法。楼梯和坡道是建筑物流通设计中的重要环节。楼梯和楼梯平台占用了大量的空间。坡道要比楼梯占用更多的楼面空间，才能上升到一定高度。

楼 梯

楼梯不仅连接建筑物的水平面，而且是房间之间空间转换的重要形式(图 5.6)。楼梯的设计决定了我们如何接近楼梯、我们上升和下降的速度和风格，以及我们在途中能做什么。楼梯的形式可以填补空间和提供空间的焦点，也可以提供迷人的景色。它可以沿着房间的边缘运行或环绕房间而行。楼梯可以帮助人们逃离着火的建筑物，但也会招致危险。

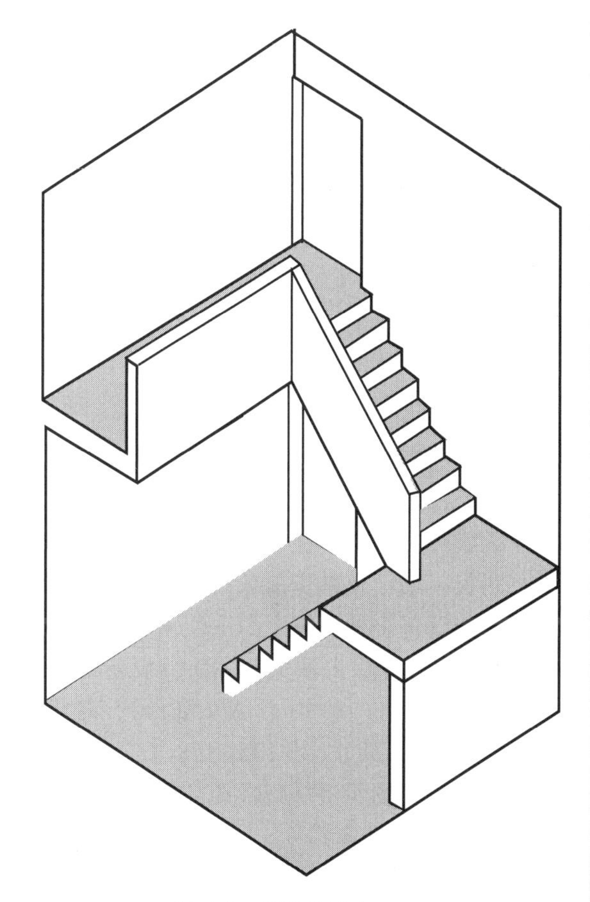

图 5.6 楼梯的形式

楼梯与规范

楼梯的设计受到建筑规范和《美国残疾人法案》(ADA)的严格管理。作为建筑物出口的一部分，楼梯具有额外的防火安全要求。建筑规范还对楼梯的构件做了规定，使它们能够安全地支撑重量、上下移动。

建筑规范允许有限地使用弧线、卷绕、螺旋形、之字形和错步楼梯。这取决于使用类别、居住者的数量、楼梯的使用情况及踏面的尺寸。

楼梯需要纵梁、横梁或侧壁的支撑(图 5.7)。扶手有助于稳定使用者，防止人们跌倒。楼梯平台使楼梯的梯级不至于过长，并为使用者提供休息的地方。

纵梁和装饰板最多可以突出 1.5 英寸(约 38 毫米)。它们必须是连续的，中间不被支撑扶手的螺旋楼梯中柱或其他障碍物打断。

门必须朝出口方向打开，并且不能占用楼梯平台一半以上的宽度。门完全打开时所占用的楼梯宽度不能超过 7 英寸(约 178 毫米)。

> 《2015 年国际建筑规范》(IBC)、《2015 年国际住宅规范》(IRC)，以及 2010 年 ADA 无障碍设计标准对楼梯的要求各不相同，而且有影响其应用的免除条款。设计师要核查当前适用的规范。

踢板、踏板和踏步前缘

按照适当比例设计的楼梯应该是舒适的、绝对统一的。**踏板**是我们踏上楼梯的水平部分，跨越楼梯两侧的距离。踏板必须是水平的、安全的。**踢板**是一种垂直的板，封闭了踏板之间的空间并增加了楼梯组件的刚度。

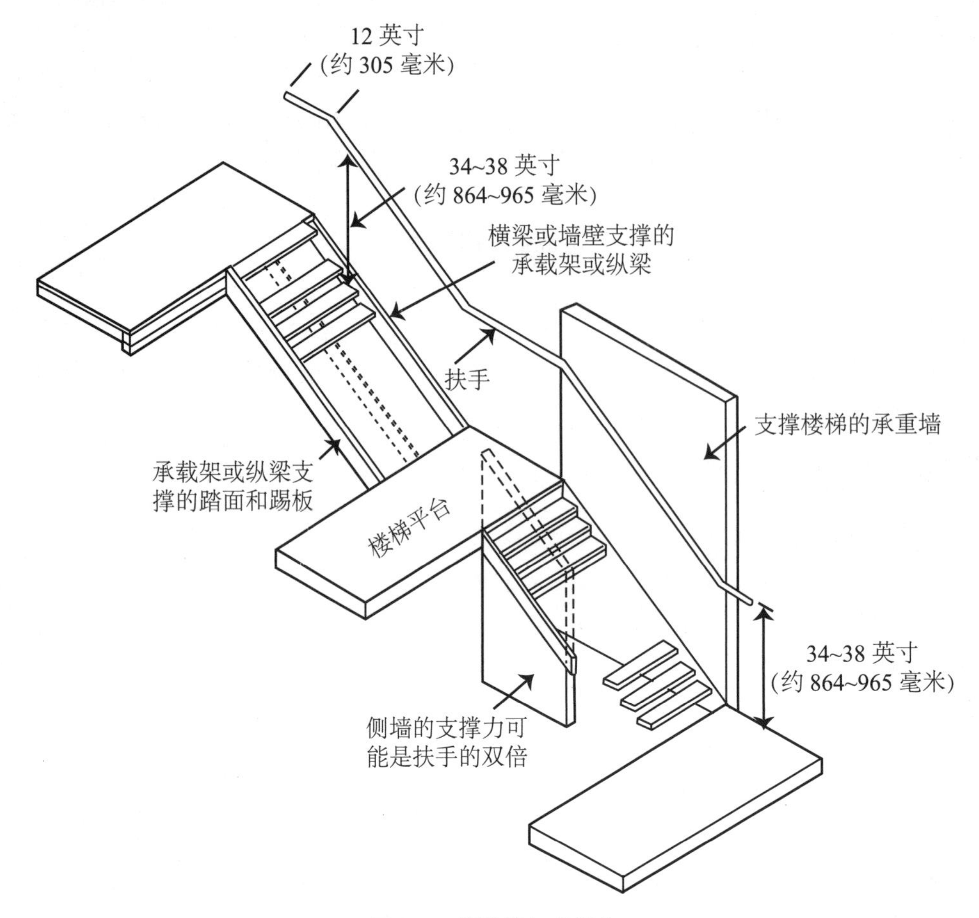

图 5.7 楼梯的组成部分

楼梯踢板的高度是通过把总高度分成小的增量来确定的。分成若干梯段可以保证上下楼梯既舒适又安全。一个梯段中的踏板和踢板必须在较小的公差范围内保持一致。踏步前缘的尺寸、踢板的斜度及踏板比踢板外突多少，在规范中都有明确的规定。

踢板、踏板及**踏步前缘**的适用标准包括以下几个方面(图 5.8)。

* 建议每个梯段有至少三个踢板，以防止绊倒。

* 《美国残疾人法案》(ADA)设定的最低踏板深度为 11 英寸(约 279 毫米)，踢板的高度为 4~7 英寸(约 102~178 毫米)。规范要求，公共场所楼梯踢板的高度不应超过 7 英寸(约 178 毫米)。

* 《2015 年国际住宅规范》(IRC)将住宅踢板的高度限制在 7.25 英寸(约 184 毫米)，踏板的最低深度为 10 英寸(约 254 毫米)。《2015 年国际建筑规范》(IBC)将踢板的高度设定为最高 7 英寸(约 178 毫米)和最低 4 英寸(约 102 毫米)。

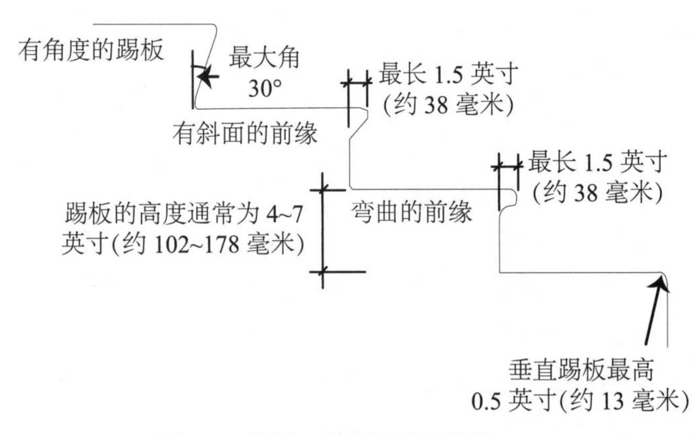

图 5.8 踢板、踏板和踏步前缘

* 踢板和踏板都必须保持统一的尺寸。

* 开放的踢板是不允许使用的，但也有例外；在允许使用的情况下，要确保露空踏步楼梯的开口不能通过直径 4 英寸(约 102 毫米)的球体。

尽管有些管辖区要求一段楼梯有四个踢板，但规范通常规定至少三个。需要关注的是，如果少于三个或四个踢板，用户可能不会察觉到水平高度的变化，特别是从上面看的时候。单个踢板是很难被看到的，这可能会导致失足和跌倒。

要确定一组楼梯踢板和踏板的实际尺寸，需要用踢板的总高度或楼层高度除以需要的踢板高度，把结果四舍五入，得出的整数是总的踢板级数，然后再用总高度除以该踢板级数，即可得到实际踢板高度。

必须把计算出的踢板高度与建筑规范所允许的最大踢板高度进行对照。如有必要，可以增加一个踢板，并重新计算实际踢板高度。

在任何一段楼梯上，踏板总是比踢板少一个。一旦设定了实际踢板高度，就可以使用下列的配比公式中的一种来确定梯面宽度：

- 踏板高度(英寸)+2倍踢板高度(英寸)= 24~25英寸(约610~635毫米)
- 踢板高度(英寸)×踏板高度(英寸)= 72~75英寸(约1829~1905毫米)

楼梯宽度

大多数楼梯的宽度不得小于44英寸(约1118毫米)。如果居住荷载低于50，楼梯的最小宽度可以为36英寸(约914毫米)。

《2015年国际住宅规范》(IRC)要求住宅楼梯的最小宽度为36英寸(约914毫米)。《2015年国际建筑规范》(IBC)要求楼梯作为疏散设施的一部分，其最小宽度为44英寸(约1118毫米)。尽管当来自两个方向的人同时使用楼梯时，其建议宽度是60英寸(约1524毫米)，但宽度为48英寸(约1219毫米)的楼梯可允许两个相向而行的人同时通过。

净空高度和楼梯平台

必须要保护人们(尤其是那些有视力障碍者)不会在楼梯下方的开阔空间内因头顶高度过低而受伤。《2015年国际建筑规范》(IBC)规定，从踏步前缘开始测量，楼梯和楼梯平台上方的最小净空高度为80英寸(约2032毫米)。这可能会带来设计上的挑战，包括纹理和材料，以及位于楼梯两侧开阔区域的**防护装置**的变化。如果楼梯下方的可用空间是封闭的，除了某些住宅外，规范要求其结构要达到1小时的耐火等级。

楼层或楼梯平台之间的一段楼梯不可以连续升高超过12英尺(约3.7米)，而没有中间平台。每一段楼梯都需要在其顶部和底部建一个楼梯平台，门的两侧是平坦的地板或平台。楼梯的平台应该与结构系统设计成一体的，以避免结构的复杂化。

楼梯平台宽度必须至少和楼梯的宽度一样，长度按楼梯的方向测量至少为44英寸(约1118毫米)。在住宅单位中，至少36英寸(约914毫米)也是可以的。根据《2015年国际建筑规范》(IBC)，直跑楼梯的楼梯平台不必超过48英寸(约1219毫米)。

扶　手

扶手是由被称为**栏杆柱**(或楼梯栏杆)的支柱支撑的水平围栏组成的屏障。带支撑护栏的扶手被称为**栏杆**。在楼梯的顶部或底部，有一根柱子支撑着扶手的一端，这根柱子叫作栏杆支柱(或端柱)。扶手应是连续的，不应被端柱或其他障碍物打断。

《2015年国际建筑规范》(IBC)要求所有建筑物的楼梯都要安装扶手，但也有一些例外情况。从踏板前缘的正上方测量，扶手的最大高度要求不小于34英寸(约864毫米)，不大于38英寸(约965毫米)。大多数楼梯需要两道扶手。住宅和螺旋楼梯允许单道扶手。对于宽度为88英寸(约2235毫米)或更宽的楼梯而言，每个部分都要设有中间扶手。对照规范，查看具体做法。

大多数规范都没有把扶手突出到楼梯一侧视为减少了楼梯宽度。根据《2015年国际建筑规范》

(IBC)的规定，扶手最多可占用4.5英寸(约114毫米)的楼梯宽度，而楼梯斜梁和镶边最多可突出1.5英寸(约38毫米)。扶手应该在楼梯顶部踢板上方水平延伸至少12英寸(约305毫米)，并沿着楼梯跑道的斜坡水平延伸至梯段最后一个踢板前缘，然后再继续延伸至少一个踏板深度的距离(图5.9)。

扶手应该不包含尖锐或粗糙的元素。扶手的末端应平稳地返回墙壁或行走面，或继续延伸与相邻梯段的扶手相连。

扶手的圆形横截面直径应在1.25英寸(约32毫米)和2英寸(约51毫米)，如果其最大横截面不超过2.25英寸(约57毫米)，也可以使用具有类似性能的其他形状。圆形扶手的最小直径为1.25英寸，最大直径为2英寸。不允许使用矩形扶手横截面，因为矩形难以抓握。

扶手的规范要求很复杂。请检查现行规范的具体用途和管辖权。

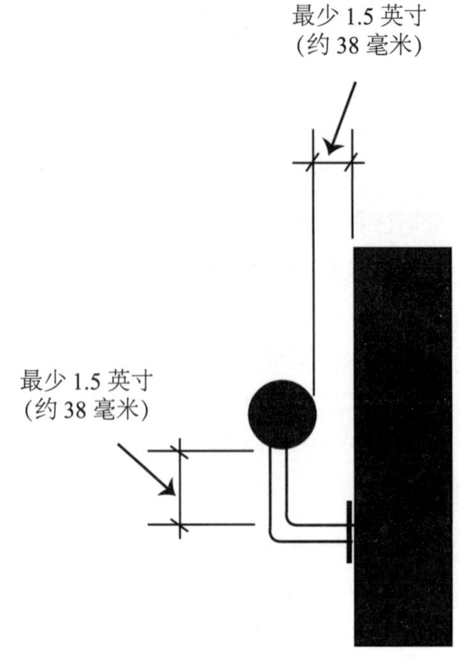

图5.9 《美国残疾人法案》(ADA)设定的扶手的突出与空隙

防护装置

楼梯开放区或者装有玻璃的侧面、坡道、门廊、夹层和未封闭的楼板、屋顶开口，都必须安装**防护装置**(护栏)加以保护。一侧或多侧保持开放的楼梯必须在其开放侧设有保护装置。楼梯平台或任何开放及高于相邻水平面30英寸(约762毫米)以上的平台都必须有防护装置。《2015年国际建筑规范》(IBC)要求防护装置的高度必须达到42英寸(约1067毫米)。《2015年国际住宅规范》(IRC)要求住宅中的防护装置最少为36英寸(约914毫米)高。

一些管辖区允许楼梯的一侧降低高度，这样防护装置就可以被当作扶手来用。玻璃防护可能有特殊要求。

必须在地板以上至少34英寸(约864毫米)高度的距离内配置防护栏，使直径为4英寸(约102毫米)的球体不能穿过栏杆上的任何开口。从34~42英寸(约864~1067毫米)，可以允许直径8英寸(约203毫米)的球体通过。这是为了防止婴儿或小孩的头部伸过栏杆。为了满足这一要求，必须在每个踏板上设置3根由纺锤和栏杆柱组成的楼梯栏杆。为避免4英寸(约102毫米)的球体从楼梯栏杆下穿过，10英寸(约254毫米)深的踏板应该配一个不高于6.5英寸(约165毫米)的踢板，而当踏板深度达到11英寸(约279毫米)时，其对应的踢板不应高于6.25英寸(约159毫米)。

楼梯类型

楼梯的梯级呈现曲线形和直线形。楼梯可以创造出立体的空间和形式，使人们有机会眺望远景，发现周边的细微之处。所有的楼梯都需要精心规划，以确保安全(图5.10)。必须保护开口，以防摔倒、擅自攀爬栏杆和缠结(尤其是儿童)的情况发生。木框架结构的楼梯口必须是双层结构，以便在开放式楼梯井的周围传递荷载。

楼梯有许多配置。直跑楼梯没有转弯(图5.11)。直角楼梯和对折楼梯会在其运行过程中改变方向(图5.12、图5.13)。

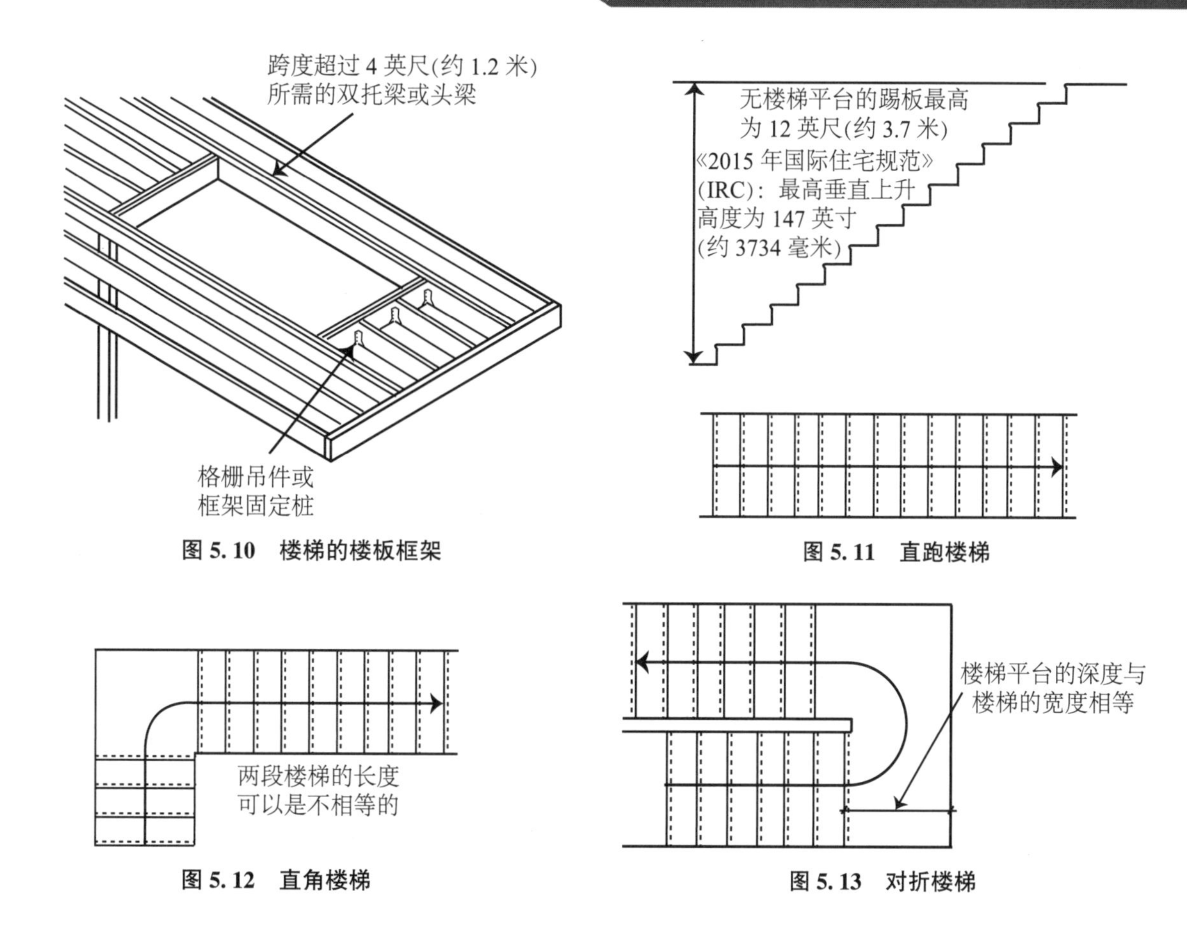

图 5.10 楼梯的楼板框架

图 5.11 直跑楼梯

图 5.12 直角楼梯

图 5.13 对折楼梯

扇形踏步、弧形和螺旋楼梯

直角楼梯和对折楼梯在改变方向时，有时使用扇形踏步而不是楼梯平台来节省空间。《2015 年国际建筑规范》(IBC)不允许扇形踏步用于住宅以外的建筑物疏散楼梯。在允许的情况下，扇形踏步通常要求在距内曲线 12 英寸(约 305 毫米)的行走线上的踏板深度至少为 11 英寸(约 279 毫米)，楼梯的净宽至少为 10 英寸(约 254 毫米)(图 5.14)。

《2015 年国际建筑规范》(IBC)要求带有扇形踏步的弧形楼梯遵循扇形踏步的要求(图 5.15)。最小半径必须至少是楼梯的最小宽度或所需容量的两倍。

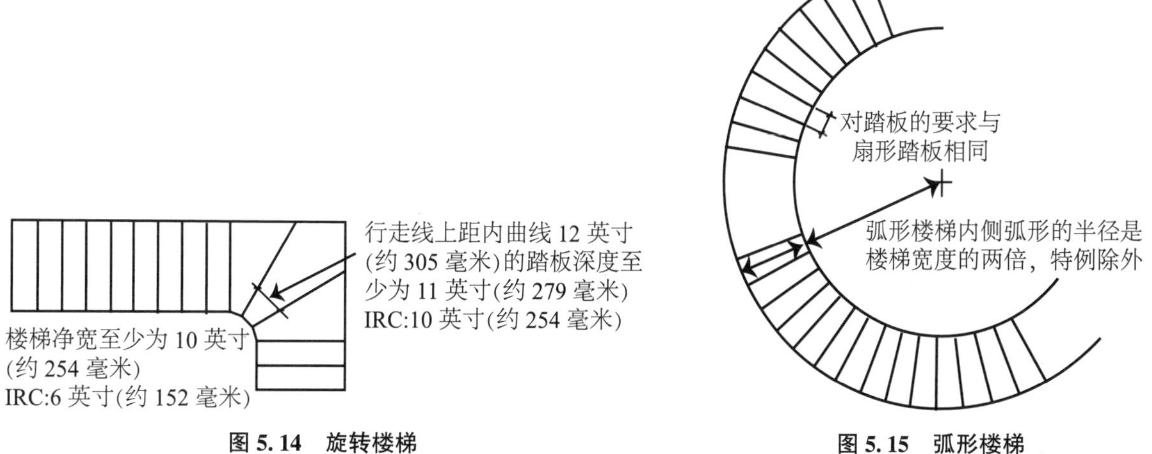

图 5.14 旋转楼梯

图 5.15 弧形楼梯

《2015 年国际建筑规范》(IBC) 允许使用螺旋楼梯作为疏散设施的一个组成部分，但仅限于住宅单元内或面积不超过 250 平方英尺(约 23 平方米)的区域内使用，服务不超过五个人，特例除外。头顶净空要求最低为 78 英寸(约 1981 毫米)，踢板的高度不超过 9.5 英寸(约 241 毫米)，扶手处和扶手下方的最小楼梯净宽度必须为 26 英寸(约 660 毫米)(图 5.16、图 5.17)。

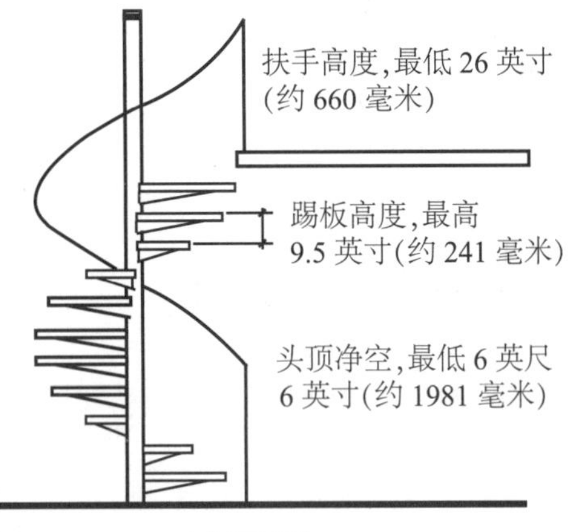

图 5.16 螺旋楼梯

图 5.17 由弗兰克·盖里设计的螺旋楼梯，马萨诸塞理工学院史塔特中心

木楼梯

木楼梯由用作楼梯斜梁的纵梁或支架支撑。**桁条**是沿着楼梯侧面倾斜延伸的装饰构件，是踏板和踢板的端点。踏板和踢板下方延伸的**托架**可以连接到支撑梁、过梁或墙壁框架上。托架的数量和间距取决于踏板材料的跨越能力。

图 5.18 钢楼梯

钢楼梯

钢楼梯在设计上与木楼梯相似，用槽钢做托架和桁条(图 5.18)。钢楼梯可以是预制的，也可以由预制构件组装而成。槽钢可以由横梁支撑，搁置在砖石墙上或者悬挂在上面地板结构中的螺纹杆上。

钢楼梯的踏板由预制混凝土、钢管混凝土盘层、条形格栅或表面带有纹理的平板组成。金属管扶手经常与钢楼梯一起使用。

钢楼梯的两端和底部可以裸露在外，也可以用石膏板或金属板条和灰泥装饰。楼梯就像一个倾斜的平面，连接着一个楼层和另一个楼层。金属楼梯在使用时可能会产生噪声，可以用弹性踏板来装饰以消除冲击噪声。

混凝土楼梯

混凝土楼梯被设计成倾斜的楼板，台阶是其表面的主要组成部分(图 5.19)。混凝土楼梯的荷载、跨度和支撑条件需要仔细的结构设计。楼梯板的厚度与楼梯的跨度、楼板支撑的水平距离有关。混凝土楼梯采用钢筋加固，钢筋一直延伸到侧壁。扶手要么是插入现场浇筑的套管中，要么是用托架固定到楼梯或矮墙上。

混凝土楼梯的表面部分是防滑收口条和踏板。这些可能包括表面粗糙的铸造金属收口，表面带沟槽的金属、橡胶或乙烯基踏板，或带有磨砂带的石质踏板。

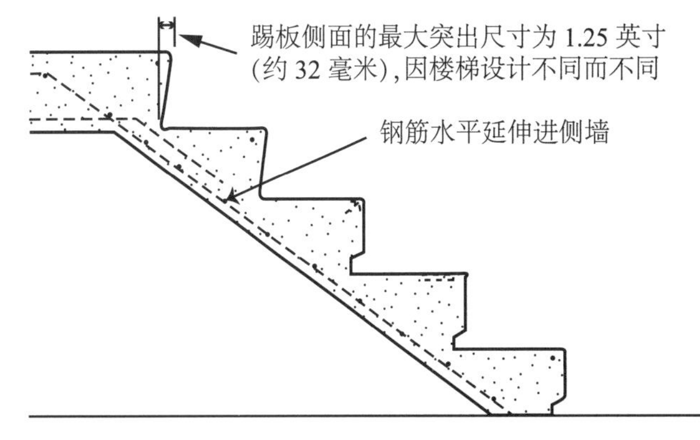

图 5.19 混凝土楼梯

安全楼梯

楼梯是建筑物防火安全规定的重要组成部分。在火灾中，电梯井可能会成为火焰和浓烟的通道。由于消防梯只能到达建筑物的七层，所以高层建筑的居民通常必须依靠楼梯才能从楼上下来。在大型的和入住率较高的建筑物中，这一过程可能需要数小时。

> 有关消防楼梯的更多信息，请参见第十八章“消防安全设计”。请参照适用的建筑规范以核实安全楼梯的要求。

有些楼梯不符合严格的要求，因此不被认为是出口的一部分，也不能被指定为安全楼梯，尽管它们可能位于非常显眼的位置。在火灾等紧急情况下，设计合理的安全楼梯可以提供安全的逃生通道，并引导消防员进入建筑物。

根据建筑规范，**安全楼梯**是最常见的出口类型。安全楼梯包括楼梯间、任何可以进出楼梯间的门，以及楼梯间内的楼梯和楼梯平台。楼梯间必须符合防火等级要求。安全楼梯中的所有门必须向外打开。

居住荷载决定安全楼梯的宽度。居住荷载是基于使用人群和楼面面积计算出来的。

> 安全楼梯的规范要求很复杂。要用现行的规范核实特定项目和管辖区的要求。

安全楼梯的要求与其他楼梯相似，但更严格。《2015 年国际建筑规范》(IBC)要求安全楼梯必须封闭在防火结构中，必须直接通往建筑物的外部或者在一些例外情况下通过出口通道通向建筑物外部。《2015 年国际建筑规范》(IBC)要求安全楼梯不应沿着出口方向减小宽度。

按照规范要求，当门完全打开时，门不得侵占所需宽度超过 7 英寸(约 178 毫米)。新楼梯的踢板最低为 4 英寸(约 102 毫米)、最高为 7 英寸(约 178 毫米)，踏板深度至少为 11 英寸(约 279 毫米)。最小的净空高度为 6 英尺 8 英寸(约 2.03 米)，最小头顶净空高度为 90 英寸(约 2.3 米)，楼梯平台之间的最大垂直距离为 12 英尺(约 3.7 米)。

楼梯平台的最小尺寸必须等于楼梯的宽度，但如果楼梯是直线运行，楼梯平台的宽度则不必超过 4 英尺(约 1.22 米)。中间的休息平台不应沿出口方向减小宽度。如果没有至少与门的宽度相当的平台，门是无法向楼梯方向打开的。

坡 道

在建筑物内，**坡道**是连接两个不同水平层的倾斜地面或步道(图 5.20)。阶梯坡道是由一系列台阶相连而成的斜坡。曲线坡道在技术上被称为**螺旋形坡道**。

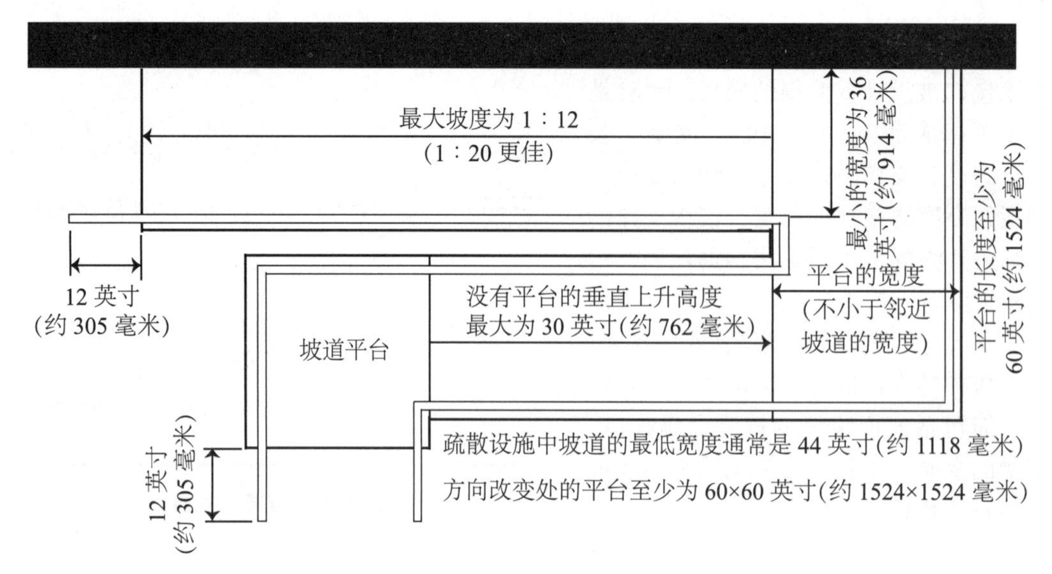

图 5.20　坡道

坡道的设计是为了使从一个水平层到另一个水平层的交通平稳且相对通畅。坡道需要相对较长的路程，但如果坡道太陡或持续太长时间而没有水平的休息区域，有行动障碍的人使用起来就会变得困难或危险。轮椅坡道的坡度限制在 1∶12，但 1∶20 会更舒适。这些数字的意思是高度每上升 1 英寸(约 25.4 毫米)，坡道的长度就增加 12 英尺(约 366 厘米)和 20 英尺(约 610 厘米)。

短而直的斜坡可以充当横梁，建造成木材、钢铁或混凝土地板系统。长或弯曲的坡道通常由钢或钢筋混凝土制成。坡面应稳定、牢固、防滑。

坡道平台

《美国残疾人法案》(ADA)对坡道平台做出了规定。坡道的每一端都应有至少 60 英寸(约 1524 毫米)长的水平平台。平台应该至少与最宽的坡道同宽。

当坡道改变方向时，必须有至少 60×60 英寸(约 1524×1524 毫米)的平台。在长坡道中穿插平台可以使坡道发生折返，这样可以将坡道控制在有限的区域内，而不是在整个空间内运行。

坡道缘石、防护装置和扶手

为了防止人们从坡道上滑下来，必须安装路缘石、防护板或墙壁进行保护。2010 年 ADA 无障碍设计标准要求用路缘石或屏障，以防止直径 4 英寸(约 102 毫米)的球体滚落到坡道以外。

当坡道高度超过 6 英寸(约 152 毫米)或者坡道长度超过 72 英寸(约 1829 毫米)时，需要在坡道的两侧安装扶手。

根据 2010 年 ADA 无障碍设计标准，扶手的顶部应该位于坡道表面上方 34~38 英寸(约 864~965 毫米)的高度。有些坡道还在较低处设有第二道扶手，以满足轮椅使用者的需求。扶手应该在坡道的顶部和底部继续水平延伸至少 12 英寸(约 305 毫米)。

现在，我们已经探讨了地板组件、内墙、楼梯和坡道设计的基本知识。在第六章中，我们将了解窗户、天窗、室内玻璃窗和门是如何将我们与户外、室内空间连接在一起的。

第六章　窗和门

窗户和天窗控制着热辐射，提供日光和视野。有时，它们也能提供通风，对门如何控制进入和火灾产生影响。

20 世纪的现代建筑经常被覆盖在隔热不佳的玻璃内。建筑师和工程师们不是为环境而设计，而是利用耗能的机械加热或制冷来创造他们想要的室内环境。

> 我们再也负担不起维持这些建筑物的建设和运营所需的资源了，只有通过使用主动的气候控制系统，才能使那些设计不佳的玻璃区域能够居住。
>
> 引自沃尔特·T. 葛荣德、埃里森·G. 沃克，《建筑的机电设备》(第 12 版)，威利出版集团，2015 年。

今天，我们设计的窗户、天窗和门可以与建筑的场地条件相互配合，通过有效地利用能源来提供舒适的室内环境。

引言

门窗把室内和室外连接起来。建筑物的窗户对室内空间的外观和功能产生巨大的影响。

> 门窗的设计目的是，使墙壁所防御的外部环境可控地渗透进室内。门主要控制人的通行，但经常充当阀门或过滤器，有选择地允许空气、热量、动物、昆虫和光线通过。窗户是建筑物中最吸引人的组件之一。最常见的标准型住宅窗户可以在独立控制自然光照的同时，还能控制自然通风、向外观看、向内观看、昆虫的通过、水的通过及热辐射、热传导和热对流的通过……对于建筑师来说，窗户的可能性是无限的。
>
> 引自爱德华·艾伦，《建筑是如何工作的》(第 3 版)，牛津大学出版社，2005 年。

窗户的类型、位置、结构、热特性和遮阳都是室内设计师所关心的问题。带有天窗和高侧窗的上部照明会把日光引入建筑内部。门的类型和热性能对室内也很重要，它们在火灾中的作用至关重要。

建筑物的**开窗**(窗户和门的布置)对热量的增加和损失及渗透和通风都有很大的影响。玻璃在建筑外部所占的比例影响节能和热舒适性。

开窗的类型包括齐眼高的窗户和更高的在这些窗户之上的**气窗**(在门或其他窗户上方的小窗户)、平天窗、延伸到相邻屋顶之上的**高侧窗**，以及屋顶上方的**屋顶监视窗**。

历　史

人类历史上的第一扇窗户只是墙上的洞，后来用兽皮、布或木头遮盖起来。公元 100 年左右，最早的玻璃窗出现在埃及亚历山大。早期的玻璃窗能透进一些光线，但不是透明的。后来，百叶窗用来保护和控制玻璃窗的开口。

历史上最早的一扇门出现在埃及古墓的绘画中，单扇门和双扇门都是用一整块木头制成的。在不太干燥的环境中，门板被用门梃和横栏框起来以控制翘曲。

窗

窗户可以允许清洁的空气进入，并控制热辐射、空气温度和空气湿度。透过窗户可以欣赏窗外的景色，也可以让阳光照射进来。窗户会影响视觉和声音的隐私性，可以控制动物或人进出建筑物。它们可以把水挡在外面，还可以帮助控制火势。透过窗户照射进来的阳光会影响表面的热品质。窗户有时是室内外沟通的渠道。

当一位建筑师设计一栋建筑物的窗户时，他(她)会考虑窗户的朝向、位置、大小和比例。该设计还包括外部遮阳设备、窗口的操作方式、窗的材料和框架，以及玻璃的类型。室内设计师经常参与遮阳物或百叶窗的设计，以及窗户内部的处理方式、所用材料和颜色的设计。

窗户可以通过接收太阳能热能、提供自然通风降温、减少人工照明的需求来提高节能。适当的开窗量取决于建筑方面的考虑、控制热环境的能力、建筑的初始成本、长期能源量和生命周期成本，以及人类对窗户的心理和身体需求。

> 移动或改变窗户的大小需要清楚结构问题、通风管道等设备，以及窗户上方的结构梁等。

窗户一般不提供空气过滤。窗户的使用对机械加热和制冷系统的功能有很大的影响。

窗的选择

选择窗户时要考虑的因素包括可操作性、安全性、隐私性和成本。明智的做法是购买耐用、易操作的窗户，为室内创造既愉快又舒适的环境。

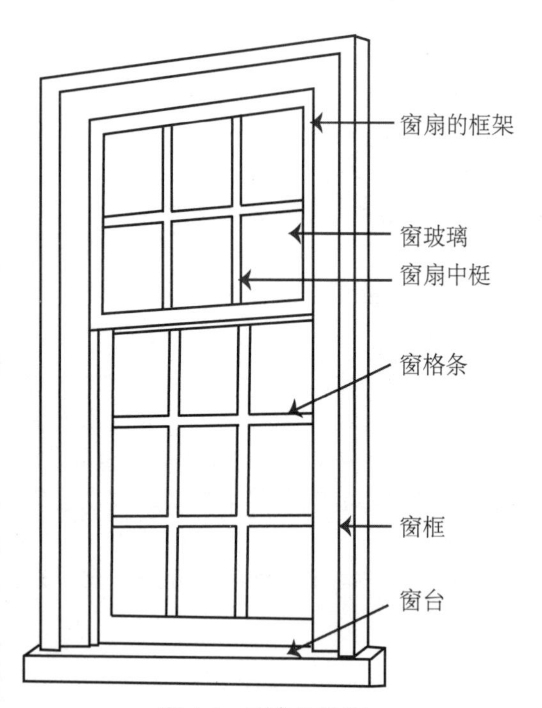

图 6.1　窗户的部件

可开关的窗户打开后可以获得新鲜的空气。它们通常由许多部分组成，每个部分都有自己的名字(图 6.1)。

窗户可能会影响设备和家具的位置。应考虑到窗户是否会成为厨房水槽等的障碍物。在安全性方面，应选择不易被打破的安全玻璃作为窗玻璃，以及高质量的锁系统。应认真考虑窗口的内部处理，要从隐私的角度做好调整。成本可能会因框架材料、尺寸、施工质量和能效的不同而有很大的差别。

窗户的规范和标准

规范和标准通常规定住宅房屋面积和开窗面积之间的关系，或非住宅建筑的墙壁面积和开窗面积之间的关系。这些要求通常导致建筑物使用小窗户，这是基于假设：建筑物可以依赖电能来照明、采暖和制冷。使用较大的窗户进行采光可能需要证明使用现场可再生能源的好处。规范要求可能因气候区和管辖区的不同而不同。

玻璃材料必须足够坚固，以防止由于风荷载和热应力而破裂。规范要求在某些情况下使用防碎裂玻璃。美国地方建筑规范规定了不同高度和风速条件下的玻璃厚度。《美国建筑玻璃材料安全标准》(16 CRF 1201)规定了断裂性能要求。钢化玻璃、夹层玻璃、夹丝玻璃可以满足这些要求。应该遵循制造商的建议。

《2015年国际住宅规范》(IRC)认为，如果门上或靠近门的玻璃窗的底部暴露边缘距离地面不足50英寸(约1270毫米)、距离一扇关着的门不超过24英寸(约610毫米)或垂直于摆动门的铰链侧，则这些玻璃窗处在危险的位置；对于固定或可拆卸的窗玻璃而言，当单个窗格的暴露面积大于9平方英尺(约0.836平方米)、底部边缘小于18英寸(约457毫米)、顶部边缘高于地面36英寸(约914毫米)，而行走表面距离玻璃窗不超过36英寸(约914毫米)时，这些窗玻璃的位置被认为是危险的，特例除外。对于安装在防护栏和围栏上的玻璃窗、靠近楼梯和坡道的玻璃窗，以及潮湿地方(如淋浴房和桑拿房)的玻璃窗，《2015年国际住宅规范》(IRC)有另外的要求。

窗户的性能

美国国家门窗评级委员会(NFRC)已经为窗户的性能制定了标准化的评级。在美国生产的每一扇窗户或天窗都有一个“NFRC”标签，证明该窗户已经通过评级。该标签对产品进行简要描述，并列出U值、**太阳能得热系数(SHGC)**和**可见光透射率(VT)**。能源法规可能将NFRC的评级作为最低要求。

漏气量(AL)是通过窗户组件中的裂缝和开口的渗透而产生的热损失或热增加量，是以每平方英尺的窗户面积通过多少立方英尺的空气来测量的。评级越低越好。窗户安装完毕后，漏气量(AL)并不是测量窗户组件和墙壁之间的空气泄漏。空气泄漏标准在NFRC标签规则上是可选择的。

窗户的朝向

在北半球，内部荷载占主导地位的窗户应朝北部或东部开放(表6.1)。西面的窗户应尽可能小，以避免冷荷载。

表6.1 温带北半球的窗户朝向

朝 向	说 明
朝北	无法获得四季的辐射热，特别是冬季
朝东	夏天获得热量非常快，早晨的太阳以很直的角度射入室内
朝南	由于夏天太阳的角度较高，大部分时间接收低强度的太阳热量；冬天，由于太阳的角度低，整天都有阳光
朝西	夏天的下午温暖的建筑会迅速升温，造成过热，并可能导致夜晚的卧室闷热

窗的类型

窗户可以是固定的，也可以是可开合的。可操作的窗户类型包括单悬窗和双悬窗、平开窗、下悬窗、遮阳窗、固定百叶窗和推拉窗(表6.2和图6.2、图6.3)。飘窗是把可开合的窗格与固定的窗格结合起来，使一部分室内空间突出到窗外。

表6.2 可操作的窗户类型

类 型	说 明	注 释
单悬窗	仅底部窗扇可移动，清洁时可倾斜	漏气量可能比铰链窗高
双悬窗	两个窗扇分别在单独的轨道或凹槽里垂直移动	顶部和(或)底部通风，最大可达50%的通风率；清洁时可倾斜
平开窗	侧面带铰链的窗扇，通常向外开	可以完全打开，达到100%通风；可引导微风进入室内
下悬窗	底部铰链	引导无气流的通风进入室内，风向向上
遮阳窗	顶部铰链	无气流通风，能防一些雨
固定百叶窗	不透明或半透明的水平遮光格栅，以共同框架为支点转动	百叶窗条引导气流，难以清洗，主要用于温和气候地区的通风和保护视觉上的隐私性
推拉窗	2个窗扇(一扇推拉)或3个窗扇(中间扇固定)	2个窗扇50%的通风率；3个窗扇66%的通风率

采用哪种窗户类型会影响自然通风？下悬窗、遮阳窗、固定百叶窗可以偏转空气，使空气垂直向上，超过人们的头顶(图6.4、图6.5、图6.6)。它们在吸收新鲜空气的同时不让雨水进入室内，这在炎热潮湿的气候中是有益的。

(a)双悬窗

(b)风雨窗

图6.2　杰森罗素家的窗户，马萨诸塞州阿灵顿市，1740年

图6.3　平开窗

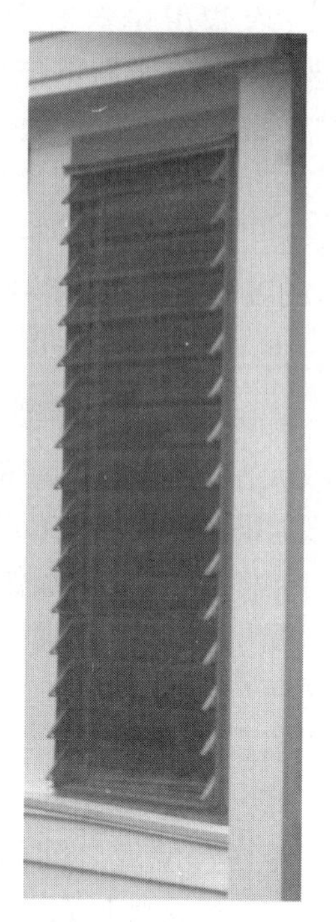

图6.4　固定百叶窗

图6.5　遮阳窗

图6.6　下悬窗

对于水平作业来说，窗户的位置高一些更受欢迎，因为它可以让漫射光洒满房间。低矮的窗户最适合垂直的工作，以及地面反射光的分配。高而窄的窗户更有利于光线的穿透，但可能产生强烈的明暗对比。固定的窗户能够提供景观，但不通风，故经常用于室内(图6.7)。

可开合窗户

使用了多年固定窗户后，可开合窗户重新开始用于大型建筑。窗户的打开位置决定了其提供自然通风的效果。如果风吹到玻璃表面，风就会偏转方向。为了提供没有气流的通风，就要使风远离人。

而为了使人有凉爽的感觉，就要使风吹过人的身体。各种不同的窗口位置提供了控制风的多种选择。

平开窗和回转窗可以打开整个窗口区域以供空气流通。双悬窗、单悬窗和推拉窗只能打开到窗户区域的一半。遮阳窗和下悬窗引导气流向上或向下运动。

虽然窗户给居住者一些控制室外空气源的权利，但它们一般不会过滤空气，还可能会干扰中央暖通空调(HVAC)系统调节气流和压力的尝试。

噪声可能是可开合窗户的一个问题。为保温而做的密封有助于提高声学性能。

一般来说，大多数通风舒适的窗户位置都很低，一般位于地板上方 12~24 英寸(约 305~610 毫米)，适合坐着或斜倚着的人，但这个高度可能不利于眺望窗外的风景。

若在浴室内安装可开合的窗户，可能会带来隐私或安全的问题。而单扇的浴室窗户可能通风不够充分，无法有效去除湿气。为了通风，最好把窗户安装在高高的墙上，因为温暖潮湿的空气会上升。

高窗最适合排出天花板附近的热空气。高窗需要机械或自动操作。门上方的气窗可以使整个空间通风，还能保护隐私。

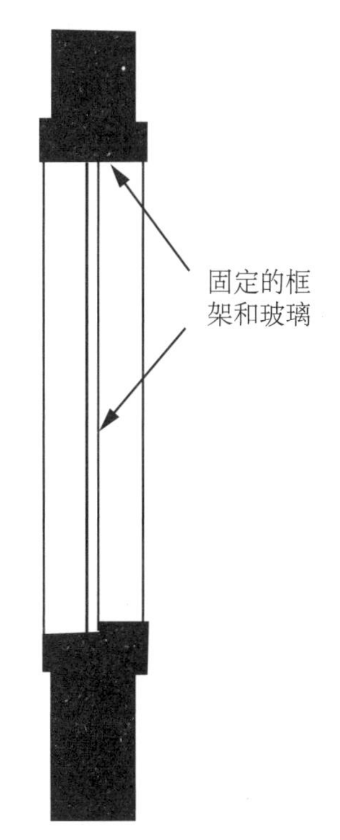

图 6.7 固定窗户的截面

空气对流需要两个开口，在建筑物的迎风面有一个入口，最好在墙的中部，背风面有一个出口，出口的位置并不重要。通常，出口应该至少和进口一样大。入口和出口附近的障碍物可以显著地降低风速和制冷效果。

有关通风的更多信息，请参见第十三章“室内空气质量、通风和湿度控制”。

窗玻璃

窗玻璃是指放置在窗户中的玻璃片(窗格玻璃)。单层玻璃不能很好地阻挡热流，双层玻璃窗或单独的风雨窗可以获得更好的热阻(R 值)。使用反射涂层或三层玻璃可以获得更高的 R 值。

由 0.5 英寸(约 13 毫米)的空气间层隔开的双层玻璃可减少单层玻璃损失热量的 50%。一扇单层玻璃窗连同一扇相距 1~4 英寸(约 25~102 毫米)的风雨窗也能减少 50%的热损失。三层玻璃通常比双层玻璃减少约三分之一的热损失。

将惰性(不导电的)气体，如氩气或氪气，注入玻璃层之间的空气间隙，会大大减少空气间隙内对流引起的热传递。这导致内部表面温度升高，减少冷凝和降低 U 值。

玻璃材料

玻璃材料的选择取决于透光率、热性能、降噪、强度和安全性、美观、寿命周期成本等因素。

窗玻璃将热量辐射到室内和室外的表面(图 6.8)。普通窗玻璃可传递 80%以上的太阳红外线辐射(IR)，并吸收被太阳晒暖的室内表面的大部分长波红外线。在寒冷的天气里，吸收的大部分热量都是通过对流损失的，但是窗玻璃可以阻止大部分被阳光温暖的室内空气返回室外。中空玻璃由多层玻璃组成，中间有空隙。

根据窗户的朝向，所需的玻璃材料常常是不同的(表 6.3、表 6.4)。**太阳光对太阳能增益比(LSG)**

是太阳能得热系数(SHGC)与可见光透射率(VT)的比值。它用于比较不同玻璃或窗户类型在传输日光同时阻止热量增加的效率。这个数值越高，传输的光就越多，而不会增加太多的热量。

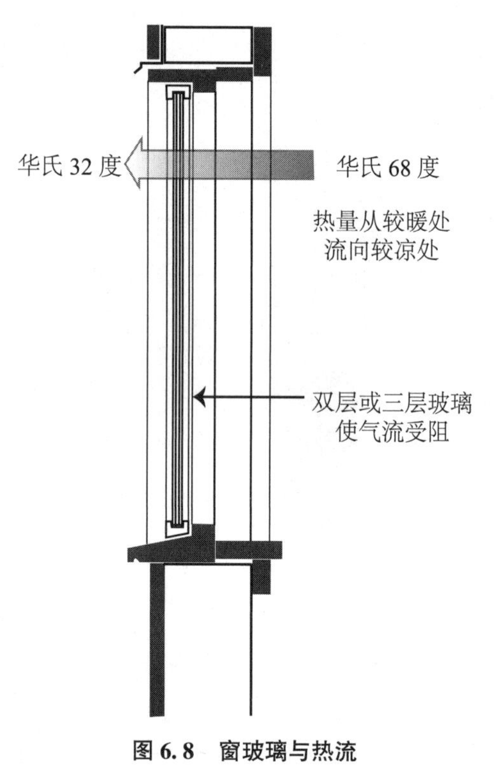

图 6.8　窗玻璃与热流

表 6.3　窗户朝向和窗玻璃(北半球)

朝　向	气　候	窗玻璃材料的性能
南	冬季需要热增量	高太阳能热增量、低辐射玻璃
	冬季不需要热增量	高太阳能增益比、低辐射玻璃
东和西：减小玻璃面积	寒冷的气候	低太阳能增益比、低辐射玻璃
	炎热的气候	低可见光透射率、有选择地用低辐射玻璃
北	所有气候	高可见光透射率、有选择地用低辐射玻璃

表 6.4　玻璃材料

玻璃类型	用途/说明
普通窗玻璃	单层和双层玻璃窗、门、天窗。传递大约 80%的太阳红外线辐射，吸收室内表面大部分长波红外线，保持室内热量
着色或有色玻璃	改变景色。降低亮度，但不降低眩光。为一侧提供较高的光照，给另一侧提供私密性
吸热玻璃	灰色或褐色。吸收约 50%的太阳能热量，其中约一半的热量被重新辐射到建筑物内部
反光玻璃	反射大部分太阳辐射，降低亮度。可能产生眩光，并可能使邻近建筑物过热
抗碎裂玻璃	钢化玻璃、夹层玻璃、夹丝玻璃，有些是塑料玻璃。规范中会有具体的要求
塑料玻璃(丙烯酸等)	半透明、透明、波纹状或有色玻璃，透光率为 10%~97%，反射值在 4%~60%以上。有的可能会划伤或降解

有关窗户和防火安全的更多信息，请参见第十八章“消防安全设计”。

任何可能被误认为是敞开的门口的窗户，都必须使用安全玻璃。任何窗户面积大于 9 平方英尺(约 0.84 平方米)、距离门口 24 英寸(约 610 毫米)以内或与地面的距离小于 60 英寸(约 1524 毫米)都必须使用钢化玻璃、夹层玻璃或塑料玻璃等安全玻璃。用于防火墙和走廊的玻璃类型和尺寸也都有严格的规定。

玻璃的颜色对于某些功能可能是至关重要的。艺术家的工作室、展厅的窗户和社区建筑大厅都要求在内部和外部之间有高质量的能见度。暖色调的青铜色或灰色玻璃会影响室内和室外的色彩设计。有色玻璃可以控制眩光和一年中多余的太阳能热量、减少冬季和夏季太阳能热量的增加。着色玻璃可以在白天室外亮度明显高于室内时，让居住者看到外面的景色，同时为居住者提供一定的隐私保护，遮挡来自街道的窥探，但这种效果可能在晚上刚好相反，使居住者在室内的一举一动一览无余。

动态玻璃系统随着光、热或电的变化而变化(表 6.5)。人们对新产品和新应用的研究仍在继续。

表 6.5 动态玻璃系统

玻璃类型	说明
光致变色玻璃	使用集成化合物或薄膜改变对紫外线光的透射度。通常用于提供遮蔽
热溶玻璃	反射、吸收或光散射类型会随着温度而改变透射度
聚合物分散液晶体玻璃(PDLC)	应用到层压组件中液晶层的电与光结合(透明)或使光分散(半透明)。主要用于室内隐私控制
悬浮颗粒玻璃(SPD)	与 PDLC 玻璃类似。用于导电玻璃塑料层压制品，也可用于带有低辐射玻璃的中空玻璃单元
分散颗粒玻璃	用电力改变透射度，从清晰到昏暗状态，同时保留视野
电致变色玻璃	用电子刺激持续改变可见光透射率(VT)和太阳能得热系数(SHGC)，从高度透明到高度着色
阳光激活玻璃	根据吸收的阳光量不断改变色彩层次、可见光透射率(VT)和太阳能得热系数(SHGC)。使用聚乙烯醇缩丁醛(PVB)胶片

玻璃与声音传输

玻璃的隔音性能取决于其厚度和面积。将多片不同厚度的厚玻璃安装在弹性垫圈上，且彼此不平行，可以提供最高程度的隔音效果。层压玻璃的塑料夹层可以降低两侧玻璃面之间的声音振动。

一扇敞开的窗口所减少的声音明显小于一面典型的空心墙。封闭的单层玻璃窗提供的有限隔音可以通过贴合得更紧密的窗扇来增加；玻璃越厚，隔音效果越好。双层或三层玻璃的声学性能显著提高。专为限制声音传输而设计的隔音窗户，将夹层玻璃与宽大的空气间层、隔音材料结合起来(图 6.9)。

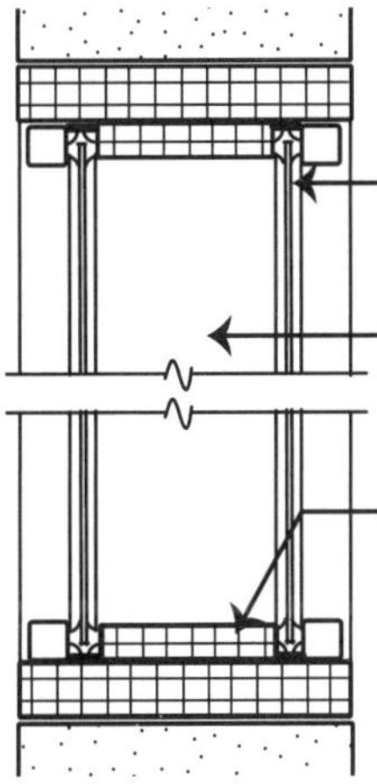

1/4~1/2 英寸(约 6~13 毫米)的夹层玻璃
1~3 英寸(约 25~76 毫米)的空气间层
隔音材料

图 6.9 隔音窗户

可见光透射率

高质量的透光率对于展厅橱窗和艺术家工作室等空间很重要。商业大厦的大堂和餐厅得益于室内和室外良好的能见度。

窗户的可见光透射率(VT)受玻璃颜色(最高清晰度)、涂层和玻璃数量的影响。可见光透射率(VT)额定值为 0~1；可见光透射率(VT)额定值越大，日光传输量越大。

VT 评级基于整个窗户，包括框架在内。大多数双窗格和三窗格窗户的可见光透射率(VT)水平为 0.30~0.70。一些类型的玻璃涂层降低了太阳能得热系数(SHGC)，因为太阳能得热系数(SHGC)考虑的是全光光谱，却没有考虑可见光透射率(VT)。可见光透射率(VT)仅考虑可见光(测量为 LSG)。LSG 的数值越大，窗户在炎热的气候条件下传输日光的效果越好。

窗 框

窗框通常由木材、乙烯基(聚氯乙烯)、玻璃纤维或铝制成(表 6.6)。

表 6.6　窗框类型

框架类型	说　明	性　能
木框架	历史悠久的材料。冬季触感温暖，夏季可保持室温	良好的热性能。中等绝缘体。需要染色或涂漆，除非包覆乙烯基或铝
乙烯基(聚氯乙烯)框架	空心或泡沫填充；带玻璃纤维的框架绝缘效果良好	通常不需要涂漆；免维护。不是可持续材料
玻璃纤维框架	玻璃纤维复合材料，也有泡沫绝缘框架	坚固耐用，抗紫外线。粉末涂层，易于护理。其绝缘性同木框架
铝框架	重量轻，必须有断热层，否则导热快	免维护。慢慢地氧化成一种沉闷的、有麻点的外观。可回收再利用
组合框架	旨在提供最佳性能的混合材料	外部是乙烯基，内部是木材
复合材料框架	在制造过程中混合起来的材料	耐用，低维护，有良好的绝缘性能

窗户的尺寸影响它的能量性能。玻璃、低辐射涂层和气体填充比边缘垫片、窗格和窗框更节省能量，所以中心部位实际上比窗户的边缘更有效。真正的**分光灯**(许多小的窗格，每一个都在自己的框架中)在每个窗户都有更多的边缘区域，而且效率要低得多。

高性能窗户使用边缘隔板与热分裂，保持水分，以防止窗户内产生冷凝现象。

高性能的窗户使用了带有热裂隙的边缘垫片，可以防止湿气在窗户内凝结。

采用双层或三层玻璃，热量可能会通过边缘垫片损失。高性能的窗户则使用带有断热层的边缘垫片，可以防止水分进入，防止湿气在窗户内凝结。

深度较大的窗台可以反射室内光线，但也是潜在的眩光来源。

抗冷凝性

节能窗户的内表面比较温暖，不太可能产生冷凝。窗玻璃的选择可以借鉴 NFRC 标签上的 U 值和空气泄漏等级。

抗冷凝值(CR)是一个从 1~100 的数字；较高的数字表示较大的抗冷凝性。NFRC 标签上有可选择的抗冷凝等级。

风雨窗和纱窗

旧窗户的效率非常低。一个单独的装置——风雨窗——可以减少近一半的热传导和渗透。纱窗可以阻挡昆虫，但影响通风和能见度。

风雨窗

风雨窗是一个安装在单层玻璃窗上的单独的窗扇。一个带有隔热玻璃和风雨窗的窗扇可以传递三分之一的热量和一半的渗透量。

风雨窗的类型很多(表 6.7)。室外可拆卸或可开合的玻璃窗或刚性丙烯酸风雨窗都比室内的窗户更常见、更有效。风雨窗/纱窗组合可在玻璃上施以低辐射涂层。

表 6.7 风雨窗的类型

类型	说明
窗框内侧贴有塑料薄膜	最简单、最便宜，可使用 1~3 年；塑料用吹风机加热即可收缩得密实；可以撕掉
内部铝框和两片带有空气层的透明玻璃膜	在原有窗户和风雨窗之间有二级空气层。用螺丝钉把紧固件拧在窗框或模具上
铝制外框架	安装到窗套上时应密封，用填料填实所有缝隙，但不要封住底部的泄水孔
木制外框架	旧的风雨窗户可以重新涂漆、重复利用。独立的纱窗每年都要上下移动

纱窗

防虫网减少大约一半的气流，因此需要较大的窗户才能保证足够的通风。在门廊装上纱网是一个有效的选择。

防宠物纱窗号称能抵挡家养宠物造成的撕扯和损伤。然而一只下定了决心的猫还是会把它们撕破并逃脱。

热传递

窗户和门约占家庭热损失的三分之一，其中通过窗户损失的热量更多。如果窗户出现了腐烂或损坏的木材、破裂的玻璃、缺失的腻子、安装不当的窗扇或不起作用的锁等情况，就应该更换窗户或者至少要进行大修。

玻璃能够很有效地传导热量。窗户和天窗通常是建筑围护结构中热阻最低的组件，可以使室外的空气和太阳热量进入室内。如果没有使用可调节的隔热材料，它们的耐热性要小得多。

在有窗户的地方，建筑物内部的温度受外部气温的影响较大。冬季，建筑物四周的玻璃区域可使毗连的室内区域的空气变凉，密度较高的冷空气沿着窗玻璃下降到地板上，形成一层冷空气，在地面蔓延开来。一面玻璃的内外表面的温度大致相同，这个温度大致是室内和室外温度的一半。在有很多玻璃的墙壁上，内部表面和空气温度接近外部温度。

为了节约能源，建筑规范和标准规定了与住宅楼面面积和商业墙体面积相关的相对较小的窗户，除非设计者能证明有明显的好处。大面积的采光玻璃区增加了采暖的要求，但用于照明的电量可以减少。夏季采光需要的玻璃比冬季少。在墙壁里或屋顶上增加隔热层，也可以证明更多的玻璃区域是合理的。

太阳能热增量

通过开窗获得的太阳热量来自因传导而发生的热量传递。热传导是因白天室内外的气温差、通过玻璃窗开口传输的太阳辐射，以及从空间内吸收的太阳辐射而产生的。无论是否阳光明媚，只要有温差，热传导就会发生。

建筑物太阳能组件的热增量取决于窗户的朝向、玻璃的层数和面积，以及附近建筑物和遮阳设备的遮阳效果。建筑物的南部、东部或西部(北半球)的反射表面，如水、沙子或停车场，也会影响热量的增加。云量也是一个因素。

太阳能热增量是被动式太阳能加热系统的理想品质，但是在夏季当你想避免过热时，这又不是你想要的。节能窗户可以减少室外温度和阳光的影响，从而降低建筑物空调的成本，同时减少了维护、噪声和冷凝的问题。

挡风雨条

给所有窗户边缘和裂缝安装**挡风雨条**是改善窗户热传递的一种快速而廉价的方法。挡风雨条可以防止风吹雨淋，减少空气和灰尘的渗透，也有助于阻止声波的传输。

挡风雨条所用的材料应经久耐用、无腐蚀性、可更换。如果不经常打开通风，双悬窗的上窗扇带可以永久地固定。挡风雨条由乙烯基、金属、毛毡、泡沫、硅树脂等材料制成。在具体应用中，可能需要使用多种类型的挡风雨条。

窗户的U值和R值

窗户和天窗的R值是所有建筑围护结构部件的最低等级(U值是最高等级)。它们主要负责室外空气的渗透。U值是R值的倒数，表示绝缘水平，因此低的U值与高的R值相关(表6.8)。

表6.8　窗户热阻的比较

玻璃类型	子类型	R值
单层玻璃	无风雨窗	0.91
	有风雨窗	200
双层隔热玻璃	3/16英寸(约5毫米)的空气间层	1.61
	1/4英寸(约6毫米)的空气间层	1.69
	1/2英寸(约13毫米)的空气间层	2.04
	3/4英寸(约19毫米)的空气间层	2.38
隔热玻璃1/2英寸	有低辐射膜	3.13
	有悬浮膜	2.77
	有两片悬浮膜	3.85
	有悬浮膜和低辐射膜	4.05
三层隔热玻璃	1/4英寸(约6毫米)的空气间层	2.56
	1/2英寸(约13毫米)的空气间层	0.29
加装紧凑的窗帘或遮光罩，或闭合的百叶窗		3.23

美国国家门窗评级委员会(NFRC)成立于1992年，制定了确定门窗产品U值的程序。该U值衡量的是一个产品如何有效地防止热量从建筑物中流失。U值的等级通常为0.20~1.20。U值越小，传递的热量就越少。在寒冷的气候中，U值尤其重要。

评级包括对特定窗户结构的详细描述。在玻璃的中心、边缘和框架之间，窗户经常会显示出不同的热流速。气隙的大小、涂层的类型和气体的填充，以及框架结构都会影响U值。

有关U值的更多信息，请参见第二章“为环境而设计”。

设计师、工程师和建筑师可以利用窗户的U值评估窗户的能量性能。评级是基于标准的窗户大小，并打算比较相同大小的窗户。

太阳能得热系数(SHGC)

U值会告诉你通过某一特定窗户损失多少热量。美国国家门窗评级委员会(NFRC)还提供了窗户的太阳能得热等级，从中可以看出有多少太阳能热量通过窗户进入室内。太阳能得热系数(SHGC)关注的是整个玻璃窗的性能，而不仅仅是玻璃本身。

太阳的热量在冬季增加是一件好事，因为它可以减少建筑物采暖设备的负荷。而在夏季，增加的太阳能热量会增加制冷负荷。太阳能得热系数(SHGC)是一个从0~1的数字。太阳能得热系数(SHGC)越高，太阳能中通过窗玻璃和窗框的能量就越多。

太阳能得热系数(SHGC)的数值高(如0.9)表示电阻差，这对采用太阳能加热的系统来说是有利的。较低的太阳能得热系数(SHGC)值(如0.2)表示有良好的电阻力，是解决制冷的一个不错的选择。太阳能得热系数(SHGC)值的高低取决于玻璃的类型、窗格的数量、着色、反射涂层及窗户或天窗框架产生的阴影。

美国国家门窗评级委员会(NFRC)的测试不包括布帘、建筑物悬挂饰物和树木等相关要素。《2015年国际住宅规范》(IRC)建议窗户的太阳能得热系数(SHGC)标准应该基于气候带。

高性能窗户

20世纪80年代以前安装的窗户具有最大的热流率，现在许多窗户仍在使用。然而在现在的建筑中，最高的热流率更有可能来自外部的空气渗入或者是有意的通风。

高性能**超级窗**的开发结合了多层玻璃、多层低辐射涂层和低电导性气体等多种特性。这些进展已经产生了很好的结果，但是对极限高性能窗户的驱动已经趋于平稳(图6.10)。

高性能超级窗的成本之高使其无法做到节能设计。相反，设计师正在转向针对特定气候的解决方案，这些方案考虑的是整个建筑及其环境，而不仅仅是窗户。

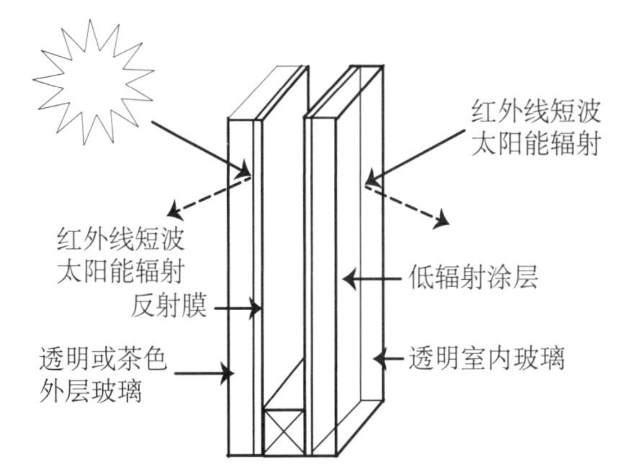

图6.10 控制太阳能热量的窗户

窗户膜

可以粘在窗玻璃内表面的塑料薄膜具有与玻璃相同的反射和吸收特性(表6.9)。冬季，薄膜将室内的热量反射回室内，减少来自玻璃表面的冷气流，允许较高的相对湿度而不会发生凝结。窗户膜可以阻挡高达99%的太阳紫外线，紫外线是导致窗户膜褪色的主要原因。薄膜增强了窗玻璃的抗震性。窗户膜通常不用于加热板或自保温窗，因为它们会导致玻璃因热膨胀和收缩而开裂。出于同样的原因，有色薄膜也不用于有色玻璃或大面积的玻璃。塑料窗膜的表面相对脆弱，使用寿命有限。

冬季，有色窗户会把辐射热反射回室内，提高房间的工作温度。由于玻璃表面的温度较低，有色窗户也会减少气流的产生。

表6.9 塑料窗膜

类 型	说 明
反射膜	用于有色单向镜
遮光膜	产生类似于太阳镜的效果
银或金色薄膜	比可见光阻挡的辐射能略多；银色能反射80%的太阳辐射
青铜或烟色膜	阻挡的可见光几乎与辐射热一样多；拦截的太阳辐射比银色膜拦截的多
选择性透射膜	接收大部分太阳辐射，比普通玻璃更容易将长波红外线辐射从温暖的物体反射回室内；可见于既有窗户的玻璃

低辐射涂层

低辐射涂层由薄而透明的银或锡氧化物涂层构成，允许可见光通过，同时将红外热辐射反射回室内，从而减少透过窗户的热量流。它们被涂在面向气隙的玻璃表面。几乎看不见的金属涂层阻挡辐射热的传递。它还能减少紫外线，保护地毯和家具不褪色。

低辐射涂层分为硬涂层和软涂层。硬涂层薄膜经久耐用，价格便宜，但效果较差。软涂层成本高，热性能好。

建筑物的不同侧面可能需要不同类型的低辐射涂层(表6.10)。南侧(北半球)可能需要低辐射和高太阳能增热涂层用于被动式太阳能采暖，而阳光较少的北侧可能需要U值最低的窗户。

表 6.10　低辐射涂层

涂层类型	说　明	用　途
高透光率	内层玻璃上的涂层；可阻止红外热辐射流出	寒冷气候下用于被动式太阳能加热系统
选择性透射	涂在单独的玻璃上；可用于既有窗户	阻挡进入的红外线，保留物体散发的热量；高可见光；冬季保暖，夏季降温
低透光率	外部窗玻璃上的涂层；阻止太阳能热增量	可以使用有色玻璃降低透光率

遮阳与太阳能控制

无遮蔽的玻璃会收集多余的太阳能热量，导致将大量的金钱和能量用在机械制冷上，却没能获得热舒适。外部遮蔽可以阻止太阳光线进入建筑物，并使室内升温。

窗户、墙壁和屋顶的夏季遮阳可以由其他结构提供，遮蔽元素与建筑物或周围的植被成为一体。挑檐、纱窗、屏风和散热片都是有效的遮阳手段。种植遮阴树和在窗户上安装宽大的遮阳篷也会有所帮助。然而树木最终会死亡，因此需要对未来进行规划。

遮　阳

遮阳对整个建筑都有好处，对窗户尤其重要。一幢建筑需要遮阳的时间取决于气候和建筑物的性质。遮阳可以阻挡大部分太阳能热量，也有助于将日照分配到建筑物深处。遮阳通常能够将冷荷载减半。

垂直的窗户必须遮蔽直接的太阳辐射，通常也要遮蔽漫射辐射，尤其是在潮湿、阳光充足的地方。反射性太阳辐射常出现在阳光充足的气候条件下和城市地区中，特别是在高反射面占优势的地方，更需要遮阳。为了控制散射太阳辐射，可能需要额外的室内遮阳设备或在玻璃窗内采取遮蔽措施。

在北半球，遮阳对于朝南、东或西的窗户最为重要。北面的窗户通常也需要遮蔽，以避免清晨和黄昏时分夏日低空直射的阳光。在夏季，水平悬挂物可能是朝南窗户最有效的遮阳装置。

在热带地区，东部和西部的窗户必须遮蔽。想要完全遮蔽一扇东窗或西窗，就必须有一个屋檐。屋檐的长度必须比南窗长得多，而且应该由内部处理来支撑。

室外遮阳设备

玻璃的外部遮阳装置隔断了直接的太阳光线，只允许漫射光通过(表 6.11)。因此，它可以将空间内的太阳能热增量降到 80%。

表 6.11　室外遮阳设备

设　备	注释(北半球)
水平面板屋檐	可以限制热空气的消散。存在风和雪的荷载问题。用于南、东、西墙面
水平面上的水平百叶窗	允许空气流动、规模小、经济。用于南、东、西墙面
垂直面上的水平百叶窗	要求长度短。视野受限。用于南、东、西墙面
垂直面板屋檐	允许空气流动，视野受限。用于南、东、西墙面
垂尾	如果在东部或西部会限制视野。用于北墙面
可开合外部隔热百叶窗	铰链式、推拉、折叠或双折叠配置。需要机械操作进行调整
遮篷布	耐用、美观、易调节；手动或自动操作。难以维护
遮阳板	向室内天花板反射阳光和天光，增加间接分布和穿透深度。用于南墙面
外部卷帘	织物遮阳品可提供安全和遮阴
户外的软百叶帘	控制日光的效果很好

用于外部遮阳的植物包括活葡萄藤。葡萄藤可以用强力的金属丝、板条格或格架、铁丝网、塑料网、链条围栏或渔网支撑。

固定在外部的遮阳设备通常由建筑物的建筑师负责。外部固定遮阳设备具有操作简单、成本低和维修率低的优势。如果固定的遮阳篷适用于所有外墙，那么它们可能会在春天(需要时)和秋天(不需要时)都遮挡阳光。

为了使整个空间的光线更均匀，屋檐降低了窗户附近的光线亮度。装有百叶窗板或半透明的屋檐阻挡了阳光的直射，使更多的漫射光进入室内。

室内遮阳设备

室内遮阳能够吸收透过窗户的约 80%的太阳能。室内遮阳设备通常比室外遮阳设备更容易调整，积聚的污垢也较少，而且没有风化问题。室内的遮光物、百叶窗和窗帘在为居住者和家具遮挡阳光的同时，在很大程度上吸收了太阳辐射，并将其转化为室内空气中的对流热量。在炎热的天气，帷幔可以作为热收集器的一部分，向室内散发热量。室内的窗户处理方式在减少建筑物内太阳能加热空气方面相对无效，却有效地减少了直射阳光中的高辐射热量和眩光。

室内遮阳设备可以提供私密性、眩光控制和隔热，还可以改善室内空间的外观(表 6.12)。

表 6.12 室内遮阳设备

设 备	描 述
软百叶帘	减少强度，重新分配光线。阻挡东、西两侧低度角阳光。可以穿孔。可以用于两片玻璃之间
隔热百叶窗	铰链式、推拉式、折叠或双折叠式。要求提供存放区和严密的密封。可作为刚性隔热窗
卷帘	漫射直射阳光，消除眩光，增加照明的均匀度。安装的窗帘从底部卷起以阻挡眩光
隔热百折帘	内部带有遮阳屏的不透气防潮面料层；超声波焊接。需要密封在墙上
玻璃纤维网纱	设计用来拦截特定比例的阳光。寿命相当长。控制亮度的同时，保留对外视野
罗马帘(图 6.11)	可由表面具有装饰性的隔热材料制成
多孔蜂窝遮阳帘	大片安装，在平面或曲面上水平或垂直移动。马达或手动操作。在冬天提高热阻
窗帷	私密程度取决于织物的颜色和编织的紧密度。固定位置以避免干扰暖通空调(HVAC)设备
隔热窗帷(图 6.12)	泡沫或其他隔热衬垫可以用作隔热材料。可以安装在轨道上
遮阳板	当位于眼睛高度以上时，有助于控制眩光。增加日光穿透区域的深度

图 6.11 罗马帘

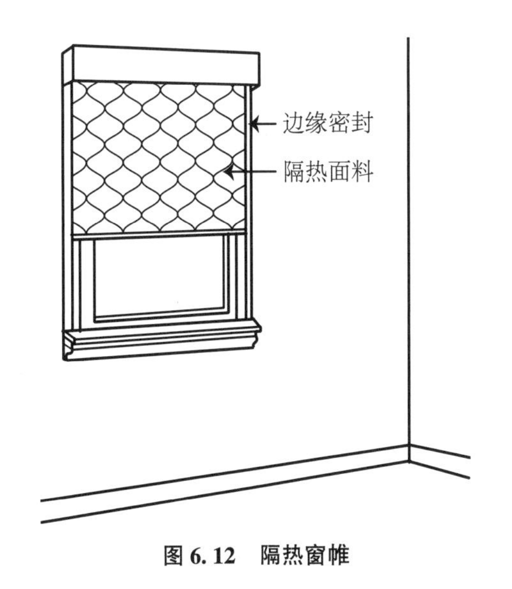

图 6.12 隔热窗帷

它们也有助于避免在看向黑暗的窗外时出现黑洞景象。

室内遮阳设备可以由房间的使用者操作。室内窗户处理的外表面应该是反射性的，以实现最好的效果。

遮阳帘和软百叶帘的颜色会影响其功能。浅色的反光遮阳帘比暗色更有效地阻挡多余的太阳能热量。带有白色或镜面饰面的软百叶帘在加热、制冷和采光方面效果最好。软百叶帘朝向玻璃的一侧应该是白色的，可以反射太阳辐射。

在阳光直射下，漫射的遮阳帘和窗帘会变得非常明亮，本身就是眩光的光源。这个问题可以通过采用灰白色织物里衬或者添加不透明的窗帷来解决。

重要的是检查窗户的类型、尺寸和安装方法，以验证它们不会对暖通空调(HVAC)系统造成影响。

当窗帷和百叶窗不在窗户上展开时，它们都需要存储空间。密封窗户四周的边缘可以保持较高的热性能，防止形成冷凝。

顶部照明和天窗

与眼睛齐平的窗户可以提供视野，但也可能是酷热和眩光的来源。**顶部照明**指的是屋顶上的开口，而**侧向照明**则是由墙壁上直立的窗户提供的。

要了解更多关于顶部照明和侧向照明的信息，请参见第十七章“照明系统”。

顶部照明

顶部照明包括天窗、屋顶监视器、光导管和屋顶通气窗。

顶部照明可以为较大的区域提供高质量的照明。采用顶部照明的建筑物通常依靠下面的窗户获得视野和方向。通常建议使顶部光线漫射开来，以消除明亮的光源和眩光。顶部照明可以通过反射天花板上的光扩散，也可以通过使用挡板或广告牌屏蔽和扩散光源。

当需要光线而不是视野时，高窗和顶部照明通常比低窗有效。高的窗户更安全，腾出了下面墙壁空间。高窗可以将照明更均匀地分布到所有墙壁上及低矮建筑物的内部。

天　窗

阳光透过天窗照在大堂、休息室等不需要开展重要的视力工作的区域，会产生戏剧性的效果。当天窗设置在空间中的高处时，光线在到达地面之前就扩散开来，避免在居住者的视野内出现眩光。将天窗设置在墙壁附近有助于光线扩散，使空间看起来更加明亮、宽敞，更令人愉悦。

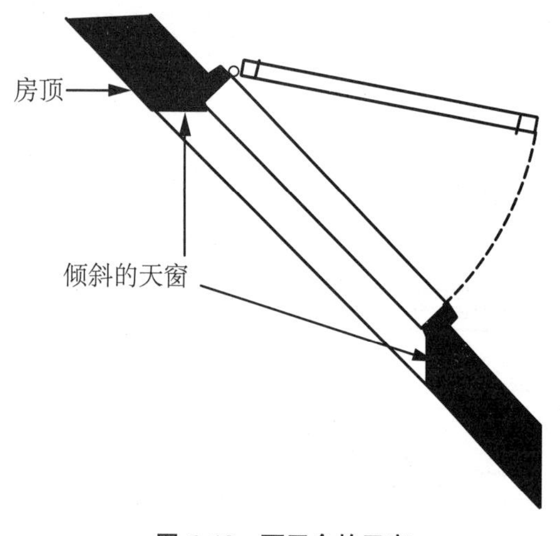

图 6.13　可开合的天窗

传统的天窗设计得和标准的窗户一样。许多天窗都安装有固定的窗玻璃，但也有可开合的屋顶窗。在温暖的天气里，可开合的天窗或屋顶窗可以排出热的空气(图 6.13)。建筑规范要求天窗与管道通风口之间有水平和垂直的间隙。天窗上需标有 NFRC 标签。

呈斜面的开口增加了天窗的外观尺寸，在扩散眩光的同时使光线的分布更均匀。在天窗上方加装一个不传热的圆形罩，既可以保护玻璃，也能提供一定的隔热。高质量的产品和高质量的安装对避免泄漏之类的问题都很重要。

夏天，当太阳在头顶时，水平天窗获得最多的太阳热量；冬天，太阳的角度较低时，太阳的热量最少。在需要人工制冷的情况下，应该避免使用水平天窗，除非它们可以被遮蔽。阴天时，水平天窗的采光最有效。

天窗可以配备的装饰性窗帘包括遮阳帘、百褶窗帘、百叶帘和卷帘。天窗窗帘使用的轨道可以被安装在窗子表面或嵌入窗框的开口内侧。有的天窗使用挂钩和搭扣等附件，这样窗帘就不必频繁地打开和关合。

面积小的天窗往往 U 值较高，表明热流较高。建议在挑选小天窗时选择热性能最佳的窗框。

天窗的窗玻璃通常采用丙烯酸或聚碳酸酯塑料，或使用夹丝、层压、热强化或全钢化等玻璃材料。建筑规范规定了天窗每块玻璃板的最大面积。建筑规范还要求在玻璃板下方安装丝网屏障，以防止多层玻璃系统中的夹丝玻璃、热强化玻璃或全钢化玻璃发生破损掉落。个人住宅单元对这些规定享有豁免权。

天窗可以用漫射性或半透明材料制成，以降低对比度，但是这些材料不应该用在入口大厅那种需要亮度的地方。

对带有可开合百叶窗的天窗而言，高质量的手动或自动控制装置可以将日光照明保持在一个恒定的水平，也可以在需要时遮挡光线，如视听演示。

其他顶部照明策略

屋顶通气窗是高于眼睛高度的高窗(图 6.14)。通过屋顶通气窗的大部分光线反射到天花板上。屋顶通气窗可以用半透明的材料做玻璃，因为视野对它们来说并不重要。勺状聚光窗是只朝一个单一方向的天窗，其弯曲的背面可以反射光线进入室内。

管式采光装置(管状天窗)使用表面能够反射的采光井，顶部是透明的天窗(图 6.15)。一个漫射透镜扩大了光的分布范围。

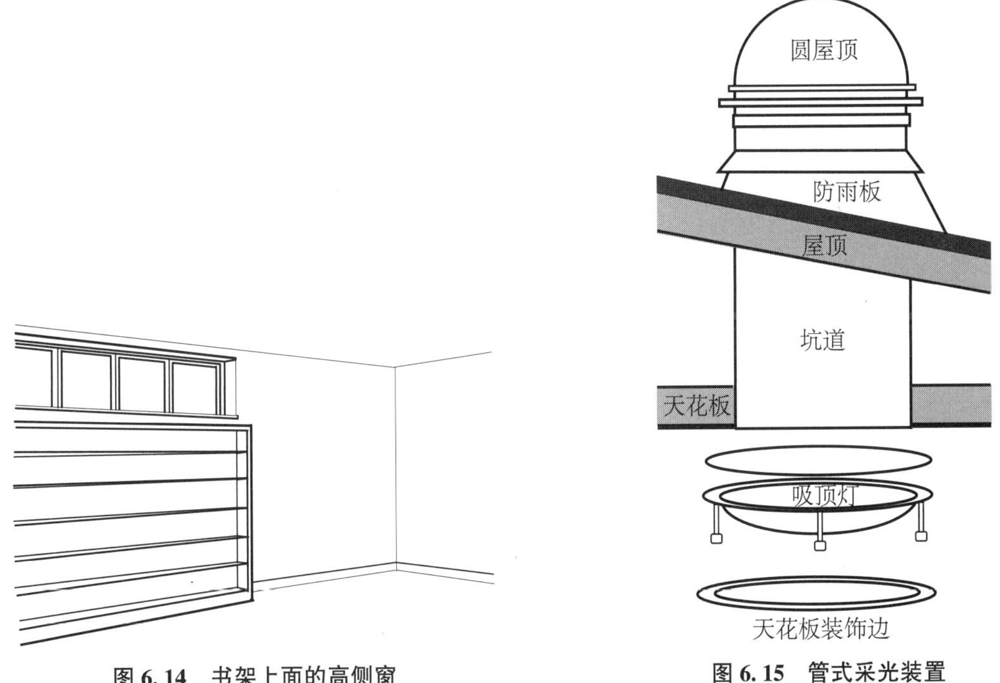

图 6.14　书架上面的高侧窗

图 6.15　管式采光装置

光管是中空的、管道状的光导管，在棱柱型塑料薄膜管道内传输日光、电灯照明或光纤照明。它们通过全内反射传递光。安装在屋顶的塑料圆屋顶可以当作天窗使用，阳光透过圆屋顶沿着反射管向下照射，光线一直延伸至室内天花板。安装在天花板上的光散射器将光线散布到房间四周。光管的安装相对简单，可为走廊、壁橱等空间提供照明。

屋顶监视窗可以将日光反射进室内(图 6.16)。光线进入屋顶的勺状结构，从监视窗开口的表面反

图 6.16　屋顶监视窗

射出来，向下进入室内。镜像系统使用一种类似潜望镜的装置，通过反射日光和地面的景色使其穿过整个空间。屋顶监视窗通常朝向多个方向，并且是可以开关的。

门

门控制人和动物的进出，并引导其在建筑内移动。门可以提供紧急出口，并有助于控制建筑物火灾的蔓延。门可以帮助人们保护视觉和听觉的私密性，还可以提供洁净的空气，控制气温、湿度和气流。此外，门有时也能提供交流的渠道和有用的表面。

热性能

像窗户一样，美国国家门窗评级委员会(NFRC)针对门和侧窗的热性能制定了一套评估程序。贴在门板边缘的永久性标签标示门经过认证的 U 值。门的正面也贴有临时标签。能量等级用 U 值表示，即热损失的速率；数值越高意味着损失的热量越多。外门也可用 R 值表示(表 6.13)。

表 6.13　外门的 R 值

材　料	类型(毫米)	R 值
木材	用木材填平 1.75 英寸(约 44)的空心门	2.17
	用木材填平 1.75 英寸(约 44)的实心门	3.03
	用木材填平 2.25 英寸(约 57)的实心门	3.70
	带 7/16 英寸(约 11)面板的 1.75 英寸(约 44)的板门	1.85
	一半是玻璃的防风门	1.25
金属	防风门	1.00
	含 2 英寸(约 51)聚氨酯的保温门	15.00

较大的门洞，尤其是住宅的厨房门，有利于搬进大型设备。

外门的热性能很重要。一扇关着的门的内表面会形成一层稀薄的空气膜，它会阻止热量通过门外泄。当这层薄膜受强制送风口或回风口干扰时，门的热性能就被破坏了。

室外门

仅看建筑物的外门，就可以对建筑物的功能及居住者的个性略知一二。设计外门时，门的内部和外观都应该考虑。坚固的门、防爆裂的玻璃和高品质的锁系统将提高门的安全性。

门会造成建筑的热量损失，因此不同门的能效不尽相同。那些填充了泡沫保温材料的门比实木门更能抵抗热损失。设置在大厅入口的门有助于阻止室内空气与室外空气的混合。这有利于控制室内环境，减少必须加热或制冷的空气量。

挡风雨条

在旧的、不保温的金属门或玻璃纤维门外增加一道防风门基本没有任何效果。挡风雨条可以改善门的保温和隔音效果。挡风雨条通常由滑动玻璃门、玻璃入户门、旋转门和升降门的制造商提供并安装。挡风雨条是由毛毡、泡沫、乙烯基、橡胶或金属制成的。

门的四周边缘都应该安装挡风雨条，门的底部应装有**门扫**。门扫是一种由铝或不锈钢制成的刷子，位于内摆门内侧的底部或者外摆门外侧的底部。带有乙烯基插件的铝制**门鞋**可以密封门下方的空间，防止雨水进入。挡风雨条也可以与门槛结合使用。

安装在门底或门槛的挡风雨条可能会拖曳地毯或因人流量过大而造成损坏。**自动门销**是一个在门底部的水平条，关门时它会自动下降，密封门槛，挡住空气和声音。

十字形旋转门

十字形旋转门通常被用作大型商业建筑和公共机构建筑的入口门，提供连续不断的密封，阻断气流的进入，最大限度地减少因加热和冷却而造成的损失(图 6.17)。十字形旋转门通常由三个或四个门扉组成。四个门扉全部被封闭在圆柱形门厅中，围绕一个垂直中心轴旋转。

在人流量较大的区域，十字形旋转门通常包括一个直径为 6 英尺 6 英寸(约 1.98 米)的旋转门和一扇直径为 70 英尺(约 21.3 米)的单门。当被施以压力时，旋转门的门扉会自动向出口方向折回，从而在枢轴的两侧提供一个通道。《2015 年国际建筑规范》(IBC)要求每一个旋转门都应在同一墙壁上 10 英尺(约 3.05 米)内设一个侧面铰链门。其他限制也适用。

旋转门的外壳可以是金属的，也可以是钢化的、金属丝或夹层玻璃。门扉采用钢化玻璃、铝合金、不锈钢或青铜框架。

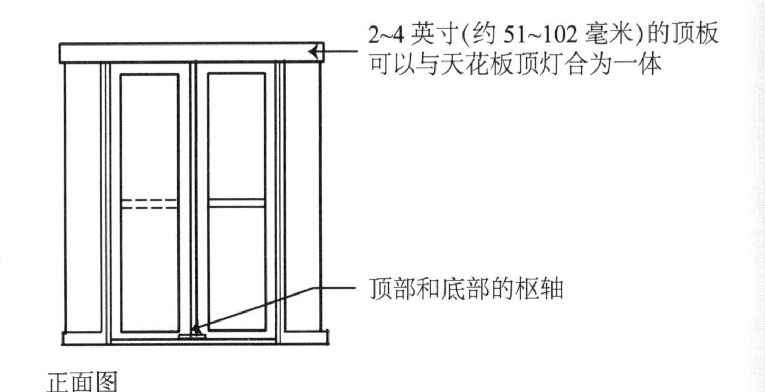

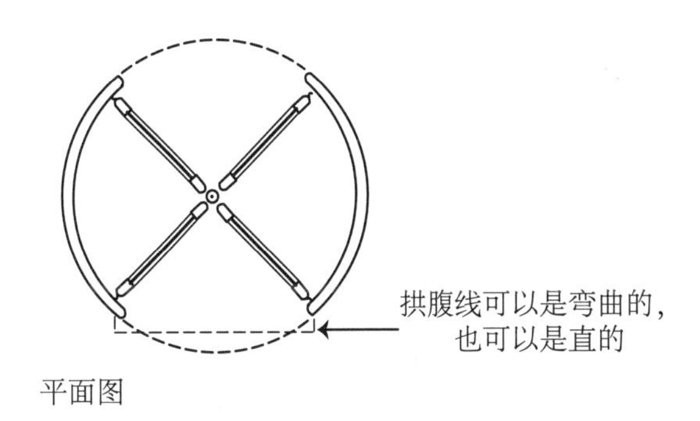

图 6.17　十字形旋转门

室内门

一个房间可能有多个进入相邻空间的门洞，一个住宅厨房有六个门洞，分别进入车库、天井、露台等其他空间，这种情况并不少见。室内设计师必须考虑门的摆动方向和间隙，以避免与新的或既有构件发生冲突。

地板上的覆盖物可能需要一定的间隙。使用地板采暖系统可能要抬高地板的高度，有时需要把门锯短以获得所需的间隙。

声音控制

应对不想听的声音，最好的办法就是关上门。门是控制声音的重要手段，尤其是在住宅和商业空间的办公室等私人空间，但百叶门和下切门是无效的隔音屏障。

隔音门最重要的一步是在门洞周围密封。为了密封得严实，应该使门处于闭合状态，然后对密封垫圈施加压力，以实现气密性密封。

声锁由两扇门组成，两扇门之间的空间最好足够门的开合。门必须加衬垫。所有表面都应用吸收性材料完全覆盖，地板上面应铺地毯。

无障碍性与门

《美国残疾人法案》(ADA)对在其管辖的空间内设置门有明确的规定。门的操作间隙尺寸取决于开门的方向、门的侧面，以及进门方向与门口是垂直还是平行。最小操作间隙尺寸可达60英寸(约1524毫米)。由于学习室内设计的学生经常需要参考这些规定，而《美国残疾人法案》(ADA)鼓励他们在设计中能够把这些规定加以实现，所以在这里介绍一整套2010年ADA无障碍设计标准中包含的相关主题的图形。

如果是像在门厅那样有一系列门的情况，就需要有轮椅通过的空间，轮椅通过时不会被摆动的门撞到(图6.18)。

按照《美国残疾人法案》(ADA)标准，门口的净宽至少为32英寸(约813毫米)(图6.19)。

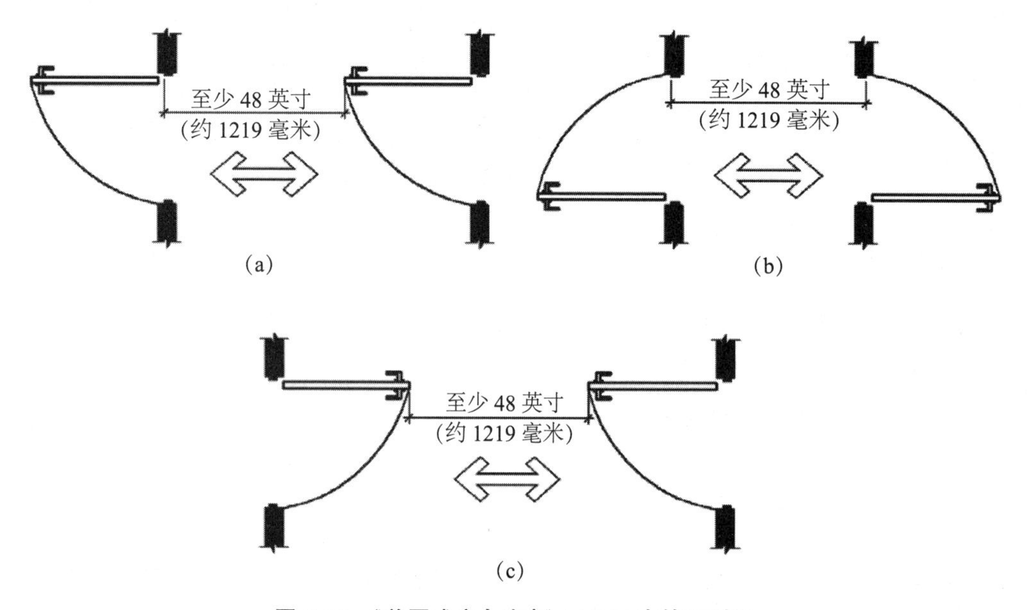

图6.18 《美国残疾人法案》(ADA)中的系列门

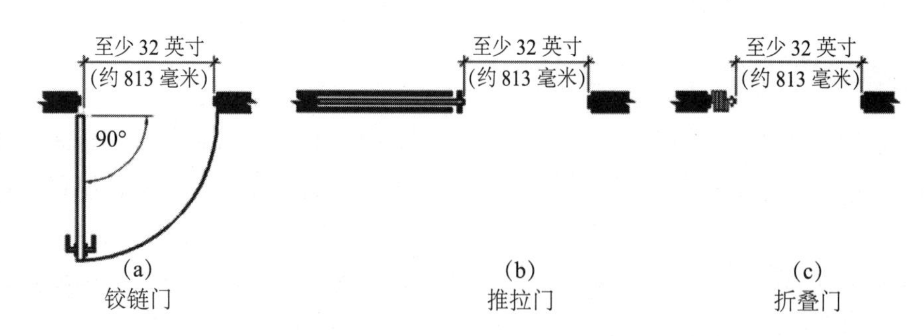

图6.19 《美国残疾人法案》(ADA)规定的门口净宽

专为轮椅使用者设计的标准门，其最小间隙为34英寸(约864毫米)。除去五金和门的厚度，实际间隙为30英寸(约762毫米)。折页可以使门洞增加1~1.5英寸(约25~38毫米)的厚度，这个厚度可以用来调节门的厚度。

为使用助行器的人士能够打开门，门所需的占地面积净尺寸根据门的类型和进路的不同有所不同（图 6.20、图 6.21、图 6.22）。

在残疾人使用的室内空间，门的开关不应影响家用电器或橱柜门和抽屉，这一点尤为重要。滑门或外摆门为助手在需要进入室内时提供方便。滑门上的五金器件应为坐轮椅者提供便利。

在老房子里，走廊有时被限定为不足 42 英寸（约 1067 毫米），一个有角度的门口有时可以帮助缓解流通问题。

如果家中有认知功能障碍的人，则需要关闭厨房门并上锁避免其进入，否则厨房门口可以保持开放，以便住户可以随时观察厨房里的情况。

当一个人想进入房间帮助有认知功能障碍的人时，门摆动的规律、开关和操控装置的位置，以及进入的顺序等都是至关重要的。有纹理或不透明的玻璃可以帮助有认知或视觉障碍的人辨别玻璃门和其他玻璃表面。

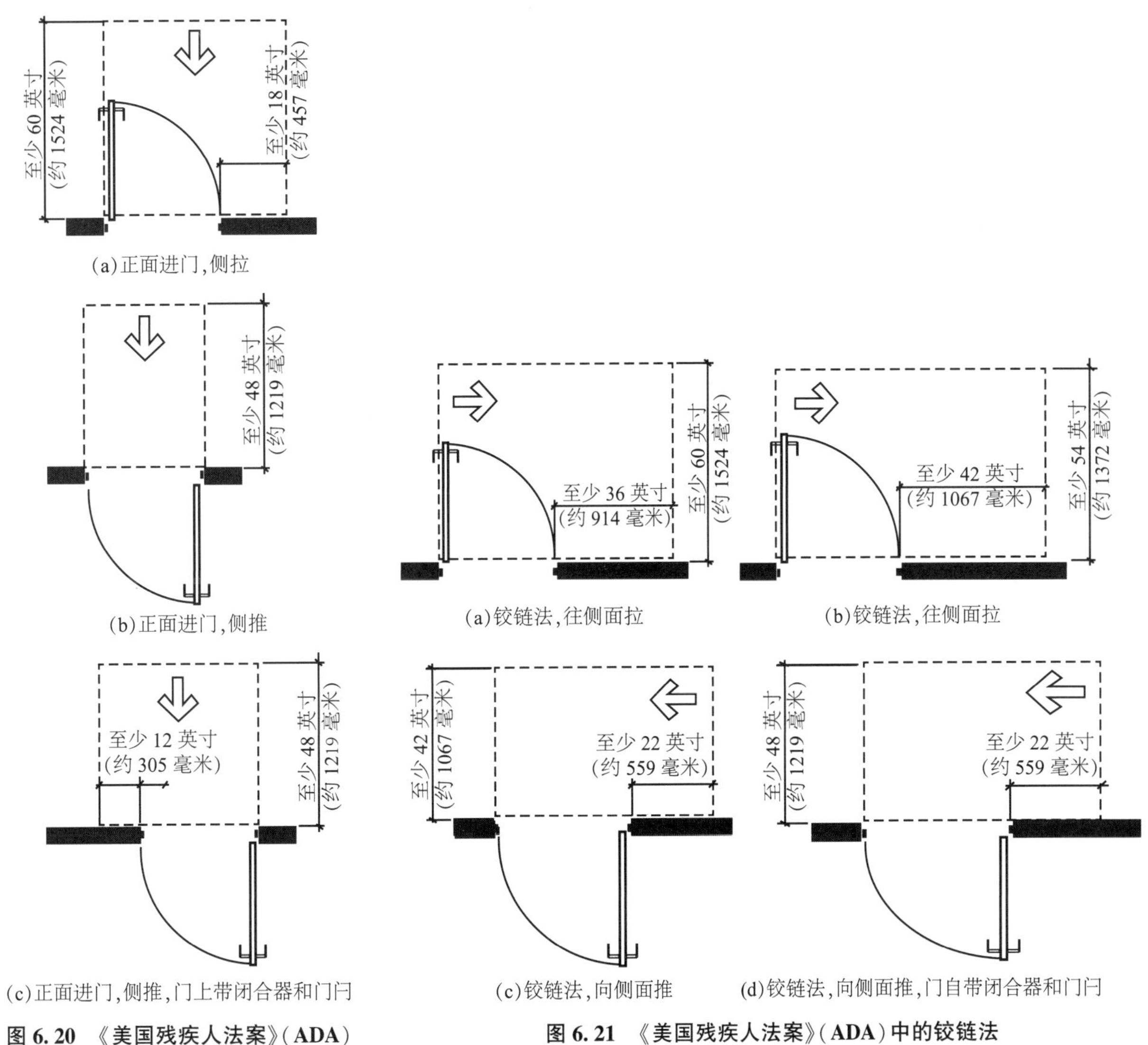

图 6.20 《美国残疾人法案》(ADA)中的正面进门的几种情况

图 6.21 《美国残疾人法案》(ADA)中的铰链法

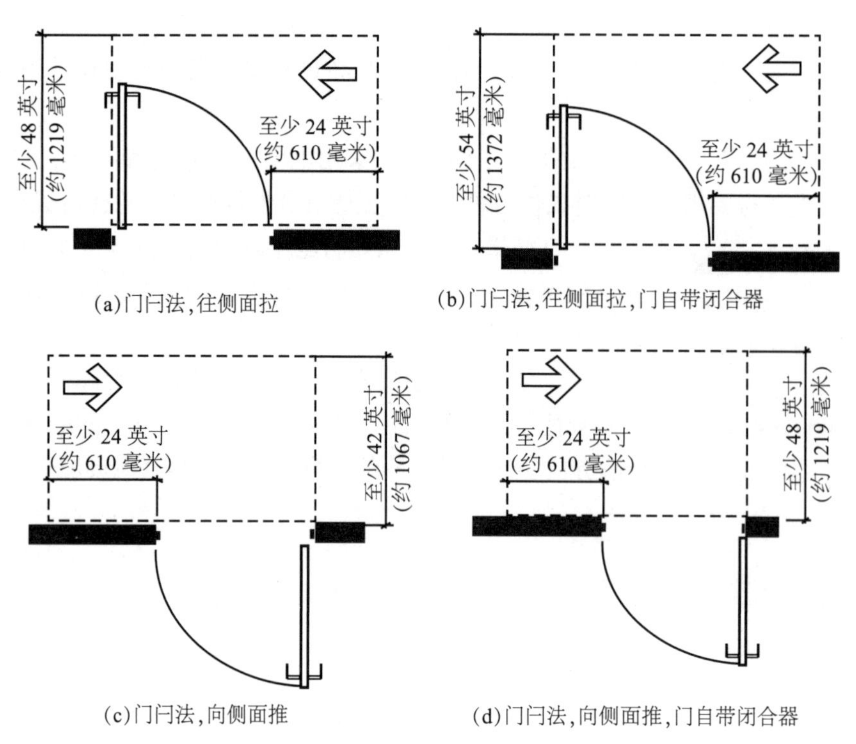

图6.22 《美国残疾人法案》(ADA)中的门闩法

门的类型

门的类型很多(图6.23)。从框架来看，有木制或金属两种；从漆面来看，可以是预先涂好漆的，也可以是在工厂涂底漆或用各种材料包好了的。为了有能见度，可以在门上安装玻璃；为了获得通风效果，可以安装百叶窗板。特殊门有耐火等级、隔音等级或隔热值等要求。标准室内门的宽度有2英尺、2.4英尺、2.6英尺、2.8英尺和3英尺(约610毫米、732毫米、792毫米、853毫米和914毫米)。

玻璃门通常由1/2~3/4英寸(约13~19毫米)的钢化玻璃构成，配件有支撑枢轴和五金件。玻璃门不需要边框，因为门可以直接与墙壁或隔板对接。

滑门悬挂在一条轨道上，在轨道上滑行，并滑进门柱两旁墙内的空隙里。滑门需要有一个没有水电管道、没有暖通空调元件的空隙。表面推拉门(也称谷仓门)需要墙面空间(图6.24)。露台推拉门类似于大型滑动窗。

金属空心门

金属空心门的钢面板与钢槽框架被焊接成一体，并用槽钢加固。门的心部是蜂窝纸、钢筋矿物纤维或硬质塑料泡沫。门的表面可以是无缝的，也可以显示面板的结构接缝。

木　门

木质空心门是由木框架包裹着瓦楞纤维板或木条栅格芯构成。木质空心门的重量轻，没有声音或热值，主要用于室内。

实木门的中心是黏合板、刨花板或矿物成分。实木门主要用作室外门，或用于任何要求增强耐火性、隔音或尺寸稳定性的地方。

木格门由垂直的门梃和水平的栏杆组合而成，将实木门板或胶合门板、玻璃窗或百叶窗固定在适当的位置(图6.25)。木格门面板有多种设计款式可供选择，也有全百叶窗式及法式风格。

门 框

门框是标准件。对门的开度及门套的设计是室内设计师整改门口的尺寸和特征的机会。门套可以盖住门框与墙壁之间的缝隙。如果墙壁材料能被整齐地贴在门框上，就可以省略门套。

金属空心门悬挂在中空金属框架内。木门使用木质框架或空心金属框架。开侧窗和气窗可以使门洞在物理意义上变大，也可以通过颜色和装饰从视觉上放大(图 6.26)。尽量减少饰边可以直观地减少门口的尺寸，或者使它看起来只是墙壁上的一个空洞。当与周围的墙体齐平时，门框与墙面在视觉上融为一体。

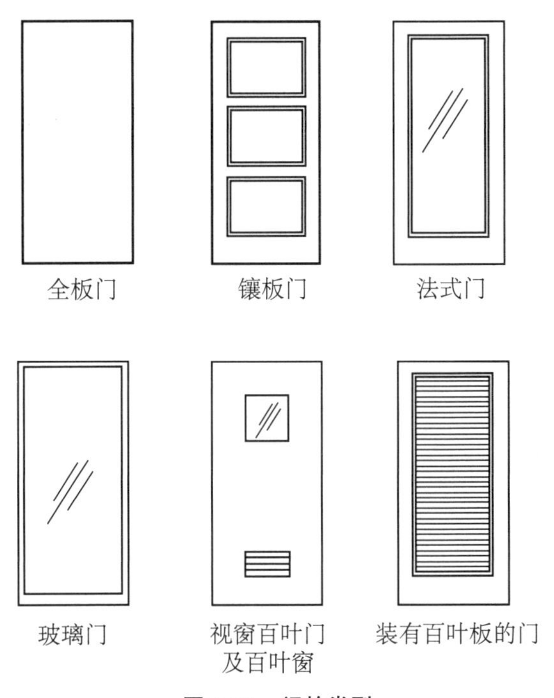

图 6.23　门的类型

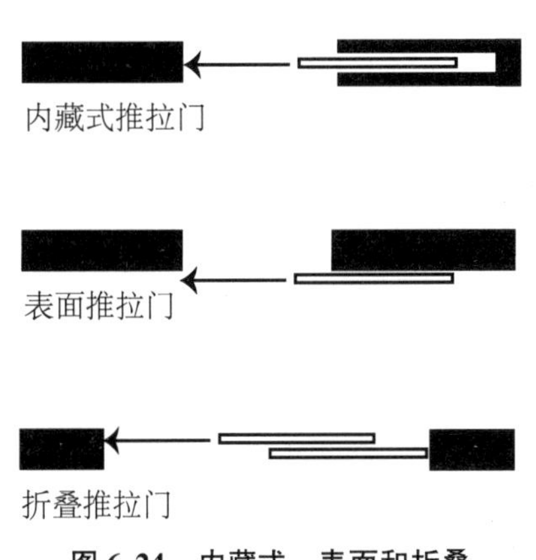

图 6.24　内藏式、表面和折叠推拉门的平面图

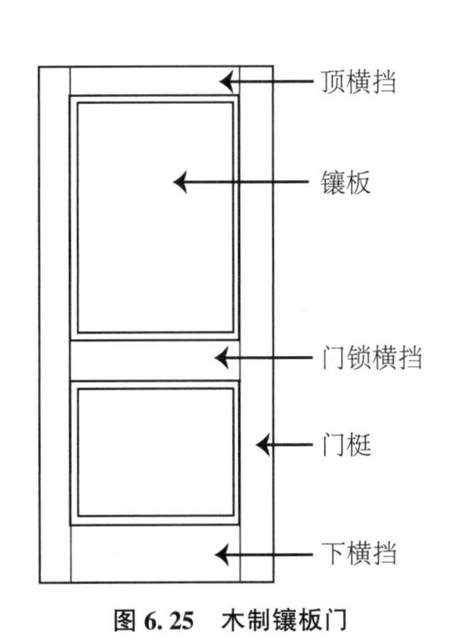

图 6.25　木制镶板门

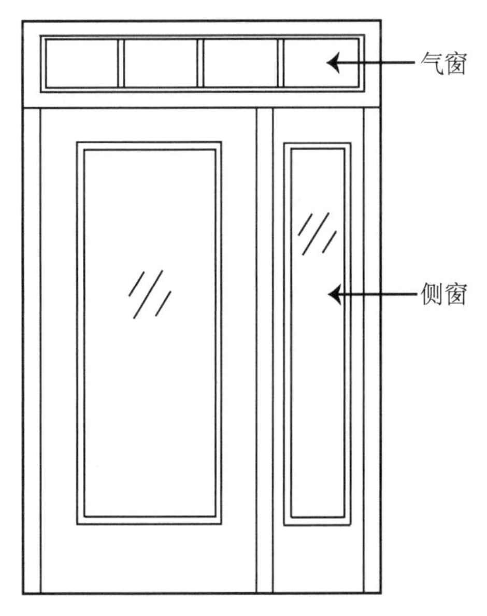

图 6.26　侧窗与气窗

防火门

防火门的基本标准是不需要任何工具、钥匙或专门知识就可以打开通往出口的门。尽管开启开口可能需要高达30磅(约13.6千克)的力量，但仅需施加15磅(约6.8千克)的压力就可以打开门闩或把门完全打开。

防火门的宽度

标准的建筑规范要求包括必须提供消防出口的数量和门的宽度。疏散门的宽度是基于门打开90度时的净宽。有时，疏散门的宽度是基于完全打开的状况，即在门打开180度时，门洞需增加大约2英寸(约51毫米)。

一般认为，一扇36英寸(约914毫米)宽的门有32英寸(约813毫米)的净宽。门的厚度加上它的折页和五金件共约3.25英寸(约83毫米)，所以通常这些合起来需要4英寸(约102毫米)。把手一般不包括在这一限额内，除非它延长了门的总高度。

门最宽可达48英寸(约1219毫米)，这是因为担心门太重，住户无法打开。门上的自动闭门器可以靠磁力打开门，也可以在发生火灾时自动开门。两扇磁力控制的48英寸(约1219毫米)的门可以封闭一个8英尺(约2.4米)宽的走廊。

防火门的密封

防火门上的密封装置，特别是门楣和门侧壁上的密封垫，对减少烟雾或火焰的扩散至关重要，但这种密封装置可能不易安装和维护。有些规范要求沿着防火门的门楣和侧壁添加**膨胀条**，它会在加热的时候膨胀起来从而密封间隙，使防火门无法作为疏散出口。

在正常情况下，防火门一直是开着的。封闭式防火门仍然可以为人们在建筑物的各部分之间移动提供通道。防火卷帘门(升降门)有时用于关闭建筑物防火隔离区之间的开口，这样火就不可能通过开口了。这些卷帘门可能有一个通道门，也可能设计为手动开启，供人们通行。

防火门的评级

大多数规范都要求消防楼梯必须有一个2小时耐火等级的防火围栏和一扇1.5小时耐火等级的防火门。有1小时防火隔离等级的走廊通常需要配备一扇0.75小时防火等级的门。所有防火门都应配备一个自动关闭器和一个门闩，以确保发生火灾时门处于关闭的位置。

防火滑动门

一些司法管辖区允许使用分离式滑动门。滑动门是目前防火规范(包括美国防火协会)和建筑法规所认可的为大多数居住场所提供防火隔离的手段，那些通常用于储存易燃材料的场所除外。滑动门通常只在紧急情况下需要提供防火保护时才关闭。它们通常不引人注目地待在一个嵌入空间里，由一块与墙面融为一体的门板遮挡。如果没有电源，滑动门也可以手动打开。

防火门通常是为特定项目定制设计的。它们特别适用于博物馆、学校和机场等公共建筑，将不同的建筑区域连接起来以便防火安全。

这些滑动门的宽度没有限制，因此它们可以在防火分隔线上提供宽敞的开口。它们的最大高度为28英尺(约8.5米)。

有关防火门的更多信息，请参见第十八章“消防安全设计”。

防火滑动门是电力驱动的，并与备用电力系统相连。它们靠电力辅助关闭，但可以用很小的力手动打开，成为紧急出口。如果一个使用轮椅的人碰触到折叠式滑门，门就会自动缩回，在障碍物被清除后稍做等待，然后重新关闭。

 门五金

门五金件选择嵌入式还是贴面安装，基于其功能、操作的方便性，以及耐用性，对材料、表面光洁度、质地和颜色等也有明确规定。五金件的安全使用可能需要电气布线。

门五金包括锁具(由锁定器、插销、锁舌、锁头和锁闸组成)，以及门把手。其他五金件包括铰链、闭门器、太平门闩、推拉杆和面板，以及刮板。门挡、门扣和缓冲器、门槛、密封条、门轨、门导轨也都包含在内。

《美国残疾人法案》(ADA)要求门把手、门的推拉、插销和开锁都可以用一只手轻松地操作，而不需要紧握、捏紧或扭转手腕。这类五金件的可操作部件必须位于地板或地面以上至少 34 英寸(约 864 毫米)，最高可达 48 英寸(约 1219 毫米)。当推拉门处于完全打开状态时，门五金应该露在外面，并且两侧都可以使用。

第二部分“建筑组件”阐述了建筑物的建造方式：它们为什么会屹立或倒塌，以及不同的建筑技术如何影响室内空间的塑造和利用。第三部分“声学”着重阐述如何控制噪声和操纵声音质量以达到建筑物的设计目标。室内设计师是这个过程中的关键角色。

第三部分

声　学

声学是物理学的一个分支，处理声音的生产、控制、传输、接收和影响。**声学设计**是对一个封闭的空间进行规划、造型、装修和布置，以创造听到独特的讲话声或音乐声所必需的声学环境。我们是如何听到声音的？声音如何与建筑环境相互作用？了解这些有助于我们设计出视觉上丰富、听觉上令人愉悦的空间。

建筑物内的声音质量取决于许多元素，其中一些源于建筑物的场地和结构设计。即使是建筑物的结构和机械系统所传播的噪声，甚至是外面的噪声，也可以通过良好的声学设计得到改善。

第三部分“声学”包含两章。

第七章“声学设计原理”介绍了声音的产生和听觉的基本术语与概念，并概述了声源和路径。

第八章“建筑声学”着眼于建筑物的声学设计，包括噪声控制、空气传声和结构噪声、隔音和空间之间的声音传输。此外，还对声学产品及其应用及电子音响系统进行考察。

在我们日常生活的许多空间(包括住宅和商业机构空间)中，声音环境在提升(或干扰)整体舒适感方面起着重要作用……许多设计方案似乎都在声音环境设计方面偷工减料。其中一部分原因是建筑声学的复杂性，另一部分原因是在许多建筑项目中根本没有包含这一主题。大多数建筑规范并没有针对声音环境的规定，良好的声音环境也不是大多数绿色建筑评级系统中的关键要素。然而提供可接受的声音环境是优秀设计实践的基本组成部分。

引自沃尔特·T. 葛荣德、埃里森·G. 沃克，《建筑的机电设备》(第12版)，威利出版集团，2015年。

室内设计师所扮演的角色非常有利于解决这类问题。作为办公空间的设计者，对声学原理和补救措施的认识至关重要。住宅设计本身也会造成声学问题。

第七章　声学设计原理

我们对这个世界最强烈的体验来自视觉，但我们也经常受到其他感官接收的信息的深刻影响。其中，功能上最重要的也许是我们的听觉。在一个精心设计的空间里，声音强化了空间的功能，并支持居住者的体验。而一个设计糟糕的声音环境会妨碍空间的功能和享受，甚至损害住户的健康。

引　言

> 声学设计经常被忽略或轻视。虽然声学设计上的失败并不像结构上的失败那么致命，但是声学上的失败可能是……代价非常大的……大多数时候，建筑声学方面的失败都可以以更低的成本来弥补，但它对于业主来说却是一件令人烦恼的事，对于建筑师来说也是一件为难的事。
>
> 引自诺伯特·M. 莱希纳，《水暖、电力、声学：建筑的可持续设计方法》，威利出版集团，2012 年。

室内设计师关心的是一个诸如开放式办公室或餐厅这样的空间如何在声学上发挥作用。硬、软面材料的选择与放置及内部隔板的构造都会改变声音的反射、吸收或传播方式。

声音的基本知识

声音本质上是气压的快速波动。它可以被定义为一种物理波，就像机械振动一样或者像弹性介质中的一系列压力变化。声音是人类听觉系统特别敏感的一系列振动。振动可以通过空气或其他弹性介质传播，包括大多数建筑材料。

耳朵感应到源自一个振动源的不同的空气压力波，这就是声音。为了使声音存在，必须有一个源、一个传输路径和一个接收器。

声音的传播

与电磁波的光和电不同，声波是机械波。包含声音信息的压力变化与声音波前的行进方向相同。声波中的能量能够移动很远的距离，但是移动它的介质只能在原地振荡。在空气中，它在与纵向声波相同的方向上向前和向后移动。

振幅指的是声压，即声波的最大压缩(其波峰)与最大稀疏(其波谷)之间的距离。声波的振幅也称为音量，并被视为响度。

振幅随着与声源的距离增大而下降。点声源的声级会随着墙壁、天花板和地板的反射而降低。最后，与回声结合，产生一个相当恒定的声级。

声波在建筑物内的房间里撞击到表面会产生反射，从表面反弹回来有助于保持声音的强度和远离声源时的可听度。反射还决定声音持续的时间。由于反射了声音，靠近墙壁的区域收集了大部分声音，这些区域被称为**混响声场**。

自由声场是一个没有反射表面或其他干扰的空间，如室外可能出现的干扰。自由声场中的一个点声源产生的声音作为不断增长的球体内的波前从各个方向向外移动。随着声音的扩散，其与声源的距离不断加大，声音的强度与距离的平方成正比例减小。声能的这种分布使在户外当与声源的距离加大时听到声音变得越来越困难。

声 波

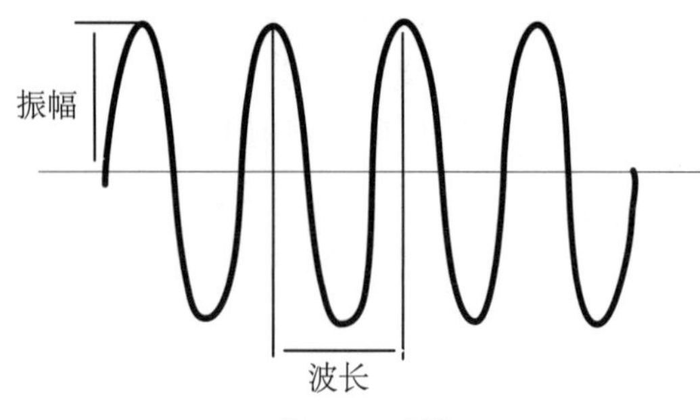

图 7.1 声波

声能形成一种纵波，该纵波压缩和稀疏了空气、水或其他在行进方向上出现的物质。虽然纵波的变形发生在行进的方向上，但它通常用正弦波表示，显示能量从正到负的变化(图 7.1)。

从理论上讲，声波从一个点声源开始呈球状向四周辐射。实际上，声波往往来自诸如人的声音这样的来源，因为人类的声音在某些方向上的辐射比其他声音更强。振动的物体向外辐射声波，直到碰到一个反射或吸收它们的表面。

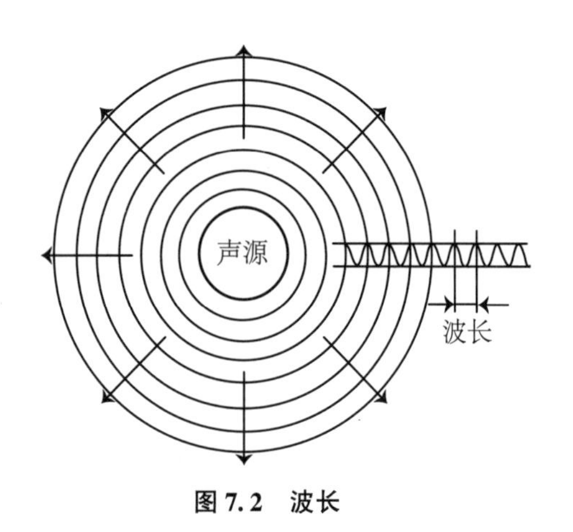

图 7.2 波长

波长和波形

当声音通过各种介质传播时，它所受到的压力发生了变化，而不是介质本身。像空气这样的介质，它的运动实际上对声音的传播没有显著的影响。

一个声波的波峰与下一个波峰之间的距离叫作**波长**(图 7.2)。这是声音在一个周期内传播的距离。

声波的形式取决于声波的来源。点声源产生同心球面波。线源(如乐器上的弦)产生柱面波。长的振动表面(如墙壁)产生平面波。

可听声的波长从高音的不足 1 英寸(约 25.4 毫米)到低音的超过 50 英尺(约 15 米)。它们的表现取决于其长度和遇到的物体，因此声学计算是极为复杂的，在此不做讨论。

频 率

声音的高低取决于它的**频率**。声波的峰值会以不同的速率通过一个静止点。高音调的声音以较高的频率(较频繁地)传递峰值，而低音的峰值以较低的频率(不频繁地)传递。这些峰值通过一个指定点的频率按每秒完成的**周期**数来测量，用**赫兹**(Hz)表示。1 赫兹等于每秒一个周期，所以一个以每秒 50 个周期传递峰值的声波，其频率为 50 赫兹。

> 频率是声音传播或吸收的一个重要变量，在对建筑进行声学设计时必须考虑频率。

高音调的声音频率较高。高频对应较短的波长。低音的频率较低，低频的波长是长波长。

声音的量度

人耳对非常大范围的声功率敏感，声功率是用声瓦测量的。一个声源的量度就是对该声音力量的测量，被称为声功率、声压或声强。虽然它们之间在技术上有区别，但我们在此仅简单地使用**声功率**这个术语。

声功率

在很大的范围内，从一个声源到另一个声源，声功率在不断变化。**声功率用瓦特(W)**表示，是声能的基本单位(表 7.1)。

表 7.1 声功率的例子

声 源	声功率
喷气发动机	100000 W
交响乐团	10 W
大音量收音机	0.1 W
正常的讲话	0.000010 W

从理论上讲，声功率不受声源环境性质的影响。实际上，声功率的输出取决于声源和接收者之间的具体环境。通常，一个房间内的不同位置，其声功率是不同的。

听 力

如前所述，为了使声音存在，必须有一个源、一个传输路径和一个接收器。一个人对声音的反应包括生理反应和心理反应，经验和个人的喜好也起作用。我们耳朵的灵敏度接近于声接收的实际极限。一般人的耳朵能够接收自然界发出的最大声音，也能探测到几乎听不见的声音的微小压力。人耳的听力范围通常被认为在 20~20000 赫兹，但是个体之间的差异很大，取决于频率和年龄。

人 耳

如果你曾试着画别人的耳朵，那么你会注意到我们的耳朵就像指纹一样独一无二。它们有小的有大的，有简单的有复杂的，有光滑的有多毛的，但是所有健康的耳朵都有相同的部分。

耳朵的结构使我们能够收集声波，然后将其转化为神经脉冲(图 7.3)。外耳是一个收集声音的漏斗。与许多没有外耳的爬行动物和鸟类相比，我们的外耳能更有效地收集声音，但缺乏猫或狗耳朵收集和聚焦声音的能力。声音从外耳经由耳道，也称外耳道，进入中耳。

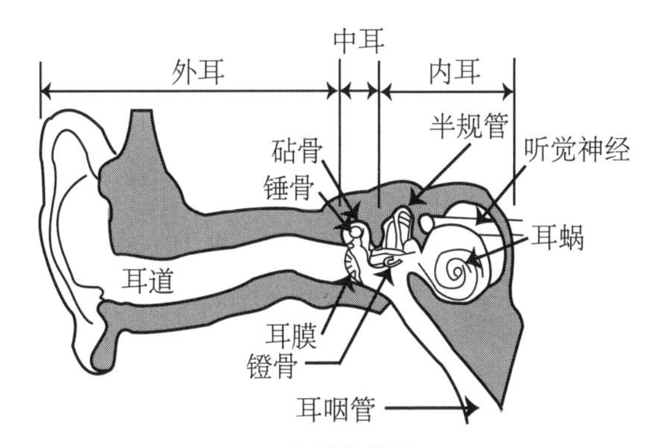

图 7.3 耳朵的结构

在中耳内，声波使耳膜(鼓膜)活动起来。中耳是一个由骨头包围的充气空间，外侧以耳膜为界，内侧则有一层柔韧的薄膜将其与内耳隔开。它的主要功能是放大。来自耳膜的振动通过三根小骨头传到内耳。从耳膜到内耳的短暂而复杂的旅程中，声波被放大了 25 倍。

内耳是声音振动被转化为电子神经冲以供大脑解读的地方。内耳液中的节律波会刺激一个像蜗牛壳一样盘绕着的高度敏感的器官，这一器官叫耳蜗，来自拉丁语中的“蜗牛”一词。一端的毛细胞对高频率的声音做出反应，每秒高达 20000 个周期；另一端的毛细胞则对低频率的声音做出反应，每秒最低为16个周期。耳蜗的基底膜以20赫兹的频率在一端共振，而另一端则以20千赫谐振，从而形成人耳能听到的频率范围。

耳朵内的振动引发一种电脉冲，传导到听觉神经。这些脉冲被传到大脑的初级听皮层，并最终到达其他大脑区域，解释为各种声音。

敏感度

人耳对中频的频率更敏感。最佳敏感度为500~6000赫兹，最高的敏感度是4000赫兹。一般来说，敏感度降低最明显的是在较低的频率。

如果你很年轻，你的耳朵也处于良好的状态，那么你能听到64~23000赫兹范围内的声音，会对频率为3000~4000赫兹的声音最为敏感。对于年轻人而言，非常高的频率可能会让他们感到不舒服，如高速牙钻的声音。

我们听到高频的能力随着年龄的增长而下降。到了中年，通常上限在10000~12000赫兹。男性在高频段的听力丧失通常比女性更为明显。

许多动物，包括狗，都能听到超声波，其频率比人类能听到的更高，如白鲸能听到1000~123000赫兹的声音。

响　度

我们对响度变化的体验是主观的。它与声功率没有线性关系。我们感觉到一个声音是另一声音的两倍，实际上却远不止两倍。感知响度取决于声压、听者的年龄和健康状况、声音的频率和**掩蔽声**的存在。掩蔽声是指两个不同的声源同时被感知时出现的彼此模糊的现象。

分　贝

声音的响度不是用帕斯卡(声压)或瓦特(声能)测量，而是以一种与人类体验声音的方式相联系的方式衡量的，是根据**分贝**(dB)的数学对数刻度测量的。分贝是一种用来表示声音的相对压力或强度的声学单位，从等分标度上表示几乎听不到的0分贝到达到疼痛极限的130分贝。我们听到一个声压和强度加倍的声音，而声音的响度并没有增加一倍，而是几乎察觉不到的变化。

分贝刻度也用来表示声音的能量。振动声源产生的声功率可以用瓦特表示，但是人类听觉的全音域可达1014瓦。这个庞大的数字群被压缩成分贝刻度。

人类听觉系统对分贝的反应范围为1~130分贝。分贝刻度从0开始，表示可以听到的最小的声音强度或压力。它用整数，而不是10的幂(如对数)表示，所以10个分贝的差值代表了响度的加倍(或减半)。

我们对声音响度的感知取决于声音的力量和声音从源头到人耳的距离。每当声音功率增加一倍时，实际的声强级改变3分贝；当声源的距离增加一倍时，声强级改变6分贝。来自两个声源的分贝等级不能以数学方式相加，如60分贝+60分贝=63分贝，而不是120分贝(图7.4)。如果这一切听起来令人困惑，你可能很快就会习惯于把分贝和声级联系起来，而不再被数学所困扰。

人耳不能均等地感知所有频率。因为我们对可听范围内的所有频率的敏感度是不同的，我们只能听到最低响度级别的频率。在我们最敏感的3000~4000赫兹范围内，我们甚至可以听到负5分贝(技术上低于最小可听值)的声音。人类语言中的大部分信息在3000~4000赫兹，所以我们很善于聆听非常安静的演讲。我们的敏感度在低分贝级别下降，特别是在低频时。这就是为什么大多数立体声放大器能以较低的音量提高低音的音量。在0分贝的听力阈值处，我们只能听到1000赫兹的声音。

响度的上限为120~130分贝。这级声音强度足以使人耳产生痛感，被称为“痛阈”。在这个级别上，所有频率都会令我们感到痛苦。

加权分贝(dBa)表示人耳感知到的空气中声音的相对响度。加权系统降低了低频率声音的分贝值，以校正人耳在低频时降低的敏感度。

75 英尺(约 23 米)高的飞机引擎,其痛阈值为 140 分贝

在 300 英尺(约 92 米)高度的飞机起飞和最大声的摇滚乐队为 120 分贝

树木削片机为 105 分贝

流行音乐团体为 95 分贝

重型卡车和平时的街道交通为 80 分贝

最大声的谈话为 70 分贝

活跃的商务办公室为 60 分贝

安静的客厅和空无一人的音乐厅为 30 分贝

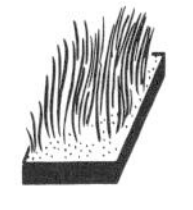
树叶的沙沙声为 15 分贝

最低可听值为 0 分贝

图 7.4　分贝等级

声掩蔽

研究证实，开放式办公室中糟糕的音响是高效利用办公空间的最大障碍。人们对比背景声音更大的声音更敏感，尤其是在知道房间里的其他声音中有可以理解的语音时。

当两个不同的声源同时被感知时，两个声音彼此干扰、模糊不清，这就是声音掩蔽现象。当声音掩蔽被用于噪声控制时，背景声音被故意操纵以掩盖其他不需要的声音。声音掩蔽是在环境中引入一种非侵入性的环境背景声音，使说话声变得无法理解。这有助于确保言语的私密度，减少压力和怠工，创造一个更好的工作环境。

当两个声音在频率上接近时，掩蔽是最有效的，因为耳朵很难区分它们。分贝级别相同的情况下，低频掩蔽高频的效果比高频掩蔽低频的效果更好。

用于屏蔽不需要的声音的背景噪声是宽频带的(包含许多频率)、连续的，并且没有可理解的信息。这有助于覆盖更低和更高频率的声音。可调式电子声屏系统可以通过细心的调节，将低音调和高音调的声音结合在一起，使进入该空间的人们觉察不到。

方向性与辨别

我们的两只耳朵被头骨隔开。我们的耳朵和大脑的配置能够检测到声音到达每只耳朵所用时间的微小差异，从而使我们能够确定声源的方向。如果区别很小，大脑就会把声音解释为来自耳朵之间的一个点。

耳朵能够分辨我们想要注意的特定声音，但是更常见的是它会把频率不同的声音和相位结合在一起，就像音乐中的和弦。大多数声音实际上是频率的复杂组合。音乐的音调就是把基本频率与和声(弦外之音)结合起来。一个训练有素的指挥能在 120 件乐器组成的管弦乐队中挑出一件乐器。令人惊奇的是，我们有能力在背景噪声中挑出一个小得多的声音，这种现象被称为“鸡尾酒会效应”。

声 源

声音可以从外部进入建筑物，也可以在建筑物内部产生。重要的建筑声源包括说话声、音乐和噪声。机械设备的振动也会产生声学问题。

说话声

声带的振动会产生人类的话语。这些振动受到喉部、鼻子和嘴巴的不断调整。大多数讲话集中在100~600赫兹范围内。这个范围之外的泛音可被赋予一个人独特的声音特征和特定的身份。

大部分话语信息都是在较高的频率上传输的，而大部分声能却处于较低的频率。对于能量相等的声音，人耳对低频的敏感度要低于中高频。较高的频率携带较大的声音，具有更强的方向感，更容易在局部的障碍周围听到。高频最容易被听到。

音 乐

我们对音乐的欣赏是生理现象和心理现象相结合的结果。音乐声音通常比说话声的持续时间更长，特别是在器乐方面，它们的频率和声压要比话语大得多。

乐器通常在高音调的泛音中产生非常高的频率。一些大的管风琴产生的音调的频率接近听觉范围的最低端。

音乐的声音常常依赖于**共鸣**。当声音被混响加强并且延长时，就会发生共鸣。在声源停止发声后，声波经过多次反射造成若干声音混合在一起，在空间内持续存在，这种现象叫作**混响**。有时一个物体的振动会产生与周围物体完全相同的共鸣振动。

噪 声

噪声的简单定义是任何不想要的声音。构成噪声的是一种主观判断。一个人耳中的噪声可能是另一个人耳中的音乐。孩子们在院子里跑来跑去，边玩边喊，这让关注他们的家长感到安心又开心，但是对一个想在上夜班之前先睡会儿觉的邻居来说却是一种令人烦恼的噪声。

烦 恼

不想要的声音产生的烦恼是主观的、心理上的，与噪声的响度成正比。最恼人的声音是高频的而不是低频的，是间歇性的而不是连续的噪声。纯音比宽频带音更引人注意。当一个声音处在移动中并无法定位、不是来自固定的位置时，它往往会分散我们的注意力。最后，承载信息的声音比没有意义的噪声更难被忽略。可以听得见但听不清的讲话声尤其令人讨厌。

可构成噪声的声音类型非常多，包括说话声、音乐声和自然的声音，如风和雨。我们被机械和建筑系统的噪声包围，包括电机、压缩机、风扇和管道等。

图 7.5 听力保护

听力保护

长时间暴露在高噪声水平中会导致身体损伤，持续暴露在低至75分贝的噪声水平中可能会导致头痛、消化问题、心跳过速、高血压、焦虑和紧张。即使是较低的水平也会导致睡眠问题。大多数专家认为暴露在85加权分贝级别中8小时是安全的上限。美国职业安全与健康标准在其工业法规中对连续暴露在噪声中的时间做出了限制，也对较大声音的持续时间和听力保护的要求进行了限制(图7.5)。

振 动

振动是通过接触感知到的压力变化。电气和机械制造系统产生振动和噪声。建筑物中的振动频率通常在 20 赫兹左右，刚好低于人类听力的范围。这些振动通常是不需要的，对某些人来说尤其令人不安。

声音路径

声波的传播速度不同，是因为它们穿过的介质不同。在海平面上，声音以每秒大约 1087 英尺(约 332 米)的速度穿过空气。声音在水中的传播速度要比在空气中快，每秒大约 4500 英尺(约 1373 米)。

衰 减

声能像热能一样，可以被物体吸收或反射。当声音在一个广阔的区域散开时，它的强度会减弱。**衰减**是声波在每一个单位面积内发生的能量或压力下降。当声波因吸收、分散或三维扩散而与声源的距离变大时，就会发生声音的衰减。

反射声

当声波撞到一个相对较大的表面时，一部分声能会被反射(就像来自镜子中的光)，一部分被吸收。声波撞击的表面越坚固越坚硬，反射的声音就越多。反射声从表面离开的角度与声波撞击时的角度相同(图 7.6)。

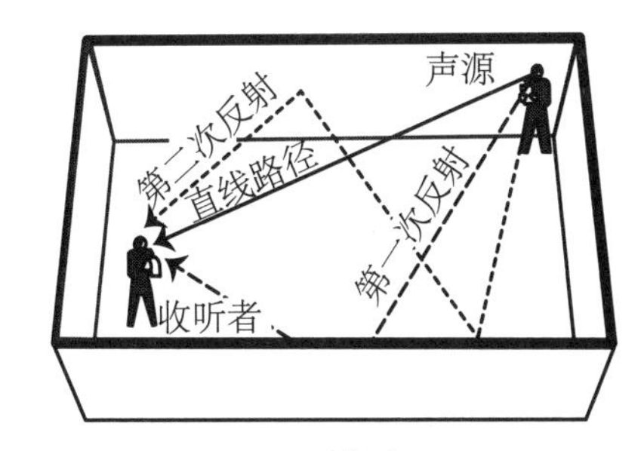

图 7.6 反射声

混 响

混响是在声源已经停止后持续存在的声音，这是重复反射的结果。**混响时间**是指在一个特定的空间声音下降 60 分贝所用的时间。混响时间与空间的体积成正比，与表面的吸收成反比。

房间里的声音是来自声源的直接声音和来自墙壁、其他障碍物的反射声的组合(图 7.7)。我们的耳朵感觉到的混响是先前的和最近的声音的混合。在空间较大的房间中，混响时间较长，因为反射的距离较长。当空间中加入吸声材料时，混响时间因声音被吸收而变短。

关于“混响与混响时间”的更多信息，请参见第八章“建筑声学”。

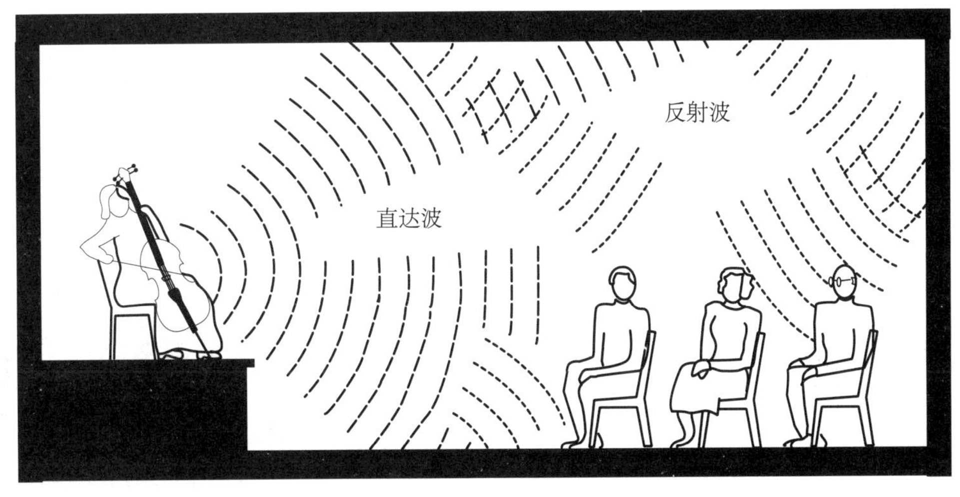

图 7.7 混响

> 室内设计师可以通过调整空间中大量的吸收性或反射性表面来控制反射声的质量。

当一个封闭的空间里充斥了太多的反射声时，由此产生的表面反射会对声音的来源进行混淆。如果反射路径比直接路径长约 65 英尺(约 20 米)或更多，则可能产生回声。更接近声源的高频率声音会给出最好的线索，因为它们的行进路线相对是直线的。低频率的声音很难定位，因为它们的波长比我们两耳之间的距离要长。此外，低频声往往与自己的反射声混合在一起。

房间混响时间应与空间的使用时间相适应。演讲厅、剧院、教堂和音乐厅里的声音混响可以使声音持久交融，与在露天相比更流畅、更丰富。短的混响时间最适合讲话，因为它可以使辅音的发音更清晰。然而，虽然混响丰富了说话者的声音，却给说话者带来一种声音传递得很好的感觉。

音乐往往得益于较长的混响时间，乐器声和歌声可以在此期间延长并混合。如果混响时间太短，音乐往往听起来呆板刺耳，但是，当混响时间过长时音乐又会失去透彻度和清晰度。

扩　散

当声音从凸面反射回来时，就会发生**扩散**(图 7.8)。凸面散射声音，增强了房间各部分的声级。扩散导致声级在整个空间保持相当稳定，这是音乐表演的一种理想品质。

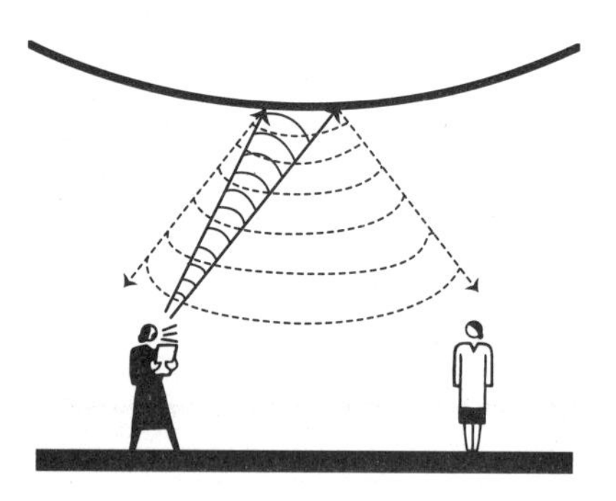

图 7.8　凸面扩散

衍　射

衍射是声音通过障碍物和小孔的物理过程。当声波撞击一个小于或类似于其波长的物体时就会被衍射，声波在该物体周围散射。衍射使屏障之外的声音也能被听得到。衍射通过路径中因绕过障碍物而被弯曲的空气声波的量测量。

当声音到达墙壁边缘时，声波会发生衍射(弯曲)。长的低频波比短的高频波弯曲得多。尽管大部分声波被一个小开口阻挡，但通过的部分以低于原声源的强度形成新的波前(图 7.9)。对于一个小孔，短波长(高频率)的衰减小于长波长(低频率)，因此一个小孔阻挡长波长的效果好于阻挡短波长。

衍射声音的衰减取决于频率、声源的类型和障碍物的尺寸。障碍物的最佳位置要么非常靠近声源，要么靠近接收者。最差的位置是介于声源和接收者之间。非常厚的屏障只比中等厚度的屏障稍好一点，所以对厚度几乎没有限制。位于障碍物声源侧的吸收材料会减少反射回到声源的噪声，但不会对接收者有很大帮助(图 7.10)。

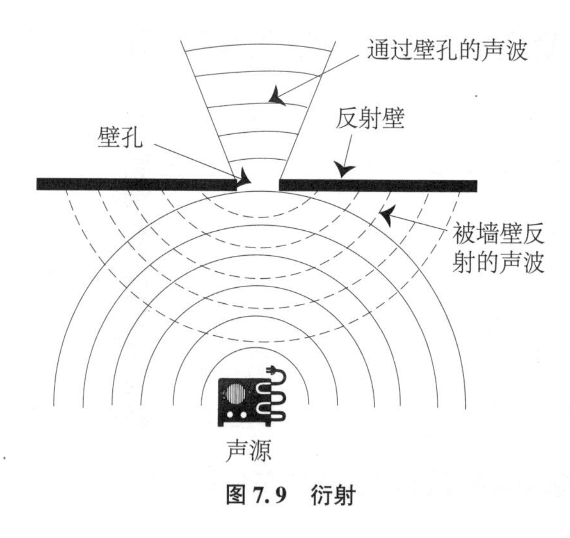

图 7.9　衍射

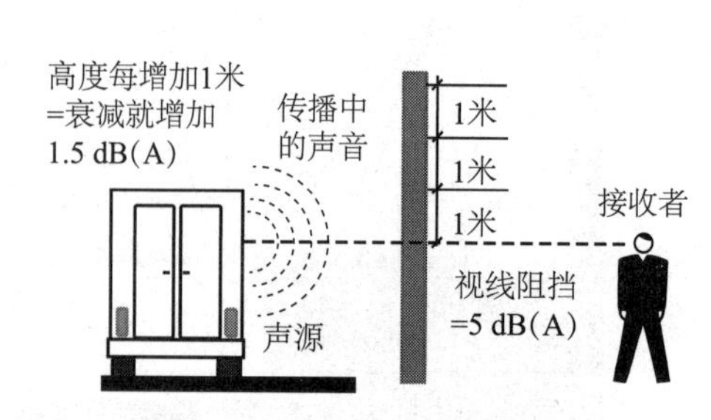

图 7.10　高速公路上的噪声屏障

自然音的增强

自然(相对于电子的)**声音增强**是对听到的各种反射声及直接来源的声音进行放大。如果用吸音材料把会议室、教室和礼堂的天花板全部覆盖，天花板反射有用声音的力度就会大大削弱，并可能导致房间后部的声级不足。可以通过把房间的中央留出来作为反射面，从而避免安装电子扩声系统。

回 声

声波从表面反射出来后，会产生重复的声音，这种重复的声音就是**回声**。由于回声的声音很大，并且接收时间比原声晚很多，所以回声常常被误认为是不同于声源的声音。声音被听到两次，第二次听到的声音比初始声音晚 0.07 秒(70 毫秒)或更多时间到达。两个声音很可能被认为是有关联的，但第二次声音表现为单独的、不同的声音，是回声。这在很大的礼堂里可能会成为一个问题。演奏厅舞台上方的后墙和天花板之间经常会产生回声。回声还可能发生在相距超过 60 英尺(约 18 米)的平行表面之间。

通过仔细规划房间的几何形状或者选择性地使用吸收性表面，可以避免回声。吸收回声中的声能是一种能量的浪费，因为这些能量可被重新导到它们的"用武之地"。吸收远处声音的同时，使短路径上的自然声音增强，是有益处的。

颤 声

声波在两个平行平面或凹面之间快速地来回反射，会产生一种叫颤振的效应。**颤声**是一种快速的连续回声，在每一次反射之间都有足够的时间让接收者意识到单独的、离散的信号(图 7.11)。颤动回声是由在不同时间到达坚硬表面发生的重复反射产生的。我们感觉到的颤声是一种嗡嗡声或咔嗒声。

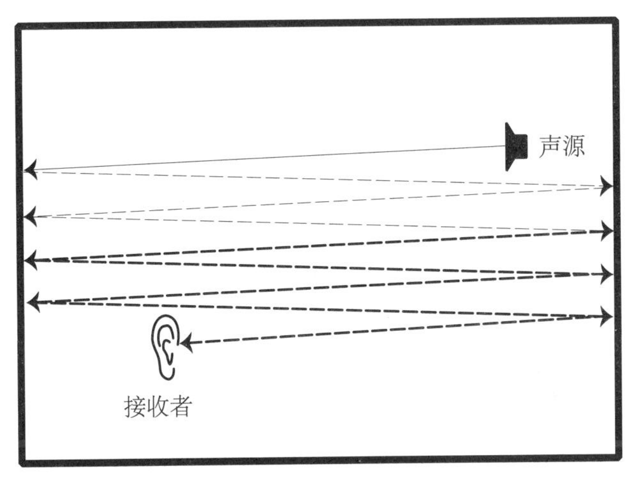

图 7.11 颤声

颤振往往发生在浅的圆屋顶和平坦的硬地板之间。颤振的补救措施是改变反射面的形状或改变它们的平行关系，另一种解决办法是在空间中添加吸音材料。颤振是一种快速连续的回声，在每个反射之间有足够的时间使接收者能够意识到独立的、离散的信号。哪一个是最好的答案取决于空间的混响要求、修改的成本，以及结果的美观性。

驻 波

驻波是两个高度反射的平行墙之间稳定的纯音。驻波与颤振的作用原理相同，有相同的原因，但叫法不同。驻波被认为是一个房间内安静的地方，也是发出最大声音的地方。当声音或音乐在相对的平行壁之间反复地反弹时，声音或音乐的某些频率被夸大。当墙壁之间的距离刚好是波长的一半时，墙壁附近的声音非常响亮，两壁之间的位置非常安静，因为在空间的中央，声波会相互抵消。

只有在房间的长度小于其中产生的波长时，驻波才是个严重的问题。为了避免驻波，音乐室的最小尺寸应大于 30 英尺(约 9 米)，语音室的最小尺寸应大于 15 英尺(约 4.6 米)。

在有平行墙的房间里，驻波问题可以通过轻微倾斜或偏移两墙或通过向其中一面墙添加吸声材料而得到改善。音乐排练室和广播演播室往往有不平行的墙壁，起伏的天花板也有帮助，但是房间的比例可以将这一效果降到最低，这对于低音频率来说尤其明显。

共　鸣

共鸣是对特定频率的增强。这可能是音乐室里存在的一个问题。它可能使一种乐器的声音比其他乐器的声音更大。通过几何计算来设计房间的比例可以避免产生共鸣。采用非平行的墙壁和起伏的天花板通常也会有帮助。

聚焦和蠕变

当从凹面上反射的声音汇聚到一个点时，**聚焦**就会发生(图 7.12)。声音在焦点处被大大增强，其他地方则不太响亮。带有凹形圆顶、拱顶或墙壁的空间将声音反射到房间的某些区域。聚焦剥夺了一些对听众有用的声音反射，却在其他位置出现了强烈的声音点。

声音从表面附近的一个声源开始，沿曲面反射过来的声音叫作**蠕变**。(图 7.13)声音可以在沿着表面的各点上听到，但远离表面则听不见。一个有凹面的空间可以变成一个回音廊。在一个房间里，站在一个曲面上的两个相关焦点处的两个人，可以听到他们以惊人的响度和清晰度说的悄悄话，而房间里的其他人却一点也听不见。

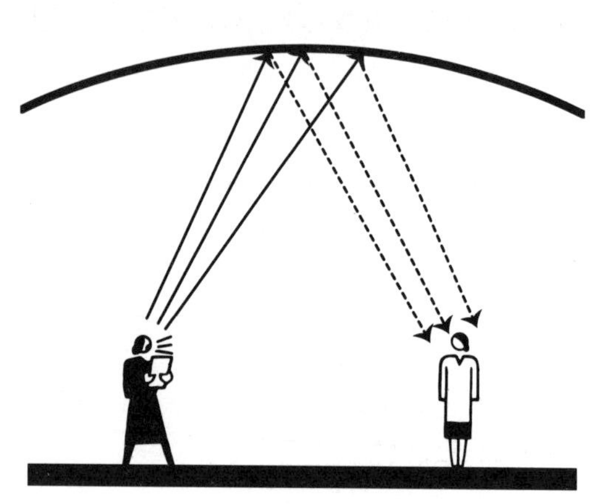

图 7.12　聚焦

图 7.13　蠕变

被吸收的声音

当声音到达一个边界或任何较大的表面时，入射声能的一部分会被吸收，一部分会被反射，还有一部分将被传输。吸音是室内设计师声学工具箱里的一个重要工具。

吸　收

吸音取决于面积和所涉及材料的吸收特性。当声音通过多孔材料时，它的一部分能量通过摩擦转化为热能，并且随着空气被推过小孔和通道而损失。材料不能完美地反射或吸收声音，总是有极少量的声音会被一种反射材料吸收或被吸收性物质反射。

不同频率的材料对声音的影响是不同的。在选择材料时，我们可以通过吸收低、中、高频率的方式进行分类。

吸收较低频率的声音需要较大厚度的材料。柔软而多孔的材料，如木材、纺织品、家具和人，可以吸收大部分能量。深且多孔的室内装饰品吸收了中间频率以上的大部分声音。光滑、密实、涂漆的混凝土或抹灰墙吸收不到5%的入射声音，但能很好地反射声音。覆盖墙壁的薄织物只吸收接近或高于人耳可听范围上限的频率。地毯垫和厚窗帘能吸收可听范围内的大部分声波。

吸收系数

吸收系数是吸收的声能与撞击在材料表面的声能的比值(表 7.2)。吸收系数取决于声音的频率和

入射角。它的范围从0(全反射)到1.00(总吸收)。吸收系数由制造商用实验方法确定。

对基本声学原理的了解有助于室内设计师创造出令人愉悦的空间。虽然吸收的一部分声能由于空气在材料孔隙中的运动而消散，但是大部分还是通过材料传输了。例如，尽管纤维板和吸声瓦是很好的吸音材料，但两者都不是很好的隔音材料，不能阻止声音在空间中的传播。在第八章中，我们将探讨声音是如何通过建筑物进行传播的，以及室内设计师如何使用材料和设备控制声音。

表7.2 吸收系数示例

材 料	频率(Hz)			
	250	500	1000	2000
天花板吸声瓦	0.15~0.95	0.35~0.95	0.45~0.99	0.45~0.99
混凝土上面的厚地毯	0.06	0.14	0.37	0.60
带衬垫的厚地毯	0.26	0.48	0.52	0.60
石膏板	0.10	0.05	0.04	0.07
有观众就座的软垫座椅	0.74	0.88	0.96	0.93
空置的软垫座椅	0.66	0.80	0.88	0.82
厚重的窗帘	0.35	0.55	0.72	0.70

第八章　建筑声学

建筑声学，有时被称为室内声学或建筑物声学，是声学的一个分支。建筑声学是关于如何在建筑物内实现高质量声音的科学。在本章中，我们将探讨声音如何在建筑物内传播，以及室内设计师如何使用材料和设备控制声音。

引　言

建筑师和工程师设计建筑空间、建筑结构、机械和电气系统以满足声学需要。建筑师负责任何影响声学和其他建筑要求的决策。声学顾问能够提出符合噪声控制要求的可行性解决方案。建筑师可以考虑将基于顾问建议的那种声学解决方案与其他的建筑需求解决方案完美结合。

> 一般来说，建筑师的职责是发现拟建建筑物中潜在的噪声问题，并采取措施加以解决。已完工的建筑物中出现的声音问题不容易纠正，直接导致该建筑的声学质量不佳。
>
> 引自沃恩·布莱德肖，《建筑环境：主动与被动控制系统》(第 3 版)，威利出版集团，2006 年。

建筑声学涉及四个领域，即室内声学、隔音、机械设备和音响系统。室内设计师主要关心室内声学，包括空间内的声学环境及空间与空间之间的声音隔离。

历　史

人类意识到声音在建筑空间里的作用有着悠久的历史。在《十大建筑书籍》一书中，古罗马建筑师维特鲁威斯写道，由于回声和混响时间的问题，硬质材料的反射会使话语变得难以理解。如何使来自建筑外的声音降到最低也是他关心的问题。

现代声学的历史始于华莱士·克莱门茨·萨宾为补救位于剑桥的哈佛大学福格艺术博物馆演讲厅(建于 1895 年)的声学问题所做的努力。为了研究声音在空间中的作用，萨宾和他的两名助手每天晚上在附近的桑德斯剧院拖动数百个软座椅，并在早上及时赶回去上早课。

经过努力，萨宾确定了混响方程和许多常见建筑材料的吸收系数，发现一个房间的混响时间与该房间的体积成正比，与房间边界曲面和家具的吸声成反比。这个方程利用房间的简单尺寸和材料的吸收系数确定空间的声学效果，为建筑师确定和处理良好的房间比例提供了一个简单的方法。

声学规范和标准

一些建筑法规最近增加了对噪声的限制。城市和城镇法规或分区细则制定了噪声的标准、规章、准则和条例。

一些组织制定了行业内声学分析和测试方法的标准。ASTM 国际已经建立了测量、分析和量化噪声的方法。美国国家标准协会(ANSI)制定了声学分析中使用的科学参数和标准。美国采暖、制冷与空调工程师学会(ASHRAE)确定了建筑物中机械系统的声音等级。

辅助听力系统

辅助听力系统使用硬连线或无线系统传输声音信号。2010 年 ADA 无障碍设计标准要求在集会区域使用辅助听力系统，在那里可听见的交流是空间利用的重要组成部分，并指定了系统的类型和位置。除法庭外，不提供扩音器的地方不要求安装辅助听力系统。在酒店和汽车旅馆这种临时住宿设施中，必须为有听力障碍的人准备一定数量的房间(图 8.1)。

图 8.1 国际通用的听力损失标志

有 50 个以内座位的集会区至少需要两个接收器，而且必须与助听器兼容。每多 25 个座位需要额外增加一个接收器，最多可容纳 500 个座位，更多的座位需要更多的接收器。为大型或复杂的场地选择或指定有效的辅助听力系统，需要专业音响工程师的协助。

声学设计

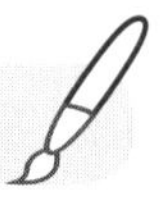

通过限制噪声源，可以减少必要的噪声消减处理量。在为既有建筑设计时，建筑师和室内设计师必须首先明确声音问题的特点。对于新建筑，他们必须在设计前预想哪些地方可能成为噪声源。建筑物的所有部分及其表面都是潜在的声音传播路径。噪声源应尽量设置在远离安静的地方。必须仔细检查各个房间的室内隔音情况。接下来进行具体房间的室内声学设计。必须采取结构性预防措施减少噪声的渗透，这是一个额外的步骤。

设计过程

建筑物的声学设计应与其他的建筑要求相结合。通过仔细规划建筑物的选址和结构，建筑师可以减少噪声渗入建筑物。整个建筑的设计和功能应该按照理想的声学品质进行评估。

声学顾问

声学顾问应尽早参与设计，以便解决特殊的声学问题。当噪声是建筑物的难题时，或者当室内的声音质量至关重要时，常常要邀请声学顾问。音乐和表演空间、教育空间和图书馆以及所有类型的住宅结构都需要良好的声学设计。其他商业机构和工业建筑也得益于声学设计师的专业知识。

声学顾问在材料的选择和建筑构件的细节方面发挥重要作用，也影响室内表面材料的选择和使用。他们的工作对室内设计师产生直接的影响。声学顾问还设计并指定音响和通信系统，以及机械系统中控制噪声和振动的具体部件。

声学建模

计算机软件可以预测空间的声学特性。软件可以通过电子设备模拟一个演出大厅，模拟在音乐大厅的任何位置的声音，以检验声音的效果。有了这种技术，就可以让设计师在施工前试用大厅，提出解决问题的方案，然后听取结果。今天，可以对声学环境进行实时探测的交互式声学模型正在开发中。

房间声学

房间内的声音表现取决于房间的形状、大小和比例。从房间的表面和内容中吸收、反射和衍射的各种频率的声音也决定了声学效果。房间的形状决定了声音所反射路径的几何形状，并且有时能以意想不到的方式改变声音的质量。

有多少声音能被吸收、多少被表面反射，这对于人在空间里听到什么产生重要的影响。在几乎没有声音被吸收、很多声音被反射的空间里，声音是混合在一起的。当固定的声音混合在一起时，它们会产生混响，导致空间异常嘈杂。在混响的空间中，话语不太容易被听清楚，但音乐可能听起来效果更好。当大部分的声能被吸收而很少被反射时，在这样的房间里讲话听起来是安静的，但音乐听起来可能是死气沉沉的。

衰减通过将接收者和声源分隔降低声能。衰减可以通过封闭声源隔离声音，通过用能将声能转化为热量的材料吸收声音，或者通过电子方式抵消声波，从而加强效果。

声　场

你在房间的任何地方听到的声音都是从源头直接传到耳朵的声音，或者是从墙上及其他障碍物反射过来的声音的组合。如果反射的声音很大，以至于整个房间的声级都是相同的，就有了所谓的扩散声场。

大多数封闭空间有三个**声场**(图 8.2)。房间内产生的小于一个波长范围的最低频率声音的区域称为近场。自由场中产生的声音随着声波不间断地扩散会衰减。混响声场是最接近大障碍物的区域，如墙壁，其条件接近扩散声场。在混响声场中，声波被放大并相互交织。将吸声材料应用于混响声场的边界，可以降低混响声波的响度。

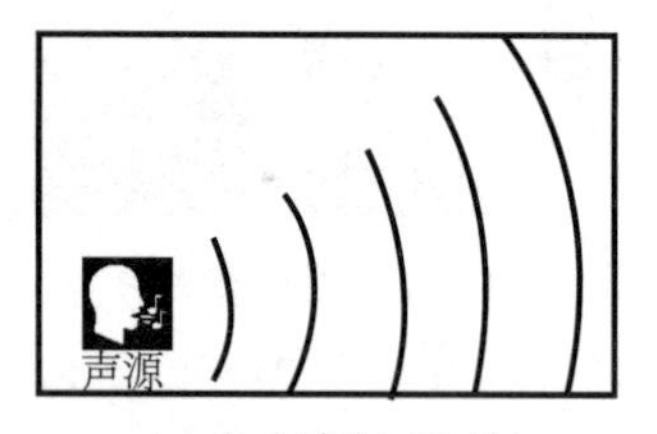

(a)自由声场(室外)

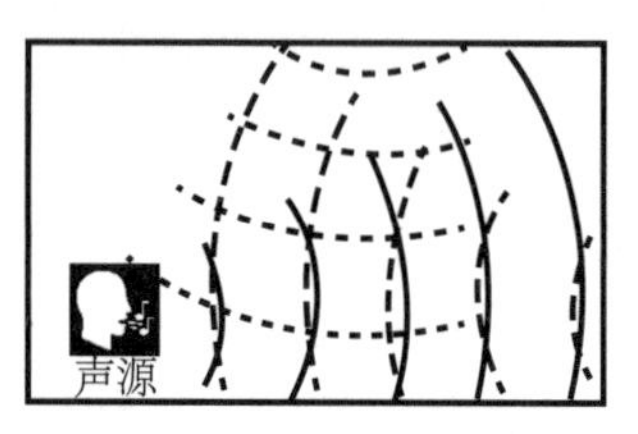

(b)混响声场(室内)

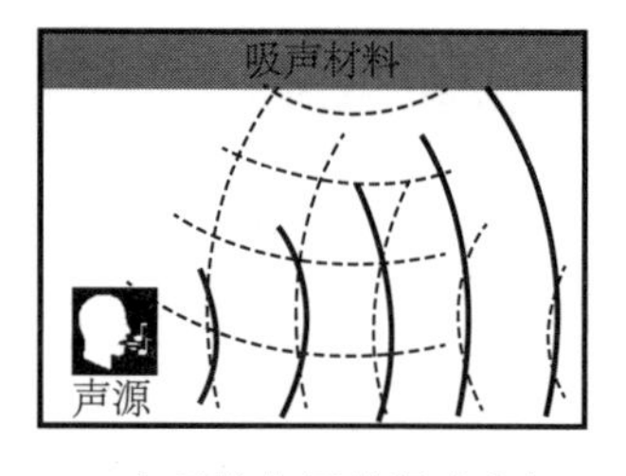

(c)有吸收作用的混响声场

图 8.2　声场

声反射和开口

在理想的情况下，演讲厅、剧院或音乐厅里的每一位听众都应以同样的响度和清晰度听到演讲者或演出者的声音，但是仅仅利用从声源到听众的直接声音路径，要做到这样是不可能的，所以声学设计师加强了符合需要的反射，并尽量减少和控制不合需要的反射以均衡空间中的声音。设计师通常只考虑第一次声反射，因为第二次和第三次声反射不太明显。

当声音从坚硬的抛光表面反射过来时，其结果被称为**镜面反射**(像镜子一样的)。对一个反射声波的表面而言，其反射面必须大于声波。声学设计师有时会在剧院座位的上方放置一个反射板，将其调整到能够反射最低频率上至少一个波长的角度，从而将声音从舞台反射到观众席上。高频声音的短波波长由坚硬的表面反射，并且可以通过开口继续传播，几乎没有任何改变。

长波长的低频声音不会被小的表面反射，但当它们通过诸如门或窗户之类的墙壁开口时，可能会被衍射(弯曲)。低频波也被凹槽、表面凸起及反射材料、吸收材料组成的结合体衍射。低频声波可以在开口处形成一个圆形的波阵面，然后开口似乎就成了声音的源，声音从那里扩散出来。

建筑物的噪声控制

噪声影响建筑的选址、空间规划、室外和室内材料的选择及自然通风(开窗通风的同时也让室外的噪声进入室内)等方面的设计决策。尽管可能会由于采用节能设计而减少机械设备的噪声，但机械噪声仍然是噪声的重要来源。办公室里的空间会受到内部产生的噪声的影响，因为使用者之间的空间减少，而把开放的办公区域划分成若干小区块已成为常态。噪声是多户住宅居民的主要投诉问题。

有以下三种基本方法可以控制建筑物内的噪声：

(1)通过适当地选择和安装设备来减少源头的噪声。
(2)通过适当地选择建筑材料和施工技术来减少传播过程中的噪声。
(3)通过对相关空间的声学处理来减少接收者所能听到的噪声。

外部噪声的控制

当为了观赏和通风的需求而对外开放建筑物时，外面的噪声就会随之而入。交通、建筑、工业厂房和体育设施都会产生噪声。现场噪声包括儿童游乐区、垃圾收集区、送货区或车库区域等的噪声。声音也可以从其他建筑中反射过来。

坚实的外部屏障必须接近声源或接收者才有效，因为声音可能会绕过位于中间位置的障碍物。窗户和门的开口可以远离不受欢迎的噪声源，带有多层玻璃的窗户也有帮助。

为应对外部噪声源而做的内部规划包括把安静的房间集中设计在远离噪声源的区域，以及将嘈杂的区域聚集在一起，并将它们与安静区域隔离开来。

建筑物内部可以通过将机械、设备和公共设施区域作为声音缓冲区来屏蔽外部噪声源。噪声水平较高的活动应位于建筑物较嘈杂的一侧。

建筑材料和结构组件应以减少空气噪声和结构噪声的传输作为设计目标，从而控制外部和内部的噪声源。受保护房间的墙壁、地板和天花板应该是厚重而密闭的。

窗户和门上的挡风雨条会降低风噪声，除了减少热量损失外，还能减少户外噪声进入室内。较厚重的屋顶和窗户结构可以减少雨水和雨雪噪声。

内部噪声的控制

建筑物内部的噪声来自建筑使用者的活动和建筑设施的运行。正如我们已经看到的，额外的声音来自建筑物的外面。

设备噪声

减少机器噪声的第一步是选择静音设备，并将其安装在远离建筑物居住区的地方。噪声设备可以安装有弹性的配件，并安装在隔音罩内。

洗衣机、搅拌机、垃圾桶、漏槽和其他有金属外壳的机械，它们的振动会产生大量的噪声。这种振动可以通过将一层泡沫永久地附着在振动的金属上来抑制，从而将噪声能量转化为热能。在泡沫的外面加上一层厚重的软质材料，可以进一步降低噪声(图 8.3)。

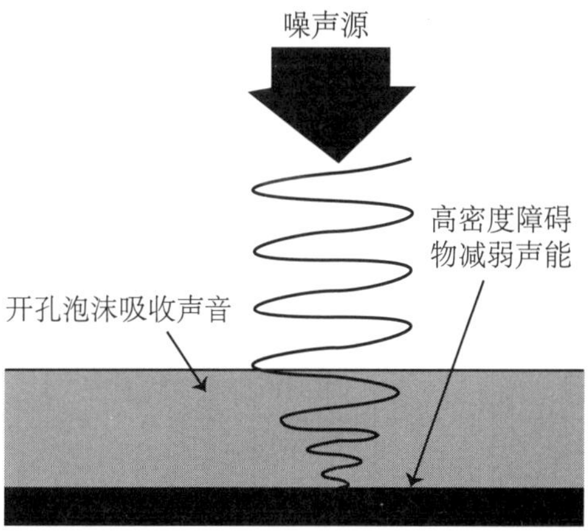

图 8.3 静音设备

在连接机器的所有管子和管道中使用柔性接头可以断开从振动源到建筑结构的连接。所有电机、变压器和带有磁性镇流器的灯具都用柔性管道连接。

电梯与自动扶梯的电机和控制器是噪声源。如果它们周围的空间布局合理，那么它们产生的噪声应该不是一个大问题。

机械系统的噪声

建筑物的机械设备有许多产生噪声的部件。**空气处理系统**包括风机、压缩机、冷却塔、冷凝器、管道系统、气流调节器、混合室、感应装置和扩散器。所有这些部件都可以产生噪声或将噪声输送到其他位置。

关于机械设备的更多信息，请参见第十四章“采暖与制冷”。

指定较安静的设备和用被动式设计减少使用设备都有助于减少噪声。设备的噪声级和振动传递可以部分地用机械隔离、屏蔽、挡板和隔音衬垫来控制。

空气湍流产生的噪声会在管道系统的急转弯处加大。在管道里增加内衬管有助于减少房间之间的窜扰。在管道外部粘贴吸音材料可以避免薄的金属管壁产生共振。尽量将相邻的管道分隔开，将管道封闭在隔音装置后面或将其牢牢地固定在厚重的墙壁上是有帮助的，还可以选择格栅、节气门和扩散器来减少噪声的输出。

建筑设计师通常与机械工程师一起合作设计大型建筑工程。大型建筑的房间常常由机械设备包围。应设置机械室，以避免设备声音侵入室内的居住空间或相邻的建筑物。设备间应尽量与有严格声学要求的空间隔开，两者之间应尽可能多地设置障碍物以阻挡噪声。敏感空间，如行政办公室、会议室、睡眠区、影剧院、礼堂和礼拜场所，都应做好隔音。

管道系统的噪声

建筑物管道系统的管道也可能是噪声的来源，包括水在未经隔音处理的管道里流动的声音和来自设计不当的系统中的**水锤**声音（在被快速关闭的管道里发出的敲击噪声）。装有管道和冲水马桶的墙壁不应靠近安静的区域。为了控制噪声，管道应该用隔音材料包裹，并用防水护套盖上。

室内设计师可以规划噪声敏感区域的位置，如使卧室远离可能安装有噪声管道的墙壁。

机械系统还包括泵和通过管道输送的液体，泵的噪声和振动可以通过弹性管道吊架、柔性连接和万向节来控制。

背景噪声

背景噪声是除了居住者想听到的声音之外的任何响声。所需的降噪程度取决于声源所产生的声级和听众所期望的声级之间的差别。不必要地降低声音水平会增加建筑成本，并且可能会产生不期望的低声级背景噪声，因此确定接收者的容忍程度是很重要的。

对背景噪声等级的考虑应该包括潜在的听力损伤、言语干扰和烦恼程度。要特别注意一些重要的听力任务，如音乐和戏剧表演等。在非常安静的环境中突然发出的轻微响声却干扰了睡眠，甚至在安静的空间里进行的低声谈话也可能成为烦恼的来源。

背景噪声的等级

许多不同的系统可用于评估背景噪声的等级。噪声标准曲线评估室内噪声，包括来自设备的噪声。噪声标准(NC)值用分贝(dB)定义各种空间里适当的噪声等级（表 8.1）。NC 值代表某些频率的噪声等级。它适用于往往被大脑忽略的恒定噪声，但不适用于突然的噪声。

表 8.1　住宅和办公室的噪声标准(NC)等级

房间或空间的类型	推荐的 NC 评定等级
公寓式住宅	25~35 dB
民宅	20~30 dB
酒店/汽车旅馆客房	25~35 dB
私人办公室	30~35 dB
敞开式办公室	35~40 dB
会议室	25~35 dB

背景噪声的控制

为了达到适当的背景噪声水平，首先采取的措施是消除或减少空间内的噪声源。其次，增加空间内的声音吸收材料，同时采取声音隔离措施，减少其他地方噪声的传入。其他步骤包括降低外部噪声源的能量、增加隔离的距离，以及(或)在声源空间中增加声音的吸收。修改声源或传输的路径，以及声源和接收者的相对位置，也会对控制背景噪声有所帮助。

声音的传播

声音传播指的是声音从建筑物的一部分转移到另一部分。减少声音传播的主要策略包括在所有边缘和连接处都使用高质量的隔音胶、密闭结构。隔音材料应该是高质量的、柔软的，而不是硬的，在远离噪声源的一侧要有吸音材料。墙的高度应该从一层楼板的顶部到下一层楼板的底部，以达到最佳的隔音性能。带有空气间层的双层墙比单层墙的效果更好。

空气声与结构声

事实上，所有的声音传播都包括空气传播的声音和结构上的声音。**空气声**源于任何一个产生声音的空间。当声波撞击房间的边界时，空气声变为结构声，但因为它是在空气中产生的，所以仍然被认为是空气声。**结构声**是由直接振动或撞击结构的声源所产生的能量。

空气声通常比结构声的干扰小。其初始能量通常很小，并在房间边界迅速地衰减。

当空气声撞击隔墙时，它可以使隔墙振动，在隔墙的另一侧产生声音(图 8.4)。除非空气路径存在，否则声音不会穿过隔墙。如果隔墙是密闭的，那么声能可能会通过振动隔板使结构本身成为声源。隔墙主要在垂直面上振动，但也会导致一些能量进入地板和天花板，从而产生一些结构上的声音。

图 8.4　穿过隔墙的声音

空气声

空气声很容易改变方向(衍射)。低频声音是最灵活的，可以绕过障碍。**声音泄漏**可能发生在任何空气的一个通道，如钥匙孔、门或窗户周围的裂缝、墙壁和地板之间的缝隙，这些都可能成为声桥。

为了控制空气声，要确定距离听者最远的噪声源的位置。在一个房间内，多孔材料吸收声音并抑制其反射。尽管一些声能衰减了，但还是有声音会穿过多孔材料，较厚的材料衰减的声音更多一些。一个空间内表面的吸音材料最多可以减少大约 6 分贝的声级。

结构声

结构声指的是由振动或冲击源直接接触建筑物的结构所产生的能量(图 8.5)。结构声通常具有较高的初始能量水平，传播速度比空气声快得多。当它穿过结构时，其衰减也小于空气声，通常会干扰建筑物的大部分区域。由于结构声的存在，建筑物的整个结构变成了传播声音的平行路径网络。虽然结构声从一个巨大的结构中传出很少的声音，但它仍然是令人讨厌的。当它遇到一个质量很大的物体时，该物体会使结构声在这个方向上的振动减到最小。

建筑结构的连续性对结构的稳定性是至关重要的，却使控制撞击噪声更加困难。即使结构因振动或撞击而处于运动中时，结构声的传播也通常会因空气声的传播而终止(图 8.6)。

当声音找到一个**侧翼路径**(阻力最小的声音路径)时，局部的阻挡方案就会失败。增加质量通常不会阻碍结构声，尤其是在长跨度的建筑物中。地板变成了一种隔膜，提高了结构-空气的噪声传输效率，就像鼓膜一样。裸露的天花板结构进一步减少了吊顶上方的集气室中发生的衰减。由于大多数结构声都是由地板结构承载的，声音会向上传入上面的房间、向下传入下面的房间。

图 8.5　结构声

图 8.6　振动与结构声

不连续结构

不连续结构可以改善空气声和结构声的传播问题(表 8.2)。当一堵墙被分成两层时，振动就不容易从一层传到另一层。双层墙壁通常比厚度相等的单层墙壁更能减少声音的传播。

表 8.2　不连续的地板结构

地板类型	与裸露的混凝土地板相比减少的分贝量
在混凝土地板上铺设一层薄复合瓷砖	2~5 分贝
在混凝土地板上铺设一层厚度为 5/16 英寸(约 8 毫米)的软木面砖	约 10 分贝
在混凝土地板上铺设一层厚地毯	超过 20 分贝
在枕木上铺设一层木地板	6~7 分贝
压条下面铺有弹性矿物棉条或玻璃纤维的木地板	12~14 分贝

墙内层的面板可以用弹性夹或橡胶垫层隔开。每一层最好是不相同的，如用不同数量的石膏墙板使其厚度不同。对墙身空腔进行隔音处理也能减少声音的传播。

声音传播的测量

声音传播是通过传输损耗和声音传播等级测量的。

传输损耗(TL)

传输损耗(TL)是建筑材料或建筑组件防止空气传播的性能的量度。传输损耗用来评估建筑物的入射侧与其相对面之间声能的声压级差。它与声音通过材料或组件时造成的声音强度减少相等。传输损耗通常在受控的实验室中测试获得，用分贝标度来测量。

墙壁的传输损耗(TL)表示其隔音质量。墙壁的传输损耗(TL)与墙体的物理特性有关，包括质量(重量和密度)、刚度(表层和空气层)、材料的吸收性，以及施工和连接方法(图 8.7)。一般来说，结构的密度越大、越重，传输损耗(TL)也就越大，声能运动也就更困难。

声音传播等级(STC)

声音传播等级(STC)是对建筑材料或建筑组件防止空气声传播性能的等级评定。声音传播等级(STC)可以测量在很宽的频率范围内的平均传输损耗，根据人耳的灵敏度进行调整。

声音传播等级(STC)评级通常用于内墙(图 8.8)。声音传播等级(STC)评级越高，墙体的隔声值就越大。一扇敞开的门的声音传播等级(STC)值为 10。正常结构的声音传播等级(STC)评级为 30~60，特殊结构的声音传播等级(STC)评级要求达到 60 以上。

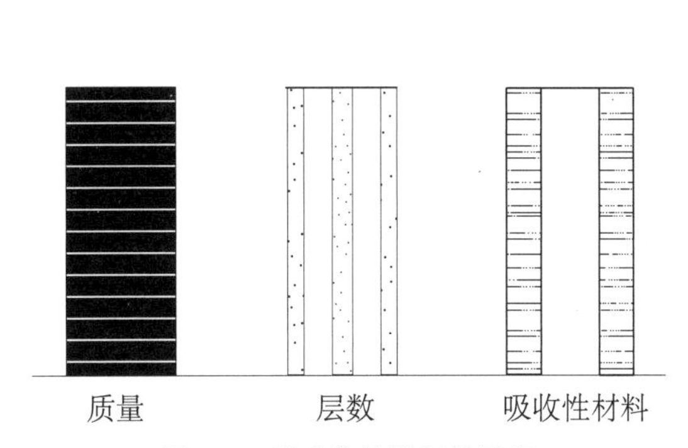

图 8.7 影响传输损耗的因素

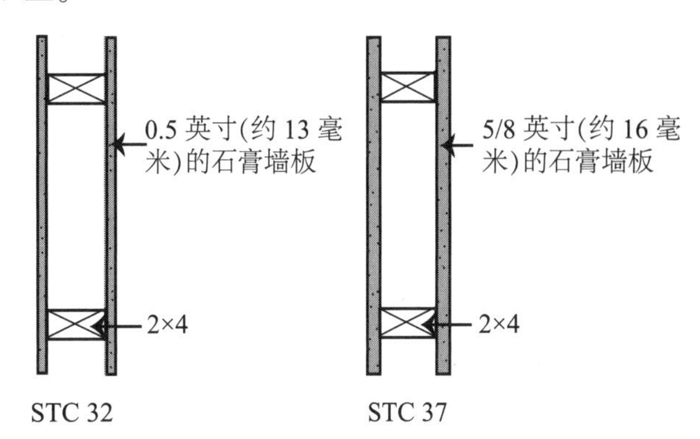

图 8.8 墙体结构的 STC 样例

STC 值相同的声音屏障的表现可能完全不同。增加质量通常会提高 STC 值评级。增加隔音材料可以使评级提高 6 分贝以上。其他有效的技术包括弹性安装和交错的双头螺柱。

如果没有正确安装隔音密封胶，标称 STC 50 的墙壁将在 STC 约 30 下工作。为了控制噪声的传输，在门、管子和管道贯通处及所有施工缝都要进行空气密封。

双层玻璃和厚玻璃可以提高门窗的声音传播等级(STC)评级。框架应填缝，四周要填实。

为了最大限度地提高声音传播等级(STC)评级，门应该是实心的或填充吸音材料的空心门。不要在底部掏槽或使用格栅或百叶窗。抬高的门槛密封效果更好。

当隔墙只能达到吊顶时，噪声就可能找到一条侧翼路径(图 8.9)。理想的情况是隔墙应该延伸到吊顶上面的结构板上。如果做不到这一点，可以在吊顶上方使用大量的吸音材料。

图 8.9 不足全高的隔墙

美国联邦住房管理局(FHA)用声音传播等级(STC)评级明确建筑物的等级，以限制声音的传播。隔音要求通常被细分为对墙壁和地板的要求。

声音的吸收

一个房间吸收声音的能力取决于它的大小和几何形状、表面的硬度、声音的频率，以及听者与声音源的距离。对空间的声学处理首先是尽可能减少噪声源，其次是控制不需要的声音反射。房间里有

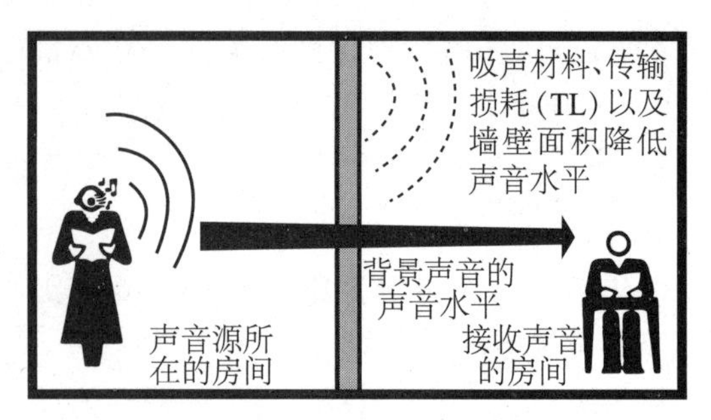

图 8.10 毗连空间内的背景声音

多少吸音材料，以及在任何背景噪声下能听到多少声音，这些都会对声音造成影响(图 8.10)。**语言私密度**是室内设计师关注的另一个主要声学问题。有时也有必要减少或增加混响时间，以提高声音的清晰度和质量。

声能的降低

噪声到达我们的耳朵之前，其声能受到拦截，建筑物内的噪声减弱。被吸收的声波消散在移动的空气分子与多孔材料的孔壁之间的摩擦所产生的极小的热量流中。大部分热量被房间内的物品、墙面材料及建筑物本身的结构吸收。

房间的声品质

背景噪声水平和混响时间都会影响空间的声音质量。如上所述，背景噪声级是一个空间内的一般噪声级，不包括任何与空间的预期用途有关的声音。混响时间是指一个声音在空间内所能维持的时间长度。混响使声音更饱满，但混响时间过长会妨碍语音的清晰度。

有许多吸收表面但不支持声音传播的空间被称为**死空间**。**活空间**有若干个反射表面，可以通过几次反射维持声音在空间内的传播，直到其衰减到听不见。活空间有助于人们听到演讲和音乐的声音。过于活跃的空间会产生失真音。

声吸收的测量

声音的吸收由材料的吸声系数或其降噪系数来测量。

吸声系数(SAC)

吸声系数(SAC)用来描述吸声材料的性能(表 8.3)。吸声系数(SAC)的等级为 0~1，其中 1 表示全吸声。用吸声系数(SAC)乘以材料的暴露表面面积，可以用来计算材料在空间中的实际吸声量。

降噪系数(NRC)

将 250 赫兹、500 赫兹、1000 赫兹和 2000 赫兹的吸声系数平均后得到的**降噪系数(NRC)**，可以使我们对各种频率下材料的吸声能力有大致了解(表 8.4)。降噪系数(NRC)是一个很有用的个位数标准，用于测量多孔吸声装置在中音频率上的有效性，但不能准确地指出材料在高或低频率上的性能。因为它是平均值，两种具有相同 NRC 值的材料的性能可能大不相同。

表 8.3 吸声系数样例

材　料	吸声系数(SAC)
吸声瓦	0.4~0.8
涂漆的砌造物	0.01~0.02
厚度为 1/4 英寸(约 6 毫米)的软木薄板	0.1~0.2
硬木板	0.3
灰泥墙	0.01~0.03
胶合板板条(约 3 毫米)	0.01~0.02
弹性聚氨酯泡沫塑料	0.95

表 8.4 降噪系数样例

材 料	说 明	降噪系数(NRC)
砖	涂漆的	0.00
混凝土	地板	0.00
玻璃	普通的窗户玻璃	0.15
石膏板	0.5 英寸(约 13 毫米)的石膏板铺在 16 英寸(约 406 毫米)的地面上，两行铺 4 块板	0.05
灰泥	用在板条或砖上	0.05
地毯	很重，铺在混凝土上	0.29
	很重，铺在地毯垫上	0.55
织物	轻质丝绒，挂在墙上	0.15
	中等厚度的丝绒，挂在墙上，占一半墙面	0.55
	厚重丝绒，挂在墙上，占一半墙面	0.60
地板材料	水磨石	0.00
	油地毡、橡胶或软木	0.05
	木材	0.10
镶板	3/8 英寸(约 10 毫米)厚的胶合板	0.15
	薄木板，振动	0.05
瓷砖	大理石或釉面砖	0.00
吸声天花板和面板	5/8 英寸(约 16 毫米)裂缝的	0.60
	5/8 英寸(约 16 毫米)有纹路的	0.50
	5/8 英寸(约 16 毫米)有孔的	0.60

吸声策略

将吸收性材料添加到房间中可以改变房间的混响特征。这在有分散式噪声源的空间里很有用，如办公室、学校和餐馆。

为了最大限度地减少噪声，可用吸音材料将天花板完全遮盖。有些空间也需要在墙壁上使用吸音材料。

吸收性材料

空间内的物品控制着空间内的噪声水平，而建筑物的结构控制空间之间的噪声传播。在正常建造但没有做过隔音处理的房间里，声波撞击墙壁或天花板，墙壁或天花板会传递一部分声音，再吸收另一小部分声音，而大部分声音都被反射回了房间。

传递到相邻空间的量主要取决于空间之间结实的、密闭的屏障的质量，而不是表面处理。然而吸收性材料大大减少了从表面反射回房间的声音量。当隔音材料被用在墙壁或天花板上时，声波中的部分能量会在声波到达墙壁之前消散，而传播的部分则会略微减少。除了专门设计用于隔音处理的材料外，家具、面漆，甚至人体都可能吸收声音。

材料的吸声性能取决于它的厚度、密度、孔隙率和对气流的阻力。路径必须从材料的一侧延伸到另一侧，这样空气才能通过。密封的孔不利于吸音，油漆可能会破坏多孔的吸声材料，如吸音天花板。烟雾可以通过多孔的、厚的纤维材料，纤维材料是一种很好的吸音材料。

吸音材料对高频声音最有效。较厚的材料能吸收更多的声音，包括更多的低频声音。柔软、易碎的吸音材料最好用在天花板上，而不是墙壁上。吸音材料的任何装饰性或保护性覆盖物都必须非常薄，而且呈开放状态，如稀松的织物或打孔的薄膜或板材。最好将吸音材料分布在较大的区域，而不是把它们集中在一个地方。

吸收性材料有三个系列，即纤维材料、面板谐振器、音量谐振器。面板和音量谐振器通常用来控制特定的频率。

纤维材料

大多数吸音材料由纤维或开孔结构构成，当空气通过这些微小通道时声音因摩擦而衰减(表 8.5)。吸声量取决于材料的厚度、密度、孔隙率和对气流的阻力(图 8.11)。

表 8.5 选择的纤维材料

材 料	说 明	NRC 评级(毫米)
胶结木质纤维面板	纤维状表面吸收声音。暴露在天花板或墙壁上，以减少噪声和混响	1 英寸(约 25)厚的板材，0.40；3 英寸(约 76)厚的板材，高达 0.65
隔音泡沫、半成品	空气可以通过泡沫吹出。如果足够厚，则为极佳的吸音器	0.25 英寸(约 6)厚度，0.25；2 英寸(约 51)厚度，0.90
玻璃纤维或矿物纤维絮垫、毯子	减少噪声和混响，取决于饰面和厚度。在立柱墙内部、织物或开放格栅的后面，或在多孔盘后面的天花板	高达 0.90
纤维板	刚性或半刚性板。墙壁或天花板上有可透声音的表面，包括织物	1 英寸(约 25)，0.75；2 英寸(约 51)，0.90
纤维喷涂隔音材料	多孔、吸音、防火。性能取决于厚度和应用技术	1 英寸(约 25)厚的涂层，0.60 或以上
松散的隔音材料	吹或倾倒在合适的地方。通过隔墙减少声音传输	0.75~0.82

纤维是由回收报纸制成的吸音材料。它是吸声瓦、刨花、纤维喷剂等隔音材料的主要成分。

有绒毛的材料是高、中频声音的良好吸声器，但在低频下效果不佳。非常厚的块状吸收材料彼此间隔安装，可以产生非常好的边缘吸收，特别是在高频的情况下。这些大块材料的吸声系数大于 1.0。

图 8.11 隔音垫

吸收性材料的安装

吸收性材料主要影响声音的反射量(图 8.12)。传播的声能量主要取决于固体密闭屏障的质量。

安装方法对吸收性材料的有效性起着决定性的作用(图 8.13)。如前所述，为了有效地吸收，空气路径必须从材料的一侧延伸到另一侧。密封或涂漆材料会破坏其吸收声音的能力。

为了达到最佳效果，应采取大致相同的方法处理声源对面的天花板、地板和墙壁。单独处理天花板可能会错过高度指向性的高频波。在第三次反射离开表面之前，它可能无法到达天花板。

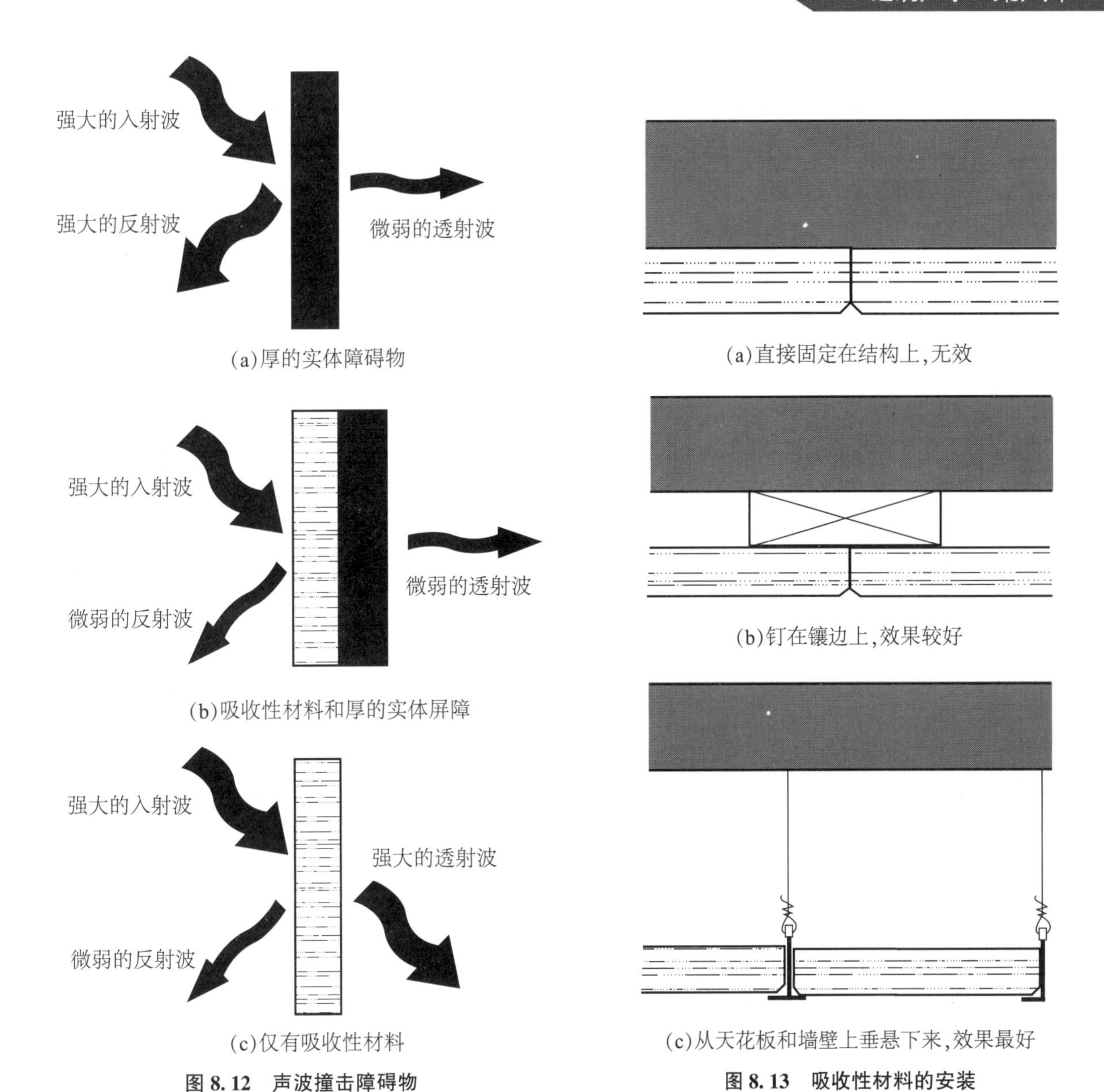

(a)厚的实体障碍物

(b)吸收性材料和厚的实体屏障

(c)仅有吸收性材料

图 8.12 声波撞击障碍物

(a)直接固定在结构上,无效

(b)钉在镶边上,效果较好

(c)从天花板和墙壁上垂悬下来,效果最好

图 8.13 吸收性材料的安装

大多数材料吸收高频声音比吸收低频的效果好。吸收材料和刚性表面之间的一层空气对吸收中频的声音也很有效，就像堆放了同样厚度的吸收材料一样。了解这一点很有用，因为空气可比其他材料要来得便宜。材料的厚度几乎不增强其吸收性，除非是非常低的频率的声音。为了获得最佳的低频声音吸收效果，天花板上方需要有一个较深的空气间层，墙壁也要做处理。

安装吸音材料最有效的方法是在天花板上悬挂立体造型。使用相隔一定距离的厚板时，边缘吸收非常大，特别是在高频的情况下。然而这些厚板就成了空间中的主要建筑元素，影响美观，可以用挡板代替，挡板的效果稍差一点，但不太显眼。

面板谐振器

面板谐振器由一层薄薄的胶合板或油毡膜组成，位于通常含有吸音材料的密封空气间前面。声波的正负压力使面板处于运动状态，并将声能转化为热量。面板谐振器用于吸收高效的低频声波，常用于录音棚。

音量谐振器

音量谐振器(也称为空腔谐振器或亥姆霍兹共振器)通常是带有开放式裂缝的空心混凝土块。

声波可以从缝隙进入，在空心结构中产生共振。空心结构的固有频率与声波的频率相匹配。空腔内的空气具有弹簧的作用，在相关频率下摆动。因为谐振体会吸收激发它的声波的能量，共振装置可以吸收声能。输入的声音从内表面反射，必须从小开口重新传出来才能被听到。音量谐振器可以调到不同的频率。

混　响

> 混响和混响时间已经在第七章“声学设计原理”中做了介绍。

混响可以被认为是以前和最近的声音的混合物。混响时间表示声音在空间中持续的时间。它被定义为声级降低60分贝所需的时间。

空间的物理大小和吸声量的大小决定了声音的持续时间。听见直接来自声源的声音和听见从房间表面反射过来的声音，二者微小但明显的延迟促成了空间的声学环境。

混响时间取决于空间的大小、配置及吸音材料的数量和位置。在有大型墙面的空间里，如天花板很高的地方，墙壁、天花板及地板都需要使用吸音材料。

混响时间可以通过改变空间的吸声量进行调整，或通过调节空间的音量(如将其与相邻空间结合)，或者通过电子扩音系统(最好是作为最后的手段)调整。

声音的隔离

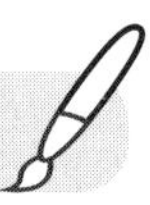

声音的隔离(隔音)通常取决于质量、弹性和气密性。屏障越大，声音越不可能使其大幅振动，被传输的声音也就越少。弹性屏障一侧的运动不太可能传到另一侧，因为空气间层使运动不受两侧的影响。屏障结构的气密性将会减小或消除可能传播声音的开口。

质　量

大多数隔墙都是用直立的轻质框架构件建造的，两边有灰泥或石膏墙板。这种结构的隔音效果不是很好。在隔墙的一侧或两侧添加更多的石膏墙板，可增加墙体质量并改善声学性能。弹性金属夹子可以提高屏障的隔音效果，在墙内添加纤维絮垫更有帮助。

一堵厚实的砖墙在房间之间形成了一道很好的隔音屏障。由于混凝土砖的孔隙相对较多，可使更多的声音通过，粉刷一层灰泥饰面会有帮助。

> 有关大型建筑的其他作用，请参见第十二章“热舒适原理”。

通过增加墙壁质量提高传输损耗(TL)，这在实际中是有限制的。在理论上，传输损耗的最大升幅是质量每增加一倍损耗增加6分贝；而在实际中，真正均匀的墙壁表现得更差。

弹　性

屏障的硬度是由它的材料和安装强度决定的。在坚硬的材料中，声能运动是从分子传导到分子的，可以非常有效地传导声音。屏障越坚硬，它传导的声音就越多。

硬度越小，**内部阻尼**就越高。分子的运动不能很好地传输，所以硬度较低的材料是良好的声绝缘体。硬度在低频中传播的声音最多。

弹性轻钢龙骨将墙体的结构与其表面材料分开(图8.14)。它们使墙壁变得不那么坚硬，从而抑制了振动传导到另一边。

把声音屏障建成两个彼此没有紧密连接的独立的层面可以提高其传输损耗。两个层面之间的空腔降低了屏障的硬度，从而提高了它阻挡声音的能力。用多孔吸声材料填充空腔可以增加传输损耗。任何刚性连接都会降低性能，一道普通的立柱墙的作用类似于单体材料墙壁。

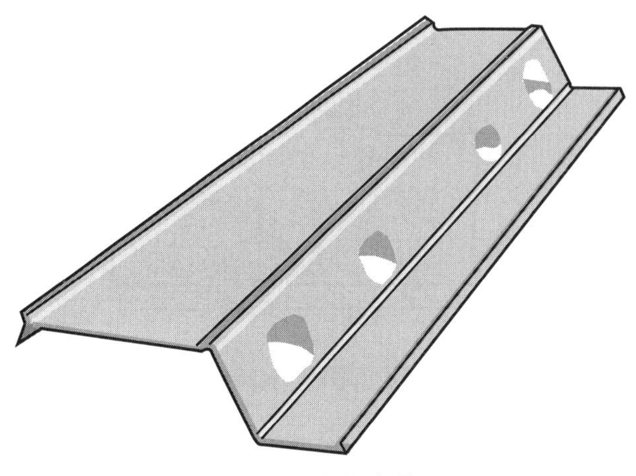

图 8.14 弹性轻钢龙骨

气密性

墙体结构的气密性会影响其声音隔离能力，因为声波波前上的任何一点都是新波的潜在来源。这意味着通过声音屏障开口的任何声音都可能从进入点扩散到整个空间。

复合屏障

当复合屏障与空心墙的两壁之间的空隙填充了多孔的吸音材料时，复合屏障和空心墙的传输损耗就会提高。这样做既可以降低复合结构的刚度，又能吸收在内壁表面之间来回反射的声能。

用作隔墙框架的轻型钢立柱有轻微的弹性，这有助于墙壁衰减声音。重型钢立柱和木质立柱的硬度较高，衰减的声音较少。

当一层石膏墙板附着在有弹性金属夹的框架上时，通过隔墙传导的结构声会大大减少。

交错立柱隔墙是由两排独立的柱状结构组成，以"之"字形排列，并支撑隔墙的相对面，这样就产生了一道更宽的墙(图 8.15)。这种类型的墙体结构被用来减少录音棚里的声音传播，也可以将玻璃纤维垫塞入两排立柱之间。

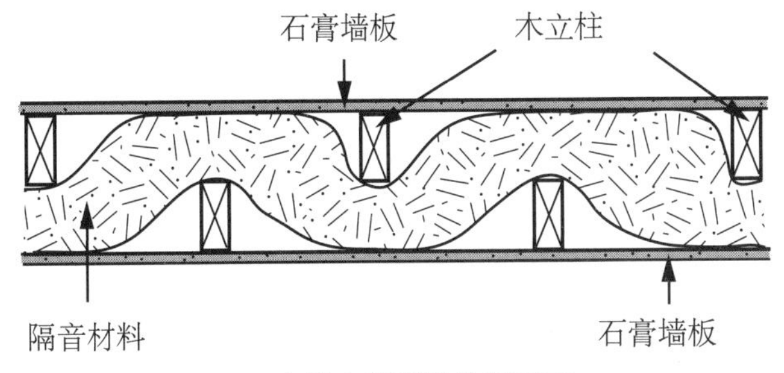

图 8.15 交错立柱隔墙的平面图

在空气间层中放入的刚性但安装灵活的材料层数越多，通过墙壁开口的声音就越少。特殊的隔音衬垫是为了配合混凝土砌块内部的开口而生产的，大大增加了劈裂砌块(CMU)墙体的声音传输损耗。

石膏墙板不是很重或很厚，但其衰减声音的效果相当好。如前所述，屏蔽声音最有效的结构是利用多层石膏墙板，在隔板的两个面之间添加有弹性的分隔物或者在交错的立柱空间中使用吸音材料。墙板接缝必须完全密封。石膏墙板对高频率有较高的反射。如果石膏墙板不是直接固定在没有空气间层的固体基质上，它就会产生共振吸收低频声音。

地板/天花板组件

最令人烦扰的噪声往往是从天花板辐射下来的声音。如果没有通向墙壁的侧翼路径使声音重新辐射到下面的空间，那么选择带有吸音层的悬挂式天花板可以有效地解决天花板的噪声问题。它的吸音材料层通常为 3~6 英寸(约 76~152 毫米)，并不是紧紧地挤在空间里；它可能位于天花板上方或被固定在地板的底部(图 8.16)。

有关地板/天花板组件的更多信息，请参见第五章"地板/天花板组件、墙壁和楼梯"。

悬挂在隔振吊架上的金属槽框架有两层或多层石膏墙板，可替换或添加到既有的天花板上。双层石膏板天花板也可以安装在弹性管道或夹子上，并把玻璃纤维隔音材料置于两层之间的空腔中。

在结构地板和硬质地板饰面(如大理石、瓷砖或木材)之间安装一层弹性层，有助于缓冲冲击。弹

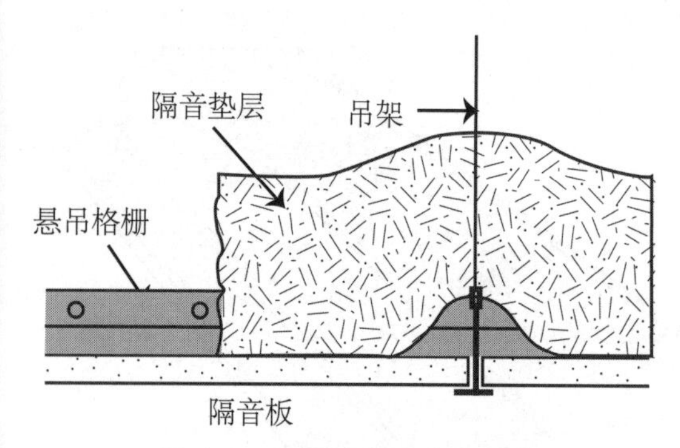

图 8.16　吊顶上面的隔音材料

性产品通常安装在轻质石膏混凝土或其他轻质找平材料的下面。由预压成型的模制玻璃纤维构成的地板衬垫可用于控制地板系统中的冲击噪声和空气噪声的传播。隔音垫被安装在胶合板底层地板和地板的装饰材料之间。它提供足够的刚度，以防止瓷砖地板的灌浆开裂，同时具有足够的弹性，可以大大减少噪声。

特殊隔音设备

当建筑设计要求在嘈杂的机械设备室，厨房或车间的旁边、下方或上方设置安静的空间时，必须采取额外的措施以确保空间的安静。如果想在一个房间内增加一个房间，可以用双层隔板、高质量的天花板和浮式地板创造一个房内房。

隔音产品制造商已经开发出石膏墙板系统，将隔墙从结构中分离出来，同时提供横向约束以防止倾倒或塌陷。该系统包括弹性的承重屋面防水层、垂直接合的保温材料、抗摇杆和顶层墙体支架。其他隔音设备包括空气弹簧、弹性吊架、隔振器、弹性支架、柔性连接和垫圈。

空间之间的声音传播

声音可以通过钢、木头、混凝土、砖石或其他坚硬的建筑材料传播。一个人走路的声音很容易通过混凝土楼板传到下面房间的空气中。一根金属管可以将管道噪声传遍整个建筑。结构梁可能将真空吸尘器的振动传到相邻的房间，或者把电动马达的隆隆声传到建筑物的每个角落。

声音从一个空间传到另一个空间，取决于空间结构的隔音质量。不论哪里有开口，即便是钥匙孔、门底的狭缝或隔墙与天花板之间的裂缝，声音也会通过这些开口从一个房间传到另一个房间，因此必须密封结构以防止声音泄漏。同时，用密封条封住门窗四周的缝隙、用密封剂封闭其他所有裂缝和开口。

墙壁和隔墙

随着两个空间之间的共同屏障（如墙或地板/天花板）的面积增加，声音被传播的可能性也随之增加。

隔墙——从楼板的顶部到下一层楼板的底部——提供了最大限度的隔音。为了获得最佳的隔音效果，隔墙应尽可能修建得面积大、密闭性强。

一面基本的隔墙包括一根位于墙体中心的 16 英寸（约 406 毫米）的木立柱、两侧为 0.5 英寸（约 13 毫米）的石膏板和一个声音传输等级（STC）为 35 的空腔。在空腔内添加石膏板、弹性槽管或交错结构、双立柱结构将提高 STC 值。

复合墙——那些带有窗、门、通风孔等开口的墙——的整体隔音性能会受到具有最高声音传播力的元素的强烈影响。如果传播性能不佳的元素在体积上比传播性能好的墙体部件小，则隔音质量受到的影响较少。然而，即使是一个很小的开口，也会严重削弱房间内保持声音的能力。

侧翼路径

声音会找到平行或旁侧的路径，就像一个声音短路。重要的是不要将门窗安装在会发生声音短路的地方。最常见的侧翼路径是一个带有管道、配风器和格栅的气室（图 8.17）。要不是在气室的内壁衬了一层吸音材料，气室会是一个很棒的对讲机——传声效果极佳。然而，即便内壁衬了吸音材料，低频声音仍然能通过。

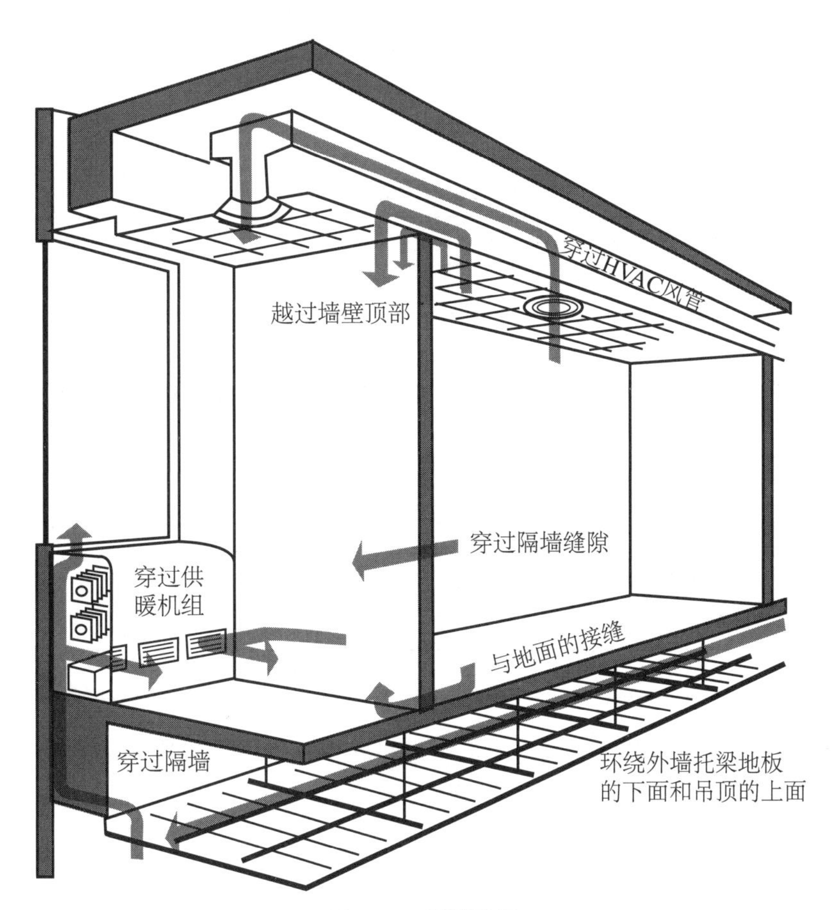

图 8.17 侧翼路径

正如我们所看到的，声音可以通过一块轻的刚性天花板，然后穿过一面隔墙，接着向下穿过隔壁房间的天花板。使用牢固的支撑、弹性安装或气密结构(该结构包含了装有上述隔音材料的气腔)，可以增强天花板抵抗声音传播的能力。将隔板延伸到上面水平结构的底部，有助于阻止声音通过天花板而泄漏。

风道衬里

风道衬里是一种隔音材料，通常由含有橡胶或氯丁橡胶化合物的玻璃纤维制成。安装风道衬里是为了避免纤维在气流中松动脱落。风道衬里吸收声音并衰减噪声。风道衬里对低频声音的吸收不像对高频声音那样有效。

由于冷空气在管道中穿过，湿气会凝结在管道衬里上，这为微生物的生长创造了条件。然后，这些微生物可能被吹遍整个建筑物，因此风道衬里应避免铺设在气流可能被污染的地方或卫生保健区域，如烧伤病房，除非空气在进入房间之前经过过滤。

密封孔隙

为了避免声音从侧翼路径泄漏，可以用弹性密封剂把所有孔隙都封填起来，从而隔离管道以避免空气或声音泄漏。围护结构的孔眼，如管套、电气线槽、墙壁上背靠背对接的电源插座、隐式配电盘和管道开口，都必须密实封堵以防止声音泄漏。

要了解更多关于门的信息，请参见第六章“窗和门”。

门与声音传输

门阻挡声音的能力各不相同(表 8.6)。折叠门或滑动门尽管已经有了一些改进，但在保护声音的私密性方面仍然很弱。空心门的隔音性不强，其隔音效果可能仅有从房间到走廊的距离，不适合用于相邻的房间。重型门因与橡胶垫圈接合紧密且门槛也做了密封处理，所以隔音效果相对较好。双层门之间有一个隔音的空气间层，形成一个声阱。百叶门和截底门则完全不能成为声音屏障。

表 8.6　门的标准 STC 值

门的结构(毫米)	STC 值
百叶门	15
任何底部截短 2 英寸(约 51)的门	17
1.5 英寸(约 38)的空心门、没有密封圈	22
1.5 英寸(约 38)的空心门、有密封圈和下降关闭	25
1.75 英寸(约 44)的实木门、无密封圈	30
1.75 英寸(约 44)的实木门、有密封圈和下降关闭	35
两扇空心门，四周配有密封圈，带声锁	45
两扇实心门，四周配有密封圈，带声锁	55
特殊商业建筑，内衬铅板，全密封	45~65

封填门的方法很多。所有这些方法都是用可压缩材料堵住门框的缝隙。隔音门扫是一种封堵门底空隙的简单方法(图 8.18)。其他封门方法使用磁铁(图 8.19、图 8.20)。

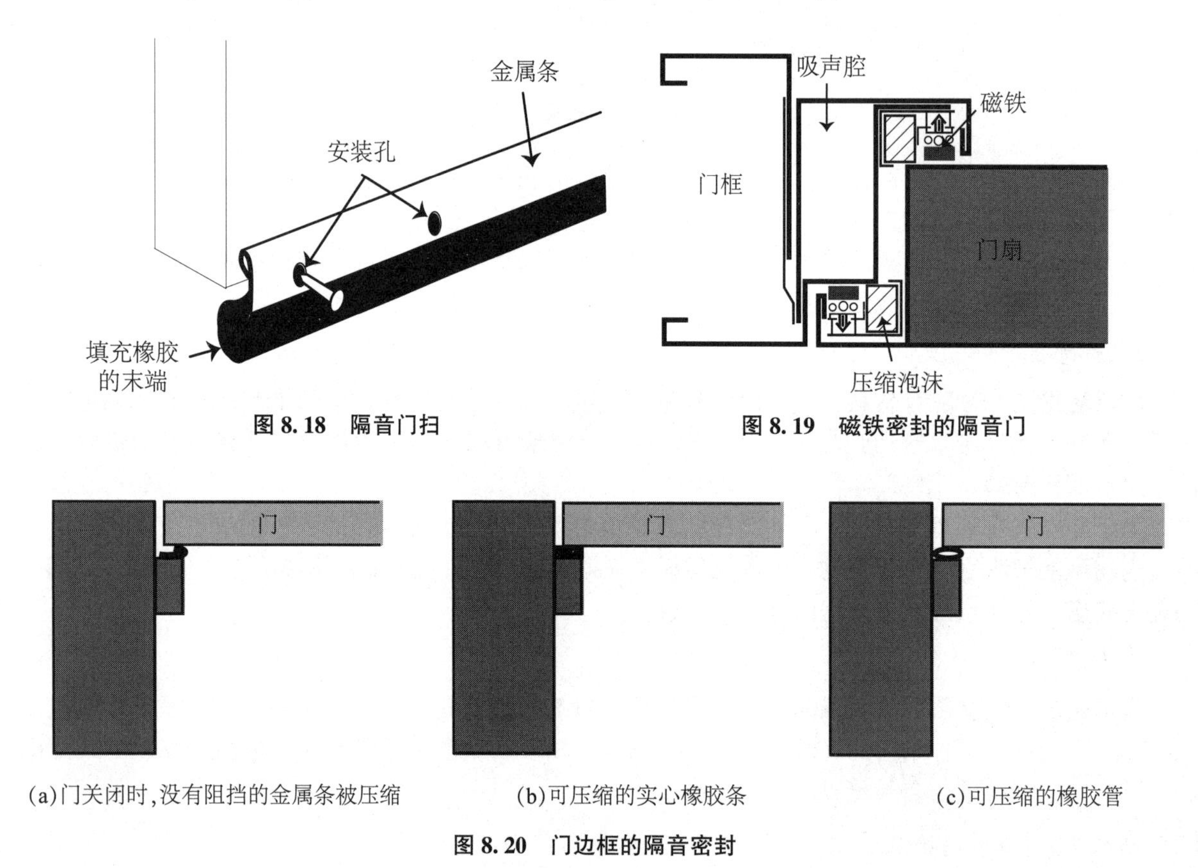

图 8.18　隔音门扫

图 8.19　磁铁密封的隔音门

图 8.20　门边框的隔音密封

两扇用垫圈密封的门(它们之间最好有足够的空间可供门摆动)，可以创建一个**声锁**(图 8.21)。声锁的所有表面都用吸音材料覆盖，地面铺上地毯。声锁可使衰减至少增加 10 分贝，在某些频率上可增加高达20分贝。

为了避免住宅建筑(包括私人住宅、公寓、宿舍、酒店和商业办公室)的门通过走廊传递声音，这些建筑物里的门不应该设置成门对门的形式(图8.22)。

作为隔音屏障，实心门优于空心门(图8.23)。这和它们的框架结构与安装方式有关。

有关门窗的更多信息，请参见第六章“窗和门”。

特殊的隔音全板门，其表面由空隙或减震复合物隔开。此外，还安装有特殊止动阀、垫圈和门槛。

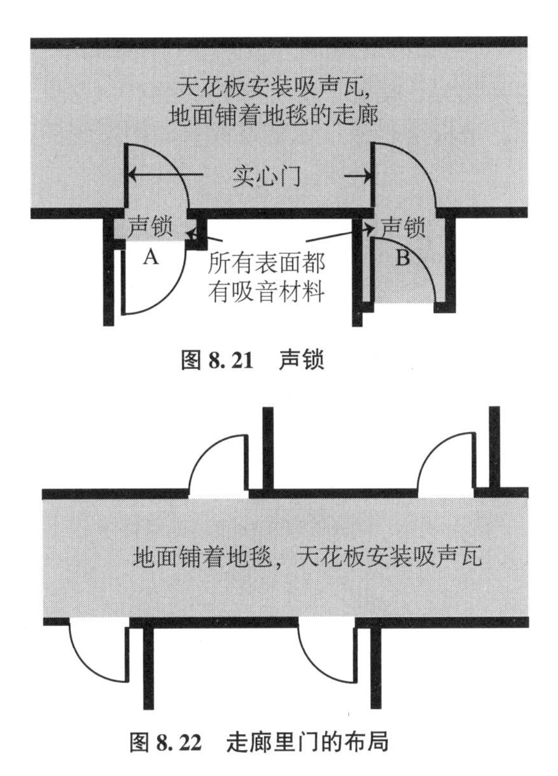

图8.21 声锁

图8.22 走廊里门的布局

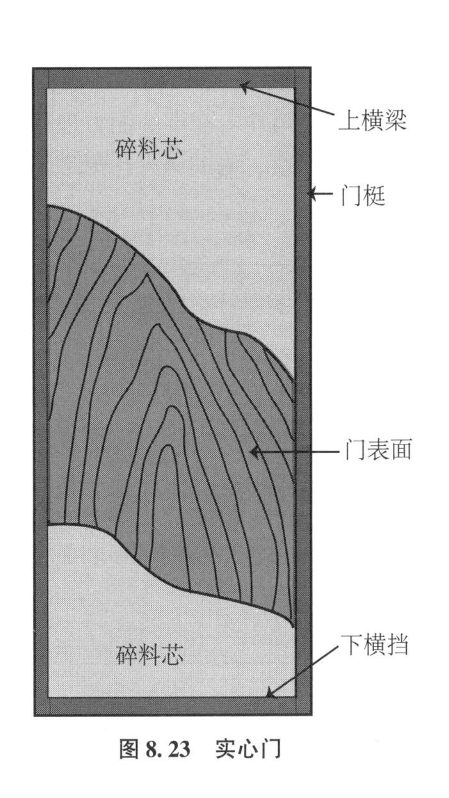

图8.23 实心门

窗与声音传输

外墙通常有很高的STC值，但窗户是其最薄弱的部分。就防止噪声而言，可开关窗户的缝隙大小要比窗玻璃的类型更重要。为保暖而安装的挡风雨条有助于提高隔音性能。打开方式和窗口设置也影响声音的传输损耗。

厚度为0.5英寸(约13毫米)的平板玻璃，其STC值为30。相同厚度的夹层玻璃的STC值可接近40。

冲击噪声

冲击噪声通常是多住户建筑物中最大的声学问题。常见的噪声问题是脚步声。在地面铺上地毯或软垫会有帮助，就像浮式地板一样。厨房和浴室应该设计成叠加式，但不应位于客厅或卧室的上方。椅子等可移动家具要垫上亚克力或毛毡滑块。

冲击噪声的控制

控制冲击噪声的两种基本方法包括防止或减小冲击。一旦发生冲击，能够将冲击噪声衰减。缓冲冲击最初的噪声影响常常可以消除严重问题之外的所有问题。

地板上的冲击噪声比墙壁上的更严重，因为地板与墙壁之间的连接处会衰减一部分噪声。另一方面，地板冲击会直接将噪声导入建筑结构。弹性地板表面，如橡胶、软木或油毡地砖，可以减少冲击噪声的传播。在地毯下面铺上垫子效果更好。

在墙柜上安装闭合器，可以减少冲击振动以声音的形式反射到邻近的空间。

浮式地板用弹性元件(如橡胶、矿棉衬垫、毯子或金属弹簧枕木等)将受冲击的地板与结构地板隔开，以将荷载均匀地分布到一个大的区域。浮式地板需要密闭的结构，特别是在隔墙所处的位置。

带有吸音层的吊顶可以将受冲击的地板与天花板隔开。上面的地板也必须与下面的墙壁分开。

抗冲击等级(ⅡC)

抗冲击等级(ⅡC)是地板结构的评级，类似于墙壁的声音传播等级(STC)等级。抗冲击等级(ⅡC)等级是对地板系统隔离冲击噪声的能力进行评级，评分越高越好，是基于实际结构的测试。它受地板系统的重量和吊顶重量、地板和天花板之间空腔的吸声力、地板是否铺设地毯及建筑结构系统的类型影响。

材料与音质

材料的特征会影响其声学性能。复合材料(如混凝土)或有机材料(如木材)不符合由单一材料制成的同质材料的一般规则。

厚重材料

声学意义上的厚重材料，如混凝土和砖块，可以在反射声音的同时抵抗振动，使声音在相邻的空间内得以持续(图8.24、表8.7)。

图 8.24　室内的砖与混凝土墙，美国麻省理工学院的斯塔特中心

表 8.7　厚重材料

材　料	声学性能
砖	衰减性能良好，吸声很少，反射所有频率
混凝土	几乎不吸收声音，衰减声音效果好。携带及传输冲击声
混凝土砌体单元(CMUs)	空心，衰减声音效果好。孔略多，除非涂漆或密封；如果密封，就能很好地反射所有频率
石头、重组材料、水磨石	厚的石墙衰减声音效果非常好。大理石反射性很强。天然多孔石材反射性较差

反射材料

一堵粉刷过的光滑密实的混凝土墙或灰泥墙可以吸收不到5%的声音，使其成为几乎完美的声音反射器。石膏墙板隔墙可以反射大部分声波，但声音可以穿过其开口(图8.25)。弹性地板，如软木、橡胶、乙烯基、油毡纸或面砖等，在缓冲冲击噪声方面是非常有用的，但也反射声音。

对于室内窗玻璃，弹性框架中的夹层玻璃比刚性框架中的普通玻璃质量更大、阻尼更好。

玻璃几乎可以反射所有较高的频率。尽管分离的双层玻璃和某些类型的夹层玻璃一样能

图 8.25　带开口的石膏墙板隔墙

很好地衰减声音，但玻璃的衰减只是轻微的。因为玻璃容易产生共振，会吸收大量低频声音。

胶合板在衰减声音方面相对无效，但从实心墙体剥离出来的薄胶合板是低频声音的良好吸收体。胶合板对高频声音的反射性很强。

透声表面

柔软、多孔、吸音的材料通常用穿孔金属或其他材料覆盖以保护其硬挺度。这些覆盖物的特点是**透声**。它们的孔洞可以提高吸收率。

稀薄织物几乎完全透声，然而将一层薄薄的墙面涂料涂在声音反射材料(如石膏墙板)上，反射的声音量几乎没有差别。

天花板产品

天花板是最重要的吸音表面。我们上面讨论的一些纤维材料可用于天花板，或开放式或用透声织物或穿孔板覆盖，也有专门为天花板的隔音处理而设计的产品，其中最常见的是天花板吸声瓦。

吸声瓦

吸声瓦是房间内极佳的吸音器，通过吸收一些声能帮助降低噪声水平。吸声瓦通常安装在金属天花板格栅中。通过金属格栅可以拆除吸声瓦，以便进入集气室(图 8.26)。为了提高耐湿度、抗击性或耐磨性，可以购买工厂制造的涂漆吸声瓦，也可以选购带有陶瓷、塑料、钢或铝面的吸声瓦。

图 8.26 天花板吸声瓦

吸声瓦是由矿物纤维或玻璃纤维制成的。矿棉瓦的降噪系数(NRC)评级为 0.45~0.75。加面的玻璃纤维瓦的降噪系数(NRC)评级高达 0.95，常用于开放式办公场所。吸声瓦重量轻、密度低，很容易造成接触性损坏，因此不建议用于墙壁和其他可接触范围内的表面。

吸声瓦的尺寸为 12 英寸(约 305 毫米)的倍数，从 12×12 英寸(约 305×305 毫米)到 48×96 英寸(约 1219×2438 毫米)，其厚度为 1/2 英寸、5/8 英寸和 3/4 英寸(约 13 毫米、16 毫米和 19 毫米)。瓦片越厚，吸收性越好。瓦片的边缘可以是正方形的，也可以是斜面的、带槽口的或舌榫的。瓦面可以是有孔的、有图案的、有纹理的或有龟裂纹的。一些吸声瓦是防火的，有的则经过制造商认证，可用于高湿度区域。

吸声瓦通常悬挂在金属格栅上，但也可以黏附在内垫条或固体表面上。悬挂式比黏合式能吸收更多的低频声音。

悬浮的格栅为通风管道、电气管道和卫生管道创造了空间。照明器材、消防洒水喷头、火灾探测设备和音响系统都可以安装在格栅中。格栅由从顶部地板或屋顶结构悬挂的凹槽或滑槽、四通接头和样条线组成(图 8.27)。格栅可以是暴露的、内嵌的，也可以完全隐藏。

除了吸收房间内的声音之外，吸声瓦也可以衰减传向邻近房间的声音。这对于隔墙与天花板的接缝处或构成一个连续的集气室所必需的、天花板上方的位置尤为关键。用作此用途的吸声瓦通常由带有密封涂层或金属薄片衬垫的矿物纤维制成。

穿孔金属盘和面板

穿孔金属盘由隔音填充剂支撑，用在天花板和墙壁上吸收声音(图 8.28、图 8.29)。穿孔金属盘和面板有多种形状可供选择，如正方形和长方形的瓦片、矩形的面板和木板、直线形栅格、垂直挡板、开路电池、走廊天花板、模块岛天花板和弧形天棚。

图 8.27　吊顶栅格

图 8.28　带有穿孔金属面板的集气室回风口

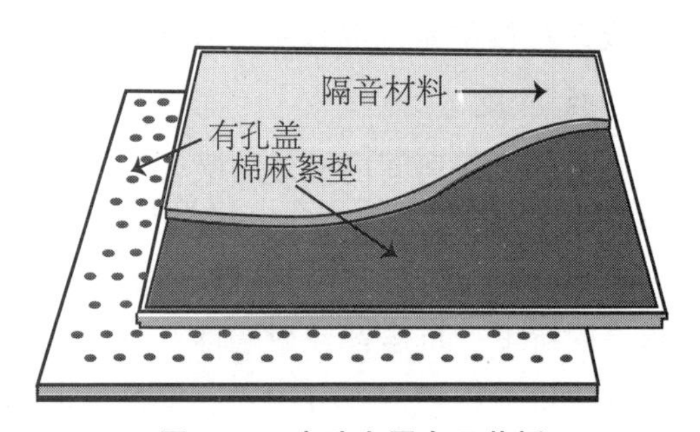

图 8.29　穿孔金属盘天花板

金属饰面通常是烤漆的，有多种颜色可供选择。金属面板易于保持清洁，反光性强，不易燃。除非有刚性的衬背，否则金属不能减少声音的传播。如果拆掉隔音衬垫，带孔盘可以用于回风。

孔的尺寸和间距——不只是打开的程度——会影响其性能。根据孔眼的排列方式、类型和厚度，穿孔金属盘的降噪系数(NRC)评级范围为 0.50~0.95。

图 8.30　线条形金属天花板

线条形金属天花板

线条形金属天花板由窄的阳极氧化铝、涂漆钢或不锈钢条组成(图 8.30)。线条形金属天花板通常用作模块化照明和空气处理系统的一部分。可对面板进行切割以安装照明器材。金属条之间的狭槽可以是开放的，也可以是封闭的。这些长条之间的空隙是为安装隔音材料或让气流通过而设计的。

板条和格栅

通常认为天花板中的木、金属板条或格栅具有音阻值，但实际上，它们主要用于保护其背后的吸收性玻璃纤维材料(图 8.31)。如果格栅或板条的尺寸小且间距宽，则其音阻值保持不变。增加分隔器的尺寸或减小它们的间距将导致高频率被反射。

吸音纤维天花板

吸音天花板面板是由无机水泥黏合剂黏合的、经过处理的木纤维板制成的，其尺寸从 12×24 英寸(约 305×610 毫米)到 48×120 英寸(约 1219×3048 毫米)不等。其厚度为 1~3 英寸(约 25~76 毫米)，接收降噪系数(NRC)评级为 0.40~0.70 的噪声。

吸音纤维天花板具有很高的结构强度和抗腐蚀性能，以及极低的火焰蔓延等级。吸音纤维面板可以在整个走廊的天花板上使用，也可以直接作为整面天花板的装饰面。吸音纤维天花板适用于学校体育馆和走廊的墙面装饰(图 8.32)。

图 8.31 吸音衬垫上面的木质多孔吸音板

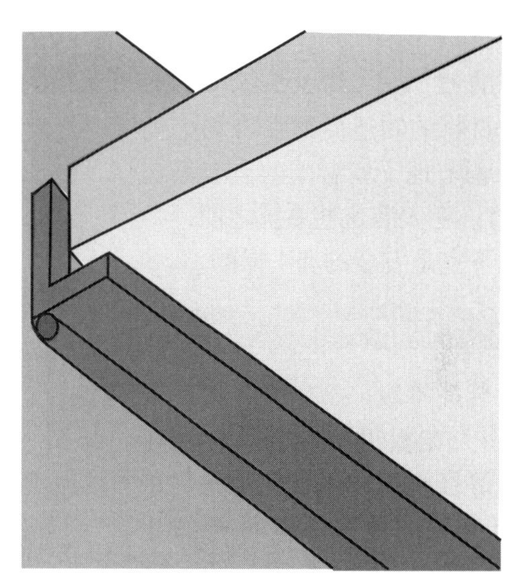

图 8.32 吸音天花板的边缘支撑件

云状面板与隔音天棚

云状面板与吸音天花板一样，不需要干扰消防喷洒器或照明设备即可发挥隔音功能。云状面板在尺寸、形状和成分上各不相同，可以独立悬挂在天花板上(图 8.33)。

隔音天棚由嵌在格栅中的标准天花板吸声瓦填充构成(图 8.34)。隔音天棚有各种样式，通常悬挂在需要大量吸声的区域。

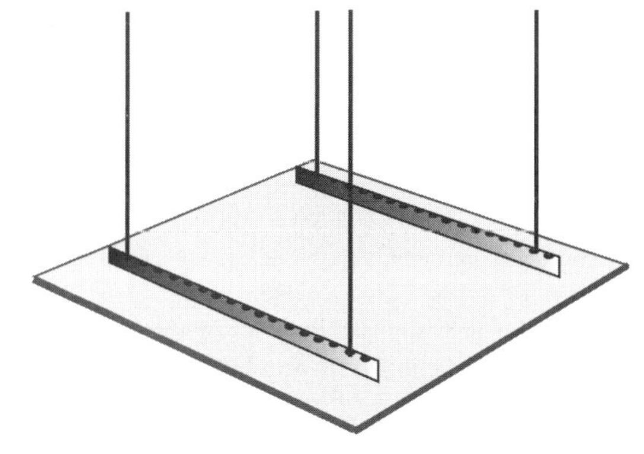

图 8.33 云状隔音板的安装

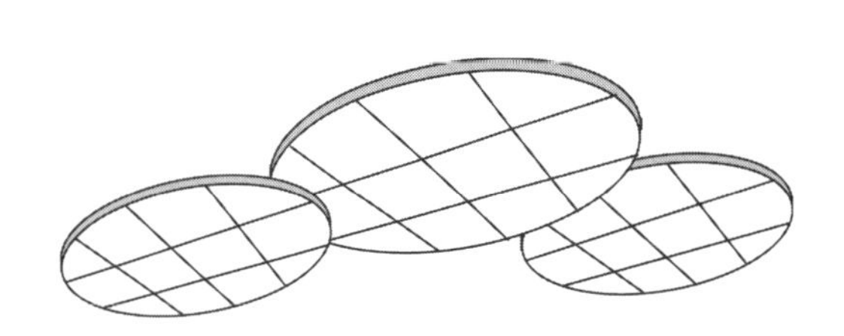

图 8.34 椭圆形隔音天棚

悬垂的弧形板悬挂在声源上方，可以是凹面，也可以是凸面朝向声源(图 8.35)。另一种类型的面板是定制设计的，延展的稀松织物悬挂在框架上，用吸音材料支撑。

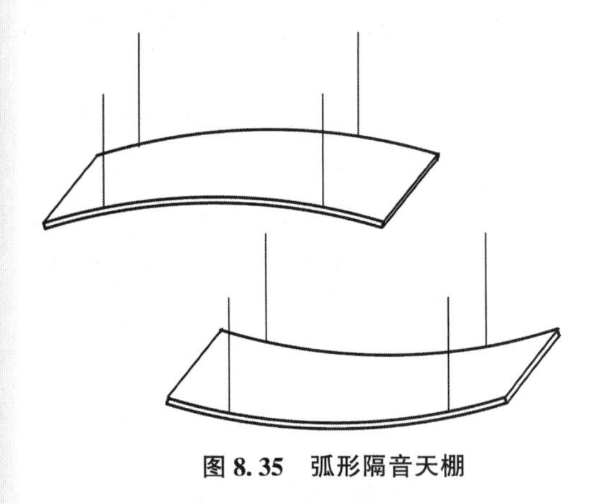
图 8.35　弧形隔音天棚

墙面材料

隔音墙板有木或金属衬垫，以及矿物纤维或玻璃纤维基底。织物覆盖物通常是耐火的。它们用于办公室、会议室、礼堂、影剧院、电话会议中心和教育设施。穿孔金属隔音板也可以用于墙壁和天花板。

织物覆盖的面板，其厚度为 1～2 英寸(约 25～51 毫米)，宽度为 18～48 英寸(约 457～1219 毫米)，长度可达 120 英寸(约 3048 毫米)。降噪系数(NRC)评级因安装方式和面板材质的差异而有所不同，直接安装的 1 英寸(约 25.4 毫米)矿物纤维板的降噪系数(NRC)评级为 0.5，条带式安装的 12 英寸(约 305 毫米)玻璃纤维板的降噪系数(NRC)评级为 0.85。

隔音材料的制造商们在市场上销售装饰和调节地下室音响的全套系统(图 8.36)。在安装这些系统之前，必须确保地下室是安全的和干燥的。

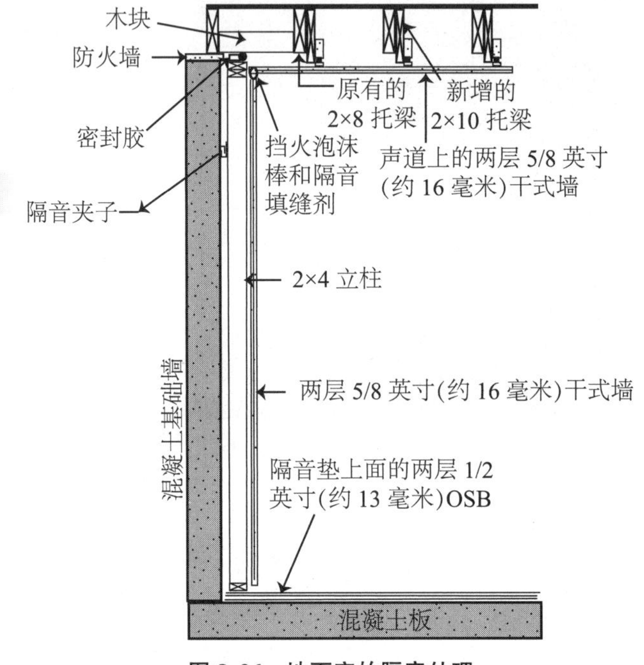

图 8.36　地下室的隔音处理

地板材料

声音传播等级(STC)评级相对较低的地板/天花板组件可能具有较高的抗冲击等级(ⅡC)评级，尤其是在地板铺有地毯的情况下更可能如此(表 8.8)。这意味着来自空气源的声音可以通过这些组件再传输出去，但对地面的直接影响将会减弱。

地　毯

相较于其他生活单元，居住单元通常应该铺上地毯以减轻脚步声。带衬垫的地毯能够很好地隔绝冲击力。共管公寓契约经常要求在走廊和门厅及超过一半的其他生活区域铺设地毯，以消除大部分令人不快的脚步声。

表 8.8　地板饰面的ⅡC 评级

类　型	采用的弹性材料(毫米)	ⅡC 评级
瓷砖	1/16 英寸(约 1.6)的乙烯基	0
	1/8 英寸(约 3)的油毡或橡胶板	3～5
	1/4 英寸(约 6)的软木	8～12
地毯	低绒、纤维衬垫	10～14
	低绒、泡沫橡胶垫	15～21
	长绒、泡沫橡胶垫	21～27

地毯是唯一能吸收声音的地板饰面。地毯在中高频范围内的吸收度高。吸收量与绒毛的高度和密度成比例，铺在厚垫上时吸收量会增加。地毯的降噪系数(NRC)评级介于0.20~0.55，主要用于吸收高频声音。

铺在纤维垫上的低绒地毯，其ⅡC评级为10~14。使用泡沫橡胶垫，评级提高到15~21。带泡沫橡胶垫的长绒地毯的评级为21~27。

弹性地板

弹性瓷砖对声音的反射性几乎和混凝土一样。弹性瓷砖对地板结构的声音衰减影响不大，但有助于减少高频冲击所产生的声音，尤其是用泡沫做衬垫时。

浮式地板

如前所述，浮式地板将接收冲击的地板表面与结构层分离开来(图8.37)。浮式地板吸收冲击噪声的有效性取决于它的质量、弹性支撑件的组成以及隔音程度。

有关浮式地板的更多信息，请参见第五章“地板/天花板组件、墙壁和楼梯”。

浮式地板用于共管式公寓、公寓住宅和商业建筑，用来控制由行人脚步或其他影响所产生的冲击噪声。在录音棚、音响室、电视或电影制片厂这些地方，浮式地板可以减少外部噪声传输到工作室内。

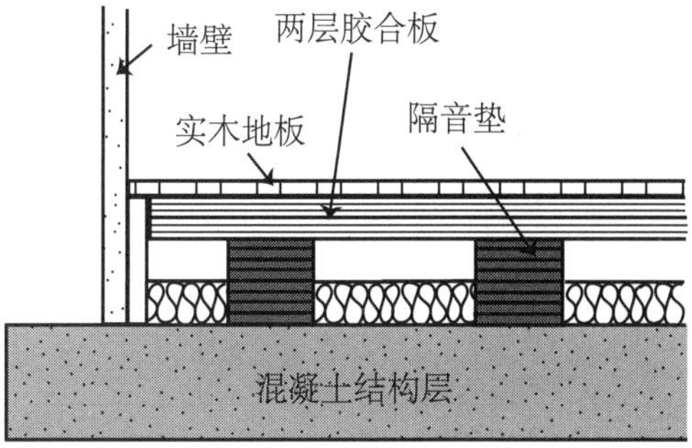

图8.37 浮式地板

窗户的装饰与饰面材料

垂直的表面可以用吸收性材料装饰。窗玻璃应该具有很强的声音反射性。窗户饰品应该有助于吸收和扩散声音。

窗户饰品

大多数窗帘基本上都可以透声。然而那些厚重、致密且有绒毛的面料，尤其当这些面料有深褶时，可以吸收大量中高频率的声音。折叠的帷幔与墙壁之间形成了一个空气间层，那里的吸声量更大。然而在噪声通过墙壁从一个房间到另一个房间传输时，窗帘对噪声几乎没有任何影响，噪声不会因为窗帘的阻挡而衰减(表8.9)。

表8.9 窗户饰品的降噪系数(NRC)评级

表面或饰品	降噪系数(NRC)
裸玻璃	约0.02
石膏	约0.03
百叶帘	0.10
装饰织物，100%的丰满度	0.10~0.65
透光卷帘	约0.20
覆盖一半墙面积、不易摆动的厚帷幔	大于0.70

饰面材料

窗帘织物通常不是密闭的结构。当窗帘在吸收性材料的上面展开时，就构成了一个完美的装饰面，为下面材料的吸收作用提供了保护。深而多孔的装饰材料能吸收中频及以上的大部分声音。

其他具有隔音特性的饰面材料包括吸声灰膏、薄板和镶板、隔音板、挡板和悬挂板(表 8.10)。

表 8.10　其他饰面材料的隔音特性

材　质	说　明
吸声灰膏	石膏型基座，内含纤维或轻骨料，最高适用厚度可达 1.5 英寸(约 38 毫米)。高防火等级。容易被滥用、易受潮。噪声吸收随着成分、厚度和施工技术的不同而不同。隔音评级通常低于吸声瓦
薄板与镶板	附着在衬板上的木板或镶板通过共振吸收低频声音，可能导致音乐室中的低音不足
隔音板、挡板、悬挂板	通过使多个吸收表面暴露于冲击声来达到大于 1.0 的吸收系数。突出的形状伸入空间
	2 英寸(约 51 毫米)的玻璃纤维隔音板，用于吸收既有天花板空间中的声音，展开的板面很平滑，也可用穿孔金属挡板
	由矿物纤维或玻璃纤维制成的纤维和多孔材料块(空间单位)看起来像吸声瓦，通常为 2 英寸(约 51 毫米)厚，适用于坚硬的墙壁和天花板表面，能有效地吸收声音

声学应用

所有使用空间都需要令人满意的隔音设计。这对于某些类型的空间而言至关重要，如会议厅、礼堂、报告厅、会议室和音乐室。

声学标准

声音吸收和声音反射的比率影响在空间内听到的声音。在吸收少、反射多的地方，断断续续的声音被混合在一起。这使话语不易被理解，但音乐却更加动听入耳。多种声音持续不断就会形成一个混响声场，使空间嘈杂声一片。而在反射少、吸收多的地方就会形成一个安静的空间。这样的空间适合讲话，但音乐则会变得索然无味。

直接声音路径

话语的可理解度取决于相对弱的辅音，而不是较强的元音。在报告厅里，保持直接的声音路径对于保持声音的能量很重要，因此使演讲者的位置高于听众所处的水平或者使座位倾斜效果会更好。

会议室和董事会的座位应该布置得便于所有人看到彼此，使讲话的人与听众之间形成一个直接的声音通道。圆形或椭圆形的桌子比狭长的桌子更有帮助。

反射音

反射的声音可以补充直接的声音。反射表面通常是平的，曲面容易使声音集中在某些地方，在其他地方则无法听清楚。

混响时间

混响在报告厅、影剧院、礼拜场所和音乐厅里是很重要的，能使声音维持一段时间并混合各种声音。话语的混响时间相对较短，但有些混响丰富了演讲者的声音，还能使演讲者感觉到自己的声音是如何传递给观众的。从中世纪到现在，礼拜音乐往往依赖于大型的、有回声的内部装饰达到其美学效果。

混响时间可以通过改变具有不同饰面的吸收性材料来改善，以实现多种频率共存的设计。玻璃纤维和与其类似的柔软的吸音材料在高频声音中非常有效。至于低频声音，一块挡在吸音材料和空气间层外面的薄板就可以很好地发挥作用。

办公室

办公室变得越来越开放，小隔间被共享的工作台和开放的会议区所取代。裸露的天花板正在取代悬浮的吸声瓦。这两种趋势都引起了人们对话语隐私的担忧。

话语隐私

办公室里的声音隐私取决于语音的清晰度，而语音清晰度又在很大程度上取决于背景噪声的声级。声音隐私要求在源头、传输路径和接收者所在的地方减少噪声，并在必要时使用掩蔽声。在相邻的空间里提供屏蔽噪声有助于掩盖话语信息，减少干扰。

在开放式办公室里，对话语隐私的要求程度不尽相同。声学顾问确定了三个级别的话语隐私，即正常、机密和临界(表 8.11)。

表 8.11 话语隐私级别

级 别	说 明
机密(好)	正常的声音水平是可以被听到的，但通常是无法理解的。提高的声音可能是部分可被理解的。95%的人不会感到被打扰和不安，并且能够专注于大多数类型的工作
正常(一般)	可以听到来自相邻空间的正常声音，但是如果不费力听是无法理解的。提高的声音通常是可以被理解的
临界(差)	大约 40%的人感到无法忍受，生产力会下降。开放式办公室里的正常讲话容易被理解，通常是在共享工作区

开放式办公室里的声音可以直接从源头传给听众，也可能被路径中的物体衍射，或者被天花板或墙壁反射。空间的内部布置对话语隐私产生很大的影响(图 8.38)。

图 8.38 开放式办公室里的声音

根据各个级别对话语隐私的不同要求，可对空间进行分组划分。机密区域应位于作为缓冲区的开放区域的边缘，那里的整体声音级别较低，包括所有背景噪声。在有反射表面的周边办公室里发生的讲话，可能会迅速传到其他工人所在的区域。噪声高的生产区域应该被划分出去，设置在距离机密区域最远的地方。

办公室声音质量的测量

各种各样的评级被用来测量办公室内的声音质量(表 8.12)。它们包括吸收系数、清晰度指数(AI)、清晰度等级(AC)、天花板衰减等级(CAC)、降噪系数(NRC)和话语隐私的可能性(SPP)。

表 8.12　办公室声音质量的测量

测量值	说　明
吸收系数	用于测量材料吸收声音的程度
清晰度指数(AI)	与话语的可理解性、语音强度和 5 个八度音带的背景声级有关。加权可以强调可理解性。需要复杂的计算机计算推导
清晰度等级(AC)	源自开放式办公隔间的测量值。表示在入射角 45~55 度之间的吸收度。较高的评级表示较少的声音从天花板反射到相邻的隔间。评级范围为 170~210
天花板衰减等级(CAC)	测量天花板结构如何在两个封闭房间之间的语音频率范围内衰减空气声音
降噪系数(NRC)	测量材料在中频范围内吸收噪声的平均百分比。计算几个频率的平均吸收值。不考虑材料如何吸收不同的频率
话语隐私的可能性(SPP)	美国通用服务管理局(GSA)的评级对背景声音等级和声源与听众之间的衰减进行总结

在开放式办公环境的设计中，天花板的吸声特性是话语隐私的关键因素。30~60 度的话语声音可以到达天花板，其中大多数声音都在 45 度以上。

对于一般声音来说，清晰度等级(AC)是最好的指标。虽然天花板衰减等级(CAC)表示有多少声音通过天花板并到达其上方的空间，但这通常不太重要，因为它可以在空间内迅速消散和吸收。

办公空间

声源所在房间内的声学处理水平取决于语音的响度、房间的吸音效果对语音水平的影响，以及房间所要求的私密性程度。隐私的数量也受到接收室隔音效果的影响。这取决于房间之间屏障的声音传播等级(STC)评级、降噪系数和接收室中的背景噪声等级。与声源室相比，接收者所在的房间尺寸越大，接收室的语音声级就越低。

携带信息的噪声会降低工作效率。对大多数人来说，高分贝的噪声是令人厌烦的。即使没有完全掩蔽声音，不携带信息的噪声有助于减少烦恼。

一般建议

> 根据不同的话语隐私要求对办公区域进行分组划分。注意墙壁和玻璃的反射。尽量使开放区域的空间更大，以最大限度地减少周围墙壁的反射。会议室要封闭起来。

为了获得足够的吸音效果，开放式办公室的最低净高应该是 9 英尺(约 2.7 米)，天花板应由高吸收性材料制成，并且不能用于反射声音的表面。在天花板之上，要在 3 英尺(约 0.9 米)高的集气室里铺设一层毯子，可以进一步吸收声音。铺有地毯的地板可以降低脚步声的噪声，进一步增强声音的吸收。

封闭空间

对于封闭空间而言，话语隐私的程度取决于房间之间屏障的隔音程度及接收室周围环境的声级。关键要素是两个空间之间的密闭屏障的隔音质量。声源室的话语隐私取决于语音的响度、房间吸收对语音的影响，以及所需隐私是正常等级还是机密等级。

接收室的隔离等级取决于屏障的声音传播等级(STC)评级、接收室的吸声率，以及推荐的背景噪声声级(表 8.13)。

表 8.13 相邻分区的建议 STC 值

墙壁所在位置	与墙壁毗邻的空间	STC 值
行政办公室、医生套房、机密的隐藏地	另一间办公室	38~40
	一般办公区	45~48
	公共走廊	42~45
	浴室、厕所	47~50
普通办公区域	其他办公室、公共走廊	38~40
	浴室、厨房、餐厅	40~42
会议室	走廊、大厅	35~38
	厨房、进餐区、数据处理中心	38~40

开放式办公室的天花板

开放式办公室的声音问题因反射天花板的声音而加剧，通常角度为 45~50 度。天花板材料应设计成可以从任何角度捕获声音。

避免反射性强的语音路径，如金属盘式空气扩散器或扁平式照明灯具扩散器。如果无法避免，可以在其周边放置高吸收性垂直挡板条以阻挡声音路径。

玻璃表面

玻璃墙在办公室里越来越受欢迎。经常进行秘密讨论的密闭办公室里通常要设置窗户。没有经过吸收性处理的窗户和墙壁以一定的角度将声音反射出空间。为了保护这些办公室的私密性，要使用全高度的隔板和固定的玻璃可视板，并在开口处开一扇门。厚重的窗帘可以控制声音的反射。机密空间应集中设置，并把无人使用的贮物区作为缓冲区，将机密空间与开放空间隔开。

开放式办公室的地板

开放式办公室的地板不会对整体的吸音效果有很大影响。然而地板上铺了垫子后，椅子的移动和脚步造成的噪声确实被大大地减少，因此理想的设计是开放式办公室的所有地板都应该铺上地毯。

掩蔽声音

接近话语频率的背景声音会降低话语的可理解度。我们听到的内容取决于对自己所做的事情及对外界侵入声音的关注程度。在一个没有背景噪声的安静的地方，任何声音都会分散注意力。如果接收者所在房间的环境声音水平是恒定的，那么从另一个房间传来的声音可能被掩蔽，听者感觉没听到或者只是不那么烦人。

如果处理建筑物持久或分散的噪声源花费太高或太难，低声级的掩蔽声音可能会有所帮助。掩蔽声音在安静的房间里也非常有用，心跳、呼吸和肢体动作的声音都可能令人感到厌烦，就像在卧室里一点小声音也会打扰想睡觉的人。

在开放式办公室里，掩蔽声音是非常必要的。几乎所有开放式办公设施都会采用精心设计的电子屏蔽系统，以适当的声级提供统一的背景声音，而且音调优美。屏蔽设备应该均匀地分布在整个空间内，并设置为话语隐私所需的声级。声级太高会使掩蔽声音本身成为烦恼的来源。如果掩蔽声音分布不均匀，一旦有人走动，就会被觉察到，并很可能会惹人厌烦。

掩蔽声音可能是白噪声，或听起来像空气穿过开口时发出的嗖嗖声。为了避免高频的咝咝声，通常会加重低频。

声音屏蔽装置通常悬挂在天花板上面人们看不见的地方(图 8.39)。掩蔽声音充满了集气室，然后

图 8.39 声音屏蔽设备

透过天花板轻轻地渗入下面的办公空间。扬声器可以根据个人的声音舒适度要求进行调整。

屏蔽系统的扬声器最好不要被人们看到，因为它们会吸引人们的注意，最终会让人厌烦。

可以把它们正面朝上放置在集气室中，以增加分散度，提高均匀性，但不应面朝下安装在天花板上。大多数天花板材料都允许掩蔽声音渗透到下面的办公室区域。

音乐表演厅

音乐表演空间的设计既是一门艺术，也是一门科学。对于音乐厅和其他重要的音乐场所来说，声学顾问的服务是必不可少的。尽管在室内设计师参与项目之前，表演空间的建筑特征可能已被设计完成，但是大厅内部的装饰和细节对音响效果的影响也是至关重要的。

设计音乐厅这样的空间，要求有良好的倾听环境，其设计始于研发房间的形状，以便在整个观众席均匀地分布和加强声音。大容量空间要求通过反射强化直接路径的声音。音乐需要较长的混响时间，所以声音的反射量和空间的活力非常重要。恢宏的乐音主要是高频率的功能，而那些吸音性强的空间会使音乐变得沉闷乏味。音色优美的声音路径相当于一个良好的视觉路径。这意味着一个可以看到表演者的好座位，也可能是一个能听到好声音的座位。

音乐表演厅经常使用不规则和凸形(向外弯曲)表面。对于音乐表演而言，扩散声音是最需要的功能，因为它可将声音均匀地分布在宽阔的座位区。如果由于反射面太多而使强化信号过度延迟，声音的方向性就会下降。从凸面反射出来的声音是漫反射的，在整个空间产生恒定的声级。表演厅通常避免使用凹面，因为它会将声音集中在某些区域，而其他地方则声音不足。

为了保证声音源的声音足够大，可以用自然的手段强化主要房间的反射表面，以将反射的声音传给观众。电子强化系统常用于面积较大的房间或声源较弱的地方。

礼　堂

礼堂必须适应许多活动，包括对音响有不同要求的音乐会。礼堂的声音质量取决于设计理念、预算及礼堂工作人员在调整可移动的声音处理设施方面的工作效率，因此解决方案必须是不同需求的折中或者是视具体情况可以调整的。礼堂的音响设计包括室内声学、噪声控制和音响系统设计。

改变空间的体积、移动反射表面、增加或减少吸音处理措施，可以改变礼堂的声音环境。观众的规模、表演活动的范围和目标观众的复杂度都影响音响设计。一旦基本的房屋面积因观众的规模确定下来，空间的体积就由混响要求决定。

礼堂前部的天花板和左右两侧的侧墙都可以把声音传给观众。天花板和侧墙与表演者必须足够接近，以最大限度地减少直接和反射声音之间的时间延迟。天花板和侧墙也可以扩散声音。

为了适应不同表演项目的音响要求，可以沿着房间的边界安装大面积的轨道式吸音窗帘。对于没有音乐的电影和讲座项目，安装在天花板后部和侧墙的永久性吸音材料会导致混响时间保持在较低的频率。当需要混响时间达到最大限度时，可以将窗帘放入贮仓里。

应该把声反射材料和吸音材料组合起来使用。观众的身体是一种可变的吸音材料。套装座椅可以最大限度地减少礼堂里满座时和几乎空无一人时或在排练时的差别。如果座椅是用稀松的编织材料包裹起来的，效果尤其好。

礼堂必须能够适应各种各样的表演活动。为此，可以选用可调节的窗帘和天花板(图 8.40)。礼堂和类似礼堂的场所需要背景声音营造活泼的氛围。吸声材料应限于控制混响时间和声音分布。周围的建筑必须能够排除过多的背景噪声。

反射器板常用于礼堂、艺术表演中心、报告厅和教堂的天花板，是专为大空间设计的。大型空间需要通过增强扩音和延长反射声音的时间提高聆听质量。扁平面板的表面呈弯弓状，要根据建筑师或声学顾问的说明在实地定位安装。

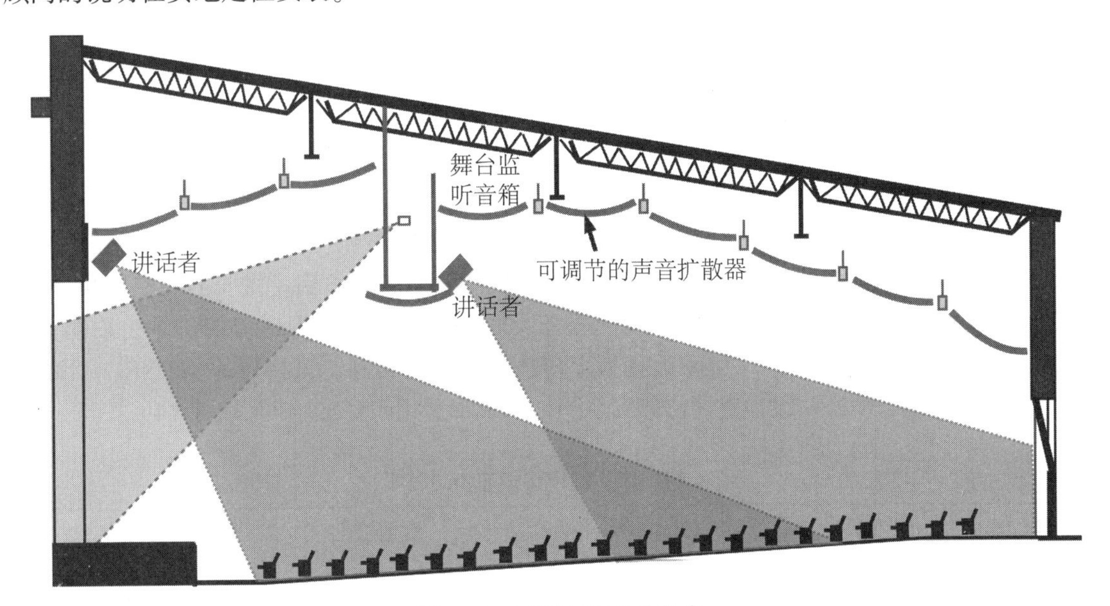

图 8.40 可调节声音的礼堂

教 室

在一个主要用于讲课的空间里，教室前面老师所处的空间有良好的声音反射，这一点非常重要。教室的边界，尤其是天花板，应该建成有利于自然强化说话声音的形状。应该用吸音处理方法控制混响、回声和颤振。

后墙、天花板的周边，以及座位高度和站立高度之间的侧壁区域是最重要的。带有墙基涂料的吸声瓦天花板不适用于教室。

学 校

学校有各种各样的空间，其声音环境也各不相同。走廊饰面材料产生的回声可以将嘈杂声硬生生地传入教室。

为了确保教室之间有足够的私密性，在设计教室墙壁时要特别注意声音会通过教室之间的门泄漏出去。隔墙应是从地板到天花板或屋顶结构的全高度墙。要用吸音材料降低噪声水平。天花板的降噪系数(NRC)评级应至少为 0.7。

学校的用餐区特别嘈杂。要使厨房的服务区与用餐区分开，这样厨房的噪声才不会被叠加到数百名学生的喧闹中。天花板和墙壁应该含有吸音材料。天花板的降噪系数(NRC)评级应至少为 0.8。

体育馆里的过度噪声在人们的意料之中。体育馆的天花板应该是吸音的，降噪系数(NRC)评级应为 0.7。如果有扩音系统，墙壁也应该用吸音材料以防止回声。

公共卫生间

建筑物通常设有卫生间，为住户和游客服务。我们不应该听到相邻房间里卫生间的噪声。良好的隔音设计可以使卫生间的噪声不引人注意，用起来心情愉悦。

在设计服务中心的卫生间时，要把走廊和机械空间设计在卫生间周围。避免将座位安排在有排水管道的墙边，因为坐在那里的人们能听到水流经管道的声音。

卫生间里如果不采取隔音措施会导致重复冲洗，这既会产生噪声，也是一种浪费。可以使用固定的掩蔽声音掩盖冲洗厕所的声音。一个更高声级的通风系统，如一台嘈杂声很大的风扇，就能解决这个问题，而且成本较低，尽管风扇的嘈杂声可能会通过管道传到其他空间。音乐可以很好地掩饰这些声音。

住宅建筑

了解如何控制住宅建筑中的噪声是室内设计师工作的重要部分。过度噪声是多户住宅居民的主要投诉内容。良好的音响效果对保持独户住宅的和平与安静也同样重要。

对于公寓楼和其他多居民楼的声学设计，要力求保护隐私，减少烦恼。将安静的空间集中在一起，远离喧闹的活动。仔细规划便利店、药店、机械服务及套房之间直排式管道口的位置，以避免侧翼路径。使用地毯垫或地毯限制脚步声。卧室天花板上应该安装吸音材料，其降噪系数(NRC)评级至少应为0.6。声音传播等级(STC)评级和抗冲击等级(ⅡC)评级都适用于住宅空间(表8.14)。

表8.14　住宅的传输和冲击力评级

房　间	天花板	STC	ⅡC	地面之上	STC	ⅡC
卧室	卧室	52	52	卧室	52	52
	客厅	54	52	客厅	54	52
	厨房	55	50	厨房	55	50
	家庭娱乐室	52	58	家庭娱乐室	56	48
客厅	卧室	54	57	卧室	54	52
	客厅	52	52	客厅	52	52
	厨房	52	52	厨房	52	57
	家庭娱乐室	54	50	家庭娱乐室	54	50
厨房	卧室	55	62	卧室	55	50
	客厅	52	57	客厅	52	52
	厨房	50	52	厨房	50	52
	家庭娱乐室	52	58	家庭娱乐室	52	58
家庭娱乐室	卧室	56	62	卧室	56	48
	客厅	54	50	客厅	54	60
	厨房	52	58	厨房	52	52
浴室	浴室	50	50	浴室	50	50
走廊	走廊	48	48	走廊	48	48

住宅内的隔音措施

住宅浴室是可以产生回声的空间(这就是为什么我们在浴室里唱歌听起来好听的原因)，需要保持声音的私密性，但我们很难把抽水马桶的声音、淋浴的声音、自来水声和风扇旋转的嗡嗡声等都限制在浴室内。此外，我们也不希望自己在浴室里的活动被别人听到，因此浴室应该与邻近空间隔开。

用壁橱和走廊将浴室与卧室隔开，可以提高声音的私密性。密封浴室门周围的裂缝，安装弹性缓冲器以吸收砰砰作响的噪声。不要使用下切门或百叶门(通常用来改善通风)。避免在浴室和卧室之间的隔墙上安装背对背的电源插座。管道排气口的空气格栅不应设在卧室内。不要在浴室的窗户附近另设一扇窗户。

绝缘良好的石膏板墙体增强了对声音的控制。在插座、管道、灯具等开口的周围，以及墙壁和天花板的所有连接处都应用有弹性且不会硬化的填料填实。

水管里的水流声音能够从浴室开始传遍整座房屋，最后停在餐桌旁边。在规划房屋的布局时，要把卫浴设备的管线安装在对声音要求不太高的墙体内。要将管道包裹起来并弹性铺设所有管道。

设备噪声可能是个问题。风扇因噪声太大往往较少用在浴室，因此限制了必要的通风。水的流动和按摩浴缸的电机会产生噪声。而对一些用户来说，压力辅助抽水马桶的冲水声音可能太响了。

洗衣区往往噪声很大，而且可能会在夜间运行。不要将洗衣设备放置在会干扰睡眠的地方。

住宅厨房的表面通常是用反射性材料装饰的，因此可能成为噪声较大的区域。要确保所有电器都是水平放置的，以减少振动。在厨房和卧室之间放置一个壁橱作为缓冲间隔，可以减少噪声的传播。将噪声较大的洗碗机背对着盥洗室安装也会有帮助。风扇可以通风但噪声大，不大可能用于厨房，这可能会导致室内空气质量问题。

> 在选择通风扇、按摩浴缸或洗衣机之前，让客户先听一听它们产生的噪声是个不错的主意。

电子音响系统

虽然扩音设计不一定是室内设计师工作的一部分，但忽略音响系统的细节会给项目的外观和施工的顺利进行带来困难。有一种倾向认为，扩音系统作为附加项目只是一个小工程，应该留到设计和施工过程结束后再考虑。这样做的风险是可能会在最后时刻发生危机，因为声音线路、扬声器的位置及控制设备的空间和布线都只能安装在未经计划的位置。而在墙壁封闭和完工之前，在墙上安装电线则要容易得多。对此，无线音响系统提供了一个新的解决方案。

扩音的目标是调整声学问题，并确保空间中的每个人都能听到声音。理想的扩音系统给每位听众同样的响度、质量、方向性和可理解性。演讲应该听起来就像演讲者距离听众2~3英尺(约0.61~0.92米)那样清晰，如果是听音乐的话，距离再长一些也能听清楚。扩音系统的设计应该提供足够的声级而不失真。扬声器不能完全纠正糟糕的音响效果，但可以改善音质。

有时，音响系统的设计专家同时也是美国国家声学顾问委员会的认证成员。也有些人可能是独立从事此类工作，核实他们的经验和以前的工作是明智之举。

扩音系统

音响系统一般安装在举行会议和演示的地方。当集会人数达到100人时，通常需要电子扩声，当然是否使用还取决于空间的大小和说话者的意愿。

组成部分

扩音系统由三个部分组成，即输入器、扩音器和控制装置，以及扬声器。输入器可以是麦克风或任何一种播放设备。麦克风将声波转换成电信号，这些信号在声音系统中根据需要被进一步放大、传输和处理。麦克风可能是手持的或者放在架子上，或者是微型领夹式的。小型无线发射器可以用于任何类型的麦克风。

信号处理设备包括均衡器、限幅器、电子延迟器、反馈抑制器和分配放大器。功率放大器为信号输出提供足够的功率(电压和电流输出)，以便为与系统相连的扬声器提供足够的功率。放大器有音量控制器、音调混合器、输入输出选择器，以及信号形成的均衡控制器。

音响系统的线路应该是单独运行的，最好是在墙内。即使是无线控制，也通常有连接放大器和扬声器的电线在墙内运行。专用的演示空间可能备有硬连线的台子，以方便讲演者控制设备。

扬声器系统

扬声器将由功率放大器提供的电子信号转换成耳朵感知为声音的空气振动。在设计过程中应及早协调音响系统的设计。

现在的扬声器比过去小得多，更容易与建筑物融为一体。室内设计师应了解扬声器的尺寸和位置。操控装置应该位于方便使用但不显眼的地方。信号处理和扩音设备通常设在位置偏远的架子上；机架要有足够的空间和通风，以及充足的电力供应。

当系统改变接收到的声学信号的形状时，**失真**就会发生；某些放大阶段是过载的，一些频率被错误地放大。如果购买和安装的设备尺寸不合适，也会出现失真。如果系统是为单个人的演讲而设计的却用于摇滚乐队，则尺寸过小的设备可能会使过大的信号发生扭曲。扬声器必须远离麦克风，以避免反馈杂音。

当再现的声音失去其自然性而变成了令人不快的音色时，就会出现**声染色**。当系统的音量过大时，就会产生**声反馈**或啸声。这两个问题都可以得到纠正，但可能需要对设备或系统设计进行更改或调整。

在容纳100人左右的小房间里，演讲者强有力的声音能被清晰听到，但声音微弱的演讲者就需要借助扩音设备。声级应至少比背景噪声高25分贝。

扬声器系统的设计和布置必须与建筑设计相协调。扬声器可以被物理地集成在墙壁、立柱或天花板里面，也可以安装在表面，或者由扬声器支架支撑。传统的分散式扬声器系统的布置必须与灯、消防喷洒器和空气调节系统扩散器的位置相协调。

根据其适用范围，扬声器以集中或分散两种方式排列。集中式扬声器适用于天花板较高的大空间，声音从诸如舞台或讲台这样的注意力集中点发射出去，有很强的方向性；分散式扬声器适用于天花板较低的空间，声音从办公室或餐馆里的许多小扬声器里传出，分布均匀，没有强烈的声源感。

特定场所的音响系统

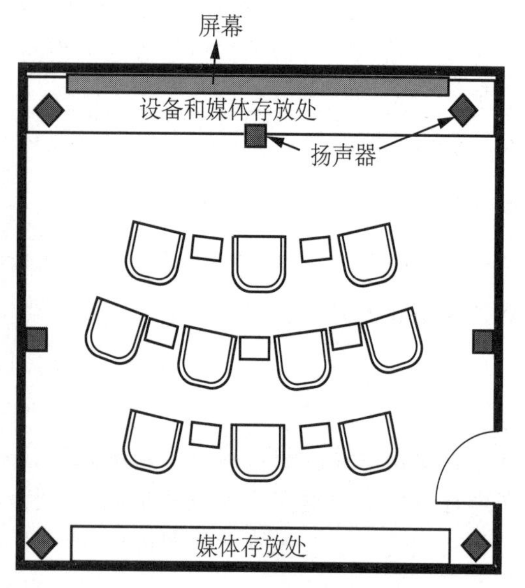

图8.41　家庭影院平面图

熟悉特定类型空间所需的设备将有助于设计师预见设备与室内设计细节的冲突，避免在最后一刻出现问题。

家庭听音室

当室内设计师与音响安装公司合作设计一个家庭听音室时，应该注意几个问题(图8.41)。听音室的目标是抑制房间本身的声音，而不是完全消除。这需要在所有表面上进行大面积的吸声和声音扩散处理。没有经过宽频吸声材料处理的空间很可能会出现播出的声音染色严重和立体影像差等问题。成对的表面应进行相同的处理。处理必须在主聆听轴的左右两侧完全对称，以使左右声道的声音传输路径是相同的。环绕立体声道的布置有特殊的注意事项。

办公空间

办公室设计的新标准和个人数字设备的大量涌入极

大地改变了人们对办公室声音强化的需求。如前文所述，开放式办公室通常用掩蔽声音系统来保护话语隐私。

高层办公大厦可以包括一套专门音响系统，用于发布安全通告和发出警报信号。紧急音响系统通常与其他系统分开，并使用耐火的设备、配线和安装材料。

礼堂和报告厅

在礼堂和报告厅中，音响、投影和照明设备的控制器通常位于听音室内。一些空间在演讲者的位置提供了远程控制投影、音量和调暗灯光的遥控器。对室内设计师来说，询问该设施是否有内部音像技术人员(在这种情况下，控制器在房间的后面)，或者是否应该将控制器放在前面供演讲者使用，这些细节都很重要。

在中型至大型礼堂中，音响系统应该有一种方向上的真实感。在有观众或代表在地面参与的地方，麦克风的布置从简单到非常复杂。多国会议的会议厅有同声传译系统。

音乐厅和影剧院

室内设计师需要了解未来会在音乐厅演奏的音乐类型。有些音乐家喜欢使用自己的音响系统，有的则会使用安装在现场的音响系统。

多功能音乐厅使用高品质、全音域的扩音系统。具有高指向性的中央扬声器系统可以悬挂在空间中或集成到建筑中。声音反射器或回音板可以位于乐队演奏台的上方。音乐厅也可能在后台设置表演监控、对讲和寻呼系统。

影剧院可以加强管弦乐声中的声乐部分，使其超过乐队的伴奏声音。然而有些音乐爱好者更喜欢没有放大的声音，这样空间的建筑声学就变得非常重要。

展览厅

展览厅用扩音器发布公告和播放背景音乐。如果大厅里有一个演示平台，它通常包括设在平台前面的中央扬声器系统，以使扩音系统在方向上给人真实的感觉。

酒　店

为酒店舞厅和宴会厅设计的音响系统，需要知道房间的用途和用户的需求，但优先考虑的应该是如何将音响系统的控制器和扬声器安装在适当的位置，使它们显得不引人注意，而且使用方便。

> 在翻修工程中，明智的做法是看看墙上现有的设备是否的确在使用。例如，在一个酒店里，如果一个警报技术人员没有注意到并提醒设计师注意，在安装墙纸时12年没有使用过的麦克风天线就需要进行特殊处理。

设计师对声音的关注影响公众的健康、安全和享受。这是作为建筑设计团队成员的重要职责。你对所有建筑系统的了解将提高设计工作的质量，同时建筑物对于使用者的价值将得到提升，你对室内设计师这项工作的乐趣也会增强。

现在，我们已经完成了对声学设计的研究。第四部分“水与废物系统”将讨论供水和分配、废物和回收、固定装置和器具等要素。

第四部分

水与废物系统

我们打开水龙头，出来的是新鲜、凉爽、干净的水。这是我们用来饮用、烧饭、沐浴、洗衣服、洗车和冲洗马桶的水。人们很容易认为水是一种免费的、随时可用的资源。然而淡水是有限的资源。

全球气候变化正在造成严重的风暴和干旱。由于从大气中吸收大量的二氧化碳，海水变得更具有酸性，给海洋生物的生存带来了问题。沿海地区的大量取水使盐水侵入含水层。供水危机可能导致某条河流下游国家的贮水量威胁上游国家的用水权。

建筑系统对雨水和**地下水**（在地面以下土壤或岩石缝隙中的水）的供应与分配的控制相对较轻，而对于适合喝的**饮用水**和废水则控制严格。

第四部分的三章将讨论典型的卫生管道系统的组成部分。

第九章描述了供水管道的配送系统，还简要介绍了煤气供应及其管道分布情况。

第十章讨论了单独的废物管道系统，以及其他废物与再利用系统。

第十一章介绍了消耗或使用水的固定装置和家用器具。

室内设计师与浴室和厨房等相关领域的设计人员直接参与卫浴设备和家用器具的布局与选择。这就需要了解水分配系统和废水管道系统。对回收利用的设计是他们工作的另一个重要方面。

随着地球上有限的水供应与不断增长的人口之间的矛盾日益激烈，加上日渐增加的人均用水量，我们再次看到（与矿石燃料一样）有限的资源和日益增长的需求之间存在的不解难题。至少在这种情况下，水的总量是固定的，而不是在减少。然而公平分配的问题仍然存在……各国都在为石油而战；难道他们还必须为水发动一场战争吗？

引自沃尔特·T. 葛荣德、埃里森·G. 沃克，《建筑的机电设备》（第12版），威利出版集团，2015年。

第九章 供水系统

建筑物的管道系统是为提供干净的水和清除废物而设计的。管道的通风口可以引入干净的空气。管道系统还有助于抑制火灾、控制湿度、保障声音的私密性，并将不需要的水从建筑物中排出。

管道系统为卫生设备和饮用水的需求供水和排水，并通过**雨水系统**处理落在建筑物上的雨水。在建筑物的边界，集中了供水、废水和雨水系统等典型的公共设施连接口，包括一条带水表的饮用水供应管线、一条卫生排泄管道和一个雨水排水口。

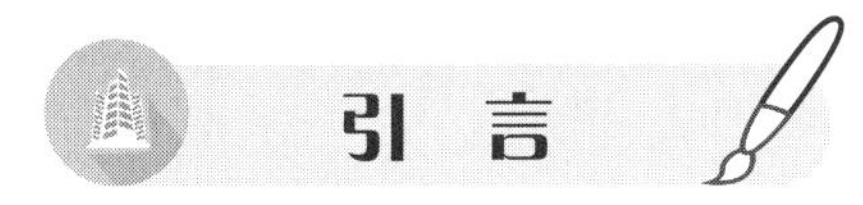

引 言

水是可循环利用的资源，但不是可再生资源。地球上的水是一种固定的资源，然而淡水供应有限。在这个世界的某些地区，不断增加的人口和人均水消费量的增加威胁着水资源。

管道系统主要由机械或管道顾问设计。建筑师通常参与指定固定装置、定位雨水管道和其他外部元件。室内设计师及厨房、浴室设计师参与选择和定位卫浴设备。

> 作为建筑师和设计师，我们可能无法解决全球的水资源问题，但我们必须通过我们自己的活动，无论是个人的还是专业的，为它们的解决做出一些贡献。具体来说，我们可以减少设计的建筑物的用水量，调整我们获取水的方式，并改变我们的用水方式对环境的影响。
>
> 引自大卫·李·史密斯，《建筑的环境问题》，威利出版集团，2011 年。

环境方面的努力正在日益减少用水量，但世界上许多地方的水资源受到了威胁。当需要水的时候，水并不总是可以得到的。美国的一些地区及世界上许多地区目前正面临水资源短缺的问题。地下**含水层**（地下水供应）的水资源正在加速枯竭，**水文**（处理水的性质、分布和循环）及政治因素都是造成水资源枯竭的原因。

历 史

在以色列的耶斯列山谷发现了大约公元前 6500 年挖的水井。早在公元前 1000 年之前，克里特岛的米诺文明就使用地下的陶土管道为克诺索斯的宫殿供应水。

罗马帝国时期已经有了室内管道，由有盖的石头渡槽供应水，并连接到公共喷泉、公共浴池和私人住宅。罗马别墅的中庭都带有一个凹陷区域，用来截留和储存雨水。

直到 19 世纪中叶，伦敦的饮用水取自泰晤士河。这条河也被用作露天下水道，或者来自被污水污染的水井。对于穷人来说，任何来源的水都是稀缺的，个人卫生几乎无从谈起，流行病很常见。

到了 19 世纪，许多大城市都修建了自己的沟渠。1829 年，在马萨诸塞州的波士顿，建筑师以赛亚·罗杰斯设计了第一家带有室内管道的酒店。

规范与测试

管道的安装规范保护建筑物居民的健康和安全，使居民免受供水污染、空气污染和下水道气体逸出产生的难闻气味，以及由于排水沟尺寸错误或沥青使用不当而造成的长期堵塞。测试和处理能够确保我们饮用的水是安全的。

规范和标准

《国际管道规范》(IPC)由国际规范委员会颁布。它制定了管道装置的最低规范。这些规范旨在不增加不必要的工程造价或不限制新材料、产品或施工方法的使用的前提下，保护公共卫生、安全和福利。2015 年版《国际管道规范》(IPC)的第六章介绍了供水和分配问题。

地方建筑法规几乎涵盖了管道设计和材料的方方面面。地方卫生部门和专门顾问可以通过水质分析保证供水的数量和质量。这个过程对矿物含量、**浑浊度**(浊度)、固体总量、生物纯度、预期用途的适用性进行了评估。

美国环境保护署(EPA)制定了两个级别的水质标准。**初级饮用水标准**由法律强制执行，确保水可以安全饮用或摄取。整个国家和地方卫生部门或环境机构、市政府或者公共水务部门共同努力，以达到初级标准。初级标准以三类污染物的最大含量(MCLs)为检测依据，即携带疾病的生物体、有毒化学物质和放射性污染物。

> 二级饮用水标准是住宅卫生间用水的重要标准。

二级饮用水标准是自由选择的，该标准确保水的功能性和美观性可以用于沐浴和洗涤。**二级标准基于次级最大污染水平(SMCLs)**。它们处理外观、味道、气味、残留物和染色的问题，也包括氯化物、铁、锰、硫等物质的含量，以及 pH 的变化。

测试和处理

> 是否使用饮用水过滤器最好是询问客户，并取一杯水对其外观或气味进行评估。

大多数专家建议每年对私人水源(如水井)进行测试。年度评价应包括总**大肠杆菌**、硝酸盐、pH 和总溶解固体。通过测试，可以了解厨卫设备的染色或硬水沉积物的情况。如果颜色、浑浊度、变色、味道或气味有问题，可能需要进行额外的测试。检测信息可从美国或本地卫生部门获得。

大多数水处理设备都必须定期维护以保证安全和有效。水处理设备包括过滤器、软水器、除铁设备、中和器、蒸馏装置、反渗透装置，以及消毒方法。不同问题可能需要组合不同类型的设备。

管道与施工图

管道系统的设计是在工程管道图和建筑施工图的基础上进行交流的。这些图纸显示了所有设备和管道的平面图。此外，给排水的等距示意图可以显示垂直管道。室内设计师要在楼层平面图上注明管道设备的位置。

世界上多数发达地区的主要水源都是湖泊或河流，通常来自湖泊或河流里的水在输送到建筑物之前需要进行处理。在美国，只有少量的公共系统供水来自深井地下水，而远离公共供水设施的地方依靠私人供水。私人供水可能来自地面供水的水井或泉水。这些水通常比可能受到污染的溪水或池塘的水更纯净。

淡水资源仅占世界水资源总量的 3%，海洋盐水则占 97%。约 30%的淡水是地下水，近 69%的淡水在冰盖和冰川。剩余的淡水是来自湖泊、沼泽和河流中的地表水。

预计世界人口将继续大幅增长，而水资源则是有限的。人口的不断增长与自然资源的减少和水污染有关，未来的人均水资源可能会继续减少。

水的利用

水用于建筑施工、制冷、清洁、废物运输和灭火。水是室内外的焦点，与营养、清洁和冷却有关。

在干旱地区，在严格控制的河道或涓涓溪流中，节约用水无处不在。而在水源充足的地方，水可能用于园林绿化和景观喷泉。

水面上闪烁的阳光和流水的声音都能使我们感到凉爽。在基督教、印度教、伊斯兰教和犹太传统中，水也具有重要的文化和宗教意义。

据美国能源部(DOE)的数据，2005 年建筑业估计每天消耗 3960 亿加仑(约 15000 亿升)的水，接近美国用水总量的 10%。住宅用水量是继热电发电和灌溉之后的第三大用水项目。商业建筑消耗另外 1020 亿加仑(约 3860 亿升)的水。人口的增长在某种程度上是通过节能举措来平衡的。

2005 年，86%的美国人口从公共供应中获得饮用水(图 9.1)，剩余的 14%由私人提供。在美国，绝大多数水用于发电和灌溉。所有剩余的用量只占总量的 18%。家庭用水占用水总量的比例还不到 1%。

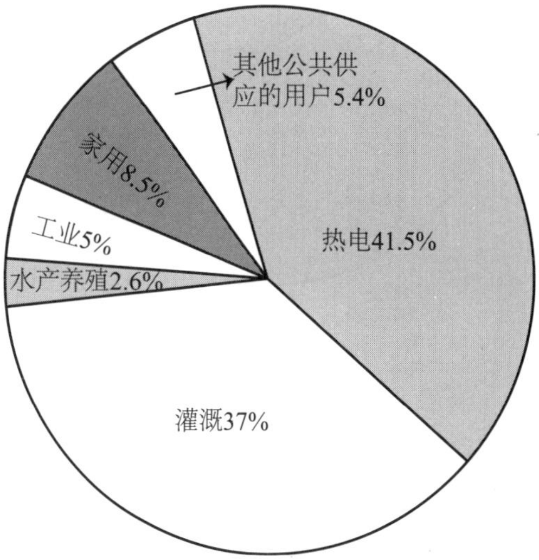

图 9.1 2005 年美国淡水资源的使用情况

建筑材料用水

大量的水被用来制造建筑材料(表 9.1)。生产塑料的用水最多，钢材的用水也很大。混凝土用 16%的水，但更多是用于加工和清洁。这种水一旦变成酸性会难以再利用，尽管有些可以回收利用。大量的水也被用于生产砖块和钢铁。

表 9.1 生产 1 号建筑材料的用水量

材　料	用水量
砖	580 加仑(约 2196 升)
钢	43600 加仑(约 165044 升)
塑料	348750 加仑(约 1.32 百万升)
混凝土	124 加仑(约 469 升)

住宅用水

尽管电力生产、灌溉和工业都使用大量的淡水，但住宅用水仍是一个主要的因素。作为室内设计师，我们在保持良好室内环境的同时，可以协助控制住宅用水的使用量(图 9.2)。

大约 74%的家庭用水用于浴室，约 21%的家庭用水用于洗衣和清洁，约 5%的家庭用水用于厨房。在我们的家里，冲厕所和洗衣服几乎占了所有用水的一半，淋浴和水龙头紧随其后，泄漏的水占用水总量的 13.7%，洗碗机和浴缸用水不到总数的 10%(表 9.2)。

冲厕所用的淡水应该是家庭节水的首要重点。另一个值得关注的问题是泄漏流失的水接近 14%。

水的高蓄热能力使其能保持舒适的沐浴水温。洗浴设施通常根据个人的尺寸，设计在私密的地方。

社交洗浴一般在游泳池、公共浴室和多人浸泡的按摩浴缸里。水经由水落管、从喷嘴喷射而出，如瀑布般落下，营造所需的氛围。

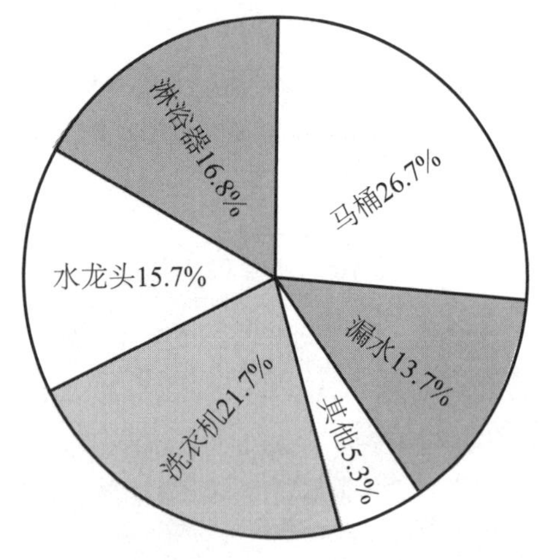

图 9.2 住宅用水

表 9.2 居民人均用水量

用　途	每天用水量(加仑)	百分比(%)
饮用和烹饪	3.0	4.1
洗碗机	3.5	4.8
水龙头	7.9	10.8
卫生间	21.0	28.7
淋浴	20.0	27.3
浴缸	1.2	1.6
洗衣机	15.0	20.5
其他家用	1.6	2.2

商业和机构用水

小型办公室和机构建筑的用水几乎全部用于清洁和厕所冲水。大型建筑物大约三分之一的水用于空调设备。

参见第十四章“采暖与制冷”，以获得更多关于设备的信息；参见第十八章“消防安全设计”以了解灭火的相关信息。

水很容易储存热量，蒸发时会带走大量的热量，并且会在人体皮肤表面的温度下蒸发。在炎热、干燥的气候条件下，可以利用水面、喷雾器和**蒸发冷却器**进行冷却降温。大型建筑则可在其冷却系统中采用**充水冷却塔**。

水对于大多数灭火系统来说非常重要。大口径管道借助大型阀门调节水流量，可以快速输送大量的水。

水循环

水在太阳的作用下不断循环的过程称为**水循环**(图 9.3)。太阳的热量通过把水蒸发到空气中并蒸馏提纯控制水文循环。水蒸气在上升的过程中凝结，然后冷凝成雨和雪，当落到地面上时它们会净化空气。由于重力作用，较重的颗粒会从空气中脱落，而当风(由太阳的热量所驱动)搅动空气时会稀释并驱散剩余的污染物。

图 9.3 水循环

气候条件的变化影响了冰、雪和水体表面蒸发的水量。何时、何地及多少水降落到地球也受气候的影响，包括风和风暴模式。变暖的气温会影响冰和雪的储水量。

除了可能由彗星贡献的额外的少量水，地球上和大气中水的总量是有限的。我们今天使用的水和众所周知的挪亚方舟洪水是相同的水。到达地球的四分之一太阳能通过水循环周期中的蒸发和沉降不断地循环水。

降 水

我们最容易获得的水源是降水和径流。降水相对纯净，来自雨、雪、雨夹雪或冰雹。日降水中没有蒸发或流失的部分将作为土壤水分被保留起来。植物利用它生长后，水就会通过蒸发回到大气中或者跑到地面以下，直至填满地下所有的空隙。这个充满水的区域被称为地下水。

重要的一点是，大多数降水能被地面吸收，从而避免山洪暴发和土壤侵蚀。健康的河岸（河岸生态系统）和水域中健康的水生植物有助于这一过程。沙漠化可能是由于地面无法吸收或储存植物生长所需的水造成的。城市铺砌的路面不易渗水，可能导致树木的死亡、径流加速和洪水泛滥。

雨 水

从历史上看，降落到乡村的雨水流入小溪、小泾和河流，大部分河流很少干涸。雨水被地面吸收，成为一个巨大的水库。积聚在地下的水形成了泉水和**自流井**（受承压含水层压力的井），或湖泊、湿地、沼泽。大部分渗入地下的水需要花几周、几个月或几年的时间自我净化后才又回到含水层。

在河流附近发展起来的城镇，其街道向河流的方向倾斜，将雨水排入河流，流向江河流域和大海。随着沼泽地区被填实及建筑物的建成，铺砌的街道和人行道将水引到下水道和抽水站。快速的径流增加了洪水泛滥和污染物集中在水道上的风险。水从地下涌出，流入满溢的雨水管道，而没有对地下水位进行补充。

雨水滞留

在美国的大部分地区，落在屋顶上的雨水质量和数量都足够家庭每天35加仑（约132升）的清洁需求。

几个世纪以来，传统建筑者设计了雨水滞留（**雨水收集**）的方法。在世界上较干旱的地区，每家都有用来收集雨水的小水箱，以补充不可靠的公共供应水。随着工业社会中央供水和能源供应的出现，雨水收集和利用一度变得不那么常见，但这种情况可能正在被改变。

在北美的许多地区，一半的住宅用水用于户外。雨水对小草坪和花园的灌溉做出了重要贡献。在花园水位上方安装落水管或**蓄水池**（用于储存水的水槽），下面用一个雨水桶收集并储存雨水留作后续使用。**滴灌器**直接向植物根部输送水分，比草坪洒水器更有效。使用循环水或再生水，如**灰水**（来自盥洗室、淋浴和浴缸的废水）或储存的雨水用于灌溉，这在北美建筑规范中得到认可。

雨、雪等降水可以在很大的区域范围内供应相对纯净的水。雨通常是漫延的、断断续续的，而且经常是季节性的。它经常在现场收集，然后用于其他水源稀缺或水质差的地方。一个将公共网络与个人雨水蓄水池相结合的系统可以产生较好的环境效益。如果想找到获取饮用水的另一种途径，那么雨水可以供应大约95%的室内用水。

雨水影响屋顶、屋檐、排水沟和落水管的设计。**排水沟**经常暴露在建筑物的外面（图9.4）。内置排水沟可能会造成建筑物漏水。雨水管可能会发生堵塞（减缓水流）或冻结成冰。落水管是雨水管的终端部件，雨水通过它排到地面。

> 节水型园艺是一项可持续的景观绿化战略，侧重于利用耐旱的、本地的和适应性强的物种进行绿化。这些物种的养护只需很少的水或者无须水也能存活。

降水可直接用水箱收集起来或者集中成为径流。在规范允许的情况下，水箱中收集的水可以用于冲洗厕所、洗涤或个人卫生。

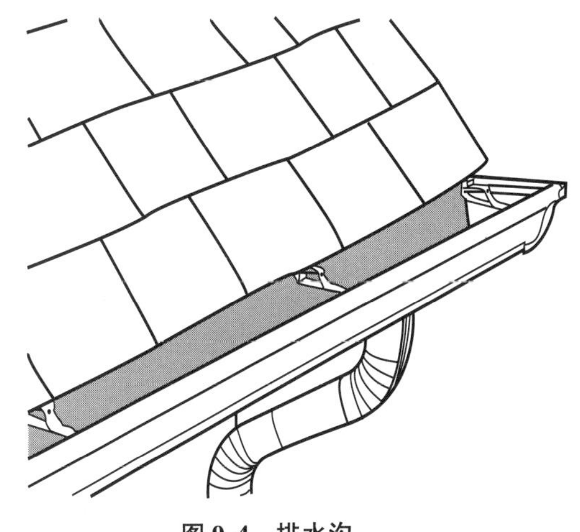

图9.4 排水沟

城市雨水一般不用于饮用和烹饪。在集水区表面有时会有微粒、铅或污染物等问题。需要定期检查蓄水池的细菌生长情况。

目前，尽管已经有几个州进行讨论，但美国还没有关于雨水收集的国家级标准。管辖权仍在地方卫生法规管理局。

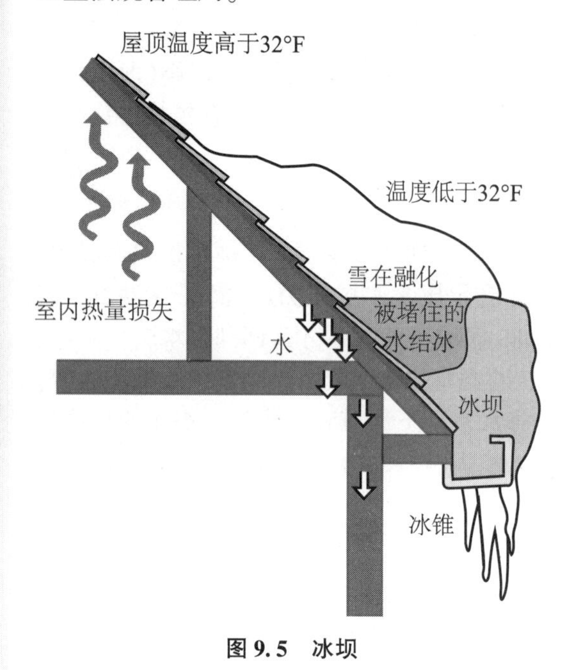

图 9.5　冰坝

雪

雪——在下雪的地方——对建筑的设计和场地的选择有很大的影响。以雪的形式储存起来的水在暴风雪后会延缓径流。雪是一种很好的绝缘体，无论在热学上还是声学上都是如此。作为最具反射性的自然表面之一，它将光线反射到室内空间，但是眩光可能是雪的一个问题。此外，雪会堆积在外部遮阳板上，或者会使遮阳篷等遮光部件无法运动。建筑物的外部部件可能会由于积雪的重量和质量而受损或受到阻碍。

屋顶上的积雪会因建筑物围护结构的热量流失而融化。融化的雪在屋檐上冻结并积聚成冰坝，使屋顶的水无法流到下面(图 9.5)。当积聚的雪水溢满冰坝时，水就可能会在屋顶瓦片下向上移动，进入建筑物内部。屋顶的通风可使雪水保持凉爽，也使温暖的室内温度不太可能融化屋顶的积雪。有通风的屋顶要求在其通风管道下面装备足够的隔热材料。

酸　雨

酸雨是一种异常酸性的降水。它会伤害植物、水生动物、建筑物、历史古迹和雕像，是由二氧化硫、氮氧化物排放物与大气中的水分子发生反应引起的。使用煤炭的发电厂是其主要来源。受酸雨影响的地区主要集中在美国东部的三分之一区域、加拿大东南部、欧洲东部的大部分，以及中国东南沿海和台湾地区。

地表水、地下水和雨水

径流是一种相对容易采集的集中水流。径流中可能含有有机、化学或放射性污染。

来自降水的地表水影响建筑工地的热量、声音和采光条件。当炎热干燥的微风拂过池塘表面时，蒸发冷却就会发生。潺潺的流水声掩盖了其他噪声。闪闪发光、波光摇曳的水面倒影可以给建筑物内部带来赏心悦目的日照，但也可能会产生眩光。

土壤水分

土壤水分是一种既不会蒸发也不会流失的降水，被植物生长所利用，然后被植物释放到大气中。当水到达植物根部以下时，最终到达饱和区，在那里所有的空隙都充满了水。这就是地下水水位。

多孔路面，如多孔沥青、多孔混凝土和渐进式铺路，有助于将雨水保持在土壤中。增量铺路由小的路面砖组成，接缝处可以让水流通过。开放式铺砌路面是由铺路材料和草或地被植物交替铺设而成，可用于短期或偏远地区的停车场。

地下水

地下水构成了我们可用水源的大部分。它可以用来储存夏季多余的建筑热量，供冬天使用，也可以用来冷却建筑物储存的太阳能热水，但是当地下水渗入地下空间时可能会损害建筑物的地基。

地下水通常存在于地表附近，可以通过钻孔开采或通过泉眼获取。地下水可以通过降水渗透到土壤层而得到补给。地下水的上层，即含水层的顶部，称为**潜水面**。它是多孔亚表土层达到饱和或充满水的那部分的水平线，也是水低于标准的基准线。

雨水管理

传统的雨水管理方法是尽可能快地从建筑物及其周围的物体中去除水。大型的雨水排放管道将雨水连同所有的垃圾和污染物输送到排水沟。老城区仍在使用的雨水和污水综合排放系统可能会因大暴雨泛滥而外溢，从而将未经处理的污水转移到当地的水体中。

今天，雨水管理试图延缓径流，使其渗透到地下以补充地下水位和地形(表 9.3)。通过增加地表和植物的蒸发量，雨水管理可以产生冷却效果。雨水在返回溪流和湖泊前都要进行净化处理。

表 9.3　雨水管理园林绿化技术

技　术	说　明
雨水花园	有植物的浅水区，不能长时间蓄水。可以延缓或减少暴雨的冲击。距离建筑物至少 10 英尺(约 3 米)，以避免潮湿问题
植被洼地	用来引导暴雨流入长而平缓的洼地。覆盖着从未割过的当地野生草本植物，可以减缓水流，吸收或排出水分，更好地去除污染物
渗水沟(暗沟)	从屋顶沿着滴水管流下的深沟，布满岩石或碎石，通常是有穿孔的管道。有助于防止雨水进入建筑物，减缓其吸收
排水井	布满岩石或碎石的大直径井眼，临时储存雨水，可以使水渗入土壤

在建筑物所在地进行绿化有利于各种动物的生长，同时可以减少对冷却的需求，并有助于清洁空气。植物的根系能使土壤保持稳定，植物的叶子可减小雨水的冲击力、减少侵蚀。良好的景观美化还可以减少雨水的强度和雨量。

保护水资源

保护水资源的理由有很多。人口增长意味着有限的资源必须用得更久。被耗尽的古代蓄水层需要数千年才能恢复。一些现有水源还在继续受到污染。供应和运输安全、洁净水的成本在不断增加。

北美建筑中的大部分饮用水都被用来运走有机废物。这种用途影响了从浴室设备和室内表面的详细布置到大型复杂的水和污水处理设施的区域规划。

富裕显然增加了用水量。草坪、游泳池和高尔夫球场使用了大量的水。

越来越多的建筑设计师及一些其他领域的人都在设法为高级别的任务储备高质量的水。这包括强调回收利用和节约用水。

美国环境保护署估计，每秒损失一滴水的水龙头每年可浪费 3000 加仑(约 11356 升)的水。通过精心安装高质量的固定装置、配件和用水器具，可以防止管道漏水。

保护策略

有关节水设备的更多信息，请参见第十一章“卫浴设备与电器”。

教育客户和其他同行是室内设计师保护水资源的第一步。室内设计师可以倡导客户与同行们使用高效的卫浴设备、用水器具和设备，建议他们在水龙头和莲蓬头上安装限流器和充气器、在水槽和洗面台上安装感应水龙头。更为复杂的保护策略包括采用将饮用水和非饮用水系统分开的双管道系统、用紫色水管来处理灰水、在适当的地方使用急热式热水器和循环热水。控制渗漏也可以节约用水。

减少使用饮用水的另一种方法是改变水的质量。饮用水应适用于所有涉及人类食用或摄食的应用。而绿化灌溉、消防、加热和冷却设备、厕所冲洗等用途则应寻求其他水源。

节水标准

1992 年的《能源政策法案》规定了各种固定装置的最高使用限制，包括限时 5 分钟的淋浴器、1.6 加仑(约 6 升)的冲水马桶、高效率的前置式洗衣机，以及严禁饮用水用于灌溉和较少的渗漏等。

美国的人均用水量比 20 世纪 70 年代末降低了 25%。这主要是由于农业和发电用水量的减少，以及对水资源价值的认识提高了。

LEED V4 认证标准对用水量的要求比 LEED 基准值减少了 20%。能源与环境设计先锋绿色建筑评价体系(LEED)也为家用电器设定了标准。

美国环保署的“水意识”计划始于 2006 年。它提供了一个产品标签，方便人们购买高性能、节水型产品。

供水系统的保护

饮用水是不含有害细菌的水，可以安全饮用或用于食物制备。从公共供水系统到各个建筑的总水管——大型地下管道——的水必须是可饮用的。

保护和保持清洁水的供应对我们的健康至关重要。时至今日，我们仍然不能保证随时都有清洁的水供应。流行病仍会通过不卫生的水供应传播。建成区附近的池塘或溪流中的水是不安全的，因为它们可能含有生物或化学污染物。

受污染的水供应

几个世纪以来，人们逐渐认识到生活在淡水水源附近的好处。不幸的是，人们花了很长时间才意识到自己的排泄物和动物的排泄物会污染水源，导致疾病和死亡。直到 1892 年，德国发现了细菌，人们才知道它的存在。

每年全世界估计有 200 万人死于水传播的细菌性疾病，其中大部分是儿童。这些疾病包括霍乱、伤寒、痢疾和布雷纳德腹泻，都有腹部症状和腹泻，是由霍乱弧菌、弯曲杆菌、沙门氏菌、志贺氏杆菌和大肠埃希氏菌(大肠杆菌)等引起的。

这些疾病是由受污染的地表水源和功能较差的大型市政供水系统传播的。它们可以通过氯化和安全的水处理来预防。然而，水处理系统的建造和运行费用高昂，并且不能跟上人口增长和人类迁徙的速度。有效的替代方案包括使用点消毒和安全的蓄水容器。低成本、可以局部控制的技术正变得越来越普遍。

虽然地球在很大程度上是一个水的星球，但是淡水分布不均。今天，仍然有超过三分之一的人无法获得安全的饮用水。除了地质和气候问题之外，政治和经济上的障碍也阻止人们获得清洁的水。一些供水受到工业污染，而另一些则含有天然的污染物。

井水和山中水库的水需要相对较少的处理。河水首先要经过砂滤器和沉降池的过滤去除颗粒，再通过一道化学处理工序沉淀其中的铁和铅化合物，然后用特殊的过滤器过滤硫化氢、氡气和其他溶解气体，最后用溶解于水的氯杀死有害的微生物，如此增加了清洁水的供应，以支持住宅和商业建筑的发展。

配水

私人供水系统服务于农村地区和许多小社区，每座建筑都有自己的供水系统。有的私人供水系统有自己信赖的泉水作为纯净水的水源。然而大多数私人供水系统都依赖于截留降雨(通常在屋顶上)或使用水井作为供水源。

较大的社区依靠市政供水系统。这些系统集中了水的收集、处理和分配。

井 水

井水供应系统比雨水系统更可靠，质量更好。然而，地表附近的水可能已经从最接近的区域渗入地下，并可能被附近的下水道、场院、屋外厕所或垃圾堆污染。井水通常是硬水，可能需要软水器软化。大多数水井都需要使用水泵(图 9.6)。

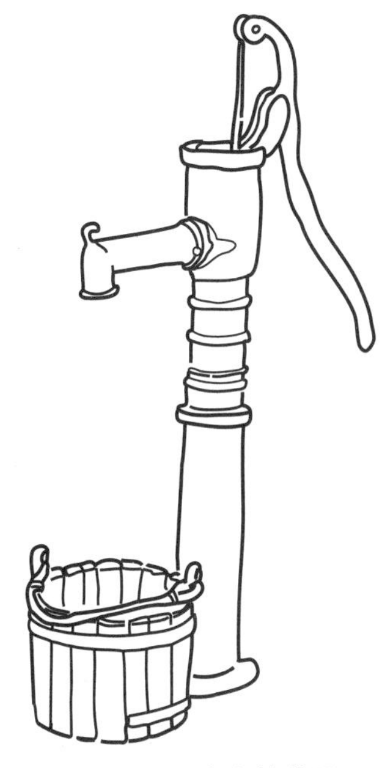

图 9.6 古老的井泵

深井是私人供水的主要现场来源。超过 14%的美国独栋住宅没有社区供水服务，而是依靠水井供水。

通常，为了避免季节性水位波动，井的大部分处在潜水面以下。它们可能是由管段或钻孔机开凿钻孔取水。喷射井用压力泵在接近地表的地方取水。

深水井的开采成本很高，但地下深处的水来自数百英里之外，长途旅行会过滤掉大部分细菌。井水有时含有溶解的矿物质，其中大部分是无害的，但可能会导致硬水环境。

如果水源足够深，井水通常是可饮用的。它应该是纯净、清凉、无色无味的。在使用井水前，应到当地卫生部门检测样品中的细菌和化学成分含量。

泉水和自流井相对比较少见。自流井是在承压含水层的增压部分钻的井，不需要水泵就能将水输送到表面，但可能仍然需要一个水泵将水分配到固定装置上。

市政供水系统

根据美国地质调查局(USGS)2014 年的数据，约 86%的美国人口从公共供水系统获取水。一个集中式公共配水系统包括总水管、**水表**、水龙头和关闭阀(图 9.7)。遥测仪表或传感器装置可以读取位于地表以下数英尺的水表。

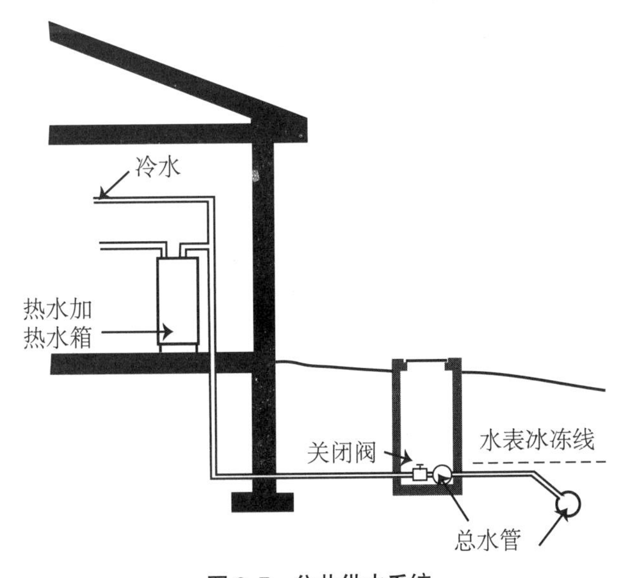

图 9.7 公共供水系统

供水设备

自来水总管道是大型管道，将公共供水系统的水从源头输送到建筑物的各个服务连接点。铺设在人行道和街道下面的总管将水从水库输送到建筑物。自来水总管通过一条补给线连接到每个建筑物。公共供水公司安装的给水管从总水管一直通到建筑物。该管道深埋地下，以避免冬季结冰。

在建筑物内部或路边控制箱中的水表测量并记录通过给水管的水量，通常也监测污水处理情况(图9.8)。控制阀位于控制箱中，以便在发生紧急情况时或者如果业主没有支付水费时切断对建筑物供水。建筑物内的关闭阀也可以控制供水(图9.9)。

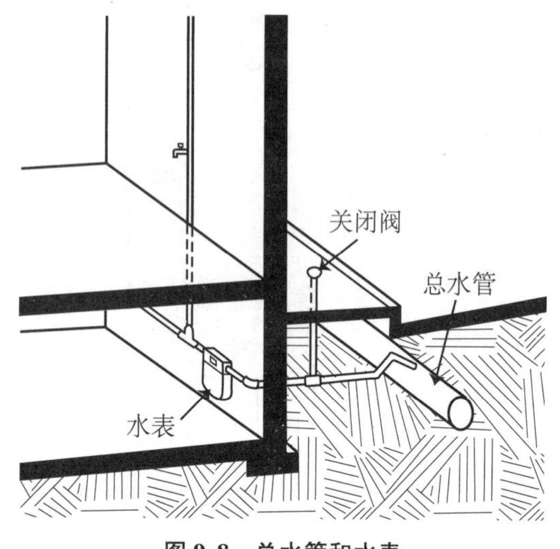

图9.8　总水管和水表

图9.9　水关闭阀盖

水　质

直到19世纪，流行病和水质之间的关联才建立起来。1854年，伦敦医生约翰·斯诺推断，当地的霍乱病例缘于被附近一所房子的污水污染的单极泵。

水质受美国联邦、州和地方法律的监管。1996年美国环境保护署通过的《安全饮用水法案修正案》要求供水企业公布“年度水质报告”，说明水质污染物的种类、程度，以及是否超标。美国食品药品监督管理局(FDA)对瓶装水的规定不如环保署的自来水标准严格。

在美国的一些农村地区，农药、清洁溶剂和垃圾填埋场的渗液污染了地下水。在城市地区，为防止细菌污染而添加的氯有时会导致水的异味，以及管道和卫浴设备的损坏。

> 纺织工业在纤维生产和加工，以及织物装饰，尤其是染色等方面大量用水。作为室内设计师，你可以避免使用生产过程含有高毒性技术的产品，而去寻找那些对环境影响较低的产品。

水质特征

社区要定期检查市政供水的质量。如果一个家庭或企业主不能确定其建筑物的供水是否符合安全标准，政府或私人水质分析师将提供采样说明和容器，并评估供水的纯度。分析师的报告会给出矿物含量、酸度或碱度(pH)、污染物、浑浊度、总固体和生物纯度的数值，并对样品预期用途的适宜性提出意见。

水质特征分为物理、化学、生物或放射性等类别。水的物理特征主要源于屋顶和水体的表面。当地下水从地表向下移动时，它缓慢地溶解岩石和土壤中的矿物质，这时就会产生化学特征。水的化学问题可能表现为容易污染卫浴设备和衣服。水中可能含有通常不会引起疾病的生物有机体，但存在大量的生物是不受欢迎的。即使在非常低的浓度下，放射性化学物质的存在也会对健康产生不利影响。

硬水是矿物质含量过高的水。水质过硬可能会在卫浴设备和管道上留下矿物沉淀物，很难看，尤其是在深色材料上。硬水还会阻止肥皂产生泡沫，也会影响一些工业加工。美国环保署的标准中不包括硬水。水中的腐蚀性物质会产生鳞片，当与头发和其他杂物结合时会堵塞水管。

水软化处理可以改善外观，延长管道设备的使用寿命。软水器一般安装在热水器附近，通常用于处理所有的家庭用水。软水器被用来去除钙和镁。软化会使水产生一股难闻的味道。

软化过程增加了水的钠含量。这对于低钠饮食的人来说可能是个问题。为了尽量减少软化水时添加的钠离子，可以只对热水供应进行软化处理或者向厨房水龙头提供冷水管线，这样可以绕过软水器。

水质处理

初级水处理从过滤开始，然后是通过消毒杀死水中的微生物。**二次水处理**使消毒剂的浓度保持较高水平，以防止微生物再生长。

住宅水过滤器包括各种各样的设备，从玻璃水瓶到全屋系统(表9.4)。如今，住宅水过滤器变得越来越简单，安装起来也更容易。水龙头上的水过滤要求水槽下方有一定的空间，可以方便更换过滤器。

表9.4 家庭用水处理方法

方 法	处理的问题
活性炭过滤	味道和气味问题、氯气残留、有机化学品和氡
加氯消毒	大肠型细菌、铁微粒、铁细菌、锰
蒸馏	金属材料、无机化学品、其他污染物
中和过滤	酸度(低 pH)
颗粒或纤维过滤	溶解性固体、铁微粒
氧化过滤	铁微粒、锰
阴离子交换	硝酸盐、硫酸盐、砷
反渗透	金属材料、无机化学品和其他污染物
硬水软化	钙、镁、铁微粒

纤维(机械)过滤器可作为小厨房水龙头过滤器或者较大的下水槽过滤器。通过水龙头上的支路可以选择过滤或未过滤的水，而且可以延长滤芯寿命。

建筑物内的水分配

纵观历史，建筑师、建筑商和房主们最关心的是如何将水从建筑物中隔离出来。直到19世纪末，建筑物内的供水才开始在工业发达国家普及，而至今世界上许多地方仍然没有室内管道。

室内设计师与建筑师、工程师和承包商合作，确保以健康、安全、舒适和实用的方式为客户供水。为了使室内管道安全工作而不会传播细菌和污染供水系统，有必要建造两个完全独立的系统。第一，**供水系统**向建筑物输送干净的水(图9.10)。水进入建筑物后，一部分被分流到热水器，然后由热水供应管道将其输送到其

有关生活废水系统的更多信息，请参见第十章“废物与再利用系统”。

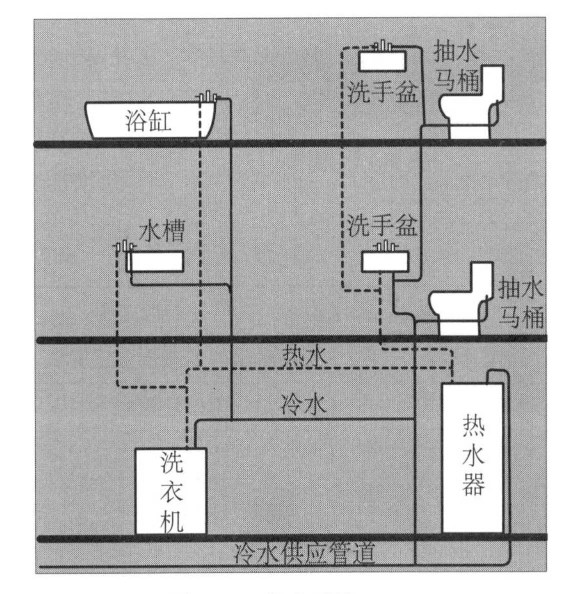

图9.10 供水系统

他设备和电器，其余的水通过冷水供应管道到达电器和设备。第二，排水系统，也称为**生活废水系统**或**排水、废物和通风系统(DWV 系统)**。它将所有的废物通过建筑物输送到下面的下水道。

小型建筑的供水

在小型木结构建筑物中，室内管道通常隐藏在地板托梁和墙壁组成的建筑空间中。砖石结构建筑需要用木板条或金属管增建出一个空间隐藏水平和垂直的管道(图 9.11)。使管道穿过砌筑墙是很困难的，对那些容易冻结的管道来说并非一个好主意。

图 9.11　带有管道运行所需木板条的砌筑墙

在寒冷地区，供水管道必须在霜冻线以下进入建筑物，以防止冻结。没有暖气的房子必须完全没有水，以免结冰导致管道爆裂。房屋的关闭装置通常位于总管道、路边和房子内部。在系统的每一个低点都应该有一个排水阀。

图 9.12　管槽

大型建筑的供水

在有许多固定装置的大型建筑物中，管道通常隐藏在地下室、杂物间和控制室。管道通常安装在管槽中，位于墙壁或天花板与地板之间的垂直和水平的开放空间里(图 9.12)。管槽通常有通道门，以使管道能够不断延伸。供水管道和排污管道必须与建筑物的结构和其他建筑系统相协调。

垂直供水管及其所含水的重量在每个楼层都要有支撑，水平方向上每隔 6~10 英尺(约 1.8~3 米)设一个支撑点。采用可调节的架子使水平的废水管向下倾斜，形成重力排水。

水　压

社区总水管中的水在通过管道时受到的压力可以抵消管道的摩擦力和重力。公共供水系统的水压通常在每平方英寸 50~70 磅(psi)(约 345~483 千帕)。这也是私人水井系统所能达到的最大限度，这样的压力对于两层或三层楼的建筑物来说通常是足够的。

在较高的建筑物中需要进行水分配，可以采用**下行上给式**、**水泵增压式**、**液压气动式**或**上行下给式**等分配方法(表 9.5)。

表 9.5　水分配系统的类型

类　型	应　用	说　明
下行上给式	中等用水量的低矮小型建筑物	水为主要压力或来自泵井的压力
水泵增压式	水压不足的中型建筑物	水泵提供额外的压力
液压气动式	压缩空气维持水压	把水压进密封的增压箱
上行下给式	水上升到屋顶的储水箱，然后向下滴入卫浴设备	屋顶水箱可能需要加热以避免结冰；消防水龙带的水需要额外的结构支撑

一旦水进入建筑物内部，它的压力就会随着流经的管道的大小而改变。较大的管道对水流的压力较小，而小管道的压力则会增加。如果建筑物内的水上升，重力和摩擦力就会降低压力(图 9.13)。建

筑物内各装置的水压可能会在5~30磅(约34~207千帕)变化。

在供水压力过高的地方安装减压阀，不仅可以避免泄漏，还可以防止洗衣机和洗碗机中自动阀的操作不当。

压力过大会导致喷溅。这可以通过水龙头出口上的限流器来调节。压力太小，则会产生滴水缓慢。按规定尺码制造供水管道可以消除每个装置所要求的压力和供水压力之间的差额。

在建筑物内部，水持续在压力之下为供暖锅炉供应补给水，为冷水主管及其分支供水和增压，并通过热水器、热水储水罐、自来水总管道和分管，以及循环管路供应和加压供水系统。

供水管

管道系统由管道、连接卫浴设备的配件和阀门、热水器等管线组成。总需水量由卫浴设备的数量确定，而设备的数量又取决于建筑物的类型和居住者的数量。

图9.13 开口上方的水的重量如何增加该开口的压力

两千年前，铅被罗马人用来做水暖管道，plumbing一词来源于拉丁文的plumbum，意思是“铅”。罗马帝国时期，室内管道的发展达到了空前规模，有冷热水的公共浴室、运动空间，甚至图书馆及用餐区都有管道相连(图9.14)。

图9.14 英国巴斯市的罗马浴池

铅管在20世纪50年代被广泛使用。即使在今天，美国环境保护署(EPA)还担心铅可能从旧铅管和铅焊料焊接的铜管中析出进入供水系统。幸运的是，管道内壁上的铅反应迅速形成涂层，使铅不会从管道中渗出。然而当水是高度酸性或者水在铅管中长时间停留时，水中的铅含量可能会超过安全标准。今天，管道供应管是由铜、红黄铜、镀锌钢和塑料制成。

美国地方法规对塑料管道的要求不尽相同。塑料管被广泛应用于供水管道、管件和排水系统。大多数塑料管道都是用热塑性塑料制成，加热时它会反复软化。用于饮用水的塑料管必须印有美国国家卫生基金会(NSF)的标志。大多数塑料管都是粘在一起而不是焊接的，这使它们比金属管更难拆卸。

交联聚乙烯，也就是人们熟知的PEX，被制成管材，广泛地取代了铜管。交联特性使其从热塑性塑料转变为热固性塑料，在没有交叉连接的情况下保持弹性，在不使用潜在有毒溶剂进行热定型时使压缩接头与自身紧密连接。使用灵活的交联聚乙烯管道可以降低人工成本，也可以缩短获得热水的时间，从而减少水和能源的浪费。

螺纹连接用于黑色金属管道和所谓的铁管尺寸的黄铜。较大的黑色金属管道通常与螺栓法兰焊接或连接。铜管在它被放在最终位置后进行焊接。

水暖管道必须便于进行清洁和维修(图9.15)。这就需要有检修口。

图 9.15　正在打开存水弯的水暖工

流经管道的水流速度越大，产生的阻力越大，噪声也就越大。高速也可能产生管道振动，进而产生更多噪声。为了控制噪声，在被占用的区域内管道的流速不应超过 6 英尺(约 1.8 米)/秒(fps)。支撑管具有弹性，可以避免将管道振动传递给建筑结构。为了控制声音，管道还应该用至少 1.5 英寸(约 38 毫米)的石膏墙板围封起来。

工程师们根据需求量最多时管道输送水的速率确定管道的尺寸。供水管网中的管道随着距离水源越来越远、距离使用点越来越接近而趋于变小，因为并不是所有的水都必须完成整个行程。管道的尺寸由所连接设备的数量和类型，以及摩擦和垂直行程造成的压力损失决定。流经较小管道的水比相同量的水通过大管道时所承受的压力要大。

水管的尺寸取决于水暖设备是否有足够的压力。美国地方条例通常规定，水流量必须足够保持设备的清洁和卫生。管道尺寸是基于以每分钟加仑计(GPM)的流量、施加的阻力或压力损失，以及水流速度的。

室内设计师要尽可能早地向工程师提供有关管道设备的数量及其要求的详细信息。每种类型的设备都配有若干个设备单元。每分钟加仑数是根据建筑物的设备总数估算的。工程师假定并非所有的设备都在同一时间使用，因此总需求量与设备的数量不直接成正比。

> 为了节约管道，只要有可能，最好将需要管道系统的空间，如厨房和浴室或两个浴室，背靠背地设置。

冷凝与隔热

供水管道是隔热的，以防止冷凝和减少空气与管道内容物之间的热量传递。所有冷水管道和管件都应涂上隔热层和密封的防潮层，以防止冷凝。循环热水系统中的所有热水管道均应保温，以节省能源。

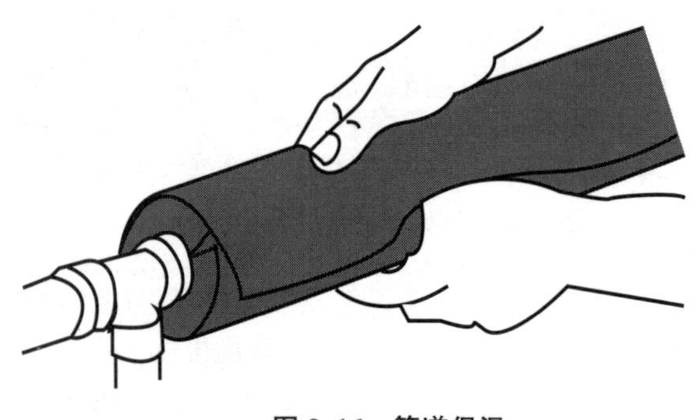

图 9.16　管道保温

当空气中的水分冷凝在冷水管的外侧时，管道会结水珠。当这种冷凝物从管道上落下来，不仅会润湿和损坏装修好的墙面，还有助于霉菌的生长。隔热材料能够防止相邻温暖空间的热量加热管道中的水。当管道用 0.5~1 英寸(约 13~25 毫米)厚的玻璃纤维包裹起来，外表面用蒸汽缓凝剂密封时，空气中的水分就不能到达冰冷的水管表面。蒸汽缓凝剂也可以阻隔温暖空气中的热量流动，从而保持冷却水的温度。管道保温可以用预成型的包装包裹在水管周围，使家装更容易(图 9.16)。

热水管是保温的，以防止热量损失。冷水和热水的供水管道经常是彼此靠近的。热水中产生的热量会流失到旁边的冷水管道中，因此当冷、热水管平行运行时，它们的间距应该至少为 6 英寸(约 152 毫米)，以避免交换热量，即使管道是保温的也应如此。

水箱和热水器通常是用整体绝缘材料制造的。然而，旧设备的绝缘性能可能比预期的要低，这些可以通过添加绝缘层来加以改善。

在天气有可能达到零度以下的地方，管道不应安装在外墙，因此任何卫浴设备都不应安装在外墙上。

在非常寒冷的气候条件下，外墙和没有暖气的建筑物中的水管可能会结冰和破裂，因此要避免沿着外墙安装卫浴设备。如果供水管必须设在外墙，则应置于墙体保温层的暖侧（内侧）。一个位于低处的排水龙头可以确保在严寒天气到来之前排干管道中的水。

分支供水管

小型管道组件通常适合安装在6英寸（约152毫米）的内部隔断中。

一条管线从分水管延伸到每一个设备（图9.17）。**粗设**是在实际安装卫浴设备之前将所有管道安装、封顶和进行压力测试的过程。应该向器具制造商们核实每个卫生器具的大致尺寸，以便在正式施工阶段能够准确地安装设备支架。

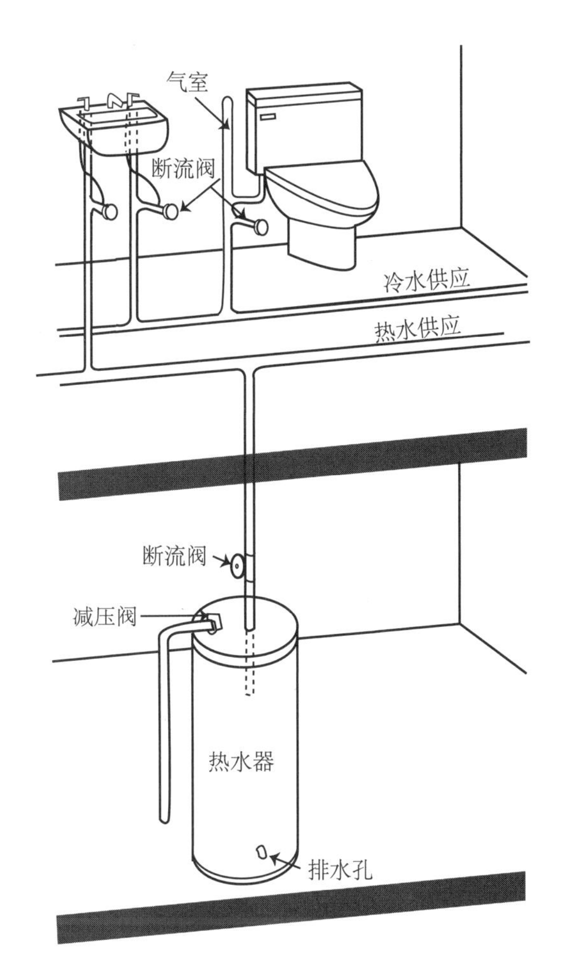

图9.17 从分水管到卫浴设备

标准的0.5英寸（约13毫米）供水管道可能无法满足包含有水疗浴缸、旋涡浴缸或者大容量或多头淋浴器的浴室的用水量需求。较大的浴盆和旋涡浴缸通常使用0.75英寸（约19毫米）的供水管道，并带有一个0.75英寸（约19毫米）的铁管阀和浴缸喷口。

管道阀

最好在每个垂直管道（称为**立管**）上安装一个**断流阀**，分别引出分管通往厨房和浴室，也可以安装在每件设备的出水口处控制水流，还可以安装一些阀门将一件或多件设备与供水系统隔离开，以方便维修和维护。不仅要在地下室或室外，还应该在每个浴室设备的内部或旁边或者在供水管道进入该区域的地方安装关闭阀，以备在紧急情况下快速关闭。

阀门类型包括球心阀、闸门阀、角阀、止回阀和球阀（图9.18）。淋浴器需要混合阀，以消除由于管线压力变化而引起的温度变化。混合阀的最大排放温度为120 ℉（49 ℃）。

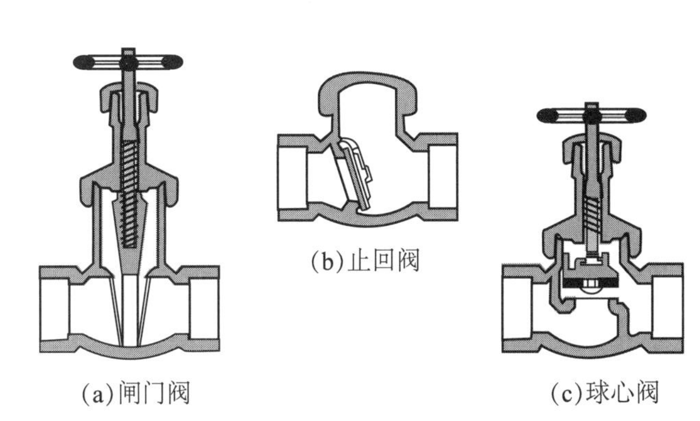

图9.18 阀门类型

避免将阀门隐藏在难以拆卸的面板或门的后面。可以做一扇假门或用可移动的瓷砖来掩藏，同时便于检修，但前提是客户知道它们的位置。

真空断路器

真空断路器可以防止脏水回流到干净的供水管道中(图 9.19)。它们还可以将从洗碗机、洗衣机和锅炉中流出的水与供应的水隔离开来，如美容院的洗发水槽就需要真空断路器。

气室与水锤

一个设备附近的垂直分支管的终端被称为**气室**。当水龙头被迅速关闭时，供水管内的水流几乎立即下降到零。如果没有气室，管道内的压力会瞬间变得非常高，产生一种像用锤子敲击管子的声音(称为**水锤**)，这可能会损坏整个管道系统。这种情况可能发生在操作洗衣机或快速启动水龙头的自动关闭阀时。气室可以吸收冲击力，防止水锤现象的发生。

水锤最糟糕的声音就像用一把金属锤子去打管子的声音，但在大多数情况下更像是一个橡皮锤发出的砰砰重击声，接着是管子发出的咔嗒声。

由于管道内的空气可能会随着时间的推移而被吸收，或者可能会产生污染水源的细菌，所以现在许多司法管辖区要求专门设计一种防震装置——水锤消除器(图 9.20)。该装置使用的是活塞而不是圆柱体中的空气。当水锤使减震器附近的水锤关闭时，最初的冲击会使橡胶波纹管膨胀。这使液压流体移位，冲击被惰性气体吸收。

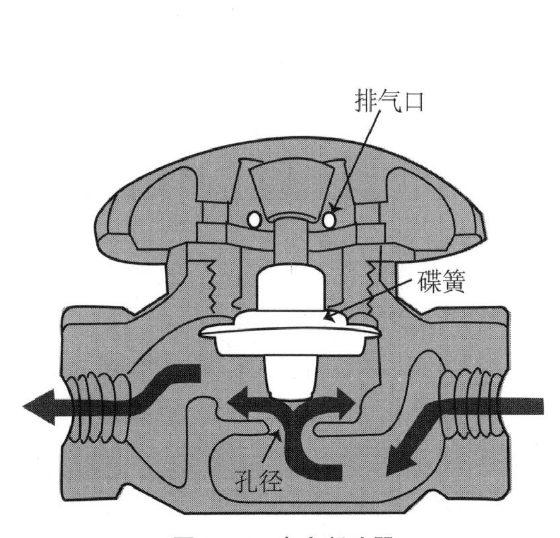

图 9.19　真空断路器

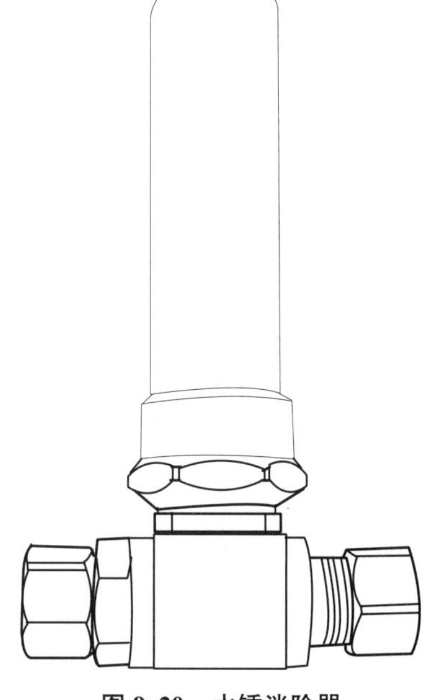

图 9.20　水锤消除器

热　水

用于加热水的能量取决于建筑物的功能和节能措施(表 9.6)。举例来说，在过去的几年中，酒店已经设法将其节水效率从总能耗的 40%降到了 33%左右。

表 9.6　热水的能源使用情况

使　用	占总能量的百分比(%)
酒店	33
医疗保健	27
教育方面	22
与居住相关	15

用于洗澡、洗衣、洗碗和许多其他东西，但不用于加热建筑空间的热水，被称为**生活热水**(**DHW**)，有时被称为**建筑服务热水**(在非住宅建筑中)。保温良好的建筑物使用很少的水进行空间

加热，而将大量的热水用于其他目的。一个大型热水器可同时满足这两种需求。在大型建筑物中，通常会在每个设备附近设置回水管，以将水送回热水器重新加热。

热水的使用

与使用洗碗机相比，在水槽中手工洗碗的效率取决于手洗的方式。旧洗碗机每洗一次使用 8~15 加仑(约 30~57 升)的水，还会耗掉高达 3 倍的电力。而现在，一台高效的洗碗机每次使用 3~5 加仑(约 11~19 升)的水。虽然用不足 8 加仑(约 30 升)的水也可以手工清洗同样多的餐具，但是常规的手洗通常可以使用多达 27 加仑(约 102 升)的水。如果只在洗碗机满了的时候才开动洗碗机，那么一台新的自动洗碗机可能会更有效。

盆浴会用掉 13~15 加仑(约 49~57 升)的热水。短时间的淋浴需要 6~8 加仑(约 23~30 升)的水，但 5~6 分钟淋浴的用水量与浴缸相当。

不同类型的洗衣机所需的热水量不同(表 9.7)。

表 9.7 洗衣机使用热水的情况

机器类型	加仑(升)/每次
标准型上开门洗衣机、较新的型号	30(约 114)以下
前开门或上开门高效洗衣机	多达 25 或 30(约 95~114)
超高效带挡水板的纵轴式洗衣机	约 15(约 57)
水平轴式洗衣机	小于 15 加仑(约 57)

热水的保护

热水使用两种类型的资源，即把水加热的能源和水资源。节约热水的策略在某些方面与一般节水方法相似。使用限流器、充气器、自动水龙头，以及用冷水洗衣服，可以减少对热水的需求。其他保护方法有：

(1)对热水管和水箱采取保温措施。

(2)安装热收集器，使水流入储水罐，但不让热水从水罐中流出，从而防止对流将热水输送到管道中。

(3)不使用时，使用定时器关闭电热水器。

(4)安装一个单独的仪表，并且只在夜间加热水以降低电费。

(5)利用风能或太阳能在无风或阴天时使用备用加热器。

(6)使用强制循环热水系统提高效率，持续为每个设备提供热水。

(7)使用高效的燃气热水器更有效地产生热水。

(8)避免使用电阻加热器，改用电热泵。

(9)为了回收能量，使用热交换器提前在途中预热流向热水箱的冷水(图 9.21)。

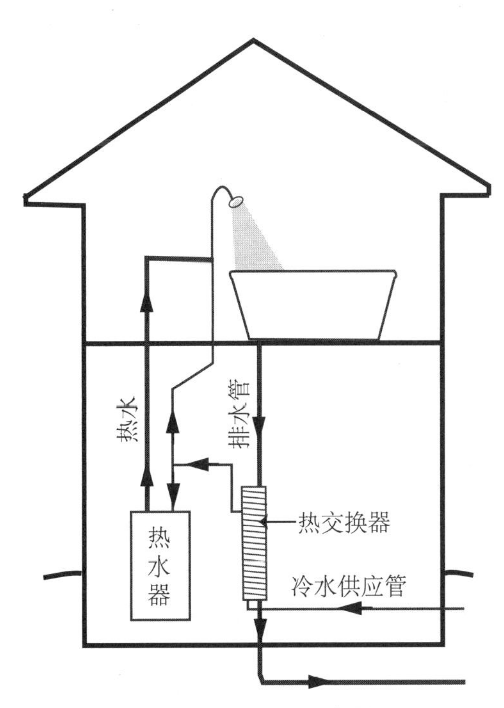

图 9.21 淋浴器的热交换器

温 度

在许多建筑中，水被加热并储存在高温的大型容器中以保证热水供应充足。不可避免的是，在储存和运输过程中会损失一些热量。有时水龙头必须运行一段时间，才能获得所需温度的水。为了节约能源和水，聪明的消费者会在可行的情况下使用温度较低的水。

人们通常在 105~120 ℉(41~49 ℃)的水温下淋浴，通过淋浴器中的混合阀将 140 ℉(60 ℃)的热水与冷水混合而获得温度适宜的水。大多数人会觉得超过 110 ℉(43 ℃)的温度是令人不舒服的。如果水温较高，可以安装小一些的热水箱，因为在使用之前超高温的热水会与冷水混合(表 9.8)。

在某些商业用途上，会需要更高的温度。根据规范，有些应用必须高温，而有些则禁止高温。《2015 年国际管道规范》(IPC)将饮用热水分配系统限制在 140 ℉(60 ℃)或以下的温度。地方法规还对改造、更换或新建项目中热水器的类型和效率做出了详细规定。

表 9.8　常见的热水温度

用　途	活　动	温　度
盥洗室	洗手	105 ℉(40 ℃)
	刮胡子	115 ℉(45 ℃)
	仔细擦洗	110 ℉(43 ℃)
沐浴	淋浴、浴缸	105~120 ℉(41~49 ℃)
	浴疗	95 ℉(35 ℃)
洗衣	商业的、机构的	高达 180 ℉(82 ℃)
	住宅的	140 ℉(60 ℃)
洗碗	商业喷淋式洗涤	最低 150 ℉(65 ℃)
	最后的消毒清洗	180~195 ℉(82~90 ℃)
普通洗涤、食物准备	通常限于避免灼伤	不超过 140 ℉(60 ℃)

温度超过 140 ℉(60 ℃)会导致严重灼伤，如果水很硬，则会使烫伤加剧。然而高温可以抑制有害细菌嗜肺军团菌的生长，这种细菌会引起**军团病**。

较低的温度不太可能引起灼伤，但可能不利于环境卫生。低温的水在储存和流经管道的过程中损失的热量较少，因而可以节约能源。较小的加热装置适合于较低的温度，但需要较大的储水罐。太阳能或废热回收能源更适用于较低温度的热水器。

热水加热器

储罐式热水加热器一般可容纳 30~70 加仑(约 114~265 升)的水；其中约 70%是可用容量。尺寸方面的考虑包括客户对流量的要求、水进入水箱时的温度，以及流出时所需的温度。

大多数制造商都用软件帮助计算所需热水箱的尺寸。

太阳能热水器

太阳能热水是最常见和成本效益最高的太阳能应用之一。即使在阳光不太充足的气候条件下，太阳能热水仍可以满足居住的大部分需求。全世界许多国家都制造太阳能热水器，包括集热器、储水箱和操控装置(图 9.22)。太阳能面板通常位于屋顶，但也可以安装在地面。

在美国各地，太阳能热水器可以轻松地满足大部分的夏季生活热水需求。在温度低于 42 ℉(60 ℃)的地方，太阳能热水系统需要防冻。美国一些地区的法规要求新建筑都必须安装太阳能热水器。

太阳能热水器被设计为带有循环泵和控制器的主动系统或被动系统。主动的太阳能热水系统可以放置在任何地方，但是容易发生机械故障，需要更多的维护。太阳能板上有通到热交换器的水管或转

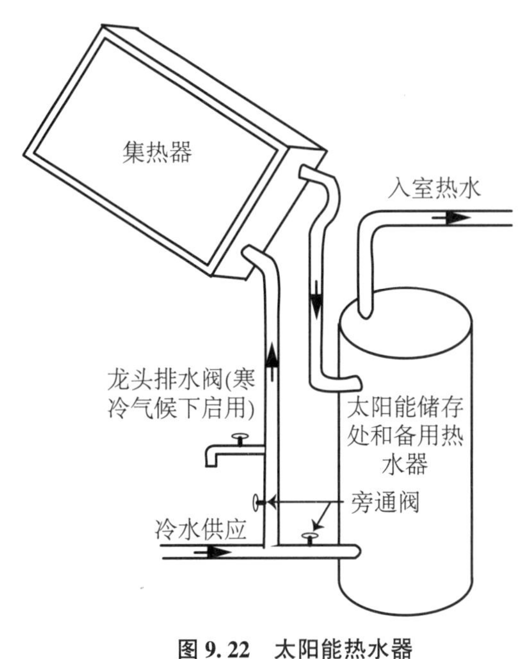

图 9.22 太阳能热水器

移液体管。加热后的水流入储水罐。

通常，被动式水加热系统比主动系统便宜。尽管被动系统的效率通常较低，但它们组件的成本也较低，而且通常比主动系统更可靠、更耐用。被动系统依靠重力进行循环，所以储水罐的位置必须高于集热器，但这可能会造成结构问题。

太阳能热水器使用直接或间接系统。在直接系统中，用于建筑的水通过太阳能集热器进行循环。直接系统简单、高效，不需要单独的流体回路进行热交换。

间接太阳能热水系统使用一个封闭回路，该回路中包含了通过收集器和储罐循环的流体。热量通过热交换器从流体传递到生活热水(DHW)。间接系统允许在集流体回路中使用不冻液，集流体可以在低压下运行。

在阳光最充足的几个月里，太阳能可以用来加热室外游泳池。太阳能游泳池采暖系统可以使游泳季节延长数周，还能在两年内节省购买太阳能设备的费用。

储罐式热水器

热水可以在中央位置或在使用点加热。中央热水供暖系统既浪费能源，又浪费水。其主要优点是初始成本低。中央位置在美国最受欢迎。世界上其他地方的人则更喜欢即热式热水器。这显然主要是由于能源成本造成的差异。

> 热水器的位置影响热水到达浴室的速度。在住宅浴室附近增设第二个热水器可能是个好主意，特别是在有要求较高的旋涡浴缸或多头淋浴器的地方。

储罐式热水器应该是节能的，并且可以根据家庭需要量身定制，但是如果安装的热水器过大，其消耗的能量会比实际需要的更多。

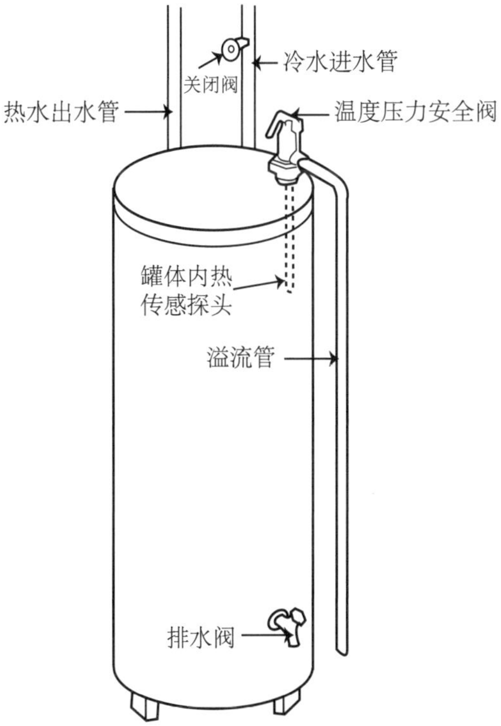

图 9.23 储罐式热水器

水从热水器的底部加热点进入储罐(图 9.23)，在顶部流出。即使在没有使用热水时，储罐的侧面也会持续散热，所以储罐式电热水器需要一直耗用能量才能保持水温。储罐通常是保温的，可以保存热量，但是一些老旧的型号可能需要更多的保温材料。当地的电力公司有时会给热水罐提供免费的保温材料。高效的热水器隔热效果更好，能耗更少。

选择热水器主要看其能效、储罐容量，以及水温上升所需的时间。容量影响多少固定装置可以同时使用热水。恢复速率是指加热一半水量所需的时间，以每小时加仑量为测量单位。第一小时的额定值(FHR)是基于储罐的大小和恢复速率而得到的。当 FHR 值相同时，燃气热水器比电热水器的恢复速率更高，因此它们的罐体相对更小。

能量因子(EF)被用来比较热水器的能效(表 9.9)。数字越高，能效就越高。美国能源部(DOE)要求在热水加热器上使用黄色的**能量指示标签**，便于比较。

无罐式热水器

小型**无罐式热水器**(也称为即热式、需求式或“使用点”加热器)在加热线圈内迅速提高水温，立即将水从加热线圈送到使用点。气体燃烧器或电气元件根据需要加热水(图 9.24)。这些热水器没有储水罐，因此也不会失去热量。

根据美国能源部的数据，使用无罐式热水器的家庭每天使用 4 加仑(约 15 升)以下的热水，可以节省三分之一的能源。通常，无罐式热水器最多生产 5 gpm 的气体或大约 2 gpm 的电阻。

表 9.9　热水器的能效

燃　料	加热器的类型	能量因子(EF)
太阳能	有罐	10+
燃气	有罐	0.5~0.65
	无罐	0.7~0.85
	冷凝罐	0.85
石油	与空间加热锅炉相结合	0.6
电阻(因电源效率低而不可持续)	有罐	0.75~0.95
	无罐	0.98
电热泵	有罐	1.5~2.5

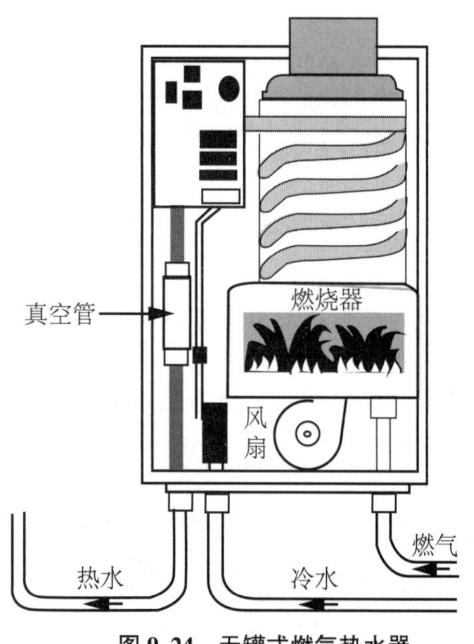

图 9.24　无罐式燃气热水器

“使用点”加热器内置在洗碗机等设备中。即时热水分配器有一个单独的小型水龙头，供应制作饮料和速溶汤所需的近沸水。这些分配器要求在水槽或操作台的表面额外再开一个孔，另外提供一条供水管。

由于背靠背的管道设计，使厨房、洗衣房和浴室都集中在一个中心位置，所需的热水器数量因此减少了。

无罐式热水器也用于远程设备。无罐式热水器由电阻、天然气或丙烷提供动力；燃气热水器比电阻加热器加热水的速度更快、更高效，而且由于发电效率低，整体效率更高。

燃气热水器

尽管购买天然气和丙烷热水器通常要花费很多，但它们的运行费用要比电热水器少。燃气热水器必须设计成能使气体在罕见但严重的气体泄漏事故中安全逸出。

效率更高的气体冷凝加热器可通过水平管道排出。燃烧气体从罐内的一个密封腔开始，通过作为二级热交换器的螺旋钢管排出。冷凝加热器从废气中能除去大量的热量，使其冷却到可以通过廉价的塑料管道而不是不锈钢烟道来排放。风扇可以水平地把废气吹到墙外。冷凝加热器的效率为 90%~96%，而普通罐式热水器的效率为 60%。

大多数需求量大的热水器都是以天然气为燃料。它们需要一个通向户外的通风口，有时是大直径的气体管线。它们通常比标准的储罐式热水器更贵，但随着时间的推移可以省很多钱。

热水分配

热水是通过布置在分配树上的管道输送到整个建筑物的。当热水流经单个热水分配树时，它会随着离热水器的距离越来越远而冷却下来。为了得到管道末端的热水，必须要先放掉管道中的冷水。靠这种环状热水分配树，热水不断循环。尽管管道会损失一些热量，但是在热水器变热之前必须少装水，这样每个水龙头都可以在 1~2 秒内流出热水。

热水是利用**热虹吸原理**循环的。这是水受热膨胀变轻的现象。水受热后会上升到它被使用的地方，然后慢慢冷却、回落到热水器里，不会把冷水留在管道中。热虹吸系统包括一个带储罐的加热器、通向最远设备的管道，以及将未使用的冷却水输送回加热器的管道。在多层建筑中，增加的高度使热虹吸循环的效果更好。

强制循环用于长条形建筑，由于高度太低，无法进行热虹吸循环，并且长距离的管道运行会产生较大的摩擦力，这会减慢水流的速度。热水器和水泵按需要打开，以保持水处于理想的温度。设备里的水需要 5~10 秒钟才能达到全温度。强制循环在大型的单层住宅、学校和厂房中很常见。

循环热水泵通过水龙头瞬间提供热水，而不必放掉冷水。循环泵消耗电力，整个管道系统总是充满热水，热量损失较大。在小型建筑中，如单户住宅，设备安装得比较靠近，抽出去的水中浪费的能源比不断循环的热水浪费的要少。

计算机控制系统可以节省酒店、汽车旅馆、公寓和大型商业建筑物的能源。计算机可以在最繁忙的时段提供最热的水温。当使用量较低时，供水的温度也随之降低，较多的热水和较少的冷水在淋浴器、洗手池和水槽处混合。将冷却水分配到固定装置可以减少管道内的热量损失。计算机可以存储和调整建筑物的日常使用模式。

热水管会膨胀，但这一般不会给小型建筑物(如房屋)造成问题，而对高层建筑而言就可能是一个大问题。

冷冻水

大多数公共建筑提供冷冻饮用水。以前，用自带管道系统的中央制冷机来分配冷水。现在，水在每个使用点配备的小型冷水机中冷却，以更低的成本提供更好的品质。有的系统包含一个中央水净化系统，先把水分配到办公室，然后在单独的冷水机上冷却水。这些系统需要更多的管道，但不需要在冷水机上安装重型水瓶。

标准的冷热瓶装水冷水机比大型冰箱耗能还多。饮水机通常专门配备了使用点冷水机，但也可以在没有冷水机的情况下使用。

“**冷水机**”一词用于自带独立制冷设备的饮水机。在需要大量饮水机的地方可以使用集中式制冷设备。集中的冷水都是连续泵送的，所以管道必须做隔热处理以免变暖，并用蒸汽密封材料密封以避免冷凝。

供气与分配

早在公元 400 年，中国家庭就用竹管分配天然气来照明和取暖。第一批商用天然气是用煤生产的，1785 年左右在英国使用，主要为房屋和街道提供照明。

天然气通过输气管道输送到建筑物附近。需要时，在建筑物边界安装天然气管道连接。

> 首次安装天然气，应在地板和墙面完工之前完成安装工作。

移动煤气设备时，煤气管道应该加盖以防止泄漏或爆炸。气体关闭阀应该位于导气装置附近，可以对既有的输气管道进行调整或搬迁，不会有太多困难，因为管道是柔性的，便于拆装。

丙烷是天然气加工和石油精炼的副产品。它以液体或气体(蒸汽)形式提供，但是设计为液体的丙烷系统不能用于气体，反之亦然。丙烷气主要用于发动机、烧烤架、便携炉具和家庭取暖，通常是在天然气无法使用时用储罐(通常在后院)供应。储罐底部的气体燃烧器由常设的引燃灯或由火花点火点燃。**液化石油气**(LPG)是一种液体燃料，其沸点是-44 ℉(-42 ℃)。

燃气设备产生危险的一氧化碳燃烧气体，因此需要一个通向外部的通风口，通常通过屋顶排出，也可以使用自然通风或用风扇强制通风。

在第九章中，我们讨论了供水系统。第十章涉及单独的废物管道系统，以及其他废物回收系统。

第十章　废物与再利用系统

19世纪，当城市开始铺设街道时，天然的溪流被封闭在雨水管道中。这些管道将水输送流入当地的河流。随着抽水马桶的出现，这些管道变成了**合流式下水道**，即将雨水径流和建筑垃圾都输送到河流的污水管道。最终，河流和相连水体被严重污染而无法使用，于是建造了独立的**下水道**和**污水处理厂**。

图 10.1　马萨诸塞州波士顿市的排水沟盖

如今，住宅建筑的发展从顶部的草坪延伸到底部的街道**雨水排水沟**(图 10.1)。一旦水进入雨水排水沟，它就会在远离源头的河流中排出。大量的雨水也渗入污水管中与污水混合，将其带到更远的污水处理厂处理。这样的结果是，郊区的土地出现沙漠化、城里的草坪亟待浇水，以及地方供水严重不足。

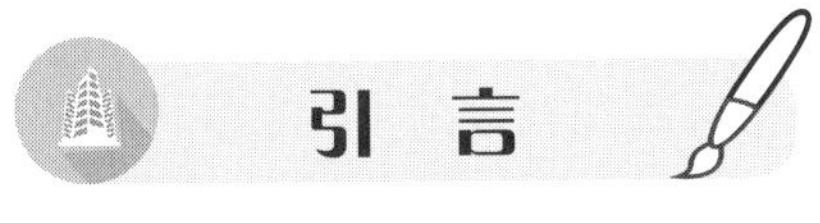

引　言

建筑师和工程师们对用新鲜的饮用水运送垃圾深感担忧。

> 我们将一半的城市用水消耗在冲洗建筑物的垃圾和排泄物上，然后又将这一半与我们用于洗涤和其他用途的另一半混合起来。这样做非常方便，而且可以保持我们的建筑物没有疾病和臭味，但是它带来了新的问题。市政当局煞费苦心不惜代价地为城市带来清澈无瑕、干净无菌的水，现在却成了污水。它被彻底污染了，散发着臭气，还有潜在的疾病，同时提出了一个巨大的处理难题。
>
> 引自爱德华·艾伦，《建筑物是如何运行的》(第3版)，牛津大学出版社，2005年。

如何从建筑物内的房间里移除人类的排泄物，相关的设计过程比供水要复杂得多。污水管是必须要有的，包括从马桶到下水道或化粪池的大直径管道。其次，需要一套完整的通风和阀门系统处理下水道气体。此外，与隐私、个人卫生和身体舒适度等相关的文化心态也会影响设计。

每个建筑都有一套卫生管道系统，它将所有的废物通过建筑物向下输送到城市下水道或化粪池。卫生管道系统从水槽、浴缸、马桶和淋浴间的排水沟开始(图 10.2)。排水系统主要包括水平的分支管、垂直立管和通风口。

卫生管道系统将污水向下排放，并与其他排水管汇合，直到与埋在建筑物下面的下水道连接起来。处理污水的地下管道由陶瓷瓦、铸铁、铜、混凝土管、石棉水泥、聚氯乙烯(PVC)或ABS塑料制成。

卫生管道系统应铺设大型管道以避免堵塞。由于系统靠重力排水，所有管道必须向下运行。体型

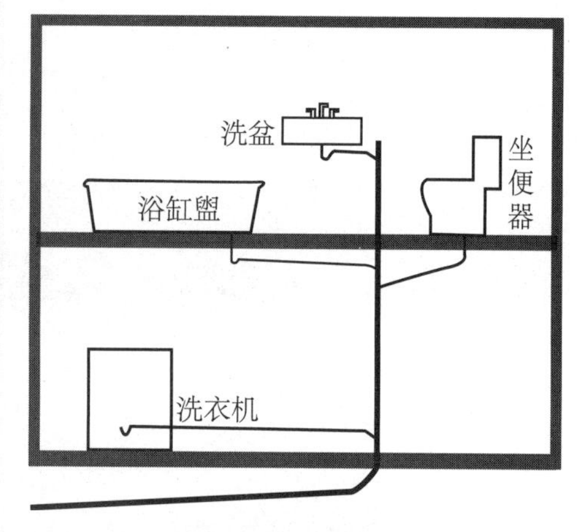

图 10.2 排污系统

庞大的污水管道、向下运行的角度，以及将新的卫浴设备安装到既有排污系统中的费用和难度，这些都需要室内设计师在确定厕所的位置时必须慎之又慎。

历史

公元前 26 世纪到公元前 19 世纪，作为印度河流域文明的一部分，位于巴基斯坦的摩亨佐-达罗市就已经拥有包括下水道和街道排水管道的复杂的下水道系统。主要街道两旁设有排放污水的暗渠；在摩亨佐-达罗市和公元前 1500 年的美索不达米亚市都发现了冲水厕所。

在克里特文明时期(公元前 3000 年—公元前 100 年)，克里特岛的克诺索斯镇就运行着一个庞大的污水下水道系统。罗马城内著名的“马克西姆下水道”(Cloaca Maximus)由露天运河演化而来，逐渐被覆盖，如今仍作为下水道在使用。

在室内管道出现之前，每天都要从建筑中清理出废物，或者回收利用或者处理掉。19 世纪 90 年代以前，城市居民一直把污水和垃圾倒进街头的排水沟里；农村人将垃圾倒入湖泊、河流或人造坑穴，这些坑被称为**污水坑**，它们会发出恶臭味，危害人类的健康。

到 19 世纪，自然河流被封闭在城市路面之下的管道中。雨水冲进雨水管，然后流入排水渠。19 世纪晚些时候，冲水马桶被连接到雨水下水道，雨水和生活污水就混合起来，一同被输送到湍急的河流中，从而使污染水平有所下降。有些下水道只输送雨水，最后安装了独立的污水管道，并最终流入污水处理厂。

直到 19 世纪晚期，现代化的给水系统和有效的排污系统才被广泛使用。一些老城市可能仍然同时使用雨水管道、污水管道和合流式下水道，其管线网络错综复杂，使分类和重新布线工作变得异常困难和昂贵。

到了 20 世纪 50 年代，大多数工业化国家的住宅都有室内管道。根据联合国《2006 人类发展报告》，估计全世界有 26 亿人没有用上室内管道。

生活废水系统

水溶解和运输有机废物的性能近乎理想，然而这却是一个把高质量资源用于低级别目的的例子。

人类的排泄物可能含有致病微生物，如病毒、细菌、原生动物和寄生虫。粪便中的大肠杆菌本身并不是致病性的，但当它们接触到人类或动物的排泄物时，就很可能含有致病生物体。

污水管道组件

我们通常所说的厕所，在规范中被称为抽水马桶(WC)。

污水管是一种排水管，只输送源自水槽、**盥洗盆**(用于洗手)、浴缸、淋浴器、**抽水马桶**(WC)、小便器和地漏等的脏水。卫生管道系统还包括废物、粪便和通风竖管，废物和厕所污水分管、通风孔、清除管道堵塞物的地漏清洗口，以及新鲜空气的入口。为了保持重力流，大型污水管必须向下运行，在整个系统中必须始终保持正常的大气压力。

管道、配件和附件

粪便管道输送水和人类的排泄物。粪便与废物管道和通风口由铸铁、铜或各种塑料制成。铸铁经久耐用、耐腐蚀，但不易切割(图 10.3)。由 ABS 或 PVC 塑料制成的塑料污水管重量轻，可以提前组装(图 10.4)。

图 10.3 铸铁管

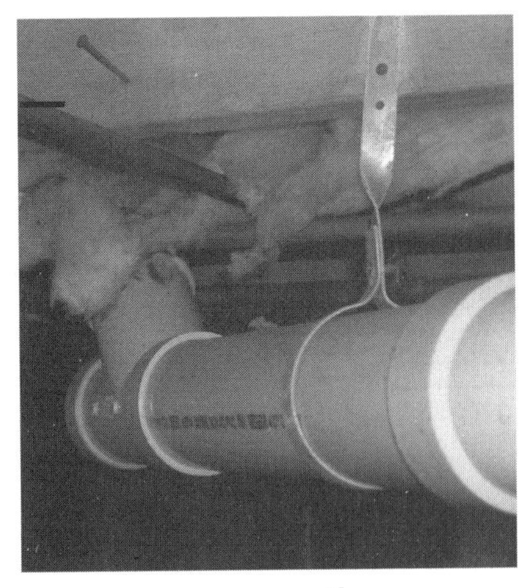

图 10.4 塑料污水管

> 现在，1.6 加仑(约 6 升)的节水马桶可能无法与旧的铸铁污水管兼容。铸铁的内表面比塑料管的内表面粗糙，可能会导致阻塞和堵塞。

老建筑中可能仍然有旧管道。过去，直径 3 英寸(约 76 毫米)以下的排水管道主要用的是镀锌钢，但容易被腐蚀。铸铁经久耐用，但可能会开裂或泄漏，多用于大型管道。

排污管道

工程师根据管道在系统中的位置和它们所服务的设备总数和类型确定管道的尺寸。污水管道应尽可能直接地笔直铺设以防止固体废物的沉积和堵塞，尽量减少拐弯，转弯角度要柔和，避免直角。

为了防止堵塞，污水管的直径应至少为 4 英寸(约 102 毫米)。为了便于管道清洁，废物**清除口**应安装在水平管或垂直管的方向发生改变的地方，以长管道的运行为间隔。

排水管道的尺寸取决于**排水设备(DFU)**的数量。而排水设备(DFU)的尺寸要根据具体设备上的排水管和存水弯的尺寸确定。排水管道设计是基于这样的假设，即所有设备不会在同一时间排放最大量的水。而排水管最多可以连接多少设备受到规范的限制。

> 大容量的淋浴器可能需要扩充排水管道。如果用淋浴器替换浴缸，则排水管道的尺寸也应改变。

排水管道在其底部与一个几乎水平的管道连接。在建筑物内部，这被称为**房屋排水管**。而到了建筑物外，一般在距离建筑地基 5 英尺(约 1.5 米)处，它变成了**污水管**。

> 倾斜的大型排水管可能会从地板逐渐下沉、穿过下面的天花板，这是室内设计师面临的一个难题。

最好将排水管每英尺倾斜 0.25 英寸(约 6 毫米)，但倾斜范围可以在每英尺 1/8 英寸(约 3 毫米)至 1/2英寸(约 13 毫米)。如果做不到这一点，则管道必须倾斜 45 度或 45 度以上。倾斜度太大可能导致废物流得太快，随着时间的推移可能造成固体物堵塞排水管。倾斜度过小，废物流动太过缓慢，则固体物沉淀，堵塞排水管；倾斜度过小，还会使其冲刷力不足，无法保持排水管的清洁。

卫生器具和排水支管

卫生器具排水管从卫浴设备的存水弯延伸到与废水或厕所污水立管的连接处。**排水支管**将一个或多个卫生器具连接到废水立管或厕所污水立管上。在它们的基部，排水立管与一根倾斜的房屋排水管连接在一起。建筑物下水道将房屋排水管连接到公共下水道或私人处理设施，如化粪池。

根据安装的卫生器具的数量，规范对立管和通气管的最小直径做了要求。如果要在老房子里增加额外的卫生器具，可能需要改变立管和通气管的尺寸。

立　管

立管是一种垂直管道。垂直的污水管要么是废水立管，要么是厕所污水立管。**厕所污水立管**是从冲水马桶和小便池到房屋排水管或房屋污水管的一段污水管。**废水立管**是携带除马桶和小便池以外的其他卫生设备所排出的灰色液体废物的污水管。**排水管**是一种方便的中央排水管，与各个楼层的众多卫生器具连接。**通风竖管**是为废水立管或厕所污水立管提供通气的垂直管。

存水弯

最初，输送卫浴设备废水的管道直接通到下水道。下水道中的**厌氧**(无氧)消化过程产生的恶臭气体可能会返回管道内，在室内对人类的健康造成威胁。

存水弯的发明是为了阻塞卫生器具附近的污水管，使气体不能返回建筑物内。存水弯是排水管的一部分，其截面呈“U”形或“S”形，内含污水(图 10.5)。这样，存水弯就处于密封状态，可以防止在废水或污水流过时下水道气体也随之通过。每次排空存水弯的存水时，废水就会冲洗存水弯的内壁，并冲洗掉残渣。

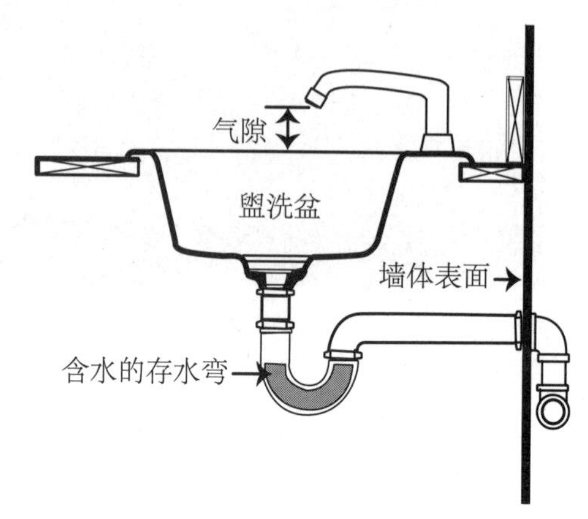

图 10.5　存水弯

存水弯是由钢、铸铁、铜、塑料或黄铜制成的。其高度通常在 2~4 英寸(约 51~102 毫米)。存水弯通常位于距离卫生器具 24 英寸(约 610 毫米)的范围内，可以通过底部开口对其进行清洗。在其他时间，该开口都是用塞子封住的。在冲水马桶和小便池上，存水弯是**玻璃状**瓷器器具的一个组成部分，带有壁挂式器具所需的墙壁插头和适用于其他类型卫生器具的地面插头。

按照行业规则，每个卫生器具都应该有自己的存水弯。但也有一些例外，两个洗衣槽和一个厨房水槽或三个洗衣槽可以共用一个存水弯，三个盥洗面盆可以用一个存水弯。

当水在系统内继续向下游移动时，水会以较高的压力推动前面的水流向前，这时后面就会发生负压。较高的压力可能会迫使下水道污水通过存水弯涌出，而较低的压力可能会虹吸其他存水弯中的水，从而使下水道的气体得以通过(图 10.6)。通过从**器具通气管**引入空气增加空气压力，可以防止虹吸。

如果是不经常使用的设备，存水弯里面的水可能会蒸发，密封性受到破坏。这种情况有时发生在无人居住的建筑物中，那里的地漏很少被用到。在排水管正上方增加一个特殊的**软管水龙头**(螺纹水龙头连接件)直接提供水源，用这种方法手动补充排水管的存水弯中蒸发的水分。

虽然存水弯是必要的，但它们容易积聚杂物，是最容易发生堵塞的地方。公共设施中的存水弯必须便于清理。

必须为隐藏在墙壁或地板后面的存水弯预留检修口。

通风管和通气竖管

器具通气管要实现两个目的：提供空气压力，将污水排到下水道；允许下水道气体上升并流出建筑物(图 10.7)。每个器具必须有一个存水弯，每个存水弯都必须有一个通风孔。在每个存水弯下游不远处，从废水管道上接出一个通风管，以防止产生能使污水和下水道气体同时通过存水弯的压力。所有的通风管都向上运行，并连接在一起，最终冲出屋顶。

通风管允许空气进入污水管道，打破虹吸作用。通风管还释放分解气体，包括甲烷和硫化氢。通过将新鲜空气引入排水管和污水管道，通风管有助于减少腐蚀和黏液的生成。

在水平运行之前，通风管必须垂直运行到水槽溢出线上方的一个点上。这样，如果排水堵塞，碎屑等杂物就不会积聚在通风口。一旦通风管上升到溢出线之上，它就可以水平运行，然后与其他通风管汇合，形成通气竖管，最终从房顶排出。

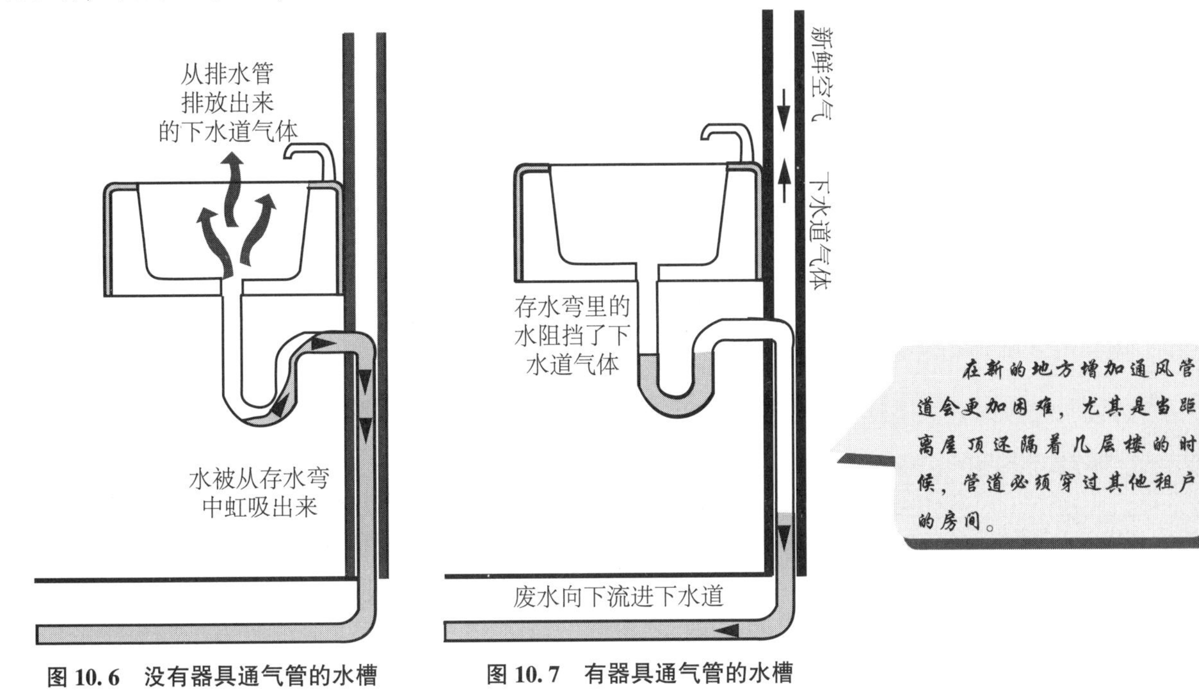

图 10.6　没有器具通气管的水槽　　**图 10.7　有器具通气管的水槽**

在新的地方增加通风管道会更加困难，尤其是当距离屋顶还隔着几层楼的时候，管道必须穿过其他租户的房间。

通气竖管是一种垂直的排气管系统，排气管通过屋顶延伸出建筑物，一方面使新鲜空气进入室内；另一方面把污水管道系统里的废气排到室外(图 10.8)。它们通常在独栋住宅的阁楼上，这样一个通风口就可以穿透屋顶。通气竖管排放有害气体和潜在的危险气体，因此排气口必须在屋顶上方延伸至少 6 英寸(约 152 毫米)。如果房顶有积雪，则应更高。如果房顶被占用，排气口则必须在屋顶上方延伸约 7 英尺(约 2 米)，以便排出下水道气体。

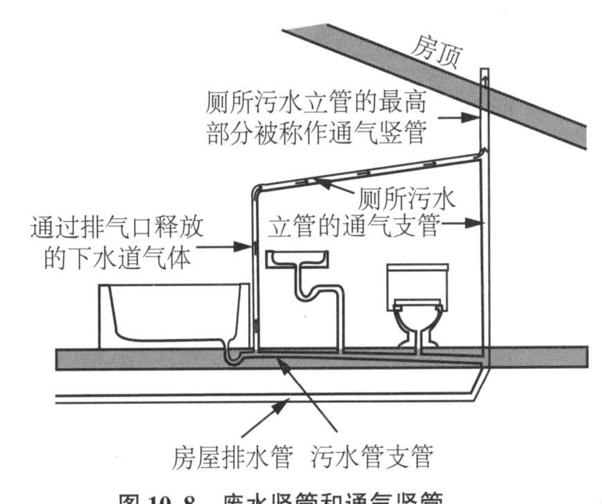

图 10.8　废水竖管和通气竖管

同一根通气竖管可以连接多个卫生器具，但是存水弯和排气口之间的排水管的最大长度不能超出临界距离(管的直径乘以 48)。每个器具不论有多少排气管，都可以连接到一个中央通气竖管。如果是重新安置一些卫生器具，在安装新增的排气口之前要注意通气竖管不应超出 5 英尺(约 1.5 米)的限制。

避免交叉连接

参见第十一章“卫浴设备与电器”，了解更多关于盥洗盆、抽水马桶，以及其他卫浴器具的信息。

交叉连接是供水管道和可能污染的水源之间的连接。大多数卫浴设备的设计都是这样的，设备内水面的水平不能达到为设备提供淡水的开口的水平，通常需要保留 1 英寸(约 25.4 毫米)的气隙。浴室盥洗盆都有一个溢流口，能够保持水位低于这个水平。

箱式马桶可能会堵塞马桶缸的边缘，但是建筑物的供水口在马桶缸的边缘和水箱水位的上方，避免了交叉连接的可能性。

在公共建筑中，抽水马桶或便池的供水管直接连到边缘，有可能造成交叉连接，必须在供水管道中安装真空断路器，这样在水压失效的情况下空气就会进入管道破坏虹吸作用，防止受污染的水被吸入系统。我们能在器具上看到的镀铬**冲洗阀**是真空断路器。当水泵将废水泵入排水管道时，真空断路器还可以防止洗碗机和洗衣机发生虹吸。

新鲜空气进气口

使新鲜空气进入废水管道系统很重要，因为新鲜空气可以保持正常的大气压力，还可以避免把废物回吸到器具内的真空现象。**新鲜空气进气口**是一条短管，是房屋排水管离开建筑物之前的最后一段。

新鲜空气进气口可以消除任何可能从存水弯中吸走水的潜在真空，将下水道气体压力安全地排出建筑物，并注入新鲜空气。新鲜空气进气口为管道系统提供通风，其效果远远好于通气竖管顶部的排气口，但并不是所有规范都要求安装新鲜空气进气口。

地　漏

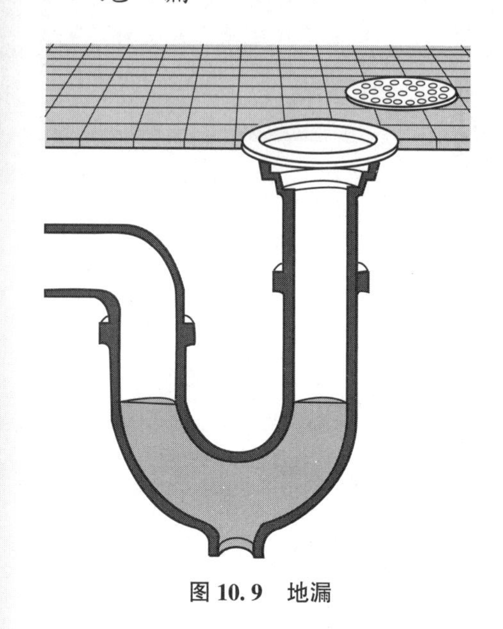

图 10.9　地漏

地漏位于地面需要准备食物和烹饪后清洗的地方(图 10.9)。地漏会运走冲洗地板的水或从加热设备中排出的水。有了地漏，淋浴区、吧台后面和其他可能溢水的地方的地面就很容易清洗或擦干。在机械室和卫生间里安装地漏也是必要的。

如果地漏仅用于防止可能发生的地下室渗漏或排放冷却盘中的冷凝水，则可以将其与雨水管道相连。如果它们用于运走洗衣机等卫浴设备中的废水，则应将其连接到污水排放系统。

所有地漏都应该有一个存水弯，当连接到下水道时存水弯内必须有排气孔。为了防止异味和不卫生的条件进入房间，必须使存水弯保持水密封状态。还有一个简单的方法，即用附近的水龙头或软管龙头注水来保持存水弯的密封性。建议在位于地下室等类似低点处的地漏管道上安装防回流装置。

污水喷射泵和集水坑

污水喷射泵用于卫浴器具的位置低于下水道水位的情况。低于基准标高的卫浴器具在重力作用下将污水排入集水坑或其他容器，然后由泵向上输送到下水道。

在可能的情况下，最好避免将卫浴器具设置在下水道以下的位置，因为如果停电设备关闭时，排水管也无法工作。污水喷射泵只能作为最后的手段。

集水坑是用来将地下水或雨水从地下室排出的水池。当地下室太深，无法靠重力进行排水时，集水坑无疑是个好办法。当排水系统、卫浴器具等设备的位置低于公共下水道的水位时，需要使用污水坑。

> 为地下室的卫生间添加污水管排污管道，可能无法使管道达到要求的 0.25 英寸(约 6 毫米)的坡度。必要时，可以打穿混凝土板来增加或移动基准标高以下的管道。

地下室可能由于地基的防水性差、周边排水系统不完善、降雨量特别大或者水管破裂等引发水患。集水坑排水泵可以提供抽水的动力。电动泵应该配有备用系统，以备暴风雨导致断电时使用。

拦截器

拦截器(有时称为捕集器)旨在阻挡不需要的材料进入废物管道。它们必须便于定期检修。

许多拦截器都可用于拦截油脂、灰泥、润滑油、玻璃碎屑和工业材料。发廊和理发店使用拦截器抓取头发，医院和诊所也使用拦截器。

规范通常要求餐馆的厨房等地方设有隔油池(图 10.10)。油脂浮到隔油池的顶部时，会被挡板挡住，防止其在管道中固化，并减缓污水的消解。油脂通过顶盖取出或用阀门抽出。隔油池通常位于水槽附近或下方的地板上，或凹入坑内。

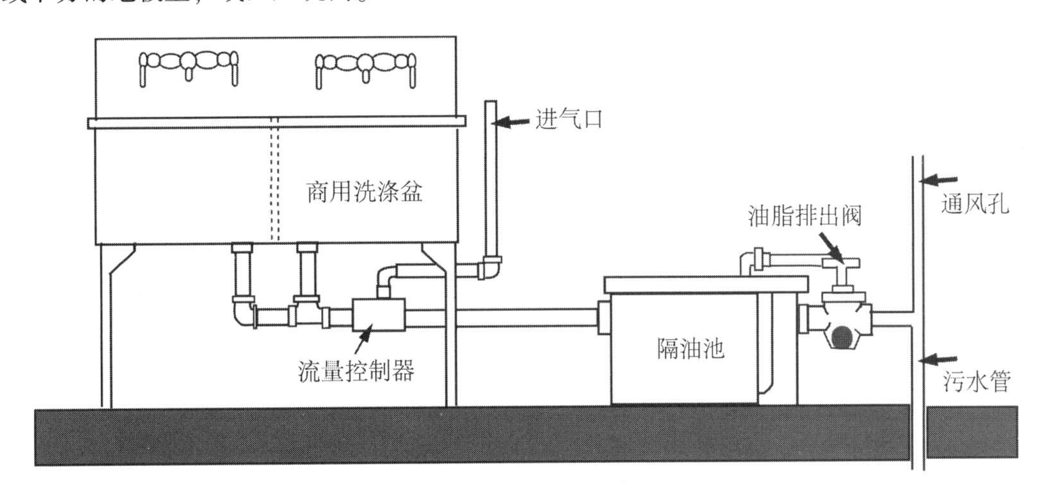

图 10.10 隔油池

清洁口

卫生管道系统的所有部件，从卫浴设备到处理过程的末端都应该可以经由清洁口或其他通道进入。清洁口分布在卫浴器具和外部下水道连接件之间的整个卫生系统中。它们在支线上的最大间距为 50 英尺(约 15.3 米)，在房屋排水管上的最大间距可达 4 英寸(约 102 毫米)。在更大的管路上，它们的距离最大为 100 英尺(约 30.5 米)。清洁口还应该设置在每根立管的基部、每个方向改变大于 45 度处，以及房屋排水管离开建筑物的地方。

> 室内设计师应该明白，无论清洁口设在哪里，都必须预留维护和操作的空间。

住宅废水管道

浴室和厨房背靠背的设计是很常见的(图 10.11)。这样，管道组件可以同时连接墙壁两侧厨卫设备的排水口。

> 在浴室和厨房的改造项目中，可能需要做一些更改才能符合当前的规范。

设备后面安装管道的墙壁应该足够深，可以容纳分支管线、设备出口线路和气室。木或钢框架住宅的废水管道通常安装在 6 英寸(约 152 毫米)或 8 英寸(约 203 毫米)厚的隔墙上。小型建筑物的管道组件通常由 4 英寸(约 102 毫米)的厕所污水立管和主下水道组成。抽水马桶必须有一个 2 英寸(约 51 毫米)的通风口。

在地板下面或墙壁之间的空间内同时安装供水管和废水管分配树可能是困难的，因为较大的废水管道必须从固定装置一直向下倾斜到下水道。有时，一堵特别宽的墙壁可以作为垂直管道。如果管道旁边的墙壁起伏不平，则可以将二者一并封闭并装饰起来不被人看到。

岛台式水槽

如果水槽位于一个岛状台上，就像一些厨房设计中的那样，则无法安装排气管道。但是，废水管却可以通向另一个位置的集水坑，那里设有存水弯和排气口。岛台式水槽的排水方法很多，但务必要检查当地的法规，因为有些方法在某些司法管辖区是被禁止的(图 10.12)。

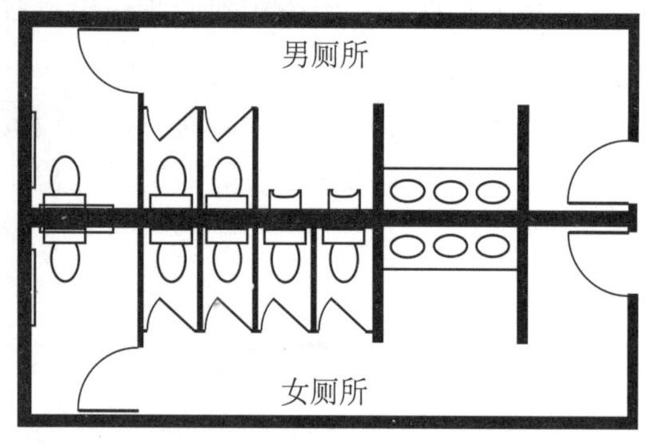

图 10.11　背靠背的管道墙

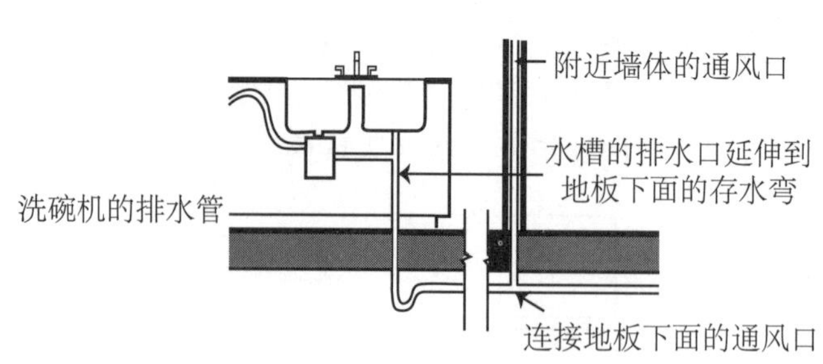

图 10.12　岛台式水槽

大型建筑中的废水管道

在大型建筑中，对空间使用灵活性的需求和对随机分区布局的抵触意味着必须在设计过程的早期仔细规划设备和管道的设置位置。建筑的服务核心包含电梯、楼梯，以及用于管道、机械和电气设备的竖井。建筑服务核心的位置影响周围地区的布局及其采光和视野。在高层建筑的服务核心中，管道核心将各种设备组合在一起，使空间规划具有更大的灵活性。

> 服务核心在第四章“建筑的形式、结构与元素”中已有介绍。

管　槽

大型建筑的排水管道更大，需要建造管道管槽，由双层墙组成，中间有管道运行的空间。如果安装的卫浴器具超过 2 个或 3 个，通常要求管槽必须能容纳所有必要的管道。管槽的最小宽度约为 8 英寸(约 203 毫米)。壁挂式卫浴器具要求管槽的厚度为 18~24 英寸(约 457~610 毫米)。有些管槽很宽，可以容纳一个修理工人。管槽通常在地板上开孔，以便垂直管道从中穿过。

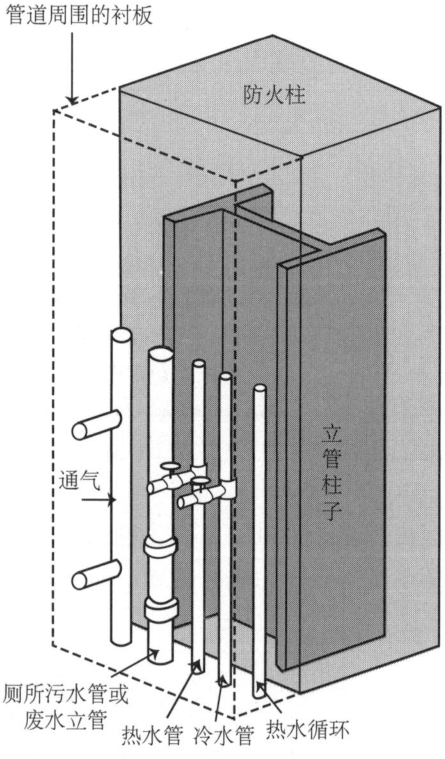

水平废水管

当废水管道向下贯穿地板并横穿地板下方的楼板，与厕所污水管支管和废水立管连接时，可以用吊顶挡住视线。在结构板上方安装管道系统可以容纳上述所有管道。在管道系统上方浇筑一座轻量混凝土桥也可以解决可见性的问题，但将地板提高了 5~6 英寸(约 127~152 毫米)。只抬高卫生间的地板会产生影响出入的问题，因此可能需要抬高整块地板，这也为电气管道和地板下送风创造了空间，但需要好好规划。

湿　柱

当办公室需要一个单独的厕所或一个远离中央核心的完整卫生间时，可以从核心区水平地引出管道。为了保持污水管道的坡度，卫生间距离核心区越远，管道占用的垂直空间就越多。

把小群组或单独的卫浴器具立管与结构柱的围墙整合在一起，可以创建一个**湿柱**(图 10.13)。湿柱可以把所有远离管道核心的水暖管道组合起来，为水槽、私人厕所和其他固

管道周围的衬板
防火柱
立管柱子
通气
厕所污水管或废水立管
热水管
冷水管
热水循环

图 10.13　湿柱

在设计卫生间时，设计师应该考虑管道如何到达卫生器具。

定装置提供服务，为长距离水平运行的污水管道提供一种替代方法。如果想把湿柱固定在结构柱上，则需要在设计过程的早期进行，并且要与结构设计人员协调好。个别住户可能更愿意接入这些线路，而不愿意连接到距离较远的建筑核心区的管道。

废水的处理与回收

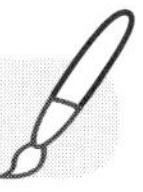

水果、蔬菜、谷物、奶制品和肉类等从土壤中摄取的营养成分被带进城市，随后成为被冲洗出来的污水。大多数城市和城镇将污水输送到处理厂，在那里固体物质(污泥)沉淀下来。剩下的液体被氯化消毒杀菌，然后倒入当地的水道。

沉淀的污泥被泵入一个处理槽，在那里进行数周的厌氧发酵(无氧)。这个过程杀死了大多数致病细菌，并沉淀出大部分矿物质。分解后的污泥随后被氯化，并注入当地的水道。

水道无法将营养物质带回土壤，从而完成自然循环，反倒不断增加营养物，导致水草和藻类的快速生长，最终植物会窒息、死亡和腐烂。几十年之后，这条水道可能变成沼泽，然后变成草地。

与此同时，农田中的养分逐渐枯竭。农业生产力下降，农产品质量下降。化肥被用来代替浪费掉的天然肥料。

在设计师决定设计的建筑用何种方法产生和处理废物的时候，他们可以介入这个过程。污水处理对一个社区来说是一件很费钱的事，是要隐蔽处理还是现场处理，对于社区业主来说是一个重要的问题。

污水处理系统由卫生工程师设计，使用前必须经过卫生部门的批准和检查。私人污水处理系统的类型、大小取决于卫生器具的数量和通过渗透试验测得的土壤渗透性。农村建筑工地经常因缺乏合适的污水处理设施而遭到否决。

水处理系统包括从个人住宅到覆盖整个区域的水处理系统。水处理的技术包括带有沉淀池的砂滤器、曝气、化学沉淀、氯气和特殊过滤器。

再生水

水可以按其纯度进行分类。水的等级包括饮用水、雨水、灰水、暗灰水和黑水(表10.1)。

表10.1 建筑中水的等级

级 别	说 明	用 途
饮用水	适合饮用的水；通常已经处理过	大多数家庭使用，包括冲洗马桶
雨水	经水文过程蒸馏的纯水；屋顶的径流可能含有污染物；很少或根本不需要处理	洗澡、洗衣、冲厕所、灌溉、蒸发冷却
灰水	来自水槽、浴缸和淋浴间的废水；不是来自马桶或小便池；可能含有肥皂、毛发、脏衣物里的人体排泄物、餐厨废弃物、油脂和食物	处理后可用于冲洗厕所，过滤后用于滴流灌溉
暗灰水	来自厨房洗涤槽、洗碗机、洗尿布的水	通常禁止重复使用
黑水	含有马桶或便池废物的水	需要高水平的处理

不可饮用的雨水或循环水必须与正常的饮用水供应系统完全分开。可以采用一个双排水系统，把灰水与黑水的来源分开，从而使建筑物内的灰水可以回收再利用。

灰水的回收利用

《2015 年国际管道规范》(IPC)规定，来自检验合格水源的灰水，经过检验合格的现场回用水处理系统的消毒和处理，可以用于冲洗厕所。在美国各州，有关灰水的规定各不相同。

《2015 年国际住宅规范》(IRC)在生活污水排泄系统一章中详细介绍了灰水回收系统的设计。《2015 年国际住宅规范》(IRC)允许系统收集从浴缸、淋浴间、盥洗室、洗衣机和洗衣池中排放的污水，然后这些水可以用来冲洗马桶、小便池或用于景观灌溉。现在，一些地方法规要求新建住宅建筑必须连接灰水管道。

灰水系统最初是为独立房屋开发的，现在也用于公寓、宿舍、酒店及其他有许多淋浴器、浴缸和洗衣机的建筑物。采用灰水系统需要设计和调整排水系统、安装额外的管道，并提供一个蓄水池或储罐。

灰水系统可以在压力下使用直径小至 1 英寸(约 25.4 毫米)的管道。系统用管道将水输送到一个短期储罐(计量池)，然后将其分批泵送到地下灌溉地或处理场。储罐必须每天至少清空一次以防止异味，因为当氧气供应耗尽时厌氧细菌会取代有氧细菌。

一个更为简单的系统用盥洗台的水冲洗毗连的抽水马桶。为了适应狭小的空间，盥洗台可能是抽水马桶的一部分。一个小型的洗手池安装在马桶水箱的正上方，让水流入马桶水箱，以备下一次冲水用。

安装灰水系统需要在设计过程的早期进行仔细规划，检查规范和许可要求，可能需要咨询专家的建议。

农村的废水处理

过去，农村的废弃物最终流入污水坑，然后渗入周围的土壤。污水坑并没有清除致病的生物体。在很短的时间内，周围的土壤就被固体堵塞了，污水溢到地面之上，甚至退回建筑物内的卫浴器具中。

私人供水系统通常要求在不污染水源的情况下，私下安排处理污水。一个农村建筑工地没有获得批准，最常见的一个原因就是它缺乏合适的污水处理系统。

净化系统

2007 年，美国大约 20%的家庭中使用了**净化系统**。典型的净化系统包括一个化粪池、一个配电箱和一个由穿孔排水管构成的沥滤场。这些排水管被埋在砾石填充的浅壕沟中。房屋通过污水管道连接到化粪池，废物和粪便在重力作用下从建筑物流入化粪池。

对单个建筑物的现场污水处理通常包括两个级别。**初级污水处理**最常见于化粪池。**二级污水处理**阶段通常由一个过滤系统完成，包括渗流坑、排水场、土堆和(或)砂过滤器。有时，需要三级处理，如当经过二级污水处理的流出物即将直接流入地表水道时，需要用氯再进行一次消毒处理。

化粪池的位置应该低于建筑下水道，设在一个远离建筑物的有坡度的地方。废物场必须建在一个空旷、植被茂盛且阳光充足的场所；树根容易堵塞化粪池。整个系统必须与供水管和水井隔开，以避免交叉污染。

大多数**化粪池**都是无孔的混凝土贮水池，而且有些是由玻璃纤维或塑料制成的(图 10.14)。该水池由一个不漏水的容器组成，通常有两个隔间，被嵌入地里，上面覆盖大约

如果安装旋涡浴缸、全身喷淋淋浴器等大用水量装置，室内设计师应检查化粪池的容量，可能需要更大的或额外增加一个化粪池。

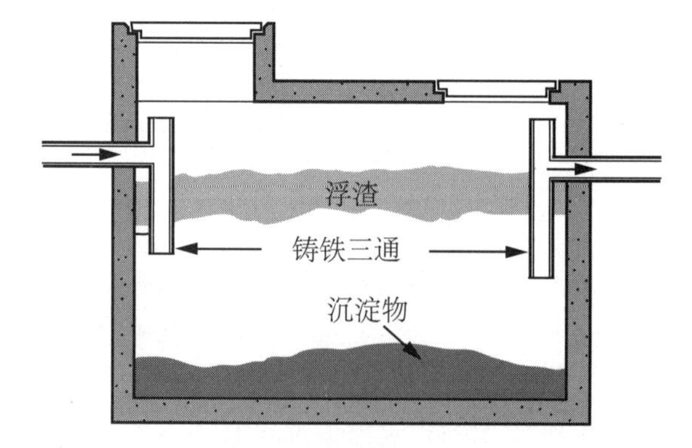

图 10.14　粪池

12 英寸(约 305 毫米)的泥土。挡板可以防止污水迅速地流入流出，为处理污水赢得更多时间。一个容量为 1000~1500 加仑(约 3785~5678 升)的化粪池可以服务一个四口之家。

如果建筑物及其居民厉行节约用水，通过化粪池的水和废物就会减少，污水在被排出之前滞留在化粪池里的时间就会较长，这时需要清洁工处理。

设置化粪池的目的是在污水厌氧分解的过程中可以将污水保持至少 30 小时。这是一个产生甲烷气体和臭味的过程。从化粪池出来的废水流向**排水区**(有多种叫法，如处理、浸出、吸收沟或床)进行二次处理。排水区有直径 4 英寸(约 102 毫米)的穿孔管，可以使流出物渗入地下。污水在排水区被氧化，即让好氧细菌完成废物分解过程，使废物变得无害。

净化系统的容量有限，寿命也有限，需要定期维护和小心使用。大多数社区都有严格的规定，要求进行土壤测试及具备安装化粪池所需的施工技术、设计技术。如前所述，由于一个拟建的建筑工地无法容纳一个化粪池系统，而使该工地不适合建造或扩建建筑物，这并不少见。为了应对这个问题，每年都会推出新设备。越来越多的建筑物将废弃的洗涤水与厕所废物分开。

任何能杀死细菌的物质都不应该被冲进下水道进入净化系统。一些系统在房屋和化粪池之间的管道上设置了隔油池。隔油池应每年清理两次。

化粪池必须由训练有素的专业人员定期清理。大多数化粪池每 2 至 4 年清洗一次。化粪池应可持续使用 50 年左右。大多数化粪池最终都会失效，通常是在二级处理阶段。

好氧处理装置

好氧处理装置(ATU)在本质上是一个小型污水处理厂，可用于替代故障系统中的化粪池。通过恢复现有化粪池的功能，它们可以延长整个系统的寿命。空气在污水中冒出气泡，促进好氧消化。大约一天后，污水流入沉淀室，在那里残余的固体沉淀下来然后过滤掉。因为好氧消化比厌氧消化快，所以好氧化粪池可以更小一些。然而这个过程的能源消耗量大，需要更多的维护。从化粪池中提炼出的精炼废水比化粪池污水的污染少，可以返到自然水流中。

其他现场处理系统包括人工湿地、温室生态系统和潟湖(表 10.2)。现场污水处理对建筑工地的设计有重大影响。室内设计也受影响，因为该系统可以使用特殊类型的管道装置，包括室内的温室过滤系统(图 10.15)。

图 10.15 温室生态系统

表 10.2 现场的水处理系统

系统类型	说明
人工湿地	分解有机废物，产生有利于物种发挥作用的营养物质。能去除有机营养和无机物质。能够适应风暴潮和处理被污染的径流
	自由表面(开放)的湿地与浅的开放盆地或水道连成一片。土壤为湿地植被提供养分；植物由初级污水处理系统的流出物滋养。一定要精心设计，以避免人类接触处理过的污水及蚊子等害虫带来的问题
	潜流湿地有一层覆盖着砾石层的土壤。环境促进有氧和无氧微生物及一些无脊椎动物的生长。再生水用于景观灌溉、河流栖息地修复或补充含水层是安全的；人类接触也是安全的，也能吸引鸟类
温室生态系统	二级污水处理系统是移入室内的人工湿地。由一系列的贮水池组成，每一个都有自己的生态系统；首先是溪流，其次是室内沼泽。细菌、海藻、蜗牛和金鱼都有助于这一过程。封闭系统依靠太阳能进行光合作用和重力流。没有最后的氯处理。该系统产生的污泥大约是传统系统的四分之一。看着赏心悦目，闻起来像商业化的温室
潟湖	多幢建筑物的二级处理类型。需要阳光、风和大面积的土地，但维护简单，使用能源极少

集中污水处理系统

处理厂采用好氧消化、化学处理、过滤等工艺，可生产出适合饮用的废水。将干净的废水泵入地下，以补充枯竭的地下水。分解后的污泥可以烘干、装袋，作为肥料出售。一些处理场将处理过的污水直接喷洒在森林或农田上进行灌溉或施肥。现在，许多城市的污水处理厂都在使用好氧消化、化学处理和过滤的方法处理废水。生产的废水有时能干净到可以饮用的程度。

固体废物系统

根据美国环保署的统计，2011 年在美国一个人产生了 2.5 亿吨垃圾，其中只有不到 35%被回收或堆肥。美国的许多城市已经没有垃圾填埋场，因此垃圾被送往大型焚烧厂焚烧，减少了需要掩埋的数量。焚烧厂必须仔细设计，以避免污染空气。

建筑分配系统的设计需要仔细规划，使其既能引入供给又能排出废物。用于固体废物处理系统的机械设备占用的空间比水和废水系统所需的空间要大。此外，固体废物的处理可能会带来火灾安全隐患，还可能造成环境问题。

作为建筑设计团队的一员，室内设计师负责确保在施工和建筑运行过程中产生的固体废物以安全、高效和环保的方式进行处理、存储和搬运。无论是设计一个办公室回收场所，还是确保家具被重复使用而不被丢弃，我们都可能对建筑如何影响更大的环境产生重大的影响。许多废弃物仍然含有有用的能量，分离和回收利用混合垃圾正成为一项日常工作。

回收利用

最好是减少使用，其次是再用、回收利用，最后是再生。这条规律适用于建筑物的施工、运行和拆除。

建筑物的回收利用

作为室内设计师，我们可以与承包商合作，确保在装修期间拆除的材料及施工所产生的废物获得第二次生命。室内设计师可以通过设计适应变化的灵活空间延长室内空间的寿命。

LEED V4 对建筑垃圾和工地废料的管理计划提出了要求，要求设立项目的废物转用目标，并说明材料是否会被分离或混合，以及如何处理。

拆卸回收

设计人员应该能预见选定的材料最终将如何拆卸和运走。**拆卸设计**是一项经过深思熟虑的设计工作，旨在最大限度地发挥拆卸的潜力，而不是拆除，以便再次使用其中的零部件和回收材料，并减少长期废物的产生。拆卸设计应该是一个整体的建筑策略。

> 室内设计师应该选择有价值的材料，以备将来可以再次使用或回收利用。

抢救式人工拆除可以得到有用的建筑构件，甚至一些建筑瑰宝。建筑救援仓库对室内设计师而言就是一座宝藏。在检查一项改造项目的建筑物时，要考虑哪些元素可以在设计中重复使用，哪些可以被另一个项目回收利用。

回收设计

便利性已被证明是回收行为的一个激励因素。厨房通常处在一个中心位置，方便邻近房间把垃圾和可回收物品丢在那里。厨房垃圾是可以制作成肥料的。包装可能需要根据材料进行分类回收。大多数纸制品可以回收，而一些餐巾纸(纸巾)则可以堆肥。

社区的回收做法各不相同。有的允许混合可回收物，有的则要求分开。将固体废物尽量分开来回收可以节省能源，然而这需要消费者付出更多的努力，分类容器多也会占用更多的空间。

小型建筑的固体废物收集

回收垃圾需要临时的存储空间。社区的要求随时间变化，因此灵活性很重要。存储空间应通风良好、干燥、易清洁。无论天气如何，内部空间都应该容易进入。容器应该易于拆卸、耐用和耐洗。附近设有水槽，方便清洗。

家里的大部分垃圾都来自厨房。在食品储藏室、管道气塞口、橱柜或壁橱等处设置回收空间，使日常的储存更容易，便于每周清除，并简化清洁过程。理想的做法是在食品准备区和垃圾箱存放处的出口(如车库、户外)之间设置回收中心，在室内使用较小的垃圾箱把垃圾转移到垃圾桶附近的较大的垃圾箱效果会更好。

厨房通常是炎热潮湿的，但是固体垃圾的储存需要凉爽、干燥和通风良好的环境。理想的情况是回收存储空间的一侧通向厨房，另一侧通向户外(图 10.16)。

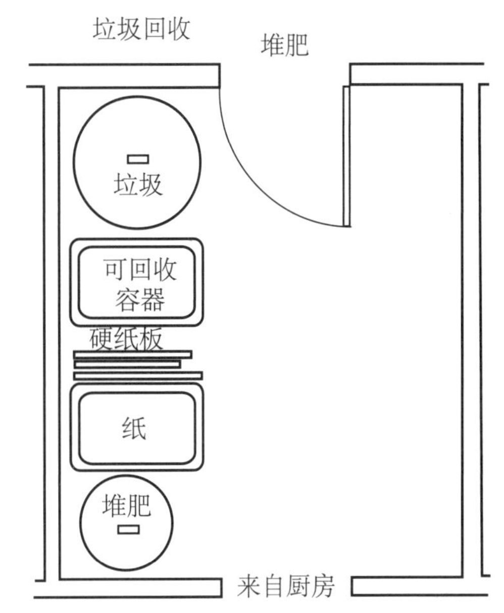

图 10.16 住宅固体垃圾的存储

垃圾处理器和垃圾压实机

内置式垃圾处理装置在美国很受欢迎，人们认为它方便、卫生，但世界其他地方的人们却不这样想。他们认为，垃圾处理器每分钟使用 2~4 加仑(约 7.6~15 升)的水，再加上耗电，最后制造出有机污泥，这给化粪池或污水系统增加了负担。事实上，经过处理的大部分垃圾可以用来堆肥，为其他生长物提供营养丰富的土壤来源。

> 在安装垃圾处理器之前，要检查化粪池系统是否有足够的容量。增加的水和废物可能需要更大的化粪池。有些社区不允许安装垃圾处理器。

垃圾压实机可以减少存储垃圾的空间，特别适用于生产大件垃圾较多的企业。垃圾压实机可以选择性地压缩可回收材料，如铝、黑色金属和纸盒箱。如果不加选择地把不同的物品压在一起，对空间有限的单户家庭而言则是对空间的严重浪费，得不偿失。

堆　肥

堆肥是一个受控的有机物分解过程。土壤有机体在将物质分解成腐殖质的过程中，自然地循环利用植物的养分。当产生深褐色、粉状腐殖质时，整个过程就完成了。其浓郁的泥土香气表明，成品堆肥中富含植物生长所必需的营养物质。

只要有空气和水，堆肥就会发生。自给式堆肥容器可以买到。如果经常翻动肥堆，使其保持温暖、潮湿、通风良好，其产生的气味就会很小。

应当在厨房放置一个食物残渣收集容器，随时收集可堆肥。该容器的盖子一定要密封，而且不吸水、易清洗。

大型建筑的固体废物收集

大型公寓楼要在其垃圾箱周围设置围栏，以防止狗和其他动物靠近。这个区域可以成为回收垃圾的好地方，甚至可以建一座绿化用的堆肥堆。固体废物存储区需要有垃圾车通道，也要控制噪声，其选址应当关注风向以控制气味。

建筑物的居住者和管理人员必须了解并配合大型建筑物中的垃圾回收过程。办公大楼的日常运行会产生大量可回收的纸张和纸箱，以及不可回收但可燃的垃圾，包括地面清扫物。办公室还产生食物残渣(包括咖啡渣)，以及来自食品包装的金属和玻璃制品。

大型建筑物的回收利用过程分为三个阶段：员工对产生的垃圾进行初步的分类处理，包括将纸张、可回收物和可堆肥物储存在办公桌附近、餐厅和复印室的垃圾箱里；管理人员将垃圾箱分别放到收集车中，运到有垃圾桶清洗池的储存柜里存放；纸张被粉碎成片并储存起来待回收利用。可回收材料由回收卡车在一楼服务入口处被收集运走。可堆肥材料被储存或送到屋顶花园的堆肥堆。

储存区应提供凉爽、干燥、新鲜的空气。压实机和碎纸机的噪声大，且产生热量，必须与地面隔离以防震动。可能需要喷淋灭火系统，也可能需要消毒喷剂。与地漏和水管相连是个好主意。

水的供应与保护、废水的处理方法，以及固体废物的回收利用，当室内设计师对此了如指掌时，说明他们已经为设计可持续的建筑空间做好了充分的准备。第十一章着眼于室内设计师如何在选择、安装和使用卫浴设备及电器中发挥作用。

第十一章　卫浴设备与电器

建筑物的一些部分，如水池、浴缸、炉灶和洗碗机，在过去被认为是独立的项目。现在，它们更不便携带，因此常被视为建筑物的固定组成部分。

引言

卫浴设备和电器通常集成到管道、电气和暖通空调系统中。它们的设计对声音的私密性和室内的空气质量有重要影响。浴室和厨房空间尤为重要。

> 卫浴设备的间距和间隙对于浴室内活动的安全性和舒适性都很重要……浴室和其他卫生间设施的布局也应该考虑到安装配件（如毛巾架、镜子、药柜等）的空间和位置、所需的管道墙数量，以及立管、通风口和横管的位置。
>
> 引自弗朗西斯·程，《建筑施工图解》（第5版），威利出版集团，2014年。

卫浴设备的选择通常是客户、建筑师、机械工程师和室内设计师的共同决定。室内设计师的工作是了解管道要求和总体设计问题。

卫生间的历史

1875年以前，室内卫生间在家庭里并不常见，但它们的历史可以追溯到几千年前。大约在公元前1700年，克里特岛克诺索斯的米诺安建筑里就已经有了用陶土管道供水的厕所，以及由高背座椅组成的马桶——座椅上的开口通向排水沟，把水倒入排水沟即可将废物冲到下水道里。

在中世纪的欧洲城堡里，人们使用带马桶座的小石头屋（小房间）厕所。这些小房间从城墙的顶部向外探出，这样的设计旨在把粪便抛到墙或护城河的底部。

公元前3000年左右，印度的许多家庭都有私人浴室设施。从那时起，卫生一直是印度教徒的宗教需要。在今天巴基斯坦的摩亨佐-克拉罗，能容纳很多水的大浴池也许就是为了例行的沐浴仪式或宗教仪式设计的。

在克里特岛克诺索斯的米诺安宫，女王的房间里有洗脸盆和一个彩绘的陶土浴缸。米诺安人建了第一个已知的冲水马桶。它由隔板隔开，用雨水或通过墙内管道输送到水箱里的水冲刷。

在西欧，从中世纪开始，粪便清洁工一大早便会挨家挨户收集夜壶里的粪便，然后运到大型公共污水坑里。许多人为了不支付这项服务的费用，便把这些垃圾扔到街道上。

到了17世纪，水暖技术在欧洲的部分地区重新出现，但室内卫生间却没有出现。当凡尔赛宫在法国建成时，它包含了一个阶梯式的室外喷泉系统，却没有为住在那里的皇室成员、1000名贵族及4000名侍从提供厕所和浴室管道设施。

18世纪的英国没有住宅或公共卫生设施。19世纪30年代，霍乱席卷了伦敦，官员们开始在家庭、工作场所、公共街道和公园里开展卫生运动。在19世纪剩下的时间里，英国工程师在公共和私人管道设施创新方面引领了西方世界。

在安装室内厕所之前，人们可以选择的只有户外厕所(冬季寒冷、夏季有臭味)和夜壶(不卫生)。卧室里的夜壶有时放在“床头柜”里或“搁脚凳”的盖子下，以隐藏它们的真实功能(图 11.1)。

图 11.1　维多利亚时代的便桶

卫浴设备

抽水马桶、淋浴器和浴室龙头几乎占普通家庭用水的四分之三。所有卫浴设备都被供应干净的水，并排放被污染的液体(图 11.2)。

标有注册商标“Water Sense”的卫浴设备都经过美国环境保护署(EPA)的独立测试和认证，并由与美国环境保护署(EPA)有伙伴关系的制造商、零售商和分销商，以及公用事业公司负责提供节水型产品。大多数产品是住宅卫浴设备，包括坐便器、盥洗台龙头、通风器和莲蓬头。一般来说，符合“Water Sense”标准的产品比同类产品的效率高出 20%。

图 11.2　水设备管道

一般规范要求

《2015 年国际管道规范》(IPC)规定了建筑物所需卫生设备的数量(表 11.1、表 11.2)，还指定了规范批准的材料和安装要求。设备效率必须符合《国际能源保护法规》。《2015 年国际管道规范》(IPC)要求卫浴设备必须由经过批准的材料制成，表面光滑、防腐、无瑕疵，没有隐藏的污垢。

尽管《2015 年国际管道规范》(IPC)并不适用于单户住宅，但建议遵循《2015 年国际管道规范》(IPC)关于卫浴设备之间最小间隙的要求。《国际住宅规范》(IRC)对设备材料的要求与《2015 年国际管道规范》(IPC)相同。这些要求涵盖了淋浴设备、盥洗台、抽水马桶、浴盆、浴缸、旋涡浴缸、洗涤槽、洗衣盆、食物处理器、洗碗机

> 改造旧浴室可能需要升级，以符合安全和健康规范，如使用排气扇或可开关的窗口、在某些地方使用安全玻璃或防烫淋浴控制阀等。

和洗衣机。

表 11.1 组合管道设施的最低数量

使用场所	抽水马桶(每一)		盥洗台(每一)	饮水机(每一)	其 他
	男人	女人			
影剧院	125	65	200	500	1 个服务水槽
夜总会	40	40	75	500	
饭店	75	75	200	500	
礼堂、博物馆	125	65	200	500	
教堂	150	75	200	1000	

表 11.2 住宅管道设施的最低数量

使用场所	抽水马桶	盥洗台	浴缸、淋浴	其 他
酒店、汽车旅馆	每个睡眠单位 1 个	每个睡眠单位 1 个	每个睡眠单位 1 套	1 个服务水槽
公寓	每个住宅单元 1 个	每个住宅单元 1 个	每个住宅单元 1 套	每个住宅单元 1 个厨房水槽，每 20 个住宅单元连接 1 台洗衣机
1-和 2-户家庭住宅：每个住宅单元	每个住宅单元 1 个	每个住宅单元 1 个	每个住宅单元 1 套	每个住宅单元 1 个厨房水槽，每 20 个住宅单元连接 1 台洗衣机

无障碍规范、法律和标准

2010 年 ADA 无障碍设计标准涵盖了有关新建筑和改建项目的管道元件和设施设计规定，其中涉及很多方面的问题，包括厕所和浴室及其隔间、小便池、盥洗台和水槽、浴缸、淋浴器、洗衣机和烘干机、桑拿房和蒸汽房、自动饮水机。

《公平住房法无障碍指南》为 1988 年《公平住房法修正案》中的无障碍要求提供技术指导。它们对 1991 年 3 月 13 日及以后新建成的多户住宅建筑提出具体要求(最少 4 户居民)。

《国际建筑规范》(IBC)引用《无障碍和可用的建筑物和设施》(ICC/ANSI A117.1-2009)。一个国家认可的技术要求标准应符合《国际建筑规范》(IBC)及其他州和地方法规的无障碍要求。

《美国残疾人法案》(ADA)不适用于私人住宅，但许多设计师将通用设计原则融入设计，以适应客户当前或未来的需求。根据《美国残疾人法案》(ADA)，可能需要对未来安装的扶手杆和壁挂式抽水马桶先进行结构加固，无论会不会用得上，这都是个好主意。

卫生间设备

卫浴设备必须由无孔材料制成，通常使用搪瓷铸铁、玻璃瓷、不锈钢、铜和黄铜等。卫浴设备通常有圆角，而且光滑、坚硬，能够使用多年。

卫生间设备应该安装在宽敞的空间内，既便于清洁，又便于维修和更换零件。需要在浴缸、淋浴器及洗面台后面的墙壁上设置检修口，还需要在管线沟槽外面安装检修板，以便维修混凝土地板中的管道。

水需求量高的设备，如大浴缸和多头淋浴器，所用的水量有时会超过供应的热水、水量或水压。

在既有建筑中，管道都是老式的，所以有必要评估既有管道对更换设备的影响，以及新设备是否适合旧的位置。在重新设计的浴室中安装马桶可能需要改变地板的框架，这样才能在托梁之间安装污水管。如果不能直接使用既有的通气竖管和排水管，移动设备的费用可能会很高。相对容易的做法是在可以安装灵活供应管线的墙壁上重新安装设备。

记住，重新确定下水道的位置也很有必要。对于翻新工作而言，尽可能选择排水口位置相同的新洁具，如淋浴器的排水口一般设在中心或旁边的位置。

翻新卫生间时，可能需要处理存水弯附近地板下面的霉菌。

抽水马桶

如第十章所述，我们大多数人所说的马桶在技术上称为抽水马桶(WC)。马桶的设计通常不但能冲走污秽物，还方便清洗。提供清洁喷雾的马桶座圈可以从很多制造商那里买到，直接安装在现有的坐便器上，也可以买到没有独立马桶座圈但有座位加热器的坐便器，马桶内有温水可供清洗。**小便池**通常是挂在公共厕所墙壁上的碗状物容器，男人可以在其中小便。**坐浴盆**是一种低矮的椭圆形的盆，用于清洗外阴和肛门区域。坐浴盆在世界上很多地方都很流行，但在美国较少使用。

抽水马桶的尺寸各不相同，包括紧凑型、无障碍型、儿童型及标准设计(表 11.3)。一个人从轮椅转移到坐便器上的最佳高度是与轮椅相匹配的高度；轮椅的高度不一，但平均约为 18 英寸(约 457 毫米)。

表 11.3 抽水马桶、小便池和坐浴盆的尺寸

设 备	宽度(毫米)	深度(毫米)	高度(毫米)
马桶	标准型 20～24 英寸(约 508～610)	圆端型坐便器平均为 27 英寸(约 686)	标准型 14～19 英寸(约 356～483)；带水箱约 30 英寸(约 762)
	紧凑型 22 英寸(约 559)		紧凑型 26 英寸(约 660)
	无障碍型大约 20 英寸(约 508)	加长型约为 29 英寸(约 737)	无障碍型为 17～19 英寸(约 432～483)
小便池	18 英寸(约 457)	12～24 英寸(约 305～610)	轮辋高度为 24 英寸(约 610)
坐浴盆	14 英寸(约 356)	30 英寸(约 762)	14 英寸(约 356)

每个抽水马桶或小便池都应该提供一种保证隐私的方法。单人厕所、日托和托儿设施除外。马桶和小便池的隐私隔板高度应该在距地面最高 12 英寸(约 305 毫米)到最低 5 英尺(约 1.5 米)的范围内。

应借助入口玄关或门的摆动，隔断对公共卫生间的直视。对于单人居住的房间而言，最好也能如此，但不那么重要。

室内厕所的历史

1596 年，约翰·哈灵顿爵士为伊丽莎白女王安装了一个室内马桶。由于哈灵顿将马桶直接连接到粪坑，两者之间只有一扇不密实的井盖式门，女王经常抱怨粪坑发出的难闻气味。

1775 年，亚历山大·卡明斯取得了第一个有效控制抽水马桶供水的专利。该设计包括污水管中一个固定的聚水器、马桶缸里的静水，以及一个通气管。在马桶缸正下方的粪管上有一处呈向后弯曲状，水在那里积存起来，切断了下面的臭味。因为阀门在使用后打开让水流出来，所以它很快就被污染了。

1900 年，乔治·詹宁发明了基本的抽水马桶设计方法，沿用至今。该设计依靠存水弯密封管道并保持马桶缸里的水位，依靠虹吸作用从马桶缸里汲取水和废物。

托马斯·克拉珀开发的冲洗机制，基本上就是今天仍在使用的那种。他的水防浪费器控制水的供应，在给排干的马桶缸补充水的同时冲洗水箱，把水箱里积存的水释放到马桶里，虹吸作用就开始了。

除非拆掉所有的金属件和活动件，马桶缸不会渗漏，也不会被污染。1885 年，英国陶艺家托马斯·特维福德制造了第一个一体式陶器马桶，置于底座之上。如今，马桶、小便池和坐浴盆都是由玻化瓷器制成的。

有了室内管道，才有了用水冲刷(彻底冲洗)的抽水马桶。冲马桶的水是收集的屋顶雨水，或者用泵先把水从下面抽到阁楼的供水系统，然后流到位于二楼的室内卫生间。直到 20 世纪早期，室内马桶才成为北美家庭的常见设施。

抽水马桶的规范要求

《2015 年国际管道规范》(IPC)要求用于公共或员工厕所设施中的马桶缸为加长型，为公共或员工厕所设施提供的坐便器必须是铰链前开口式。

1994 年生效的《能源政策法案》要求在新建筑和改建建筑中使用水流量低的马桶。根据该法案，每次冲水 1.6 加仑(约 6 升)是美国联邦政府为新建厕所制定的强制性最高限量，一些州或地方辖区甚至可能采取了更低的要求。

规范对马桶的两侧和前面的空隙都做了具体的规定。马桶的前面至少要留出 30 英寸(约 762 毫米)的无障碍空间，如果供多人使用或使用的人需要辅助设备，则应留出更大的空间。《国际住宅规范》(IRC)允许至少 21 英寸(约 533 毫米)的前部空隙，这个空间足以放下人的双腿，但不够穿脱衣服。如果轮椅从侧面靠近且使用者需要从轮椅转移到坐便器上，那么至少在马桶的侧面留出 30 英寸(约 762 毫米)的空间。壁挂式坐便器为使用和维护提供了更宽敞的地面空间。

轮椅可以在一个 36 英寸(约 914 毫米)的走廊上进行 90 度转弯，但需要 60 英寸(约 1524 毫米)的空间才能完成原地旋转。《美国残疾人法案》(ADA)规定，在轮椅可进入的厕所隔间里，马桶与侧壁的最小垂直距离为 60 英寸(约 1524 毫米)宽，壁挂式马桶的最低深度为 56 英寸(约 1422 毫米)，落地马桶与后壁的垂直距离至少为 59 英寸(约 1499 毫米)(图 11.3)。《美国残疾人法案》(ADA)不允许厕所隔间门开关时占用仅达到最低要求的隔间面积。此外，《美国残疾人法案》(ADA)也对进场和脚趾间隙做出了要求，对儿童的使用也有要求。

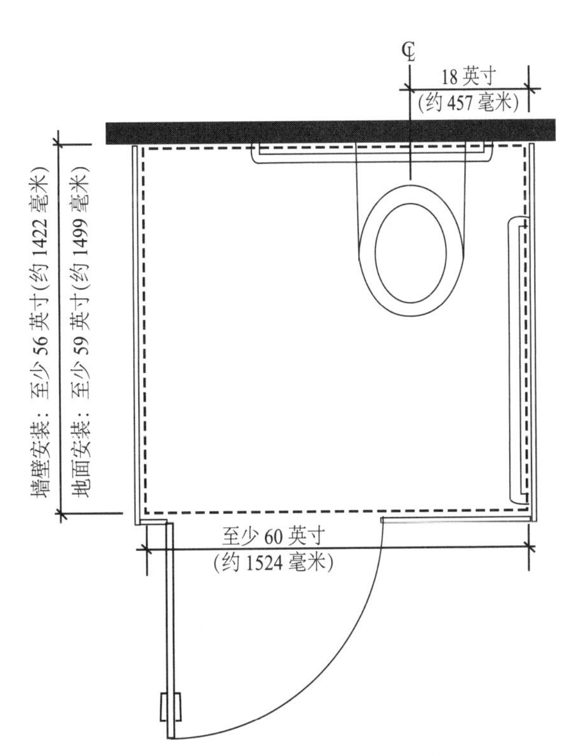

图 11.3　轮椅可进入的卫生间隔间

流动式无障碍厕所是专为那些借助某种支撑才能走路的人设计的，不能替代轮椅无障碍厕所(图 11.4)。《美国残疾人法案》(ADA)规定，流动式无障碍厕所隔间最小深度为 60 英寸(约 1524 毫米)，宽度为 35~37 英寸(约 889~940 毫米)。两侧墙壁必须安装扶手杆。

扶　手

标准的毛巾架不够坚固，无法支撑一个倒下的人，而把毛巾架固定在墙上的硬件就更不结实了。扶手应该加固安装在墙上，才能支撑 250 磅(约 113.4 千克)的重量。

《美国残疾人法案》(ADA)对抽水马桶的扶手做

了要求。这些要求包括横截面尺寸、位置、方位，以及与厕纸分配器的配位。

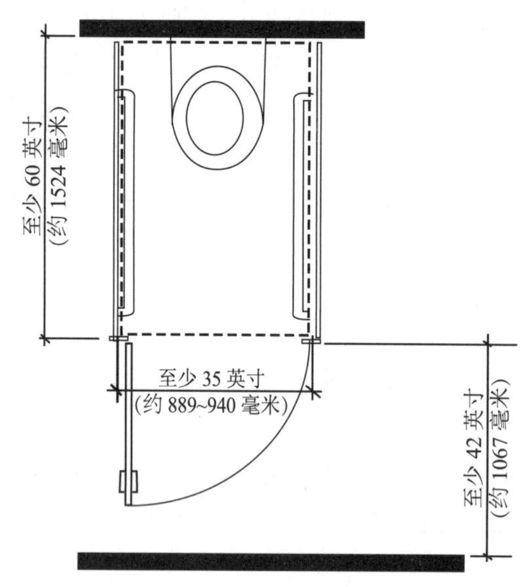

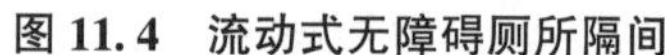

图 11.4 流动式无障碍厕所隔间

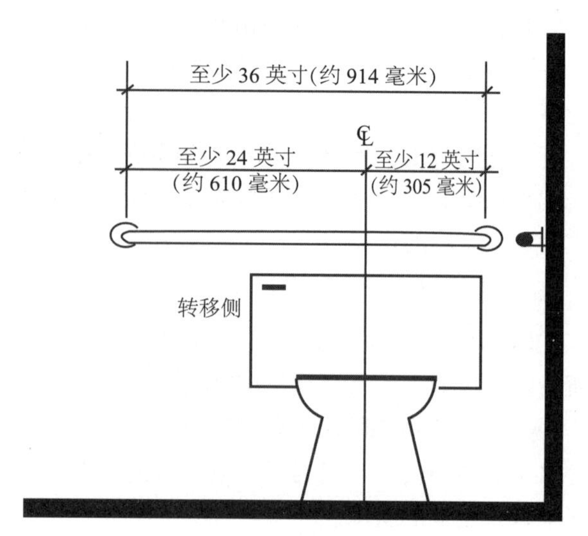

图 11.5 抽水马桶的后壁扶手

《美国残疾人法案》(ADA)不要求在住宅中使用扶手，但是可以根据用户需要及他们的转移方式在马桶周围安装扶手杆。住宅扶手杆的推荐位置是在最靠近马桶的后壁和侧壁上。侧边扶手杆的长度应该是至少42英寸(约1067毫米)，距离后壁12~42英寸(约305~1067毫米)。后壁上的扶手杆应至少为24英寸(约610毫米)长，马桶位于中间位置(图11.5)。可能的话，最好使后壁扶手杆的长度达到36英寸(约914毫米)，并且使多出来的部分位于马桶的转移侧。如果侧壁太短，无法安装42英寸(约1067毫米)的扶手杆，则可以使用从后壁上折下来的扶手杆或者使用带扶手杆或把手的座椅。

传统上，大多数扶手杆是水平安装的。垂直扶手用于辅助使用者进入厕所隔间或者伸手能够到控制装置。斜杆便于手腕自如弯曲，并能帮助使用者从浴缸中起身走出来。

抽水马桶的操作

当抽水马桶冲水时，水或者来自水箱或者从冲洗阀流出，冲洗马桶缸。这既清洗了马桶缸，也提高了缸内的水位。随着水位上升，排水通道最终会填满并产生虹吸，排掉缸内的水和其他物质。虹吸因一部分水被喷射到排水管中而得到加强。当水和其他内容物被排出后，虹吸消失，但是缸内的水位继续升高。

公共卫生间里的绝大多数马桶都是无水箱的。无箱式马桶直接从加压的供水管线接收水。无箱式马桶可以是落地式，也可以是壁挂式。壁挂式马桶更容易清洗、不易损坏，但需要大而结实的设备支架支撑和较高的水压。在缺乏足够水压的私人住宅中，无箱式马桶要借助泵或其他技术增加冲洗的力量。

民宅和小型建筑物中通常使用带水箱的马桶。由于家用水管的尺寸小，装满水箱的过程相对缓慢。水箱可以单独安装在墙壁上或与抽水马桶连成一体。

在有压力辅助的马桶里，水被压缩到水箱内的容器里，然后被快速地推入马桶缸，把不多的堵塞物冲走(图11.6)。这个过程可能会比其他类型的抽水马桶产生更多的噪声。压力辅助马桶与传统马桶安装在相同的空间中，要求水压达到20磅/平方英寸(约138千帕)，住宅建筑大都如此。压力辅助马桶用于家庭、酒店、宿舍及轻工业应用，而且还有无障碍型号。越来越多的美国的州要求在商业性建筑中使用压力技术，主要是为了防止堵塞。

抽水马桶的设计是每次冲洗时自洁(图 11.7)。一部分水从顶部边缘流出，旋转着冲洗马桶缸的内侧面。

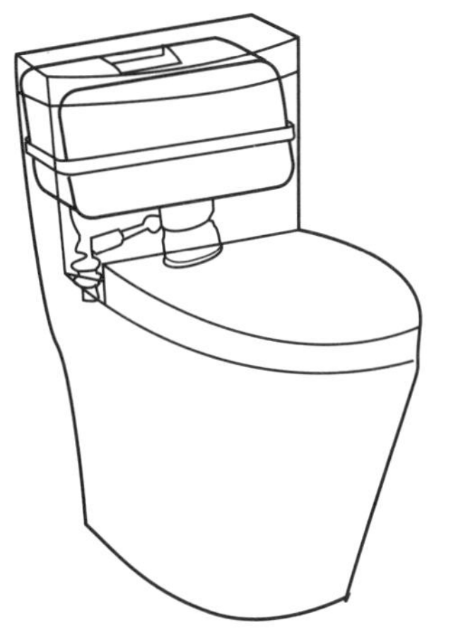

图 11.6 压力辅助冲洗系统

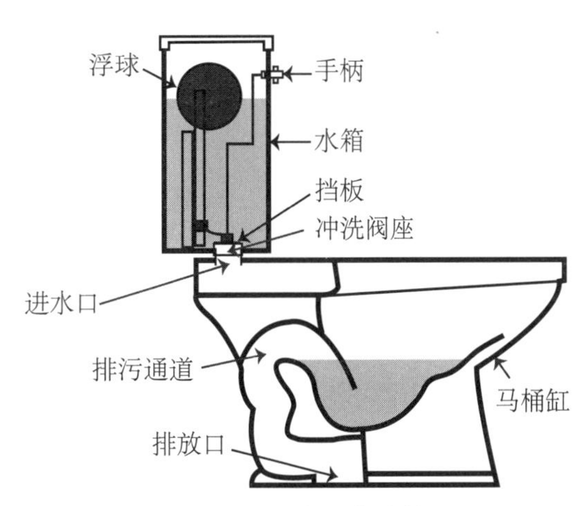

图 11.7 马桶缸与水箱

你只需把手抬到水箱上方，就可以冲洗**自动感应马桶**，这样避免粘上或留下细菌。

抽水马桶的存水弯比较大，在冲洗过程中能快速虹吸，然后重新注满新鲜的水以保持密封。必须在马桶附近开孔排气，以避免在每次冲洗之后意外发生虹吸。

大多数马桶都是用螺栓固定在地面的，从后壁表面到马桶凸缘中心的距离约为 12 英寸(约 305 毫米)，但这不是一成不变的。重要的是管道工必须知道马桶的尺寸要求。

大多数住宅用马桶都是一体式的，即水箱和马桶连成一体或者是分体式，即水箱被固定在马桶缸的顶部。分体式马桶通常比较便宜，且更容易搬运。由于没有接缝，一体式马桶更容易清洗。壁挂式住宅马桶也容易清洁，但安装费用高。

传统的马桶不提供个人清洗。如今，制造商生产出可以提供清洗的马桶座圈。通过建造一个清洁水的供水源，把干净的水引入马桶，来提供清洁服务，然而这可能就无法在马桶中使用循环水了。其他附加功能包括加热座椅、自动冲洗、远程控制、整体清洗系统，以及为方便夜间使用洗手间而在设备中装有 LED 光源。

抽水马桶的水箱内部配有塑料泡沫绝缘衬垫，可以使水箱外表面的温度升到露点以上，防止冷凝。

还有一种可供选择的马桶类型，它没有与任何管道连接，只是由坐便器或小便器组成，可以将废物分解为少量的灰烬。这种马桶要求连接到电源和一个直径为 4 英寸(约 102 毫米)的通风口到外面。

世界上许多地方的厕所都没有座位，被称为蹲式厕所、土耳其厕所或亚洲厕所。它们被设计成坐或蹲；有些是用清洗的方法清洁，有些是用擦拭的方法清洁。

节水马桶

美国环境保护署(EPA)认证的“Water Sense”牌马桶每次冲洗用掉 1.28 加仑(约 4.8 升)的水，有的马桶每次冲洗只用 1 加仑(约 3.8 升)的水。这些低的数字是通过改进既有冲洗系统和利用气压控制冲水来实现的。

重新装修卫生间时，要确保水压能够适应效率更高的新马桶，这一点很重要。

双冲水马桶利用按钮或手柄控制冲水的水量。如果是轻轻地冲洗，大多数情况下双冲水马桶只用 1 加仑(约 3.8 升)水就够了；如果需要清洁马桶缸，可以选择较大的冲水选项再冲洗一次。

另一种节水方式是中央压缩空气系统，它可以增强供水系统的压力。带有空气罐的小型压缩机可以运行多达 3 个马桶。

自动冲洗控制提高了马桶的无障碍性，保持马桶清洁，还可以减少用水量。自动冲洗控制器通过

图 11.8 堆肥式厕所

感应人体压力产生的辐射热或者从用户身上反射回来的光自动冲水，还有触摸屏控制。

堆肥式厕所

堆肥式厕所可能是处理人体排泄物的最环保的方法(图 11.8)。堆肥式厕所将人类排泄物转化为有机肥料和可用土壤。风扇(可以是太阳能动力的)不断地将空气吸入室内，再经过屋顶排出。如果不堆积得过久，堆肥式厕所可以非常高效地运行，而不会产生气味问题。

堆肥式厕所不使用水，而且也不将废物排入废水系统。它们用于水资源稀缺和(或)污水处理困难的地方。堆肥式厕所经常被用于美国联邦和州立公园，而且越来越多地用于住宅和机构建筑。

不需要进水口、下水道或化学品。固体废物被分解，残渣被送到马桶底部的收集盘。由此产生的堆肥需要每年清除一次。虽然废物的好氧消化通常是无气味的，但通风对于减少异味和促进多余水分蒸发是很重要的。堆肥过程可以使每人每年产生大约 1 立方英尺(约 0.03 立方米)的肥料，这些肥料可用于非食用植物的施肥。

喷射式马桶

喷射式马桶用于马桶低于污水管道的地方。典型的喷射式马桶有一个 5~6 英寸(约 127~152 毫米)高的聚乙烯底座，可以直接安装在地板上或下凹与地板齐平。如果有足够的楼底高度，可以使用升高地板。

马桶内部的一组叶轮和污水喷射泵对废物进行处理，并将其推送到主污水管道。马桶喷射罐也可以把水排到附近的浴缸、淋浴器或盥洗台的下水口里。某些型号的喷射式马桶的泵、通风口和管道安装在马桶后面隔了一段距离的地方，这样就可以在马桶和这些设备之间建造一堵墙，使安装更加整洁。

> 污水喷射泵在第十章“废物与再利用系统”中已经做了介绍。

小便池

使用小便池可以减少对马桶座圈的污染，并且小便池只占用墙壁 18 英寸(约 457 毫米)的宽度。规范并没有要求每种占用类型都安装小便池。它们通常被一个或多个男士马桶取代。壁挂式小便池比分隔式小便池更容易保持干净，但对于幼童和坐在轮椅中的人来说往往太高，应该将一组小便池中的一个或多个安装在较低的位置。分隔式小便池可以为更广泛的人群提供更多便利。

2010 年 ADA 无障碍设计标准要求小便池必须是分隔式或壁挂式的，其边缘距离地面 17 英寸(约 432 毫米)，外表面到背面的深度至少应为 13.5 英寸(约 343 毫米)。为了便于轮椅从前面靠近，要求小便器前面的净空间为 30 英寸宽乘以 48 英寸深(约 762×1219 毫米)。

> 标准的壁挂式小便器可能无法满足无障碍安装的高度要求，应检查新款小便器的无障碍性。

小便器前端距离地面的高度应为男孩 19.5 英寸(约 495 毫米)、男士 24 英寸(约 610 毫米)。如果是定制安装，则小便器前端应该低于男士裤子下裆缝 3 英寸(约 76 毫米)。

建议从小便池的中心线到马桶、墙壁或其他障碍物的距离为 18 英寸(约 457 毫米)，最小距离为 15 英寸(约 381 毫米)。从小便池边缘到侧壁应该有至少 3 英寸(约 76 毫米)的间隙。小便池前面的推荐间隙为 30 英寸(约 762 毫米)，但允许最小为 21 英寸(约 533 毫米)。

在小便池的两侧，应安装至少 12 英寸(约 305 毫米)的保护性耐用表面材料。小便池的下面和前面应使用耐用地板。

小便池应由墙壁或隔板隔开，隔墙或隔板应向外延伸至少 18 英寸(约 457 毫米)或超出便池前唇缘 6 英寸(约 152 毫米)。隐私隔板的下端距离地面至少 12 英寸(约 305 毫米)，上端距离地面最多 5 英尺(约1.5 米)。

旧的小便器每次冲洗用水多达 5 加仑(约 19 升)。在美国，现在要求小便器每次冲洗使用 1 加仑(约 3.8 升)的水或更少。高效率的小便池每次冲水使用一品脱的水。

在无水小便器流行之前，经常使用的是冲洗阀或者在墙上挂一个单独的冲洗水箱。**无水小便器**不用水，安装在公共卫生间和大型集会场所(图 11.9)。美国一些州正在强制推行无水小便器。在以男性为主的家庭里安装无水小便器不失为一个好主意(图 11.10)。

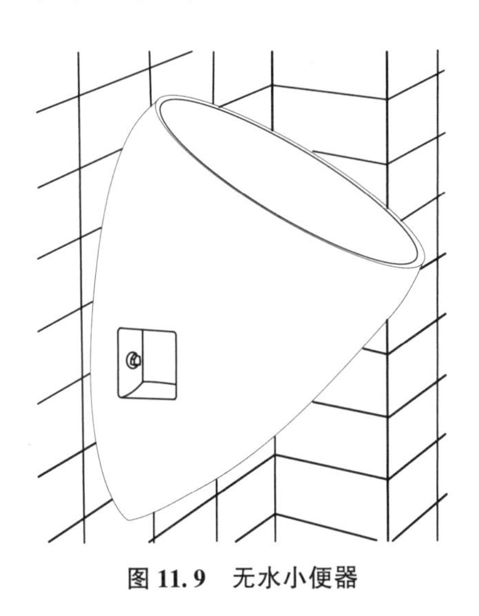

图 11.9 无水小便器

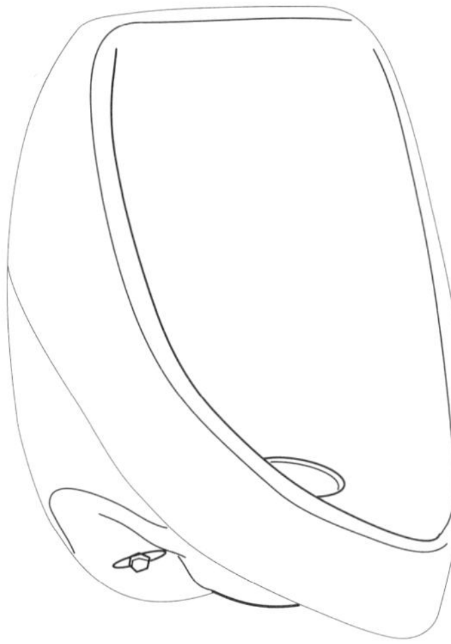

图 11.10 住宅无水小便器

坐浴盆

坐浴盆看起来像马桶，但其作用像水槽(图 11.11)。可以安装一个坐浴盆，以清洁骨盆区。随着年龄的增长，人们对坐浴盆的需求及坐浴盆对人的益处往往也会增加，因为它们对那些难以清洁自己的成年人尤其有帮助。

马桶/坐浴盆集成系统是将马桶和坐浴盆组合在一个单元中，并配有自动控制系统。附加的坐浴盆系统也提供加热座椅、照明、空气干燥机和空气过滤器。

坐浴盆的使用方法是面向控制装置和墙壁横跨在浴盆上。坐浴盆有冷热水供应，以及一个喷雾龙头。龙头从水平方向喷出水雾，或者从浴盆中心喷出垂直水雾。坐浴盆有一个可以自动弹起的塞子，因此坐浴盆也可以当作水槽，用来洗脚、洗手和洗衣服。

坐浴盆的建议间隙与马桶相同，正前方有 30 英寸(约 762 毫米)的空隙，浴盆的中心线距离最近的墙壁、障碍物或邻近马桶的距离为 18 英寸(约 457 毫米)。最小的间隙为前面 21 英寸(约 533 毫米)，浴盆中心线距离墙壁或障碍物为 15 英寸(约 381 毫米)。

在坐浴盆的旁边放置浴巾和肥皂非常重要。

图 11.11 坐浴盆

盥洗盆和水槽

盥洗盆是卫生间里的水槽。厨房水槽用于洗碗和准备食物。服务(污水)水槽用于灌装水桶、清洁拖把和大扫除。

盥洗盆

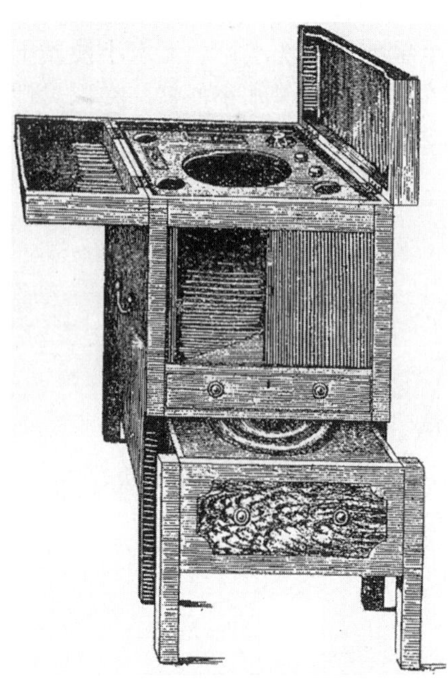

图 11.12 滑出式马桶的古式盥洗盆

盥洗盆的设计似乎很少考虑我们身体的工作方式和洗涤方式。大多数盥洗盆被设计成聚集水的碗状物，但我们往往用盥洗盆里流动的水快速地清洗手、脸和牙齿。在历史上，一些盥洗盆与马桶结合(图 11.12)，水槽和毗连的台面区域通常难以保持干净和干燥。为了清洁和耐用，盥洗盆必须采用坚硬、光滑、可用力擦拭的材料，如瓷器、不锈钢或结实的表面材料。

盥洗盆的形状和大小各异。从盥洗盆中心线到侧壁或其他高障碍物的距离应该至少为 20 英寸(约 508 毫米)。按照《2015 年国际管道规范》(IPC)的要求，从盥洗盆中心线到墙的最短距离为 15 英寸(约 381 毫米)。根据《2015 年国际住宅规范》(IRC)的规定，墙与独立式或壁挂式盥洗盆的边缘之间的最小距离为 4 英寸(约 102 毫米)。建议两个盥洗盆中心线之间的距离至少为 36 英寸(约 914 毫米)。

盥洗盆或梳妆台的高度为 32 ~ 43 英寸(约 813 ~ 1092 毫米)，以满足用户的不同需要。工厂标准的梳妆台是 36 英寸(约 914 毫米)。可调节高度的盥洗盆要求管线灵活。壁挂式盥洗盆和柜台可以安装在想要的高度；有的客户可能更喜欢有两个不同高度的盥洗盆。梳妆台的进深通常为 21 英寸(约 533 毫米)，方便使用者靠近镜子。

台座式盥洗盆和立式盥洗盆都对排水管或壁挂式水龙头有特殊要求。台座式盥洗盆有多种高度(图 11.13)。为了达到所需的高度，需要平台底座的材料与地板材料相匹配。

立式盥洗盆的高度可能只有几英寸(图 11.14)。它们可以置于台面上或切入台面。立式盥洗盆也有混凝土和陶瓷材质的(图 11.15、图 11.16)。安装在墙角的盥洗盆有特殊的要求。

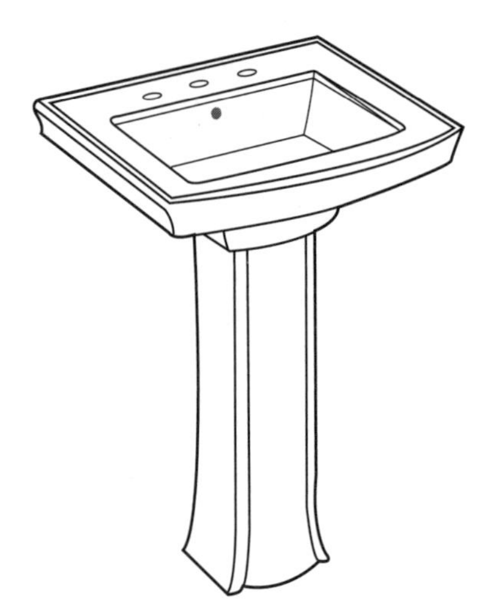

图 11.13 台座式盥洗盆

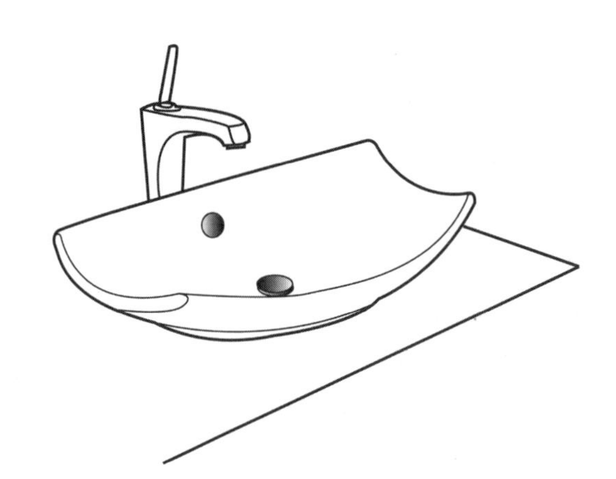

图 11.14 立式盥洗盆

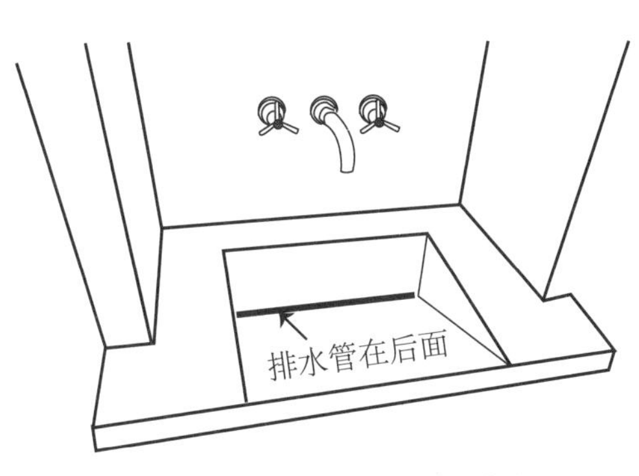

图 11.15 斜坡式混凝土盥洗盆

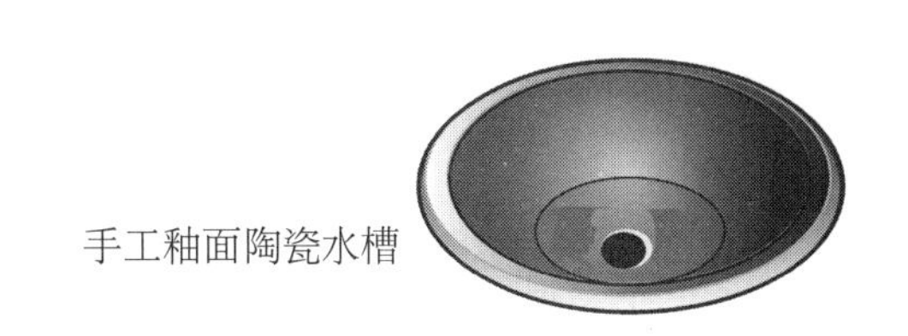

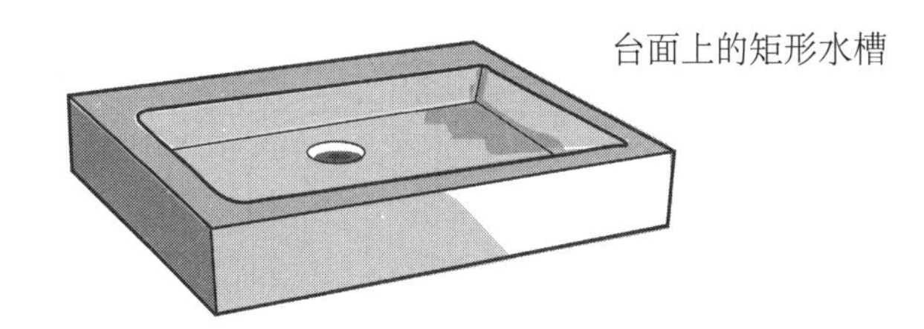

图 11.16 陶瓷盥洗盆

水 槽

虽然“水槽”一词是专门为服务水槽、多用途水池、厨房水槽和洗衣池等保留的名称，但它也经常用于卫生间。厨房水槽通常由搪瓷铸铁、搪瓷钢或不锈钢制成。多用途水池由玻璃瓷、搪瓷铸铁或搪瓷钢制成。

建筑规范对水槽的位置做了规定，地方卫生部门也可能会设置额外的要求。即使建筑规范没有相应的要求，为了便于日常生活和建筑维护，人们经常会在休息室、酒吧安装水槽和多用途水池(图 11.17)。《美国残疾人法案》(ADA)规定了残疾人使用厨房水槽的标准，包括轮椅通行所需的空间。

服务水槽位于传达室，用于装灌水桶、清洁拖把和其他维护工作。公用洗涤池是公共的洗手设施，有时见于工业设施。

农家风格水槽又宽又深，一个大的脸盆置于台面和橱柜之上(图 11.18)。无论是回收的旧款还是新制造的，农家风格水槽都以搪瓷、皂石或铜为材料。

图 11.17 带滴水板的厨房水槽

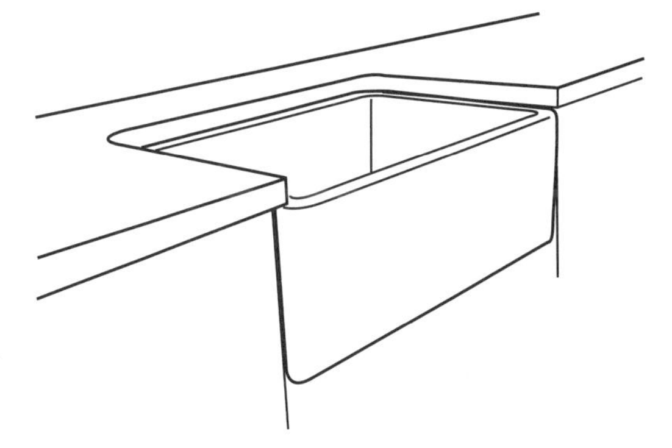

图 11.18 农家风格的厨房水槽

水龙头

由于大多数水龙头的设计，我们通常要弯下腰向上撩水才能洗脸。大多数盥洗盆龙头都不便于饮用，且几乎不可能用于洗头发。

要寻找无垫圈、无滴漏、无飞溅且由非腐蚀性材料制成的水龙头设计。可供选择的有触摸式和非接触式水龙头。公共卫生间的盥洗盆应该采用自动关闭式水龙头，这样可以节约水和加热水所需的热能。《美国残疾人法案》(ADA)允许的水龙头有多种出水口高度，主要有单杆型、易于抓取型、翼状把手型，以及 4~5 英寸(约 102~127 毫米)的刀柄设计。

被加工成 4 英寸(约 102 毫米)的**中置水龙头**，即用一个 102 毫米的顶板安装在有三个孔的台面和水槽上，或者加工为**中心孔水龙头**，即安装在有单个孔的台面和水槽上。**中置水龙头**常见于较小的梳妆台和洗手池上(图 11.19)。中心孔水龙头可用于各种梳妆台和水槽(图 11.20)。

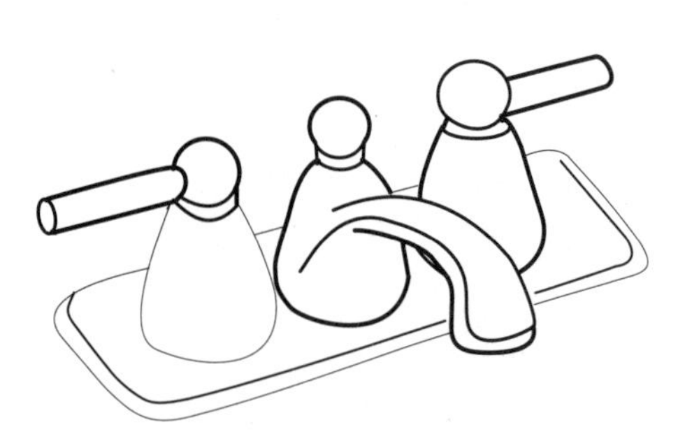

图 11.19　中置水龙头

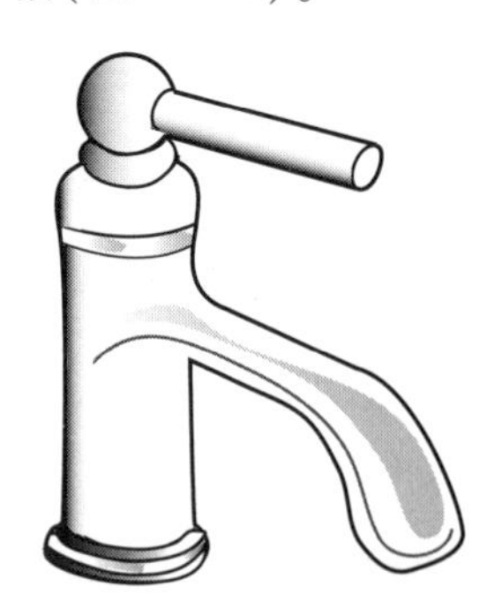

图 11.20　中心孔水龙头

美国联邦规范将住宅卫生间和厨房水龙头的最大流量限定为每分钟 2.2 加仑(约 8.3 升)，非住宅卫生间水龙头则为每分钟 0.5 加仑(约 1.9 升)。将曝气器拧到水龙头的末端，可以将空气与水混合，以产生更充分的水流。一个“Water Sense”牌标准规格的水龙头在 60psi(约 414 千帕)水压下每分钟的流量为 1.5 加仑(约 5.7 升)。

水龙头的设计应确保飞溅的水花留在盥洗盆内，不会喷溅到使用者、台面或地板上。出水口的长度应与盥洗盆的大小成比例。一般来说，盆面较大喷溅到外面的情况就会比较少。

装在台面上的水龙头要求盥洗台更深、水龙头的喷口颈部更长。壁挂式水龙头由于管道穿过墙壁而更难安装。

浴　缸

浴缸已经从装满水的桶变成了今天的旋涡浴缸。现代沐浴是在私人场合进行的。社交沐浴在游泳池、澡堂和配有水柱、喷流和瀑布的按摩浴缸里进行。社交沐浴仅限于娱乐，而不是为了清洁。

在 17、18 世纪的欧洲，一个中产阶级家庭的沐浴通常是在厨房里的便携式浴缸里进行的，因为那里有温暖的水源。星期六晚上沐浴是一个延续到 20 世纪的美国习俗。洗澡的器皿是便携式的，有时还可以与其他家具结合使用，如一个沙发可以放在浴缸上面，或者一个金属浴缸可能会被折叠起来放进一个高大的木制柜子里(图 11.21)。家里有洗澡的地方，但不是浴室，而沐浴场所与厕所也不一定相邻。

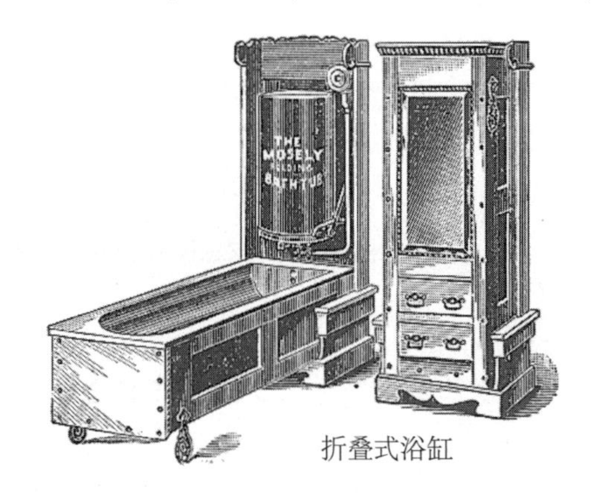

折叠式浴缸

带淋浴环的爪式浴缸

图 11.21　古式浴缸

淋浴和浴缸通常是分开安装的独立实体，有时由半面墙或一扇门隔开。此外，价格适中、以丙烯酸或玻璃纤维为材质的一体式淋浴房也很常见。

我们使用浴缸主要为了清洗全身，用于放松和浸泡我们的肌肉。通常按照这样的顺序进行，润湿身体，擦洗肥皂和用力搓洗——所有这些都用静水完成；然后进行冲洗，最好是用流水冲洗。浸润擦洗阶段使用浴缸的效果更好，但坐在含有肥皂的脏水中冲洗肥皂沫不很方便，而在浴缸里洗头尤其困难。

除了典型的淋浴和浴缸外，还有其他选择。传统的日式沐浴有两个阶段。首先，要把自己的全身淋湿、涂上肥皂，然后坐在一把小凳子上擦洗自己，最后从一个小桶里取温水冲洗干净；接着浸泡在温暖的浴缸里。更新的做法是使用涡流热水浴缸浸泡。寻一处僻静的小澡堂，泡在热水浴缸里，使人仿佛置身于天堂。

浴缸的无障碍性和安全性

进出浴缸时，人们常常感到不舒服，而且存在危险。打开和关闭水龙头及调节温度时，要确保能够得到控制器。坐在凳子或台子上剃腿毛，会更容易、更安全一些。蒸汽浴室里应该有良好的照明，地板既要容易清洗，又要防滑。

坐轮椅的人必须从椅子上滑过，才能转移到浴缸座台上。这可能是一个笨拙的动作，能够靠近很重要。无障碍淋浴间使用起来更方便。

在需要使用无障碍浴缸的地方，《美国残疾人法案》(ADA)对浴缸前面的地面净空间、浴缸内的安全座椅、控制阀和扶手的位置、浴盆外壳的类型，以及固定/手持式可转换淋浴喷头都做了详细的规定(图 11.22)。

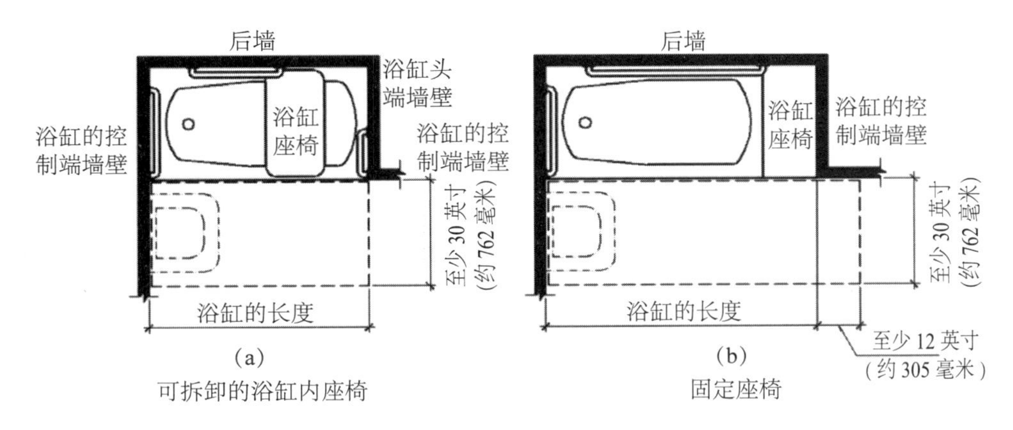

图 11.22 2010 年《美国残疾人法案》(ADA)规定的浴缸四周间隙

为了安全起见，所有的浴缸都应该在适当的高度安装水平和垂直的扶手杆，不要安装不安全的毛巾架或看起来像扶手的肥皂碟(图 11.23、图 11.24)。制造商提供的扶手杆都非常时髦，没有机构设施常见的生硬外观。在浴缸的控制端墙上安装一根垂直扶手杆会很有帮助。独立式浴缸可以使用原本用于游泳池的那种“J”形支架。

设计浴缸最安全的方法是将浴缸地板与浴室地板保持在同一水平，浴缸的台面或顶部距离地面约 18 英寸(约 457 毫米)。即使在浴缸旁边只有一级台阶，也会使保持平衡变得更困难。安装下沉式浴缸时，其顶部与地面持平，要求用户要么走下台阶进入浴缸，要么先坐在地板上然后再进入浴缸。下沉式浴缸还存在绊倒和跌落的危险，因此不建议采用台阶，但是如果台阶已经存在，则应该给浴缸配备扶手或者换一种进入方式，即以非台阶的方式进入浴缸。

可以在标准浴缸的头端放置一个转移座椅。建议座椅深度至少为 15~16 英寸(约 381~406 毫米)、高度为 17~19 英寸(约 432~483 毫米)，但应考虑使用者的体型和体重。

浴缸有一体式或折叠式座椅。可拆卸座椅必须是牢固的；不使用的时候，要有空间存放它们。如

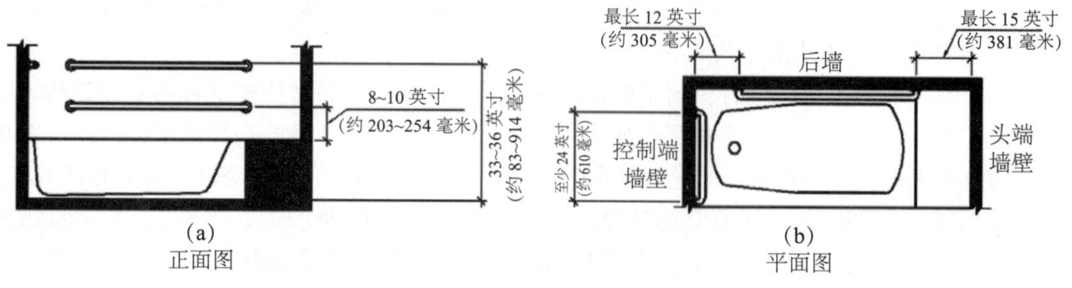

图 11.23 《美国残疾人法案》(ADA)中带有固定座椅浴缸的扶手杆

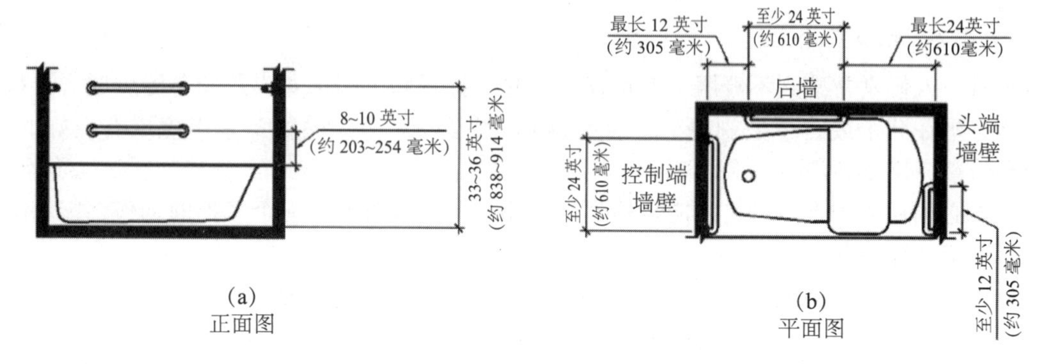

图 11.24 《美国残疾人法案》(ADA)带可拆卸座椅浴缸的扶手杆

果使用者的脚可以放在座椅下面，则座椅可以发挥更好的杠杆作用。座椅的表面应该光滑，插槽或开口可以改善卫生。最好的一种浴缸座椅是从浴缸的外面延伸到浴缸的头端，方便使用者在滑入之前在浴缸外部做好调整。

有带门的无障碍浴缸，门在浴缸注满水之前打开。座椅应该处于舒适的高度，通常为 18 英寸(约 457 毫米)。还有带可下拉侧面的浴缸，这样的浴缸可以放在平台上，使浴缸的底部处于座位高度。向专业人士咨询有关使用升降机的问题。升降机的使用涉及天花板等其他结构部件的加固问题。

> 检查客户可以靠近并进入带有门或下拉侧面的浴缸的具体方法。检查打开门所需的强度和净空间、浴缸注满水和排空浴缸所需的时间，以及进入浴缸或坐到内置座椅上所需跨越的门槛高度。

> 对于独立浴缸，要考虑进出那侧(或两侧)所需的空间，并且要留出通道和间隙。

浴缸的一侧至少需要 30 英寸(约 762 毫米)的空间，如果在浴缸前面穿衣，则需要更大的空间。《2015 年国际住宅规范》(IRC)允许的最小空间是 21 英寸(约 533 毫米)，而这对于许多用户来说是非常狭窄的，特别是对于带孩子的父母或有护理人员在场的时候，空间显得更为紧张。从轮椅转移到浴缸所需的最小值是 30 英寸(约 762 毫米)，这一数值越大越好。

建筑规范要求，当浴缸位于窗户旁边时，如果窗户的底部边缘与地板之间的距离小于 60 英寸(约 1524 毫米)，则窗户必须使用钢化玻璃。浴室门及浴缸或淋浴间的外罩也都必须用钢化玻璃。

浴缸控制器

《美国残疾人法案》(ADA)制定了浴缸控制器的标准(图 11.25)。水龙头的控制装置最好位于前壁 6 英寸(约 152 毫米)以内，这样在进入浴缸之前能很容易接触到。用户不必在浴缸里倾斜着身子打开水龙头或检查水温。在封闭的浴缸/淋浴器组合间中，控制装置可以安装在离

> 浴缸控制器的位置不应与轮椅使用者所需的转移区域相冲突。

地面最高 33 英寸(约 838 毫米)的墙壁上。独立式或平台式浴缸的控制器应该设在前壁。

单手柄的淋浴龙头比圆形把手更容易操作，水温和水流量都可以一步调整到位。浴缸、淋浴器组合必须采用恒温控制、压力平衡或组合的阀门。

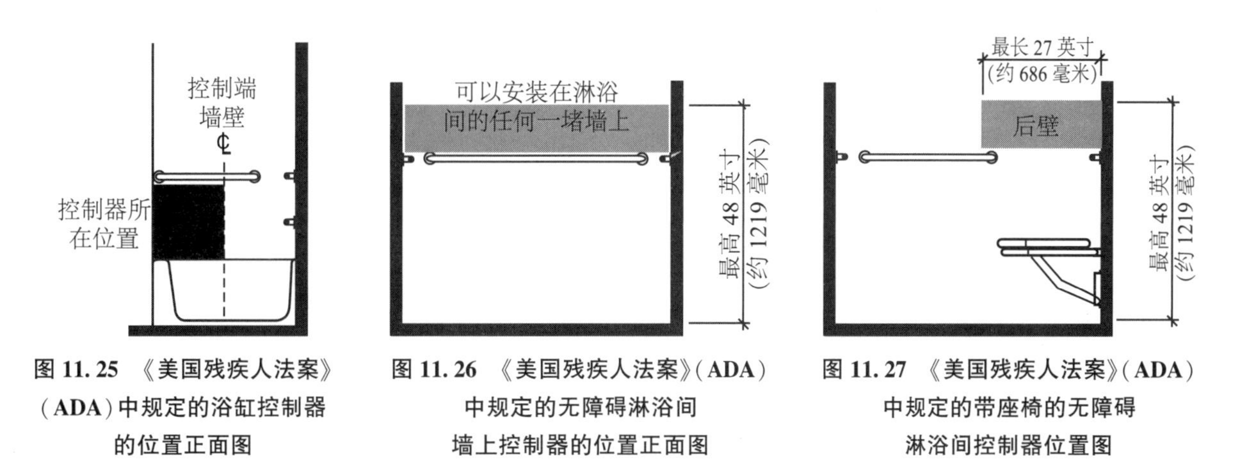

图 11.25 《美国残疾人法案》(ADA)中规定的浴缸控制器的位置正面图

图 11.26 《美国残疾人法案》(ADA)中规定的无障碍淋浴间墙上控制器的位置正面图

图 11.27 《美国残疾人法案》(ADA)中规定的带座椅的无障碍淋浴间控制器位置图

手持式花洒和 60 英寸(约 1524 毫米)长的软管可以方便护理人员协助使用者沐浴。手持式花洒在洗发时使用很方便，也方便坐着的沐浴者使用。滴流阀操控简单。软管长度可以增加到 72 英寸(约 1829 毫米)，或达到沐浴者所需的长度。

《美国残疾人法案》(ADA)制定了淋浴控制器安装地点的标准(图 11.26、图 11.27)。如果安装在滑动杆上兼作淋浴喷头，最低位置不应高于 48 英寸(约 1219 毫米)，而且位于浴缸座位上就能够到的范围内。莲蓬头的最高位置应该介于 72~78 英寸(约 1829~1981 毫米)。

浴缸内有供水龙头的旧浴缸可能没有防止水溢出的功能或者此功能失效，因此可能造成回流问题。为了避免这个问题，新浴缸的水龙头通常安装在浴缸顶部的墙壁上。在手持花洒上添加一个防虹吸装置，也是个不错的主意。

浴缸是由各种各样的材料制成的(表 11.4)。耐用性和卫生是重要的关注点。

表 11.4 浴缸的材料

材 质	描 述
瓷钢(POS)或搪瓷钢	抗酸、耐腐蚀、耐磨损。防爆、不褪色、卫生、耐用。如果受损，会生锈、会有噪声
瓷钢复合材料	重量轻，保温性能好。如果受损，会生锈
玻璃纤维强化丙烯酸	低成本、重量轻、可修复、易清洁，能保持水温。可能会划伤或变色。禁用磨蚀材料
玻璃钢(FRP)	带凝胶涂层。成本低，重量轻，安装方便。不如丙烯酸耐用；质量良莠不齐。禁用研磨清洁剂
搪瓷铸铁	非常耐用。能保持水温。非常重。难以修复。喷砂防滑底部非常难清洗
人造大理石(石灰岩、树脂、凝胶漆)	坚固、耐用。轻微的受损可以修复。价格适中。表面可能会划伤。非常易碎，温度急增时可能会开裂
石头	非常重，需要结构支撑。不推荐大理石；孔隙非常多
人造石	触感温暖，能保持水温。不易破损，比铸铁和丙烯酸的可修复性强。白色外表可以刷漆
木头	大多数木材会翘曲、开裂或腐烂。柚木如果不经常使用，会变干裂开。可能不符合规范。需要独特的设计，价格昂贵
陶瓷	经久耐用，有各种各样的图案、形状、大小。防水灌浆。要求安装技术熟练。陶瓷易清洁，灌浆瓷砖不易清洁

浴缸的样式

浴缸有多种款式，包括墙角浴缸和嵌壁式浴缸等(图 11.28、图 11.29)。它们的左右两侧都可使用，取决于哪一端有排水孔。浴缸的设计应该能恰到好处地支撑背部，浴缸表面有脚的轮廓，缸内有支撑脚的架子。浴缸可以容纳不同腿的长度。如果使用者的脚不能触及浴缸的末端，他们就可能会滑到水下。太短的浴缸可能会使弯曲的膝盖露出水面。

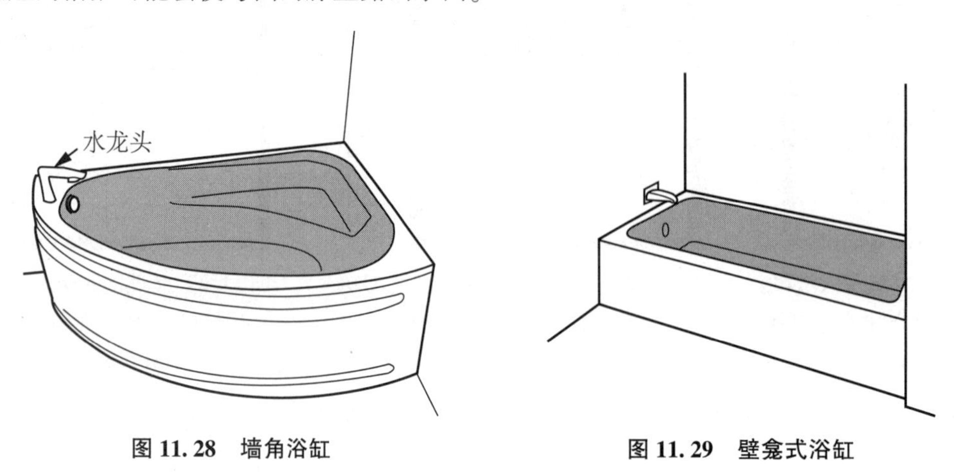

图 11.28　墙角浴缸　　**图 11.29　壁龛式浴缸**

浴缸的长度、宽度和深度各不相同(表 11.5)。标准的浴缸或浴缸/淋浴组合是 32×60 英寸(约 813×1524 毫米)，适合大多数浴室，但可能不符合用户的需求。

表 11.5　浴缸的款式和尺寸

款　式	描　述	尺寸(毫米)
嵌壁式(三壁式壁龛)	正面墙要做装饰，其他三面墙壁不必装修	60~72 英寸(约 1524~1829)×32~42 英寸(约 813~1067)×16~24 英寸(约 406~610)
墙角式	通常为三角形，两侧墙不必装修，正面要装修	三角形为 60×60×21 英寸(约 1524×1524 ×533)，也有其他尺寸
嵌入式	安装在平台切口内或从地面搭建起平台	尺寸类似于嵌壁式浴缸；与台面重叠安装或下置
独立式	传统的爪脚或现代的成品表面	60~75 英寸(约 1524~1905)×29~44 英寸(约 737~1118)×18~27 英寸(约 457~686)
旋涡式	所有款式都有机动化的循环喷流，通常安装在平台上	长度为 48 英寸、60 英寸、65 英寸(约 1219、1524、1651)。圆形可达 75 英寸(约 1905)。墙角浴缸的长度为 60×60 英寸(约 1524×1524)，最大实际尺寸为 72×42 英寸(约 1829×1067)
水疗浴缸(热水浴缸)	水留在桶中并重复使用；恒温器控制的水保持加热状态	必须盖紧，并在盖子、底部和侧面采取保温措施
浸泡浴缸	可以设计为带有背部或腿部支撑；日式浸泡浴缸较小且深，有座椅	长度可达 75 英寸(约 1905)，深度为 24 英寸(约 610)。需要大型热水箱，以及额外的结构支撑

小的方形浴缸可以满足个子较矮的人的需求。浸泡浴缸通常比较深。专门给孩子洗澡的浴缸应该比大人的浸泡浴缸小且浅。

旋涡浴缸在使用时都是处于装满热水的状态。不同方向的喷射水流使浴缸里的水不停地移动，在某些位置水会流出来，而在另一些地方则会形成一个旋涡。底部的一排气泡会产生一种柔和的按摩动作。

在添加超大型浴缸时，请仔细评估地板结构。可能要拆开地板，以验证托梁的尺寸和间距。

按摩浴缸的水位必须高出喷嘴，因此射流高度会影响所用的水量。32×60 英寸(约 813×1524 毫米)的小型旋涡浴缸能高效地利用水和能源。要在新建筑中增加额外的支撑结构，以承载超大型浴缸中增加的水和人的重量。有些型号的旋涡浴缸为了控制噪声和使用方便，安装了单独的泵。

双人浴缸经常会溅出水来，所以只能偶尔使用。两人并排坐在一起的宽度为 42 英寸(约 1067 毫米)；36 英寸(约 914 毫米)的宽度足够面对面而坐。

嵌入式或台下式浴缸的台面可以作为转移座椅，但必须设计为至少能支撑 250 磅(约 113 千克)的重量(图 11.30)。如果安装为台下式，台面表面应与浴缸凸缘重叠以消除渗透性接缝，并且应向浴盆略微倾斜。

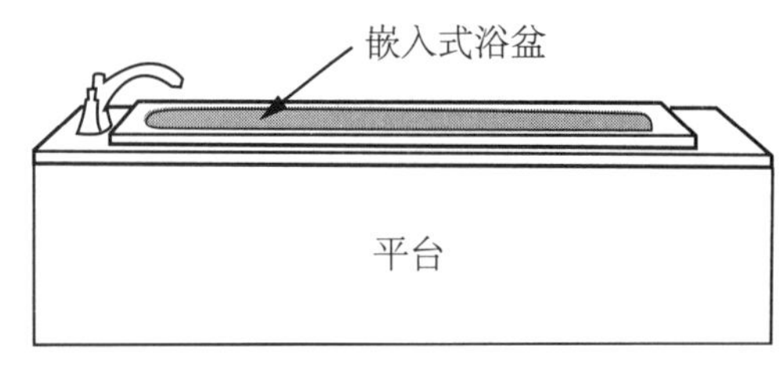

图 11.30 嵌入式浴缸

空气按摩浴缸有类似香槟酒气泡的效果，而水流喷射器模拟的是河道水流中起伏的浪花。水下灯光、梳妆镜及壁挂式 CD/立体音响遥控系统都是常见的奢华选择。有些浴缸有内置扶手和座椅，有的则与淋浴器或蒸汽塔整合为一体。四周带有裙边的浴缸容易安装，带有可拆卸面板的浴缸则方便进出。

客户可能会要求安装一个大型双人旋涡浴缸，但他们通常不会像自己以为的那样多次使用。有节水意识的人不会把 300 加仑(约 1136 升)的浴缸装满。

在既有的铸铁或钢制浴缸上安装热成型丙烯酸衬层是升级浴室的快速又经济的方法。然而原有的漏水问题或安装不当问题可能导致水在衬层与浴缸之间聚集，为霉菌的生长创造条件。

淋浴间

现代的淋浴间是从军营和健身房演变而来的。第一个淋浴器是用手泵将水抽到管子里，然后输送到便携式或室外的浴缸里。

淋浴间地板应有抗滑的纹理表面。同样，淋浴间附近的地板也应是防滑的。

淋浴被视为一种快速、务实的清洁全身的方法。尽管在我们涂抹肥皂和擦洗的过程中，会浪费大量的新鲜水，却彻底地清洗我们的皮肤和头发，背部也会得到一次很棒的振动按摩，但真正的浸泡是不可能的。如果肥皂掉到地上，你可能会因为捡起它而滑倒，所以安装扶手杆和一体座位都是不错的想法。

淋浴间的规范与安全

如果在公共设施中有不止一个淋浴间。《美国残疾人法案》(ADA)规定，要求至少有一个淋浴间是无障碍的。无障碍淋浴间对尺寸、座椅、扶手杆、控制器、缸边高度、淋浴房和淋浴喷头装置都有相应的要求。

如果周围的地面空间充足，大多数站立或坐着的用户都可以自己使用淋浴设备。对于残疾人——特别是使用轮椅的残疾人——如何进入淋浴间是一个重要的设计问题。有两种类型的无障碍淋浴间，转移式淋浴间和滚入式淋浴间。

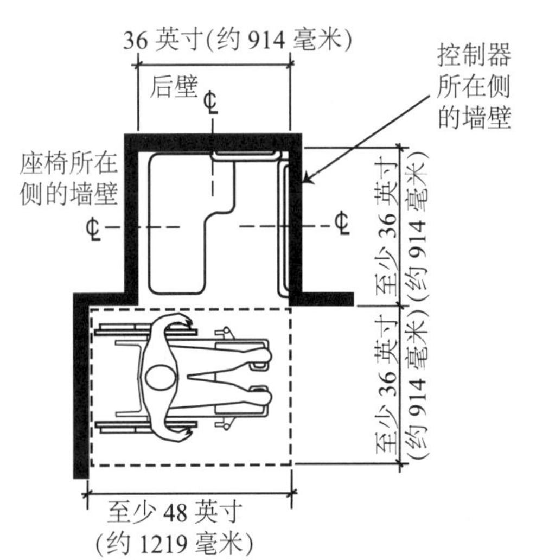

图 11.31 《美国残疾人法案》(ADA)中的转移式淋浴间的最小尺寸

转移式淋浴间适用于可以从轮椅转移到淋浴座位的浴者(图 11.31)。座椅和扶手必须设置在便于进入的位置。完成转移所需的最小尺寸为36×36英寸(约914×914毫米)，有一个完全敞开的36英寸(约914毫米)的入口。在控制壁和后壁的一半处需要安装一个“L”形扶手杆。折叠座椅应该安装在控制器对面的墙上。转移式淋浴间的净占地面积至少为48英寸(约1219毫米)的长度乘以36英寸(约914毫米)的深度。

滚入式淋浴间允许人们在淋浴时继续坐在轮椅上。对于大多数人来说，滚入式淋浴间更容易使用，包括儿童和有平衡问题的人(表11.6、图11.32)。滚入式淋浴间的净占地面积为长度和开放面差不多，至少60英寸(约1524毫米)长、30英寸(约762毫米)宽。门槛高度不能超过0.25英寸(约6毫米)以允许轮椅进入，淋浴间的地板必须有一定倾斜度，以防止水外流。一个60英寸(约1524毫米)的轮椅的转弯半径才够使用者到达淋浴座椅或控制器。

表11.6 滚入式淋浴间的尺寸

淋浴间类型	尺寸(毫米)
最小推荐尺寸	36×60英寸(约914×1524)，带30英寸(约762)长的通道。可以由传统的浴室改造。宽度为30英寸(约762)
首选尺寸	36×42英寸(约914×1067)有利于水分的控制，允许用户在淋浴喷洒范围之外移动
理想尺寸	60英寸宽乘以48至60英寸深[1524×(1219~1524)]。使进出和回转更容易，控水效果更好

《2015年国际住宅规范》(IRC)只要求在淋浴器前面有24英寸(约610毫米)的空间，但这是相当紧张的，最小30英寸(约762毫米)的地面净空间会更好。直径为42~48英寸(约1067~1219毫米)的圆形空间可以用来晾干和更换衣服。

由于防水膜的延伸使地板向排水口倾斜，淋浴间外面的区域变得潮湿。淋浴间外面的第二个排水口或沟槽式排水道有助于改善这种情况，还有许多产品可以提供帮助(图11.33)。

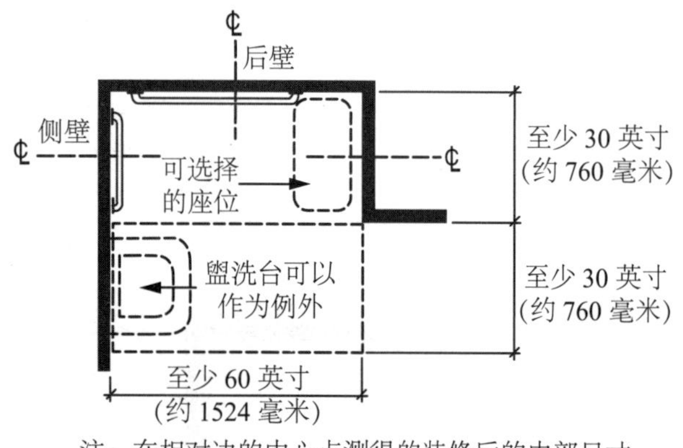

图11.32 符合《美国残疾人法案》(ADA)标准的滚入式淋浴间

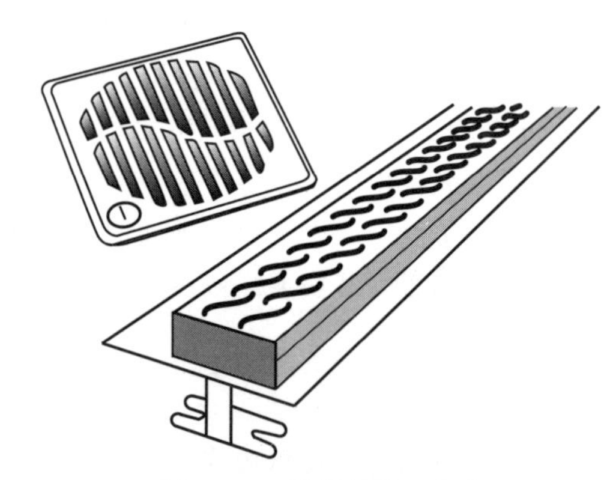

图11.33 淋浴间的下水道

> 宽敞的淋浴空间符合通用设计原则。允许一个以上的人员同时使用，也可用于给宠物洗澡等工作。

对滚入式淋浴间的使用者而言，玻璃门或其他不灵活的门会造成不便。如果淋浴间的深度不超过42英寸(约1067毫米)，则需要一个36英寸(约914毫米)的门洞解决入口处的转弯问题。如果超过42英寸(约1067毫米)，则门洞不能少于32英寸(约813毫米)。

淋浴间的背面和侧面都需设置扶手，支撑至少250磅(约113千克)的重量。

墙壁可以通过在结构托梁之间水平安装2×4或2×8的横挡来加强。如果要在淋浴间内全部用胶合板做墙围，要确保墙围是防水的，并用防水膜保护。在整个浴室的墙面上设置加固件时，可以根据客户的需要添加支撑件。在淋浴间入口处设置垂直杆，可以在进出淋浴间时提供支撑。扶手杆的表面应该是防滑的。毛巾杆、肥皂架和手持式淋浴喷头可以设计成具有抓握的功能。

扶手杆与墙壁的距离不能超过 1.5 英寸(约 38 毫米)，以避免手或手臂被夹在杆和墙壁之间。控制装置应安装在扶手杆上方。

《2015 年国际住宅规范》(IRC)要求淋浴间墙围至少 80 英寸(约 2032 毫米)高。防水材料必须延伸至莲蓬头上方至少 3 英寸(约 76 毫米)，通常为 78 英寸(约 1981 毫米)高。《2015 年国际住宅规范》(IRC)要求在地面以上至少 72 英寸(约 1829 毫米)的墙面上覆盖一层防水材料。

规范还要求在体育馆、健身俱乐部、加工厂、仓库、铸造车间，以及其他员工暴露于过度高温或污染皮肤的建筑中，配备淋浴设施。规范还明确规定了淋浴盆和排水管的类型。

浴室凳的种类很多，包括可调节的、折叠的和固定的座椅。无论是哪种类型，浴室凳必须安装在方便坐着的用户够到莲蓬头、控制阀和肥皂盒。折叠座椅能最大限度地增加滚入式淋浴间的地面空间。在独户住宅中，折叠座椅有可能满足不同客户的需求和偏好。

建议内置式座椅的深度至少为 15~16 英寸(约 381~406 毫米)，高度为 17~19 英寸(约 432~483 毫米)。为了避免存水，座椅应该稍稍向淋浴器基座倾斜，倾斜角度应该以每 12 英寸(约 305 毫米)不超过 0.25 英寸(约 6 毫米)的角度。

淋浴房

没有门槛(无边框)的淋浴间改进了普通淋浴间的通道设计。这种无门槛淋浴间必须设计成水不会溅出开口，但要注意淋浴间的面积、地板的坡度和排水口的位置、手持式淋浴喷头的位置，以及是否可以控制喷水，还有潮湿地区淋浴房外面的地板材料。如果使用门，则应考虑门能否顺利地开关。长而重的浴帘有助于控制无门槛淋浴间的水不会溅到外面，使水顺着后面的槽形排水管排到下水道。

单人淋浴间的推荐尺寸为 36×36 英寸(约 914×914 毫米)。这对于从辅助装置上的转移来说是够用的。《2015 年国际住宅规范》(IRC)规定的最小尺寸为 30×30 英寸(约 762×762 毫米)，这对于大多数成年人来说太小了。安装在角落的淋浴间要在地面安装一个直径至少为 30 英寸(约 762 毫米)的圆盘，但越大越好。大型开放式淋浴间可容纳多人。

淋浴房的材料通常是搪瓷钢、不锈钢、瓷砖、玻璃纤维或丙烯酸。其他可选择的材料包括大理石等石材、玻璃砖和人造石。

淋浴底盘通常由水磨石或搪瓷钢制成，也有用人造石的，还可用无屏障淋浴盘。在不移动淋浴器管道的情况下，把标准的 60 英寸(约 1524 毫米)浴缸改造成淋浴盘可以大大提高安全性。在此过程中，旧的浴缸被拆除，取而代之的是一个防滑的底盘。丙烯酸材质的淋浴护罩可以遮盖旧瓷砖和原来的施工痕迹。

淋浴房门上的水可能会滴落到地板上，这是在确定地板类型和材料时应考虑的问题。

淋浴房门有多种款式。玻璃面板的防脱轨机制可以增强安全性。如果能控制好水，开放的无门淋浴房是一个不错的选择。

淋浴房门应至少 32 英寸(约 813 毫米)宽，可以采用滑门或者向外打开门。这样，浴室的净空间会更大，可以容纳一个人进去帮助在淋浴间摔倒的人。

厚重的无框玻璃护罩可以用透明硅胶粘连起来，通常 3/8 英寸(约 10 毫米)的厚度就足够了，最厚可达 0.5 英寸(约 13 毫米)。冲洗身体时，淋浴器喷头喷出的水流反复冲击在无框门上，发生漏水是不可避免的，所以，最好将淋浴器喷头对着一堵坚固的墙。乙烯基垫圈可以防止漏水，但可能会破坏无框玻璃的视觉效果，而且可能会很快失效。完全无框的护罩总是会失去一定量的水。玻璃门通常无法把蒸汽保持在淋浴房内，也不会像有框门那样保持热量。完全的水密性可能会促进霉菌的生长，因此有必要在门的上方设置一个通风气窗。

一体式预制淋浴房可以直接买到，但现场组装的多组件单元可以解决设备通过门口的问题。

所有预制淋浴房的内部面积至少为 300 平方英寸(约 193548 平方毫米)，内部长度至少为 30 英寸(约 762 毫米)。较小的双壁预制房宽为 35.25 英寸(约 895 毫米)，高度为 71.25~83 英寸(约 1810~2108 毫米)。较大的三板型预制房的面积可达40×60英寸(约1016×1524毫米)。无障碍预制单元的最小尺寸为30×60英寸(约762×1524毫米),包括所有必要的固定装置,如地板、扶手、座椅、水龙头和淋浴喷头,也有带蒸汽锅炉的一体化淋浴房。

莲蓬头与控制装置

莲蓬头有两种基本类型。免提的普通固定式莲蓬头可调节的幅度有限;手持式连接着一条软管,可以固定在墙上的挂钩、转环或横杆上,以便免提使用。

手持式莲蓬头可以帮助节约水和能源。通过只在需要的地方喷水,以及缩短喷头与身体之间的距离节省水;通过使用温度较凉的水节约能源。标准型和手持型莲蓬头都配有可调节喷雾器;带外环的莲蓬头比控制器在中心的莲蓬头更容易调整。关闭莲蓬头的中心制器可以使水流变成细流,从而节约用水。垂直杆上可调节高度的莲蓬头不应该妨碍扶手的使用。

为了避免出现问题,请检查莲蓬头的竖杆是否足够坚固,是否可以作为支撑杆或扶手杆。

《2015年国际住宅规范》(IRC)要求淋浴控制阀要么是压力平衡的,具有混合的恒温,要么是两者的组合,以防止由于水压的变化而产生的烫伤。

标准的莲蓬头每分钟用水2.5加仑(约9.5升)。规范可能会限制莲蓬头的流量。根据规范,带有"Water Sense"标识的莲蓬头的最大水量被限制在每分钟2.0加仑(约7.6升)。通过涂肥皂时关闭水阀的方式淋浴用水可减少到5分钟以内。

低水压喷头的设计是为了在每平方英寸80psi(约5524千帕)以下的压力下产生满意的水流。低流量功能融入莲蓬头的设计中,或者在浴室改造时加装流量限制器。当然,大多数沐浴者注意不到流量上的变化。

要给多头淋浴器的每个配件都配备单独的控制阀,以节约用水。在一个人使用双人淋浴器的情况下,这一点尤为重要。

通过使用水域较宽的脉冲式按摩喷雾器,制造商设计出低流量的莲蓬头。这种莲蓬头使人感觉舒适,而且水流充沛,但用水量更少。然而,如果淋浴时间延长或者水流量变大,这种莲蓬头可能用掉更多水。

固定式莲蓬头通常安装在地板上方72~78英寸(约1829~1981毫米)处。预留排水管的高度可以根据用户的要求而设计。

大人帮助孩子洗澡时,应该能够从外面接触到控制装置而不弄湿手臂,并且在没有看到控制装置的情况下也能从里面操作控制装置。有的淋浴系统可以移动喷雾器以适应不同尺寸的人;有的系统带有可编程喷头。双人淋浴器应该有两个莲蓬头,每个喷头都有独立的控制阀。

尽管对于水管工而言,把几个控制阀并排安装在喷头的正下方不是难事,但这可能会让使用者站在喷雾范围之外时难以够到。距离淋浴器外部6英寸(约152毫米)的位置是可以接近的。最佳的触及高度是在装修好的地面上方38~48英寸(约965~1219毫米)。转移式淋浴器应在控制墙上距离座椅中心线15英寸(约381毫米)的范围内安装控制阀、莲蓬头和手持喷雾器。

除了可以把所有控制阀都安装在使用者坐着也能够到的范围内外,另一种方法就是将头顶莲蓬头的控制阀设在入口附近,同时在座位旁边的手持喷雾器附近再设置一个控制阀或分流器。

蒸汽房和桑拿房

蒸汽房是一个封闭的空间,创造了一个高湿度的环境,有大量的高温蒸汽。桑拿房只有大约15%的湿度,通过往热的岩石上浇水而产生的热来温暖和放松身体。

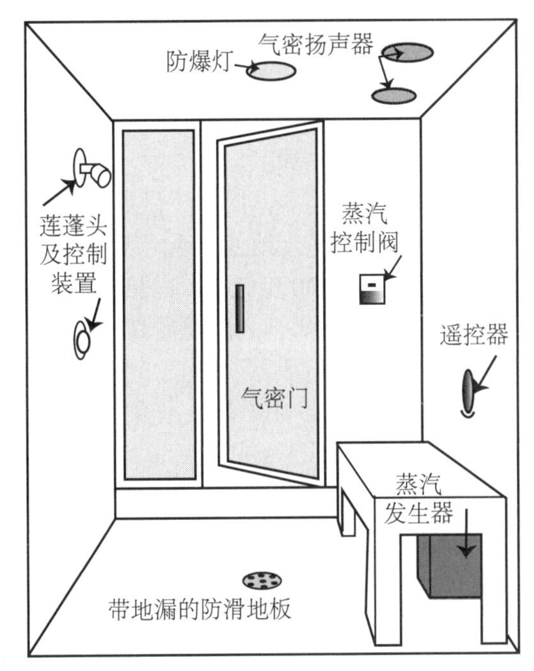

图 11.34 蒸汽房

蒸汽房

普通的蒸汽浴消耗的水不到 1 加仑。蒸汽发生器通常位于淋浴房旁边的一个橱柜里，但也可能位于距离淋浴房 20 英尺(约 6 米)的地方。寻找温度变化最小的设备，蒸汽流平稳，运行安静，蒸汽口要凉到可以触摸的程度。管道和电气连接与普通住宅热水器相似。控制装置可以安装在蒸汽房的内部或外部。

蒸汽房可以订制，也可以作为预制组件到现场安装(图 11.34)。无论哪种情况，蒸汽发生器必须在附近有一个安放处，但又不能挡路。预制的组合式亚克力蒸汽房有多种尺寸，足够容纳 2~11 人。预制蒸汽房内设有座位和低压照明。

蒸汽房门的上方需要安装一扇气窗或一块固定板，并密封到天花板上。每人至少可以使用 4 平方英尺(约 0.37 平方米)的室内空间，最好是 6 平方英尺(约 0.56 平方米)。门必须向外摆动，不能锁住。蒸汽发生器需要一根排水管。发生器可以放置在凳子下面，也可以放置在壁橱、梳妆台或阁楼和地下室里。蒸汽房的天花板应该是防水的，呈倾斜或弯曲状以便排水。可能需要预留一个检修口用于维修机械设备。

桑拿与红外热

传统的**桑拿**是一个较大过程的一部分。短暂淋浴之后，桑拿浴者花 5~15 分钟坐或躺在保温桑拿房内的木凳上。接下来是又一次淋浴或浸泡在水池或浴池里，然后休息几分钟。接着再回到桑拿房里待大约 20 分钟，然后是 20 分钟的休息，接下来是最后一次淋浴。

组装式桑拿房采用木材和玻璃两种材质的组件，尺寸从 4 平方英尺(约 0.37 平方米)到 12 平方英尺(约 1.1 平方米)不等，甚至还有便携式和个人桑拿房可以在几分钟内组装好。加热装置由防锈材料制成，并且使岩石与加热元件直接接触。从材质上看，有雪松、红杉、铁杉和白杨等款式。

红外线(IR)的热量被用于运动员的热身，以及理疗和按摩的预热。在室内湿度处于正常水平的情况下，当室温低于桑拿浴室时，**红外线热疗室**使用红外线热量，这样加热的时间较短。预制装置与桑拿房类似，包括香柏或赤杨内壁、带靠背的雪松长凳、门、控制器和照明设备。沿墙壁设置的多个红外加热器直接为每个客户加热。

住宅卫生间的设计

住宅卫生间和公共卫生间的设计不仅涉及管道系统，还包括机械和电气系统。在浴室设计中有一些特殊的空间规划考虑，包括隔音、对管道布置的影响。

规范对住宅的最低要求包括一个厨房水槽、一个抽水马桶、一个盥洗台、一个浴缸或淋浴设备，以及一台洗衣机。在复式结构住宅中，两个单元可以共用一台洗衣机。每个抽水马桶、浴缸或淋浴器都必须安装在一个提供隐私的房间里。一些司法管辖区要求根据卧室的数量配备额外的管道设施。许多家庭有一个以上卫生间。

卫生间的设计史

第一个专门设计为卫生间的室内房间，是为富有的客户设计的备用卧室。到19世纪中叶，精美的房子里都建有独立的卫生间。

最早的卫生间多是用木头做的，里面有木制的马桶和坐垫，还有木浴盆。有的还装饰落地窗帘，精心贴上墙纸，铺上地毯。墙面装饰有大理石、玻璃和琉璃瓦。

19世纪末到20世纪初，冷热自来水仍然被认为是奢侈品。富裕家庭的卫生间里可能已经包括一个坐浴浴盆(只有臀部和脚浸泡其中)、足浴盆、坐浴盆、台座式盥洗盆、虹吸式抽水马桶、搪瓷浴缸和带接收器的淋浴房。

到20世纪初，中产阶级家庭开始有由石膏墙壁和实木地板建成的卫生间，朴素、简单、卫生。管道常常暴露在外。卫生间通常包括三个固定装置，即马桶、盥洗台、浴缸或淋浴器。

卫生间的规划

对于改造项目，要核实竣工平面图的准确性，测量和确定既有设备和器具的位置。

在住宅项目中，室内设计师或建筑师会帮助客户选择浴室设备。室内设计师通常是客户的主要联系人，代表他们的喜好，并向建筑师和工程师提供设备规格等具体信息。厨房和浴室设计师为销售器具设备的企业工作，经常帮助业主选择改造项目中的家居用具。

卫生间的地面要牢固、平坦，特别是马桶周围要避免晃动，以免破坏它的密封性。卫生间地砖、浴缸和盛水盘也应该是水平的。通过使用水无法穿透的材料、填堵接口的缝隙，避免将来损坏。要密封地板，尤其是在马桶、浴缸和淋浴器周围，这样水分才不会渗到底层地板和托梁。

有些淋浴器或浴缸/淋浴器组合的门是直接铰接在墙上，而不是铰接在淋浴架上。经常与无框玻璃门一起使用的超厚玻璃板需要在墙内增加螺柱来增强支撑。一些浴室设备和器具，如全身喷淋器或壁挂式坐便器，要安装在一面至少2×6的立柱墙上以容纳阀门和管道。

检　查

在施工过程中，当地建筑检查员会进行多次检查以确保管道的正确安装。如第九章所示，敷设管道是在实际安装器具之前的一个预演过程，即对所有管道进行初安装、封盖和压力测试泄漏的过程。室内设计师应该检查这一过程，以确保设备管道安装在正确的位置和正确的高度。安装马桶时，最关键的尺寸是从墙壁到地面排水管中心的大致距离。第一次检查通常在敷设管道后进行。

承包商必须及时安排检查员进行检查，因为在检验合格之前该区域的工作必须暂停。在管道被封闭在墙壁内及卫浴设备安装完之后，建筑检查员应再做最终检查。

住宅卫生间的类型

有多种类型的住宅卫生间可供居民和客人选择使用(表11.7)。

表11.7　住宅卫生间的类型

类　型	说　明
基本的三器具卫生间	盥洗台、马桶、浴缸和(或)适合单身用户的淋浴器。至少35平方英尺(约3.25平方米)；主卫的面积可以更大
分区卫生间	多人使用。盥洗台设在走廊、卧室或嵌入墙壁，而马桶和浴缸则设在附近的独立空间里。马桶也可能与自己的盥洗台分开。如果客人和家人共用，则需用单扇门挡住通道
客人卫生间	包括盥洗台、马桶和淋浴隔间(不是浴缸)，最少30平方英尺(约2.79平方米)

续表

类 型	说 明
不完全卫生间或化妆室	盥洗台和马桶。化妆室可能在楼梯下面或靠近物品寄存室入口。25 平方英尺(约 2.3 平方米)
大厅卫生间	盥洗台和马桶、浴缸和(或)服务次卧的淋浴器
共用卫生间	在两间卧室之间。两边都有马桶和盥洗台，中间是浴缸和(或)淋浴器。是可以开两扇门的特大空间
卫生间套间	一个或多个盥洗台、马桶、浴缸、淋浴器，也许还有浴盆、梳妆台、更衣区。通常位于主卧或客房附近
水疗浴室	卫生间套间再加上旋涡浴缸或按摩浴缸、浸泡浴缸、水疗浴缸，桑拿房和(或)蒸汽房。可以满足客户的个性化需求
儿童卫生间	位于大厅或与儿童房相通。要考虑儿童的年龄和需求。位置较低的镜子、可调节的淋浴喷头、脚凳和马桶训练座椅

通用设计可供各种各样的访客使用。在一楼卧室或更衣室附近设置卫生间可以省去爬楼梯的麻烦。设计一个可供所有客人使用的小型化妆室，保持声音和视觉的私密性，避免直接向社交区域开放化妆室。

公共卫生间的设计

在许多项目中，室内设计师负责分配公共卫生间空间，并在其中布置各种设备。公共设施中的卫生间常常被分配以最小的空间，必须巧妙地设计，才能容纳所需数量的设备。公共卫生间的位置是主要的，但不是设计的焦点。

通常，建筑物的管道系统由有资质的工程师设计。一些小的项目，如增加休息室或小型厕所设施，工程师可能不会参与，而由有资质的承包商直接按照室内设计师的图纸开展工作或提出自己的管道图纸。公共卫生间的设计还涉及与建筑机械系统的协调。空气分配系统的类型、天花板的高度、供气扩散器的位置，天花板、墙壁或地板上的回流格栅，以及恒温器和暖通空调区的数量与位置都会影响室内设计。

室内设计师必须了解公共建筑规范所要求的管道固定装置的具体数量和类型。《2015 年国际管道规范》(IPC)有助于室内设计师确定特定居住分类所需的固定装置的最小数量和类型。管道规范要求还包括隐私、完成要求和最小间隙。

公共卫生间的入口必须在无障碍性和隐私性之间取得平衡，既让人们容易找到它和进出方便，又能保护使用者的隐私。通常，男女卫生间是挨着的，两个入口都可以被看到，但在视觉上是分开的，这样就避免一家人在公共场所分开，也方便那些等待的人，还使找到洗手间更容易，并且可以节约管道费用。洗手间外面的区域应该设计成等候区，但应避免封闭或光线昏暗，给麻烦制造者的闲荡创造条件。

有多个抽水马桶的卫生间必须使用防渗材料，要尽量缩小缝隙，并采用耐用的隐私锁。小便池要有挡板，但不需要门。一般来说，洗手池应比马桶更靠近门。

卫生间的无障碍性

《美国残疾人法案》(ADA)要求所有的卫生间都能完全向公众开放，有足够的门宽和轮椅转弯空间。通常，一间厕所设施必须是无障碍的，或者至少是适合残疾人使用的。门打开时不能侵入卫浴设备的间隙空间，但可以扇形摆动。《美国残疾人法案》(ADA)还对镜子、药柜、控制阀、分液盒、插座、清理器、空气烘手机和自动售货机等附件都做了相应的规定。如果已经有非无障碍性的普通厕所，可以再建一间，男女皆可用，而不必每个性别一间。

一般来说，洗手间配件必须安装在一定的高度，以便使用者操作的部件位于距离地面38~48英寸(约965~1219毫米)的位置。镜子反射面的底部不能超过地面以上40英寸(约1016毫米)。扶手必须在地面上方33~36英寸(约838~914毫米)。

轮椅通道一般需要一个直径5英尺(约1524毫米)的圆形转弯空间。应在平面图上绘制出转弯圆圈以表明其符合规范。如果无法提供圆形空间，“T”形回旋空间通常也是允许的。还对3~12岁儿童的盥洗室有特殊的要求。各州可能有不同的或附加的要求，因此请务必检查最新的无障碍规范。

马桶座的常规高度为15英寸(约381毫米)，适合残疾人的推荐高度为17~19英寸(约432~483毫米)。厕所隔间的门一般应该向外摆动，而不是向内。门的推/拉两侧都要有一定的空间。

《美国残疾人法案》(ADA)要求每个楼层至少有一间无障碍厕所，但让每个人都能使用它们通常并不困难。无障碍厕所必须有宽敞的通道和地面空间，有膝盖和脚趾活动的空间，安装有热水管和排水管，以及操作杆或自动水龙头。《美国残疾人法案》(ADA)要求抽水马桶处要有空隙，不能有障碍物或搭接。

在有些占地面积有限、住户人数极少的地方，如小型办公室、零售店、餐馆、洗衣店和美容店，允许有一个卫生间，里面有一个抽水马桶和盥洗台，男女通用。这些设施必须是男女皆宜的，并且完全无障碍。

在较大的建筑物中，如果最大行进距离在规范所规定的范围内，则可将卫生设施集中在一个楼层。员工设施可以是独立的，也可以包含在公共客户设施中。在夜总会、公共集会场所和商业大厦，员工和客户共用公共设施是很普遍的。

为了节省空间，卫生设备应该背靠背安装，或者在可能的情况下把一个设备安装在另一个上面，这样可以节省管道空间，改建的时候这些设备也可以被灵活拆卸，重新安装到其他分区。只要有可能，要把所有的设备安装在房间的同一面墙上。

有些场所对管道设计提出特殊的要求。学校的卫生设备应以耐用性和易维护性为主。不锈钢、镀铬铸铜、人造石材或水磨石或高强度玻璃纤维等弹性材料都是合适的选择。控制器必须能够经受粗暴使用，卫生设备必须被牢固地安装在建筑物的结构中，隐蔽安装的硬件应能够抵抗异常力量。

自动饮水器

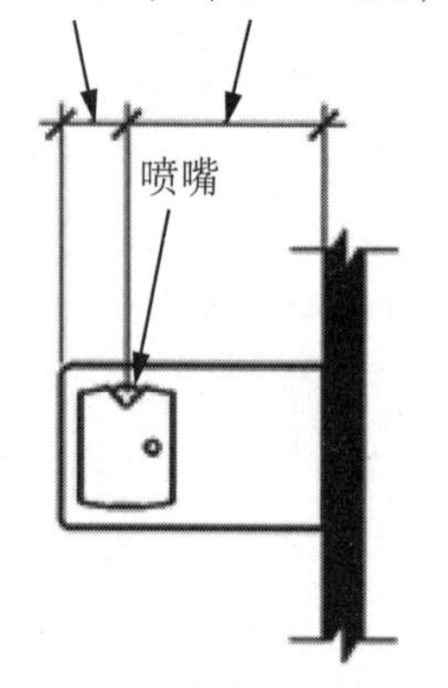

图11.35　自动饮水器喷嘴的位置

获取新鲜的饮用水对健康是重要的。对一些人而言，频繁地饮用水是必不可少的健康需求。自动饮水器不允许安装在卫生间内或者卫生间前厅，而通常位于室外走廊。

《美国残疾人法案》(ADA)要求每个楼层设一台无障碍自动饮水器(图11.35)。如果一个楼层只有一个自动饮水器，则必须在轮椅高度和标准高度各设一个水龙头。要在无障碍自动饮水器的前面或侧面设有易操作的控制阀，地面要宽敞，便于操控轮椅。要在悬臂式自动饮水器的前方留出靠近的空间，以及能容纳膝部的空间。独立式自动饮水器则需要有并排靠近的空间。

自动饮水器配有快速断开的滤芯过滤系统，可以清除水中的铅、氯和沉积物，同时清除隐孢子虫、篮氏贾第鞭毛虫。安全饮水口在受冲击时会收缩，能有效防止嘴部受伤。为了满足重复使用水瓶的愿望，现在有些自动饮水器采用了瓶装水。

电器与设备

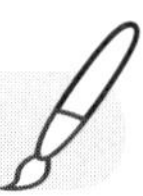

有关电器的更多信息，请参见第十六章“配电系统”。

虽然洗碗机、洗衣机等设备通常不被认为是卫浴设备，但我们在这里把它们包括进来是在给室内设计师一个帮助。因为他们经常要帮助客户挑选这些设备，并在平面图上把它们的位置标出来。

生活热水(DHW)的加热在住宅、酒店、学校、餐馆、监狱等建筑中使用大量的能源，应尽可能地使用太阳能热水系统。

住宅厨房

厨房电器的位置对住宅厨房的布局有很大影响。有些家用电器铺设了冷热水管，有的铺设了燃气管道。如果条件允许，可以把厨房安排在一个有管道设施的房间旁边。

厨房的历史

13 世纪的弗兰德斯(现在的比利时)是第一个因厨房而为大家所知的地方。在那里，厨房的位置与主要生活区和壁炉分隔开来。厨房中以准备食物的桌子为主。桌子上方的水平板用于储存食材。

在北美殖民时期的厨房里，有壁炉的房间通常是唯一有热源的房间，那里也用于洗澡。在富裕的家庭中，厨房仅由仆人使用，通常位于较低的楼层或单独的建筑物中。

19 世纪早期的厨房里都备有一个干水槽，直到后来可以在厨房里手动泵水。维多利亚女王时代的厨房有一个独立的炉灶、水槽和桌子。煤气灶已经开始使用，但许多厨师仍然喜欢烧木柴或煤的火炉。

比彻厨房是由凯瑟琳・比彻和她的妹妹哈丽特・比彻・斯托在 1869 年设计的。她们在《美国妇女之家》一书中提到了一个改进的多功能炉子和一个下沉的水槽。

19 世纪晚期，城市开始推动清洁和环境卫生运动。20 世纪见证了厨房标准化、改良的家用电器，以及家务的减少。20 世纪 30 年代的大萧条导致厨房向更高效、更小巧、更便宜的方向发展。房屋布线技术使厨房电器内置成为可能。大学的研究人员研究电器的效率、准确性、安全性和使用方法，提出了厨房规划的理念，包括三角形操作面，“U”形、“L”形走廊和单壁厨房。厨房正在成为家庭互动的场所，并向用餐区和生活区开放。

工作中心与通道

20 世纪，研究人员确定了三个主要**工作中心**，即水槽、冷藏、烹饪，还确定了各种二级中心，如烘焙和色拉制备。现在，厨房通常包括服务区和用餐区，还有通信区、洗衣区和办公区。

电器的使用需要与流通协调。一个厨师的工作通道应该是 42 英寸(约 1067 毫米)。需要在敞开的洗碗机或烤箱门前面为厨师留出 48 英寸(约 1219 毫米)的空间。工作通道达到 60~66 英寸(约 1524~1676 毫米)才能允许第二个人通过，才够轮椅转弯 360 度。

应该规划好厨房内的流通，这样进出就不会干扰工作通道。一个人通过至少需要 36 英寸(约 914 毫米)的空间。如果拐弯，则一条腿应该需要 48 英寸(约 1219 毫米)的空间，这个距离也允许使用助行器的人转弯。如果是两个人经常通过的地方，流通空间需要达到 48~60 英寸(约 1219~1524 毫米)。

厨房的通用设计与无障碍性

一个在感觉、认知和身体等方面有障碍的人被厨房用具的热表面和烹饪食品烫伤的风险大大增加。电器和控件使用颜色标识、闪烁的灯光、嘟嘟声和图标等使电器的操作通俗易懂，但黑色的玻璃表面会使理解更加困难。智能家电控制，如程序化的收藏夹、智能选项，会有帮助。

对体力、耐力和平衡能力下降的人来说，小厨房因其通道狭小、工作区紧凑，以及操作台连成一体等优势非常适合这类人员使用。而对使用移动辅助设备的人而言，则需要更大的空间以避免急转弯。

一般来说，使用轮椅的人更喜欢垂直方向的移动，而不喜欢沿平行方向移动。要避免将水槽设在拐角处，除非那里有可供坐着的使用者伸开膝盖的空间，其宽度至少应为30英寸(约762毫米)，最好能达到36英寸(约914毫米)宽，可以作为“T”形转弯的一个支柱。

对于轮椅使用者来说，最好有一个圆形的转弯区，但在厨房里进行“T”形转弯可能更容易一些。如果路径中有直角拐弯时，应该至少有一个拐弯是42英寸(约1067毫米)宽，可供轮椅转弯，因此应核查特定客户对尺寸的要求。

能够让使用者在水槽或准备区坐下的设计常常是受欢迎的。操作台下方的空间增加了膝盖活动的灵活性，也可用来放置垃圾桶、椅子或踏凳。

垃圾处理器可以利用水槽下面的膝盖空间。紧凑型处理器可以偏移到侧面以留出更多的开放空间。

操作台的高度可以设计成适合使用者的高度，通常为27~34英寸(约686~864毫米)；操作台两侧的平台应该处于相同的高度。水槽深度达到最大的6.5英寸(约165毫米)时，效果最佳。

为了方便操作，可以使烹饪台面及通风设备的控制阀靠近房间的方向，高度适合厨师，通常在地板上方15~44英寸(约381~1118毫米)。触摸控制，包括触觉提示、变形表面，以及与燃烧器搭配的配置都会有帮助。

家用电器

对于改造项目，检查现有的设备是否可以拆卸和重新设置或重新安装。检查新设备是否可以安装在旧位置、用旧的管线，或者是否需要新的线路和配件。在规范允许使用的地方，使用柔韧的聚乙烯(PEX)供水管可使设备的重新定位更容易。

水槽、洗碗机、蒸汽炉、咖啡系统、热水分配器、冰箱水过滤系统、制冰机或灌装水龙头等设备都需要供水，因此要评估预定设备的水供应是否充足。

洗碗机和洗衣机对管道的要求相对简单。洗碗机和洗衣机都使用断路器，以防止净水和脏水混合。一定要留出足够的操作空间，特别是在前置式机器的前面。

美国环保署(EPA)估计，每秒损失一滴水的水龙头在一年内可能浪费3000加仑(约11356升)的水。选择高质量的配件、器具和电器，这些设备容易维护，不易发生泄漏。

厨房用具的宽度不一，应核实具体设备的尺寸。然而在厨房规划的早期阶段预留初步的设备宽度对后期的使用会很有帮助(表11.8)。

表11.8 厨房器具的预留宽度

设 备	类 型	宽度范围(毫米)
厨房水槽	单槽	30~33英寸(约762~838)
	双槽	最宽48英寸(约1219)
	三槽	最宽60英寸(约1524)
洗碗机	标准	24英寸(约610)
	紧凑型或移动式	18英寸(约457)
	单屉式	24英寸(约610)
炉灶	标准电炉	30英寸(约762)
	标准煤气炉	36英寸(约914)
	较小尺寸	12~24英寸(约305~610)

续表

设 备	类 型	宽度范围(毫米)
冰箱	对开门式	30~36 英寸(约 762~914)
	法式门、冷冻机在底部	29~35.75 英寸(约 737~908)
	冷冻机在顶部	23.25~35.75 英寸(约 591~908)
	冷冻机在底部	29~35.75 英寸(约 737~908)
	紧凑型	14~24 英寸(约 356~610)

厨房水槽和水龙头

厨房水槽可以是单槽、双槽或三槽一体、自带外缘的或下悬挂安装的槽。水槽材料包括搪瓷铸铁、复合花岗岩或石英、人造石或不锈钢。

厨房水槽应位于厨房的中央位置，方便进出，或者靠近主烹饪区和冰箱存储区。传统上，厨房水槽的位置靠近窗户、视野开阔，但如果使用洗碗机，这可能就不那么重要了。应当在水槽附近安装一个至少 6 英寸(约 152 毫米)深的平台，总宽度在 28~48 英寸(约 732~1219 毫米)。

厨房水槽装有断流阀。可以考虑在厨房内或附近设置一个中控阀，以控制整个厨房区域的多台电器。

在有不止一个厨师的地方，辅助水槽会很有帮助。如果靠近服务区或用餐区，水槽连同洗碗机可以作为清理区。有放置膝盖的空间，高度较低的水槽由坐着的人使用。辅助水槽的两侧各设一个平台，一侧至少 18 英寸(约 457 毫米)，另一侧至少 3 英寸(约 76 毫米)。

水龙头的款式多为带一个或两个手柄或鹅颈喷头。水龙头的开关越容易，浪费的水就越少。触控式水龙头只需轻触水龙头的任何地方，即可完成开或关的操作。还有一种选择是在水槽边缘下面设置一个倾斜杆水龙头控制器。

洗碗机

洗碗机有各种类型。产品特点包括可调节的置物架、电子或隐藏式控制器、餐具托盘、多层支架和独特的循环模式等，以及更短的清洗时长、更安静地运行和为重度污染物品提供动力洗涤的功能。内饰可以是塑料或不锈钢。

有关洗碗机用水的信息，请参见第九章“供水系统”。

传统的内置洗碗机被永久地安装在操作台下面，并且与热水、排水和电力等管道连接。紧凑型洗碗机可用于小型厨房。带轮子的移动式洗碗机和台面洗碗机从厨房水龙头引水。单层或双层洗碗抽屉可以滑出。

洗碗机应放在清洗槽的 36 英寸(约 914 毫米)范围内。尽管餐具不需要预先冲洗，但许多用户还是喜欢在把它们放进洗碗机之前先清洗一下。内置洗碗机上方的台面可以作为一个方便的置物区。碗碟、玻璃器皿和刀叉等餐具的存放处应该设在附近。

把洗碗机的门打开，可能会影响洗碗机的工作流程。应在洗碗机门附近提供一个 30×48 英寸(约 762×1219 毫米)的地面空间。

新型洗碗机采用改良的隔音材料更安静。指定一款安静的型号，特别是为那些丧失听力的人。

灶台和炉灶

台面炊具应位于水槽中心附近或对面，炊具与水槽之间没有任何遮挡和障碍。由于有烫伤、烧伤或火灾的危险，不要把台面烹饪设备放置在可操作的窗户下方，从那里越过热锅去取东西是很不安全的。在烹饪台面的两侧都应设置置物平台，一侧至少 15 英寸(约 381 毫米)，另一侧至少 12 英寸(约 305 毫米)，以便锅柄避开来来往往的人。

按照制造商的要求，在烹饪表面与墙壁之间留出一定的距离。墙面材料应是耐火材料，便于清洗。

大型的专业或铸铁炉灶可能需要对地板进行结构加固才能支撑其重量。

应避免在炉灶或灶台的背面设置控制器，以免接触发热的表面，但是把它们放在前面又可能会吸引小孩。把控制器设置在灶台一侧的顶部，可以方便大多数使用者使用。

炉灶的类型包括独立式、嵌入式、滑入式、集成式和专业风格的炉灶。它们使用电、天然气或丙烷作为燃料。

为商业用途而设计的烹饪器具不得用于住宅厨房。它们的热量高且通风不畅。这使它们变得很危险。**专业风格的炉灶**看起来像专业设备，性能很高，但通常要符合住宅规范要求才允许使用。

带烤箱的炉灶，通常烤箱位于较低的位置，而对于矮个子或坐着的厨师而言，烤箱门变成了障碍物。有些灶台的下面有一个较小的烤箱；有的灶台下面有两个大小相等的烤箱。

带有自动温度传感器和关闭功能的**感应灶台**可以降低火灾和烧伤的风险。根据所用锅的尺寸激活烹饪表面，表面本身会变暖但不热，热只会出现在从平底锅反射回来的地方。

厨房通风系统

《2015年国际住宅规范》(IRC)要求吸油烟机通过管道向室外排放，管道不能终止于阁楼、爬行空间或建筑物内部。但有一个例外，取得注册商标并且安装正确的无导管抽油烟机可以提供机械或自然通风。

按照制造商的规格要求，通风系统应与烹饪器具的特点相匹配。抽油烟机罩通常位于烹饪表面上方，最好两侧都向外延伸至少3英寸(约76毫米)。这个最低高度可以将抽油烟机罩的底部设置在烹饪表面60英寸(约1524毫米)的位置；这对于一个高个子来说可能太低了。抽油烟机的机罩由耐火、不燃的材料制成。

有关住宅通风系统的更多信息，请参见第十三章“室内空气质量、通风和湿度控制”。

近距离通风系统可能是烹饪器具的一部分，也可能置于烹饪器具旁边或后面的柜台内。这些位置要求器具上方的空间保持开放状态。放置在灶台上方的橱柜或其他可燃物体应该距离烹饪台面至少30英寸(约762毫米)，至少24英寸(约610毫米)的距离才可以保护防火表面。

近距离或向下通风或一个浅的、可伸缩的头顶烟机罩，其边缘或半径减小，可降低高个子和视力障碍者撞头的风险。内联和远程发动机可用于控制通风噪声水平。可以使用电子传感器控制排气开关，也可使用遥控开关。

烤　箱

把烤箱和炉灶组合放在主烹饪中心，可以方便观察和节省厨房的空间。位于烹饪台面下方的烤箱，其高度对很多人来说都很不方便。烤箱的门不应开到交通通道。单独安装烤箱，要使其底部位于成品地板上方30~36英寸(约762~914毫米)的位置，这样就可以容易地将食物转移到类似高度的柜台上。对于双烤箱，下层烤箱的高度应与炉灶高度相当。一些较大的厨房可以在舒适的高度放置两个独立的烤箱。控制器应不高于48英寸(约1219毫米)，但要足够高以减少弯腰。

应在烤箱的两旁设置一个15英寸(约381毫米)的置物平台。如果设在烤箱对面，则该平台应在烤箱前方48英寸(约1219毫米)以内且无须穿过任何主要交通通道的地方。

烤箱有各种不同的尺寸、形状、功能和门的设计。有的用传统的旋钮开关，也有电子控制的。随着技术的不断更新，智能控制正在迅速发展。

内置式烤箱可以是单个或一对，通常嵌入墙壁或安装在操作台下面。传统的烤箱主要依靠烤箱壁的辐射。**对流烤箱**用风扇使食物周围的空气循环，在较低的温度下更均匀地烹饪。蒸汽烤箱有一个蓄水池，它使烘烤过程加快，降低脂肪含量，并保留更多的维生素。对流烤箱和蒸汽烤箱也可以结合成组合式烤箱。快速烹饪将微波炉与对流烤箱结合起来使用，允许将其当作单独的烤箱或微波炉使用(表11.9)。

表 11.9 微波炉的类型

类 型	说 明
台面	自立式、放在橱柜架子上或底座上，周围有开阔的空间，可以散发热量
炉灶上方	前面的通风孔可以去除烹饪表面的热量和颗粒
操作台上方	安装在墙上，与墙柜相邻。不要堵塞底部的通风口
内置	放在地柜或高柜里。镶边配件有助于从前面排出热量
抽屉	操作台下面的内置单位

微波炉

超过 90%的美国家庭使用微波炉准备食物、加热冷冻食品、热剩饭剩菜，或作为一种主要的烹饪用具。

微波炉主要用于加热剩饭剩菜或解冻冷冻食品，可以放在冰箱旁边。水槽和冰箱之间的位置既可以很好地完成这些任务，还可以进行食物制备。用于主要烹饪任务的微波炉可以放在水槽和烹饪器具表面之间，把烹饪区域和准备区域结合起来。

微波炉的理想安装高度是有争议的。微波炉的位置应该根据其用途和用户的尺寸而定。

把微波炉放在炉灶上方可以节省台面空间，但是对于某些用户来说可能太高了，并且可能会通风不够。当把微波炉放在壁橱里时，要考虑厨师的身高。

因此，应在微波炉上方、下方或邻近处设置一个 15 英寸(约 381 毫米)的置物台。门把手通常在右边，所以最好把置物台设在右侧。

冰箱和冰柜

由于冰箱的制冷机组始终处于开启状态，所以制冷机消耗大量的能量。冰箱的选择应该基于容量、使用需求和空间的参数。同时，还要考虑噪声问题。

冰箱需要经常开关，以存取新鲜和冷冻食品，经常放在厨房工作区的尽头。为了便于存储和清洁，冰箱门应能打开到 90 度以上。

冰箱按照其门和冷冻室的位置分为不同的类型(表 11.10)。冰箱的安装分为独立式、盒装或内置式、与橱柜集合一体式、台下式。不同的安装风格具有不同的装饰板或专业风格。老房子可能无法支撑超大型冰箱的重量，需要在结构上加固。

冰箱的特征包括可调节的架子、湿度控制隔间、制冰机、门上的冰分配器、迷你门和温控室。内部或外部的水分配器可以过滤水；它们虽然很方便，但降低了能效等级。连接互联网的冰箱帮助家庭护理和监测，并减少维护问题。

表 11.10 冰箱的类型

类 型	说 明
对开门式冰箱	门较小，冷藏室可以在任何伸手可及的水平面上
冷冻室在顶部的冰箱	对于有些用户更方便、更经济实惠
冷冻室在底部的冰箱	冷冻室在人坐着的高度
法式门冰箱/冰柜	门较小，冷冻抽屉在底部
柱式冰箱	全高度隔室，适合特定用途
抽屉式冰箱	可能很难从抽屉中拿出食物。较浅的抽屉放在其他抽屉上方
模块化冰箱	包括所有冰箱、所有冷冻室、混合冰箱和冷冻室抽屉

冰箱旁边应有一个 36 英寸(约 914 毫米)宽的准备区域。在门把手一侧设置一个最小宽度为 15 英寸(约 381 毫米)的置物平台，这样门在打开时不会被挡住。

独立的冷冻机有时放在地下室。冷藏/冷冻可转换型冰箱/冰柜可提供无霜运行系统和冷却系统，一个按钮即可从冷冻室转换到冷藏室，从而提供额外的冷藏空间。

洗衣区

收集、分类、洗涤、烘干、折叠和分发衣物的过程需要仔细规划，才能高效而舒适地完成每一个环节。洗涤槽可用于稀释洗衣产品、预洗污渍、洗手或浸泡污渍物品。可能不需要特别深的实用型水槽；一个小水槽就可以工作得很好。鹅颈式或拉出式水龙头适合清洗大件物品。触摸式或自动式水龙头更方便。

在浴室内部或附近设置洗衣区可以节省时间，也省去搬运脏衣服的辛苦。浴室附近有管道，在这里安装洗衣机更容易，也更方便。洗衣机也可以放在厨房或厨房附近。

> 记得检查前置式厨房电器和滚筒洗衣机的门打开时所需要的空间。

洗衣区内应该有一定的空间，足够一个人移动、转身和弯腰，还需要有放洗衣篮或推车的空间。建议在洗衣机或烘干机前面留出一个宽 30 英寸(约 762 毫米)、深 42 英寸(约 1067 毫米)的净空间。只有当设备处于直角或彼此相对时，间隙才可以重叠。要为使用助行器(如轮椅或手杖)的用户增加设备间的空隙。

洗衣设备的地面设施

在地下室的上方或上层楼面上安装洗衣设备，可能会引起振动问题。根据格栅间距的差异，噪声可以传到家里的其他地方。有些制造商建议再加一层地板龙骨来支撑重量和振动。另一种方法是使用较厚的底层地板，然而这可能会影响门底的空隙。

处理洗衣机溢流的地漏需要安装在凹陷或倾斜的地板上，并且要与房屋排水管和废物系统连接。另一种方法是添加洗衣机溢流托盘。

洗衣机和烘干机

洗衣机需要与供水、排水和电气管道连接。地漏也是个好方法。烘干机需要电源、燃气设备，还需要连接燃气管道、排气通风管道。在翻新项目中，这些都很难改造。真空断路器可以防止洗衣机内的虹吸现象，洗衣机的水泵可以迫使废水进入排水管道。

制造商的产品规格通常要求在洗衣设备下面的地板上使用乙烯基、橡胶或其他防潮地板材料。针对洗衣机和烘干机的公用设施服务要求由制造商规定，并且受当地建筑法规约束。

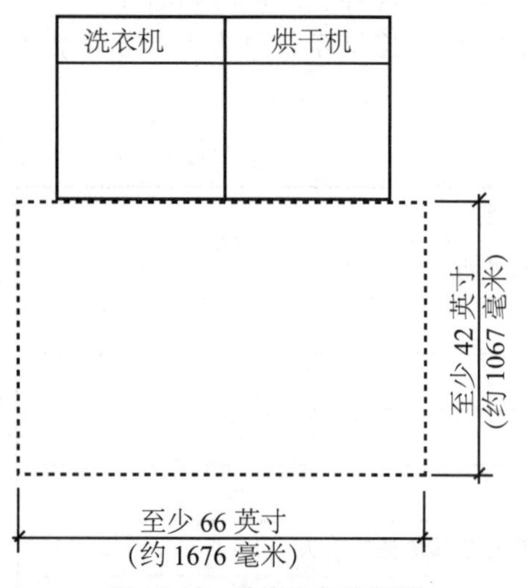

图 11.36　洗衣设备的间隙

标准洗衣机的满载负荷约为 40 加仑(约 151 升)或更少。**高效(HE)洗衣机**的设计是为了节省能源，但循环时间可能更长。高效率的前部或顶部装载洗衣机使用 15~30 加仑(约 57~114 升)的水。可调节水位的洗衣机允许在负载较小的情况下使用较少的水。

洗衣机和烘干机的尺寸大小不一。典型的北美型号洗衣机或烘干机的宽度为 27~29 英寸(约 686~737 毫米)，深度为 25~32 英寸(约 635~813 毫米)，大多数的高度约为 36 英寸(约 914 毫米)，但有些高达 45 英寸(约 1143 毫米)。欧洲的型号往往较小。较高的机器可能会使个子矮的人难以取到衣服。

洗衣机和烘干机都有前装式和上装式。为洗衣筐和使用者在洗衣机和烘干机前留有足够的间隙(图 11.36)。

门摆动的方向会影响把衣物从洗衣机移到烘干机。有些顶部装载的洗衣机，门铰链装在后面。控制阀在前面的前装载设备最适合在通用范围内使用。

排在废气中的绒线会产生问题。添加棉绒过滤器需要定期维护，否则棉绒会堵塞排气口成为火灾隐患。

并不是所有的洗衣机和烘干机都设计为叠放式。检查所购型号的规格，以确保二者是否可以叠放。叠放式洗衣设备要求仔细规划进出水的连接、关闭，以及烘干机的通风。小型洗衣机和烘干机叠放组合，其控制阀集中在一处，容量较小，适合小家庭和第二个洗衣区。组合式洗衣设备将洗衣机和烘干机合二为一。

检查生产商对洗衣机设备安装在衣柜、橱柜或操作台下面的连接要求，以及对洗衣机的上面、侧面、前面和后面的空隙的具体要求。门必须有足够的通风孔或装上百叶窗。

洗衣机与给排水管道连接，烘干机既要连接给排水管道，也要连接通风管(表11.11)。

表11.11 典型的洗衣机管道要求

设 备	管道与通风
洗衣机	检查从供水到洗衣机的距离，以及所需的水压。需要通风排水管
烘干机	烘干机排气口应有外部通风。从烘干机到室外的距离取决于急弯的数量。如果有蒸汽，则使用冷水供应
燃气干衣机	天然气或低压(LP)连接。燃气干衣机排气口应有外部通风。如果有蒸汽，则使用冷水供应

压缩空气

压缩空气可用于一些厕所的冲洗系统，还为便携式工具、夹紧装置和喷漆器提供动力。电动压缩机提供压缩空气，通过管道供应车间和工厂使用。气动工具比电动工具更便宜、更轻便、更坚固。

到这里，我们结束了对水和废物系统的观察。第五部分“采暖、制冷和通风系统”将阐述建筑物如何让我们舒适地保持温暖或凉爽，以及这如何影响其设计和能源利用。

第五部分

采暖、制冷和通风系统

热是能量的一种形式。能量从一个温度点向另一个较低的温度点流动。当我们能够在保持稳定的、正常的体温情况下释放身体的热量和水分时，我们就达到了**热舒适**的状态，这是身体和环境之间平衡的结果。

建筑师和工程师利用采暖和制冷系统提供清洁的空气和控制热辐射、气温、湿度和气流。这些系统还有助于控制火灾，并影响表面的热特性和声学隐私。工程师们更关注影响热舒适性的可测量环境因素，如气温、表面温度、空气流动和湿度。我们将在第五部分讨论这些因素。

第十二章“热舒适原理”描述了影响热舒适性和热传递原理的条件，解决材料的热容量和阻力问题，并研究机械工程的设计过程。

第十三章“室内空气质量、通风和湿度控制”对室内空气的要求、通风和渗透的作用、湿度和水分控制等问题进行讨论。

第十四章“采暖与制冷”阐述采暖、制冷，以及暖通空调系统和设备的基础知识。

建筑物的选址、朝向和建筑组件都应尽量减少在寒冷天气中室内的热量损失和在炎热天气中室内热量的增加。为了使建筑物保持热舒适的条件，任何过度的热损失或热增量都必须通过被动能量系统或机械采暖和制冷系统加以调节和平衡。虽然通过采暖和制冷控制空间的空气温度是机械系统最基本和必要的功能，但同时还应注意影响人体舒适性的其他三个因素：相对湿度、平均辐射温度和空气流动。

引自弗朗西斯·程，《建筑施工图解》(第5版)，威利出版集团，2014年。

第十二章 热舒适原理

当人体温度保持在窄波段内、皮肤的湿度低、体温调节的活动也降至最低时，热舒适就会发生。热舒适度受许多个人因素的影响，如我们身体的新陈代谢、我们所穿的衣服。我们可以选择搬到更舒适的地方，或者食用冷热食物来控制热舒适度。

> 影响人体舒适度的因素包括气温、相对湿度、平均辐射温度、空气流动、空气纯度、声音、振动和光线等。其中，前四个是决定热舒适度的主要因素。
>
> 引自弗朗西斯·程，《建筑施工图解》(第5版)，威利出版集团，2014年。

室内设计师擅长处理影响热舒适的心理因素。通过使用色彩、纹理、声音、光、运动、气味，室内设计师为用户创造出一个在热量、空间和其他感官方面都舒适的空间。对采暖和制冷系统的认知使他们能够与建筑师、设计师保持良好的沟通，并能够帮助促进能源与环境设计先锋绿色建筑评价体系(LEED)的认证过程。

引言

热舒适是指我们的身体在没有过度压力的情况下以产生多余热量的速度向周围环境传递热量。设计建筑物的采暖系统不只是为居住者创造一个温暖的环境，而且还要可调节室内环境的热特性，以使热量从身体流失的速度达到令人舒适的水平。在炎热的天气里，建筑物的制冷系统可以加快人体的热损失速度。

建筑物内部通过围护结构的热传递与周围环境相互作用。热传递是靠加热和制冷机械设备提供热舒适的作用机制。

第二章“为环境而设计”介绍了建筑围护结构的热传递。

建筑设计师分析建筑环境的热流特性，使其能够通过结构、朝向和材料控制建筑的热增益量和热损耗。他们将平均气候条件与理想的室内温度进行比较，评估建筑围护结构控制热传递的能力，并调节室内环境以获得热舒适性。

历 史

20世纪70年代以前，能源便宜且充足。建筑设计师通过减少屋顶和墙体的保温材料，并利用采暖、通风和空调(暖通)机械设备使建筑物更舒适，从而降低建筑施工的主要成本。燃料成本的增加导致能源成为建筑经营预算中最大的开支之一。为了防止未来能源成本的上升又反过来导致建筑支出的增加，那些不能为提高能源效率而进行翻新改造的建筑注定是短命的。

现在，节能是建筑设计和运行的首要问题。通过整合对建筑物热流特征的认识，设计师要在设计之初就树立节能建筑的理念，减少对机械系统的依赖，从而降低成本，减少维护和能源支出。

将建筑物的内部与恶劣的外部环境隔离开来，可以更好地控制居住者的舒适度。虽然一些节能策略是以牺牲舒适度为代价的，但今天的建筑设计力求在初始成本、能源成本和舒适度之间取得平衡。

热舒适

只有室内设计师才能化解影响热舒适的心理因素，而这些因素是难以量化的。

影响热环境满意度的因素包括对许多相互作用的变量的复杂而主观的反映。工程师负责对环境因素做出判断，包括气温、辐射温度、空气流动和湿度。影响建筑物居住者热舒适度的因素包括新陈代谢、服装、所处的位置和所吃的热或冷的食物。此外，色彩、纹理、声音、光线、运动和香气等可能引发的心理因素也具有一定作用。

《人类居住的热环境条件标准》(ASHRAE 55-2010)，即，界定了大多数居民可接受的室内热环境条件的范围。越来越多的设计方案符合该标准的要求，既可解决舒适度的问题，又能尊重设计可持续建筑的需求。

对于如何使用较少的能量和设备有效地控制热环境而言，热舒适指数是一项重要的指标。常见的建议条件包括新有效温度、干球温度、相对湿度和气流速度(表 12.1)。

表 12.1　舒适度的一般设计条件

设计条件	建议等级
新有效温度(ET)	75 ℉(24 ℃)
干球温度	等于平均辐射温度
相对湿度(RH)	40%(20%~60%)
气流速度	小于 40 fpm(0.2 m/s)

注：fpm=英尺/分钟，m/s=米/秒。

有关相对湿度和平均辐射温度的更多信息，请参见第二章“为环境而设计”。

新有效温度是热环境令人不适或不满意的指标，是通过实验测定的，由干球温度、湿度、辐射条件、特定条件下的空气运动决定。气体或气体混合物的**干球温度**是用免受辐射干扰的干球(如我们熟悉的壁挂式温度计)测得的温度，可能是舒适度的最重要的决定因素。相对湿度(在第一章中已介绍)是指空气中水汽的含量，表示在相同温度下水分饱和所需水量的百分比。平均辐射温度(MRT)(在第二章中介绍过)评估内部空间及家具在规定位置辐射并传递热量到人体的方式。为了在最大活动范围内使人们感到舒适，工程师要尽量减少干球温度和相对湿度(RH)，同时用足以保持舒适度的平均辐射温度(MRT)进行补偿。

住宅内舒适的室内气温为 68~75 ℉(20~24 ℃)(表 12.2)。从事体力劳动的人需要的有效体温比久坐的人要低。非常活跃的、生病或裸体的人对空间舒适度的需求可能完全不同。

表 12.2　舒适房间的空气温度

空间类型	夏　天	冬　天
住宅	74~78 ℉(23~26 ℃)	68~72 ℉(20~22 ℃)
浴室、淋浴间	75~80 ℉(24~27 ℃)	70~75 ℉(21~24 ℃)
饭店	72~78 ℉(22~26 ℃)	68~70 ℉(20~21 ℃)
零售商店	74~80 ℉(23~27 ℃)	65~68 ℉(18~20 ℃)

热舒适设计

建筑物通常要应付来自两个不同电磁波谱的热辐射。太阳辐射伴有数千度的温度且波长较短。来自大多数陆地来源(如被太阳晒热的地面、温暖的建筑表面或人类的皮肤)的热辐射，其温度要低得多，波长也更长。

热辐射

热辐射可以通过控制阳光的穿透、在墙壁和天花板内部使用隔热材料和采用多层玻璃或窗帘等遮阳方式给窗户隔热的方法来控制，也可以通过给地板或天花板等大面积的表面加热，或者给诸如电灯丝、瓷砖、金属炉具或壁炉等小表面加热增加热辐射。

如果身体的某一部分是暖的，另一部分是冷的，则可能存在热不适。来自热和冷表面的明显的不均匀辐射、空气中的温度分层、气温和平均辐射温度(MRT)之间的巨大差异、冷风、与较热或较冷地板表面的接触等因素，都可能会引起局部不适。

> 由于阳光会从大窗户或天窗直射进来，所以必须在遮蔽窗户的同时降低室内空气温度。

温度的标度和名称

热能是分子振动的结果。温度表示热能的强度，用华氏(F)、摄氏(C)、开尔文(K)表示(表 12.3)。

表 12.3 温度的标度

标 度	说 明
华氏(F)	冰点为 32 度，沸点为 212 度；在美国使用
摄氏(C)	基于 0°~100°的刻度；在大多数国家使用
开尔文(K)	使用“绝对零”；不用“度”表示；用于测量色温

绝对零度表示没有热能，也没有分子运动。在绝对零度之上，有一些与温度成比例的热能。在开氏温标中，0°等于绝对零度。

工程师使用平均辐射温度(MRT)或操作温度帮助确定一个空间中所需的辅助加热或制冷的量(表 12.4)。

表 12.4 温度的名称

名 称	说 明
新有效温度	用实验方法，通过干球温度、湿度、辐射条件和特定条件下的空气流动测定
操作温度	干球温度和平均辐射温度(MRT)的平均值
干球(DB)温度	用标准温度计或类似装置测量的环境空气温度
湿球(WB)温度	表示空气的湿度。用湿球温度计测得的空气温度。湿球在空气中快速旋转造成水分蒸发

平均辐射温度(MRT)

平均辐射温度(MRT)控制对于获得热舒适至关重要，因为它测量人体如何从辐射中接收辐射热，或通过辐射向周围的表面散发热量。平均辐射温度(MRT)是指身体的直视视线中所有表面温度的加权平均值。因为红外(IR)辐射向四周扩散，越靠近辐射源，平均辐射温度(MRT)就越高。平均辐射温度(MRT)是一个房间周围墙壁、地板和天花板温度的总和，根据红外辐射的传播方式进行加权。

平均辐射温度(MRT)随着其在空间内测量的位置而变化，计算复杂。靠近寒冷的表面时，平均辐射温度(MRT)就会降低，在接近室内的空气温度时趋于稳定。位于空间内部的各种元素，其温度往往与室内的空气温度一致，但是如果将它们沿建筑物的周界摆放，其表面温度介于室内气温和室外气温之间。平均辐射温度(MRT)也受大面积玻璃区、隔热程度、炽热灯光等因素的影响。遮光窗帘和隔热效果好的窗户可以极大地影响平均辐射温度(MRT)。如果平均辐射温度(MRT)比舒适的室内气温环境高或低 10 ℉(-12 ℃)，居住者往往会感到不舒服。

冬季的平均辐射温度(MRT)比较高，气温会稍微低一些。而在夏季，热容量高的建筑可能会有凉爽的室内温度，从而使人在较高的气温下仍能感到舒适。

平均辐射温度(MRT)本身并不是热舒适的充分衡量标准。身体暴露于其中的各个表面必须保持温度的平衡，以防止身体任何一个区域的温度过快上升或下降。通过对流、传导和蒸发，获得热量的条件也必须平衡。

有关湿度的更多信息，请参见第十三章“室内空气质量、通风和湿度控制”。

湿　度

湿度是指一个给定的空间中水蒸气的含量。在天气预报中，通常用相对湿度表示。除了相对湿度，工程师们也使用绝对湿度、比湿度、饱和度、湿度百分数(表 12.5)。

表 12.5　湿度的种类

名　称	说　明
相对湿度(RH)	在特定的温度和压力下空气样本中的水蒸气含量，是样品在饱和状态下所能容纳的最大量的百分比
绝对湿度	每单位体积的空气中所含水汽的密度，以水的重量单位或干空气的立方英尺表示
比湿度(含湿量)	每个单位重量的干空气中所含水汽的重量，用每磅空气中所含的水颗粒重量或磅(kg/kg)表示
饱和度	空气中存在的水量相对于它在给定温度下所能保持的最大水量，而不会引起冷凝
湿度百分数	饱和度乘以 100；较低的百分比表示含水率较低

空气流动

空气流动的对流和蒸发对人体传热有显著影响，是由于自然的和强制的对流，以及居住者的身体运动引起的。运动越快，对流和蒸发引发的热流速率越大。

在自然的环境温度下，身体表面的对流会使体温在可接受的范围内持续消散。在较高的环境温度下，体温消散的速度必须靠风扇或其他手段提高。

空气流动用英尺/分钟(fpm)或米/秒(m/s)来测量。

空气流动还传播体味和空气污染物。空气流动不畅会导致空气**分层**(从地面到天花板的空气温度不同)和闷热。空气流动过快，则产生气流(表 12.6)。

表 12.6　居住者对空气流动的反应

空气流动的速度	解　释
0~10 fpm(0~0.05 m/s)	空气明显停滞不动
10~50 fpm(0.05~0.25 m/s)	居住区的排气装置通常设计为 50 fpm(0.25 m/s)
50~100 fpm(0.25~0.51 m/s)	空气流动明显，可能是舒适的，要看流动空气的温度和室内条件
100~200 fpm(0.51~1.02 m/s)	可以感觉到空气流动，如果空气流动是间歇的且空气温度和室内条件皆宜人，则可以接受
200 fpm 及以上(超过 1.02 m/s)	可吹起纸张、吹乱头发等，风速约为 2 mph(3.22 km/h)

对空气流动的限制取决于整个房间的温度、湿度、平均辐射温度、流动气流的温度和湿度等综合因素。相对于室内气温而言，流动气流的温度越低，它的流速就越慢。颈部、上背部和脚踝对气流非常敏感，特别是当进来的空气比正常室温低 3 ℉(1.5 ℃)或以上时(图 12.1)。当空气流动速度超过 30 fpm(0.15 m/s)时，速度每增加 15 fpm(0.08 m/s)，身体就感觉到温度下降了 1 度。

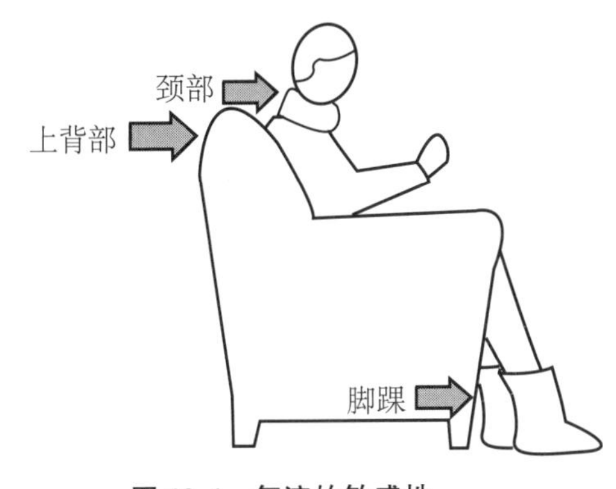

图 12.1　气流的敏感性

气流是空气过度运动的结果，能引起建筑物局部的气温骤降。对气流的感觉取决于风速、活跃度和衣着。空调系统通常是通风良好的，风扇也深受人们的喜爱。

> 有关空气流动的更多信息，请参见第十三章“室内空气质量、通风和湿度控制”。

障碍物会影响气流的分布和速度，还会影响自然通风、辐射装置和空气调节器等设备的外部通风口的设置。

热　能

温度测量热强度的程度。**热能**是指引起特定量材料的温度发生特定变化所需的能量。等量的热能添加到不等量的同种材料时，会产生不同的温度(热强度)。

> 北美地区在某些用途上使用英国热量单位(BTUs)。世界上大多数国家都用卡路里测量热量。

热强度以英国热量单位(BTUs)、热卡或卡路里(千卡)计量，也可以用华氏温度(℉)或摄氏温度(℃)测量。

材料的热性能

材料可以根据其热性能进行分类。**绝缘体**阻碍热量的流动，是很好的热屏障。**导体**能促进热量的流动，是不错的蓄热材料。

热导体和热绝缘体经常一起使用。墙壁通常有一个很厚的热内层，具有较高的热传导性，并能存储热量，还有一个耐久性强、耐候性高的外层。两层之间是高度隔热且质量轻的材料。

舒适范围

热舒适可以描述为对热环境感到满意的心理状态。热舒适范围随着个体的新陈代谢、身体活动及身体适应环境的能力而变化。影响舒适度的环境条件包括光线、空气、热舒适性、声学舒适度和卫生。有时，人们感受不到不适，如气温不太热或太冷、空气中也没有陈腐难闻的气味，或没有令人不适的气流或湿度。

> 室内设计师对许多影响舒适度的因素都有直接的影响，包括室内空气质量、音响和照明。

从历史上看，我们对随着季节变化而改变的室内温度的容忍度已经变得很有限。20 世纪 20 年代，美国的大多数人都喜欢冬天的室内温度在 68 ℉(20 ℃)左右，并可以接受夏季更高的温度。他们会在冬天穿暖和的衣服以节省昂贵的能源费用。而 1920—1970 年的低能源成本导致人们对全年室内温度的偏好提高到 72~78 ℉(22~26 ℃)。现在，我们将从节能的角度重新评估我们的需求。

一般来说，80%的居住者可接受的热舒适范围从冬季的 68 ℉(20 ℃)到夏季的 78 ℉(26 ℃)。幅度跨度较大的部分原因是人们在冬天穿了很多衣服。

当活动减少时，我们身体内部的加热系统会变慢，期望建筑物的采暖系统能够弥补这一差异。空气流动、气流、我们接触的各种表面的热性能及相对湿度都会影响舒适度。

新陈代谢

我们把涉及维持生命的复杂的物理和化学过程称为**新陈代谢**。人们代谢(氧化)食物，将其转化为用于生长、再生和身体器官运行所需的电化学能。储存在我们的食物中的所有势能只有大约 20%可用于有用的工作，剩下的80%是作为转化的副产品而产生的热量。

我们的身体产生热量的速度被称为**代谢率**。多余的热量被我们的皮肤蒸发掉的汗液带走。由于较瘦的人保温性较差，通常比较胖的人更易于感觉凉爽。一个非常活跃的人产生热量的速度是倚靠着的人的8倍多。这种热量的产生可以用**每小时的英国热量单位**(BTUH)或者瓦特来测量(表12.7)。

表12.7 身体热量的产生

活　动	BTUH(瓦特)
睡眠	340 BTUH(100)
静态工作	680 BTUH(200)
散步	1020 BTUH(300)
慢跑	2720 BTUH(800)

当身体的热量损失增加、体内温度开始下降时，身体为了稳定温度会加快新陈代谢的速度，甚至减少不必要的脑力或体力活动，这样一来，所有代谢产生的额外能量都转化为热能。

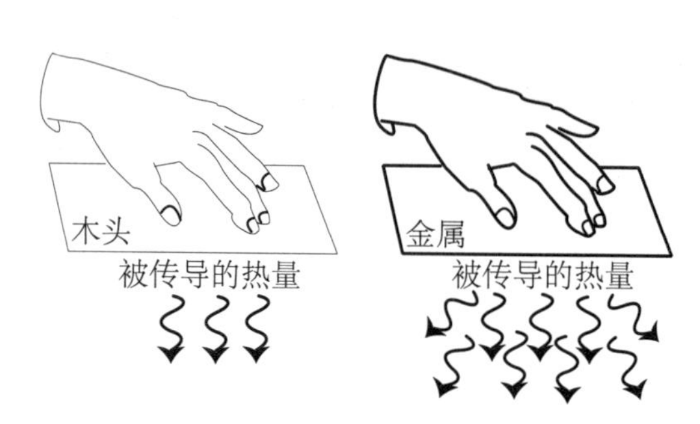

图12.2 触摸和热传导

我们的皮肤对身体与物体之间热量传导的感受，要比实际的温度变化更快。我们的指尖、鼻子和肘部对热和冷的感受比其他部位更敏感。因为指尖很容易感受到热量从我们的身体传导出去的速度，所以在相同的温度下我们会感觉钢铁比木头更冷，因为它能更快地将热量从手指上传导出去(图12.2)。

我们大脑中的下丘脑不断地记录血液的温度。这似乎是由我们体内任何地方的血液温度的微小变化所激发的。皮肤传感器也可以通过皮肤的热量增加或减少的程度向大脑发出信号。人体通过收缩或扩张血管控制血液流向皮肤，或者通过刺激汗腺增加蒸发。

在正常的无压条件下，我们身体的皮肤温度在90 ℉(32 ℃)左右。冬天，皮肤表面的血液较少，皮肤会变成绝缘体，其温度远低于夏季。向身体周围的皮肤增加血流量(血管舒张)通常意味着要将更多的热量排放到周围的环境中。减少血液流向皮肤(血管收缩)会导致身体四肢的温度下降，从而减少身体的热量损失。

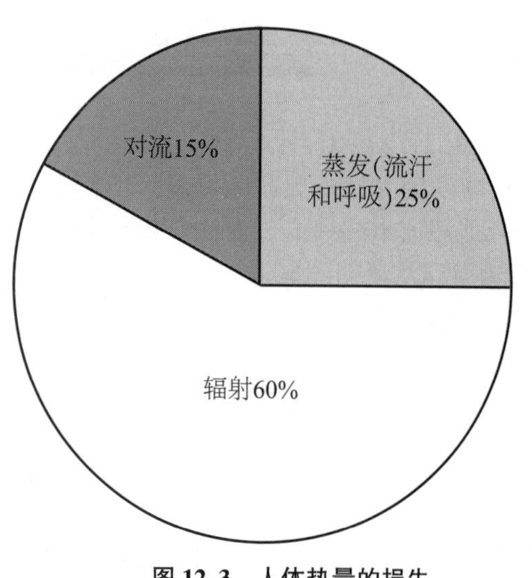

图12.3 人体热量的损失

造成人体热量损失的三个条件是空气温度、相对湿度和空气流动。热量通过对流、蒸发和辐射损失(图12.3)。

身体内部的温度在98.6 ℉(37 ℃)时保持相对恒定，但是由于受到周围环境的气温、湿度和气流速度的影响，皮肤的温度可能在40~105 ℉(4~41 ℃)发生变化，当空间内的环境温度达到98.6 ℉(37 ℃)时，不会因传导、对流或辐射产生热量损失。另外，在较高的温度下蒸发产生的热损失最快。

建筑物的居住者释放的热量——他们的代谢热——影响建筑物内的温度。在拥挤的礼堂、满座的教室和繁忙的商店里，人们散发的热量温暖了这些空间。小型住宅建筑内部获得的热量通常比大型办公楼建筑物要少，因为后者容纳的人多，设备也多，而且随着户外气温的下降，小型住宅建筑可能要比大型建筑更早地打开供暖系统。

个体差异

热舒适没有规定个体差异的标准，也没有哪种条件能使所有人感到舒适。个体的热偏好通常是始终如一的，但不同个体之间的偏好差异很大。舒适的环境似乎与白天或晚上的时间无关。虽然男性在初次暴露于某个温度时可能会感觉温暖，但一两个小时后他们的感觉就接近女性了。

居住者习惯的舒适程度会影响他们对周围环境的态度。不同的人对环境中的敏感点不尽相同。年轻人和老年人对舒适的环境都有相似的反应。由于各国的极端气候长度不一、提供和运行采热与制冷系统的经济状况也不一样，所以不同的国家可能有不同的舒适标准。

个体之间的差异往往比国家之间的差异更大。男女不同的着装习惯或个人的风格偏好都可以产生截然不同的舒适环境。

个体需求的巨大差异导致建筑的设计者想方设法满足大多数居住者的需求，并尽量减少不满意的人数。在一个空间内，室内设计可以呈现各种各样的环境条件。人们完全可以随意去往他们认为最舒适的地方。阳光明媚的窗户和舒适的火炉，随着我们的靠近或远离可以提供不同的温度。提供局部的用户控制装置是另一种方法。

短期适应是指适应有条件的室内环境所需要的一段时间。长期舒适的空间对于一个来自炎热的室外环境的人来说可能太冷。在商店或公共大厅这种短期逗留的空间里，最好保持相对温暖、干燥的气温，这样流汗才不会有太大的变化。如果逗留时间超过 1 小时，建议将室内外温差减少至少5 ℉（-15 ℃）。

服　装

大多数服装都有彼此分开的小气袋。服装的隔热性能改变了人体的热量损失和舒适度。这些性能是以热阻为单位进行量化的，称为克洛(clo)，是整套服装热阻的数值表示。一件厚重的两件式西装的保暖值大约在 1 克洛，而一条短裤约为 0.50 克洛。

在供暖季节，在室内穿着舒适服装的成年人的平均表面温度约为 80 ℉(27 ℃)。当周围的温度达到 70 ℉(21 ℃)左右时，大多数人在自感舒适的状态下失去显热。增加 1 克洛的保温材料可以允许气温降低 13 ℉(-11 ℃)，而对温度的感觉没有变化。

在较低的温度下，要想舒适就要保证全身衣服的保温程度均匀一致。对于久坐工作超过一小时的人，工作温度不应低于 65 ℉(18 ℃)。

身体与物体（表面或家具）接触时会发生传导散热或传导吸热；衣服使身体与这种接触隔离开来。

导热性

导热性是指材料通过传导传递热量的能力。传导热量快的材料摸起来可能会比它们的实际温度更凉，而事实上它们比空气温度暖和。利用这些材料的高导热性，设计师可以创造出一个比这些材料的表面温度更凉爽的空间。

热传递原理

正如我们前面提到的，热能是分子振动的结果。热量如何从一个地方移动到另一个地方，一个形象的方法是将其视为四处跳跃的分子的能量。分子的跳跃导致邻近活性较低的分子也开始移动。从一束分子转移到另一束分子的运动也将热量从活跃的分子群传递到不活跃的分子群。寒冷区域的分子较安静，因此热能较少。温暖区域的分子则充满活力。

只要两个区域之间存在温差，热量就总是从温度较高的区域流向温度较低的区域。这意味着热量从积极活动区域流向较少活动的区域。这一趋势将降低气温较高区域的温度和活动量，并增加温度较低区域的温度和活动量。当两个区域之间不再有任何差异时，两个区域便达到**热平衡**的状态，分子跳跃均匀。

请注意，热量从较高的温度流向较低的温度，不一定是从热量较多(数量)的热源流向热量较少的热源。两个物体之间的温差越大，热量从一个物体传递到另一个物体就越快。换句话说，在活跃区域分子的活动量下降，在不活跃区域分子的活动量增加，这种增加或下降的速率与两个区域之间的温度差有关，还涉及其他因素，如热流路径周围的条件、两个区域之间的任何物体给热量流动造成的阻力等。

苏格兰数学物理学家詹姆斯·克拉克·麦克斯韦尔(1831—1879)用一幅画——茶杯里的汤匙，阐述了热传递(图 12.4)。

图 12.4　麦克斯韦尔的茶杯

例如，如果我们将一把银勺放入一杯热茶中，浸在茶水里的那部分勺子很快就会变热，而在茶水之外的勺子部分则相对较凉。由于温度的不平等，热量立即开始沿着金属从 A 流向 B。热量首先使 B 略微升温，因此使 B 比 C 暖一些，然后热量从 B 流向 C，这样汤匙的末端会最后摸起来也变暖了。传导热量的必要条件是，在传递过程的每一阶段，热量都必须从较热的部位传递到较凉的部位。

引自詹姆斯·克拉克·麦克斯韦尔，《热力学理论》，朗文·格林公司，1888 年，多佛出版社，2011 年。第九版的未删节再版版本由朗文·格林公司出版，伦敦和纽约，1888 年。

热能通过传导、对流和辐射三种方式传递。接下来，我们将逐一研究每种方式及蒸发。

热能的传递

建筑物热环境的控制包括建立条件使居住者能够以他们产生热量的速度排出多余的身体热量。通过建筑物围护结构的热损耗或热增量包括三种热传递模式，即传导、对流和辐射。蒸发是热能交换的第四种方式(表 12.8)。

关于通过建筑物围护结构的热能传递，请参见第二章“为环境而设计”，了解更多的信息。在那里，介绍了传导、对流、辐射和蒸发。

表 12.8　热传递

方　式	热量的流动机制	影响传递的因素
传导	直接从分子传递到分子的热量，发生在材料内部或材料之间	分子的接近度(材料密度)、表面温度
对流	流体(通常为空气)和固体之间的交换	由于加热或冷却引起的流体运动；空气流动、温度和湿度
辐射	热流通过电磁波从较热的表面传递到单独的、较冷的表面	包括跨越的空间和可能很大距离的传递；表面温度，朝向身体的方向
蒸发	水流从潮湿的表面带走蒸发的潜热	流经建筑围护结构并经由漏气点；湿度、空气运动、空气温度

传　导

如前所述，传导是通过固体材料的热量流动，与通过透明气体或真空所发生的辐射截然相反(图 12.5)。以较快速率(在较高的温度下)振动的分子碰撞到以较慢速率(较低的温度)振动的分子时，将能量直接传递给它们。分子本身并没有移动到另一个物体上，转移的只是它们的能量。比如，当我们碰触到热锅时，锅的热量会转移到皮肤上。传导只是造成我们身体损失少量的热量。如果我们接触的物体是冷的，如冷玻璃杯里的冰镇饮料，热量就会从我们的皮肤流入玻璃杯。传导可以发生在单一材料内，前提是该材料中存在温度差。热传递的速率与温度差、表面面积和材料的**传导率**成正比。

图 12.5　传导

材料的导热能力差别很大。导热能力较差的导体是绝缘体，如木材、塑料、气体和陶瓷。空气是一种分子分散的气体，因此它的传导性最低。对于具有一定传导性的材料，其传导率会随着材料厚度的增加而减小。

表面传导(膜传导)是从空气到表面或从表面到空气的热传递。建筑材料的表面传导率是对流和辐射两种特性的函数，并且取决于颜色、平滑度、温度、面积、表面位置、表面空气的温度和速度。

热阻是传导率的倒数，是衡量材料绝缘质量的指标。电阻的增加与材料的厚度成正比。

一般来说，良好的导电材料也是优良的导热体。玻璃是一个例外。虽然它是一个相当好的导热体，但它经常被用作电隔离器。

对　流

对流类似于传导，因为热量在接触到其他东西——此处指流动的流体(液体或气体)而不是另一个物体时，热量就离开原物体。当温水或冷水流过我们的皮肤时，我们会因对流而产生温暖或凉爽的感觉。对流的量取决于表面的粗糙程度、流体朝向表面的方向、流体的流动方向、流体类型及流体的流动是自然的还是强制的。当空气温度与皮肤温度相差很大时，再加上空气或水的流动，就会有更多的热量通过对流传递。

当向液体或气体(但不是在坚硬的固体中)增加热量时，分子活动就会发生对流，通常会导致物质膨胀并降低其密度。由于液体或气体微粒没有被控制在坚硬的固体里，所以密度较小的分子能够上升，然后它们被其他更致密的分子所取代。随着热能的增加，密度越大的分子就会变热、膨胀，变得不那么致密，直至它们自己也会被置换。在对流作用下，热能通过分子的运动传递到材料中，这个过程称为流体流动。在狭窄的空气空间中，周围表面的摩擦会抑制空气的流动，对流因此受到限制。

自然的(自由的)对流发生在没有风或风扇的情况下，通常会产生不同的温度层(分层)。当流体(气体或液体)通过风、风扇或泵在较热和较冷的区域之间循环时，就会产生**强制对流**。自然对流通常不如强制对流那么强劲有力。

当仔细观察这一切时，我们发现对流把传导和流体流动结合在一起，热量就在非常靠近固体的区域和固体本身之间传导，然后流体通过对流快速地将热量输送到边界区域。

对流总是需要一种介质，该介质吸收并将热量从一个位置传递到另一个位置(图 12.6)。对流速率是表面粗糙度和方向、流动方向、流体类型及该过程是自由或强制的函数。对流常常与温度有关。

辐　射

当热量以电磁波的形式从较热的表面通过任何介质，甚至是外层空间的空洞，流到单独的较冷的

图 12.6 受热流体中的对流

表面时，就会产生辐射。辐射与光的传递有密切的关系。辐射能不可能绕过角落，也不会受到空气运动的影响。

内部能量或分子振动由来自温暖物体的电磁波建立，将能量传送到视线内的所有物体。电磁波激发接收体的分子，从而增加它们的内能。太阳射线的能量或火炉中燃煤的能量都是热辐射的例子。

辐射包括以光子的形式释放或接收的能量。当物质表面的分子活动释放出光子时，辐射就发生了。

一种物质发出的辐射与其发射辐射的能力有关(**发射率**)，通常等于其吸收辐射的能力(**吸收率**)。物质的发射率和吸收率都依赖辐射的波长。

房间里所有的物体和表面都发射热辐射，但是纯粹的热量传递只有在热量从较暖的物体向较冷的物体转移的过程中才发生。两个温度相同的物体会相互辐射，但不会发生热传递。辐射传热受较暖和较冷物体的裸露表面面积的影响，一个物体可以从较热物体获得辐射的同时，也向较冷物体散失辐射。

辐射与材料之间有四种可能的相互作用——透射率、吸收率、反射率和发射率——并且一次可能发生不止一种作用(表 12.9)。相互作用的类型取决于材料和辐射的波长。辐射传输的速率取决于温度差、表面的热吸收率和表面之间的距离。

表 12.9 辐射与材料的相互作用

相互作用	说 明
透射率	辐射穿过材料并继续前进
吸收率	辐射被转换成材料内的可感热量
反射率	辐射从材料的表面反射出来，并在其路径上衍射
发射率	辐射从材料的表面发射，降低物体的感热含量

太阳的辐射在其入射角处从玻璃上反射出来(图 12.7)。与此相对应的是，黑色表面会吸收大部分投射到其表面的阳光，使其温度升高(图 12.8)。

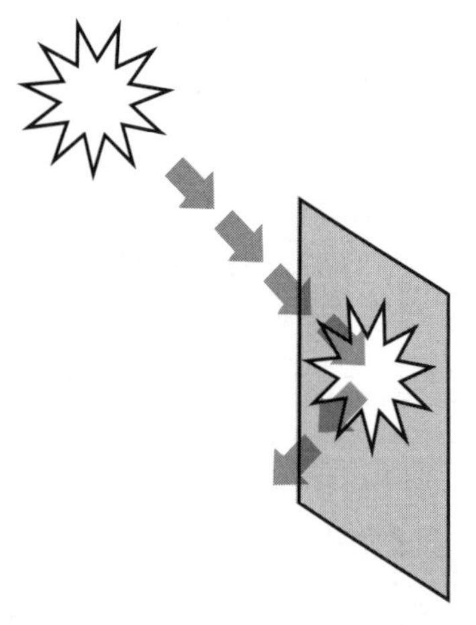

图 12.7 在入射角反射的阳光

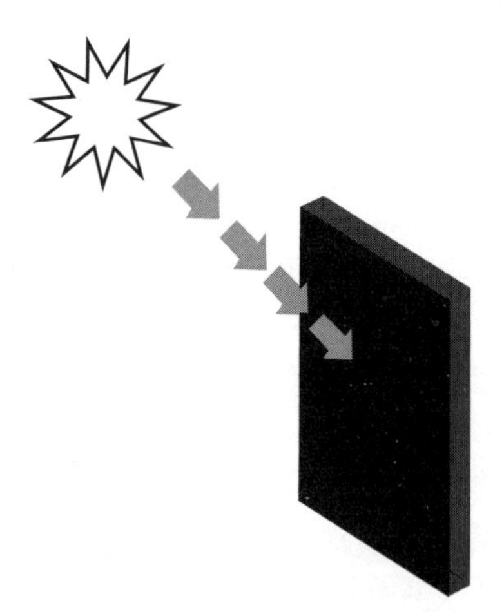

图 12.8 黑色表面吸收的阳光

材料的辐射特征由其温度、发射率、吸收率、反射率和透射率决定。大多数材料都有较高的**发射率**，但是抛光金属表面的发射率较低。反射可见光的材料也反射辐射热。

玻璃对于短波辐射而言大多是透明的，而对于反射紫外线(UV)的长波辐射则是不透明的。玻璃可以吸收大部分的长波辐射，然后将其向内或向外辐射，所以一些长波辐射被玻璃阻挡(或吸收或再辐射)。除了对红外辐射透明的聚乙烯外，大多数塑料都像玻璃一样用于玻璃装配业。

阻挡视线的窗帘也能阻止辐射热从冰冷的窗户辐射到室外。

空气是辐射热的不良吸收体，几乎身体所有的辐射交换都是在我们接触的固体表面进行的。根据身体表面(裸露的皮肤和衣服)的温度和环境表面的平均辐射温度(MRT)之间的差异，人体通过辐射热获得或者失去热量。如果你坐在面对炉火的一把大椅子上，你会感觉到来自壁炉的辐射热，但是如果你坐在椅子后面，热量就会被阻挡(图 12.9)。

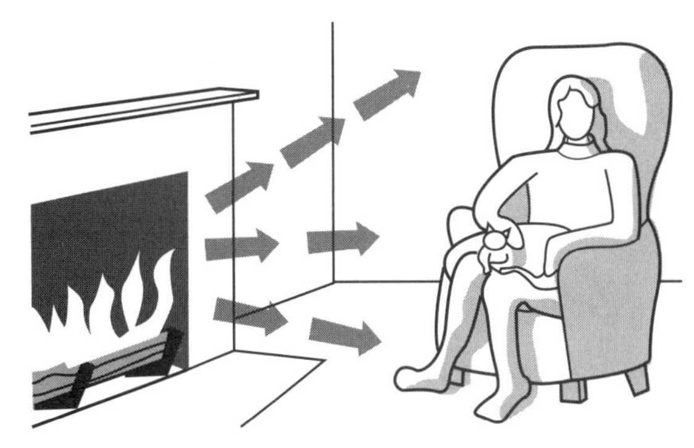
图 12.9 辐射

正如我们在前面所指出的那样，热量将不断从一个较暖的区域移动到一个较冷的区域，直到两个物体达到相同的温度(图 12.10)。两个物体之间的温差越大，传热就会越快。

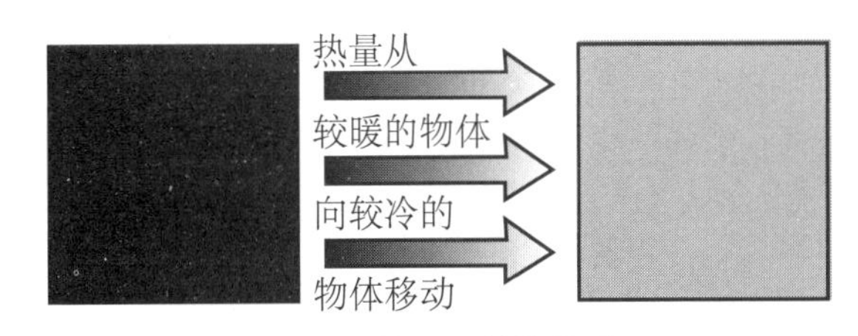

图 12.10 物体之间的热传递

建筑物直接从太阳获得较短的红外线(IR)波长的热量，也接收来自被太阳照暖的地面和楼板、温暖的建筑物表面及与人类皮肤接触的热辐射。这些辐射是在较低的温度和较长的红外波长下发射的。

如第二章所述，进入阳光间的太阳热能可以使混凝土楼板和一排充满水的圆桶变暖，两者都能储存大量的热量，并在稍后的时间里缓慢释放(图 12.11)。

发射对于散热是重要的。在沙漠气候中，炎热的白天之后是凉爽的夜晚。地面或建筑物在白天储存起来的热量发射到凉爽的夜空中(图 12.12)。

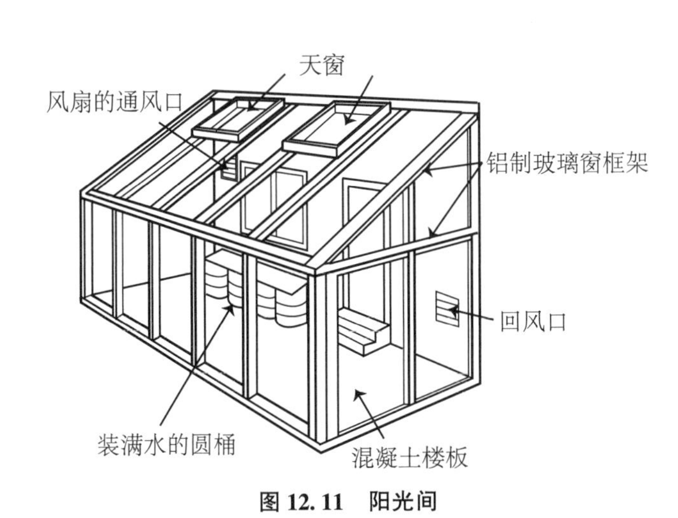

图 12.11 阳光间

图 12.12 发射

空气温度与空气流动

空气流动可能是由自然对流或机械力造成的，也可能是空间居住者身体动作的结果。在没有额外的空气运动的情况下，空气在我们身体上的自然对流驱散了身体的热量。当气温上升时，我们必须增加空气流动以保持热舒适。空气流动不充分时，人会感觉闷热，同时空气出现分层，较冷空气在地板附近徘徊，较暖空气则飘浮在天花板附近。

皮肤上有汗时，一阵明显的空气流动掠过身体，给人的感觉是令人愉快的凉爽微风。当周围表面和室内空气温度低于正常室温 3 ℉(-16 ℃)或更多时，相同的空气流动给我们的感觉如同一股寒流袭来。当流动的气流相对于室内空气温度较冷时，其速度应小于房间内其他空气的速度，以避免产生小股气流。空气流动特别有助于在炎热潮湿的天气里通过蒸发降温纳凉。

拂过皮肤表面的空气除了蒸发水分，还影响身体感热的转移。空气流动速度越快，身体与周围空气的温差就越大。身体的表面积越大，热传递的速率也就越大。

当空气温度低于皮肤温度(把衣服也考虑进去)时，身体向空气散热；当气温变暖时，身体从空气中获得热量。随着空气温度的降低和空气流动的增加，对流对散热的作用越来越大。

水蒸气与热传递

因传导、对流和辐射造成的热损失随着空气温度的不断升高而降低。另外，蒸发的热损失随着空气温度的升高而增加。当人们在高温和极高的湿度条件下工作时，两种显热损失和皮肤水分蒸发都会减少，因此必须通过空气迅速吹过身体增加蒸发率。

蒸　发

蒸发是由三种类型的传热(辐射、传导和对流)产生的过程。蒸发过程是水在正常沸点以下发生的汽化。当液体蒸发时，它会从表面带走大量的显热。显热可以用温度计测量。它是一种能量的形式，只要有温差，它就会流动；显然，它是所有材料中原子振动的内在能量。比如，当我们汗流浃背、水分蒸发时，我们会感觉凉爽，因为一些热量离开了身体。

第二章“为环境而设计”介绍了潜热和显热。

当液体的内部压力大于空气的蒸汽压力(而不是大气压)时，水就会蒸发(图 12.13)。这个过程仍然需要增加潜热。

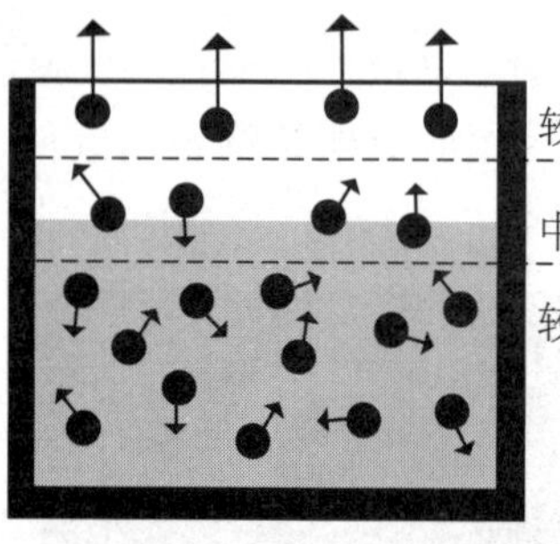

图 12.13　蒸发

我们的身体同时包含了显热(身体的大部分热量)和潜热(在汗水蒸发时释放)。**蒸发冷却**发生在水分蒸发时，液体的显热被转化为蒸汽中的潜热。身体失去了水分和热量，我们会感到凉快。给房间增加湿度会减少蒸发冷却。对于医疗保健机构和老年人的居住空间而言，这是一项有用的技术，因为即使在温暖的房间，这些地方的住户仍可能感到寒冷。

蒸发只会导致身体冷却，并不会产生热量。人体的蒸发速率由空气的蒸发潜力决定。这主要取决于空气流动的速度，也取决于相对湿度。我们的皮肤通常仅在中等至高温下才会出汗。蒸发皮肤汗液所需的热量来自身体。

呼吸道和肺部的水分蒸发是恒定的。呼出的空气一般是饱和的(100%的相对湿度)。即使在休息的时候，我们的身体也需要大约 100 BTUH(30W)的热量将肺部的水分蒸发到吸入的空气中。由于将液态水转化为水蒸气需要大量的热量，所以我们的肺部和皮肤在蒸发水分的过程中所发生的热损失是处理身体热量的重要组成部分。

显热和潜热

显热指的是分子的运动；潜热是对分子本身结构的描述。**熔化潜热**是将固体物体熔化成液体所需的热量。**汽化潜热**是将液体变成气体所需的热量。当气体液化(凝结)或液体凝固时，释放其潜热。例如，当水蒸气凝结时，它会释放出潜热。当液态水冻结成冰时，也会发生同样的事情。冰比水冷，是因为它将潜热释放到周围环境中。显热流和潜热流加在一起等于总热流量。

每种材料都有一个叫作比热的属性。**比热**表示输入特定量的显热后，材料温度的变化量。

当由于皮肤中的显热转化为水蒸气的潜热而导致汗液蒸发时，大量的汽化热从皮肤被带走。随着水分蒸发，空气最终变得饱和，从而抑制了进一步蒸发。要么是需要空气运动去除一些潮湿的空气，要么是需要非常干燥的空气才能使蒸发冷却有效。

空气流动

空气流动会增加蒸发造成的热量损失，这就是为什么风扇会使我们感觉更舒适，即使它实际上并没有降低房间的温度。通过控制空气的湿度产生明显的温度升高或降低的感觉，而实际上空间内的温度并没有改变。

有关湿度和空气流动的信息，请参见第十三章“室内空气质量、通风和湿度控制”。

热容量与热阻

第二章“为环境而设计”中介绍了与建筑围护结构设计相关的热容量。

热容量是材料存储热量的能力，与材料的质量或重量大致成正比。大量的致密材料(如大块岩石)可以容纳大量的热量。轻质、蓬松的材料和小块的材料只能容纳少量的热量。热容量是指将一个单位(体积或重量)材料的温度升高 1 度所需的热量(图 12.14)。

高热容量的材料会减缓从墙的一侧到另一侧的热量传递速度。一般来说，较重的材料具有较高的热容量。水是例外，具有中等重量，但在普通气温下却具有比任何其他普通材料更高的热容量，因此大容量贮水池白天所吸收的太阳热量会在凉爽的夜晚逐渐消散在空气中。这就是为什么一旦湖泊或海洋变暖，即使气温下降，它也会保持温暖的原因。

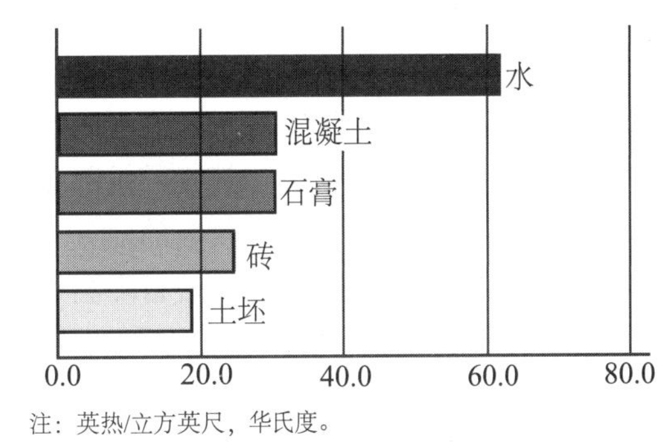

图 12.14　材料的热容量

热质量

大多数高热容材料的升温速度缓慢，释放热量的时间也较长。比如，一个铸铁煎锅要等上一段时间才能变热，但它向锅里的食物释放均匀的热量，而且即使关掉加热炉，锅也还能保温。

当热量以传导、对流和辐射的方式传递时，热流受到来自材料的阻力被称为热阻。热阻是材料对热流的阻力的量度。高热容材料的热阻较低。当材料的一侧受热时，热量会迅速移动到较冷的一侧，直到达到稳定的状态热量流动才缓慢下来。

砖、土、石、灰泥、金属和混凝土都有很高的热容量。织物的热容量通常较低。低热容材料制成的薄隔板受热迅速，但冷却也快，因此温度波动剧烈。例如，一个锡制棚子在阳光下会很热，而在夜晚却变得很冷。绝缘材料的热容量很低，因此它们不适合用来保温，但是在它们细薄的纤维之间有无数的空气空间，里面充满了空气，这使它们具有很高的热容量。

第二章“为环境而设计”中介绍了热质量和热滞后。

用高热容量材料制作的大型结构升温缓慢，储存和释放热量也很缓慢。例如，一座砖砌或石砌的壁炉不像其他材料建造的炉子，温度会随着炉火的燃烧和熄灭快速上升和下降，砖或石壁炉的温度变化平稳而和缓。大量的砖石或水可以储存来自太阳能集热器的热量，并在夜晚或阴天释放出来。

热滞后

房间内的工作温度来自储存在热质量中的辐射能。这样获得的热量可以使房间内的气温随着时间的推移一直保持均匀。这种热滞后有助于缓和变化，在被动式太阳能设计中很有用，但也意味着房间不会迅速恢复到居住者需要的水平。在预热或降温期间使用多于平常的能量为房间加热或制冷，可以弥补这种温度上的缓慢变化。

只有在一侧的墙体大幅升温后，热量才开始出现在另一侧。高热容量材料比低热容量材料的时间滞后更久。在状态稳定的条件下，材料两侧的温度在很长一段时间内保持恒定时，就不会有热滞后的现象。

高热质材料可以是建筑物围护结构的组成部分，也可以与建筑物内的家具结合。为了实现利益的最大化，必须把它们设置在建筑物的保温层内。一个质量含量大的建筑物围护结构可能会使热量传递到室内推迟数小时甚至数天，质量越大，延迟的时间越长。如果热质量使用不当，可能会导致在阳光充足的日子里温度过高或降温负荷过重，或者出现夜间热储存不足的情况。

是否使用大量的蓄热量取决于气候、场地、室内设计情况和建筑物的运行模式。当室外温度在理想的室内温度上下大幅波动时，使用高热质量是合适的；当外部温度始终高于或低于所需温度时，低热质量可能是更好的选择。

热质量较高的、厚重的泥土或石头建筑，如土坯结构，在炎热的沙漠气候中昼夜温差较大，运行良好(图 12.15)。白天炎热的室外空气加热墙壁的外表面，并通过墙壁或屋顶缓慢地向室内移动。在大部分热量到达室内之前，太阳落山了，外面的空气冷却下来。从室外地面向天空的热量辐射会使室外的空气温度冷却下来，低于较温暖的建筑物外墙温度，然后温暖的建筑物表面由于对流和辐射随之冷却。其结果是，在白天建筑物的内部比周围环境凉爽，夜晚则更温暖。

在炎热潮湿、夜晚温度较高的地方，热容量低的建筑物的居住效果最佳。建筑围护结构能反射太阳辐射的热量，并能对冷风和短暂降温做出迅速反应。可以把地面上的建筑物抬高、建在木桩上，以感受习习微风；或者用茅草做屋顶，用排成排的木头或芦苇做墙壁，让凉爽的微风带走屋内的热气(图 12.16)。

图 12.15　尼日尔阿加德兹市撒哈拉大沙漠的泥地建筑

图 12.16　秘鲁的亚马孙土著建筑

寒冷地区的建筑物通常同时具有高热容量和高热阻。厚墙壁、保温屋顶，再加上有限的几个小开口，便可以抵御严寒(图 12.17)。

在寒冷的气候中，只是偶尔使用的建筑(如滑雪度假小屋)应该具有低热容量和高热阻(图 12.18)。这将有助于建筑物在入住后迅速升温和降温，而不会在空的室内浪费存储热量。因此，保温良好的框架加上镶装木板的内饰是一种很好的组合。

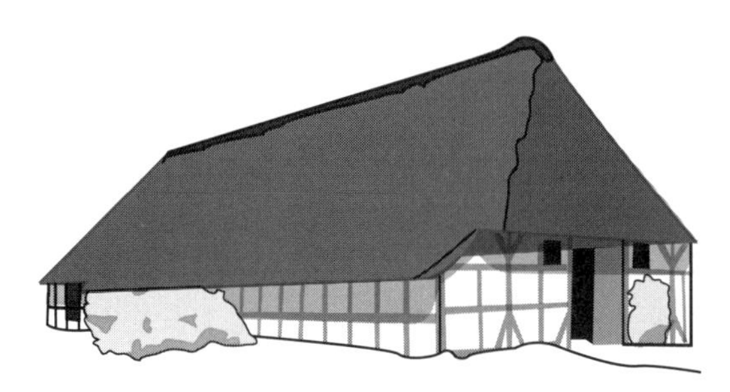

图 12.17 丹麦的传统民居

图 12.18 “A”字形滑雪度假小屋

在气温低又有大风的地方，大地可以掩蔽建筑物，使其温度变化温和(图 12.19)。土地的高热容量确保地下室的墙壁及土壤堆砌的墙体都能保持相当恒定的温度，通常全年维持在 50 ℉(10 ℃)。在寒冷的天气里，地表以下的墙壁不会暴露在极端的气温中，应该与具有相似热阻值的建筑物的地上部分绝缘。在地表正下方埋置水平的泡沫塑料保温板可以最大限度地减少霜冻渗透到与建筑物相邻的地面。

图 12.19 俄亥俄州土地掩蔽的高速公路休息区

一座巨大的建筑物可以起到散热器的作用，通过对流使夜晚的气温下降，通过向寒冷的夜空辐射热能消散建筑物的热量，但这个过程在夜间温度高的潮湿地区不起作用。

热导率

热导率是热量流过同质固体的速率。在被动加热和冷却设计中，这是一个重要的特性。材料的传导率是经过实证检验确定的，是材料的基本评级。

高传导性促进固体材料和空气之间的热传递。好的导体往往密度高、经久耐用，而且容易散热(图 12.20)。

同质材料具有相同的性能，并具有相同的传导性。它们的总传导率或电阻是根据其厚度确定的。

许多建筑材料，如胶合板和石膏板，都有标准厚度。其他材料的热流，如玻璃砖或混凝土砌块，可能因厚度而异。复合材料的传热特性通常以总传导率或电阻表示。

图 12.20 金属盘比松饼导热更快

热 阻

在比较绝缘材料时，测量热阻是非常有用的。热阻表示材料作为绝缘体的有效性。一种好的绝缘材料可以抵抗热量的传导。建筑物内外温差越大，建筑物获得或失去热量的速度就越快。建筑物的墙壁、屋顶和地板的设计达到最大限度的热阻效果，才能达到最佳的身体舒适度和最大的节能效果。

对于建筑材料来说，热阻在很大程度上取决于它们所包含的空气空间的数量和大小(表 12.10)。例如，当材料的温度在很长一段时间内保持恒定(不考虑热滞后)时，1 英寸(约 25.4 毫米)厚的木材与 12 英寸(约 305 毫米)的混凝土热阻相同。

如果通过将空气困在一团松散的玻璃或矿物纤维中阻止空气流动，就可造成材料的热阻极高。纤维本身对热流的阻力很弱，但是会对空气流动产生阻力，从而使空气成为绝缘材料。当空气受到干扰时，这种绝缘性能就会下降到其价值的四分之一左右。如果空气在墙的内部循环，就会产生一个对流流动，它能很快将热量从较温暖的内层迅速转移到较冷的表面。

热感

早些时候，我们研究了身体如何感知热量从较热物体到较冷物体的移动，以及感官如何受到物体与身体间的热传导速度，而不是物体的实际温度的影响。在相同的温度下，钢比木头更凉，因为钢比木头更快地从我们的手指上传导热量。光滑表面比高质感的表面触感更好，因此导热性更好，给人的感觉更凉爽。这些感觉对于室内设计师来说非常有用，他们可以选用给人温暖或凉爽感觉的材料，而不用考虑它们的实际温度如何。

室内设计师可以利用不同材料给我们的温度感觉为项目选择合适的材料。桌面上的木制边缘给人的感觉比黄铜边缘更暖和。我们喜欢这些材料靠近皮肤，如木制品、地毯、室内装饰面料、床上用品和某些塑料制品，无论它们的实际温度如何，摸起来都很温暖。有的材料热容低、热阻高，其表面附近的薄层能很快被我们的体热暖化，所以我们认为该材料是温暖的。给我们冷的感觉的材料，如金属、石头、石膏、混凝土、砖等，都具有高热容和低热阻。由于较冷的材料体积较大，它们能快速而长时间地吸走我们身体的热量。

表 12.10　材料的热阻

材　料	热　阻
金属	很低
砖石砌体	较低
木制品	较高
玻璃	低
空气	建筑物中常见的最佳热阻

机械工程的设计过程

建筑物暖通空调系统的设计人员所做的决定对于确定热舒适度、室内空气质量和建筑物的能源使用效率至关重要。空气交换率会影响加热或冷却新鲜空气所用的能源的量，以及排出废气时所消耗的能源的量。美国供暖、制冷和空调工程师协会(ASHRAE)对通风的要求包括用新鲜空气替换建筑物中以前流通的空气的最低速率。

通过改善建筑保温、照明设计，以及暖通空调和其他建筑设备的效率，可以提高能源效率。通常由建筑师和工程师决定采用什么系统，但是如何找到合适的解决方案，则依靠整个设计团队的创造力和相互协作，室内设计师应在其中发挥重要作用。

作为一名室内设计师，你可能很少需要参考机械规范，但应该熟悉一些通用要求和条款，特别是那些影响节能的要求。在机械设备较少的建筑物中，机械工程师或承包商可以直接忽略室内设计师的图纸。例如，室内设计图纸可能是一个改造项目中的信息来源，上面显示需要在原有系统中添加几个供应扩散器或返回格栅。无论如何，你需要与机械工程师或承包商协调自己的初步设计，以确保在暖通空调设备周围留出足够的空间。

和室内设计师一样，机械工程师也在努力营造一个舒适的环境，并满足适用规范的要求。通过计算需要多少加热或冷却来达到舒适性，工程师要制定影响建筑物结构和机械系统的设计策略，如窗户的最佳尺寸、隔热材料或热质量的相对量。

工程师将根据建筑物可能遇到的最极端条件，调整暖通空调系统部件的尺寸、计算在典型季节正常条件下的能源消耗量，并调整设计方案以减少能源的长期使用。这包括要考虑季节性或小时性地使用建筑物的人数，以及从外部环境中获得或损失热量。建筑物的材料、面积和通过建筑围护结构的热流速率都会影响该计算结果。工程师还应确定需要的新鲜空气量，并就窗户位置和其他设计元素给出建议，以最大限度地减少建筑物内的热增量。

设计过程的阶段

工程设计过程的各个阶段与建筑师和室内设计师的设计过程类似，包括初步设计、设计开发、设计定型与规范、施工阶段。

初步设计

在初步设计阶段，工程师要考虑舒适性要求和气候特征，并列出将在空间中进行的活动安排、舒适性要求。该过程包括分析现场的能源资源和与气候相适应的设计策略。工程师和建筑师一起考虑建筑形式的可选方案。他们要用常规设计准则评估被动和主动建筑系统的可选方案、一种或多种备选方案的规模。

在小型建筑中，建筑师可以自己进行系统设计。对于大型、复杂的建筑，机械工程师将与建筑师、景观设计师和室内设计师合作。团队工作方法有助于评估源于不同视角的各种设计方案的价值。如果在设计过程的早期就能达成共识，这样的团队就能够带来极富创造力的创新设计。

设计开发

在设计开发阶段，通常会选择一种方案，为该建筑项目提供一个集美学、社会和技术为一体的最佳设计方案。工程师和建筑师列出在建筑物内进行每项活动可接受的空气温度和表面温度、空气流动、相对湿度、照明水平和背景噪声水平的范围，并制定每项活动的运行时间表。然后，工程师确定建筑物的热舒适区域，确定每个区域在最恶劣的冬季和夏季条件下，以及平均条件下的**热负荷**(增加或损失的热量)，并估算建筑物的年能耗。最后，工程师选择并评估暖通空调系统，选定其组件并在建筑物内确定安放这些设备的位置。

设计定型与施工阶段

设计定型的过程包括暖通空调系统的设计者验证每个组件的荷载，以及组件满足该荷载的能力，然后完成最终的图纸和规格。施工阶段，工程师可以视察现场，以确保工程按照设计进行，并处理未预料的现场情况。

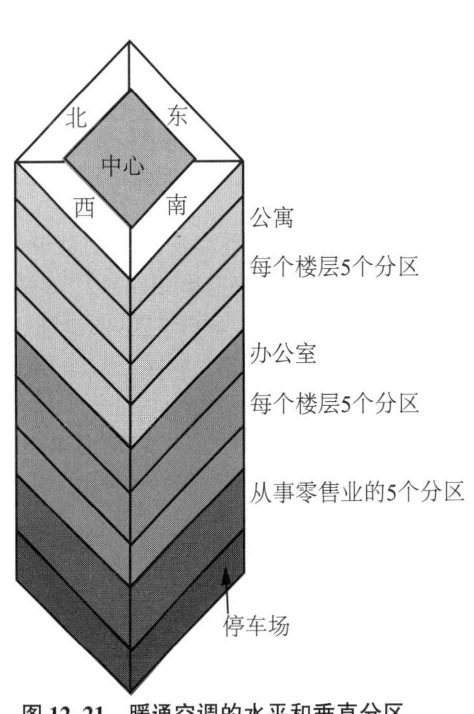

图 12.21　暖通空调的水平和垂直分区

热舒适区

工程师要为每个**热舒适区**建立一套自己的运行原则，涵盖功能、调度和方向等重要问题，这些原则决定着何时需要加热、制冷或通风及所需的量。功能因素取决于活动水平或用户的耐热性，还包括对日光的需求、每个功能对其他功能造成的空气质量方面的影响。调度会影响无人居住空间对电力照明、加热和制冷的需求。方向指的是暴露于日光、直射阳光和风中的程度，尤其是对周边的影响。室内空间的制冷也在考虑范围之内。

机械工程师建立加热和制冷区域的方式对空间的风格和设计影响很大。区域可以是占据一个楼层的水平区域，也可能是垂直连接着各楼层。空间的功能影响其垂直和水平分区(图 12.21)。有些功能可能要比其他功能承受更高的温度。有些功能要求有日光，这可能会增加空间的热量，而其他功能则最好远离建筑物的周边。在一些区域，如实验室，空气质量和隔离是主要的问题。室内设计师的投入是确保满足客户需求的重要组成部分。

在多层建筑中，中间楼层的内部空间(不在建筑物周边或顶层或底层的空间)与建筑物的外部隔离得很好，不需要额外的供热，只需要提供制冷服务。即使在冬季，电产生的热量加上人类活动和其他产热源产生的热量也会胜过少许室外空气带来的冷却效果。夏天，大部分的室内制冷负荷都是在建筑物内产生的。建筑物的周边区域最容易受到天气的影响。

热负荷与冷负荷

热负荷与负荷载是指用来弥补建筑物热损失和热增量所需的能量。建筑物可能会在短时间内由失热转为升温。建筑物的不同部分可能在同一时间既获得热量又失去热量(图 12.22)。通过通风和渗透进入建筑物的热空气或冷空气的量影响供热或制冷量。它也依赖于内外空气的温度差和湿度差。进入室内的外部空气的量以立方英尺每分钟(cfm)或升每秒(L/s)表示。

有关通风和渗透的更多信息，请参见第十三章“室内空气质量、通风和湿度控制”。

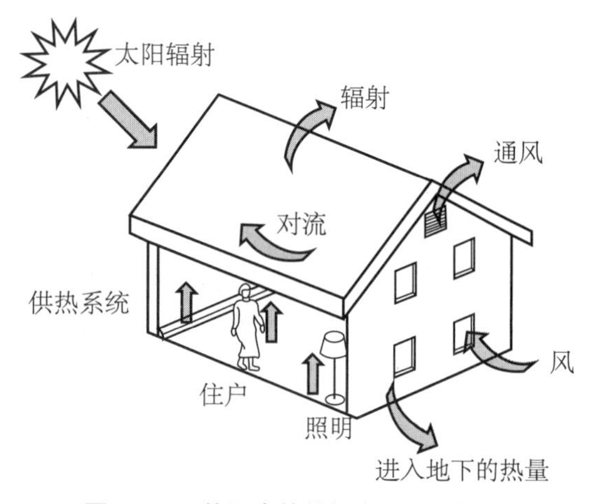

图 12.22　热阻中的热损失(－)和热增量(＋)

热损失与热负荷

热负荷是指封闭空间内每小时的热量损失率，以 BTU/小时(BTUH)表示，是选择加热装置或加热系统的依据。

当建筑物的热量通过围护结构损失时，就产生了热负荷。在寒冷的天气里，通过建筑物的外墙、窗户、屋顶组件，以及未加热空间的地板发生的热对流、热辐射或热传导是热量损失的主要根源。冷空气通过通风进入建筑物，如打开的窗户，或由于渗透，如空气从建筑物外壳的缝隙进入室内，都会增加供热负荷。这种热损失向建筑的机械系统提出了供热负荷的要求，这些机械系统必须要把失去的热量补充回来。

热增量和冷负荷

建筑物从居住者及其活动中获取热量。**冷负荷**被定义为封闭空间内每小时的热量增加率，也用 BTUH 表示，是选择空调机组或冷却系统的基础。

冷负荷指在炎热的天气中抵消通过建筑围护结构或通过渗透或通风进入的热空气所需的能量。人们的身体热量、淋浴、烹饪、照明，以及家电和设备的使用也增加了冷负荷。

有关节能照明光源的信息，请参见第十七章“照明系统”。

照明所产生的热量通常是建筑物中冷负荷总量的最大部分。大多数电力照明都把电力转换成了光和热。进入照明器材的所有电力(包括最初以灯的形式交付的电力)最终都转化为空间中的热量。节能照明光源对照明系统产生的热量有很大的影响。

餐馆、医院、实验室、美容院和餐厅等商业场所的电器、燃气或蒸汽器具和设备都会将热量释放到室内。厨房炉灶上方的抽油烟机可以减少热量的增加，但排出的气体必须用室外的空气补充，而室外的空气可能需要制冷。装有空调设备的空间里都连着蒸汽或热水管道及热水箱，这些都会增加冷负荷。

在温暖或炎热的天气里，建筑物以对流、辐射和传导的方式通过外墙、窗户和屋顶组件获得热量。热量的增加量随着时间的变化而不同，建筑物朝阳的部位、迎风的部位，以及热量到达建筑物内部所花费的时间（热滞后）也都会影响建筑物热量的增加。从阳光照射的窗户上获得的热量会随着朝阳的情况和窗户的遮挡方式而变化。

有关通过建筑围护结构获得热量的更多信息，请参见第二章“为环境而设计”。

在炎热的天气里，通风去除了空间中的异味或污染物，温暖的空气就会补充进来。使用**除湿器**可以降低空间中的相对湿度，但也会增加空间的热量，这是因为当湿空气凝结时会向空间中释放潜热，运行除湿器压缩机也会产生热量。

热增量要比热损失复杂得多，因为计算热增量不仅要考虑太阳的位置，也要考虑室内负载。它们既包括通过传导、对流和（或）辐射直接添加到建筑物上的热负荷，也包括与空间中增加的湿度有关的潜热。

大多数建筑物都需要额外的热量来加热在寒冷中闲置了一夜的空间。许多商业建筑只需采取适当的保温措施就可以了，几乎不需要额外的热量。但是，由于有些传统的建筑没有保温层，因此只有较少的内部热源（如人员、灯光和设备）的居住空间可能需要内部加热，而商业空间则根本不需要。

第十二章中，我们介绍了热舒适的基本知识和热传递的基本原理，还研究了材料的热容量、热阻及机械工程的设计过程。在第十三章中，我们将探索室内空气质量、通风和渗透，也将讨论湿度和水分控制问题。

第十三章　室内空气质量、通风和湿度控制

据估计，我们大约90%的时间是在室内度过的。但是，室内却充满了新生成的化学物质，可能产生大量潜在的空气污染物。这些污染物由永久安装在建筑物中的合成产品、室内使用的设备和清洁产品排出。**室内空气质量(IAQ)**的控制取决于限制污染源和适当的通风。湿度控制也是保持室内空间健康的重要组成部分。

引言

在密闭的室内空间中，人体呼吸会消耗一部分氧气，同时产生二氧化碳。细菌和病毒连同排汗、吸烟、上厕所、烹饪和工业生产过程等产生的气味逐渐积累起来。

> 为了健康，所有建筑物都需要引入室外空气。因为我们使用的材料会释放有毒成分，室内空气质量(IAQ)已成为一个重要问题。小型建筑，如住宅，传统上依靠渗透来提供所需的新鲜空气，而大型建筑则依赖于专门设计的通风系统。由于节能建筑的围护结构很严密，所以现在所有的建筑都需要一个精心设计的通风系统，在冬季预热这些新鲜空气可以节省大量的能源。
>
> 引自诺伯特·M. 莱希纳，《采暖、制冷和照明》(第3版)，威利出版集团，2009年。

在潮湿或过热的空间以及产生热量和气味的地方，如商业厨房或更衣室，需要快速通风换空气。空气更换得过快可能会吹乱房间里的物品。较低的通风率对于大多数住宅、人员少的办公室、仓库和轻工业制造厂来说，是可以接受的。

建筑物也含有宜人的气味，如烤面包或鲜花的香味。过快的通风会破坏我们对这些香甜气味的享受。

美国采暖、制冷和空调工程师学会(ASHRAE)标准与能源与环境设计先锋绿色建筑评价体系(LEED)

《可接受室内空气质量的空气流通》(ASHRAE 标准 62.1-2013)和《低层住宅建筑可接受室内空气质量的空气流通》(ANSI/ASHRAE 标准 62.2-2013)是公认的通风系统设计标准和可接受的室内空气质量标准。ASHRAE 的《室内空气质量指南：设计、建造和调试的最佳实践》是专门为建筑师、设计师、工程师、承包商、委托代理人和所有其他与室内空气质量相关的专业人员提供参考的。

LEED 的 V4 标准则超越了 ASHRAE 第 62 号标准的最低要求。该标准的最低室内空气质量的要求，包括通风、监测及控制环境中的烟草烟雾，重点强调针对机械和自然通风空间、低排放材料、建筑室内空气质量管理计划及室内空气质量评估等优化室内空气质量的措施。

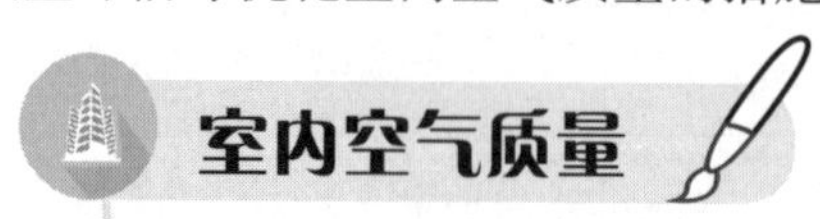

室内空气质量

ASHRAE 标准 62.1-2013 将可接受的**室内空气质量(IAQ)**定义为“经权威机构认定的空气中所含的

污染物没有达到有害的浓度，且大多数(80%或以上)接触者没有表达不满意”。这一定义更多地取决于对舒适和健康及可量化的数据的主观反应。它反映了在室内空气中识别污染物及其来源的复杂性，同时也说明了诊断室内空气污染物引起疾病的难度。

随着我们居住的建筑变成严加管控的环境，室内空气质量及其对我们健康的影响就成了越来越重要的问题。办公楼室内空气质量差的三个主要原因是室内空气污染源的存在，通风系统的设计、维护或运行不合理、建筑物意外或计划不周的使用情况。

根据美国环境保护署(EPA)的数据，2014 年在美国制造或加工的化学物质超过 8.4 万种，其中大部分未就其对人体健康的影响做过单独或联合的检测。用于建筑物本身、家具和维护建筑物的材料可能包含许多有毒的化学物质，其中一些可能会在空气中传播。

工程师在面对室内空气问题时通常会想到四种解决方法。这些方法包括选择从源头限制污染的材料和设备、隔离不可避免的污染源、提供充足的新鲜和过滤的循环空气，以及保持建筑物和设备清洁。这些努力被认为是提高气流速度和能源消耗的最佳选择。

另一种选择是在建造后及在周末或假日房间无人时给建筑物通风换气，让空气带走室内表面和家具中的污染物。建议在验收前对大量使用的材料组件以及任何占整个工程用料三分之一的材料进行有害物浓度测试。测试的结果决定是否有必要缩短或免除清除期。

室内设计师是将建筑物翻新改造，使其具有新用途并适应新的运作方式的关键人物。他们在选定对室内空气无污染的材料方面发挥重要作用。

研究表明，改善室内空气质量可以对健康和生产力产生重大影响，使其具有成本效益。

与建筑物相关的疾病

20 世纪 70 年代，出于节省热量的目的建造了很多密封性能好的建筑，由此导致室内空气质量下降和病态建筑等问题，因此建筑规范试图在能源效率和空气质量之间取得平衡。今天，精心的选材和通风，使建造既节能又有良好室内空气质量的密封性建筑成为可能。

沃考基、怀恩、桑德尔、克劳森和范格，“室内空气供应率对办公室空气质量、病态建筑综合征(SBS)症状和生产力的影响”，《室内空气》，10: 222-236. doi: 10.1034/j.1600-0668.2000.010004222.x。

病态建筑综合征(SBS)是一个由于临床上没有客观发现而失宠的术语，但是这个术语仍然被用来指与工作场所健康相关的一系列症状。

与建筑相关的疾病(BRI)

与建筑相关的疾病(BRI)描述了多种公认的疾病，包括过敏性鼻炎、哮喘、过敏性肺炎、军团病和湿热症。其特征是客观的临床表现与室内环境中的特定暴露有关。BRI 可由微生物引起，包括多种细菌和真菌。

为了确保设计效益如期实现，室内设计师有责任让建筑的业主、管理者和维护人员了解新的室内空气质量设计要素和原则。维护和监测暖通空调(HVAC)系统可以降低病态建筑的风险，并确保以最低的费用发现和纠正问题。室内设计师应该在施工结束几个月甚至几年后再次到访现场，这将有助于了解如何在未来的项目中改进这一过程。环境顾问的反馈也是对此非常有帮助的。

过敏症和多种化学物质敏感症

室内设计师经常被要求去帮助那些患有过敏症或其他身体敏感症的人们，帮助设计健康的、无污染的家居环境。企业也越来越意识到患病员工的成本，因此更关心室内环境的健康。有些室内设计师已经把环境敏感和健康设计作为一个专业。随着我们在家庭和工作场所接触到的外来化学品越来越多，设计师具有创建安全的室内环境所需的知识和技能变得越来越重要。

过敏症的病因、症状和治疗已被健康人士认定为免疫系统的问题。对霉菌、家居粉尘和尘螨等过敏源过敏是很常见的。室内设计师在设计住宅内部时要考虑过敏问题。

多种化学物质敏感症(MCS)是一种有争议的疾病，没有标准的医学定义、诊断或治疗方法。美国医学协会和疾病控制中心不承认它，科学家和医生们对这是真实的还是想象中的疾病争论不休。不信者声称，那些抱怨对化学品敏感的人往往有过其他问题，如抑郁症，这导致许多人将多种化学物质敏感症(MCS)列为心理问题。在美国，社会保障局和 HUD 现在都认定多种化学物质敏感症(MCS)是一种残疾，是一种对合成化学品或刺激物极度敏感的慢性病。

对建筑环境中的材料敏感度高的人，往往被迫改变他们的生活和工作方式。能敏锐捕捉到这些问题的室内设计师可以帮助他们创建安全、健康的室内空间。

污染源

空气通常含有氧气和少量的二氧化碳，以及各种微粒物质。聚集在密闭空间里的人们需要清除呼吸中释放的二氧化碳，并用氧气替换。

空气污染物可以是颗粒状的或气态的、有机的或无机的、可见的或不可见的、有毒的或无害的。污染物可以被人吸入、吸收或摄入。某些特别危险的污染物，包括石棉、氡和杀虫剂，必须被排除在建筑物之外。其他污染源包括气味、**挥发性有机化合物**(VOCs)及各种各样的化学物质、微粒和生物污染物(表 13.1)。

表 13.1 常见的室内空气污染物

污染物	来 源	效 果	控制策略
二氧化碳	人体呼吸	闷热，浓度高时会感到不适	使用显示换气充分的指示器
一氧化碳	熔炉、火炉、壁炉、机动车等的不完全燃烧	头痛、眩晕、嗜睡、肌肉无力，可致命	密封燃烧器、烟道，或提供充足的助燃空气
多环芳烃	吸烟、烧焦的食物、木材或煤炭的燃烧	刺激物和致癌物	禁止吸烟、正确使用清洁燃料、使食物燃尽
臭氧	激光打印机、电子空气净化器、复印机	支气管炎症、呼吸急促、哮喘发作	从源头或排气口移除，保养电子空气净化器
挥发性有机化合物	颗粒板、层压板、黏合剂、纺织物处理、油漆	刺激眼睛、鼻子和皮肤；头痛、眩晕、呼吸短促	使用替代材料、密封颗粒板、通风
真菌	生长在潮湿的表面、墙壁、天花板	极易引起过敏，刺激眼睛、鼻子、皮肤和肺部	保持表面清洁和干燥；用硼砂处理
尘螨	地毯、寝具、织物	极易引起过敏	用真空吸尘器、隔离布
细菌(如军团菌)	固定的温水浴缸、按摩浴缸、旧脸盆	很严重，可能导致致命的呼吸系统疾病	防止积水，清洁和处理热水浴缸
氡气	土壤中的天然放射性	增加终生罹患肺癌的风险	密封地基和地漏，通风

气 味

气味是空气质量问题的一个指标。难闻的空气不一定有害健康，但会引起恶心、头痛和食欲不振。我们的鼻子比现在的大多数检测设备更敏感。我们可以通过气味发现许多有害物质，以便在达到危险水平之前消除它们。

在第一次接触中，人们对气味的印象最为强烈，所以访客往往最可能注意到建筑物中的气味。由于环境中的许多气味已经被清除掉了，所以我们对剩下的气味更加敏感，因此不应该掩盖天然气泄漏这种警报性的气味。

气味的来源很复杂。建筑物中的气味来自室外空气进风口、体味、美容产品、烟草烟雾、空调线圈、食品、复印机、清洁用品、乙烯基、油漆、室内装潢用品、地毯、窗帘及其他装饰材料。棉花、羊毛、人造丝、软木等材料容易吸收异味，再以不同的速率稍后释放出去。卫生间的排气扇可以将异味直接排到室外(图13.1)。

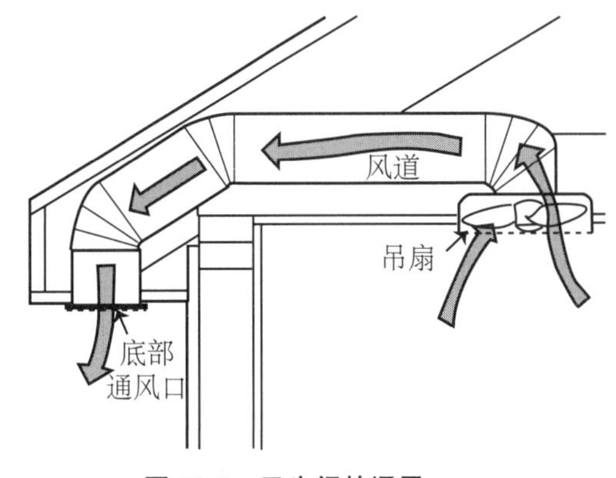

图13.1　卫生间的通风

较低的温度和相对湿度往往会降低气味。可以通过室外空气的通风，或者用空气清洗或洗涤去除房间中的异味。有时可以通过电子或活性炭过滤器的过滤控制气味。

气味掩蔽可以改变感知到的气味质量，使其更容易被接受，但是引入一种气味来掩蔽臭气没有任何益处。**臭氧发生器**是故意产生臭氧的装置，主要是降低了居住者嗅觉的敏感度，而实际上并没有减少气味。

β-环糊精是一种用于日用消费品的去除异味的化学物质，是由淀粉(通常来自玉米)的酶转化而形成的分子。它能分解部分气味，不能与人的气味神经末梢结合，人闻不到它，然而这些产品却有自己的香味。

挥发性有机化合物

挥发性有机化合物(VOCs)是指在常温常压下(因此是挥发性的)挥发的化合物，含有一个或多个碳原子(因此是有机化合物)，是看不见的烟雾或气化物。有些有机化合物(VOCs)有强烈的气味，而有些则只能用敏感的设备才能检测到。

对有机化合物(VOCs)引起的室内空气质量问题的认识造成其替代品——低挥发性产品的引进，包括低有机化合物(VOCs)的乳胶漆、水性清漆，以及无甲醛的木制品。

当固体材料的表面在室温下蒸发或**挥发**时，有机化合物(VOCs)就进入了空气。有些产品会在有限的时间内挥发有机化合物(VOCs)，在此期间必须通风，然后恢复到安全状态。

大多数更为严重的影响是有机化合物(VOCs)暴露的结果高于通常预期的室内水平。然而一些常见的情况可能会因有机化合物(VOCs)暴露而对健康造成或轻微或严重的影响。这些情况包括安装大量新家具或墙壁隔板、干洗大量的窗帘或软垫家具、大规模的清洗、喷漆或安装墙壁或地板覆盖物、高温等。

当暖通空调系统在夜间或周末关闭时，建筑维护人员和其他使用者都暴露在较高水平的有机化合物(VOCs)中。这可能导致有机化合物(VOCs)不能从建筑物中被彻底清除，当系统再次开启时积聚物就会在建筑物内循环。

建筑物内部装修刚结束的一段时间是有机化合物(VOCs)暴露的关键期。在安装之前，一些老化材料可能有助于释放有机化合物(VOCs)到空间外。在排放期内增强通风，可以把有机化合物(VOCs)从建筑物中排出。

一些建筑材料可以作为有机化合物(VOCs)的吸收体，吸收它们以便稍后释放。地毯、吊顶板和具有高比表面积的独立隔墙都可以吸收有机化合物(VOCs)。粗糙的表面和较低的通风率也会增加吸收。有机化合物(VOCs)的排放可以通过限制来源、提供适当的通风和控制空气的相对湿度进行管理。

使用不产生灰尘或不保留灰尘的室内装潢面料、减少开放式货架或集尘区的设计，都有助于解决控制挥发性有机化合物滞留过长时间的问题。硬木、陶瓷、砖石、金属、玻璃、烤搪瓷和硬塑料等耐用材料的有机化合物(VOCs)排放量通常较低。虽然棉花、羊毛、醋酸纤维和人造丝等纤维的有机化合物(VOCs)含量较低，但它们的染料和处理方法可能会释放有毒化学物质。

在安装各种摆设和家具期间及之后释放的有机化合物(VOCs)可以通过增加室内外的空气流通来控制。应该源源不断地引入新鲜空气，并将废气直接排放到室外，而不是借助暖通空调系统。新入住建筑中的暖通空调系统可以在最低可接受的温度下运行，以减缓有机化合物(VOCs)的排放。

生物污染物

生物污染物会引起过敏反应，并可导致传染病和非传染性疾病。大多数人甚至不愿去想我们呼吸的空气中含有细菌、真菌、病毒、藻类、昆虫和灰尘。这些微生物会释放**生物气溶胶**，包括来自霉菌和其他真菌的微小孢子。它们飘浮在空气中，刺激人的皮肤和口腔黏膜，然而这些污染物都没有人类的皮肤鳞屑常见。我们的皮肤和呼吸不断地脱落皮肤细胞，周围的环境里到处都是我们的死亡细胞。这些细胞产生粉尘，为尘螨提供食物。

办公楼环境湿度大，特别容易形成积水。在办公室环境中繁殖的细菌数量通常在每立方米1000个菌落形成单位。由于许多特定的测试物质并没有被广泛应用，感染的症状多种多样，而且与其他原因造成的感染相似，所以对生物污染物的检测往往比较困难。生物污染通常是预防性维护不足的结果，因此每当一个区域发生水灾，清理工作必须迅速且彻底。

生物污染物需要四种东西才能在建筑物中生长。它们是室外空气、住户、宠物或室内植物的生长源，水、营养物质和介于40~100 ℉(4~38 ℃)的温度。

真菌是类植物生物体，不含光合作用所需的叶绿素，包括霉菌、霉斑和酵母菌。真菌生活在腐烂的有机物质或活的宿主上，靠孢子繁殖。干燥的孢子可以在空气中传播，可以引起过敏和中毒反应。

霉菌是真菌的一种，生长在潮湿或相对湿度超过70%的地方，霉菌产生的主要原因通常是管道的泄漏，或洪水，或墙壁和天花板上的冷凝。它们产生的化学物质对大多数人来说是刺激物；有些人对特定种类的霉菌过敏。纤维素材料有助于霉菌生长，包括纸张、木材、纺织品、保温材料、地毯、墙纸和干式墙(石膏墙板)等。

室内霉菌的预防措施包括修补漏水、防止冷凝、将设备或家用电器产生的水分排放到室外并保持室内相对湿度低于50%(理想情况是30%~50%)。空调系统应充分排水，以防止积水。任何潮湿的地方都应在48小时内被打扫干净，并保持干燥。应该把建筑物地基中的水分排干。建筑系统应该定期检查和维护。

作为一种真菌，霉斑是出现在物体表面上的薄薄的一层黑色斑点。用玻璃纤维无纺布做衬边的干式墙不易长霉。不利于霉菌生长的非纤维素黏合剂可用于墙面涂料和实木地板。

尘螨从空气中沉淀下来，通常生活在楼面底层，只有当灰尘受到干扰时才随空气传播。尘螨过敏源包括它们的粪便、唾液和人体的酶。过敏反应包括鼻炎、哮喘、瘙痒、炎症和皮疹。尘螨需要至少60%的相对湿度才能存活，因此保持30%~50%的相对湿度有助于减少它们的数量。

嗜肺军团菌是一种细菌，除了在一定的室内环境中和易感宿主外很少引起疾病。军团病是一种进行性肺炎，感染率约5%，系饮用带有病菌的水所致；大约5%的感染者死于这种疾病。暖通空调系统的维护不当应对此负有一定责任。

有时紫外线(UV)辐射被用来控制生物污染物。过滤器几乎没有任何效果，而蒸发式加湿过滤器则可能滋生细菌，以纤维素为食的细菌在温暖潮湿的环境中繁殖很快。空调线圈能够容纳皮肤细胞、线头、纸纤维和水，是霉菌和细菌生存的理想环境。建筑空气质量专家给我们讲述了一个恐怖的故事——布满霉菌的机械系统正在为整个建筑输送空气。

含有大量灰尘的人造地毯是霉菌生长的绝佳环境，特别是在泡水以后。如果可能，要在24小时内彻底清洗和干燥地毯、建筑材料，否则可能需要拆卸和更换。

在厨房和浴室里安装与使用排气扇，把室内的湿气排到室外，或者在室外为烘干机通风，这些都可以降低湿度，减少生物污染物的生长。经常给阁楼和低矮的空间通风，以防止水分积聚。如果使用冷风式加湿器或超声波加湿器，要按照制造商的说明书清洁电器，并每日补充新鲜水。

保持建筑物清洁可以防止房间暴露在尘螨、花粉、动物皮屑和其他致敏物质中。作为室内设计师，要避免制定容易积灰的房间家具，特别是如果它们不能用热水洗的话。使用带有**高效颗粒(HEPA)过滤器**的真空吸尘器可能会有所帮助。不要修建地下室，除非所有的渗漏都做了修补，并且与室外通风，还有足够的热量可以防止冷凝。如果需要，可以在地下室中使用除湿机，使相对湿度保持在30%~50%。

抗菌整理剂旨在保护材料和产品免受生物污染。如果在材料表面找到了食物源，霉菌仍然可以生长，因此仍然需要做好日常维护和湿度控制。人们担心被列为杀虫剂的产品的安全性，以及对抗生素的过度使用。

改善室内空气质量的设备

一旦把影响室内空气质量的源头移除或隔离，下一步要做的就是增加通风和改善空气过滤的效果。为了改善空气质量而增加的通风必须与节能达到平衡。为了节约能源，可能会导致中央空调系统的空气循环率下降。减少风扇数量意味着减少用电量，但通风效果也随之变差，空间内的混合气体让人苦不堪言。单一空间的空气过滤设备可以提供更高的循环速率和适当的空气混合。

在家庭暖通空调系统中纳入空气净化设备，以便在空气流经整个房子后通过管道返回系统之前进行过滤。有时，便携式、桌面式或大型控制台式空气净化器被用于单个房间，以控制灰尘、花粉或烟草烟雾等微粒物质。通常，风扇通过过滤介质吸入空气，然后把过滤后的空气吹回房间或通过管道输送到其他房间。设备的容量应该与房间的大小相匹配。

空气净化器和过滤器

空气过滤器保护暖通空调(HVAC)设备及其部件及所在空间内的家具和装饰，并保护居民的身体健康(表13.2)。它们减少了家用开支和建筑物的维护成本，也减少了设备的火灾隐患。局部空气过滤设备应有较高的循环速率和适当的新旧空气混合度。每台过滤器都有自己的风扇，可以单独运行，也可以与中央空调风扇一起运行。替换废气的**室外补充空气**也应该过滤，以保持线圈和风扇不被污染。

表13.2 空气过滤器

类 型	说 明
板式过滤器	与暖通空调(HVAC)设备一起使用，以保护风扇免受大量棉绒和粉尘颗粒的损害。通常是玻璃纤维，脏的时候扔掉
褶裥式过滤器	框架内厚的带褶滤纸。捕捉大小颗粒物。需要定期保养，如果堵塞，会损坏设备。要经常更换，否则会增加能耗
高效微粒物(HEPA)过滤器	效率最高的过滤器。能够过滤出微小的颗粒，包括细菌和花粉
自充电静电过滤器	给空气中的粒子加上静电电荷，然后让空气通过装有相反电荷的金属板；粉尘颗粒留在板上
空气洗涤器	用于控制湿度和细菌的生长。如果做好保养，水分会成为一个问题
活性炭过滤器	与其他过滤器一起使用，吸附气味和气体，中和烟雾
混合过滤器	可能联合机械过滤器和静电除尘器，或与集成系统中的离子发生器结合在一起，或作为单个设备
化学吸附过滤器	活性物质吸引污染气体分子并将其附着到表面。吸收材料需定期更换
吸附过滤器	使用活性炭或化学浸渍的多孔小球从空气中去除少量的特定气体污染物

静电空气过滤器过滤空气并使空气离子化后收集污垢，然后再次过滤(图 13.2)。

《通用型通风空气净化装置除粒效率的测试方法》(ANSI/ASHRAE 标准 52.2-2012)——指出用粒径函数评价空气净化装置性能的测试程序。该标准还明确了空气净化装置从空气中去除颗粒的能力、总的吸尘能力和抗气流能力。

空气净化器的种类很多，使用方法和效果各不相同(表 13.3)。有时为了获得较高的过滤效果，必须使用自给式便携空气净化器(图 13.3)。不同类型空气净化过滤器的效果取决于要过滤的颗粒大小。最好的空气净化器的集尘率在 80%以上。初始空气阻力等级较低的空气净化器不太可能降低加热和制冷系统的效率。有些类型的空气净化器会释放臭氧(一种肺部刺激物)。

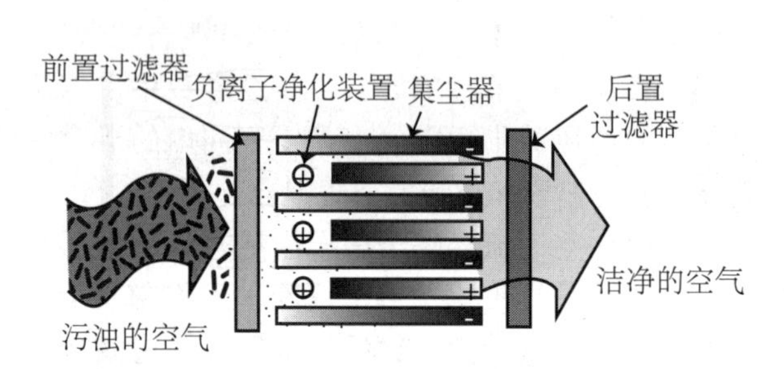

图 13.2　静电空气过滤器

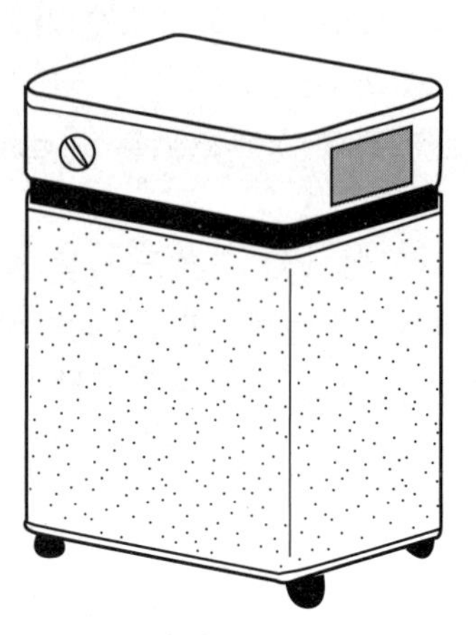

图 13.3　房间空气净化器

表 13.3　空气净化器的类型

类　型	说　明
便携式房间空气净化器	家庭使用，用于连续的局部空气清洁。可按特定房间的大小选择；可以从一个房间移到另一个房间
管道空气净化装置	安装在住宅内无管道回风格栅中或中央暖通空调(HVAC)系统的集气室中。使住宅内的空气通过该装置再循环。暖通空调(HVAC)风扇必须始终打开以净化空气
负离子发生器	用电子将微粒从空气中除去。私人空气净化器可以减少空气中的微粒。需要经常保养和清洁。会产生臭氧
电子空气净化器	过滤掉细小微粒。对烟草烟雾有效。会产生臭氧
静电除尘器	给空气中的颗粒充电并收集它们。经过维护，沉淀池可重复使用。收集尘土的微粒；有的产生臭氧
空气洗涤器	用于控制大型通风系统的湿度和细菌生长。如果维护不好，空气洗涤器中的水分会增加污染
臭氧发生器	主要作用是降低嗅觉。根据 EPA，在浓度不超过公共卫生标准的情况下，臭氧几乎不可能去除室内空气的污染物
离子发生器	发射到空气中的带电离子常常通过迫使杂质附着在表面上而在附近的表面上产生污斑。释放臭氧
紫外线(UV)光净化器	消灭细菌、病毒、真菌。安装在暖通空调(HVAC)系统内或直接在厨房、病房、拥挤的住所。安装在一些私人空气净化器中。安装在房间的高处，要遮蔽起来以保护眼睛和皮肤

平面或板式过滤器通常含有一种纤维状的介质，它可以是干的，也可以涂上一层油脂般的黏性物质，以使颗粒黏附于其上(图 13.4)。低成本、低效率的过滤器用编织玻璃纤维股来捕捉颗粒，对气流的限制少，因此需要较小的风扇和较少的能量。在许多家用暖通空调(HVAC)系统中，典型的低效率熔炉过滤器是一种平面过滤器，厚度为 0.5~1 英寸(约 13~25 毫米)，在收集大颗粒上是有效的，但仅能去除总颗粒的 10%~60%，而让极小的、可吸入的粒子通过。

高效微粒空气过滤器(HEPA)一般是由一层防水玻璃纤维制成，类似于吸墨纸。玻璃纤维反复打褶后便有更多的表面积可以用来捕捉颗粒(图 13.5)。作为一种高效过滤器，高效微粒空气过滤器(HEPA)仅允许万分之三的微粒穿透过滤介质，最小粒子去除效率高达 99.97%，包括极小的可吸入性颗粒。有的过滤器与高效微粒空气过滤器(HEPA)相似，但因使用效率较低的滤纸过滤效率只有 55%。但是与传统的板式甚至折叠式过滤器相比，这些过滤器还是非常好的，与原始版本相比，它们的气流更大、效率更低，成本也比原来低。

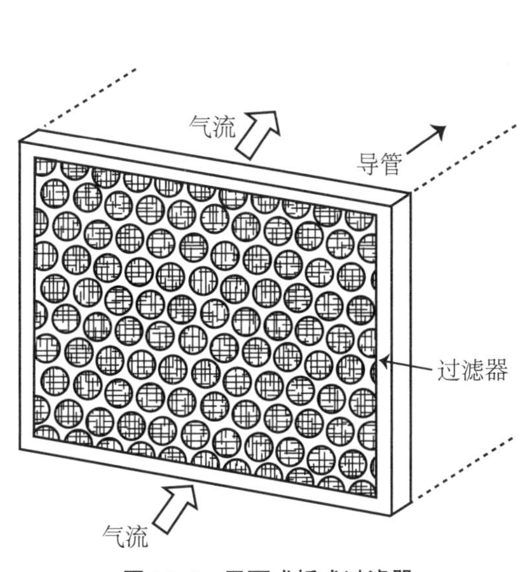

图 13.4 平面或板式过滤器

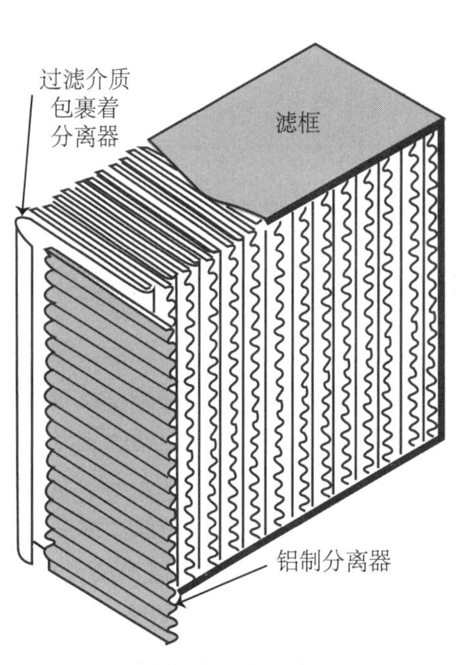

图 13.5 高效微粒空气过滤器(HEPA)

中央清洁系统

中央清洁系统已经用于家庭和商业建筑多年，常见于商业写字楼和餐馆。在本质上，它们是拥有强大发动机的内置真空吸尘器，因此可以用在动力装置设备内部捕捉灰尘和污垢，远离人们居住和工作的房间。它们采用向室外排放的方式，减少与灰尘过敏者的接触。动力装置通常安装在杂物间、地下室或车库。管子在地板下面或阁楼里运行，穿过墙壁与遍布整个建筑物的不显眼的入口连接。当需要真空时，将一根长软管插入一个入口，系统自动打开。噪声始终位于动力装置的远端位置。

大多数动力装置都可以在专用的 15 安培的普通住宅电路上运行，但是一些较大的装置可能需要较多的布线。系统配有各种软管和刷子。在新建筑中安装最为简单。

植物与室内空气质量

室内植物可以帮助减轻压力，改善空间的美感，增加室内空气的湿度。已退休的美国航空航天局科学家沃尔弗顿博士对带有各种污染物的植物的空气净化率进行了测量，结果表明与根系相关的微生物能够消耗空气中的毒素，将活性炭与培养基混合大大增加了空气中污染物的去除量。

过度潮湿的花盆土壤条件可能会促进生物污染物的生长。在餐馆和其他有水和食物的地方，花盆可以为蟑螂和其他令人讨厌的生物提供居所。

室内空气质量的控制

现在，控制系统可以对二氧化碳及可能出现的燃料泄漏，如丙烷、丁烷和天然气进行监测，同时也可以监控氧气含量。当氧气含量过高时，警报器会自动启动设备。该系统可以调节通风设备的热交换器，尤其是在无人居住的闲置空间防止挥发性有机污染物在房间表面和家具上积聚，从而减少在周末之后净化室内空气的必要性。该装置有可以独立操作的警报器，也配备了激活设备。该装置的尺寸大约是可编程恒温器的尺寸，安装高度视被监测的气体的类型而定。

渗透与通风

通风和渗透已在第二章“为环境而设计”中做了介绍。

室外空气通过渗透或通风进入建筑物。通风是有意将新鲜空气引入建筑物的过程。当新鲜空气偶然地通过建筑物的开口或裂缝进入时，渗透就发生了。

渗　透

风在建筑物的迎风面产生局部高压区，在背风面产生低压区。新鲜的空气通过裂缝和接缝建筑物的迎风面渗入。在建筑物的另一侧，压力较低，室内的空气会渗到外面。

无论是墙壁与天花板或地板的连接处，还是外墙的开口处，都给空气提供了渗入的机会。最常见的空气泄漏源是管道、线路或烟囱穿透保温层或天花板的地方，以及墙壁与地基相连的地方。

空气泄漏还可能发生在室内隔断墙顶部与阁楼空间相交的地方，空气也可能透过天花板上的嵌入灯和风扇泄漏出去。在这些连接处，如果灰泥用量不足就可能造成缝隙，使空气有机可乘穿过墙壁。外墙上的电源插座和开关处也是同样的原因。室外空气通过门窗周围的裂缝和缝隙及敞开的门窗渗透进来。窗、门及踢脚板所覆盖的接合点都可以泄漏空气，就像浴缸和橱柜上方的天花板拱腹一样。空气也可以沿阁楼外侧的矮墙泄漏，特别是在检修门和内置橱柜这样的地方最易发生泄漏。

宽度小于 0.25 英寸(约 6 毫米)的缝隙可用捻缝材料密封。这种捻缝材料有多种类型和颜色可供选择，适合各种不同材料。大或深的裂缝应该先用泡沫棒或填缝剂填充，然后再用捻缝材料密封。

渗透是由建筑物内的暖空气向上移动时，与风的力量相结合而产生的**烟囱效应**造成的。渗透量取决于开口的面积和开口内外的压力差。烟囱效应是超过五层建筑发生渗透的一个因素，高度超过 100 英尺(约 30.5 米)。

由于建筑类型、施工质量、形状和位置的多样性，所以很难准确估算渗透量。各种类型的供暖系统也增加了这一难度。

一般采用裂缝长度法或换气法计算渗透量。裂缝长度方法更精确，但需要有关建筑物尺寸和施工细节的具体信息。换气法使用表格列出房间内每小时空气交换的次数，以确定空气的泄漏率。建筑物的实际渗透性可以通过鼓风机门测试测量。

鼓风机门测试已在第二章“为环境而设计”中做了介绍。

渗漏严重的空间每小时换气 2~3 次以上。即使门窗都是不通风的，建筑接缝也已密封，每小时仍会发生半次到一次换气，但这可以作为小型建筑物所需的最低换气量。

通过给门窗安装挡风雨条、在建筑物内部边缘设置连续的气密层，以及密封结构接缝，可以最大限度地减少渗透。挡雨材料的寿命一般不超过 10 年，需要在磨损之前更换。在频繁开门的建筑物门厅连续安装两扇门可以减少 60%的渗透率。旋转门可以减少 98%的渗透率。

通 风

“通风”指的是把新鲜空气引入室内，为人们提供氧气，同时带走二氧化碳和人体气味。无论气候如何，通风都是必需的。随着现代暖通空调(HVAC)系统的出现，新鲜空气可以通过加热和制冷系统输送。通风和自然冷却都需要考虑窗户的位置及居住人员的需求。

自然冷却用较凉爽的室外空气取代加热的室内空气。凉风只在特定的时间和特定的地方才有。自然冷却所需的气流量要比控制空气质量所需的气流量大得多。

> 有关窗户和自然冷却的更多信息，请参见第六章“窗和门”，以及第十四章“采暖与制冷”。

在机械通风发明之前，建筑中常见的挑高天花板产生了大量的室内空气，稀释了居住者产生的气味和二氧化碳。新鲜空气则是通过渗透获得的，连同窗户一起与室外保持稳定的空气交换。

非常密闭的建筑物可能会闲置壁炉和燃气加热器，这会造成气味积累，并可能导致室内空气质量降低。最终，用于呼吸的氧气可能会供应不足，因此渗透极少的建筑物需要通风。

规范与通风

即使最少量的新鲜空气，对于室内空气质量的控制也是很重要的，包括去除异味和污染物。许多建筑规范是根据建筑物内的人数或其建筑面积调节最低的室外气流率。通风要求一般是基于《可接受的室内空气质量通风标准》(ASHRAE 标准 62.1-2013)或《低层住宅建筑中的通风和可接受的室内空气质量标准》(ASHRAE 标准 62.2-2013)。

通风系统

建筑物通风系统的基本组成部分首先是具有可接受温度、湿度和清洁度的空气源，然后需要一种力使空气通过建筑物的居住空间，还要有控制空气的体积、速度和气流方向的手段。最后，该系统需要一种回收或处理污染空气的方法。

> 渗透率和通风率均以立方英尺/分钟(cfm)或升/秒(L/s)表示。

实际需要的通风率取决于通风系统设计的有效性、性能、供应(入口)出口和回流口的位置。入口位置决定速度和气流模式；出口位置对这些影响不大。通常情况下，最好的做法是入口和出口都是相同的尺寸。

自然通风

自然通风是指在适当的温度和湿度下，新鲜空气不靠风扇等设备驱动穿过建筑物(图 13.6)。风或对流将空气从高气压区移动到低气压区，通过为其提供的窗户、门或开口，或通过无动力通风机。机械控制调节气流的体积、速度和方向。被污染的空气要么被净化、重复利用，要么被从建筑物中排出。

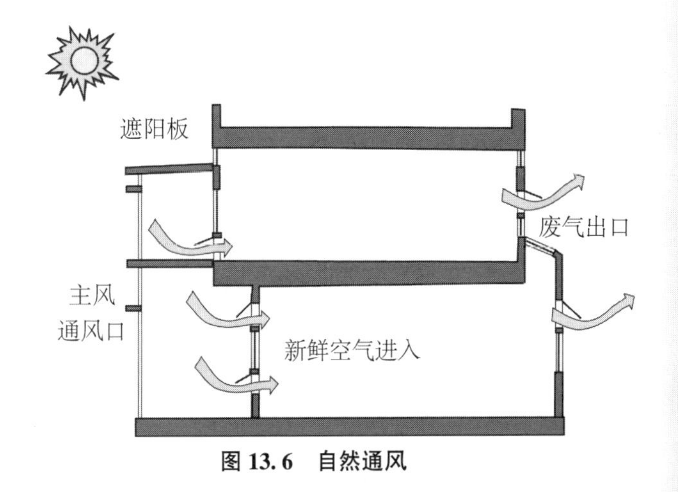

图 13.6 自然通风

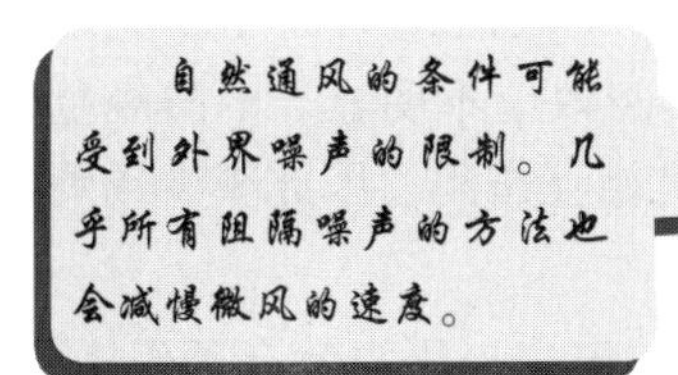

利用自然通风可以使建筑物在炎热的天气里保持凉爽，可以不依靠耗费能源的机器就能为建筑物提供新鲜空气。然而在寒冷的气候条件下，建筑物泄漏出的暖空气造成了能量损失，这抵消了自然冷却的好处。精心的建筑设计可以最大限度地利用自然通风的好处，同时避免能源的浪费。

风力通风

如果房间两面有窗户，最好是彼此相对的，那样风力通风的效率最高。在只有一面墙壁与户外毗邻的情况下，一扇平开窗可以帮助创造气压差，从而引起空气的流动。

影响气流通过建筑物的因素包括建筑物周围的压力分布；空气进入窗户的方向；窗户的大小、位置和细节及室内分区的详细信息。开放式内部格局的设计可以通过尽量减少使用全高度隔板最大限度地增加气流。

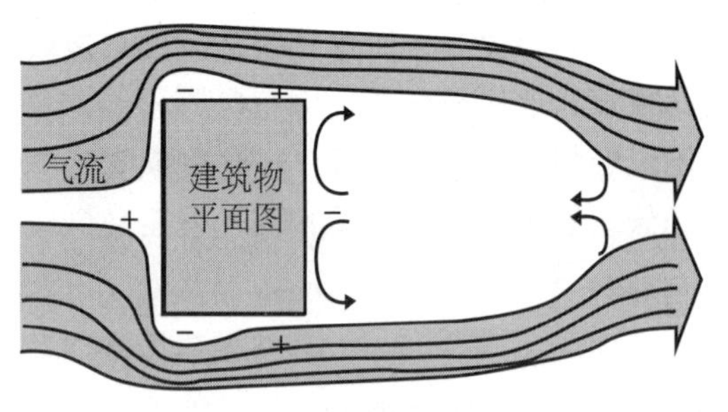

图 13.7　建筑周围的气流压力

根据建筑物外部的泄漏开口，风可以影响房间内部和房间之间的压力关系。建筑设计应充分利用暖季盛行风的特点，在建筑选址和室内布局时加以利用。

气流经过建筑物周围时会出现压力变化(图 13.7)。风在迎风面产生正压。当风遇到物理障碍发生偏转时，随着空气体积通过减小的区域，风速就会提高。当空气围绕建筑边缘流动时会产生负压，但随着气流继续流动，它会再次建立正压。当气流经过建筑物时，在建筑物的背风面形成负压，并可能产生气流的反向涡流。

穿堂风是由窗户进来的风驱动而形成的。狭窄的建筑设计，可以在两边规划出大的通风开口，此开口还可以兼采光。办公室工作空间的设计有一种趋势，就是靠近可开关的窗口，而能源与环境设计先锋绿色建筑评价体系(LEED)也主张日光照明和视野。即使在寒冷的天气里，人们也需要温暖的新鲜空气。

通风开口必须在外部正压处有一个入口，在负压处有一个出口。在只有一个开口的空间内，是否有穿堂风取决于该空间是否与有通风的空间相通。如果一扇窗户既是入口也是出口，则窗口本身必须形成压力差。顶部和底部均可开启的双悬窗可以做到这一点。普通的窗户只有一个开口，但是两侧带铰链的折叠窗则可以创建两个开口。

如果入口较小、出口较大，则会形成良好的压力差，进气口的空气流动速度较快。较快的风速有助于降温，但可能会把纸张等物品吹得到处都是。

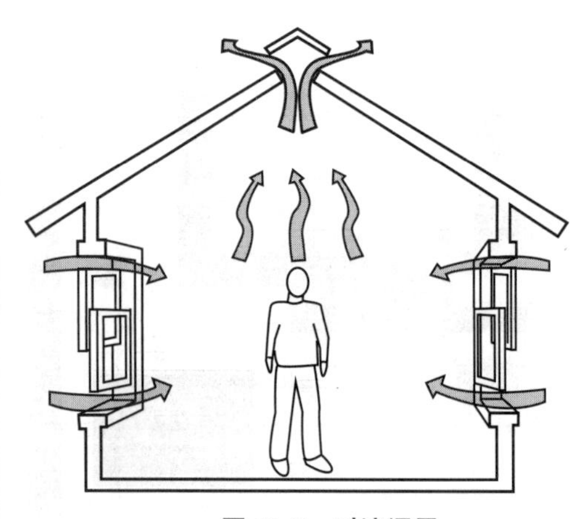
图 13.8　对流通风

对流通风

在**对流通风**中，暖空气和冷空气的密度差产生了使空气移动的压力差(图 13.8)。由于暖空气的浮力和空气的压力差，对流通风利用了前面提到的烟囱效应。加热的空气变得不稠密，浮力增大，趋于上升，使较冷的空气向下移动。在建筑物内的暖空气上升，从建筑物的顶部离开。渗透进来的冷空气处于较低的水平。

当进气口位置较低，空气堆叠的高度达到最大限度时，烟囱效应的效果最好。在少于五层或大约 100 英尺(约 30.5 米)高的建筑物中，烟囱效应不明显。消防规范限制高层建筑各楼层之间的空气相互作用，因此减少或消除了烟囱效应。

如果仅依靠对流力进行自然通风，就需要相对较大的开口。有了可开关的窗户，压力就有了变化。纱窗会减少气流的流量。

只利用对流力的通风系统，通常不如依靠风力的系统作用强大。在寒冷的天气里，风扇可以反向运行，将温暖的空气推回建筑物。

烟囱效应在垂直通道的顶部和底部产生不同的气压。如果建筑物是密封的，它就不会受到气压变化的影响，可以对烟囱效应进行控制。这就是开发旋转门的原因之一。限制同一气流分配的楼层数量有助于最大限度地减少问题。

舒适通风

舒适通风是利用空气在皮肤上的流动提高热舒适度的技术，适用于炎热潮湿的气候条件下的轻型建筑结构。这种建筑类型通常不需要空调，但仍然需要一些隔热材料，以防止屋顶和墙壁被太阳晒得过热而造成室内温度过高。舒适通风很少是完全被动的，通常需要窗口风扇或全屋风扇来补充风。

隔热是必不可少的，即使在潮湿的气候条件下，热质量对于大多数有空调的建筑物也是有帮助的。热质量不仅可以减缓温度的变化，还可以避开在用电高峰时段使用空调。

为了获得舒适通风，可开关窗户的面积应该占房屋面积的20%左右，窗户在迎风墙和背风墙上的分布要大致均匀。下雨的时候，窗户需要保持敞开以排出潮气，因此需要屋顶挑檐以防止雨水溅入室内。当室外的温度比室内高很多时，应关上窗户，而靠吊扇的循环凉爽室内空气。

烟囱和烟道

当壁炉不使用时，大量的空气顺着壁炉烟囱上升，并被渗透进来的室外空气取代。由于挡板很少紧密贴合壁炉，所以关闭壁炉挡板只能减少空气的流动，却不能解决这个问题。当壁炉在使用时，空气损失实际上是增加了，导致更多的室外空气渗透进入整个建筑物，而所产生的热量则仅局限在壁炉附近。

带有助燃空气进气口和玻璃门的现代壁炉大大减少了渗透。有关壁炉的更多信息，请参见第十四章“采暖与制冷”。

加热设备的烟道也会导致建筑物空气的损失。在需要加热的空间里安装直燃式热风炉，要求供应空气以供燃烧所需。如果助燃空气没有通过封闭的管道进入炉内，而是进入室内，那么经过空调调节的空气就会被从空间中抽出并通过烟道排出。

在无风、阳光明媚的日子，**太阳能烟囱**通过垂直移动建筑物内的空气而不是给室内加热来增加烟囱效应(图 13.9)。这会引发一股气流，产生额外的上升气流。该气流促使微风通过建筑物。

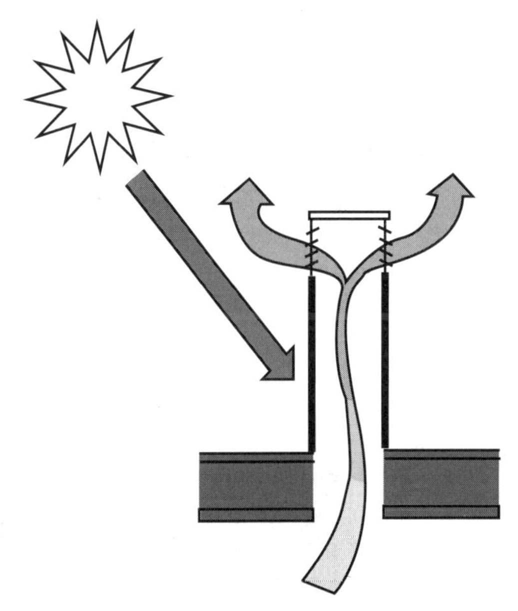

图 13.9 太阳能烟囱

门窗通风

在住宅中，通风与外窗的数量及它们提供的自然通风量有关。如果浴室没有窗户，则需要在浴室里安装一个风扇，风扇的风管直接通到外面。如果有窗户，窗户的打开幅度必须可用于通风和紧急出口。

开放式的设计方案最适合通风。隔墙会增加空气流动的阻力，减少总的通风量。在单个公寓或租户区，穿堂风可以通过敞开的隔间门来实现。

除非门配备了一个固定在所需角度的支架，否则建筑物的通风不应该以门为主。普通的门无法控制流经它的空气量。

在商业建筑中，尽管门上方的横梁处可能允许一些穿堂风，但是双负荷走廊中几乎不可能有穿堂风。开放的单负荷走廊则可以产生更多的穿堂风(图 13.10)。

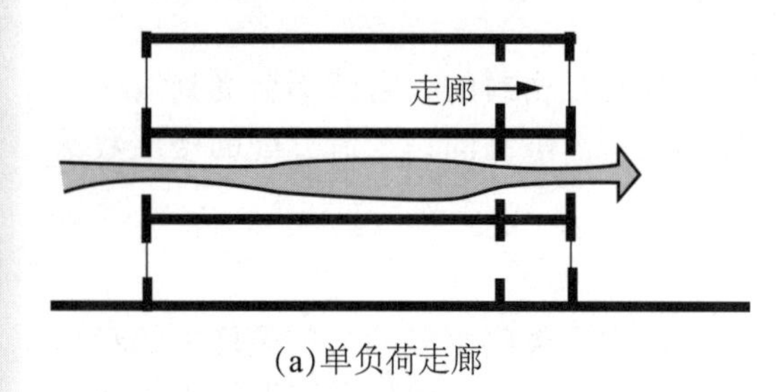

(a)单负荷走廊

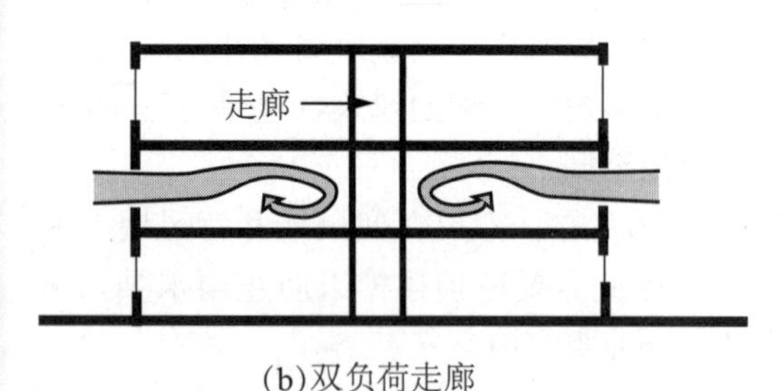

(b)双负荷走廊

图 13.10 显示走廊和穿堂风的剖面

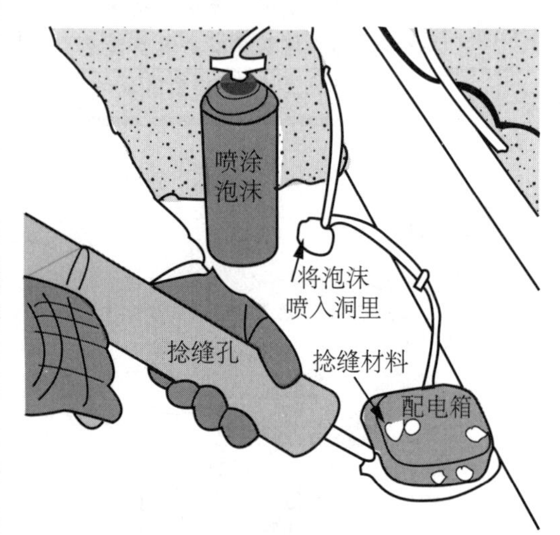

图 13.11 密封阁楼的空气泄漏孔

阁楼与屋顶通风

热浮力——暖空气的上升——是空气从建筑物的生活空间泄漏到阁楼，然后通过屋顶流出的主要原因。被太阳能加热的空气也通过屋顶和阁楼进入建筑物。

阁楼通风

阁楼通风可以减少温度的波动，使建筑在炎热的天气更舒适，减少使用机械空调的成本。

在不密封阁楼漏气孔的情况下增加阁楼内的通风，会增加房屋的空气泄漏量，浪费宝贵的热量(图 13.11)。一种方法是在屋檐上安装刚性隔热材料(在屋顶下缘的突出部分)，可以减少该区域的热损失。另一种方法是改变框架的细节，在顶板和椽子之间留出更多的空间。

从空气处理设备和管道泄漏出来的空气，以及通过传导离开系统的热量，可能是导致寒冷天气热损失的主要因素。在阁楼安装暖通空调设备和管道系统会浪费泄漏的空气，应该避免。如果没有其他的选择，所有的管道都应该密封，并靠近天花板运行，被与阁楼保温层的热阻值相等的保温材料松散地填埋起来。

屋顶窗

屋顶窗，也被称为通风天窗，可以在整个房子中创造出一种与老式圆顶屋中相同的上升气流。当把屋顶窗遮蔽起来、挡住直射的阳光时，它们就是最好的自然通风设备之一。源自厨房、浴室、洗衣房和游泳池的水分都可以从屋顶窗逃逸。屋顶窗配有遥控器和雨量传感器。

> 屋顶窗已在第六章“窗和门”中做了介绍。

> “屋顶监视器”一词用于屋顶通风器，也适用于沿屋脊运行的凸起结构。请参见第六章“窗和门”以获取更多信息。

屋顶通风器

屋顶通风器也能增加自然通风(图 13.12)。当风吹过烟囱的顶部时，被动式屋顶通风器产生吸力，将空气向上抽出建筑物。屋顶通风器应该有控制风门，以便根据需要改变开口的大小。如果风力足够大，那么功率够大且位置足够高的屋顶通风器就可以为居住空间输送自然风。

机械通风

对于大多数安装了中央空调的高层建筑来说，根据其设计和工程特点，可能需要进行**置换通风**(图 13.13)。置换通风在地板高度引入新鲜的冷空气，并通过天花板排出被污染的暖空气。通风口必须避开障碍物。开口应关紧，以防止不必要的渗透。

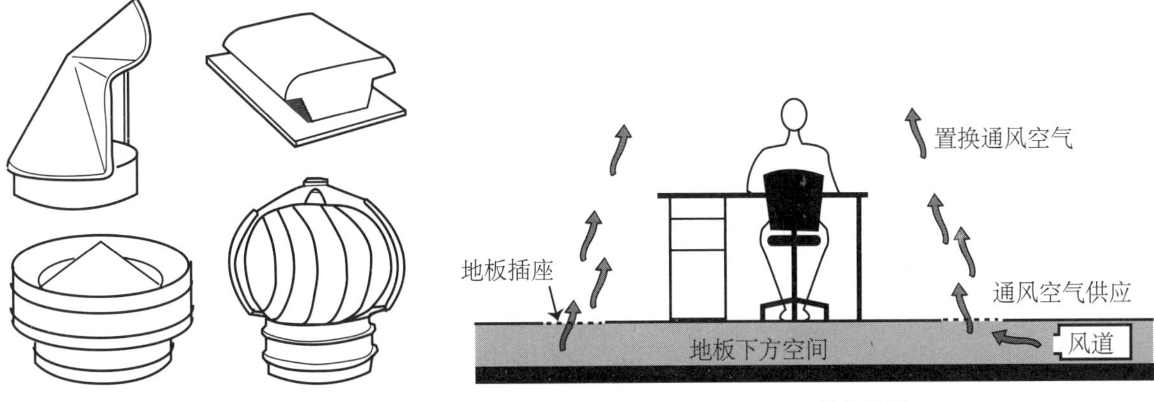

图 13.12 屋顶通风器

图 13.13 置换通风

通风空气的预热

补充空气的加热或制冷可用于加热建筑物内的空气。一堵带有集热器的朝南(北半球)的太阳能墙可以用作冬季的预热装置。

一个住宅系统将墙壁与排气热泵结合在一起。房子处于负压下，空气被迫排出。热量由排出的空气热量提供，用于空间加热或加热热水。新鲜空气通过专门建造的墙壁吸入，结果是由保温材料加热的冷空气缓慢而稳定地进入建筑物。

空气供给率

2013 年版的 ASHRAE 标准 62.2 提出一个新的通风方案，方案要求高性能住宅的通风率要高于过去的 75 cfm/人，每 100 平方英尺再加上 3 cfm。新方案是有争议的，一些专家认为它太高，另一些专家认为旧标准给渗透的余地太大。地方法规可能会要求更大程度的通风。

在积蓄热量和产生气味的建筑物中，需要特别高的空气置换率。饭店的厨房、健身房的更衣室、酒吧和礼堂等场所需要额外通风。而住宅、使用率不高的办公室、仓库和轻工业厂房等地方则可以接受较低的通风率。

住宅通风系统

排气系统将空气、热量、湿气、气味、燃烧污染物和油脂清除到室外。住宅厨房通风系统通常位于炉灶附近，用局部排气和建筑的正气压控制气味和污染物。

住宅排气系统的设计要考虑以下方面：烹饪用具和燃料的类型、炉灶或炉灶台面的位置，以及排烟罩的尺寸和位置。风扇的类型、可用的补充或置换空气的方式等也要被考虑到。连接风扇与外部管道的尺寸、长度和圈数也很重要。

在结构严密的房屋中，负压会给需要向外排气的设备带来麻烦，如炉子和热水器，可能会产生**倒流气**的现象，将**一氧化碳**、多余的水分和氡气倒灌回房内。可以通过开启排气扇(包括被动的新鲜空气进风口)同时打开窗户防止倒流气，或通过采用全屋机械通风的方法平衡气流。

厨房电器需要经常通风(表 13.4)。**全屋通风系统**通常包括厨房的排气口。住宅厨房通风系统有两种常见类型，即向上通风和向下通风。一般认为，天花板或壁挂式排气扇的效果较差。

表 13.4 厨房电器的通风

设　备	排放情况
带烤箱的多功能炉灶	通常通过或靠近灶台上的燃烧器进行排放，排出通风系统附近的水分和气味
内置或壁式烤箱	朝着设备的前方排放，排到室内空气中
专业炉灶	需要较大容量的通风系统；遵循制造商的建议和当地法规
微波炉	向前面、侧面或背面排放，通常不靠近通风系统
洗碗机	排放温暖、潮湿的空气

使用燃气用具的住宅应该配有一氧化碳检测器。这是规范所要求的。

由于会产生一氧化碳和其他燃烧产物，通风对于燃气器具更为重要。燃气也会产生水蒸气，所以会有更多的水分排出。

抽油烟机通常安装在厨房炉灶的上方(图 13.14、图 13.15)。滑出通风罩被安装在墙柜下面，可以是通风的，也可以是不通风的。有些制造商提供带洗碗机安全油脂过滤器的烟罩。

有关住宅通风系统的更多信息，请参见第十一章“卫浴设备与电器”。

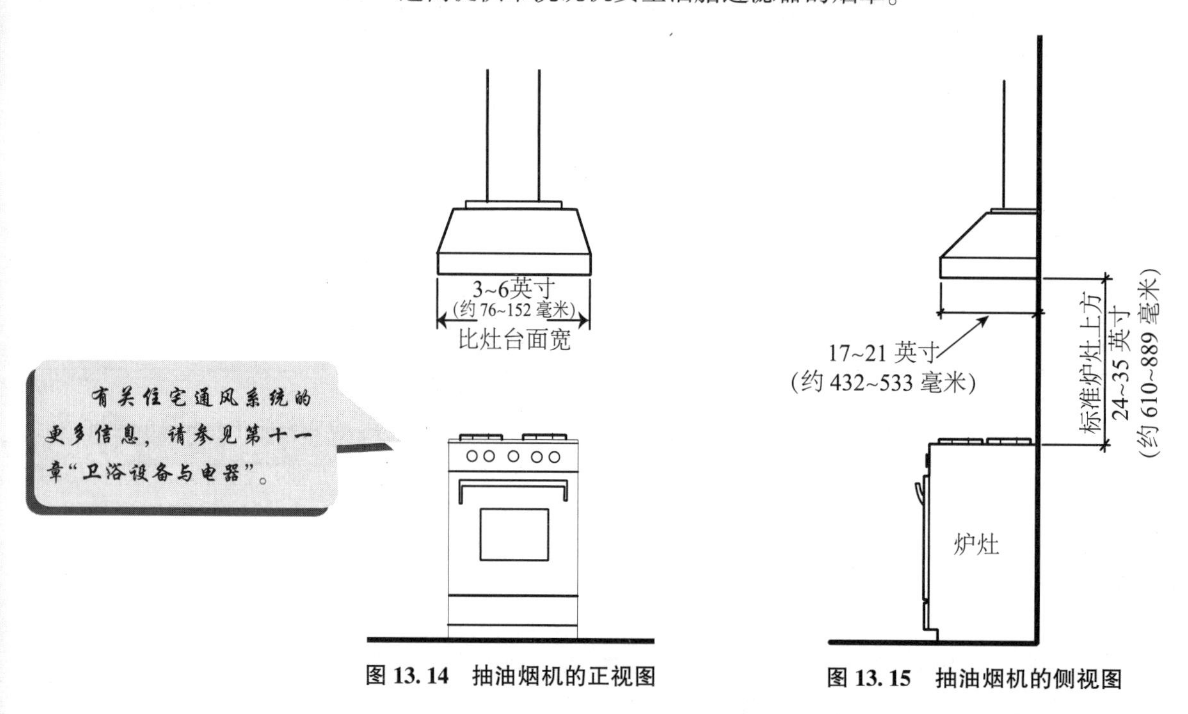

图 13.14 抽油烟机的正视图　　图 13.15 抽油烟机的侧视图

住宅抽油烟机有各种款式和材质，包括不锈钢、玻璃。有些型号的抽油烟机工作时几乎没有任何噪声，也有一些款式带有创新的自洁功能、照明灯具。如果在没有管道的情况下使用抽油烟机，建议用重型木炭过滤器去除烟雾和气味。

向上式通风系统

向上式通风系统将一个风扇安装在灶台或炉灶上方，通常带一个罩。它们可能有一个管道排气系统，也可能是无导管循环系统。排风罩有多种款式，可以是一个焦点，也可以收缩起来，几乎不引人注意。

排风罩的尺寸应该至少和烹饪表面的尺寸相当，但最好在各个方向上都增加 3~6 英寸(约 76~152 毫米)，尽管这可能很难达到(表 13.5)。排风罩的内部高度越高，其效率就越高。大的排风罩在墙上的安装高度可以比小的排风罩高一些，但二者效率相等。较高的安装高度可以避免撞头，而且能见度更佳。

表 13.5 住宅排风罩的尺寸

方 位	标准尺寸(毫米)
宽度	24~54 英寸(约 610~1372)
深度	17~21 英寸(约 432~533)
罩的底部	在烹饪表面上方 24~36 英寸(约 610~914)的位置

微波炉和向上式通风系统可以组合安装在烹饪表面上方。它们可用于再循环或排气通风系统。平坦的微波炉底捕集到的污染物比华盖状排气罩的要少，而且往往较浅[通常为 12~13 英寸(约 305~330 毫米)]，对烹饪表面的覆盖范围也较小。这种组合通常会限制风扇的尺寸，可能不适合过大的炉灶或灶台。当烹饪表面与通风系统之间有至少 24 英寸(约 610 毫米)的净空时，可以达到最大的通风效率和安全性。当操作台高度为 36 英寸(约 914 毫米)时，通常会使微波炉的安装高度为地板上方 60 英寸(约 1524 毫米)，这对于一些人来说可能太高，因此这种组合式安装通常在灶台或炉灶上方 15~18 英寸(约 381~457 毫米)处。最好遵循制造商的建议，这是很重要的。

向下式通风系统

向下或近距通风系统安装在炉灶面上或靠近烹饪表面的地方，在那里可以捕获炉灶附近的污染物(图 13.16)。向下式通风系统对用浅盘和平底锅做的烧烤、煎炸等烹饪方式非常有效。该系统需要配备较大的风扇，因为它是在没有排风罩的情况下工作，并且与暖空气上升的趋势相反。该系统确实需要安装管道系统的空间。炉灶燃烧器后面的可伸缩下沉排气口有可清洗的油脂过滤器。

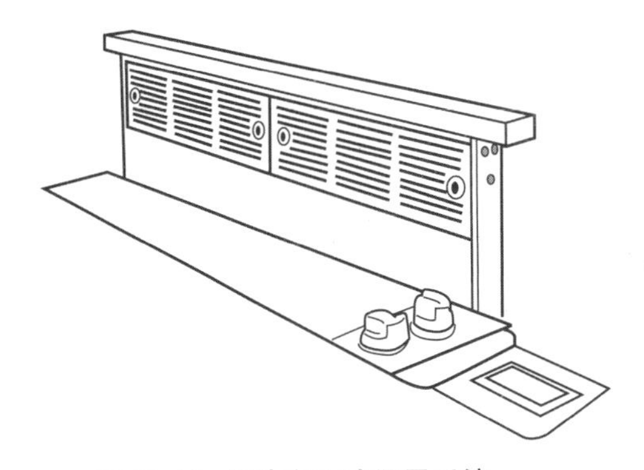

图 13.16 厨房向下式通风系统

再循环系统可以过滤，但不通风，通常只在不可能为排气系统安装管道时使用。再循环系统可能只有一个简单的油脂过滤网，或者包括活性炭过滤器以去除异味。该系统不去除燃烧污染物，如一氧化碳、水蒸气。再循环系统的成本较低，易于安装，但效果较差。

2015 年，《国际住宅规范》(IRC)规定了厨房和浴室的最低排气率，以立方英尺/分钟(cfm)为单位。(一个 cfm 等于 0.004 719 立方米/秒)按照规定，厨房应以 100 cfm 或 25 cfm 的排气率连续排气，浴室和卫生间的机械排气量必须保持 50 cfm 的间歇性排气或 20 cfm 的连续性排气。

降低能源消耗

有几种方法可以在提供足够通风的同时降低能耗。靠墙通风比在开放的岛式或半岛式操作台上通风效率更高，因为后者由于交叉气流的缘故需要较大的风扇或排气罩。从废气中回收的热量可以用来预热室外的补充空气。计算机控制装置可以监控建筑物的使用情况，并只为建筑物中当前人数提供必要的通风。

风 扇

机械通风通常要求在每个房间的外墙上安装单元通风风扇来循环房间内的空气，同时引进室外空气替换部分室内空气。窗式或穿墙式空调机组也可以作为风扇运行。采用冷热水风机盘管的集中供热和制冷系统可以调节室内通风装置里的空气温度。固定位置的风扇可以向室内空间提供可靠的正向气流。

卫生间的补充空气可以通过稍微下切卫生间的门来提供。百叶门有可能会造成隐私问题。

当空气从建筑物排出时，必须马上补充空气。这可以通过建筑物外壳的空气渗透来完成，也可以通过打开门窗提供新鲜空气。如果是机械设备大量排出空气，补充空气则通过建筑物围护结构的通风口引入，并通过导管输送至设备中。

风扇可以有效地冷却小型建筑物。一个人感觉到经过身体的空气速度每增加 15 fpm，气温就下降约 1 ℉(−17 ℃)(每 1 米/秒气温增加 1 ℃)。空气流动的速度随着风扇距离地面的高度、风扇的功率和速度、叶片的尺寸、空间中风扇的数量而变化。

在建筑物中，风扇用于排出热的、潮湿的或污染的空气，引入室外空气来给人们降温(舒适通风)或在夜间给建筑物降温(夜间冷却)，并在室内空气比室外空气更凉爽时使室内空气流通起来。

风扇的类型包括独立式风扇、包装成产品的风扇(如浴室排气扇)、管道系统中的风扇、作为大型设备组成部分的风扇。厨房和浴室的内置风扇可以直接或通过短管道向户外排放空气。当室内空气被泄漏进来的室外空气取代时，会导致加热或制冷的能量损失。

每个房间的外墙上可以安装一个或多个通风机。窗式或穿墙式空调和房间通风装置都是这样工作的。

为了驱散温暖且潮湿的上升空气，风扇通常被安装在天花板或另一个较高的位置。风扇应该在靠近空气和(或)水源的地方摄取湿气。在卫生间里，风扇的位置通常在马桶、浴缸和(或)淋浴器附近。防水或防潮风扇可以位于淋浴间或直接位于按摩浴缸的上方。

吊　扇

夏季，吊扇以较高的速度运转，通过增加空气流动提高舒适度。冬季，它们低速运转，这样可使温暖的空气聚拢在天花板上。

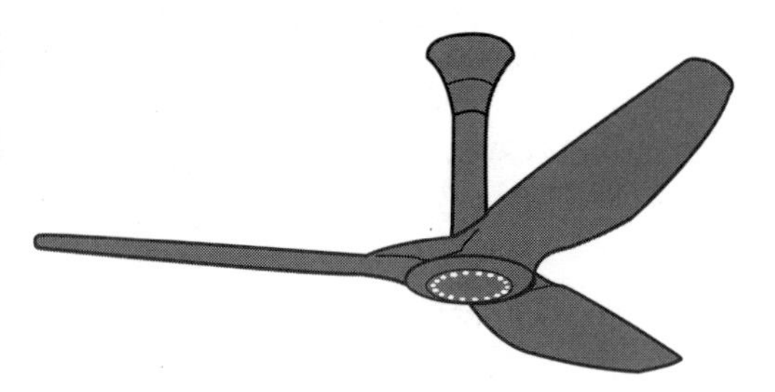

图 13.17　LED 吊扇

如果天花板足够高，用吊扇要比在其他地方安装风扇更可取。吊扇可用于标准高度的天花板，但可能会给高个子的人带来麻烦。风扇下方的灯具甚至会降低层高。在风扇叶片上安装嵌入式灯具会产生恼人的闪烁效果。带有 LED 灯的新型吊扇解决了这个问题(图 13.17)。

吊扇有多种尺寸可供选择，以适用于不同的房间尺寸(表 13.6)。采用空气动力学弯曲风扇叶片的吊扇效率更高，运行速度更低，从而节约能源。遥控器和温度传感器使人们只在需要改善房间环境时才使用风扇。天花板吊扇应被指定用于这种安装类型。此外，安装吊扇的天花板应该是保温天花板。

表 13.6　吊扇的尺寸

房间面积(平方英尺)	风扇尺寸(毫米)
100(约 9 平方米)	36 英寸(约 914)
150(约 13.9 平方米)	42 英寸(约 1067)
225(约 21 平方米)	48 英寸(约 1219)
375(约 35 平方米)	52 英寸(约 1321)
400(约 37 平方米)以上	两个风扇

阁楼、窗户和全屋风扇

阁楼风扇可以降低阁楼温度和冷凝带来的破坏。窗扇应位于房屋的下风侧，面向外。使用时，应打开每个房间的窗户和门。

图 13.18　全屋风扇

全屋电动风扇把混浊的空气从房子的生活区域抽走通过阁楼通风口排出(图 13.18)。大型风扇安装在顶层走廊的天花板上，通过敞开的门窗将空气吸入室内。

> 风扇的视觉效果取决于其格栅的颜色和风格、材料的选择及它与其他特征(如天花板灯和墙壁饰面)的关系。

如果没有一个合适的排风扇，建筑物就可能没有足够的空气用于燃烧，如炉子、烧烤，烟火可能也得不到充分的燃烧。需要大量排气的设备应该有另一个风扇同时补充空气。

全屋通风系统

《国际节能规范》对全屋机械通风系统的风扇效率提出要求，要求建筑物提供符合《国际住宅规范》(IRC)或《国际机械规范》(如适用)的通风设备或提供其他通风方式。

全屋通风系统包括风扇、管道系统、控制装置和安装设备。噪声级以“宋”为单位，小于 1.0~1.5 宋的噪声通常被认为是安静的，可以作为背景噪声。大风扇及通风管道较长且复杂的风扇的噪声较大。

尽量减少风道的运行长度、从内部进气口到外部排气口之间的弯头或弯管的数量，可以提高通风系统的效率。

全屋通风系统有不同的类型。其设计要与当地的气候相匹配，还要考虑建筑物是以加热还是制冷为主导。

排气通风系统的作用是给建筑物减压(图 13.19)。系统排出房屋内的空气，同时通过建筑物外壳的缝隙和特地留出的通风口补给空气。排气通风系统最适合寒冷的气候。在温暖潮湿的夏天，**减压**可以将潮湿的空气引入建筑物的墙洞中，在那里可能会凝结并引起湿害。减压还可能会导致燃烧器具(包括燃气炉或热水器)的故障，燃烧产物也可能回溢到房屋内。

补给通风系统用风扇给室内加压，迫使外部空气进入建筑物，同时空气通过建筑物外壳的孔洞、浴室和炉灶的排气管道、特地留出的通风孔(如果有的话)泄漏出去(图 13.20)。

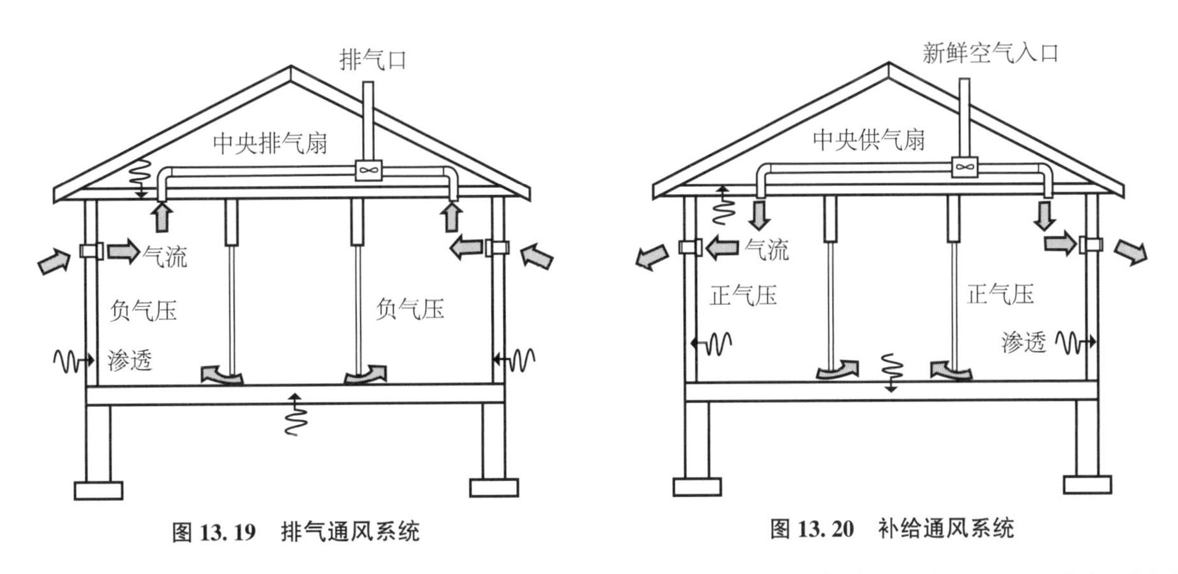

图 13.19　排气通风系统

图 13.20　补给通风系统

如果**平衡通风系统**被设计和安装得当，既不给会室内加压，也不会减压(图 13.21)。它们引入的外部新鲜空气和排出的室内污染空气的量大致相等。

全屋通风系统采用**热回收通风系统(HRV)**或**能量回收通风机(ERV)**；两者的工作原理相似，都适用于各种类型的气候。风扇排出并引入空气，排气扇用在可能产生湿气和污染物的地方（如卫生间）。新鲜空气的入口位于房屋的中心地带，但远离主要居住区，通常位于玄关或壁橱内。为了节约能源，排气和进气都通过一个热交换器进行通风。

能量回收通风机（ERV）可以排出相邻公寓中两个卫生间里的气体（图 13.22）。每个卫生间都有独立的开关控制。靠近能量回收通风机（ERV）的热泵可使新鲜的补充空气变暖。

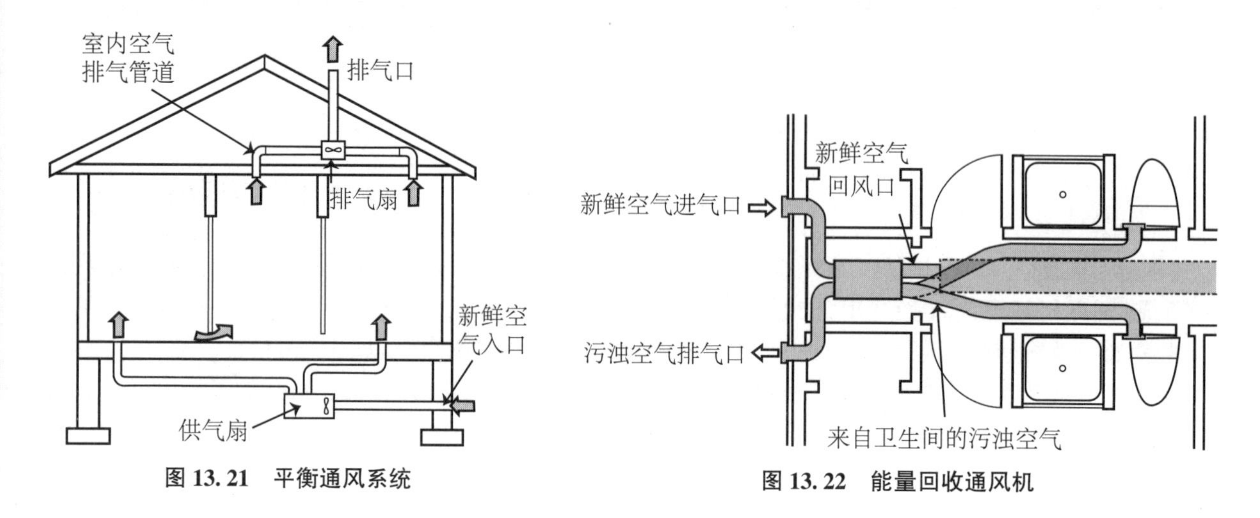

图 13.21　平衡通风系统

图 13.22　能量回收通风机

卫生间排气扇

卫生间的装修材料通常比空气冷，容易产生冷凝。干墙和纺织品能吸收湿气，始终保持潮湿状态。温暖潮湿的空气往往会穿过卫生间的墙壁和天花板进入凉爽的空间和外面。当空气温度达到露点时，冷凝会在表面、内壁和阁楼上形成。

在卫生间，排气扇应该安装在马桶上方和淋浴间的天花板上，或者安装在门对面的外墙上。排出积聚的湿气可以阻止细菌生长，提高卫生条件，并控制气味。排气扇应该直接向外排放，其位置距离外部空气进入建筑物的开口至少 36 英寸（约 914 毫米）。家用排气扇通常与照明设备、风扇强制加热器或辐射热灯组合起来使用。

面积较大的卫生间可能需要两个排气扇，一个在马桶上方或地板附近，另一个在浴缸或淋浴器上方。两个较小的风扇往往比一个大风扇更安静。较大的卫生间可能还有其他固定装置，如按摩浴缸或淋浴器和浴缸，这些装置会产生很多湿气，因此需要额外的通风。

有些型号的风扇配备高效离心鼓风机，性能极佳，几乎没有任何噪声。风扇开启时，开关就会发光。高能效电动机使用的电力是标准型发电机的三分之一左右。有些排气扇的设计使其在新建筑和翻新建筑中都很容易安装。有些型号的排气扇能够自启动以消除多余的湿气。有些设计还包括灯具，甚至夜灯。

有的卫生间有直接通风管道，可以控制异味和冲洗时产生的蒸汽喷雾。在对卫生间的通风做总体规划时应考虑其排气通风能力，然而它们不可能完全控制卫生间中其他来源的水分。

设有水疗区域或蒸汽处理区的住宅会向空气排放大量水分，需要在水疗后尽快通风。由于室内温泉或热水浴缸中有大量的水，并且水经过化学处理，所以需要特别小心。强烈的气味和蜡烛烟灰等也可能需要通风去除。

公共卫生间的排气

公共卫生间的管道设施必须与通风系统相协调，以便在提供新鲜空气的同时，使气味远离建筑物内其他空间。卫生间应该设在其他空间的下风区。卫生间的空气不应被排放到其他空间，而应排放到室外。卫生间内的气压略低于相邻的空间，使空气从其他空间流入卫生间，从而控制卫生间的异味。这是通过向周围空间提供更多的空气实现的。排气口应该设在靠近马桶和马桶上方的位置。

局部排气系统

在开放式的办公室里几乎没有墙壁，但是有复印机等机器。设计师可以在产生污染物的机器周围建一道屏障，提供通风设备，以便立即给任务区域通风。

可以在污染源上方建造隔离罩。商用厨房烟罩收集炉灶和保温餐台上的油脂、水分和热量。有时室外空气就是在排风罩处或附近被引入室内的，接受的调节微乎其微，然后就被迅速排出，节省了加热和冷却的能量。

大多数建筑物被设计为具有正气压，与室外气压相对，使未经调节的空气不能通过建筑围护结构的开口进入。但是应该向走廊提供新鲜空气，而包括公寓、套房、旅馆、汽车旅馆、医院和疗养院等在内的住宅单元都应该有排气装置。

多层建筑中的排气管道通过暗管与所有楼层连接，这些暗管可以与公寓、旅馆和医院共用管道设施。由于有发生火灾的风险，厨房的排气管必须是独立的。在一些大型实验室建筑中，可以看到许多排气管高耸在屋顶上。

风扇控制器

传感控制器装置根据湿度打开和关闭风扇，提供出色的湿度控制。当有人在浴室时，运动探测器会打开风扇，人离开时会自动关闭。但在某些情况下，如一个人静静地泡在浴缸里的时候，就可能不会工作。如果需要额外的热量，热传感器可以自动增速。

变速控制器可以根据通风需求调整速度。低速运行的风扇更安静，这也使人们愿意更频繁地使用通风设备。

风扇的开关可以连接到卫生间的灯开关上，二者共用一个控制开关。如果是这种情况，则需要一个安静的风扇。要让风扇继续运转，灯也必须亮着，这样太浪费能量。

需求控制通风

在几乎没有有毒物质逸出的地方，或者通风的主要需求是为了避免二氧化碳的积聚时，可以采用需求控制通风。经过调节外部空气的量，使二氧化碳的水平达到可接受的程度时，对通风的需求也就降低(但不是消除)了。

湿度与水分控制

为了防止水分进入建筑物，建筑师和工程师采取精心且花费昂贵的预防措施。雨雪及其地表径流导致地下水上升，与建筑物的地基接触。人们可以在建筑物中找到水的踪迹。冷凝、滴水、泄漏及从管道、卫生器具、烹饪、洗涤和沐浴过程中的溢出，都会给室内建筑带来不必要的水分。

使建筑物干燥的材料包括混凝土、砌砖、瓷砖和石膏，但它们会产生水蒸气，发生凝结。砌筑材料都吸水，并具备一定的传输功能。水渗入砖块、石头或混凝土中，冻结时会引起这些材料**散裂**。水结冰时会膨胀，使材料表面破碎剥落。

水会破坏建筑材料的绝缘值，使室内的湿度达到不健康的水平。建筑物内部的许多材料受潮会分解，有的材料则会长出霉斑或被腐蚀。水还有利于细菌、霉菌、真菌、植物和昆虫的生长。水也是热的良导体，通过为热流创造一条捷径提高建筑物的热导率。

水进入建筑物的途径有很多，其中包括规划中有意留出的缝隙，如伸缩缝、外部护套材料之间的接缝、门窗框周围的间隙等，也包括非故意的开口，如工艺不佳导致的混凝土收缩裂缝、材料劣质、管道和电线的孔，以及因变质导致的裂缝和孔洞。

水的运动

水慢慢积聚起来，静止不动的水在重力的作用下产生静水压力。由于风的作用而产生的气压差能使水向任何方向流动。毛细作用使水通过多孔材料和狭窄的裂缝。

当水冻结成冰时，会堵塞排水道，导致水在屋顶或地面上积聚成塘。当积水膨胀溢出时，会造成建筑物外壳开裂。

建筑材料中过量的水分可能导致油漆剥落、金属生锈，以及结构框架或托梁腐蚀损坏。潮湿的材料会吸附污垢，需要多加清洁和维护。潮湿的空间为许多生物污染物(包括细菌和病毒)的生长创造了条件。它们还滋生害虫，包括尘螨、蟑螂，利于霉菌生长。

典型的四口之家平均每天产生 4 加仑(约 15 升)的水蒸气。厨房是多余水分的来源之一。烹饪，特别是在炉灶上煮或炖，会产生水蒸气。微波炉和传统的烤箱可以去除食物中的水分，并将其排放到厨房。燃气灶具的一种燃烧产物是水蒸气，可以使释放到厨房空气中的水分增加一倍。使用洗碗机和给冰箱除霜也会增加空气中的水分。

为了控制水分，可以用门或隔板将衣物存放处与卫生间的潮湿区域分开，并为衣柜所在区域提供良好的通风条件。

水分问题更容易发生在结构紧凑的小型住宅中。硬质或无吸收性材料，如琉璃瓦、人造石、玻璃瓷、工程石材，干燥速度比吸收性材料快。密封剂可以帮助吸收性材料或多孔材料(如黏土砖、大理石、水泥浆)解决这一问题。

良好的空气流通能加速干燥。为浴室用户提供足够的毛巾杆、吊环或挂钩，并将其安装在靠近加热器的地方，这对通风干燥有帮助。

湿　度

水蒸气是一种无色无味的气体，总是存在于空气中。空气越暖和，能容纳的水蒸气就越多。空气中的水汽量通常小于最大值。当超过最大值时，水蒸气就会冷凝在冷的物体表面上或变成雾或雨。

如第一章所述，相对湿度(RH)是在特定时间内空气中实际含有的蒸汽量，除以空气在该温度下所能包含的最大蒸汽量。较冷的空气容纳的水蒸气较少。如果温度降到足够低，它就会达到露点，即空气含有 100%RH 的点。露点温度是水从空气中凝结出来的温度。在健身房、淋浴间或游泳池区域，当湿度上升到 100%时，就会产生雾。蒸汽的冷凝只足以维持 100%的 RH，而其余则作为气体留在空气中。

人们在 20%~50%的 RH 范围内感到舒适。夏天，当温度升到 75 ℉(24 ℃)时，相对湿度可以高达 60%，但高于 60%时人们会感到不舒服，因为水蒸气(汗水)不能完全从身体上蒸发，给人们带来凉爽的感觉。

有关湿度的更多信息，请参见第十二章“热舒适原理”。

湿度水平影响室内设计材料的选择。水分过多会引起木材、植物和动物纤维，甚至是石工的尺寸变化。钢铁会生锈，木头会腐烂。表面冷凝会损坏装饰饰面、木材和金属窗框、金属窗扇及结构构件。

比湿是指空气样品中每单位空气重量中的水汽含量，以每个单位的空气重量中的水重量测量。它以每磅(1 磅=0.45 千克)干空气中的水汽磅数表示。

湿度对热舒适度的影响仅发生在 20%以下、60%~75%以上。低于上限，人体毫无困难地释放大约四分之一的热量。家庭 RH 为 40%~60%通常是舒适的，但仍然要防止结露和霉菌的生长。

低湿度

加热的冬季空气可能非常干燥，造成建筑物和家具中的木材收缩、开裂。木材主要在垂直于纹理的维度上收缩，留下不美观的裂缝和松动的家具接缝。

湿度低于20%的RH会导致植物枯萎。我们的皮肤变得不舒服和干燥，我们的鼻子、喉咙和肺部的黏膜变得脱水，容易受到感染。补充水分和降低空气的温度都有助于减少蒸发。

干燥的空气可产生静电。市面上出售的地毯和弹性地板加入了导电材料，可以减少电压积聚，有助于缓解静电电击。

在暖风加热系统中，当风吹过炉子时，用水喷雾或吸水垫或供水板向空气中添加水分。散热器上的水盘是老式的，但这是在冬天提高湿度的有效方法。煮沸的水或洗涤和沐浴也可以释放蒸汽。植物将水蒸气释放到空气中，水从花盆里的土壤中蒸发。给植物喷雾既可以增加空气的湿度，也利于植物生长。

加　湿

加湿是可以在不改变空气温度的情况下增加空气中的湿度。虽然加湿可以用加湿器完成，但是加湿器通常不能够创造热舒适的条件。

在寒冷的气候下，加热的同时加湿适合小型建筑的需要。一个单独的暖通空调设备不能既加热又加湿，因此通常要添加加湿器。

电加湿器有助于缓解呼吸道症状，但如果不妥善保养，可能会在其储水盒中滋生细菌或霉菌。任务加湿器用于缓解呼吸道疾病的症状。为了避免储水盒中的细菌和霉菌生长，需要良好的维护。添加紫外线(UV)灯可以消除这一威胁。

冷　凝

当湿热的空气接触到冷的物体表面时形成冷凝。例如，在炎热潮湿的天气里，当你在外面喝冰茶时，玻璃杯表面会出现少量水珠，然后顺着侧壁流下来。空气中的水蒸气冷凝，在较冷的表面上形成可见的水滴。在寒冷的气候中，水蒸气可以凝结在冰冷的窗户内表面上。凝结会导致水渍和霉菌的生长。

> 即使在通常可接受的室内湿度水平，湿气也可能会在家具(如书柜)后面的外墙内壁聚集。

在夏季，被土地冷却的混凝土地下室墙、地板和地面板都可以收集冷凝物。地板上的地毯或地下室墙壁上的内部保温材料抑制混凝土板温度的升高，使情况变得更糟。如果相对湿度很高或者发生冷凝，那么地毯和保温材料都可能受损。用排水良好的砾石将外墙或楼板下面隔开会有所帮助。

如果室内外温度存在显著差异，冷凝可能发生在外墙的隔热层(图13.23)。在冬季，空气在露点以下时会起雾并使窗户结霜，当冷凝聚集在窗框下方时会引起生锈或腐烂。冬季冷凝出现在冰冷的壁橱、阁楼屋顶和单窗格玻璃上。

向窗口周边吹送暖风，对冰冷的表面进行人工加热可以避免冷凝。把空间内的潮湿空气排出去，可以减少空气中的水汽。房间的设计应该避免有蒸馏气体的容器，室内表面要避免辐射热的照射。冬天，室内表面应该与室外的寒冷隔绝，还应该促进空气的流动，防止冷凝物沉降在寒冷的表面上。夏天，冷水管和管道系统应该做隔热处理，减少空气中水蒸气的含量可以避免所有季节的冷凝。

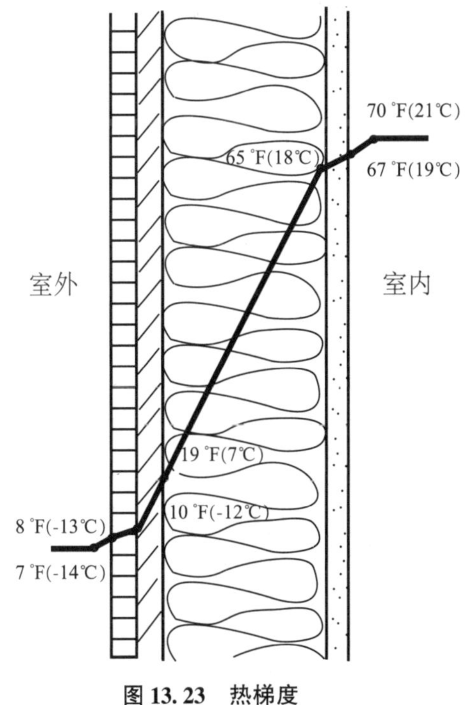

图13.23　热梯度

隔热窗帘也可能导致冷凝发生，因为窗帘把窗户的内表面与室内的加热源隔开。一旦温暖的室内空气可以在窗帘周围移动或者穿透窗帘，湿气就会凝结在窗户上。为挡住冷空气而设计的保暖窗帘需要适当地添加衬垫或在顶部、底部和侧面进行密封，防止潮湿的室内空气进入绝缘层和玻璃之间的空间，因为一旦进入，湿气就会凝结在冰冷的窗户上。绝缘材料也必须是防潮的，不会受到积聚的水分的影响。

有关水分和建筑物围护结构的更多信息，请参见第二章"为环境而设计"。

隐蔽的冷凝

当空气中的水分含量在建筑物内上升时，就会产生蒸汽压，通过扩散到蒸汽压力较低的区域，如外墙，来推动水蒸气达到平衡状态。当墙的一侧是潮湿的空气、另一侧是干燥的空气时，水汽会从潮湿的一侧迁移到干燥的一侧，也会沿着墙壁上的漏气处移动。大多数建筑材料对水汽的阻力都相对较低。

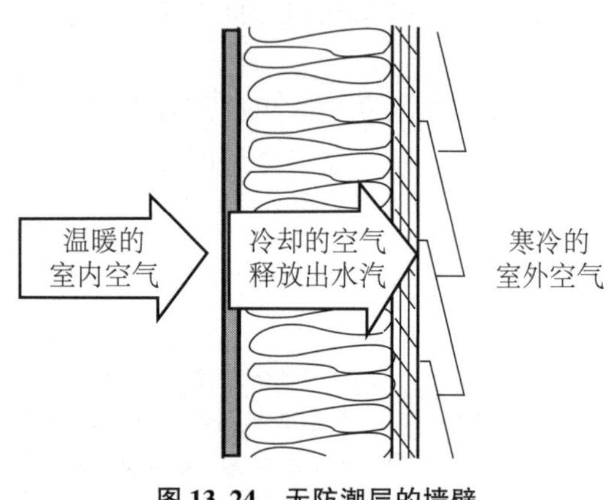

图 13.24　无防潮层的墙壁

当墙内某一点的温度下降到露点时，水汽就会凝结，并润湿墙体的内部结构(图 13.24)。这种凝结会导致蒸汽压的进一步下降，从而将更多的水汽引入该区域。其结果可能是墙壁内部非常潮湿，保温材料因饱和而下沉，或墙内结冰。保温材料变得毫无用处，建筑物的加热能耗不得不增加。墙体框架材料也会腐烂或腐蚀，隐患可能影响建筑物的结构。

建筑物内的蒸汽压取决于所产生的蒸汽量、蒸汽的无力逸出性，以及气温。空气中的含水量越高，蒸汽压就越高。

温度从较暖的表面到较冷的表面逐渐下降。在不同的结构层中，温度下降的速度会不同，冷却面的温度仅略高于冷空气的温度。

在寒冷的气候条件下，室内空气可能比室外空气更潮湿，蒸汽会从较温暖的室内流向墙壁、天花板、地板较冷的外部表面。这会使建筑物的围护结构充满水分。

一层坚固的外墙涂料能阻止水蒸气从建筑物的墙壁向外流出，这样就把水蒸气困在里面。蒸汽压力会使墙面产生气泡，使墙壁上的油漆脱落。这种情况有时会出现在厨房和卫生间外面，因为这些地方的蒸汽压力是最高的。

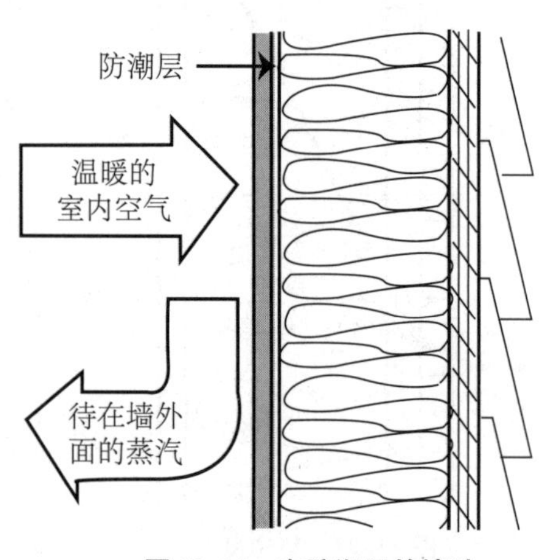

图 13.25　有防潮层的墙壁

在靠近建筑物围护结构的温暖侧使用防潮层，可以防止水汽穿透墙壁。防潮层必须位于主绝缘层和墙体的温暖侧之间(图 13.25)。

在寒冷的气候下，防潮层应位于建筑物内的石膏或镶板下方。在温暖的气候下，使用人工制冷的建筑物的温暖侧是室外一侧。当墙的内侧比外面更温暖时，随着内部的暖空气与外部空气靠近，会有水汽释放出来。

在炎热潮湿的气候条件下，要应对的问题是如何防止湿气进入建筑物内部。在外墙表面材料的内侧留出一个排水平面要比使用防潮层更安全，因为后者可能会使湿气滞留在墙体内。

内墙上的乙烯墙面涂料或防潮涂料可以提供一定的保护，

但并不能取代防潮层。对于老旧建筑物而言，增建防潮层是不切实际的，可以采用填堵墙上的漏气缝隙、在温暖侧的墙面涂上油漆，同时在冷侧墙表面开通风口，清除建筑物内部的水分。专用的蒸汽抑制剂内漆可用于此目的。

除 湿

对内部空间进行通风或除湿有助于防止隐藏冷凝。除湿是指在不改变气温的前提下去除水分。

虽然湿度较低不会降低气温，但它确实增加了舒适度。湿度过低会引起皮肤干燥不适。

显冷能在不改变绝对湿度的情况下，降低空气的温度。有些暖通空调系统在部分运行范围内采用显冷。其他系统(如辐射冷却系统)则专门设计为显冷装置。较低的湿度会让人感觉凉爽、干燥。过低则可能会导致皮肤发炎。

把制冷和除湿合并就是合并显冷和潜冷的过程。大多数主动冷却系统都可以产生显冷和潜冷的效果。

蒸发冷却同时包括显冷和潜热(冷却和加湿)。只需极少的净能耗，显热就能转化为潜热。如果气候条件允许，蒸发冷却是非常有效的。

蒸发冷却在第十四章“采暖与制冷”中有更详细的介绍。

除湿机

制冷(机械)除湿机是那些不需要机械制冷但确实需要降低湿度的空间的一种选择。除湿机的运转原理与空调相同。除湿机冷却空气，降低空气中水分的含量，使水汽在除湿器的冷却盘管上冷凝。冷凝水随后流入除湿机的集水器中。为了防止疾病，必须定期清除积水。

制冷剂除湿机通常是独立装置，适用于小型建筑。制冷剂除湿机在低于 65 ℉(18 ℃)时不能正常工作，因为会在冷却盘管上结霜；制冷剂除湿机不适合在凉爽的地下室里使用。它们会产生热量和噪声，需要定期维护。它们的尺寸必须与所服务的空间相匹配。

干燥剂除湿机依靠**干燥剂**(多孔材料，如硅胶、活性氧化铝、对水蒸气有高亲和度的合成聚合物)降低湿度而不过度冷却空气。在主动除湿系统中，干燥剂通常用天然气或太阳能加热，以去除其中的水分。被动系统利用建筑物排出的废气中的热量排除空气中的水分。干燥剂除湿机不使用制冷剂就可以降低空气的湿度，而不会使空气过冷。

本章回顾了第二章“为环境而设计”的内容，也展望了第十四章“采暖与制冷”的内容。如你所见，建筑系统相互交织、错综复杂。

第十四章　采暖与制冷

近年来，建筑师和工程师对建筑采暖与制冷系统的设计方法发生了重大且实质性的变化。

在 21 世纪的第二个十年里，暖通空调(HVAC)设计领域出现了一些新趋势。这些趋势都源于建造高性能建筑的愿望，如深绿色工程、零能源项目、碳中和项目等。其中一个趋势是，愿意将主动系统与被动系统联合起来使用。无论一个主动的暖通空调(HVAC)系统多么高效，适当地引入被动系统将使用更少的能源(还可使用可再生能源)。实现零能耗的更为直接的途径之一不是减少加热和制冷的能耗，而是摒弃这种耗能方式。构建自动化系统可以使主动系统和被动系统的整合更容易管理。

引自沃尔特·T. 葛荣德、埃里森·G. 沃克，《建筑的机电设备》(第 12 版)，威利出版集团，2015 年。

引　言

暖通空调(HVAC)系统的设计对建筑结构和室内设计都有重要影响。建筑师必须从项目的开始阶段就与所有顾问进行协调，以决定暖通空调(HVAC)设备的使用。机械系统的设计已经与建筑和结构的设计完全融合，并且正在同步发展。

过去，设计师倾向于封闭建筑物，与室外隔绝完全依靠机械设备。现在，他们需要弄清楚这些设备是用于偶尔改变的环境条件作为永久连接器，还是作为永久分隔器与外界永久隔离。在使用暖通空调(HVAC)设备的地方，要求安静的空间，如卧室、会议室，无论是在水平方向还是在垂直方向，都应尽量远离噪声设备。

不要以为我们可以依靠复杂的、耗能的机械系统提供可接受的温暖环境，不管我们选择的设计方案对环境多么不负责任，我们都必须首先承诺，通过不依赖耗能的被动手段最大限度地发挥建筑的潜力，建立舒适的环境。这种方法旨在用机械系统补充建筑的贡献而不是纠正建筑的问题。

引自大卫·李·史密斯，《建筑的环境问题》，威利出版集团，2011 年。

建筑与工程注意事项

在北美大多数地区，精心设计的建筑物屋顶、墙壁、窗户和内部表面可在一年中的大部分时间里保持舒适的室内温度。建筑物的形式连同气候促成了空气的流动，机械的辅助作用可以加快空气流动的速度。

机械工程师根据成本、预期入住率、所需设备的占地面积、维修要求和系统的控制方法，确定在大型建筑中使用哪种暖通空调(HVAC)系统。建筑师必须与工程师沟通协调，以确保建筑和室内设计与工程系统相结合。

建筑师和工程师共同评估能够影响建筑物供热质量的问题，如影响机器设备尺寸和燃料消耗的保温材料和遮光材料的选择。建筑的设计元素可以减少系统的运行费用，降低暖通空调(HVAC)设备的规模和初始成本，但是会增加建筑施工的初始成本。成本效率分析有助于确定被动和主动方法之间最佳的经济平衡点。

室内设计的影响

建筑师和室内设计师都关心管道系统的位置和尺寸。机械设备产生的噪声也是他们共同关注的问题。

在项目初期，建筑师必须考虑中央暖通空调(HVAC)机房的尺寸和位置，可以是单独的空间，也可以是几个空间的组合。暖通空调(HVAC)的使用要求会对空间规划、天花板的高度和其他室内设计问题都有较大影响，所以在这个过程中早期参与进去是一个好主意。

管道系统的位置和尺寸决定在楼层之间垂直运行的配送设备管槽的位置。悬吊式天花板网格更易于布置管道。有了恰当的早期规划，在最终的机械设计中只需要对平面图稍加改动即可。

必须沿外墙为那些外露的终端交付设备(如配风器、扩散器)分配空间。它们的形状和位置必须与室内设计相协调，以避免家具的布置与格栅或壁挂单元的位置冲突。温控器的位置由工程师决定，也要看周围的热源，但它会影响内部空间的视觉效果。

暖通空调(HVAC)的分布格局直接影响室内设计师的工作。规范对建筑物高度的限制可能会影响地板到天花板的高度。天花板的高度和从高到低的空间过渡直接影响室内的容积和关系。管道系统会降低天花板的高度，也会影响采光设计。

加热和制冷系统不断发展，被动建筑的能源设计正在取代旧设备，然而大量的暖通空调(HVAC)设备仍在许多大型建筑物中使用。作为一名室内设计师，应该了解加热和制冷设备如何工作，设备如何影响设计、能效和客户的舒适度，使用开放式办公室还是封闭的私人办公室。这些室内设计问题对机械系统有重大影响，应在设计过程的早期与工程师沟通。

商务办公室的设计正在经历重大变化。在一项灵活的总体规划中，四种基本类型的办公室空间可以互换。这四种类型包括封闭式办公室、在办公桌周围设置隔板的开放式办公室、设有隐私隔墙的开放式办公室、带有独立工作站和不同高度分区的开放式办公室。开放式办公室面临的噪声和隐私问题持续发展。

相同的室内净高、照明布局和暖通空调(HVAC)格栅位置，既能提高办公室布置的灵活性，也能延长建筑物的使用寿命。而天花板照明、空气调节和尺寸的多样性会使走廊、休息室等辅助服务的连接更加困难。设计元素的多样性要求对空间进行全面详细的设计，但是最终的结果对设计师、建造者和用户来说很可能是一个更为复杂和有趣的建筑。多样化可以帮助用户定位和区分彼此的空间。

有些空间需要不同的热量条件。在冬季，我们希望办公室比从外部过渡到内部的流通空间相对温暖。更接近室外温度的过渡空间可以使主要空间更舒适，而不需要过度的加热或制冷在建筑物的整个生命周期内节约能源。

空气流通和通风系统的设计与家具的布局相互作用，甚至像贴砖橱柜、隔音屏这类不到5英尺(约1.5米)高的家具也会阻碍空气流通。如果墙壁或全高度隔板封闭了空间，则每个封闭空间应至少有一个供气口和一个回风口或排风口。

暖通空调(HVAC)的设计过程

项目的范围和程度因项目的规模和复杂性有所不同。对于小型建筑物，暖通空调(HVAC)的选择和设计可由建筑师单独或在机械承包商的协助下完成。更大、更复杂的建筑则需要咨询工程师，有时还需要咨询其他专家，如消防工程师、实验室顾问。

一旦确立了主动暖通空调(HVAC)的设计范围，机械工程师会根据系统的性能、效率及初始和使用寿命成本来选择暖通空调(HVAC)系统。工程师要考虑燃料、电力、空气和水的可用性及其运输和储存手段，是否需要引入室外空气也需考虑，对系统服务为不同区域提供不同需求的灵活性进行评估，重新审核加热和制冷分配系统的类型和布局，致力于做出高效的短距离直线式运行的布置，力求最大限度地减少转弯和偏移，以减少摩擦损失。

暖通空调(HVAC)设备可以占建筑面积的10%~15%。建筑物的尺寸要求取决于供暖和制冷荷载，以及被动式设计的角色。有些部件需要额外的空间用于维修和保养。建筑规范可能会要求设备区域建有能够控制噪声和振动、能防火的围墙。重型设备可能需要额外的结构支撑。

集中与局部设备

机械系统的设计者要清楚建筑物的主要需求——以供暖为主导还是以制冷为主导。由于气候是影响小型建筑的一个重要因素，而且对供暖和制冷的需求可能因房间而异，因此对于集中系统局部设备可能是更好的选择。

一方面，集中式暖通空调(HVAC)设备通常设在所用空间以外的地方，以便定期维护。大型设备还可以促进能量的回收。另一方面，集中式暖通空调(HVAC)系统以树状结构分配热量或冷气，在横向和纵向上都占用了大量空间(图14.1)。此外，要使这些设备与照明、天花板设计、其他室内设计元素相协调。一件设备的故障可能会影响整个建筑物。当启动整个系统却只服务一个区域时，就会造成能源浪费。

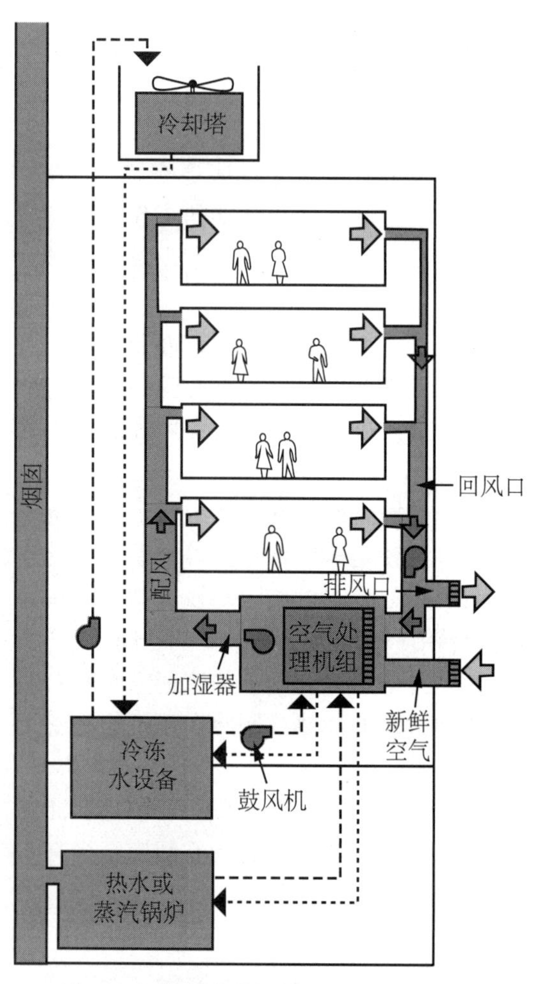

图14.1 集中式暖通空调(HVAC)系统

局部暖通空调(HVAC)系统对同时出现的不同需求反应更快，这在以外壳为主导的建筑中很常见。此类系统的树状结构更短，控制系统更简单，然而房间中的设备会产生噪声，在那里进行维护也可能造成破坏。

历 史

公元1世纪，古罗马的**火坑供暖装置**从设在地板下方的中央炉输送暖气，暖气通过墙壁中的烟道上升。地板上通常覆盖一层灌浇混凝土，并铺设瓷砖或马赛克。遗憾的是，这个早期的中央供暖系统随着罗马帝国的灭亡而消失了。

在中世纪的西欧，房间中央的开放式火炉为厨房提供热量、光线和用于烹饪的火，烟从屋顶或高窗排出。12世纪烟囱的发明使建筑物相对无烟，但取暖也变得更难，与火炉相连的壁炉也只有大约10%的能效。最终，能效高达30%~40%的陶瓷炉在欧洲的寒冷地区广受欢迎。

在大庄园里，每当寒冷的夜晚降临时，所有人都在大厅入睡，因为那里有炉火供暖。有时用厚窗帘将大的加热空间分隔成具有不同热环境的小隔间和隐私区域。后来，这演变成庄园主和夫人的大床，从天花板垂下的帷幔遮挡在床的四周，后来又演变成在床上安装框架支撑帷幔。

英国殖民者把壁炉带到了美国。本·富兰克林发现，人们为了获取燃料而砍伐城市周边的森林。于是，他发明了一种节能的铸铁炉。

18 世纪，工业革命给欧洲带来了蒸汽热。蒸汽通过管道输送到公共建筑和富人的住宅。蒸汽管道的表面非常热，空气干燥得令人不舒适，还会产生烧焦灰尘的气味。

18 世纪，北美的家庭在地下室里都设有一个大的煤炉，通过管道网络将加热的空气送到主要房间的通风口。1880 年前后，许多建筑被改造成使用蒸汽系统，先由煤炉加热水箱，然后热气管将蒸汽和热水输送到与暖气管相连的排气口。

到 19 世纪，集中供暖在大型建筑中流行起来，在多层建筑中安装重力空气和水系统，在地下室的木柴堆或煤箱旁安装火炉或锅炉，加热的空气或水通过自然对流被运送到整个建筑物。

20 世纪开始，气流受加压通风系统中的风机控制，导致风管运行的距离过长，因此也可能会驱动冷空气。而真正的主动冷却直到第二次世界大战后才在建筑物中出现。

随着电照明和空调的日益普及，楼层平面图越来越宽，中心内部也越来越大。例如，在纽约洛克菲勒中心的 RCA 大厦(1931—1932)保留了一个类似板条的平面图，日光可以从这里到达工作区域，按照设计工作区环绕在一个包含电梯、其他服务空间的核心区四周。中央锅炉、制冷机组和风机房通过庞大的树状结构设备提供大量的加压冷却空气。20 世纪中叶，玻璃幕墙的出现和二维的现代化外观使空气分配树在视觉上具有干扰性，因此它们被移到建筑的核心部位。

建筑类型的多样化使采暖与制冷系统更复杂和专业化。设计的专业化和设计责任的分离导致一体化设计过程的不完善。这对业主不利，也阻碍了高性能建筑的发展。现在，设计过程正朝着完全集成的方向发展。

建筑节能

建筑师和工程师们正在设计使我们摆脱对不可再生能源过度依赖的建筑系统。为了保护自然资源和环境，建筑工程师正在寻求解决方法，旨在使加热和制冷工作既能为机械系统服务又能为自然通风和采光系统助力。节能设备包括锅炉省煤器、循环线圈、循环节能器、储能器、地热交换系统(表 14.1)。

表 14.1 节能设备

类 型	说 明
锅炉省煤器	锅炉的烟囱排放出来的热气体可以预热锅炉里的水
循环线圈	在进气管和排气管之间传递热量
循环节能器	凉爽的室外空气有助于制冷循环，因为它可以冷却再循环的室内空气，可以过滤和调节室外空气
储能器	大型建筑中的中央储水罐和储冰罐可以利用每天的温度变化提高能效、减少能耗
地热交换系统	地热井采掘地球的深层热源
	地源热泵利用近地表热量
	水库和其他水体可以用作散热器

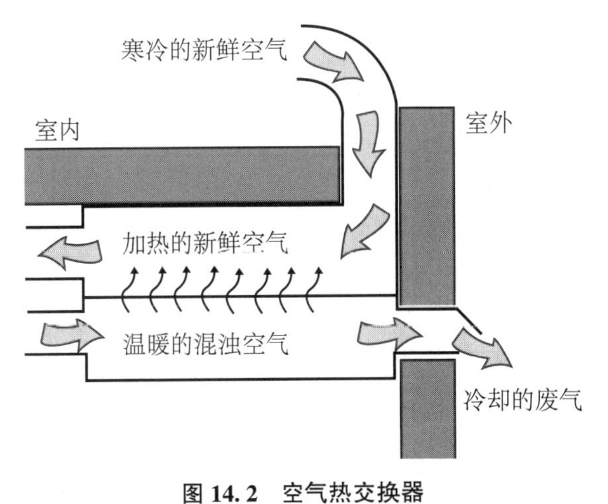

图 14.2 空气热交换器

热交换器

如今，**热交换器**已被广泛使用(图 14.2)。它们也被称为热回收通风机(HRV)、空气热交换器。它们从正在排出的空气中回收热量，然后使其与室外空气一同进入建筑物，从而节约了加热能源。热交换器的出入气流彼此相邻。如果条件允许，两股气流就会在中心加压风机处或者在建筑物设有风机的位置合二为一。

现在使用的各种热回收装置有循环线圈、热管交换器、能量传递轮、热管和加工后的废热回收器(表 14.2 和图 14.3、图 14.4)。

表 14.2　废气中的热回收

闭合循环	进入和排出气流中的翅状散热线圈内的流体，由两股气流交替加热和制冷，能传递显热
开放循环	吸湿式液体喷雾在空气流之间传递显热和潜热，两个进气管道不必紧挨着
空气热交换器	进气管和排气管在受热时聚集在一起，但被传热表面隔开以供显热通过
能量传递轮	蓄热轮：表面面积大的旋转轮从进气和气流中吸收热量，并释放显热和湿气到排出气流中
热管交换器	线圈包含一束带有散热片的直管。每根管都是独立的热管，被动式热交换器，无活动部件的被动式换热器，使用寿命长，无须维护。只回收显热。效率非常高
工序废热回收器	热交换器、热泵在低温下能从冷排水管或其他方法中提取热量。用热交换器、热泵给厨房和洗衣机的排水管加热

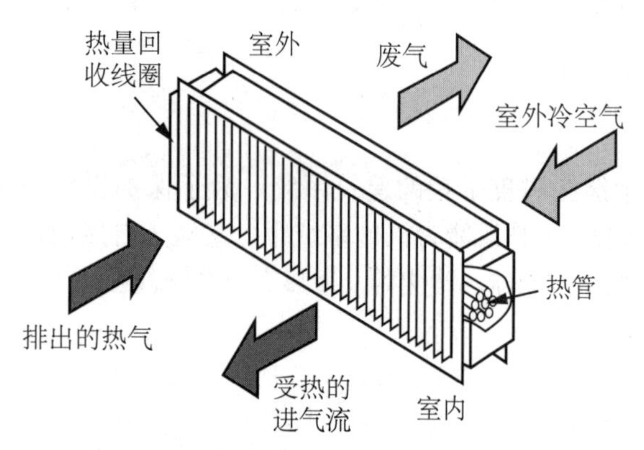

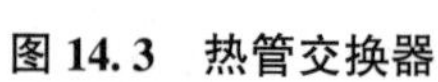

图 14.3　热管交换器

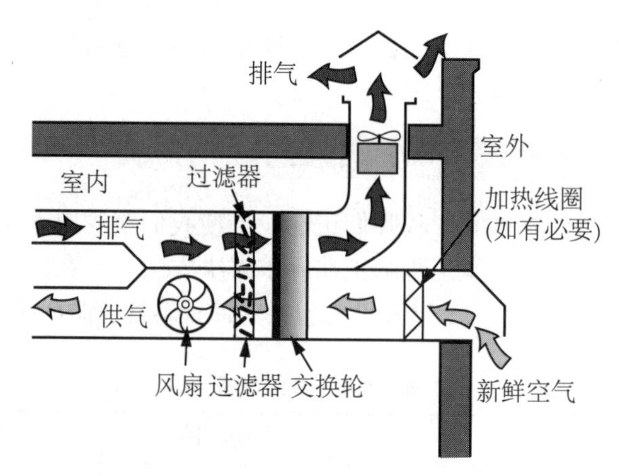

图 14.4　能量传递轮

加热和制冷设备具有能效等级，包括 AFUE、COP、EER、IPLV、SEER 等(表 14.3)。

表 14.3　加热和制冷设备效率评估系统

评　级	定　义
年燃料利用率(AFUE)	年燃料输出能量与年投入能量之比；包括任何非季节的试用性输入损失。加热和制冷设备
性能系数(COP)	对于冷却系统：在相容部件中散热率与能量输入率的比率
	对于热泵系统：在相容部件中热传递率与能量输入率的比率
能效比(EER)	以 BTUH 为单位的设备净冷量与以瓦特为单位的电力总输入率之比。当使用相容部件时，这个比例与 COP 相同
集成部分的荷载值(IPLV)	绩效的单数数值。空调和热泵设备的低负荷效率
季节能效比(SEER)	以 BTUH 为单位的制冷除以在同一时期内以瓦特/小时输入的总电能。空调在正常年度使用期间用于制冷的总制冷输出量

规范和标准

在美国，建筑规范很少会特别要求建筑物提供暖通空调(HVAC)系统或者建筑物必须是热舒适的。然而一旦决定要提供暖通空调(HVAC)系统，就会有许多规范、标准和准则来规定具体部件或设备的设计和安装、系统的布置和安装、整个系统的性能(尤其是能效)。

2013 年《ASHRAE 基本原理手册》(ASHRAE 2013)提供了一系列适用于暖通空调(HVAC)的规范和标准。三个重要且经常遇到的标准和指导方针如下：

* 《非低层住宅建筑物能源标准》(ANSI/ASHRAE/IES 标准 90.1-2013)。
* 《可接受的室内空气质量通风标准》(ASHRAE 标准 62.1-2013)。
* 《低层住宅建筑中的通风和可接受的室内空气质量标准》(ASHRAE 标准 62.2-2013)。

现在，大多数建筑法规都包含适用于所有新建筑(包括独栋住宅)的最低节能要求。

《2012 年国际节能规范》(IECC)是一个标准守则，为提高能源效率制定了最低的设计和施工要求，参照商业和住宅项目的标准。

《国际住宅规范》(IRC)规定，用于采暖和制冷荷载计算的室内设计温度，加热时最高为 72 ℉(22 ℃)，制冷时最低为 75 ℉(24 ℃)，必须至少有一个可编程的恒温器，其他节能措施也适用。

美国国家消防协会(NFPA)发布的许多消防标准也是重要的资源，其中包括采暖和空调系统的标准。

采暖系统

有四种方法可以将热量引入建筑物，即现场燃烧、电阻、现场热源的热传递或能量摄取(表 14.4)。但是，具体可用的设备却有几十种。

表 14.4 将热量引入建筑物的方法

类型	能源	要求	环境	效率
现场燃烧，通常在建筑物内	天然气、石油、丙烷、木柴、煤	需要提供助燃空气，以及排放燃烧废气	大多数燃料不可再生；会产生碳排放；产生热空气或热水	不同燃料的效率不同，现代设备的效率高达 95% 左右
电阻	厂区外电力设施、现场光伏电力或风力	不需要提供助燃空气或废气排放装置	可以产生热空气或热水	在现场的效率约为 100%，现场之外的效率约为 33%
由现场热源传递的热量	可以利用供电或自供电	热交换器、热泵等	可能产生热空气或热水	可以非常节能
能量获取	太阳能、风力	由非热源的能量转化为热量	容易产生热空气或热水	来源往往是无碳的，无须成本

中央采暖系统

中央热源包括电、燃料、太阳辐射，以及其他能将热能传递给流体(空气或水)的热源。随着温度升高，流体从液体变为气体。

中央采暖设备的选择在很大程度上取决于承载能力和经济因素。系统组件取决于燃料的类型和可用的空间。在可能的情况下，从照明、人员和设备中回收内部热量，可减少采暖设备的规模和能源的使用。

中央采暖系统通常根据传热介质(空气、蒸汽、水)和能量来源进行分类。天然气、石油、煤、木材和固体废物等燃烧系统，需要空气才能燃烧。冷却机械设备的空间还需要一个排放燃烧气体的烟道，它们通常位于建筑周边或屋顶以便于通风。

中央采暖系统的基本类型包括加压气流、热水、电阻、辐射、主动式太阳能等加热系统(表 14.5)。

表 14.5 中央采暖系统

系统类型	说　明	优　点	缺　点
加压气流加热系统	气体、石油或电炉加热的空气由风机通过管道系统输送到配风器或扩散器。用于加热房屋、小型建筑物	可以通风、制冷、控制湿度和过滤。反应迅速	管道体积庞大、噪声大。难以安装在翻新房屋和小型建筑的分区中
热水加热系统	在锅炉中加热的水被泵入管道、输送到散热器或对流器。与蒸汽加热相似	紧凑型墙内管道；地板辐射供暖。非常安静，容易分区	通常只加热，无通风、湿度控制或过滤。可能会泄漏
电阻加热系统	电导体阻止电流通过并将电转化为热量。加热元件在加压空气加热系统炉或管道系统中，在液体循环加热系统的锅炉或空间加热装置中	结构紧凑，反应快，容易分区，安静，初始成本低	运行费用高(热泵除外)，能源效率低
辐射加热系统	在天花板上、地板下面使用热水或电阻加热电缆加热的管道或水管提高温度	辐射天花板可以加热和制冷	辐射地板对温度的变化反应较慢
主动式太阳能加热系统	利用太阳能集热板、热循环和分配设备、热交换器，通过吸收、转移和储存太阳辐射的能量加热或冷却建筑物	可持续的热源	需要储存设施

建筑的采暖燃料

前面已经讨论，我们能利用的最强大热源是太阳。任何建筑采暖系统都必须从评估可获得多少免费的太阳热量开始，并留意其他哪些燃料来源可以作为补充热源。如今的美国，建筑能源的主要来源仍然是矿物燃料(表 14.6)。

表 14.6 建筑采暖的燃料

燃　料	说　明
石油	在中央系统中燃烧，然后以蒸汽、水或空气的形式分往各处，效率约 85%。由卡车送到建筑物中，用储油罐存储
天然气	效率高达 95%左右。不需要在建筑物中存储。添加了独特的气味以帮助检测泄漏
液化气	丙烷和丁烷是在适当压力下变成液体的石油气体。在增压钢瓶中运输，与建筑燃气管道相连。用于偏远地区的小型装置
煤炭	很少用于新建住宅的采暖；需要复杂的采暖系统，维护要求高。体积大、笨重、脏
木材(薪材)	需要存储空间。燃烧不充分时会释放危险的气体。必须经常清洁烟囱以去除木馏油(焦油残余物)
木屑颗粒	密度致密的木屑颗粒，高效、清洁、节省存储空间，产生的污染比薪材少，通过螺旋钻自动送入炉灶
电力	只需要很少的分配空间；便于个人控制。在空间内的效率为 100%，但考虑用于发电的燃料，总的来说只有 30%

矿物燃料包括天然气、石油和煤炭。采暖系统是大多数家庭中最大的能源消耗，在寒冷地区占每年能源账单的三分之二。根据美国能源部(DOE)的《建筑物能源数据手册》(2012 年 3 月)记录的数据显示，建筑物消耗占美国一次性能源消耗的 41%。

电化石燃料或核能每产生每一个能量单位，就有 2 至 3 个能源单位被丢弃到水道或大气中，因此在燃料消耗方面，电热的效率大约是在建筑物内加热装置中直接燃烧的燃料效率的一半。

有关燃料来源的更多信息，请参见第一章“环境条件与场地”。

太阳能采暖系统

使用太阳能采暖可以节约矿物燃料，降低大气污染物的排放水平，还可以现场自给自足。照射在建筑物上的阳光量通常携带足够的能量，使建筑物全年保持舒适。大多数太阳能采暖系统可以承担建筑物 40%~70%的热荷载。

在纯粹的被动式太阳能设计中，太阳是唯一的能源，建筑物本身就是太阳能系统。本章着重于主动式和混合式太阳能采暖系统(表 14.7)。

有关被动式太阳能设计的更多信息，请参见第二章“为环境而设计”。

表 14.7 被动式和主动式太阳能采暖系统的比较

被　动	主　动
建筑物就是采暖系统；没有单独的热量收集装置	通常使用室外集热器阵列收集热量
热能通过辐射、传导和自然对流自然地流动，没有泵或风机	热量通过风机、水泵和其他机械设备输送
没有存储设备	热量通过水或空气从隔离的存储装置输送到建筑物
无机械元件；很少或没有噪声	机械分配系统
使用寿命与建筑物相同；无活动部件	通常可持续 20 年，直到有设备需要更换
在很大程度上取决于当地的位置和气候	更容易控制热量，更容易改造

住宅太阳能采暖系统通常用于小型的、在外部加载的建筑物，可以根据气候和场地条件设计这些建筑物。

商业建筑可能是大型的、内部加载的建筑物。在寒冷的季节，这类建筑从所处的气候和场地环境中只能获取最低的热量。对于隔热良好、有内部荷载和通风需要的建筑物而言，被动式太阳能采暖可能不是最好的解决方案。主动式或混合式太阳能供热系统可能是更好的选择。

主动式太阳能采暖系统

主动式太阳能采暖系统可以更好地控制建筑物的内部环境，并且可以装配到大多数现有建筑物中。主动式太阳能采暖系统利用平板型收集器吸收太阳能，热量通过导热流体从热量收集器中移到存储器(图 14.5)。该系统使用泵、风扇、热泵等机械设备通过空气或液体的传输分配热能。大多数系统一直使用电力操作。许多建筑使用混合系统，具有被动式太阳能设计特征，采用电驱动风扇或泵。

主动式太阳能采暖系统有两种常用的集热器，即平板集热器(集热板)、集中集热器。

平板集热器更常见，成本更低，可用于许多设计和材料。太阳光线穿过盖板并加热吸热板的黑色金属表面。在吸热板的管道或通道中循环的流体会吸收热量，并被送到远程的存储装置。当吸收板的温度高于周围环境温度时，集热器失去热量。吸热板上的玻璃可以减少辐射和传导造成的热损失。集热板通常在 4×8 英尺(约 1.2×2.4 米)左右。吸收器可以涂成黑色或具有高效的选择性表面涂层。

集中集热器只利用太阳的直射光线，可以达到比平板集热器高得多的温度。集中集热器用于吸收

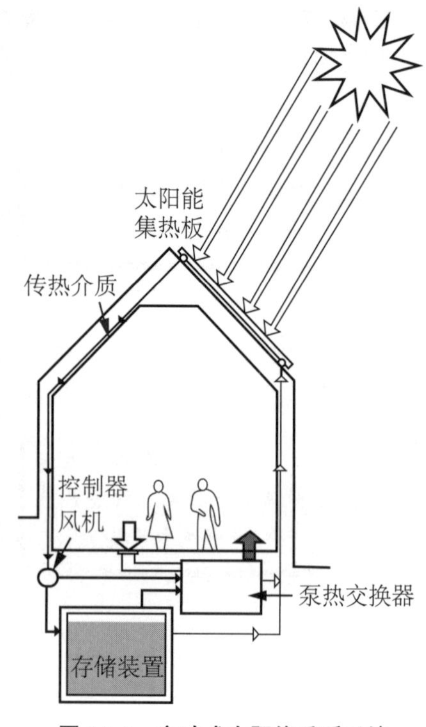

图 14.5　主动式太阳能采暖系统

或循环冷却，或用于产生蒸汽以驱动发电涡轮机或其他设备。通常使用光学透镜或反射器将直射太阳辐射聚焦到比其接收孔径小得多的点上，集中能量以产生更高的温度。大多数集中集热器利用太阳跟踪装置接收最大的直接辐射量。

太阳能热空气收集器使用空气而不是水或其他液体给空间加热。空气不会沸腾或冻结，泄漏也不会造成损坏。暖空气可直接用于加热建筑物。太阳能热空气系统需要风扇电源、大型集热器和管道。

太阳能收集器可以放在阳光直射下的建筑物附近或建筑物上面，通常是在屋顶上。收集器阵列的最佳尺寸需要视具体的安装条件而定。

需要为长时间低日照或停电准备后备电源系统，以提供补充热量。热泵可以作为加热和制冷的备用设备。

主动系统的储存设施把热量存储于装满水或其他液体的保温罐中，以备在夜间和阴天使用。空气系统则把热量储存在石头或相变盐箱中。

主动式太阳能系统中的热量分配与传统加热系统中的热量分配类似，采用全空气或空气-水的输送方式。热泵或吸收式冷却装置完成制冷。

壁炉与柴火炉

在能源成本高和地方法规允许燃烧木材的地区，燃烧木材是家庭常用的采暖方法。壁炉和柴炉需要经常维护，才能保证其安全性和可靠性。

烧木材的壁炉和炉子用干燥的木材或加工木料做燃料，它们会加重室内外的空气污染，释放一氧化碳、刺激性颗粒，有时还会产生二氧化碳。烟尘会引起人的鼻子和喉咙发炎，并诱发哮喘。为了保持烟囱的清洁和尽量减少污染的风险，建议用小火燃烧，而不是烟雾腾腾的大火，使用风干的木材，并提供充分的通风。木材储存需要大量的干燥空间。

规范和标准

严格的环境法律可能会禁止在某些时段燃烧木材，但经过认证的清洁燃烧器具(通常指工厂制造的壁炉或火炉)除外。美国环境保护署对燃烧效率和允许的颗粒排放物都做了明确的规定，并据此出台预制壁炉和炉灶的认证标准。

2015 年，《国际住宅规范》(IRC)确定对烟囱和壁炉的要求，包括壁炉边地面的长度、门楣、净空等，还有对工厂建造的壁炉和烟囱及砌体加热器的要求。

ANSI/ASHRAE 标准 90.2 要求壁炉必须配有严实的挡板、燃烧室门，燃烧室内必须有助燃空气源。预制壁炉和柴火炉的燃烧效率和颗粒物排放应该获得美国环境保护署(EPA)的认证。

壁　炉

从技术上讲，壁炉是烟囱中有框的开口，其目的是能够容纳明火并承受燃料的燃烧。现代壁炉结合了砖石结构和钢结构，有的几乎都是钢铁。

壁炉的设计应该能够将烟雾和其他燃烧副产品安全地排放到室外，并且能将热量最大限度地舒适地散布到室内。设计者必须确保壁炉与可燃材料之间的安全距离。多面壁炉对房间的通风很敏感，所以不要把壁炉的开口设在与入户门相对的位置。

为了能够燃烧充分，炉火需要稳定的气流。传统的壁炉吸收房间内部的空气用于助燃。标准的壁炉只有约10%的效率，除非它有热交换器、室外助燃空气和门。如果有直接的外部气源，其效率可增加20%~30%。

新壁炉采用的金属火炉可以使燃烧室周围的空气流通起来，还可以用风扇增加室内流通空气的热传递。

砌体壁炉能够加热壁炉和烟囱，烟囱使炉火的热流得以延长并平稳地散发出去。砌体结构可以利用外墙，或者采用带有中心砌筑竖井的木框架结构聚拢烟道。

壁炉和烟囱的各个部分都用传统术语表示(图14.6)。烟道产生气流，可将烟气排出室外。烟腔连接壁炉的吸烟口和烟囱的烟道。烟腔底部的烟挡可以使从烟囱下来的气流发生偏转。壁炉吸烟口是烟腔和烟道之间的狭窄通道，它安装有一个风门，调节壁炉中的气流。燃烧室是燃烧发生的膛室。壁炉前边的地面是炉膛的延伸，一般用不燃材料，如砖、瓦或石头等。一座建筑的烟囱可以供多个壁炉使用，也可以排放其他热源。

室内设计师尤其要参与壁炉周边的设计。壁炉的地面通常由不燃材料(砖、瓦、石)制成，将壁炉的地板延伸到房间中，以防止飞溅的火花引起火灾。烟囱管道和壁炉罩经常被视为房间中的焦点。烟囱管道是墙壁的一部分，向房间内突出几英寸。壁炉台可以装饰壁炉的顶部。

燃木壁炉包括传统的砖石砌体、高效(HE)或混合燃木、预制成品、拉姆福德(Rumford)、热循环、无间隙和玻璃封闭式壁炉。

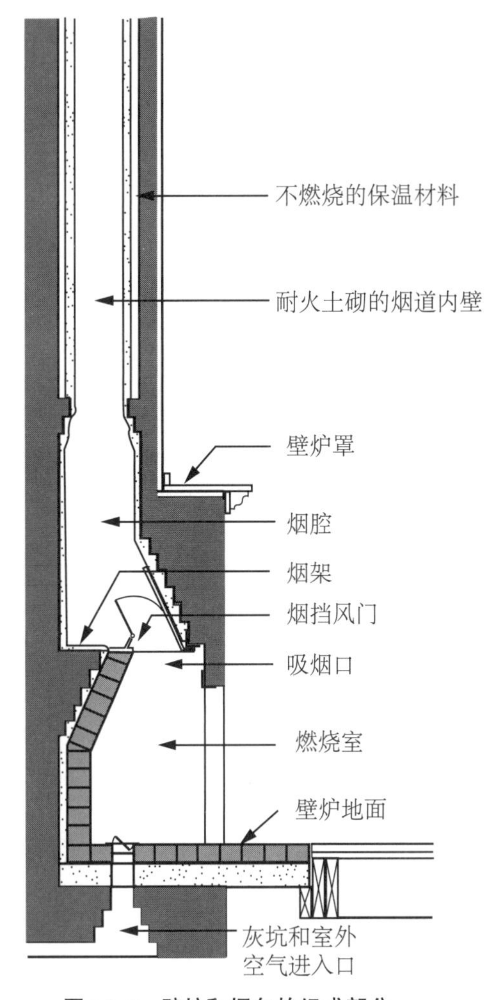

图14.6 壁炉和烟囱的组成部分

原木煤气炉和燃气壁炉通过燃烧天然气或丙烷产生火焰。虽然有些炉子也会产生热量，但大部分火焰是装饰性的。燃气壁炉只需要一个小的通风口。直排型可以直接通过外墙通风，不需要烟囱。

陶瓷底座原木煤气炉与壁炉中的燃气启动器或燃烧室的钢索连接。原木煤气炉应该安装在只烧木柴的壁炉里，并且总是在风门打开的情况下使用，这样一氧化碳等燃烧气体就会通过烟囱排出。

可通风的**原木煤气炉**依附在一个气体装置上，可用于任何经过美国保险商试验所(UL)列出的固体燃料壁炉。无通风口的原木煤气炉可用于任何美国保险商试验所(UL)认证的固体燃料壁炉，或用于美国燃气协会(AGA)设计认证的无通风口壁炉。两者都可以直接放置在炉箅上或者火焰盘上，上面覆盖一层火山颗粒，模拟柴火。

电壁炉火焰看起来很逼真。它们可以插入电源，安装在任何一个房间里。尽管电辐射热并不节能，电壁炉还是被设计成用加热器控制壁炉的开关。火焰实际上是由一个设计巧妙的灯泡产生的。尽管电壁炉本身摸起来感觉很凉，但还是要避免在其出风口附近放置窗帘或其他易燃材料。

柴火炉

柴火炉可能是采用被动式太阳能采暖方式的小型建筑中唯一的机械热源。新式柴火炉采用金属外壳，比老式火炉的效率更高，在室内外产生的颗粒污染物也少得多。

柴火炉的位置会影响家具的布局和空气流通的路径。“看到”炉子的区域会获得大部分辐射热，导致炉子附近成为热点区，视线被遮挡的地方称为冷点区，所以必须在热炉周围留出空气循环路径。此

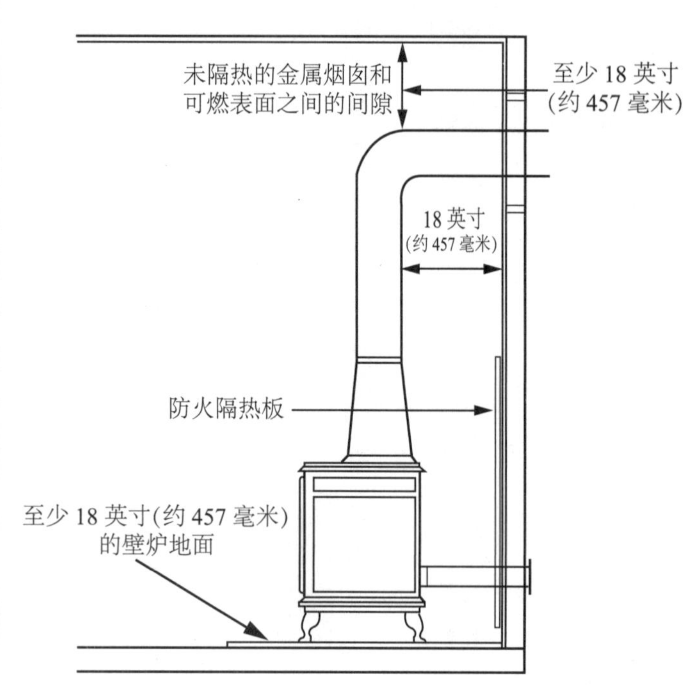

图 14.7 柴火炉

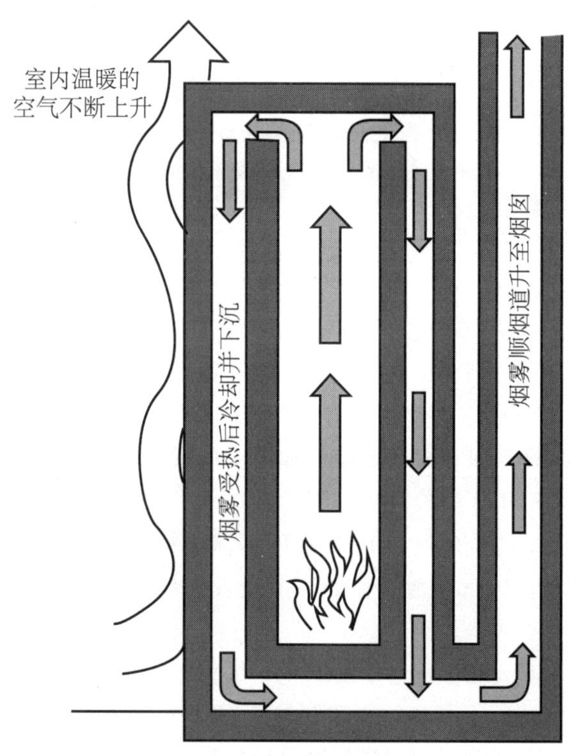

图 14.8 砖石加热炉

外，还要规划出储存柴火的空间。柴火间要有遮盖，通风良好，进出方便，足够大，能储存充足的木柴。

柴火炉必须与可燃表面保持安全距离(图 14.7)。柴火炉的非隔热金属烟囱与可燃墙壁或天花板表面之间的距离至少为 18 英寸(约 457 毫米)，火炉本身距离最近的墙壁至少为 36 英寸(约 914 毫米)。如果墙壁有防火隔热板作保护或有 1 英寸(约 25.4 毫米)的净空隙，则这个距离可以减少到 18 英寸(约 457 毫米)。

柴火炉比热循环壁炉更有效。有些炉子只散发热量，而另一些炉子会加热流经燃烧室周围的对流空气。精密气流调节器和其他控制器可调节热量输出。

催化燃烧器通过在较低温度点燃木柴、燃烧气体，产生较多的热量和较少的杂酚油，从而减少空气污染。带有催化燃烧器的柴火炉只燃烧天然木材，用少量未着色的纸点燃。

球团炉燃烧由高密度的锯末制成的球团，这是一种生产副产品，它们的效率很高，排放的污染也很有限。颗粒燃料与薪材燃料相比更清洁，储存占用的空间也较少。电动螺旋钻自动将燃料注入炉子，以保持火势。

砖石加热器(砖石加热炉、俄罗斯或芬兰炉)的高度通常大于它的宽度和深度(图 14.8)。垂直的内部燃烧室产生高效、清洁的燃烧。热量传递到砌体的外部表面，夜晚在火焰熄灭后仍然平缓均匀地散发热量。砖石加热炉可有效燃烧高达 99%的可燃木块和气体，将存储在蓄热体中的能量在几个小时内缓慢且均匀地辐射到空间内，并加热实心物体，然后再把热量辐射到空气中。它们可以与被动式太阳能采暖系统一起使用，排放的颗粒也比柴火炉少得多。

烟囱和烟道

我们通常把烟囱和壁炉联系在一起，但是锅炉和炉子也有烟囱。燃烧矿物燃料会产生一氧化碳和二氧化碳。烟囱将这些气体和其他燃烧产物从建筑物中排出。

无管道的烟囱把室外空气吸入房间，会产生气流。所以，最好提供一个管道，把有助于燃烧的空气直接从室外引到火炉的底部，而不经过房间。

由于柴炉的烟道携带非常热的气体，所以可以安装在炉子外部以便产生辐射热，但是必须使其与可燃结构隔离。

预制烟囱正在取代庞大笨重的现场砌筑烟囱。预制烟囱的锅炉和火炉的效率更高，能除去废气中大量的热量，这样烟道就可以变小，甚至可以直接在墙壁上穿洞向外排放废气，从而取代烟囱。

机械采暖系统

使用机械系统需要在屋顶安装设备、格栅和管道，还要在内部配备机械装置，建筑物的外观会受到影响，因此需要尽量减少主动控制的量而使用高效的设备。首先应考虑被动系统的能力，它们可以与主动系统一起使用，以减轻能源消耗和碳排放造成的影响。

热舒适度和室内空气质量(IAQ)改善系统包括许多单一用途的部件。它们与整体建筑结构的结合并不紧密，除了建筑师外，通常由顾问设计。

> "暖通空调(HVAC)"(加热、通风和空气调节)一词用于描述主动控制系统。术语"空调"通常用作暖通空调(HVAC)的同义词。

暖通空调(HVAC)系统应该能够通过采暖和(或)制冷，空气的湿度、空气的速度和方向，以及室内空气质量控制空气的温度。

一定要了解，机械设备对室内设计的决策有影响。"我们不能等到签署项目的合同文件阶段才知道可能需要一个下垂的拱腹来容纳通风管道，或者必须在一个主要空间的中心增加一个垂直的暗管。"(大卫·李·史密斯，《建筑的环境问题》，威利出版集团，2011 年)

小型建筑物的采暖设备

把中央空调设备设置在单独的空间而不是分散在每个房间，这样既便于维护又不会影响居住者的活动。中央系统的树状结构包括空气管道和排水管。空气管道体积庞大，通常安装在天花板上方和垂直暗管中。排水管较小，可以与结构柱集成安装。管道和管子都会产生噪声。

以外围护结构荷载为主导的建筑物，如汽车旅馆，对热量的需求不同，但需求可能同时发生，这就需要建立逐个房间的解决方案来快速响应个别房间的需求。小型建筑物的采暖设备包括加热器、暖气管、热泵、辐射和液体循环系统、风机盘管机组(表 14.8)。

表 14.8　小型建筑物的采暖设备

设　备	描　述
燃气踢脚板式取暖器	通过对流和辐射产生局部热量，效率达 80%。由风扇直接向外排放废气
电阻式取暖器	局部热量。考虑到电力来源，效率大约为 35%。表面可能非常热；避免与人和易燃物接触
热水踢脚线散热器系统	串联回路，1 管、2 管、4 管地排列
局部空对空热泵	周边都有空间的建筑物(如汽车旅馆)；用户控制，可以屏蔽设备的噪声
吊顶辐射板	电阻接线；在天花板下方使热空气分层。可用于采暖和制冷
液体循环加热辐射采暖地板	可能需要小于地板面积的面板。一般用交联聚乙烯(PEX)管
液体循环加热的周边和空气	带有架空空气处理系统的热水采暖管
风机盘管机组	用于空间内的采暖和制冷

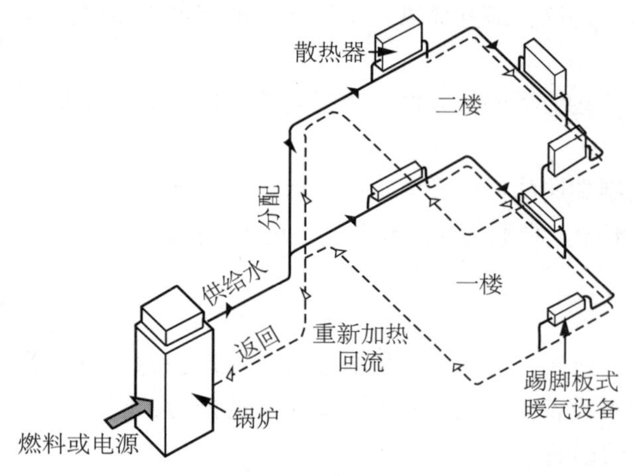

图 14.9　热水采暖系统

热水和蒸汽采暖系统

热水(**液体循环加热**)系统通过在锅炉中加热的水为建筑物供暖。热水由泵推送到管道中，经由管道循环到翅片管散热器、换流器或用于供热的加热装置(图 14.9)。

蒸汽加热系统利用锅炉产生蒸汽，通过管道输送到散热器。蒸汽从中央锅炉上升到散热器，其中一些凝结并排回锅炉。当蒸汽凝结成水并在倾斜的管道中流回原点时，热量就会释放出来，这样一来一个管道就可以同时用于供应和回流。

锅　炉

锅炉是一个封闭装置，由容器和管道组成，水在容器中加热或产生蒸汽。一个水平管道排出锅炉里的废气，并连接到称为烟囱的垂直烟道部分。锅炉也需要空气通风，因此需要在房间的相对两侧设有入风口和出风口。

锅炉系统需要燃料、热源、水泵或风扇驱动水。热源可以是电阻或者是现场燃烧。一个分配系统、热交换器或空间内待加热的终端，加上一个控制系统组成了整套设备。所用锅炉的类型取决于加热负荷的大小、可用的加热燃料、所需的效率、是单一装置还是多个模块组成。

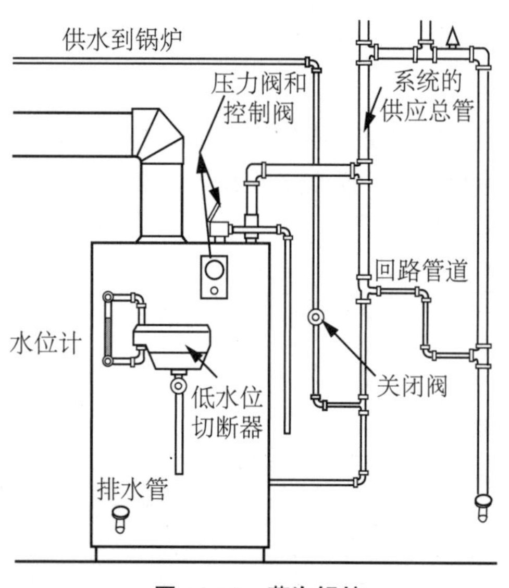

图 14.10　蒸汽锅炉

锅炉有多种类型。两种基本类型包括火管锅炉(热气体通过被水包围的桶)和水管锅炉(水通过被火包围的管道)。紧凑型锅炉尺寸小，热效率高，通风方式多样。所有锅炉都需要清洁、操作和维护的空间。

小型便携式钢化锅炉由焊接的钢构件组成，并预制在钢基座上。构件和基座作为一个整体从工厂运来。大型锅炉则在现场建造，被安装在耐火砖砌体中。

锅炉通常用石油或天然气作为燃料。燃煤锅炉要求配备防污染设备来控制由不同粒径的颗粒组成的粉煤灰，以及含有硫和氮的烟道气。烟气容易导致酸雨。蒸汽锅炉通过加热水以产生蒸汽，蒸汽通过管道分配到蒸汽散热器或换流器(图 14.10)。

锅炉的效率取决于锅炉的类型、部件、尺寸，以及锅炉的使用年限。多台小型锅炉的效率通常比一台大型锅炉要高。

散热装置

在**蒸汽采暖系统**中，锅炉产生的蒸汽在压力的作用下通过保温管道进行循环，然后在铸铁散热器中凝结。在散热器中，蒸汽冷却并变成水时释放出来的潜热进入房间的空气中，然后冷凝水通过回流管网返回锅炉。该系统的效率相当高，但很难精确控制，因为蒸汽释放热量非常快。

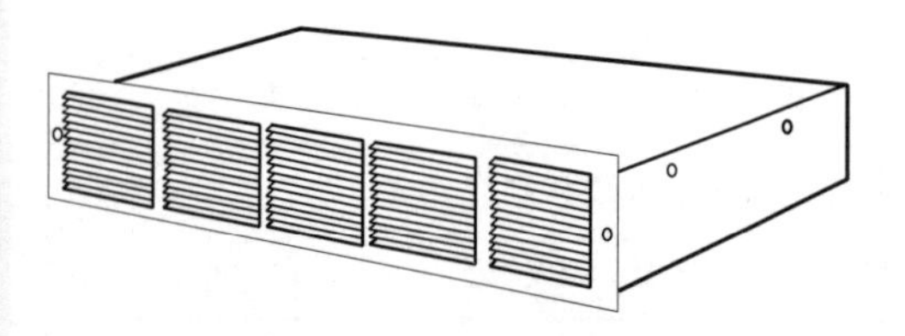

图 14.11　电动踢脚板式散热器

电动或液压**基板散热器**通常是在地板上靠近踢脚板的长形采暖装置。它们的安装成本低，可以提供局部控制，通常使用恒温器，但是大量使用基板散热器通常比燃气或电气中央采暖系统更昂贵。**踢脚板式散热器**是一种小型电热器，通常安装在橱柜下方，用于加热脚和地板区域，一般在选择和安装橱柜时提供(图 14.11)。

液压基板散热器需要管道系统和中央热水供应。如果与高效锅炉一起使用，其效率会很高。液压基板散热器在欧洲被广泛使用，通常比电动踢脚板式稍大一些。

《国际住宅规范》(IRC)规定，所有浴室都应有合适的热源以保持68 ℉(20 ℃)的最低室温。在给以前未加热的浴室供热之前，或者在将采暖范围扩大到未加热的区域(如衣柜)之前，设计师应检查中央采暖系统是否能够应付这一负荷，因为这可能需要一个辅助加热器。超大淋浴间或是有步入式入口的淋浴间可能需要额外的热量，以便使用时感觉舒适。带门浴缸/淋浴的封闭区域也可能需要额外的热量，以提高舒适度。

即使在寒冷的天气中一部分热量会通过外墙损失，热源通常设置在窗户的正下方。保温良好的窗户和墙壁可以保持室内的温暖，建筑边缘对热量的需求较少。

根据连接系统的并联管道数量进行分类，为脚板或散热器服务的热水加热电路有四种主要形式(表14.9)，包括串联回路、单管、双管回送和四管等循环系统(图14.12、图14.13)。

表14.9 热水回路的布置

回路类型	说 明
串联回路系统	水依次流向并通过每个踢脚板或翅片管。单区系统。水在回路末端变冷。没有单独的加热元件关闭装置
单管系统	配件将部分水流分到每个踢脚板处。水在回路末端变冷。没有单独的加热元件关闭装置。区域之间的热控制较差
双管回送系统	分开供水管和回水管。每个踢脚板或散热器的温度都相同。所有水和终端在任何时候都是热的或冷的。回流是反向的，不与供应混合
四管系统	在同一区域同时加热和制冷。冷热水不能混合。两个独立的配水系统有两个循环泵

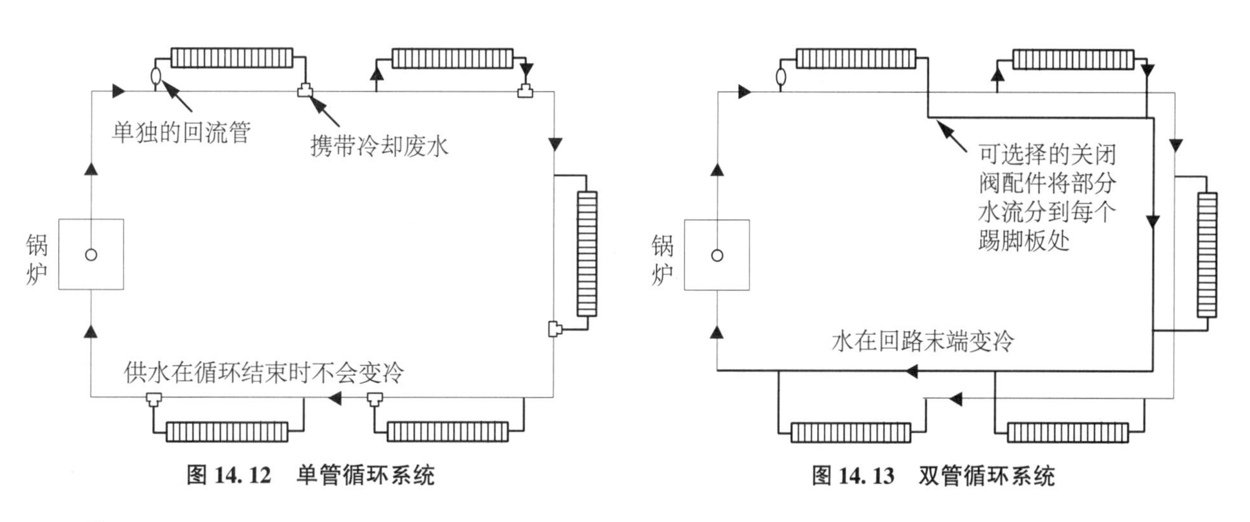

图14.12 单管循环系统　　图14.13 双管循环系统

辐射采暖

辐射采暖系统对空间的外观影响最小，因为它们不需要在视觉上有所体现。

正如我们所看到的，周围物体的表面温度会影响热舒适度。温暖的表面即使在较低的气温下也能保持舒适度。比起将热空气引入空间，辐射采暖通常是一种更舒适的采暖方式。

通过将热量直接传递给物体和居住者，无须先加热大量的空气，辐射热比热空气系统更节能。由此产生的较温暖的表面意味着即使房间没有冷得让人感到不适，但更多的身体热量会因为对流而失去。其结果是空间内的空气温度可以保持较低，通过围护结构的热量也会减少。

辐射采暖系统用天花板、地板，有时也用墙壁作为辐射表面。热源可以是输送热水的管子或管道系统，也可以是嵌入天花板、地板或墙体结构内的电阻加热电缆(表 14.10)。

表 14.10　辐射采暖装置

系统类型	说　明
液体循环辐射板	使温水循环通过管道。比起天花板，更适用于地板
电辐射地板	可为整栋房子供暖，或在厨房和浴室提供局部舒适
电辐射天花板	在翻修期间，隐藏在天花板中的电线可能被扎破
预制石膏加热板	5/8 英寸(约 16 毫米)防火石膏墙板内带有电线接头的电加热元件
电毛巾加热器	或连接到门铰链或墙壁上，或独立安装。不要放在水中可以够到的地方。硬接线或插电式的(挂绳)
液体循环毛巾加热器	由加热系统或热水箱供水。可以安装在浴缸或涡流浴池附近

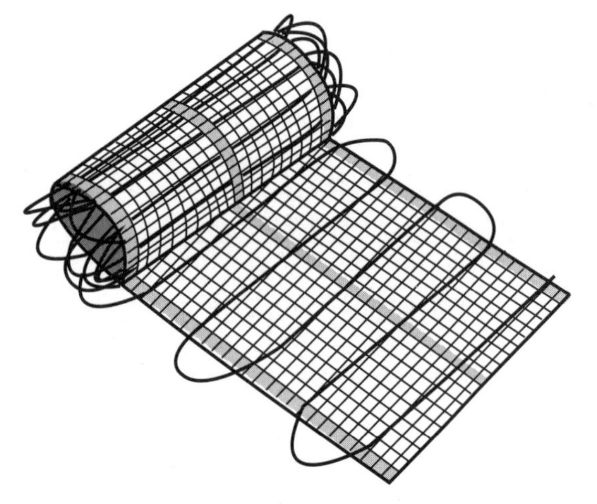

图 14.14　带加热管的辐射地板垫

辐射采暖地板

地板辐射采暖系统非常适合在厨房中使用，因为它们不需要墙壁，没有通风口，也不会妨碍橱柜或家具的摆放。它们可能会要求提高地板的高度，因此需要确保门底净空，以及必要时调整柜子。

> 辐射地板上的地毯或毛毯会妨碍热量交换。特殊的地毯垫则可以促进热量传递。

现在，交联聚乙烯(PEX)管材制成的整块线圈直接嵌入现场浇筑的混凝土或其他地板材料(图 14.14)。木地板下面也可用交联聚乙烯(PEX)或用整体管垫。

家具可能会减少辐射热量的输出，而饰面材料或布局的变化可能会对热量的运行产生影响。桌子和书桌会阻挡红外线(IR)波长到达桌子的上面。地板辐射采暖只能提供补充热量，特别是在寒冷的气候条件下。辐射地板对建筑物内采暖需求的微小或突然的变化反应缓慢。

> 主动式太阳能集热器可以有效地产生地板辐射采暖系统所需的相对低的水温，即约 90 ℉(32 ℃)。

辐射采暖天花板或墙壁

辐射天花板或护墙板加热器由干式墙背后的电加热圈组成。与其他辐射热源相比，辐射天花板或护墙板的热量输出较低。辐射板系统不能对温度变化做出快速反应，经常需要辅以周边的对流装置。如果要彻底调节空气的温度湿度，则需要单独的通风、湿度控制和制冷系统。

> 请勿在厚度超过 48 英寸(约 1219 毫米)的墙壁上安装辐射板，以免在挂画时将钉子钉入电线圈。

预装配的电辐射加热板可以安装在一个模块化的吊顶系统内或明装，以为特定区域供暖。

辐射板避免了强制通风系统固有的一些问题，如管道的热量损失、空气泄漏、高炉鼓风机的能源利用，以及对当地区域条件无法应对的问题。高能效辐射板的安装成本远远低于强制通风系统，但辐射板不能像强制通风系统那样提供制冷。

辐射采热板的大部分热量直接流向面板下方，并随着距离的增大而逐渐下降，温度也逐渐下降，在第一个 6 英尺(约 1.8 米)处温度下降 5 ℉(-15 ℃)左右。这似乎是一个不利条件，但是一些住户喜欢在房间内找到一处相对较凉或更暖的地方。采热板的妥当安装必须与吊扇、莲蓬头和其他障碍物相协调。

设计毛巾加热器是为了干燥毛巾，也可作为浴室或水疗浴池的热源(图 14.15)。各种型号的电动或液体循环式采暖器都有多种款式可供选择。

图 14.15 毛巾加热器

电阻采暖

小型电阻式空间加热器成本低，安装方便，有独立的恒温控制，在房间无人时不会浪费热量(表 14.11)。然而，它们却是使用昂贵的优质电力进行低级别的空间供暖，因此它们的使用应局限于有限时间内对小面积区域的供暖。

要避免在浴室使用便携式加热器，因为它们在水附近是很危险的，还可能会绊倒人。

大多数电阻采暖系统都是由踢脚板暖风机或小型壁挂式加热器组成，两者都包含带电电线。这类加热器结构紧凑、价格低廉、清洁，不需要通风，但没有湿度和空气质量控制。电阻加热器表面很热，因此它们的位置必须根据家具、窗帘和交通模式精心选择(图 14.16)。

表 14.11 空间加热器的类型

通用类型	用　法
踢脚板式加热器	安装在厨房和浴室柜下方的低层空间
壁式加热器	明装或嵌入安装，用于浴室、厨房
完全嵌入式地板加热器	通常用于落地玻璃窗的地面，如玻璃推拉门或大窗户
小型红外加热器	从一个小范围内迅速散发热量，在需要光的地方发射光束
高温加热器	温度高于 500 ℉(260 ℃)。为游泳池、淋浴房、浴室辐射热量。以电力、天然气或石油为燃料
工业用加热器	悬挂在天花板或屋顶结构上。用于工业建筑、户外、装卸码头、公共等候区、车库等
石英加热器	密封在石英玻璃管中的电阻加热元件产生红外辐射。热量可达 15 英尺(约 4.6 米)；安静
电动强制空气加热器	在整个房间里吹暖风，最好关闭一个房间
陶瓷强制空气加热器	陶瓷加热元件比其他电取暖器更安全
油加热器	用电加热里面的油，以便为房间供暖
便携式电阻加热器	加热附近的小面积。用于建筑物的热量可能会导致床上用品、窗帘和家具起火

壁式加热器通常嵌入墙壁内，加热元件由格栅或纱网覆盖(图 14.17)。壁式加热器通常位于墙壁底部的位置，但它们很容易倒进墙内，被烧毁。嵌装或明装的壁式加热器都可用于浴室、厨房等小房间(图 14.18)。踢脚板式加热器则利用风扇将空气从柜子下方吹入房间(图 14.19)。

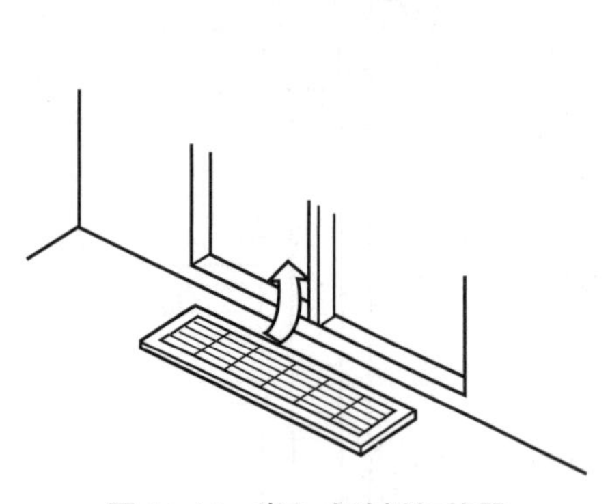

图 14.16 嵌入式地板加热器

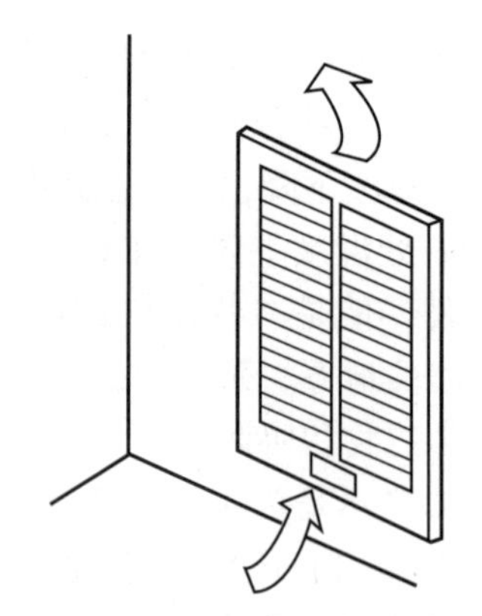

图 14.17 嵌入安装的壁式加热器

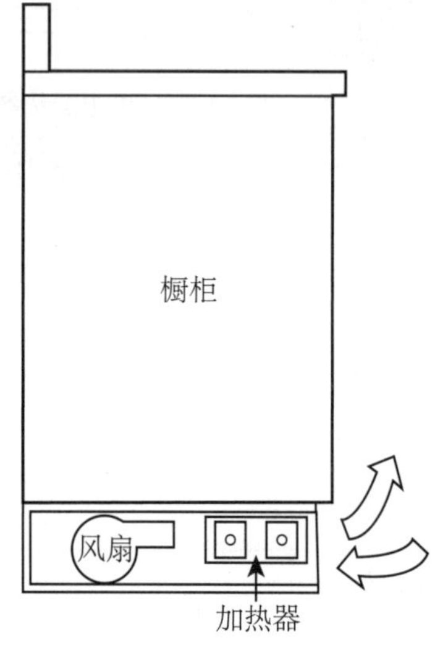

图 14.18 橱柜下面的加热器

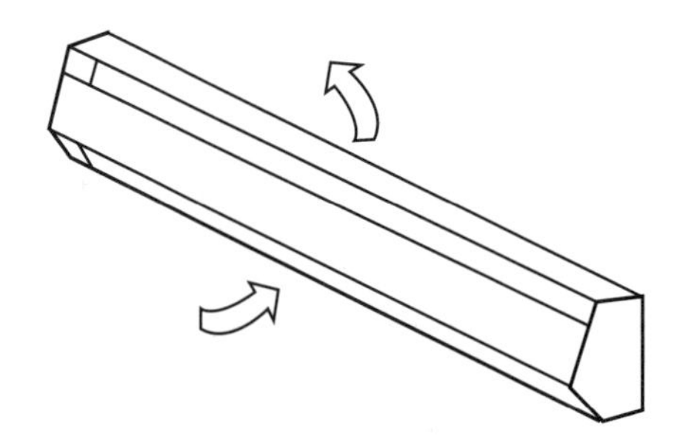

图 14.19 踢脚板式加热器

电灯泡加热装置是为住宅设计的，将辐射加热元件与风扇和天花板上的灯组合。有些装置还包括夜灯。灯泡加热器使用 250W R-40 红外热灯，提供无声的、即时的温暖。灯泡加热器有通风和不通风两种款式，可以嵌入安装或明装。

燃气加热器

燃气加热器使用天然气或丙烷，比电踢脚板式加热器更有效。燃气加热器通常安装在外墙或靠近外墙，用内置风扇直接向外排风。

无排气的燃气加热设备会产生氮氧化物、一氧化碳，导致鼻子、眼睛和喉咙疼痛。它们还会产生大量的水蒸气，从而导致墙壁和天花板的空腔中出现冷凝、霉变，甚至腐烂。附近的窗户必须打开几英寸，以保证有足够新鲜的空气供应，防止氧气耗尽，但这会导致热量损失。《国际住宅规范》(IRC)要求无排气的房间加热器要配备一个对氧消耗敏感的安全关闭系统。美国和加拿大的许多州和城市的家庭都禁止使用无排气的燃气加热器。

自然对流加热装置

散热器和换流器用于为住宅和小型商业建筑供热。我们通常所说的散热器包括翅片管辐射装置和老式铸铁散热器，实际上都是以对流为主要的加热原理。对于室内设计师而言，应关注的是各种款式的踢脚板和橱柜对流加热装置的外观和所占据的空间。当加热器被安装在窗户底下时，它们会影响窗户的设计。

散热器由一系列或一组盘管组成，热水或蒸汽从中通过(图 14.20)。加热的管道通过对流和辐射加热空间。现代散热器采用多种颜色，款式通常基于宽度为 2.75 英寸(约 70 毫米)的简单组件，可以在许多高度和宽度上组合(图 14.21)。

散热器在热水中比在蒸汽系统中更容易控制。通过调节水的温度和循环速率实现热量非常均匀地释放到空气中。如果安装正确并经过调试，液体循环系统是安静无声的，并释放使人舒适的热量。

对于泵送水的分配，铸铁散热器通常被线性传递装置取代。该装置体积小，占用空间少。翅片管散热器(又称镀锡管换流器)实际上就是安装了散热翅片的管道。翅片管散热器通常沿外墙和窗户下面安装，会提高玻璃和墙面的温度。还有带电气元件而非铜管的电阻翅片管加热装置。虽然遮盖起来的换流器更容易清洁、更美观，但有些建筑物中仍然有裸露的翅片管对流器(图 14.22)。

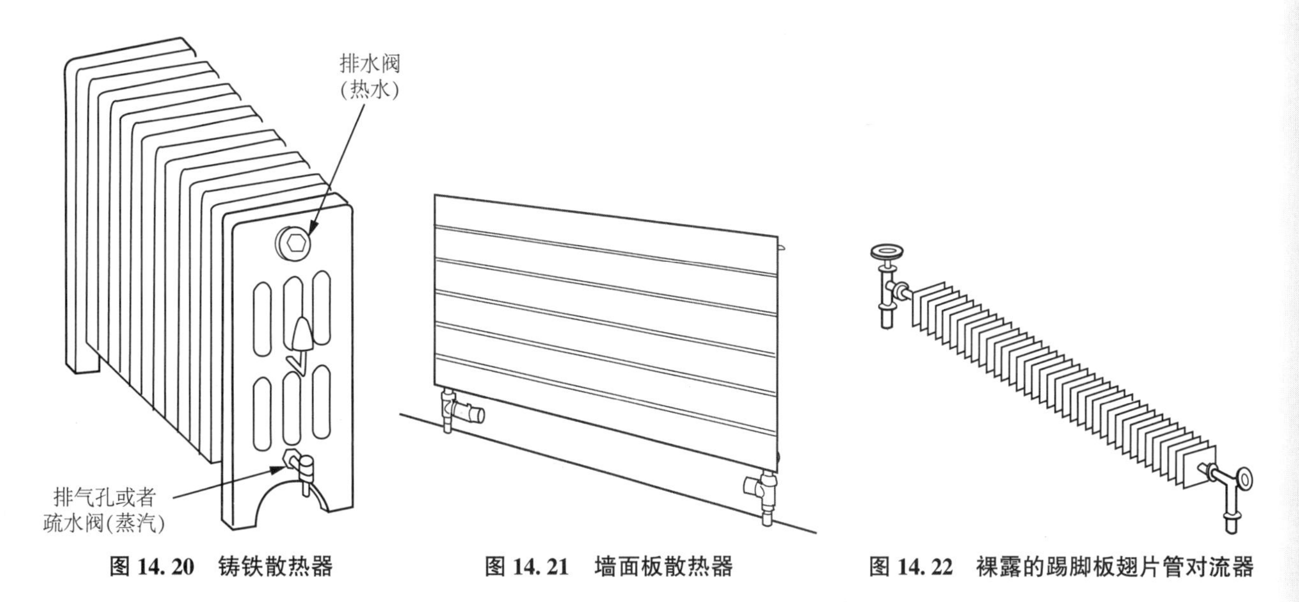

图 14.20 铸铁散热器　　**图 14.21 墙面板散热器**　　**图 14.22 裸露的踢脚板翅片管对流器**

踢脚板散热装置是一种小型的翅片管散热器，常用于住宅，被安装在墙壁的底部，高度取决于有一个、两个或三个层次的元件。踢脚板翅片管的外壳通常沿墙的长度延伸，但内部的元件可能较短，不像橱柜式散热器那么显眼。

换流器可用于楼梯间或大型玻璃窗户，由装在一个机柜内的元件组成，柜子至少 2 英尺高、3 英尺宽(约 0.6×0.9 米)。机柜可以是独立式、壁挂式或嵌入式。换流器有各种各样的外壳样式及简单实用的保护罩可供选用，可以适用于不同的装修空间。最有效的布置是沿外墙安装。空气必须在其周围自由流动才能被加热。

单体式供暖机组用于大型的开放区域，如仓库、储藏室、陈列室。它们由工厂组装的部件组成，包括装在一个箱子里的加热装置。单体式供暖机组用风扇补充对流，风扇将加压气流吹向供暖机组的加热元件，加热后的暖风进入房间。箱体内有一个进气口和引导空气排出的叶片。单体式供暖机组通常悬挂在屋顶结构上或安装在房间四周的地上。小型机柜可用于走廊、大厅、门厅和类似的辅助空间。热源包括蒸汽、热水、电力，或气体或油的直接燃烧。

柜式加热器用于入口门厅。在不使用入口的情况下，自然对流以低速率通过线圈释放热量。当外门打开时，风扇可以快速增加气流，加热器的风扇和控制风扇的恒温器都要接电。

热风采暖

中央暖风系统从位于地下室中央的一个大火炉开始，上面的地板有格栅。增加管道可以改善不均匀的温度和气流。添加风扇驱动空气可以减小管道的尺寸，在炉中添加过滤器净化空气可使房间内的混合空气质量更佳。

热风采暖的历史

1900 年左右，热风采暖系统开始取代壁炉。在最初的暖风系统中，一个靠手工点燃的燃煤铁炉安装在地下室，并且与一个短的通风管相连。该通风管将加热的空气输送到上面客厅中央的一个大格栅，几乎没有热量传到其他房间。

随着时间的推移，自动点燃的石油或天然气炉取代了煤炉，也增加了操作和安全上的控制。空气可以在每个房间之间往返流动，从而平衡温度和气流。添加风扇以使空气流动，可以减少管道的尺寸。可调节的配风器可以实现对每个房间内热量的控制。炉内的过滤器在循环时净化空气。最后，通过在炉内添加风扇和冷却盘管，热空气和冷空气都可以循环。

20 世纪 60 年代，带有地下室的房屋越来越少，底板的周边系统取代地下室的炉子。热源位于建筑物内部的中心，逸出的热量将加热房屋。空气从下面供应，向上穿过窗户，然后返回每个房间高处的中央回风格栅。由于空气经常无法回到房间的低层，这使居住者常常感觉脚冷。此外，渗透到房子下面的水可能会进入加热系统，造成冷凝、霉变等严重问题。

最终，电阻采暖系统因为没有燃烧、烟囱和燃料储存等环节而广受欢迎。卧式电炉位于浅层阁楼里或在贴条吊顶上。空气从天花板上越过窗户向下输送，并通过门上的格栅及吊顶和结构地板之间开放的充气空间收回。如今，热泵已经基本取代了效率较低的电阻采暖设备。

强制热风供暖系统

强制热风供暖系统的工作原理是通过加热气炉、油炉或电炉中的空气，由风扇向管道系统输送加热的空气，以便将其分配到居住空间中的配风器或扩散器(图 14.23)。强制热风供暖广泛用于房屋和小型建筑物的采暖系统，也可以提供冷风。新鲜空气通常由自然通风提供。

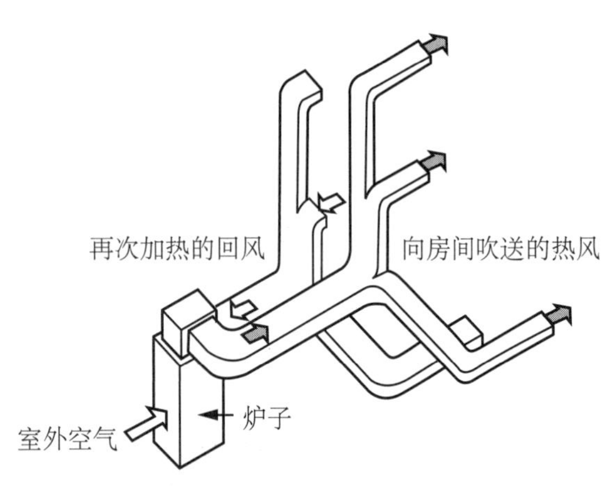

图 14.23　强制热风供暖系统

该系统包括过滤、加湿和除湿装置。**供应配风器**通常设置在地板里，常常是玻璃区域的下方。单独的排气管系统通过回风格栅将冷空气吸回，重新加热后再循环。可以通过设置**回风格栅**尽量减少回风循环管道。有时没有单独的回风管道，可将回风格栅放在吊顶上，以收集回流空气。

强制热风供暖设备包括炉子和单体式供暖机组(表 14.12)。其优点是可以控制空气的温度和风量，以达到热舒适性和热量再分配；这在高大的空间里尤其受欢迎。强制热风供暖集合过滤、加湿、通风和制冷等功能。缺点是管道系统庞大，需要经常维护以避免流通灰尘。该系统也会产生很高的噪声，特别是在高速运转的情况下。

表 14.12　强制热风供暖设备

设　备	说　明
热空气炉	热交换器使助燃空气不与室内空气混合。鼓风机和过滤器是标配，加湿器和冷却盘管可以选配。有些气体脉冲炉的效率高达 95%
壁炉	用于加热单个空间，不需要管道。当采用燃气动力时，可以通过墙壁直接抽气和排气
单体式供暖机组	用于有高天花板的公共设施空间。以煤气、电或热水为动力。悬挂在天花板或墙壁上

强制热风分配

周边采暖是设计术语，意思是将热风配送到沿外墙放置在地板上或靠近地板的配风器。环形周边系统由一圈管道组成。管道通常嵌入混凝土地面，向每个楼层的配风器配送暖风。径向周边系统利用位于中央位置的炉子导管将暖风直接传到每个楼层的配风器。扩展式压力通风系统在托梁之间运行供风管道（表 14.13）。

住宅集中供暖系统的强制通风管道的出口需要定位恰当，以免干扰厨房橱柜和电器的设计。

表 14.13 强制热风分配系统

系 统	描 述
环形周边系统	在寒冷气候下使用斜坡板。提供最大的舒适度，但初始成本高
径向周边系统	带有热空气的斜坡板。成本较低，但舒适度也较低。适用于窄小的空间结构。卧式炉可用于窄小空间或阁楼
加强压力通风系统	用于带地下室的建筑。供风管道在托梁之间运行，节约头上空间，但存在健康和能效问题

炉 子

“炉子”一词通常指住宅所用的采暖设备。大型建筑物使用术语**“空气处理机组（AHU）”**。

利用空气进行初次分配的系统都用火炉作为发热源，而不是用水或蒸汽的锅炉（表 14.14）。热风炉通常位于建筑物的中心附近。现在的火炉效率高达 95%，而老式炉子的效率只有 65%左右。热风炉中通常添加冷盘管。

表 14.14 炉子的类型

炉子的类型	说 明
燃气热风炉	将燃气注入喷烧管，用电火花或常明小灯点燃。空气在热交换器中加热，然后由炉子的鼓风机循环。需要维护的空间
燃油热风炉	高效、耐用。泵送入燃烧室中的油雾化并被火花点燃，以加热热交换器。该热交换器加热空气，并由鼓风机吹送循环
电动热风炉	非常高效或局部效率高，但考虑到非现场发电，实际效率只有 33%。干净、简单，几乎没有任何问题

在住宅设计中，火炉的燃烧器由恒温器控制。恒温器通常位于客厅或靠近客厅的地方。恒温器应该设在温度不太可能快速变化的位置，避免受到气流、阳光直射和附近暖风调风器的影响。鼓风机在燃烧器停止后继续运行，直到炉内温度下降到设定值以下才停止。如果温度过高，高限位开关会关闭燃烧器。易于操作的可编程恒温器是现成的，随时可用。

早期协调可以将管道整合在托梁空间、屋顶桁架、大型嵌入式照明设备之间。

通风管道

管道将空气从火炉或空气处理机组（AHU）以指定的速度输送到有空调设备的空间，然后返回。管道通常由镀锌钢板或玻璃纤维制成。玻璃纤维管内衬与金属管道一起使用可以减少热量损失或热量增加、防止冷凝、控制空气噪声。

管道为圆形或矩形。在暴露的情况下圆管更可取，但需要更大的间隙。送风的配风器由软管连接到主管道，以方便天花板上灯具位置的调整，但不允许在暴露的天花板上使用。施工图纸上的管道尺寸通常是内径尺寸，要为管道壁厚度和保温层在每个尺寸上增加 2 英寸(约 51 毫米)。

管道可以隐藏起来，也可以裸露在外。隐蔽的管道系统可以更好地隔离设备的噪声和振动，以及空气的流动。管道表面的清洁也不复杂。由于管道看不见，施工可以不用太细致，因此施工成本较低。而安装视觉上可接受的暴露管道的成本要比建造天花板隐藏标准管道的成本要高。隐蔽式管道系统更便于我们设计天花板和墙壁外观。为了方便检修，需要留出检修门和检修口或吊顶。

气流调节器

气流调节器用来平衡和调节分配系统。供风口应该设有气流调节器。如果气流调节器开口过窄，特别是长距离运行时可能会产生调节器叶片振动或啸叫，发生噪声问题。

大型商业建筑有防火分区、地板和天花板，可以将火灾限制在一定范围段内。消防规范规定，穿过防火屏障的风道必须有防火材料制成的**防火挡板**保护。

有关防火挡板的更多信息，请参见第十八章“消防安全设计”。

配风器、扩散器和格栅

加热、制冷和通风的空气通过配风器和扩散器提供。供风口和返回口的选择和布置需要建筑和工程方面的协调，对空间的内部设计有明显的影响。要根据气流容量和速度、压力下降、噪声因素和外观选择配风器、扩散器和格栅(表 14.15 和图 14.24、图 14.25、图 14.26)。

表 14.15　配风器、扩散器和格栅

类　型	说　明
格栅	矩形开口安装有固定的或垂直或水平的叶片或百叶窗格，空气从中流过。供风口格栅有可以调节的叶片用以控制进入房间的空气的方向，但是没有气流调节器
配风器	带有气流调节器的格栅直接安装在百叶窗后面，以调节气流的数量和方向
扩散器	设置成一定角度的板条可以偏转加热的或调节后的空气。混合后的空气通过天花板供应。扩散器有圆形、矩形或线形。气流调节器可以调节风量
穿孔金属面板	放置在标准的天花板扩散器上，形成一个均匀的多孔天花板，也可以是大型带孔的天花板面板
局部送风口	用于避免有的地方不透风而有的地方风过大的情况。确保没有被梁或其他物体阻挡。当供热效果不佳时，可以降低其位置
空气供给装置	设计用于分配垂直于表面的空气。以前是圆形的，现在通常是长方形，正方形更多见
回风格栅	百叶窗格板的、方格形的或者带孔的。与风道连接，通向天花板上方的气室或直接输送空气，也可称为格栅或配风器
带槽扩散器	位于玻璃门、玻璃窗下的长形连续的直线槽。容易积聚污垢，经常堵塞。也可用于天花板
回风口	用于供暖系统，通常位于靠近地面的地方和送风口对面的房间。用于制冷时，则位于天花板里面或墙壁高处
排气口	通常位于天花板里面或墙壁高处，几乎总是有管道。送风口也可作为回风格栅

除非有大量的回风返回或耗尽，否则送风无法进入空间。这可能是住宅类建筑才有的问题。在只有一个中央公共回路的住宅里，每个房间的门都是关闭的，但下切门会传递声音，因此最好每个封闭空间都有一个回气格栅。一个空间可能需要多个送风口，但通常只需要一个回风口。

配风器是一种带有气流调节器的墙壁格栅，但是带有气流调节器的天花板扩散器仍被称作扩散器。

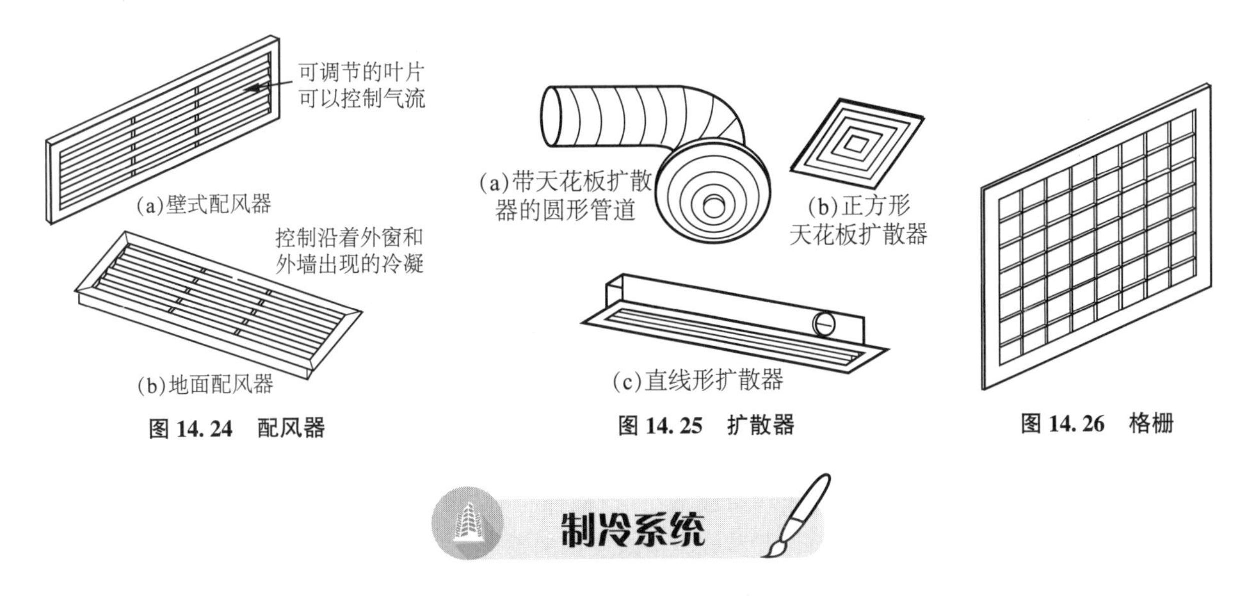

图 14.24 配风器　　图 14.25 扩散器　　图 14.26 格栅

制冷系统

根据美国能源部《2008 年能源数据手册》中记录的数据显示，暖通空调(HVAC)的能源使用量占民用建筑能源总用量的 39%，商业建筑的能耗占 32%。2009 年的住宅能耗调查(RECS)的数据显示，87%的美国家庭现在都配备了空调，其中大部分都有中央空调设备。将近 90%的新房子都配有中央空调。由于发电厂用矿物燃料发电，家用空调的使用使发电厂排放到大气中的二氧化碳增加大约 1 亿吨。

过热的环境可以通过遮光、增加气流、蒸发冷却和蓄热等改善。是否打开或关闭建筑物，或者在一天中不同的时间做这两件事，这些都由建筑师、工程师和室内设计师决定。我们可以采取一些策略来防止太阳直射入建筑物，允许阳光在冬季照进室内，而在夏天又不会太热。白天，可以利用建筑结构来吸收热量，夜晚用较冷的空气驱散热量。遮蔽阳光，不仅对被动冷却的建筑物是必不可少的，对防止被动加热的建筑物在炎热的天气下变得过热，也是必要的。

可以利用室外空气而不是机械空气的调节降温。机械制冷可以集中用于最冷(夜间)的时间段。

如果建筑物的制冷负荷时间相对较短但强度大，可以通过预制冷减小建筑物所需冷却系统的规模。先用冷却设备预冷空间，然后在使用者到达时关闭设备，并将恒温器向上复位。

讨论空调时，工程师们会使用一些常用术语。

- 冷负荷：从空气中去除热量的速率。
- 容量：设备消除热量的能力。
- 热增量：制冷系统的总负荷；几乎与制冷负荷一样，尽管在工程师看来二者存在技术上的差异。

制冷的历史

已知最早的家用空气制冷系统出现在公元前 3000 年左右，古埃及妇女在日落时将水盛到稻草床上的黏土浅盘里。即使空气温度无法达到冰点，但托盘潮湿面的水份快速蒸发，加上夜间的温度下降，就可以在托盘顶部产生一层薄薄的冰。湿度低有助于蒸发，由此产生的冷却使温度下降到足以形成冰的程度。

古代印度也使用蒸发冷却。夜间，房子西面的开口上挂着湿草垫。用手向垫子上洒水或从窗户上方的穿孔水槽滴下的水使这些垫子在夜间保持湿润。当暖风吹到较冷的湿草时，蒸发可使室内的温度下降达 30 ℉(-1 ℃)。

到 19 世纪末，大型餐馆和公共场所将送气管嵌入冰和盐的混合物中，然后用风扇循环冷却空气。纽约市的麦迪逊广场花园剧院每晚用掉 4 吨冰。然而这些系统都没有解决如何从暖空气中去除湿气的问题。

“空调”一词归功于物理学家斯图尔特・克拉默，他在 1907 年美国棉花制造商协会之前提交了一篇关于控制纺织品湿度的论文。威利斯・开利是一个纽约州北部的农场男孩，曾获得康奈尔大学的工程奖学金，在 1914 年制造出了第一台商用空调。

1919 年，芝加哥有了第一个装有空调的电影院。同年，位于纽约的亚伯拉罕和施特劳斯百货商店也安装了空调。1925 年，一个重达 133 吨的空调机组被安装在纽约的里沃利剧院。1930 年的夏天，超过 300 家剧院都安装了空调，吸引了大批观众观看冷气和电影。20 世纪 30 年代末，商店和办公楼声称，使用空调提高的工人生产力足以抵消其成本。工人们甚至会提早上班，或者为了保持凉爽而推迟下班。

无动力制冷

在许多气候条件下，恰当地使用自然方法可以提供与机械空调相当的制冷效果。至少，有了自然冷却就可以安装小一些的制冷设备，这样可以减少运行时间，耗能会更少。美国东部的大部分地区在夏季的大部分时间里，无动力制冷可以代替或减少对空调的需求。

无动力制冷的自然方法早已被炎热干燥气候的地区采用。在炎热干燥的气候条件下，传统建筑的窗户很少而且小，窗户表面的颜色较浅，多为厚重的土坯或砖石结构。公元前 1300 年左右的埃及使用的风斗和塔，现在仍在中东地区被使用。地穴掩体所提供的热质量帮助人们保持凉爽，从土耳其的卡帕多西亚到科罗拉多州梅萨维德都有使用这一方法的传统。

炎热、潮湿的天气也要求自然通风。日本大部分地区夏季炎热、潮湿。传统日式房屋的柱梁结构采用可移动的轻质纸作为墙板，巨大的悬垂屋顶可以保护墙板并构建室外空间。

温带气候有非常炎热的夏天和非常寒冷的冬天，这是一个很难设计的组合。位于得克萨斯州圣安东尼奥市的米拉姆大厦是第一座拥有空间采暖和制冷中央机械系统的建筑，1929 年由建筑师乔治・威利斯设计。该设计保留了在所有使用空间可以直接获得阳光和空气的要求。而第一座真正依靠中央空调系统的建筑是宾夕法尼亚州费城的 PSFS 大楼，由乔治・豪设计。

> 厨房设备会散热；绝缘良好又高效的设备可以减少热量。排气通风有助于最大限度地减少住宅的冷却负荷。

无动力制冷首先是通过遮阳、朝向、颜色、植被、隔热、采光和内部热源的控制等尽量减少热量的增加。有可能需要一个**吸热器**从建筑物中移除热量。无动力制冷可能涉及舒适区的改变，包括室内温度的提高、湿度的改善，以及平均辐射温度(MRT)或空气速度的变化。无动力制冷所需的机械设备相对较小，使用能源也较少。混合系统使用风扇和电泵。

在炎热干燥的气候条件下，辐射冷却利用传统建筑的深院和窄巷使高大的墙壁只能得到几个小时的阳光直射，夜晚整面墙壁向寒冷的夜空散发热量。云层限制了辐射量，但在晴朗的夜晚天空的有效温度可能比环境空气温度低 20~30 ℉(-7 ℃~-1 ℃)。屋顶水池可能是实现这一目标的最有效方法。

太阳能制冷

当太阳能从收集器中释放出来时，它可以作为热水或冷水存储起来。太阳能空调系统通过吸收太阳能完成运行。通过循环，太阳能蒸汽带动涡轮机驱动空调，或通过**除湿制冷**降温。太阳能制冷设备造价昂贵，因此，只有在建筑无法承受冷却负荷的情况下才使用。新技术、大规模生产及不断上涨的能源成本可能会改变这一状况。

高热容量制冷

在夏季温暖干燥的地区，高热容量制冷的效果好。炎热的白天，建筑物的热容量会吸收热量并保持凉爽，晚上则会被冷空气驱散。这种建筑物在地板、墙壁或屋顶上使用蓄热材料。风扇经常与高热容量系统一起使用。

在高热容量设计中，建筑物需要一个散热器，即一个在夜间可以散热的地方。接触地面可以提供那种散热器，使墙壁、地板和覆盖着泥土的屋顶保持凉爽。

机械制冷

机械制冷系统最初是作为单独的设备开发的，与机械加热设备一起使用(表 14.16)。现在，制冷设备通常集成到暖通空调(HVAC)系统中，我们将在后面进行讨论。

表 14.16 机械制冷系统的类型

系 统	说 明
成套系统	除了现场安装的管道外，所有东西都已打包。安装、维护和运行成本低。安装在屋顶是最常见的
分体式系统	用于大多数家庭和许多中、小型建筑物中。室外机包含压缩机和冷凝盘管，室内机是带蒸发器的空调处理机(AHU)
无导管分体式系统	用于改造现有的和历史悠久的建筑物。只有两条小型铜制冷剂管路。紧凑型室内机不显眼，非常安静
冷水系统	往复式(小型)、离心式(大型)、旋转式冷水机

为了理解客户、建筑师、工程师和承包商之间进行的讨论，室内设计师应该对空调有一个基本了解。

冷却设备

制冷过程基本上有两个，但有几十种设备可供选择。我们简略地看一下过程和设备。

空调通常通过从空气中去除显热来制冷。它要求在较暖和较冷区域之间有温度差，以便进行热传递。当表面温度低于空气的露点温度时，就会发生冷凝。这需要除湿以消除潜热，而且几乎总是需要排水。

冷却设备采用压缩制冷或吸收制冷。热泵既能加热又能制冷。蒸发冷却是另一种可以在空气干燥的地方使用的方法。

压缩制冷

简单来说，**压缩制冷**循环将热量从冷却水系统泵到冷凝水系统。这个循环过程颠倒过来就是在热泵中发生的情况。

压缩制冷通过液体制冷剂的蒸发和膨胀产生冷却(图 14.27)。**制冷剂**是一种能够在低温下汽化的液体，能从冷却介质吸收热量，并从液体变为蒸汽或气体的状态。压缩机减小蒸汽或气体的体积，并增加其压力。冷凝器进一步将蒸汽或气体转化为液体的形式，将热量释放到空气或水中。最后，当制冷剂回流到蒸发器以重复该过程时，安全阀就会降低制冷剂的压力和蒸发温度。

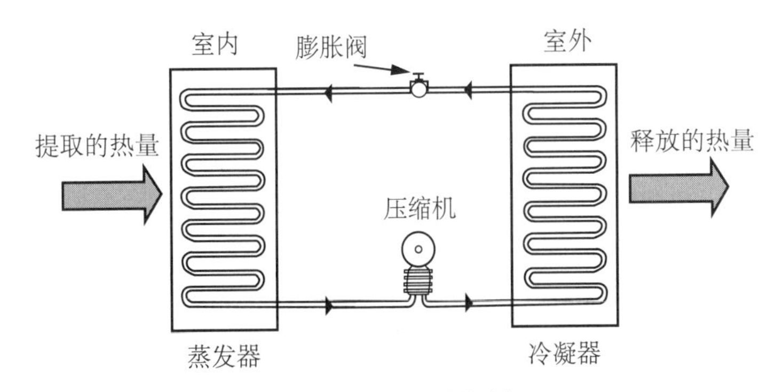

图 14.27 压缩制冷的冷却循环

吸收制冷

吸收制冷更为复杂。吸收器和发生器用于传递热量，用吸收制冷代替压缩机产生冷却(图 14.28)。热量由热交换器从空间中提取，产生的冷却水用于冷却。在这个过程中水汽转移到吸收器。发生器加热盐溶液，产生更多的水蒸气。吸收器从蒸发器中汲取水蒸气，冷却剩余的水。发生器排出的蒸汽流向冷凝器，在那里废热被提取出来，然后将来自冷凝器的水输送到蒸发器，这个过程又开始了。

在吸收循环中，当水蒸发到蒸发器中时，水迅速冷却。蒸发器容器里的水汽被引入一种浓缩的盐溶液中，盐溶液吸水后变稀释。稀释的盐溶液连续不断地从蒸发器中排出，喷射到发生器里，将多余的水分蒸发掉，然后返回重复吸收循环。从发生器中蒸发出来的蒸汽和冷却水或冷空气一起进入冷凝器冷凝，然后流入蒸发器容器。留在蒸发器中的冷却水通过热交换器导出，成为制冷所需的冷水源。

蒸发制冷

蒸发到干燥空气中的湿气通过消耗一些显热蒸发水分，从而降低空气的温度。这要通过增加潜热能量达到平衡，以便空气混合物的总能量保持不变。

蒸发冷却系统在外部空气通过空间之前先对其进行预冷却(图 14.29)。空气首先通过一个湿垫使其中的水分蒸发，增加空气的水含量(潜热)并降低其干球温度(显热)。只要能忍受高湿度和快速的室外气流速度，蒸发冷却在美国的大部分地区都可以用。蒸发冷却不需要排水，但需要连续供水。

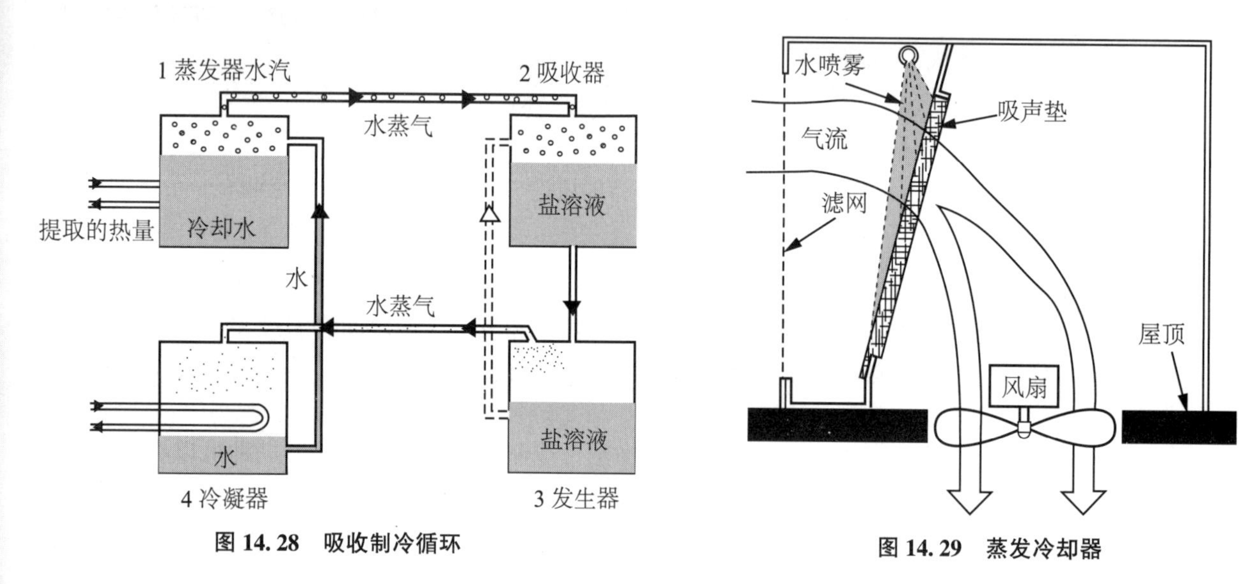

图 14.28　吸收制冷循环

图 14.29　蒸发冷却器

当室外空气为 105 ℉(41 ℃)、相对湿度低于 10%时，蒸发冷却可以产生室温为 78 ℉(26 ℃)和相对湿度为 50%的室内空气，但需要有必要的电力运行风扇。然而驱动蒸发冷却器的风扇噪声很大，加湿冷却器的香气也会令人产生不快。

制冷设备的类型

包装终端空调器(PTACs)，也称增量装置，是由工厂组装并安装在所服务空间的自足式装置，通常没有管道系统。包装终端空调器(PTACs)包括窗式空调机、穿墙式室内机和热泵(表 14.17)。包装终端空调器(PTACs)用于公寓楼、酒店、汽车旅馆和一些办公楼。这些场所用来安装空调的空间非常有限，要尽量减少翻新带来的破坏。

单位空调机的效率不如大型中央空调机组的效率高(图 14.30)。单位空调机噪声大，由于空气速度快，可能会引起气流。有时噪声是受欢迎的，因为它可以掩盖街道的噪声。在温暖的气候条件下，空气可以通过冷端或热端盘管进行循环，把单位空调机作为热泵在炎热的天气制冷、在凉爽的天气加热。但在非常寒冷的天气里，室外没有足够的热量，这种方法不够经济实用。

表 14.17 包装终端空调器(PTACs)

设 备	说 明
单一(单位)空调(窗式空调)机	单人公寓、汽车旅馆的房间。如果只在需要时使用，可以节约能源。噪声大。安装成本最低，便携式，制冷量有限，没有暖风。外部的格栅可以通风换气
穿墙式室内机	每个装置基本上是一台压缩式制冷机。冷凝器盘管压缩机及安装在设备内部隔板外侧的一个噪声很大的风扇。蒸发器盘管和风扇在内部吹风。永久性安装
热泵	有效地利用电进行加热和制冷，具有使季节性颠倒的功能

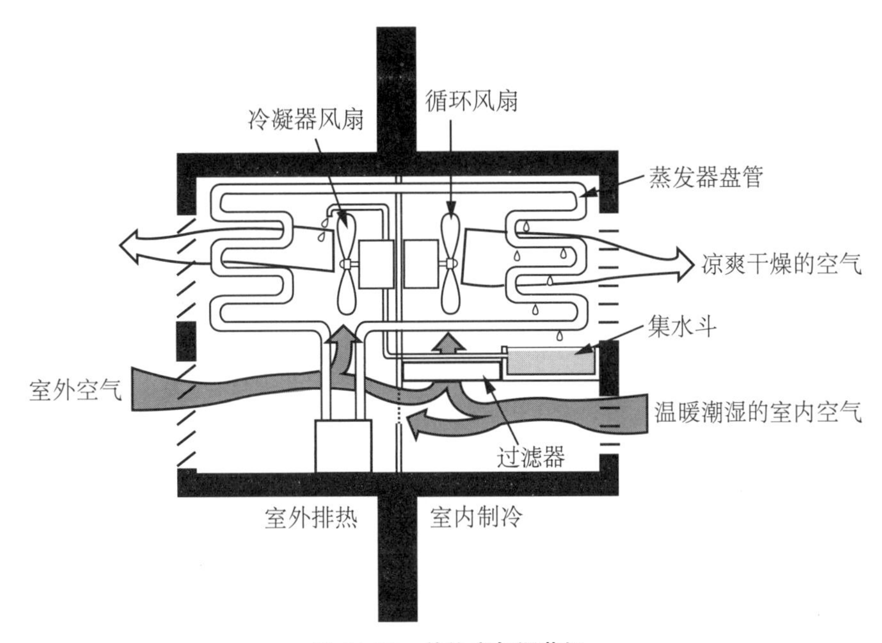

图 14.30 单位空气调节机

制冷设备的效率评级

本章前面介绍了采暖和制冷设备的能效评级体系。我们将在这里详细阐述制冷设备的评级。

室内空气调节器以能效比(EER)测量能源效率。能效比是每小时 BTU 的制冷量与输入功率(W)的比值。EER 评级越高，空调器的效率越高。根据 2014 年 6 月生效的美国能源部标准，要求室内空气调节器的 EER 值为 9.0~11 或者更高，具体取决于其类型和容量。空调设备的效率在设备的能量指南标签上列出。

中央空调通过管道系统循环冷空气。它们根据其季节能效比(SEER)进行评级，SEER 表示提供特定制冷量所需的相对能量。允许的最低 SEER(2012)值为 13。

除 EER 和 SEER 外，其他几个评级也适用，要看设备的大小和类型。年度燃料利用效率(AFUE)是每年燃料输出能量与年投入能量的比值。性能系数(COP)用于评估制冷设备的散热速率和热泵系统的加热效率。集成部分负荷值(IPLV)表示空调和热泵设备的效率。

热 泵

压缩循环和吸收式循环空调器都有冷热两侧。为了制冷，空气或水的循环要经过冷侧。当热端用作热源时，该设备称为**热泵**。热泵使用相对较少的能量将较冷的一侧(地面或外部空气)的大量热量泵入建筑物里较暖和的空气中。

热泵是一种有效的用电加热的方法。地球耦合热泵比空对空热泵的效率更高。

热泵利用压缩式制冷循环在炎热的天气里吸收和传递室外多余的热量(图 14.31)。它们还通过颠倒制冷循环和切换冷凝器与蒸发器的热交换功能，从室外空气中吸取热量进行加热(图 14.32)。当加热和冷却负荷几乎相同时，热泵的工作效果最好。

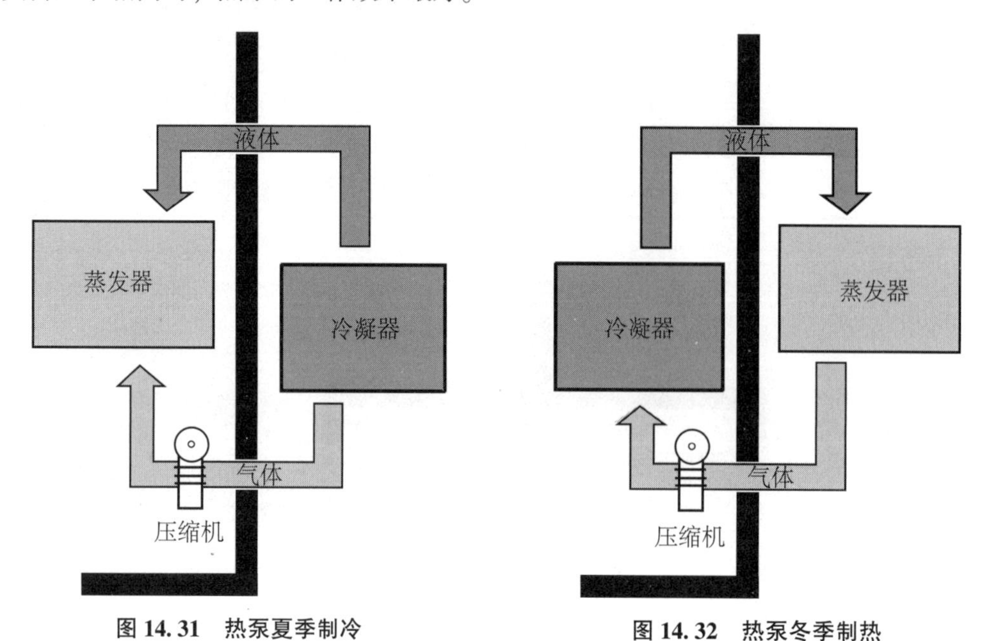

图 14.31　热泵夏季制冷　　**图 14.32　热泵冬季制热**

热泵有多种尺寸，从窗式机到加热或冷却房屋的室内空调机，再到用于大型建筑物的机型。热泵通常是整个能量系统的一部分，它把发电系统中的废热集中起来，为发电机所服务的同一建筑物供热。热泵的类型包括空气对空气、空气对水、水源(液体循环)、水对空气、水对水和地源热泵。

其他类型的制冷设备包括风机盘管、冷梁、辐射板、冷却盘管、中央住宅空调机和冷水机组(表 14.18)。

表 14.18　其他类型的制冷设备

设　备	说　明
风机盘管(FCU)	带有加热/冷却盘管、风扇、空气过滤器的机柜。房间空气靠风扇的驱动循环通过风机盘管。有垂直、水平、堆叠式等配置
冷梁	位于天花板的预制设备(不是结构梁)。用于辐射冷却和对流热传递，也可以加热。被动或主动地诱导气流
	被动冷梁：通过辐射和对流交换热量的全水终端
	主动冷梁：以对流传输为主的气-水终端
预制金属辐射板	冷却水通过板后部的管路循环，吸收多余的室内热量并将其带走
冷却盘管[直接膨胀(DX)盘管]	通过使房间空气穿过含有循环制冷剂的盘管提供制冷。可添加到热风炉中。制冷剂在室内循环，有噪声的压缩机/冷凝器置于室外
中央住宅空调	用一个置于室外的大型压缩机组为整栋房子提供制冷
冷水机(任何用于冷却水的制冷机)	在冷水系统中，整个循环在冷水机组中进行。预制组件包含压缩机、冷凝器和蒸发器

制冷系统通常根据将热量从居住空间传到制冷机的流体进行分类，包括直接制冷剂、全空气、全水和空气-水混合系统四大类(表 14. 19)。

表 14. 19 制冷系统的分类

冷却系统	说 明
直接制冷剂(直接膨胀或DX)系统	最简单、最基本的制冷机加上两个风扇。室内空气直接吹到蒸发器盘管上。中小型空间需要安装独立的机械装置
全空气系统	空气吹过冷蒸发器盘管，然后通过管道输送到待冷却的房间。可以通风、空气过滤、空气除湿。庞大的管道系统，大型风扇
全水系统	水被蒸发器盘管冷却，然后输送到每个空间的风机盘管。泵的能耗比风扇少。开窗通风
空气-水混合系统	由水和风机盘管机组完成的大容量冷却。小型空气系统完成对空气的冷却、通风、除湿、过滤。风道可以很小

大多数大型多层建筑都使用安装在屋顶或地下室的中央系统，各个分系统分布在多个建筑物中。特别高的建筑物可能会有中间机械层，以尽量减少垂直风管所占据的空间。

一个设计良好的空调系统必须能够消除不小心泄漏到建筑物内或其内部产生的热量和湿度，也能够引入空气进行通风。工程师们试图设计出足够大的空调系统保证足够的舒适度，但是又不能太大，以至于导致因频繁开关造成的设备磨损过快。有些设备过度的开启和关闭会降低效率，能源消耗也会增加。

暖通空调(HVAC)系统

暖通空调(HVAC)系统集成了旨在为整个建筑提供热舒适度和空气质量的机械设备。我们可以想到，在某个冬日建筑物的一侧由于太阳的照射可能比较热，而另一侧却很冷，但内部是温暖的，而这一切发生在同一时刻，做到这样的难度是显而易见的。

20 世纪 60 年代，能源成本较低，建筑师、工程师和建筑业主并不担心热量是如何轻易地通过建筑围护结构传到室内的。在他们看来，像全玻璃建筑那样具有引人注目的建筑效果要比节能更为重要。它们省去屋顶和墙面保温材料，降低了最初的建筑成本。暖通空调(HVAC)系统设计师通过尽可能多地使用机械设备来使建筑物变得舒适。

随着燃料成本的增加，能源已成为建筑运营预算中最大的支出之一。建筑师和工程师正在远离设备密集的机械系统，而转向被动和混合系统的设计。早期的能源密集型系统正在被修改或取代。由于这些变化，我们将对暖通空调(HVAC)系统的调查局限于基本信息。

暖通空调(HVAC)系统使用四种方式将热量转移到空调空间。近年来最常见的是通过送风和回风路径、通风及空气净化和混合输送暖空气。其他方式有管道热水、管道蒸汽和电力。制冷用的是冷水或空气。

> 有关水和蒸汽系统的详细信息，请参阅《2012 ASHRAE 手册—HVAC 系统及设备》。

全空气系统包括单风管恒定风量(CAV)、单区、多区、单风管变风量(VAV)、双风管和终端再加热系统(表 14. 20)。全水系统通常是两管系统或四管系统(表 14. 21)。

表 14.20　全空气暖通空调(HVAC)系统

系统类型	说　明
单风管、恒定风量(CAV)系统	恒温，以较低的风速向空间输送空气
单区系统	单个恒温器调节整个建筑物的温度
多区系统	与中央空气处理机分开的风管为每个区域提供服务
单风管、变风量(VAV)系统	终端出口控制每个区域或空间的气流
双风管系统	单独的管道将热空气和冷空气分别输送到混合箱，在那里混合后分配到每个区域或空间
终端再加热系统	向终端提供空气，终端为每个区域或空间加热或冷却气温

表 14.21　全水暖通空调(HVAC)系统

系统类型	说　明
双管系统	一个管道为每个风机盘管单元(FCU)供应热水或冷水，另一个管道返回锅炉或冷水厂。风机盘管单元(FCU)将室内空气和室外空气的混合物吸入加热或冷却盘管，然后再将混合风吹进空间
四管系统	两个独立的管道回路，一个用于热水，一个用于冷水，同时为各个区域提供加热和制冷

空气-水混合系统从中央机房向每个区域或空间供应经过初步调节的空气。室外空气与室内空气在中央机房混合，并在诱导器中加热或冷却。初级线圈通过过滤器吸走室内空气，并使其通过锅炉或冷水设备里的水加热或冷却的盘管。局部恒温器可以监控气温。

成套设备是独立的、以电或电气组合为动力的防风雨系统。它们被安装在屋顶上(在这里可以安装多个单位以便服务长条形建筑物)，或者安装在沿建筑物外墙的混凝土板上。成套设备与竖井相连接，可以为高达四层或五层的建筑物提供服务。分体式成套系统将室外压缩机和冷凝器、室内加热和冷却盘管及风扇结合起来。

除了局部系统外，所有暖通空调(HVAC)系统都由各供应商和制造商提供的大量组件现场组装而成。大多数系统都是独一无二的，与其他系统相似但不可复制，因此可能会出现安装错误的情况，所以强烈建议进行调试。

暖通空调(HVAC)区域

热舒适所需的暖通空调(HVAC)区域的数量和类型影响中央与局部暖通空调(HVAC)设备系统的选择。远离建筑物外壳的区域无法获得局部系统所需的室外空气。局部区域内必须有安装设备的空间。

如第十二章所说，大型多功能建筑物通常使用有 16 个区域的系统。每个功能(如公寓、办公室和商店)有 5 个区域，即北部、东部、南部和西部，以及中央核心区，加上地下停车场是第 16 个区域。每一个区域都包含多个楼层。增加调度安排可能会增加区域的数量。如果公寓需要单独控制并且要求不同的使用模式，那么每个公寓都可能成为一个区域。一些小型商业建筑没有内部区段。

暖通空调(HVAC)系统组件

虽然室内设计师不设计暖通空调(HVAC)系统，但他们必须处理系统组件占用的空间、产生的噪声、房间中的终端出口，以及维修和维护所需的空间。

暖通空调(HVAC)系统提供采暖、制冷和通风(表 14.22)。暖通空调(HVAC)系统由三个主要部分组成，即产生加热或冷却的设备、输送热量或冷却的介质，以及输送装置。例如，建筑物可能会使用燃油锅炉来加热水。水是在整个建筑物中传导热量的介质，而管道和散热器是输送装置。

表 14.22 暖通系统的基本工作

系　统	吸入和排出	驱动器、转换器、处理器	分　配	结　果
加热	摄入燃料、燃烧空气	锅炉、火炉、泵	水管、通风管道、电线管	温暖的空气或表面。空气流动通常受到控制。可能需要湿度控制
	排出热量和二氧化碳	风扇、过滤器、热泵	散流器、格栅、散热器、气流调节器、恒温器、阀门	
制冷	吸入空气、水、燃料。排出空气、水蒸气、热量、二氧化碳	蒸发冷却器、热泵、冷水机、冷却塔、线圈、泵、风扇、过滤器	水管、通风管道、散流器、格栅、散热器、恒温器、阀门、气流调节器	凉爽的空气或表面。空气流动通常受到控制。通常提供湿度控制
通风	空气	风扇、过滤器	通风管道、散流器、格栅、开关、气流调节器	新鲜空气。空气流动受到控制。空气质量受到控制

综合性术语“空气处理机(AHU)”涵盖多个单独的设备，这些设备可以组合成暖通空调(HVAC)系统。空气处理机组的类型有单一空气处理机组、机房机组和中央空调机组。

大型建筑物通常使用组合系统。水或蒸汽通过管道被输送到空气处理机(AHU)，经过一个热交换器盘管，热量或冷却被转移到空气中并被输送到空调房间。

暖通空调(HVAC)的空气分配

暖通空调(HVAC)系统中的空气分配通常通过管道系统完成。地板下送风是另一种选择。

送风管道系统

气流阻力的大小随管道长度和气流速度的不同而变化。速度越高，阻力越大。

在走廊上方布置水平气流分布管道的做法非常普遍，减少的净空高度通常不会成为问题。管道通常远离窗户，因此不会影响采光。走廊使各个房间在逻辑上连接起来，是树状分配管道的最佳路径。办公空间较低的服务空间向更高的天花板的转变增强了更高空间的开放性。

加压送风

在一些地方，如购物中心、公寓楼的走廊和楼梯间，引入的空气比被机械排出的要多。这些空间处在正压力下，空气不会流入。这种增压有助于防止未经加热或冷却的室外空气或火灾造成的烟雾进入。较高的空气压力还可以减少气流和温度不均带来的不适。

地板送风(UFAD)

带有置换通风功能的**地板送风(UFAD)**可以低速配送刚好低于设计室温的新鲜空气。大量的低速空气利用架空地板下的区域为增压室在没有管道系统的情况下配风(图 14.33)。

新鲜空气进入地板下的分配空间，当它从居住者、办公室设备和照明设备中吸收热量后会向上升起，最终在天花板上形成分层。地板附近提供的是较为凉爽、较新鲜的空气，而较暖的不太新鲜的空气则上升至天花板，地板送风的室内空气质量和热舒适性都比天花板送/回风系统更好。安装在地板上的配风器可以单独控制，增加了舒适性。

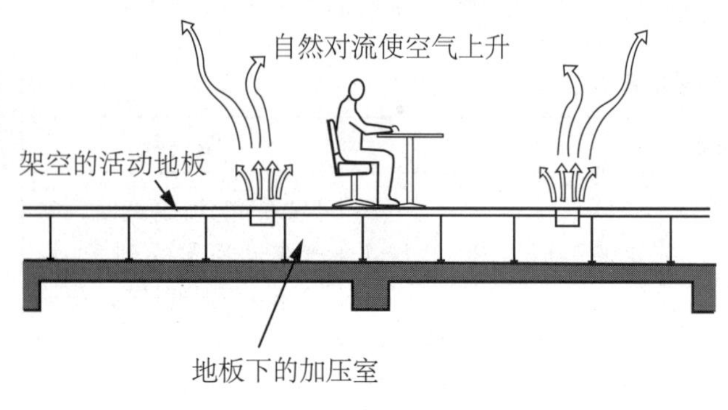

图 14.33 地板送风

架空地板通常支撑在 2 英尺(约 0.6 米)的正方形模块上。这里通常也是放置电源和数据电缆插座的位置。这些模块的多个方向都可以使用，而且易于改组。

规范可能会限制架空地板的高度，而且通常要求配线必须有一种特殊的耐磨涂层。适当的空气分层要求天花板的高度至少为 9 英尺(约 2.7 米)；这个高度也是满足采光设计的最低要求。吊顶、照明、消防安全系统和其他建筑系统都不应被暴露在外，其中一些可能会被移到上层地板的下面。

表 14.23 暖通空调(HVAC)的交付功能与设备

功 能	设 备
仅加热	自然对流装置、单位加热器，通常是辐射装置
加热、制冷、除湿和空气过滤	风机盘管
加热、制冷、除湿和空气过滤、有条件的通风	单位通风机、成套的终端空调、热泵、以空气输送装置为终端的空气处理系统

ASHRAE 2013 年的《地板送风系统的设计、建造和运行》(UFAD)指南提供了有关该技术的更多信息。

请参见第十六章“配电系统”，了解有关地板下面配线系统的信息。

终端输送装置

暖通空调(HVAC)的终端设备将暖气或冷气输送到空调房间(表 14.23)。选择标准包括所需的加热、制冷、除湿、过滤、通风等功能，和终端设备连接的任何分配系统类型。

空气交付装置

送风口的位置可能会影响灯具、橱柜或其他部件的安装。

当空气从送风口出来时，室内空气就会向出口移动。这会在平滑的天花板出口周围产生一条狭窄的变色带；在有纹理的天花板上出现污迹的面积更大。斜面安装的框架和其他特殊设计能最大限度地减少污迹问题。

气流从出风口下降之前行进的水平距离称为喷射。喷射的距离应该足够长，以便在降落到使用区之前供应的空气与室内空气在温度和速度上能充分混合。气流过冷或流动得过快都会产生小股气流；如果太热，空气则不会下降。

基于供气格栅的过流面积(平方英尺)和每分钟通过它的空气的速度，从供气格栅排出的空气量以每分钟立方英尺(cfm)为单位。每分钟立方米(立方米/分钟)是国际单位。

工作站交付系统也被称为个人舒适分配系统。系统将室外空气和再循环的室内空气混合在一起，这是由主管道或地板通风管向每个工位混合箱输送的一次空气。工作站的工作人员可以调节供气温度、主空气和本地再循环空气的混合、风速和风向，以及位于台面下方的补充辐射热量。该系统可以调暗工作照明和调节掩蔽声级。当工作站没人时，占用传感器会关闭系统，仅保持最小气流。

输水设备

在水-空气或全水的暖通空调(HVAC)系统中，输送指的是间接地把加热或制冷从水引到房间内的空气。大多数热水系统使用对流散热器而不是过去的铸铁散热器。现在，对流散热器包括通过自然对流进行工作的翅片管或翅片线圈，使用不显眼的踢脚板、窗下机柜或地板下设备。

风机盘管

风机盘管(FCU)是一种由工厂组装的装置，包含加热和(或)制冷线圈、风扇和过滤器等部件(图 14.34)。风机盘管(FCU)类似于组合式空调箱(AHU)，但风机盘管(FCU)是终端设备，服务于单个房间或一组房间。该装置可以作为 1、2、3 或 4 管道系统使用，提供从加热到冷却的不同水平的转换控制。带有冷却盘管的风机盘管(FCU)也可以除湿。

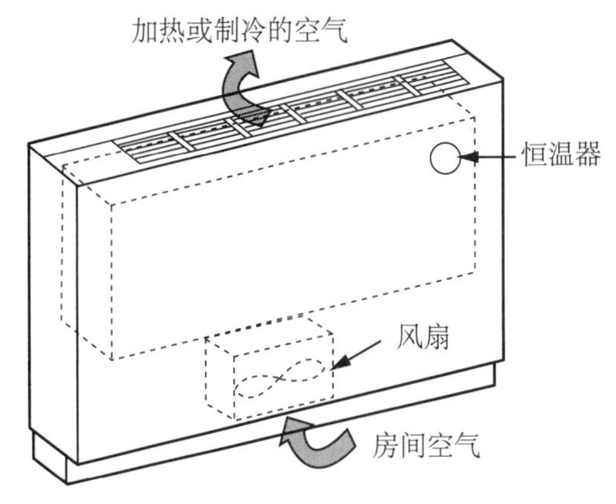

图 14.34 风机盘管

风机盘管有墙壁、天花板和垂直叠放等型号。一些设计隐藏在定制的外壳中、半嵌在墙壁里，或者安装成带有各种机柜的地面控制台。走廊上常用嵌入型。

如果机柜处于暴露的地方或者没有可以隐藏安装的机柜，也可以用天花板型。风机盘管不应该安装在实心天花板上，因为它们的冷凝水排水管容易堵塞，排水盘会溢出，需要维护。一个天花板型装置可以通过管道与若干个相邻的小空间相连。

垂直叠放型用于多层公寓楼、公寓房、写字楼和酒店，它们不需要单独的管立架和管架。

风机盘管为拥有大量用途不一、独立控制的小房间(如酒店、汽车旅馆、公寓、养老院和医疗中心)的建筑物提供了最佳解决方案。由空调控制的空间，相互间的空气不能混合，因此每个空间都要有窗户以供通风换气，也可以在每个空间内铺设贯穿于整个建筑物的通风管道系统。

必须对风机盘管进行维护和保养。风机老化，其噪声通常会变大。每个机组都要求配备一条提供制冷的冷凝排水管，而排水槽则往往是细菌的滋生地。过滤器需要频繁地更换才能保持气流的通畅。

通过调节可以供应大量通风空气的风机盘管通常被称为单元通风机(如教室中的通风设备)，它的外部进气格栅比风机盘管装置稍大一些。单元通风机通过将冷却水或加热水从中央装置输送到每个房间，在建筑物的每个房间中提供单独的温度控制。

控制系统

大多数暖通空调(HVAC)系统都是由自动控制元件驱动和调节的。大型建筑中的大多数控制器都是计算机控制的，通常设置为维持一系列的条件，而不是有一个特定的设定点。

控制功能包括保持所需的热舒适条件、通过提高运行效率来提高能源效率、避免人为错误，以及提高居住者的满意度。

安全装置的设计旨在限制或取代机械和电气设备。动力源是电，包括模拟和直接的数字控制，或包含被动控制的独立控制。

建筑自动化系统(BAS)被规划为将建筑控制的许多方面集成到一个决策装置中。现在，大多数大型建筑都使用自动化系统。

有关建筑自动化系统的更多信息，参见第二十章“通信、安全和控制设备”。

恒温控制器

在住宅中，恒温器通常位于客厅或靠近客厅、温度稳定的位置，远离冷气流、阳光直射和暖气调节器。程控恒温器一旦了解你的日程安排，即可进行自我编程，可以通过手机对其进行控制(图 14.35)。程控恒温器会注意到占用率的变化，当你离开时会自动调到节能温度。

恒温器还控制着流向暖气管和对流散热器的水流。循环输送暖风的风扇使用恒温器。恒温器会触

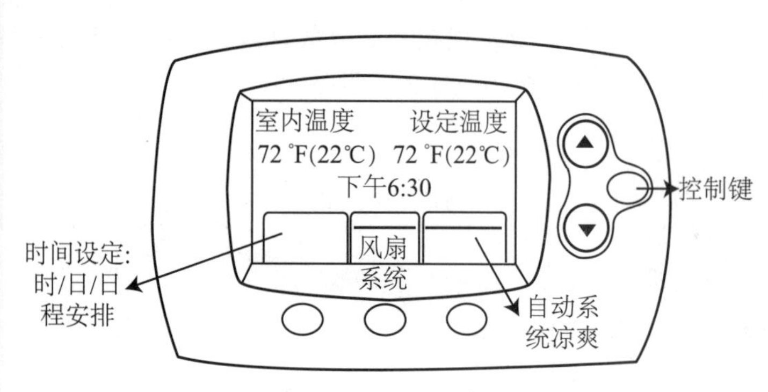

图 14.35 程控恒温器

发一个低限位开关，当温度达到一个预设的低温时该开关就会打开，使风扇和热泵转动起来，向分配系统输送热量。当达到规定的温度时，上限开关切断熔炉。如果指示灯或点火装置不工作，安全开关可防止燃料流入加热设备。

恒温器通常用于控制小型建筑物的暖通空调（HVAC）。机械工程师根据周围热源的位置确定恒温器的位置。为了使设备正常工作，必须将温控器安装在远离门窗的墙内壁上，以使其不受外界温度或气流的影响。不要在恒温器下面放置灯具、电器、电视机或加热器，因为它们的热量会影响火炉的运行。室内设计师要特别注意恒温器的位置，因为它可能会出现在装饰墙的中间，正好是设计师计划挂一件艺术品的地方。

无线控制系统

无线控制系统越来越普遍。有了它，就不必在建筑物中预留数百个布置电力和数据线的位置，由此降低了控制系统的成本，也使更新设备变得简易可行。

提供远程无线控制和转换的系统会对建筑师和建筑工程师的设计工作产生影响，因为他们必须提前做好安排，以便提供能够容纳这些系统的设施。

住宅建筑的无线管理系统可在用户到达之前调节温度，提前启动设备，并能提供反映建筑物状况的实时报告。它们可以控制门锁窗锁、安全摄像机、照明设备和家电。

无线控制系统网络包括能够在使用中学习的自动化系统，预测使用模式和需要，同时节约能源。该系统可以提前调整运行模式，而无须用户的特定命令。在具有高度可预测模式的零售和商业空间中，无线网络能够迅速获得预测需求和节约能源。

建筑调试

建筑调试是一个正式的启动和测试过程，用于识别和纠正操作缺陷、节约能源，并有助于确保业主从所有的建筑系统中获得预期的性能。它是一个过程设计团队，用于验证和记录建筑及其各种系统的性能是否符合设计意图和业主的操作需求。

随着工程师和建筑师不再设计由设备驱动的建筑，室内空间将体现出新的节能重点。旧建筑物将逐渐用新系统改装。了解既有建筑如何运行及如何提高其资源利用率，这对作为建筑设计团队一员的室内设计师来说是非常重要的。

我们对电力的依赖、对环境质量和资源保护有重要的影响。现有的20世纪建筑物很少利用日照采光，而是强烈依赖于电气照明。这反过来又增加了建筑内部的热量，增加了空调的能耗。在第六部分“电气与照明系统”中，我们将研究那些严重依赖电力、能源和人工照明的建筑的替代方案。

第六部分

电气与照明系统

我们对电力的依赖、对环境质量和资源保护有重要的影响。煤、石油或核能源产生的大部分能源最终都是用于建筑用途的电力。

20世纪的建筑很少为采光而设计，严重依赖于电气照明。根据美国能源信息管理局2012年公布的数据，照明大约消耗了住宅和商业建筑中所用能源的17%。这反过来又增加了建筑内部热量和空调的能源消耗。

> 从历史上看，可用能源通常是通过燃烧诸如煤炭、石油等矿物燃料而产生的……然而，直到19世纪末，人们才开始使用(产生的热量)来创造……电力。除此之外，核反应堆、地热资源和聚光太阳能收集器也可以用来产生发电所需的热量……但是要记住的是，就燃料资源的消耗而言，电是一种昂贵的能源形式，因为在商业规模上，热能全部转化为电能的效率很少超过40%。
>
> 引自沃尔特·T. 葛荣德、埃里森·G. 沃克，《建筑的机电设备》(第12版)，威利出版集团，2015年。

既有建筑物中有数英里电线，其中大部分已不再使用。无线技术和地下配电正在成为动力设备和发送数据的主要方式。负责指定电器用具和照明灯具的室内设计师需要了解电的基本知识。电气故障引起的火灾风险是一个安全问题。在这里，我们将讨论这些问题和其他相关问题。

第十五章“电气系统的基本知识”介绍了电气原理、电力来源和节能，以及电路设计和安全问题。

第十六章“配电系统”阐述了商业楼宇和居民住宅中的电气配线，包括供电服务、配电、设备和负荷。

第十七章“照明系统”关注光线和视觉及采光，然后探讨电气照明设计、光源和照明器材的基本知识。

电气系统，特别是照明对室内设计的影响是巨大的，近年来发生了许多变化。《建筑系统的室内设计指南》(第三版)的这部分旨在解释建筑师和工程师的发展前景，并启发室内设计师对近期发展的认识。

第十五章 电气系统的基本知识

电力是现代建筑中最普遍的能源形式。电为电源插座和照明器材提供电能。通风、采暖和制冷设备依靠电能才能运行。电气设备有助于提高声音、保护隐私和扩展听力。电梯和物料运输车、信号和通信设备也都依靠电力提供的能源。

室内设计师要确保用户在用电的时候，电力安全可用。灯光设计对于室内空间的功能和氛围至关重要。了解这些任务所涉及的原则对于室内设计师的工作也非常重要。

> 建筑物的电气系统为照明、采暖、电气设备和电器的运行提供电力。该系统必须按照建筑规范和电气规程进行安装，以便安全、可靠和有效地运行。
>
> 引自弗朗西斯·程，《建筑施工图解》(第5版)，威利出版集团，2014年。

在深入了解配电和电气设备的细节之前，本章将先介绍什么是电力及它是如何工作的，还有节能和安全的内容。

引言

建筑物的电气系统由建筑师和电气工程师设计，但他们经常邀请设备顾问和照明设计师参与设计，因为后者的工作对建筑物的室内设计产生重大影响。

有了与建筑师和工程师的合作，室内设计师有责任确保在客户需要电力设备的时候可以获得电能，并确保照明和电器是安全、合适和节能的。

历 史

1752年，本杰明·富兰克林得出了著名的结论，即闪电是由电流构成的；他还发明了避雷针来保护建筑物。1792年，亚历山德罗·沃尔塔发明了可以产生电流的电池。

19世纪末，安德烈·安培(1776—1836)、乔治·欧姆(1780—1854)、海因里希·赫兹(1857—1894)等人的研究表明，电是从负电荷向正电荷流动的电子流(电流)。

图15.1 1882年的珍珠街发电站

1879年，托马斯·爱迪生发明了第一盏有实用价值的电灯。1882年，爱迪生在纽约开设了第一家集中供电的电力公司——珍珠街电站，为附近的家庭和商店提供**直流电**(DC)(图15.1)。虽然爱迪生的中心发电站为纽约提供了电能，但要广泛推广仍是一个问题。

发明家尼古拉·特斯拉曾试图使爱迪生相信**交流电**(AC)的优势，但没有成功。随后他将自己交流电的专利卖给了乔治·西屋。这导致美国电气行业中两大实业公司西屋和爱迪生之间的竞争。

直到20世纪初，几乎所有的大型建筑和建筑群都使用自己的现场发电或当地的直流电源。现场发电机为电梯、通风机、呼叫铃、火灾报警器和照明设备提供电力。这些当地直流发电厂产生的低电压电能在长距离输送时损失了太多。虽然交流电最终占了上风，但直流电系统在整个20世纪存在于一些城市和地区。

交流电在高电压下长距离传输电力。通过电线进行高压输电减少了功率损耗。高电压在使用点被转换成可用电压。到20世纪20年代，大型中央发电站的建设降低了输电成本。

1978年，**《公共事业监管政策法案》**(PURPA)颁布：公共事业单位必须购买小型私人电力生产商出售的现场发电。各地的能源发电系统可以连接到电力设施网。同时，现场发电和储能技术在不断发展，各地生产的电能有了显著的增长。

目前，大型集中发电厂通常由水轮机或蒸汽轮机提供动力。蒸汽通常由燃煤产生，但也可以用石油、天然气或核燃料生产。在发电厂中，大量的热能通过烟囱上升到水道，而不是作为能量进入输电线路。在由输电线路向用户传输的过程中发生进一步损耗，因此我们接收的电能大约仅为燃料中可用初始能量的三分之一。

电气系统的设计过程

电气系统的设计过程始于电气工程师对建筑物电力总负载的估算。然后，工程师规划电气设备所需的空间。接下来，工程师要和电力公司一起确定电气设备在建筑物内的位置。工程师还要了解建筑物的所有区域的用途，以及电气设备的类型和额定功率。电气工程师从采暖通风空调、管道设施、电梯、室内设计和厨房顾问那里获得所有设备的额定电功率。

电气工程师负责确定所有所需电气设备的空间位置及其预估尺寸。建筑师必须为电气设备预留足够的空间。

有关照明设计的更多信息，请参见第十七章“照明系统”。

电气工程师、建筑师、室内设计师和灯光设计师共同为建筑物设计照明系统。通常来说，灯光布置与插座、数据、信号和控制系统的布局是分开的。地板下面、地毯下面、天花板上面的线路和头顶上的高架线槽都应在平面图上显示出来，然后工程师准备照明器材的布局。

所有电气设备都应该标记在电路布置图上，包括插座、开关和电机。数据处理设备、信号装置及通信设备、火灾及烟雾探测器都应包括在内。此外，控制线路和建筑物管理系统面板也应显示在图纸上。

接下来，工程师为所有照明、电气和电力设备设计电路，然后准备**管道系统图**来显示线路是如何垂直分布的，最后设计面板、配电盘和辅助设备。

室内设计师也负责在他们的图纸上，通常在电源规划上显示电气系统信息(图15.2)。电气工程师可以借助室内设计图设计电气系统。室内设计图纸通常标明所有电源插座、开关和照明器材及其类型。应在图上标明哪些是大型设备和电器，并注明它们的电气要求。此外，公用电话、电话接口等相关设备，以及数据接口等通信系统设备，也要在室内设计图上显示。

室内设计师应熟悉配电板的位置和尺寸，以及影响所用电线类型的建筑系统，如增压机械系统的位置和尺寸。室内设计师必须知道既有或计划的插座、开关、专用插座，以及**接地故障电流漏电保护器**(GFCI)的位置。室内设计必须与照明器材、电器、设备和应急电力系统相互协调。室内设计师也有责任使设备间的位置符合其他要求，并且应该保证设备间有不间断电源或必须有备用电源。

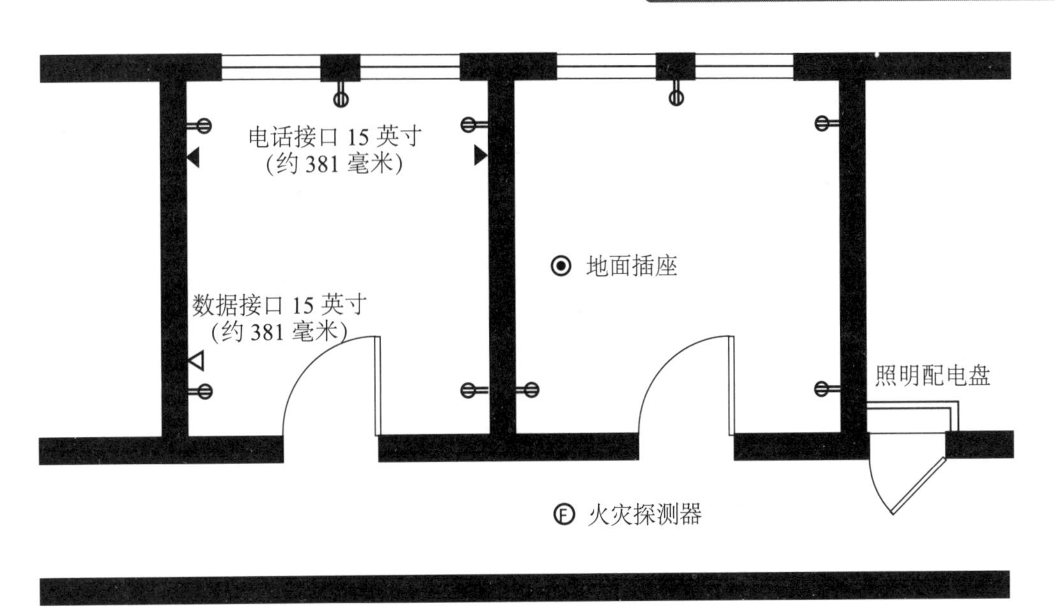

图 15.2 室内设计电源规划图样本

规范和标准

电力可能造成触电或引发火灾。规范和标准对于安全用电至关重要。

规 范

电气系统必须根据建筑和电气规范进行安装，才能安全、可靠、有效地运行。《美国国家电气规程》(NEC)规定了在选择、建造和安装电气设备与系统时必须遵循的基本安全方法。所有检查人员、电气设计师、工程师、承包商和操作人员都使用这一方法。《美国国家电气规程》(NEC)已被纳入职业安全与健康标准(OSHA)，并具有实际法律效力。《加拿大电气规范》(CEC)与《美国国家电气规程》(NEC)非常相似。

许多大城市(包括纽约、波士顿和华盛顿特区)都有自己的电气规程。它们既包含许多《美国国家电气规程》(NEC)的规定，也加上了各地的特殊要求。

标 准

电气和通信系统的标准由美国国家标准学会(ANSI)和美国电气制造商协会(NEMA)制定。此外，公共设施的电力服务标准也适用。

美国保险商试验所(UL)建立标准和测试，并检查电气设备。该组织公布经过检查并获得认可的电气设备名单。UL 列表被普遍接受，许多地方法规只接受带有 UL 认证标志的电气材料。

任何项目都不得使用没有 UL 标签的电气材料或设备。

电气原理

电是一种自然产生的能量形式，只以不受控制的形式出现，如闪电和其他静电放电，或以自然的化学反应，如引起腐蚀的反应。19 世纪末，电仍被视为我们无法理解的东西。直到 1897 年，我们才发现电子的存在(图 15.3)。

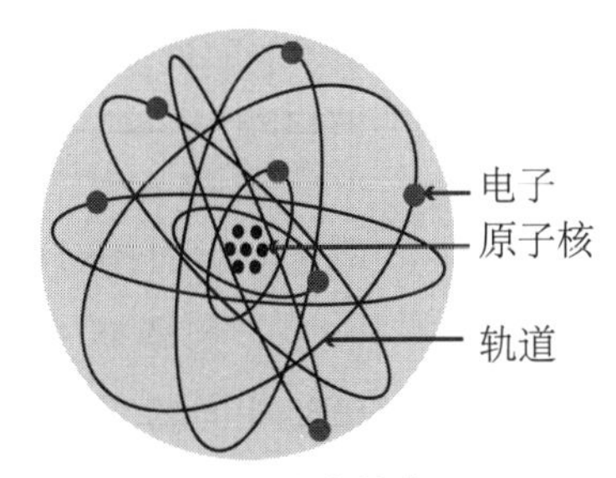

图 15.3 原子中的电子

现在，我们明白了**电流**与导体上的电子流动有关。电实际上是能量的流动，电子本身的物理运动是有限的。在许多材料中，如木头、塑料、玻璃和陶瓷，电子都会紧贴着它们的原子。这些材料都是绝缘体，即使能微弱导电的话，导电性能也很差。

电流将电能从一个点传输到另一个点。电流需要**导体**才能流动。大多数金属中的电子可以从它们的原子上分离出来；它们被称为自由电子。松散的自由电子使电流能很容易地通过这些材料，使它们成为很好的电导体。

电流的类型

电有两种类型，即静态的电和流动的电。闪电是一种可以损坏建筑物的静电。流动的电在建筑物中得到有效利用。

静 电

静电通常是由摩擦产生的。静电能产生非常高的电压，但电流非常低。这意味着当静电放电时所产生的火花是极其短暂的，通常是无害的，除非微小的火花点燃了某种可燃气体。

闪 电

雷击是大气层与地球上的物体之间的大量放电现象。雷击所产生的电流不仅具有最小的阻力，而且能够顺着所有路径通向地面。根据美国国家海洋与大气管理局(NOAA)的数据，在过去的20年中，美国每年平均有51人死于雷击，仅次于洪水造成的死亡。在美国，平均每年大约发生4300次由闪电引发的住宅火灾。

建筑物可以通过与地面直接相连的尖头金属棒的保护而免遭雷击。设计合理的保护系统可以达到99%的避雷效果。一个好的系统会在主电气面板上，以及任何电话和其他通信线路进入建筑物的地方设有避雷器。使用UL标签设备和经过UL认证的安装程序，应能妥善保护建筑物免遭雷击。

电 流

如上所述，电流指的是沿着导体的电子流动。**电压**(或称电动势)是电势能。建筑物中使用的电力由电压和电流组成。

电路的功能是传递功率(以**瓦特**为单位)。电路的功率输出是电动势(即电压，以**伏特**为单位)和电流(以**安培**为单位)的函数。

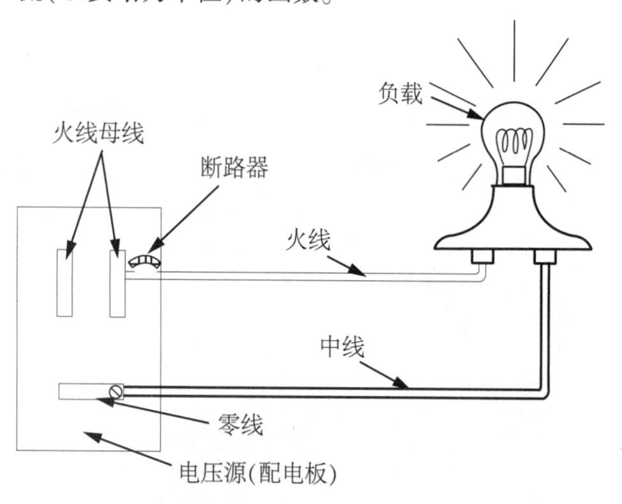

图 15.4 电路

电 路

电路是指电流走过的任何一段闭合回路。电子沿着闭合路径(如导线)从一个带负电荷的点流向带正电荷的点。电路是一个完整的传导路径，将电流从电源传送至某些电气设备(荷载)并通过这些设备返回电源(图15.4)。如果没有完整(闭合)的可以返回电源的电路，电流就不会流动。

电路可以用两种不同的方式进行排列。在**串联电路**中，电路的各个部分相互连接，电阻和电压累加起来。串联电路各个点上的电流是相同的。任何一个荷载的故障，如烧坏的灯，都会打开电路并切断其所有荷载的电源。

> 电路中的功率用瓦特或千瓦表示，时间用小时表示，所以能量单位是瓦时(Wh)或千瓦时(kWh)。

并联电路是所有建筑物布线的标准配置方式。当电路中的两个或多个分支或负载连接在相同的两点之间时，就形成一个并联电路。每一个平行的组都充当一个单独的电路。如果其中一个较小的电路坏了，只有那个部分的器件受到影响，电路的其余部分继续循环输送电力。

有时，由于电线上的绝缘层磨损或其他问题，线路上的点之间会发生意外连接。这种连接缩短了电路，使电流走捷径回到源头，叫作**短路**(图 15.5)。电流没有遇到正常线路的电阻，电流瞬间上升到非常高的水平。如果电流没有被保险丝或断路器阻断，过量电流产生的大量热能就可能会引发火灾。

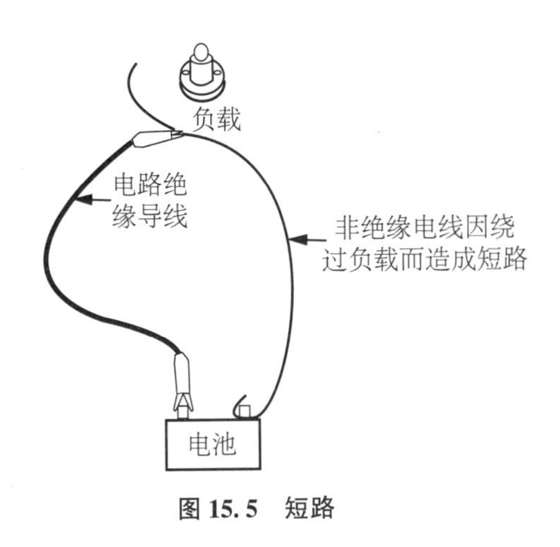

图 15.5 短路

安 培

电流以恒定速度流动，并且几乎是瞬间的移动。电在电路中流动的过程叫作电流或**电流量**。它用安培(简称为“**安**”或用符号“A”表示)来测量，以法国数学家和物理学家安德烈·安培的名字命名。电流量(安培数)决定了某一特定用途所需电线的线径。

电 压

电子运动及其能量，换句话说就是电，发生在导体上的正电荷比同一导体的另一个点上的电荷高时。例如，在普通电池中，由于化学作用，正(+)电荷聚集在正极端子上、负(-)电荷聚集在负极端子上。即使电池没有连接到任何荷载，正、负极端子上的带电粒子也会流动；这种趋势或力称为电势差或电压。当导体在正、负极之间运行时，端子间的电压使电流在导体中流动。系统中的电压越高，电流越大，每秒钟沿着导体移动的电子就越多，电路中测到的安培数就越高。

电压的单位称为**伏特**(V)，以意大利物理学家亚历山德罗·伏特(1745—1827)之名命名。伏特是电压单位，是电子运动及其相关能量的量度，通过使导体上一个点的电荷比同一导体上另一点的既有电荷更高测得。

要想知道一个伏特的功率有多大，可以试着用你的双脚摩擦羊毛地毯来增加静电。这样做可以产生大约 400 伏的电压，足以在你的手指与一个金属物体或另一个人之间产生明显的火花，甚至电击感。静电冲击产生的电流极小，所以只有积聚了有限数量的电子才可能引起电击感。其效果是惊人的，尽管电压很高，但不会造成任何伤害。然而来自公用电网的电流几乎是巨大的，使 120 伏的家庭供电系统变得功能强大且危险。如果没有绝缘层，电流可以很容易地熔化家中的电线。

电阻、导体和绝缘体

简单地说，**电阻**是导体中杂质和导体电子结构受到干扰的结果。电流总是通过最小阻力的路径流动。电子流过具有电阻的材料时会产生热量。对于给定的电阻，电压越高产生的电流越大。

电阻的测量单位是欧姆。**欧姆**等于一个导体的电阻，其中 1 伏特的电压产生 1 安培的电流。欧姆(Ω)是以德国物理学家乔治·西蒙·欧姆(1787—1854)的名字命名的。

良导体是指包含大量自由移动的电子的材料，因此电子的移动没有很大的阻力。低电阻的材料是非常有用的，因为它们能更有效地传导电能、减少热量的消耗。通常，金属对电流的电阻最小，是良导体。最好的导体是银、金、铂，铜和铝则稍微逊色一些。

绝缘体是一种电阻非常大的材料，几乎可以阻止任何电流的流动，因此绝缘体用于电流传导的路径中控制电能的损失。玻璃、云母和橡胶都是很好的绝缘体，蒸馏水、陶瓷、某些合成材料也是如此。橡胶和塑料用于电线外罩，陶瓷用于插座。

瓦 特

瓦特是以詹姆斯·瓦特(1736—1819)的名字命名的。这位苏格兰工程师发明了现代蒸汽机。**1瓦特(W)**的定义是在1伏的电压下流动的1安培电流。它用来测量有多少电子正在经过一个点，以及要用多少力才可以移动它们。

1千瓦(kW)=1000瓦(W)；
1兆瓦=1 000 000瓦；
1千兆瓦=1 000 000 000瓦。

在物理学中，**能量**在技术上被定义为物理系统，在从它的实际状态转变到一个指定的参比状态的……率定义为做功的能力或者能量在做功时的消耗速率。瓦特是电能单位，……速率，1000瓦特等于1千瓦(kW)。

功率是指一段时间内所使用的能量。电功率以瓦或千瓦表示，时间以小时表示，因此能量单位是瓦时或千瓦时(kWh)。一千瓦时等于一千小时用一瓦的电。公共设施电度表以千瓦时为单位测量电力的使用量。所消耗的能量与系统的功率(瓦数)和工作时间(小时)的长度成正比。

直流电流和交流电流

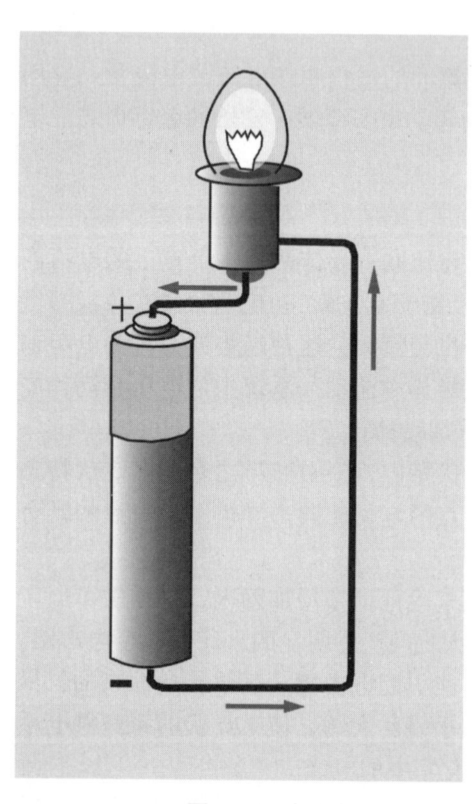

图15.6 直流电

有两种类型的电流，直流电流是源自恒定电压源、流速恒定的电流。就像一块电池，一个终端(电极)总是正极，而另一个总是负极(图15.6)。电流总是朝着同一个方向(**极性**)流动。任何一根电线里的电流总是相同极性，一根电线总是正的，一根电线总是负的，就是直流电流。直流电流产生于电池和光伏设备中。

目前，直流电流在建筑物中的主要应用是为应急电源的蓄电池充电。大多数电子设备，如计算机，都在低压直流电下运行，但有自己的电源，可将交流线路电压转换为直流电流。插入式电源的广泛应用使人们对在建筑物中提供低压直流插座产生了兴趣。这将消除对电力供应的需求，并增加对风能、太阳能、燃料电池和电池等电源的使用，这些都提供直流电流。

使用交流电流时，两点之间的电压差以固定规律的方式反转。这意味着电流以固定的电**频率**来回改变方向。从正极到负极再到正极的变化称为一个**周期**，而周期发生的速度正是电流的频率。美国和加拿大的公用事业公司的商用电力就是交流电，通常以每秒60个周期或60赫兹(Hz)供应。许多国家则以每秒50赫兹的速度提供商用电力。赫兹是以德国原子物理学家古斯塔夫·赫兹(1887—1975)的名字命名的。

交流电的产生比直流电要复杂得多，需要有一个带有金属回路的**发电机**改变感应电压(和电流)的大小和方向。回路的一个完整循环在电压和电流中产生一个完整的周期。

在交流电路中，电阻用欧姆测量，称为阻抗。

一个频率的设备与任何其他频率都不兼容。电机在错误的频率下不能正常运行，可能会过热、烧坏或寿命缩短。

交流电相对于直流电的优点是其易操作性和高效性。变压器可以轻易地改变交流电的电压水平。发电机输出几千伏的电流，发电厂的**变压器**在将电力传送到主传输线路之前会进一步增加电压，以保持最低的电量消耗。当电流保持在最低状态时，大量的能量就可以通过电线传输出去，能量损耗最小。

电力通过变电站到达地方输电线路(图15.7)。一旦电能到达局部区域，另一台变压器上的电压就会降低，以便分配到建筑物中。与主线路相比，局部线路的传输损耗要高，但传输路线短很多。

到达建筑物的电压对于消费者来说仍然过高，因此每幢建筑物或建筑群都有一个小型变压器，在电流进入建筑物之前进一步降低电压。小型建筑以230伏或240伏的电压供电。你可能看到过电线杆上的变压器，它们可以降低供应给小型建筑物的电压。美国的家用电压再次降到120伏左右。对一些老房子只能供应120伏的电压；在大城市附近，电压可以是120伏或208伏。

图 15.7 电力传输中的变电站

大型建筑和综合性建筑群通常以当地的线路电压购买电力，并在使用前用室内变压器自行降低电压。变压器将4160伏的供应电压逐渐降低到480伏，并在建筑物中进行分配。电气柜中的第二变压器将480伏的电压逐步降至适合插座的120伏。

家中的电力可能不是刚好120伏和240伏的电压。通常，美国城市居民家庭的电源插座可以接收126伏的电压，而郊区居民家庭仅能接收118伏。分支电路远端出口的电压比服务端入口接线面板附近的电压要低，但是家庭中的电线变化幅度不应超过4伏。为避免损坏电气设备，最低的安全供电是108伏。

电力的来源

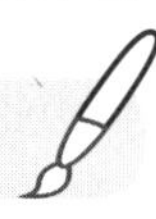

根据美国能源信息管理局(2013年)发布的数据，在美国39%的电力由煤炭生产，27%的电力由天然气生产(图15.8)。不管燃料来源如何，蒸汽涡轮发电机产生的大部分电能在蒸汽冷凝时都会丢失。即使是高压配电，也有额外的配电损耗。

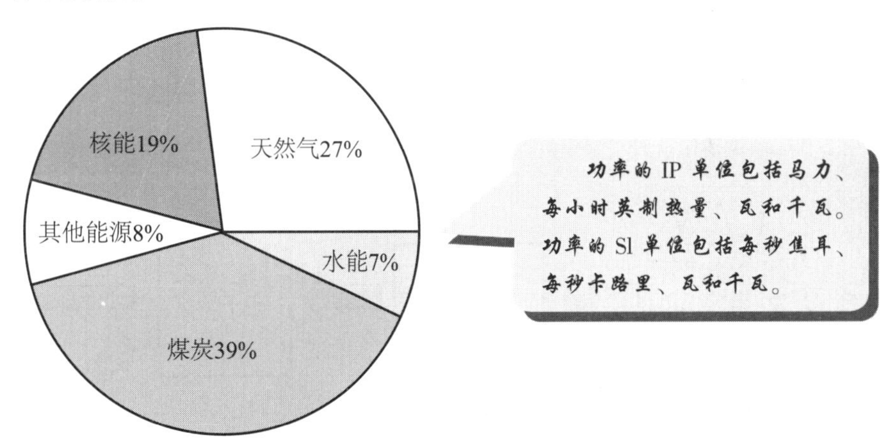

图 15.8 2013年美国能源发电量的百分比

光伏(PV)发电

光伏(PV)技术将阳光直接转化为电能。只要有阳光，它每时每刻都在工作，但是要产生更多的电，则需要光线更强烈、光照角度更直接。与用于加热水或室内空间的太阳能系统不同，光伏发电技术不使用太阳的热量发电。相反，它直接通过阳光与**光伏阵列**中的某些半导体材料相互作用释放的电子产生电力。

光既表现出波的特征，又表现出一种叫作**光子**的高能粒子流的特性。当光子撞击到光电金属表面时，它会从正常轨道上移除一个电子。暴露于强烈的光子流（如在阳光下）中的硅元素，会将大量的电子从它们的轨道上分离出去。电子进入光伏材料的硅晶体并在其晶格结构中漫游，所产生的光伏电力是直流电流。它要么储存在电池系统中，要么转换为交流电流，用于商业和住宅建筑。对于大型电力公司或工业应用来说，数百个太阳能电池阵列相互连接，构成了一个大型的多用途 PV 系统。

该系统并不局限于阳光充足的热带地区。位于马萨诸塞州波士顿的太阳能电力系统产生的电能，是位于佛罗里达州迈阿密的同一系统产生电能的 90%以上。光伏可以很好地使用漫射光，在局部多云的时候它的作用在 80%左右，在多雾潮湿的天气里仅为 50%，甚至在非常阴的天气里也能达到 30%。

光伏发电的规范和标准

《美国国家电气规程》的 NFPA 71 中的第 690 条“太阳能光伏（PV）系统”为光电系统设定了标准。如果该光电系统与电网连接，当地的电力公司还有额外的互联要求。在大多数地区，城市或县建筑部门要求提交建筑和电气许可证以安装光伏发电系统。光伏系统安装完毕后，必须由当地的许可机构（通常是建筑或电气检查机构）进行检查和批准，通常也要由电业局审批。

光伏发电的历史

当有光线照射时，许多金属会发射电子，这一现象被称为光电效应。1839 年，亚历山大·贝克勒尔（1820—1891）发现了这一现象。约翰·艾斯特（1854—1920）和汉斯·盖特尔（1855—1923）发明了第一个实用的**光电电池**。

1954 年，贝尔实验室研制出第一个**晶硅光伏电池**。为了满足美国太空计划对人造卫星极轻而可靠的电力来源的需要，晶硅光伏电池在 1958 年投入使用。

2013 年，非晶硅制造的能效为 6%~9%的光伏电池被生产出来。更新的生成硅晶体的方法将不断提高它们的效率。

光伏发电系统

光伏电池吸收太阳的能量，然后将其由直流电流转换为交流电流。从那里，能源被发送到存储所（电池），立即投入使用或者被转移到电力公司，并通过电网发送出去（图 15.9）。光伏装置可以与太阳能热水收集器结合，不需要电池或电网作为备用电源。

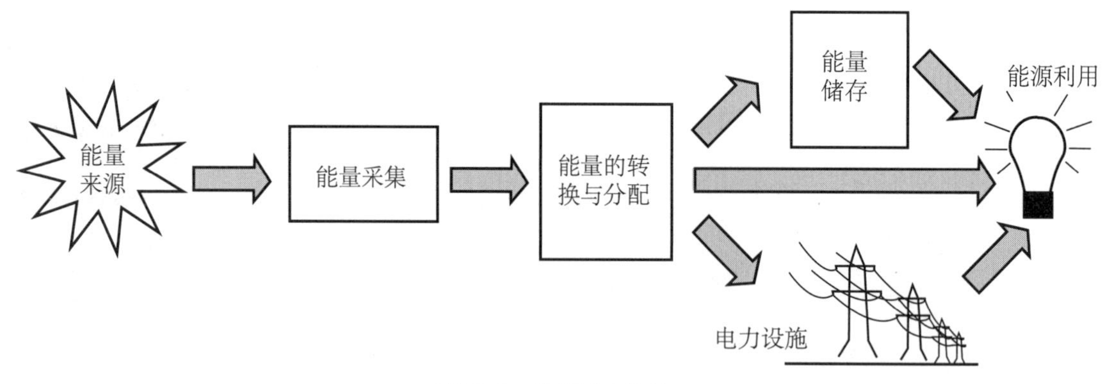

图 15.9　光伏发电系统

现场生成的光伏产生直流电流。直流电源随后转换为交流电源，并与地区电网相连。在供电量较低时，电网提供备用能源。当现场的产量过剩时，电度表反向运行，有效地将多余的电能卖给电网储存起来。系统可与发电机或其他备用系统配合使用，用于应急电源。

一些电力公司不断增建有大型集中式光伏电站的中央发电厂。其他电力公司也在电力用户附近设立了小型的光伏电站。

独立和光伏并网系统

建筑物的光伏发电系统有两种基本类型，即独立型和并网型。**独立的光伏发电系统**没有连接到公用电网。它们用于远程或无人值守的荷载，包括单独的小型住宅。大多数独立系统利用蓄电池存储高峰时段多余的能量，以便在阴天和夜间使用。

混合式独立系统为较大荷载增加了燃料动力发电机，特别是在峰值荷载是周期性的情况下。混合动力系统可以与风力发电一起使用或者将发电机作为备用，每年使用几次。

要把光伏发电系统连接到公用电网，需要将一个或多个光伏模块连接到逆变器。逆变器会把模块中的直流电转换为交流电。**并网光伏发电系统**需要一个逆变器，在电网的正确电压下将光伏阵列中的直流电转换为交流电，并通过电度表将其输送到公共电力设施。有些系统还包括电池作为备用电源，以防公共电力设施的电力中断。

当光伏发电系统产生的电力超过现场所需的电量时，多余的能量可以直接输送到电力线路上，供公用电网的其他电力客户使用。依据与电力公司达成的**净计量**协议，光伏发电系统的所有者会因其生产的超额电力受到嘉奖。

光伏电池和模块

光伏(太阳能)电池是由一种非常纯的硅材料制成(图 15.10)。硅是地壳中蕴含丰富的元素，并不难开采。光伏电池提供直流电流。当足够的热量或光照射到与电路相连的电池上时，电压的差异引起电流的流动。在黑暗中不会产生电压差，所以电池只在太阳照射时提供能量。

众多的单体光伏电池被连接在一起，可以组成一个**光伏模块**，这是市面上销售的最小的光伏元件。光伏模块的功率输出范围为 10~300 瓦。虽然模块有很多尺寸，但它们很少超过 3 英尺宽 5 英尺长(约 1×1.5 米)。

有些模块可以直接被设计成屋顶状，既是屋顶材料，又是发电机。有些模块组合成太阳能电池板(图 15.11)。单个面板通常被安装在屋顶上，面板可以组合成光伏阵列。

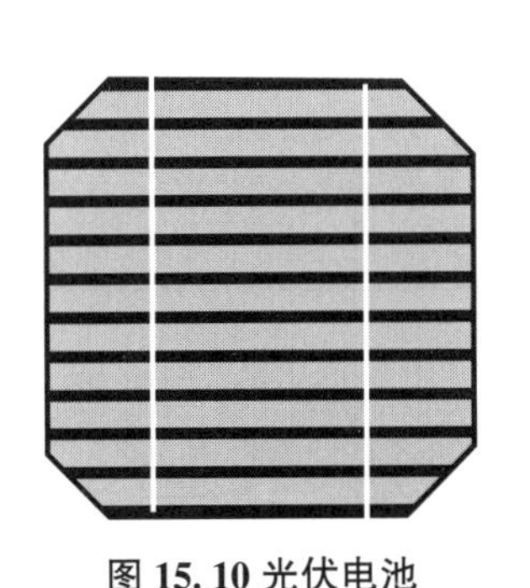

图 15.10 光伏电池

图 15.11 太阳能电池板

光伏阵列

光伏系统阵列是彼此相连安装的模块组件，随时可以提供电力。建筑物安装的阵列是固定的，通常由安装在一个角度的平板组成。跟踪阵列跟随太阳的移动，为太阳能电池提供更多的接触阳光的机会。

建筑一体化光伏集成元件

建筑一体化光伏(BIPV)元件是由非晶硅或无硅材料(如碲化镉)制成的薄膜太阳能电池。因其柔韧性，薄膜太阳能电池常取代传统的建筑材料，作为一种电力来源整合到建筑物的屋顶、墙壁或窗户上。

建筑一体化光伏(BIPV)元件有许多尺寸、饰面和颜色。尽管大多数硅电池是蓝色的，但是许多薄膜光伏模块是深褐色的，而金、紫罗兰和绿色电池正在研制中。它们可以是圆的、半圆的、八角形、正方形或矩形，也可以为大型项目生产定制模块和面板。

一种半透明的光伏模块可以像有色玻璃一样使用。不透明的电池可以安装在透明玻璃上，电池的间距决定透明与不透明的比例。这些模块特别适用于视野不是主要考虑因素的地方，如高侧窗或天窗。

净计量

在美国，净计量是一些公共设施公司的政策。为了促进对可再生能源发电技术的投资，该政策允许客户在发电量超过其需求时，抵消他们计费期间的消耗。

如前所述，1978 年的《公共设施监管政策法案》(PURPA)要求电力公司从小供应商那里购买电力，其价格相当于它们生产该电力所需的成本。大多数州都采用了净计量法，要求电力公司在光伏发电高峰期以与其销售电力相同的电价购买电力。用户产生和使用的能量按电力公司向该用户收取的费率记入。当光伏用户从电力公司购买时，他们按传统的使用率支付。

净计量对客户和电力公司都有好处。与电网连接就无须在光伏产能较低期间为了供电而安装昂贵电池。

其他电能来源

其他电能的来源包括燃料电池、生物能源、水能和风能(图 15.12、表 15.1)。

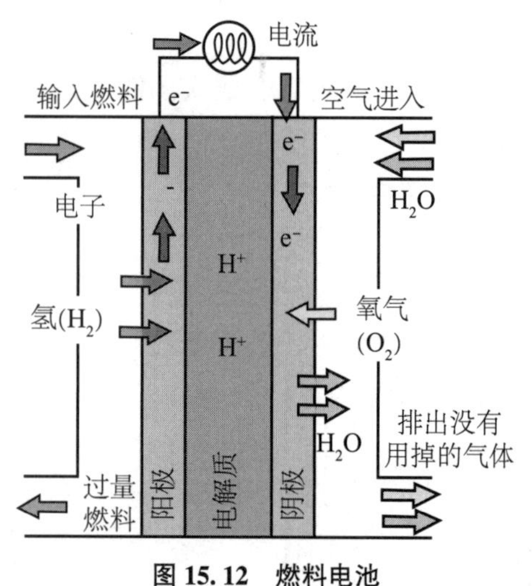

图 15.12 燃料电池

表 15.1 其他电能来源

来　源	说　明
燃料电池	利用电力从水中提取氢气来制造直流电能。可为电力、热量和水净化提供一种紧凑、安全、高效的能源。发电效率约为 40%
生物能	利用农业或木材废物中的植物和其他有机物质(生物质)发电的过程
水能	流动的水产生的能量。大型水坝可能会造成环境的破坏。小型水力发电机可与自来水一起使用
风能	大型风力发电场提供大量电力。小型住宅风力发电机越来越普遍

电与安全

建筑物涉及的电器危险主要来源于故障设备或电线引起的火灾。由电击造成的伤害或死亡也是一种危险。

电　击

由于电流流过身体，人们可能因电击而死亡或受伤。如果电压足够低或电阻足够高，则电击的风险可以忽略不计。人对电击的抵抗能力因人而异，这取决于身体内部的组织和皮肤层。湿地板比橡胶鞋底接触的干地板更容易导电。

用一只手触摸一个带电的电气设备，同时用另一只手触摸一个好的接地设施(如水龙头)，可以使电流通过你的身体传递出去。120 伏的电流只会令人不适，而 240 伏的电流则可能致命。损伤的程度还取决于电流流动时间的长短。接地故障电路中断器(GFCIs)通过在几毫秒内断开一个损坏的电路，大大减少了暴露时间。

接 地

电路是接地的，是为了防止当电路出现故障时电流得以释放。接地实际上是将电力输送到地面，而不让它流过其他不太理想的线路(图 15.13)。

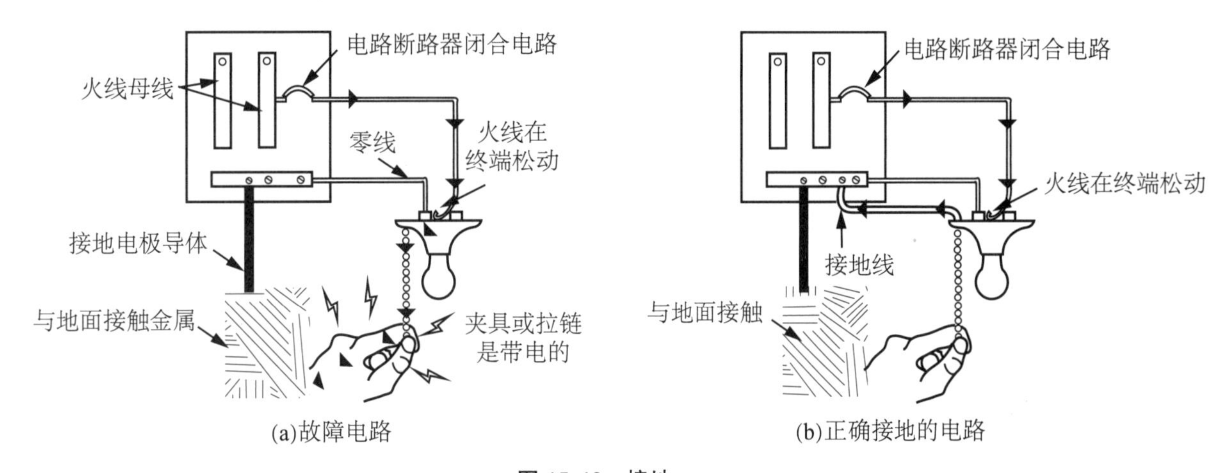

图 15.13 接地

一个电路有三根电线。被黑色绝缘层(或除白色、绿色或灰色以外的任何颜色)覆盖的火线、零线、地线并排运行。零线用的是白色或灰色的绝缘层。地线要么是裸铜线，要么是带有一层绿色绝缘层。1960 年以前建造的房屋通常没有地线。

火线携带当地电力公司生产的电力，总是处于平稳状态，等待从插座内部或开关后面传递电荷，但是电流不会一边流动一边释放电力，直到它有方法回到源头闭合电路的回路，才能释放电力。

零线闭合回路。当用开关打开一个电子设备时，实际上是把火线和零线连接起来，创造出一个供电流流动的电路回路。

火线立即感知到这条路径并释放它的能量。如果没有任何阻碍电流的流动，那么大部分的能量将会被浪费掉。处于火线和零线之间的一个电气装置几乎耗尽了火线中所有可用的能量，零线几乎不会携带能量回到电源。这就是为什么人体接触火线很可能被电击，而即使在电流流动的情况下接触零线也不会触电的原因。

当受到火线电击时，你的身体就像一根中性导线，将电传导到所站的地面，完成电路回路。这是因为，地球本身也是一条很好的路径，可以引导电流回到电源，并形成回路。

事实上，出于安全的目的，电气系统将地球作为并联通路。零线在主服务面板处与地面连接。一根电线从主服务面板引到一根镀铜棒上，铜棒深深地插入大楼旁边的泥土中。建筑物都具有线路接地，因此除非你直接接触潮湿的地面或者通过电线、金属管或潮湿的混凝土接触土壤，否则不会触电。

人的身体导电性不如电线；皮肤的厚度、肌肉多少和身体其他部位会使人成为一个很差的电流路径。即便如此，人的身体还是很容易受到电击。这是因为电击会使心脏停止跳动从而置人于死地。一颗平稳跳动的心脏依赖于微小的电化学神经脉冲，携带 0.001 安培的电流。即使是小到 0.006 安培的电流也能破坏心脏的微电路，扰乱其跳动的节奏。通常，神经不能迅速地稳定下来以挽救人的生命。

幸运的是，需要相当高的电压才能使大量的电流通过我们的身体。一般来说，24 伏以下的电路是不会使人受到电击的。然而即使在这个范围内，电击还是会扰乱带心脏起搏器的人的心跳。

《美国国家电气规程》(NEC)推出了三个使电气系统更安全的措施，即设备接地、接地故障断路器、极化插头。

设备接地

设备接地导体是一种裸露的或带绿色绝缘体的电线，通常不携带电流。只有在未接地的导体与金属电气设备之间发生故障时才会瞬间通电，导致电击。接地设备有一个设备端插头，其第三个插脚进入插座的半圆孔中。

设备接地故障最可能发生在振动或其他类型的运动磨损电线的绝缘体或使电线本身断掉的地方。老旧的电冰箱和洗衣机振动得很厉害，是典型的罪魁祸首。绝缘线老化的灯也是如此。当这种漏电现象发生时，火线可能会完全暴露出来或整个金属器具都处于带电状态。这种故障可能会把电器的金属外壳与电源电路“短路”。如果触摸带电的金属外壳和地面或水管，你就会遭到 120 伏的电击。如果接触时你的手是湿的，那么产生的电击可能是致命的，因此家电制造商建议电器外壳应该与地面上的冷水管相连接，并配有三线插头。其中两根电线连接电器，第三根电线连接金属外壳。

地线与火线、零线并排运行，并连接在接线盒、插座和电器的金属部件上。如果发生泄漏，这些电器就会带电。地线就像零线一样，通过提供一条返回主配电板的路径吸走漏电。任何由地线处理的漏电都可能会烧断保险丝或使断路器跳闸，并断开电路，提醒人们电气系统某处存在严重的问题。

为了能容纳地线和提供安全接地通路的三通插头，《美国国家电气规程》(NEC)要求所有的插座都应该是接地型的，并且所有接线系统都要提供一条单独的、与中性导体不同的接地通路。电气规范要求每个 120 伏的电路都有一个接地系统。这可以防止电流和导电材料接触时产生电击。导电材料包括电气系统的某些部件，如金属开关、接线盒和出线盒，以及金属面板。

当电线在原金属壳保护下、在金属导管或柔性金属导管内穿梭于建筑物中时，导电金属外壳构成接地系统。如果没有金属外壳，必须有一条单独的接地线与电路线一起运行。非金属或柔性金属线[如罗麦克斯电缆(Romex)或柔韧管道中的电缆(BX)]需要有一个单独的接地导体。非金属电缆内部已经有一条裸露的接地线。绝缘接地导体必须被包裹在绿色的绝缘层中。

电缆和导管在第十六章“配电系统”中有更详细的介绍。

用现在标准的三槽插座替换旧的两槽插座，接地方式就简单了，只需将三相插头插入任何地方即可。这似乎是一个不错的解决方法。然而由于旧的两线系统没有设备接地，插头上的接地插脚并没有真正接地。为这些插座安装合适的地线既费时又费钱，但如果不这样做，你只给自己一个插座已经接地的错觉，这实际上很不安全。

解决这个问题的另一种方法是能将三叉/两叉适配器(又被称为三相插头)连接着盖板的螺钉插入有接地标识的设备，《美国国家电气规程》(NEC)认可此设备。该螺钉连接到金属万向节叉，万向节叉又连接到金属配电箱。不过，请务必注意该金属配电箱是否接地，否则也只会再一次“制造假象”，让你以为这是一个安全的接地系统。这种错误的“安全感”让你更容易遭遇危险，甚至致命的电击。

电气系统的消防安全

美国国家消防协会(NFPA)的《美国国家电气规程》(NEC)针对在选择、建造和安装电气设备过程中必须遵循的基本安全措施做了严格规定。所有检查员、电气设计师、工程师、承包商和操作人员都必须遵守《美国国家电气规程》(NEC)。《美国国家电气规程》(NEC)已被纳入职业安全与健康标准，具有法律效力。

UL 设立标准和测试，并检查电气设备。UL 公布经检查且获得批准的电气设备清单。许多地方法规规定，只接受具有 UL 认证标签的电气材料。

检　查

从事与电有关的工作时通常需要电气专业许可证，它能确保地方建筑检查员按国家和地方法规的规范要求对该工作进行审查。

检查是为了确定设计、材料和安装技术是否符合规范要求。在安装完线槽(敷设管道)后、墙壁封闭之前及整个作业完成后，都需要进行检查。建议按照业主对项目的要求调试电气系统。

电路保护

由于公用电网提供的电流量几乎是无限的，一个 120 伏的家用系统中的电流可以很容易地熔化家里大部分电线。限制电流的特殊装置位于主配电板中。如果打开配电板的门，你会发现**熔断器**或**断路器**(有时两者都有)，每个都可以承受额定的电流，通常是 15 安培。如果电流超过额定值，保险丝就会被烧坏(熔断)或断路器跳闸切断电流，保护线路系统不会超过荷载。当这种情况发生时，这是一个信号，表明电力系统有严重故障。

> 主配电板等电气服务设备在第十六章“配电系统”中有更多描述。

熔断器和断路器

过载和短路电流可能导致过热和火灾。电路保护装置包括熔断器和断路器，通过提供一种自动断开电路和切断电流的方式保护绝缘层、电线、开关和其他设备，以避免危险。过流保护装置的设计目的是每当电路达到预定值时，该装置自动断开电路。由于短路、荷载过大引起的电流过大或供电量的突然激增，该预定值会导致导体中的温度升高到危险值。熔断器和断路器通过切断任何正在吸收过多电力的电路电源来避免这种可能性。

熔断器中的关键元件是一根熔点较低的金属条。当电流过大时，金属条熔化或熔断，从而切断电路中的电流。当易熔金属条被安装在绝缘纤维管内时，它被称为管式熔断器。当被安装在瓷杯里时，它被称为插入式熔断器(图 15. 14)。

> 用较高额定值的保险丝或固体导电金属片更换保险丝是危险的。

漏电保护**断路器**是一种机电装置，具有与熔断器相似的保护功能(图 15. 15)。它作为开关来保护和断开电路。漏电保护断路器中由两种不同金属材质制成的金属条变成了电路中的连接点。由于两种金属以不同的速率膨胀，过量电流产生的热量会使金属条弯曲。一旦金属条松开，就会触发电路断开。它们经常配有固态电子“跳闸”控制装置，可提供过载、短路和接地故障保护。

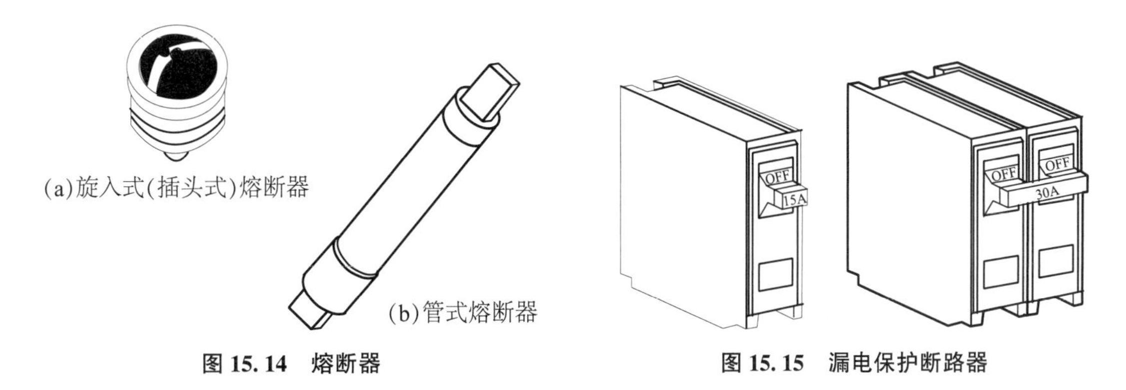

图 15. 14　熔断器　　**图 15. 15　漏电保护断路器**

漏电保护断路器可在每次断开后可以重新复位并再行使用，并且可以手动切断电路进行维护。漏电保护断路器可以根据需要安装在建筑物内的各种电路中。

漏电保护断路器可以承受瞬间的“电涌”，标准的熔断器却不能。当电路频繁地熔断保险丝时，如当一个电器(如冰箱或室内空调)被打开的时候，延时或慢熔熔断器可以应对这种短暂的激增需求。插入式和管式熔断器均采用慢熔的设计，可安全地承受瞬时过载。熔断器或断路器哪种是更好的选择取决于具体应用和其他技术因素。

接地故障电流漏电保护器

接地故障电流漏电保护器(GFCI)保护人员免受潜在的危险电击。在任何漏电都会导致极端危险的地方，如可能与带电时接触的浴室、厨房或洗衣房的地面，或者站在与地面连接的表面，如车库、地下室或室外，都需要使用接地故障电流漏电保护器。它比电路上的熔断器或断路器反应更快、更灵敏。接地故障电流漏电保护器装置可以是断路器的一部分或作为插座单独安装。接地故障电流漏电保护器可以设置在电气设备内部、与其连接的插座内。

如果将电线磨损的吹风机放在一小摊溅出的水中，并且水与水槽的金属水龙头接触，当一只手在关闭水龙头的时候，另一只手可能会意外地触碰到电线中暴露的火线。即使吹风机关闭了，电流也可以立即从电线中流出穿过身体，通过管道系统并最终到达地面。它不会导致主配电板中的断路器或熔断器断开电路，但电流将继续流过身体。接地故障电流漏电保护器瞬间感测到“走错路”的电流，并在四十分之一秒内做出反应，在致命剂量的电流逸出之前切断电路。

接地故障电流漏电保护器的另一个功能是检测小的接地故障(电流泄漏)，并断开电路或设备的电源。断路器跳闸所需的电流很高，所以电流的小泄漏可以被忽略，直到触电或起火的危险迫在眉睫。

接地故障电流漏电保护器极易识别接地故障。如果接地故障电流漏电保护器检测到电路中有任何电流泄漏，它将立即完全断开电路。接地故障电流漏电保护器通过精确比较电路的热性和中性支路中流动的电流做到这一点。如果电流量不同，则意味着电流正在从电路中泄漏出来。

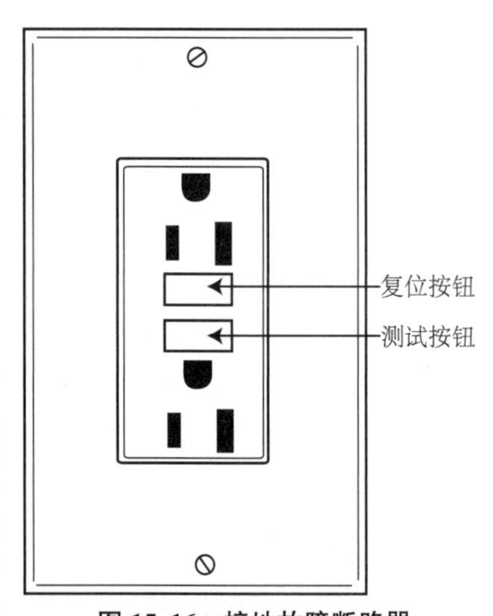

图 15.16　接地故障断路器

接地故障电流漏电保护器确实会因长期使用而损耗，因此需要定期测试，并在必要时更换。建议每周测试一次接地故障电流漏电保护器，如果不能正常工作，就立即更换。为了确定接地故障电流漏电保护器工作正常，制造商增加了“测试”和“复位”按钮(图 15.16)。按下测试按钮就会产生一个小的电气故障，而接地故障电流漏电保护器应该感测到该故障，并立即做出反应，关闭电路。复位按钮恢复电路。接地故障电流漏电保护器为了保护泄漏的电路而采取的重复行动，最终将会损坏接地故障电流漏电保护器。

《美国国家电气规程》(NEC)要求接地故障电流漏电保护器被安装在特定位置，包括户外和厨房，在那里所有的电器电路都推荐使用接地故障电流漏电保护器。《美国国家电气规程》(NEC)要求在所有的浴室插座中安装接地故障电流漏电保护器。大多数规范还要求在厕所外边缘 36 英寸(约 914 毫米)内至少安装一个接地故障电流漏电保护器，在与盥洗盆相邻的墙壁或隔板、台面上(但不是正面朝上)，或安装在浴室柜的侧面或表面低于柜台面不超过 12 英寸(约 305 毫米)处。对照当地法规，核对安装需求和布局。

电子设备的保护

突然的电力增加称为浪涌，能瞬间中断建筑物内稳定的电力流动，破坏许多电器等设备。电功率可以从正常的 120 伏上升到 500 伏。幸运的是，大多数这样的浪涌都很小，不会造成太大的损害，除了直接雷击引起的巨大浪涌，最好的保护措施是拔掉设备的插头。

计算机的微处理器及越来越多的设备和家用电器都对电力激增很敏感。每个微处理器的内置电源将 120 伏的电力转换为大约 5 伏。功率的微小变化，甚至是瞬间的浪涌，都能扰乱微处理器的电信号。

通过电源的浪涌电流可能会损坏精密的芯片，甚至烧毁电路。

所有的计算机用电，即使是最小的家庭办公室，都需要使用**浪涌抑制器**来防止线路瞬变(图 15.17)。带内置浪涌抑制器的多插头插件板通常是不够的，除非它们符合用于特殊安装的浪涌电流、钳制电压和浪涌能量的规格。主要的数据处理装置需要额外的处理类型，包括电压调节器、电噪声隔离、滤波和抑制及浪涌抑制器。浪涌站是大型浪涌保护器，提供更好的电压保护和功率调节。普通的**不间断电源供应器**可以提供高水平的保护，但还是应该使用浪涌保护器。一个连续的不间断电源供应器会给你几分钟的时间来保存工作，并关闭计算机。

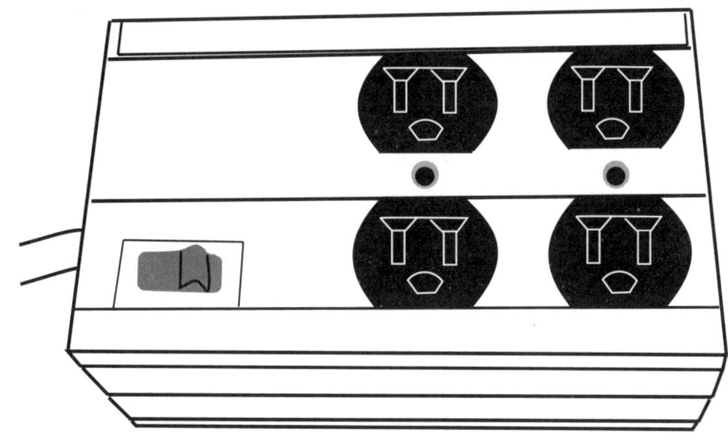

图 15.17 浪涌保护器

我们现在已经探讨了电气系统的基础知识。在第十六章中，我们将研究电力在建筑物中是如何分配的。

第十六章 配电系统

配电系统为建筑物的照明、供暖及电气设备和电器的运行提供电力。配电系统的设计对建筑师和室内设计师都有影响。建筑空间内电气设备的位置对其功能和外观都有影响。

> 即使建筑物的电气系统紧凑灵活、小巧隐蔽，它仍然是建筑师特别关注的问题。因为建筑师不仅要为电气设备留出空间，还要考虑电气系统的美学效果和实用功能。
>
> 虽然电线盒和配电箱都很小，但是在开放空间和建筑结构暴露的情况下，如果建筑师不加以精心设计，它们就会显得很不美观。在开放式空间中解决提供电源和通信的难题尤为重要。一如既往，如果能提前预测到困难所在，解决起来就会容易得多；最好通过周全的设计来避免难题。
>
> 引自诺伯特·M. 莱希纳，《管道、电力、声学：建筑的可持续设计方法》(第3版)，威利出版集团，2012年。

大多数建筑物中都有两个独立的电气系统，**电力系统**通过建筑物分配电能，**电子信号或通信系统**通过电话、有线电视线或其他独立的数据线传输信息。

> 电子信号或通信系统在第二十章“通信、安全和控制设备”中介绍。

建筑物内电气系统的组件包括进户线设备(变压器、紧急断电开关、熔断器、断路器和电度表)，内部配电设备(导体和线槽)和负载(照明、电机和各种各样的插座装置)。

电气系统的设计程序

> 照明设计和采光是这个设计过程的组成部分，将在第十七章“照明系统”中详细介绍。

电气工程师先估算电力负载，然后与当地的电力公司一起决定进户设备的类型和位置。

电气工程师、建筑师、室内设计师及其他顾问与客户一起确定建议的电力使用情况和客户提供的设备的信息。接下来，由工程师们确定电气设备的位置及其所需空间的尺寸，以便建筑师预留合适的空间。

电气图

电气系统设计师要在图纸上标出所有电气装置和设备的位置。数据处理和通信设备也应该在平面图上注明。该过程还要决定控制线路和控制设备。工程师们为所有照明设备和电力设备设计电路、估算节点负载量和准备管道系统图。他们也检查自己的工作，并把电气系统的设计工作与其他行业及建筑的整体规划协调起来。

由于插座和开关的位置取决于家具的布局和房间的预期用途，所以它们也经常出现在室内设计图纸上。此外，特殊内置设备的功率要求和位置也在那里显示出来。最后，电气工程师要将室内设计师提供的信息整合到电气图中(图 16.1)。

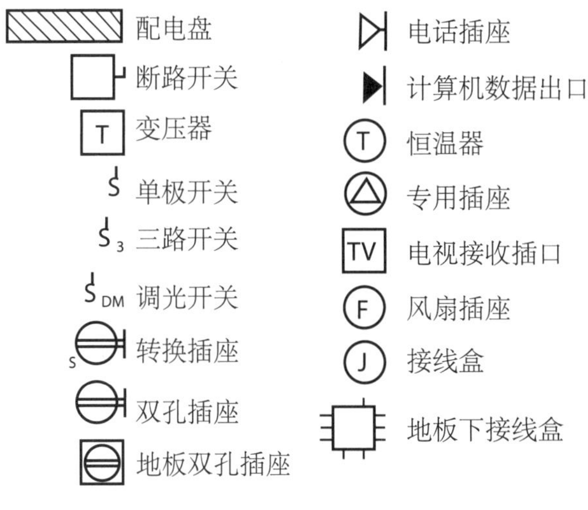

图 16.1 典型的电气图符号

通常，火警报警器、电话、对讲机、数据通信接口、广播电视等设备的信号输出电路不在建筑平面图上标明，而是在单独的电力规划图中显示。照明设备的插座通常包括在布线系统中，但如果这样会使图纸显得杂乱无章的话，就需要单独绘制照明设备布线图。地板和地毯的下面，以及天花板上面的布线和电缆管道系统通常用单独的设计图。电机、加热器和其他固定设备都要在电力规划图上显示和标识。带有电线和插头的设备通常不显示，但是插入式设备的插座要显示和标识出来。

供电设备

电力公司输送电力的线路从变压器经过电度表、进入**主配电盘**。在小型建筑物中，通常以 230 伏或 240 伏的电压供电。大多数家庭都有三线供电系统、两条火线，分别提供 115 伏或 120 伏的电力，以及一个中性导体。在给定的一天内，所提供的实际电压在 115~125 伏之间变化。

为了在需要的位置提供所需的电能，并且安全地做到这一点，导电体与建筑物的结构是隔开的——墙壁插座等有必要接触的地方除外。这是通过把导电体绝缘并将其放置在保护性**电缆管道**中实现的。

《美国国家电气规程》(NEC) 规定了建筑电气设计的最低标准。独立住宅的最低电力服务标准为 100 安培、120/240 伏、单相、三线服务。

安装的质量是承包商的责任。设计师应该警惕承包商偷偷更换设备。承包商的出价是基于设备的平面图和规格的。应该要求承包商提供指定的设备。

电力分配系统

一旦建筑物连接上电源，你就需要确定把电引到哪些地方，并提供安全的开关方式。在建筑设计中，电气工程师或电气承包商将设计电路和布线。室内设计师应熟悉供配电的基本原则，以便能够与设计团队的其他成员协调室内设计问题。室内设计师也希望在电器盖板和其他可见电气设备的外观上有发言权。

高架线和地下线

来自公用工程线路的电力线路可以从空中或地下进入建筑物。具体采取哪种方式则由线路长度、地形及安装成本决定。服务电压要求和电力负载的大小和性质也会影响选择。其他考虑因素包括外观的重要性、地方风俗和法律法规、维护和可靠性标准、天气条件及是否需要某种类型的建筑物之间的电力分配。

在大型建筑中，来自公用线路的电力经过变压器逐步下降到建筑物可用的电压水平。控制和保护装置安装在建筑物的**主开关板**上。从那里，电力被直接输送到大型设备、配电盘及个人照明和电器面板上。分支电路线就是在此处将电力传送给其终端用户的(图 16.2)。

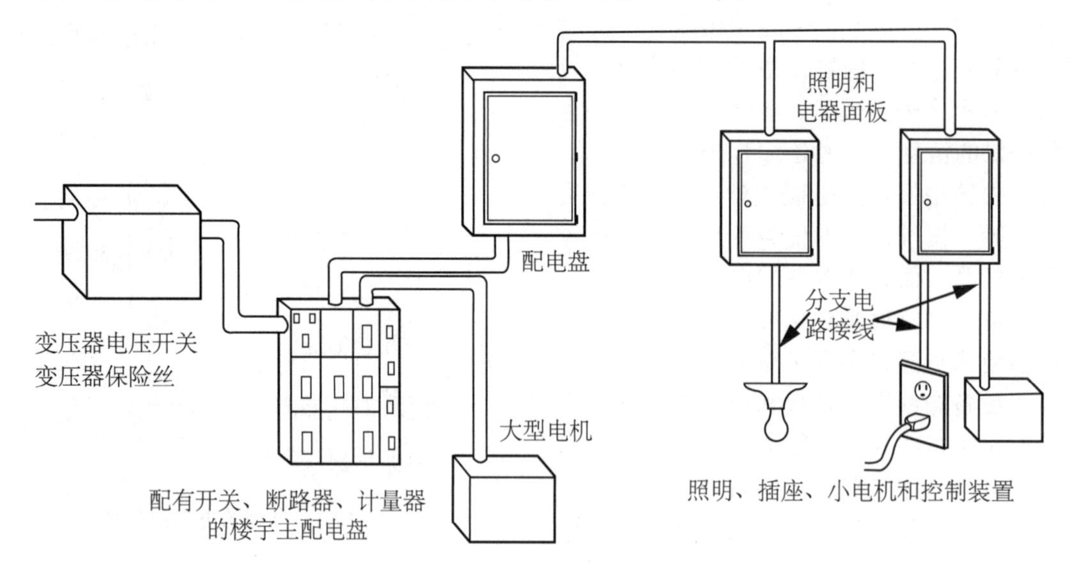

图 16.2　电力分配系统

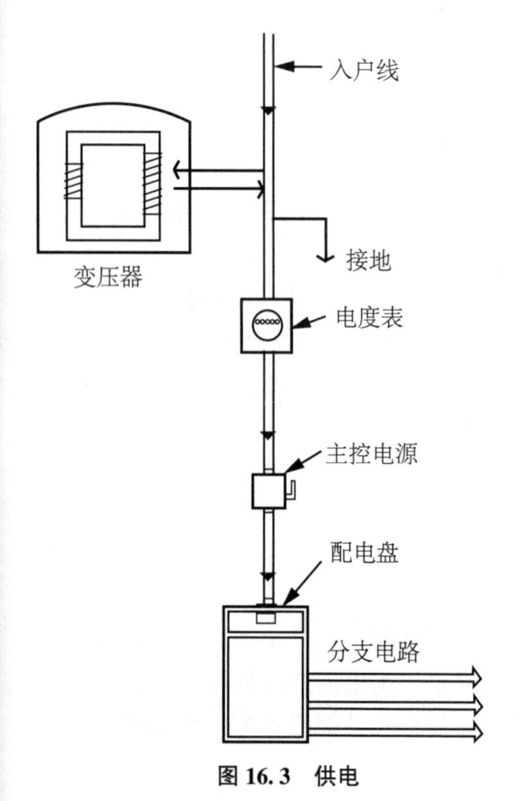

图 16.3　供电

入户线

供电设备把建筑物与供电设施的电力服务连接起来。主配电盘通常安装在输电线进入建筑物的位置。在普通住宅建筑中，配电盘通常位于地下室或杂物间内。而大型建筑的主配电盘则通常位于靠近服务导体入口的总开关板上。贯穿整个建筑物的电路网就从这里开始。

在小型建筑物中，有三根电线从变压器引入建筑物。其中一根是零线，该线和地面之间没有电压。零线与一根或多根铜包钢接地棒连接，接地棒被深深打入户处的泥土中。其他两根线是火线，两线与地线之间的电压分别为 230 伏和 115 伏。

火线在进入建筑物之前先通过**电度表**，电度表以千瓦时(kWh)为单位测量耗电量，然后三根电线进入建筑物内的主配电盘。

主配电盘上的**主断开(服务)开关**可以切断建筑物的正常配电，因此它必须装在入户处附近一个容易接近的地点，周围不能有任何障碍(图 16.3)。

零线既与安装主配电盘板的金属箱连接，也与使建筑物内所有电路接地的铜棒或铝棒相连接。每条火线(黑色和红色)都连接一根配备有连接器的铜或铝棒上，用于连接断路器。断路器安装简单，可以根据需要随时安装，以连接建筑物中的各种电路。每个断路器都可以作为电路维修和保护的开关。

电器设备的额定值

电器设备的**额定电压**是能够连续安全地应用于设备上的最大电压。通常，它相当于正常使用时的电压，但也有例外。比如，普通壁式插座通常的额定电压最大值为 250 伏，但在正常使用时只有 120 伏。额定值取决于所使用的绝缘类型和数量，以及带电部件之间的物理间距。

建筑变压器

如前所述，变压器是将交流电在不同电压间进行转换的装置。当建筑物的电压与供电电压不同时，使用变压器。降压变压器降低电压，升压变压器提高电压。

变电站(变压器负载中心)是变压器及其相关设备的组合装备，包括降压变压器、完整的开关板和电度表等仪表。变电站可以将电能转换为能够在设备中使用的较低电压，并进行分配。

计　量

瓦时电度表测量并记录一段时间内所消耗的电能的数量(图 16.4)。由电力公司提供，置于主断路开关的前面，使其不能断开。即使有远程读取器，仪表也必须可用于检查和服务。

图 16.4　瓦时电度表

在独立住宅或由房东支付电费的情况下，安装一个电度表就够了。对于多租户建筑物，则需要安装一排电度表，分别计量每户的用电量。根据美国联邦法律，禁止新建的多层住宅建筑仅安装一部电度表，因为当租户不需要直接支付电费时，他们可能会浪费能源。

分表计量显示能源如何用于不同类型的服务或如何为不同的租户或客户所使用。分表计量适合于公寓住宅楼和租赁写字楼。在这些地方，鼓励能源使用的个人节能。

智能电度表可以减少高峰用电需求。在电力需求高峰时，它们允许电力公司向建筑物中用户发出信号，让他们关闭不必要的电器，如热水器。

配电板和开关设备

配电板是由开关、熔断器和(或)断路器组成的大型独立的配电装置，将来自公用服务设施的电力分配到建筑物的各个部分。配电板将大容量电力分配到较小的分支中，并为该过程提供过载电流保护。

有些配电板又称为开关设备，这两个术语之间没有明显的区别。一般来说，配电板电压较低，断路器较大，而开关设备电压较高(600 伏以上)。

电在配电间接受测量、受到约束，并通过开关设备进行分配，然后由供电电缆传送到建筑物各处的照明配电板和动力配电板上。配电板可以装在电气柜、走廊或杂物间等公共场所。

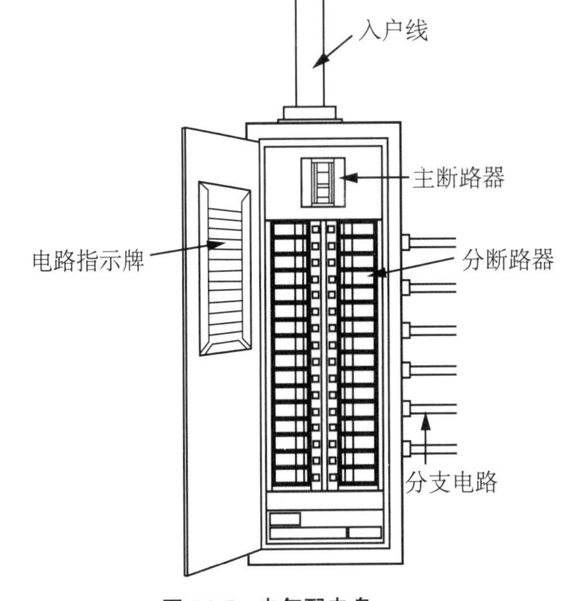

图 16.5　电气配电盘

配电盘

配电盘是一种电气面板，比配电板小，但功能相似。它接受相对大容量的电力，再以较小容量分配出去。配电盘包括与主母线连接的断路器或熔断器。主母线向小的分支电路供电。小型电气面板，特别是在住宅建筑中，通常被称为**负载中心**。

配电盘组件安装在称为背箱的开放式金属柜内，这个箱体的顶部、底部和侧面都装有预制的顶杆，用于承载电路导体的护线管。关闭时，背箱的前面板起到保护作用，前面板上有一个检修门(图 16.5)。每个熔断开关或断路器都与配电盘的母线连接，并向分支电路供电。

配电盘必须贴装在实心墙或结构柱上或者嵌入墙内，与成品墙面齐平。照明配电盘通常齐平地安装在走廊等完工的区域。在两层楼高的商业空间中，照明配电盘可以垂直叠加安装在两层，通常嵌入走廊墙壁。六层以上的建筑物则把配电盘和线路导管安装在电气柜中。

《美国国家电气规程》(NEC)规定了电气设备前面所需的最小工作空间。

在住宅中，供电设备和建筑配电盘被整合在一个单元中。配电盘通常位于车库、杂物间或地下室中，尽可能靠近主要电力负载。有时，在厨房和洗衣房附近添加一个附加的子面板。在公寓里，配电盘可以安装在厨房或邻近的走廊，作为切断大多数固定电器的手段。在小型商业建筑中，它可以被嵌入走廊的墙壁。

配电盘上通常贴有标签以便识别电路或设备。标签还可以标明服务的区域、楼层号码和地区缩写。

智能配电盘是紧凑的集中式可编程微控制器，可直接在配电盘内控制电气负载和开关，无须外部设备和相关的接线。智能配电盘也可以接收单个远程或网络源的信号数据，并提供状态报告、警报信号、操作日志和当地的支路与过载变化。

电气柜及其空间

任何比住宅大得多的建筑物必须为专门管道、总线管道、面板和通信布线提供水平和垂直空间，以及电工的维修通道，如门、地板开口和活动面板。在大型建筑物中，电气柜内包含分支电路、配电盘、分电度表或小型变压器。

在多层建筑中，**电气柜**彼此垂直叠放，以避免阻塞水平管道。任何其他管道(如水管、风管)都不得穿过电气柜。电气柜内包括面板、开关、变压器、电话箱和通信设备。楼板的槽沟或套管可以让管道和竖管穿过各个楼层。电气柜内必须有空间、照明和通风，以便电工进行安装和维修。电气柜和电话箱都必须是防火的，因为它们是火灾的常见起火点，因此电气柜不应被安装在楼梯间或其他主要疏散通道附近。

电气工程师负责确定电气柜的位置，其位置对室内设计师的空间设计计划有影响。若要求工程师移动电气柜，一定要考虑其在垂直和水平方向的位置要求。外墙或竖井旁边、柱子和楼梯的位置都是糟糕的选择。电气柜的安装需要有充足的墙面空间，加上相互连接的电缆管道所需的地板下和天花板上的空间。

配电盘被置于电气柜中，需要在配电盘的前面留出至少4英尺(约1.2米)的间隙。

节能方面的考虑

选择建筑配电系统的材料和设备，需要考虑节能因素。在设定建筑能耗预算后，工程师可以选择设定10%~20%的节能目标。

配电系统的节能方法包括，在多租户住宅建筑中提供电力负荷控制(需求控制)设备和个人用户计量。使用可用的最高服务电压可以降低线路损耗，这样分支电路所需的配电盘也就变小。在整个系统中提供计量点，有助于精确分析能源的使用情况。

其他节能方案包括自动符合理想能源利用曲线的系统。**能源管理控制系统**(EMCS)中包含可预先编程的基于微处理器的控制器，可以为了进行需求管理而自动重安排或断开电力负荷。

在规划变压器室、导线管道和电气柜时，工程师需要对电力负荷进行初步预估，然后进行负荷控制分析。这会对最大需求量产生影响。随后，要对不同电力负荷类型的建筑能耗进行分析(表16.1)。

表 16.1 电力负荷类型

负荷类型	说 明
照明设备	通常是最大负荷
各种设备	数据处理、计算机和外围设备；万用插头、插电式取暖器、饮水机、其他用电设备
暖通空调和卫生设备	电动机和开关
运输设备	电梯、自动扶梯、物料搬运设备、小型送货升降机、垃圾搬运设备
厨房设备	用于餐馆、医院、办公室、教学楼
特殊负荷	实验室设备、商店负荷、展区和窗户、投光照明、篷盖加热器、工业加工

室内分配

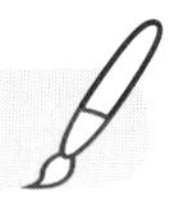

电路在第十五章“电气系统的基本知识”中已有详细介绍。

电力供应必须由一个完整的电路完成，从源头开始经过至少一个用电装置，再回到源头。中断电路(如用开关)就会停止电路回路的流动。当电器开启时，交流电在回路中双向流动，每秒来回 60 次(60 个周期或 60 赫兹)。

在一个简单的单户型住宅系统中，分支电路直接从服务入口展开。容量和负荷量较大的建筑物将**馈线**从服务入口分配到靠近负载的子面板。

馈线通常通向局部的分配点，较小容量的电路就从这些分配点分出。为了最大限度地缩短分支电路的长度，馈线通常尽可能延伸到供电区域的中心。本地运行(从电路上的第一个出口到配电盘的距离)要尽量短，以减少电压下降，最好是在 100 英尺(约 30.5 米)以下。

分支电路

分支电路贯穿于整个建筑物，将电力输送到需要的地方。在通过主供电断开开关后，每根热导体的导线都连接到一条在配电盘内传导电力的金属**母线**。它们接受来自主熔断器或断路器的电流量，并将电路划分为若干条小的分支电路。每条分支电路都通过熔断器或断路器连接到一根或两根火线母线上。

每条 120 伏的分流电路都有一个热导体和一个中性导体。热导体始于分支电路的过载电流保护装置(熔断器或断路器)。一个 240 伏的电路同时使用两个热导体，始于连接着两根火线母线的分支过流保护装置。

所有中性导体都通过接地导体把电流直接传到大地，接地导体与入户配电盘上的零线连接。过流保护装置不会断开中性导体，从而始终保持接地状态。这种配置的效果是每条分支电路从过流保护装置中匆匆离开又返回零线。

为了确定需要指定多少分支电路，以及它们应该在哪里运行，电气系统设计者应考虑不同负荷的多样性(图 16.6)。一旦确定了建筑物各个区域的电力需求，电气工程师就要布置布线电路，将电力分配到使用点。每条电路的长短由其必须承载的负荷量决定，还要为其适应性、扩展性和安全性预留 20%左右的容量。为了避免电压过度下降，分支电路的长度应被限制在 100 英尺(约 30.5 米)。

电气工程师需要室内设计人员提供有关照明、电器等设备的详细信息，以便布局分支电路。客户可能对哪些设备共享一个分支电路有偏好。生产厂家规定了照明设备及电动器具与设备的负载要求，

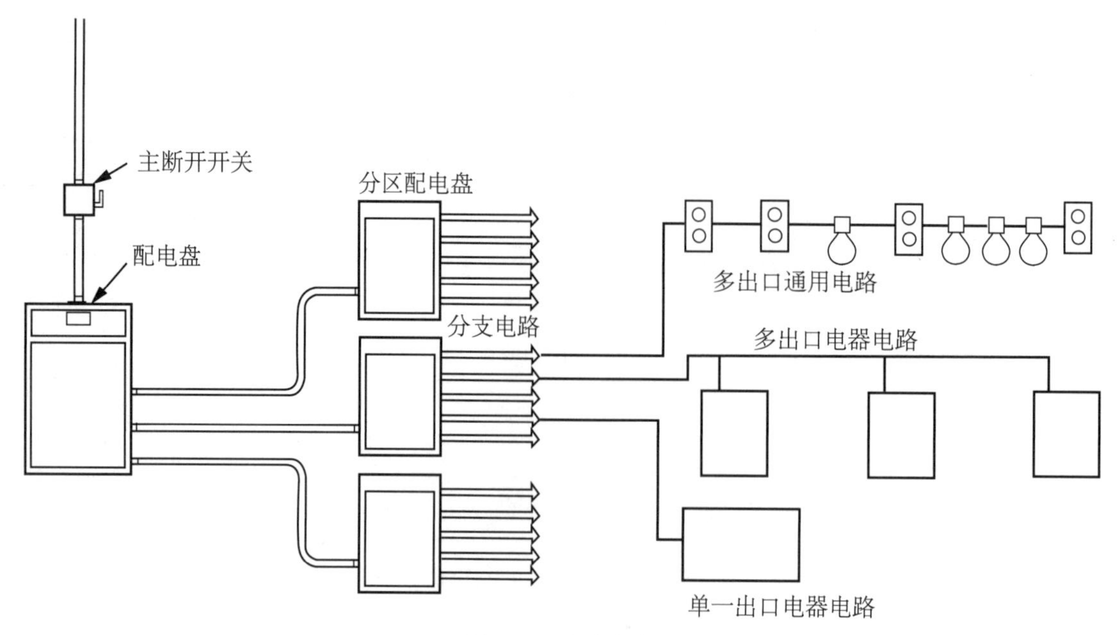

图 16.6　分支电路

室内设计师有责任向工程师提供这些技术参数。通用电路的设计荷载取决于电路提供的插座数量，以及插座的使用方式。

具有多个通用型 20 安培插座或多个电器型插座的分支电路，其最大容量为 50 安培。根据设备需要，特定设备部件的单式插座可以是 200～300 安培。分支电路可以供应单个大负载量的设备，如电机或加热元件或者服务于一组小型的设备。在 15 安培和 20 安培电路上限制电路负载，可以扩大建筑负载。

灯、插座和电器应该分别设在不同的电路上。音频设备要与其所服务的房间位于同一地面，以避免干扰问题。同样，调光器可能需要屏蔽，以保护敏感的电子设备。

电路的安排应该使每个空间都有不同的电路。如果一个空间内的插座位于多个电路上，则应该确保不会因为一条电路出现故障而导致该空间断电。

小型分支电路配电板可以很浅、平齐地安装在螺柱支撑的隔板中。在大型装置中，分支电路配电盘安装在电气柜中。

电路设计指南

分支电路、馈线和面板的布局是为了灵活地适应所有可能的电负载模式、安排和位置。实验室、研究设施和小型教育建筑需要比住宅、办公室和固定用途工业设施有更大的灵活性。随着无线设备的快速变化，很难预测未来的用途和需求。无论是在最初安装阶段还是在运行过程中，过于具体的设计都会浪费金钱和资源。

除了确保电气设计符合适用的规范外，系统设计人员还必须防止设备使用不当、滥用或故障情况下的电气安全隐患。大型设备可能会阻碍进出空间、通道、壁橱和安装有电气设备的墙壁。有电气设备的房间的门应该打开，这样工人就不会撞到门，也不会在紧急情况下妨碍救援。在一些建筑中，防雷也是一个安全问题。

办公室插座(电源插座)的基本数量是按每平方英尺配备的(表 16.2)。要为计算机和其他设备提供额外的插座。

在零售商店，插座的数量和位置由商店的类型和预期用途决定。每 300 平方英尺(约 28 平方米)至少应有一个插座，还要有灯具、展示窗和演示电器所需的电源插座。

表 16.2 办公室插座的要求

办公类型(sf=平方英尺，m^2=平方米)	每平方英尺的插座数量及墙面长度
面积小于 400 平方英尺(约 37 平方米)的办公室	每 40 平方英尺(约 3.7 平方米)一个或每 10 英尺(约 3 米)墙面一个，以较大者为准
大型办公室	每 100~125 平方英尺(约 9.3~11.6 平方米)可安装 1~6 条 6~20 安培的分支电路
每台计算机终端	每张桌子一个 20 安培的双孔插座
办公室走廊	每 50 英尺(约 15.3 米)一个 20 安培、120 伏的电源插座，用于清洁和给机械上蜡

学校通常需要 20 安培的电源插座，分别与教室前面和后面的电路连接，用于为视听(AV)设备提供电力，侧墙也需要类似的电源插座，与 6~8 条电路相连。学校实验室和商店的特殊设备，以及烹饪设备也需要配备适当的插座。

学校的公共区域和走廊需要重型设备和钥匙操作的开关；照明器材应是塑料的，而不应是玻璃制品；要尽量使用防止恶意破坏的设备。所有配电盘必须锁好，并且应该锁在电气柜里。

布线与配电

导体从断路器盒延伸到各个开关、灯和插座。导体携带电流的能力是按安培数评定的。导体被绝缘层包围，为其提供电隔离和物理保护。绝缘层外面的护套提供了额外的物理保护。**导体的载流能力**(安培容量)随着导体尺寸的增大和保护导体的绝缘材料的最大允许温度而增加。

铜导体通常用于中小型电缆，它可以在较小的管道里穿行。重量不是问题。铝比铜轻，降低了人工费用。然而由于连接处容易松动，铝电缆很难拼接和切断，而**氧化铝**(一种黏性的、导电性能差的薄膜)在任何暴露的铝表面上都能迅速形成，必须将其移除并阻止再次形成，才能成为长效接头。当由缺乏专业技能的房主更换住宅内的配线时，住宅所用的铝线线路就可能产生问题，因此美国一些行政辖区已经禁止在分支电路中使用铝线。

《美国国家电气规程》(NEC)建立了电路的基本要求，电路导体的尺寸是基于可接受的载流量。较小的导体尺寸通常是铜线。

配线的尺寸

电流通过导线产生电阻，从而产生热量。电阻越大，产生的热量就越多。随着电流的增加，电线的横截面尺寸(那粗细)也必须增加。每条电路中的断路器或熔断器将电流限制在该电路配线的额定载流量。

美国线规(AWG)是美国电线电缆行业规定的圆形横截面导体的标准，以下简称 AWG。较大的 AWG 数字表示较小的尺寸。8 号 AWG 和更小的单个导体被称为导线。在美国以外的地方，导体的尺寸仅是简单地用毫米标出其直径。

电缆是一根 6 号 AWG 或更大的绝缘导线，也可以是任意尺寸的几根导线缠绕在一起，以提供更多的承载能力和更大的灵活性。较小的电缆(通常为 16 AWG)也用作家用电器的电源线。

如前所述，导体的载流量是其输送电流的能力，由导体所用绝缘体的最大安全工作温度决定。标准的做法是在电气系统中安装较大的载流导体(这也是更有效的)，以适应未来的负载，因为一旦墙壁、天花板和地板装修完成，再安装就很难了。

室内布线系统

室内布线系统使用**电缆**和电缆管道分配和保护线路。由于安装方便和成本较低，电缆几乎总是用于住宅线路。导体和护套也已经一并包含在加工件中。

一般用来布线的绝缘导线被称为**建筑电线**，通常由包着绝缘层的铜线构成，有时还包括一层保护套。

作为室内设计师，你可能发现自己参与了关于“什么类型的电缆才可以用于工程”的讨论。要知道，电缆的类型对电气工作的成本有很大影响。

裸露的绝缘电缆

裸露的绝缘电缆类型包括 NM(**罗美克电缆 Romex®**)和 AC(**BX 铠装电缆**)，以及其他一些自身具有绝缘和机械保护的类型(表 16.3)。罗美克电缆比 BX 铠装电缆更容易处理，但更容易受到物理损坏(图 16.7、图 16.8)。BX 铠装电缆常用于连接吊顶格栅中的荧光照明灯具，以便更换灯具位置时拆装灵活。然而即使《美国国家电气规程》(NEC)允许，某些行政辖区也可能限制它的使用。

表 16.3　裸露的绝缘电缆类型

电缆类型	说　明
柔性铠装电缆(AC 型)、BX 的小型铠装电缆	将绝缘电线捆绑在一起，并封装在保护性螺旋缠绕且彼此咬合的钢带铠装中。住宅、重新布线的既有建筑，干燥的地方。一般限于干燥处
铠装或非金属护套电缆 NM 和 NMC(Romex®)	用于罗美克电缆 Romex®的塑料外护套。《美国国家电气规程》(NEC)规定仅限用于高度不超过三层的一户和两户住宅；通常为木结构建筑物
金属包层(MC)电缆	裸露的或在电缆槽内。在潮湿和户外可用防水护套。与 BX 类似，另有一条绿色地线

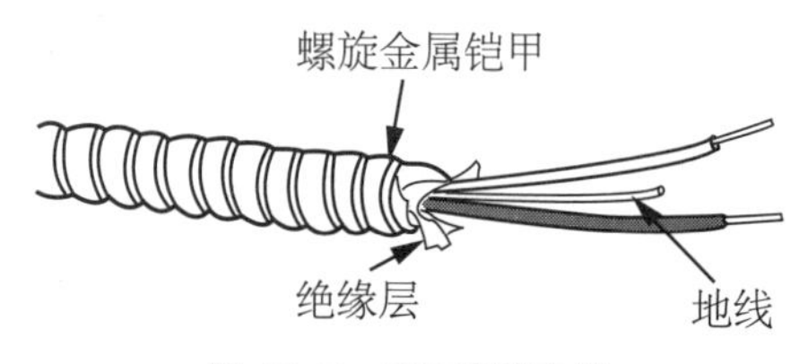

图 16.7　BX 铠装电缆

图 16.8　非金属护套罗美克(Romex®)电缆

电缆管道中的绝缘电缆

电缆管道是支撑和保护导体的通道(表 16.4)。商业、工业和公共设施建筑的电线更换相对频繁，用电缆管道运行电线使更换更容易，价格也更便宜。

表 16.4　电缆管道的安装

电缆管道类型	安装方法
表面管道，包括悬挂在上面的管道和线槽	连接到建筑结构上，用于隐藏式管道太贵或难以安装的地方
埋入结构中的楼板管道或地板下的管道	混凝土板上面平行的金属塑料管道，用混凝土填充覆盖。用于地毯下面的布线
作为结构/电气综合系统一部分的多孔金属地板管道	完全可接近的地板部分或完全电气化。不同的地板槽和集管分别用于电力、数据传输线路和电话或数字信号

续表

电缆管道类型	安装方法
作为结构/电气综合系统一部分的多孔混凝土地板管道	电线通过槽、孔的管槽，用于多功能分区的布局、开放区域、展厅，以及商品销售区域的家具。地板饰面仅限于裸露的金属盖板或地毯
天花板管道	用于上一楼层照明、电力、电话、电源插座的布线。与吊顶天花板、电线杆等一起使用

各类设施都在封闭的管道中使用绝缘导体。通常先安装电缆管道，然后拉入或敷设电缆。管道的布局应该在视觉上与空间的物理元素相协调。

开放式电缆管道(电缆槽)为防爆电缆提供持续支持。开放式电缆管道中的绝缘电缆在工业中应用广泛，绝缘电缆的安全依靠电缆和管道。

有时要在地面单独安装电缆管道，以便为计算机、电话线和其他设备供电，因为这些设备设在远离建筑的开放式办公室里。安装地面电缆管道可能涉及大量的体力劳动，如在水泥地面上开槽、在开槽中安装护线管、将电线连接到最近的壁式电源插座，以及地面修补等。无线通信的发展对地面管道的使用产生了巨大的冲击。

金属或塑料材质的地下管道可以添加到建筑物的结构上，并用混凝土填充覆盖。一般先安装电缆管道，然后将电缆拉入或敷设进去。电缆管道造价高，所以现在它们限用于那些没有其他选择的地方。

穿过地板的电气配件在地板下面与电力、电话、信号和数据电缆相连。《美国国家电气规程》(NEC)要求穿过耐火地板、墙壁、天花板和隔板的电气配件必须保持其防火等级不变，因此，为了保持防火等级，已经开发出更新的穿透配件。

组合导体和保护层

组合导体和保护层包括所有工厂准备和建造的导体和保护层的整体组件类型。它们包括各种类型的母线管道、母线槽和电缆总线，以及扁平电缆和已加工好的布线系统(表 16.5)。

表 16.5 母线管道、母线槽、电缆总线和母线

类　型	应用示例
母线槽	装配在刚性金属外壳中的铜或铝条。馈线母线槽没有插件。用于输送大量电流
轻型母线管道	刚性金属外壳中的铜或铝条。沿着长度频繁地接入导体。用于直接连接轻型机械和工业照明的插入式轻型母线管道
电缆总线	用绝缘电缆代替母线，牢牢地安装在开放的空间框架中。开放式安装可能有更高的评级，但难以搭接
母线	当多条电线必须相互连接时使用

母线管道和**母线槽**这两个术语通常可以互换使用，用于刚性金属外壳中的铜或铝条组件(图 16.9)。当需要电缆携带大量的电流时，它们是首选，因为它们可以在其长度上频繁地搭接、不断地延长电流运行的长度。馈线或分支电路使用轻型母线槽或母线管道。连接可以很容易地改变。《美国国家电气规程》(NEC)禁止隐藏母线管道和母线槽，它们通常位于设备室或工业应用中。

预制组件

预制组件包括轻型插入式母线管道、扁平电缆组件和照明轨道。预制组件可充当分支电路中插入式电气馈线。

扁平电缆组件可以在没有硬接线的情况下为电灯、小型电机、独立加热器等设备供电(表 16.6)。组件由牢牢地安装在一个方形结构槽中的 2 到 4 个导体块组成。按要求安装电源分接头设备，并直接连接到设备或带插座的出线盒上。

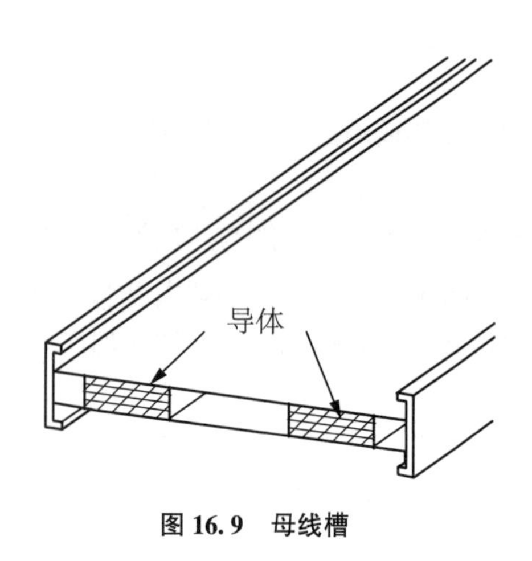

图 16.9　母线槽

表 16.6　扁平电缆组件

类　型	说　明
地毯下布线：扁平导线电缆	工厂组装的小型扁平电缆，带有 3 根或多根扁平铜导线，密封在绝缘层内，并用金属屏蔽层接地。还需要底部屏蔽，通常是重聚氯乙烯或金属
天花板之上的扁平电缆组件	为照明、电源、电话提供电力，为上面的楼层提供电源插座。通常与吊装吊顶镶板一起使用
照明轨道	带导线的扁平电缆组件，用于永久安装在轨道上的 1~4 条电路。分接装置为轨道连接的照明设备提供电力

照明轨道仅用于给照明灯具供电。禁止搭接电线给插座配电。

扁平电缆布线是单独的，与电线和管道系统是分开的，通常显示在单独的电气规划图上。工厂组装的扁平电缆只允许安装在地毯下面的方形区域，配件可连接到 120 伏电源插座(图 16.10)。

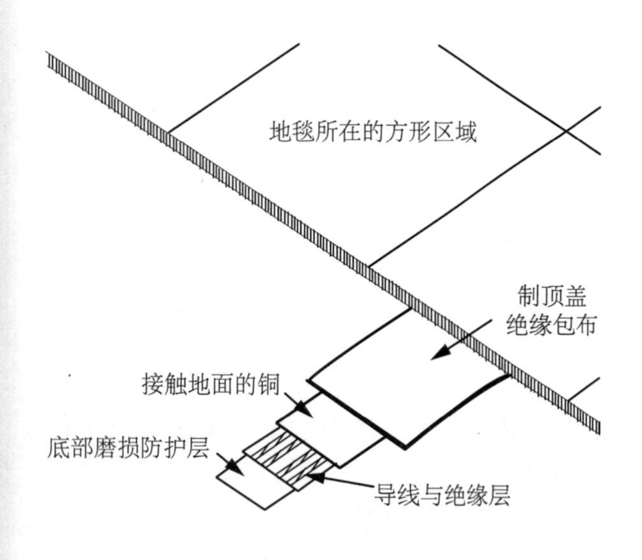

图 16.10　扁平电缆

护线管

单根电线要在保护性导管中安装。**布线管**是耐火建筑所必需的；这可能会影响室内设计师拆除吊顶，因为拆除吊顶后，上面的电线等设备就会暴露出来，而重新布线到导管内可能要花一大笔钱。在对导管系统进行检查和审批后，电线才能安装到管道中。

今天，所有非居住用房中的布线都要求使用电路布线管。这也可能是对居住区内独户住宅的要求，那里的电线是裸露在外的，而不是隐藏在石膏墙板等成品墙的里面。导管的类型有很多，包括 RMC、IMC、EMT 和 Greenfield 等(表 16.7、图 16.11)。导管也可以埋在楼板中、暴露在墙面上或者悬挂在天花板上。

表 16.7 导管的类型

类 型	说 明
刚性金属导管(RMC)	金属导管，通常为钢。保护封闭的线路免受损坏，提供接地、支撑导线
中性金属导管(IMC)	比 EMT 重但比 RMC 轻的钢管，可能有螺纹
电气金属导管(EMT)	常用于代替刚性镀锌导管的薄壁导管，用于商业和工业建筑中。多数为钢，也可以是铝
柔性金属管：Greenfield 和 BX	互锁的螺旋缠绕钢带。NEC 限制其使用，但可用于设备连接处和障碍物周围。不透液体
	Greenfield 是空导管，之后穿入电线
	BX 包括绝缘电线
刚性非金属导管	聚氯乙烯(PVC)或其他材料。防潮性好，重量轻，安装方便。用于危险低的设施，通常在地下，有时是柔性管

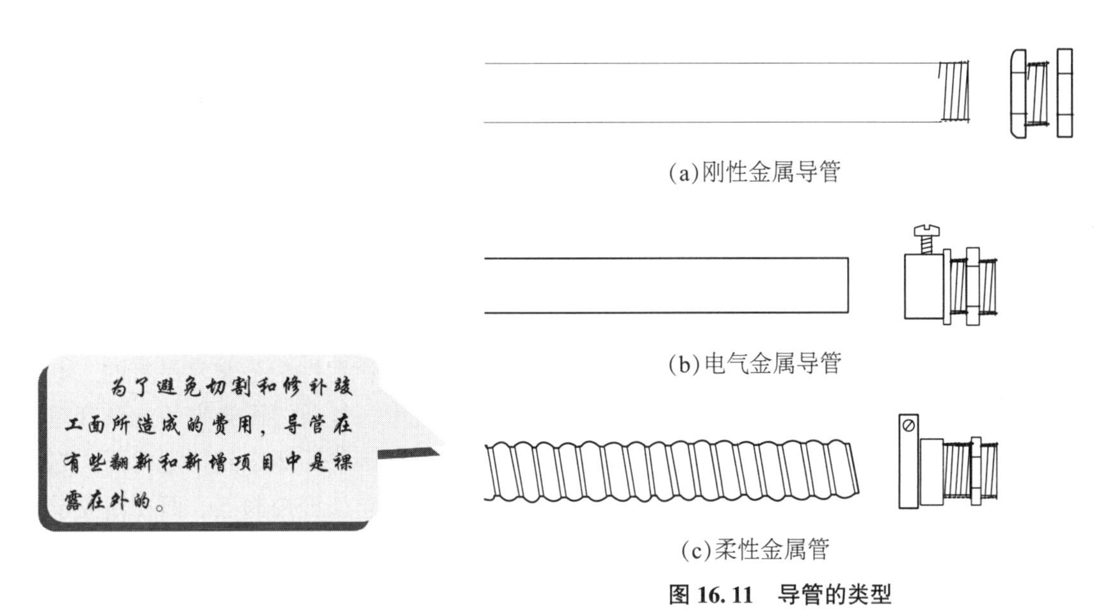

图 16.11 导管的类型

完全活动地板与布线

对许多办公室来说，采用地下线路铺装电力线缆、数据线缆和通信线缆正成为一种成本效益高得多的选择，这一方面是由于线缆可以更容易地分布；另一方面是由于完全活动地板系统的灵活性。该系统为空气供给和敷设电线提供了空间。为计算机、安全和通信系统提供服务的电气管道、接线盒和电缆布线也都在该系统的地板面板下运行。

活动地板的面板通常为重量轻的压铸铝板，支撑在可调节高度的钢或铝基座构成的网络上。这些面板通常为 24 英寸(约 610 毫米)厚，但尺寸各异，通常介于 18~36 英寸(约 457~914 毫米)，地板距离基层地面的高度为 12~24 英寸(约 305~610 毫米)。如果地板下面的空间不需要安装通风设备，而主要用于电缆敷设，基座高度可以降至 4 英寸(约 102 毫米)。

地板的面板由钢、铝、用钢或铝包封的木质芯板，或轻质钢筋混凝土制成。最后用地毯砖、弹性瓷砖或高压层压板做地板表面装饰，也可以用防火和防静电材料覆盖在地板上。地震台座可满足建筑规范要求。

这种结构通常是完全耐火的。天花板的高度必须能够调节以适应升高的地板。可能需要台阶或坡道来调节地板升高带来的高度变化。

活动地板系统需要大量布线的空间，尤其是需要频繁重新布线和重新连接的空间。在摆放书桌、设立工作站和安装设备时，该系统提供了便利性和灵活性。通过模块化的布线系统，设备可以很容易地移动和重新连接，这也降低了人工成本。

地板送风(UFAD)系统利用地板下面的空间作为送风箱分配暖通空调空气。空调的空气管道也可以在地板下运行。通过将冷气供应与温暖的回风分开，该系统有助于降低能耗。

请参见第十四章“采暖与制冷”，了解更多有关地板送风（UFAD）系统的信息。

低压布线

低压电路承载低于50伏的交流电，由降压变压器从正常线路电压提供。这些电路在住宅系统中用于控制门铃、内部通信、加热和冷却系统、远程照明装置。大多数电话和通信线路都是低压的，由通信公司供电。

参见第二十章“通信、安全和控制设备”，了解更多关于通信线路的信息。

低压布线通常为12~14伏，用于恒温器电路和复杂的照明电路或远程控制面板的切换。低压布线不会造成危险的电击或引起火灾，而且可以在没有电缆或导管的情况下在建筑物内贯穿运行。

当需要一个中央控制点时，可以使用低电压切换，所有开关切换都可以从这个控制点进行。低压开关控制继电器，在服务插座上进行实际切换。

电力线载波系统

如果所有布线都必须重新安装的话，在既有建筑物中添加复杂的建筑管理控制是非常昂贵的。**电力线载波(PLC)系统**利用既有的或新的电力线路作为导体，为既有的大型、复杂的设施中的能量管理控制系统传送控制信号。低压、高频的控制信号被注入电力线路。只有把接收器调准到特定代码，它们才会对信号做出反应。在住宅中，控制信号发生器可以是一个小型的手动编程控制器。而在商业设施中，能量管理或照明控制器都是由计算机操控的。

大多数电力线载波(PLC)接收器设计成适合于一个普通的接线盒。通过电力线路传输的控制信号可能会因为连接、接地和绝缘故障等问题而发生衰减。电力设备故障或屏蔽不当的接地电子设备产生的无线电噪声干扰常常可以克服。

电力应急系统

规范要求，除了独立住宅和其他一些小型建筑类型外，大多数建筑物都必须配备应急电源，在正常供电中断时为疏散设施、出口标志、自动门锁和其他对人身安全至关重要的设备提供照明。

应急电源可以由电池或现场发电机提供。不间断电源系统(UPS)使用大型的电池装置，为计算机机房、基于微处理器的需求控制器及任何短暂停电都会造成灾难的地方提供可靠的供电保证。不间断电源系统(UPS)能够滤出电力供应中的任何异常并保持电池持续充电。

有三种类型的应急系统，即突发情况下的紧急情况、法律要求的和可选的备用系统(表16.8)。采用哪种应急电源安排取决于当地规范的要求；这也适用于备用系统。

表 16.8 应急系统

应急系统	参考法规	说　明
紧急情况	《美国国家电气规程》(NEC)第 700 条款	对人身安全至关重要，如紧急出口照明、电梯电源、火灾报警系统和消防泵
法律要求的备用系统	《美国国家电气规程》(NEC)第 701 条款	为应急系统提供电力，但不涉及对人类生命的直接危险。消防系统，健康危害控制，长期系统的救援行动
可选的备用系统	《美国国家电气规程》(NEC)第 702 条款	旨在最大限度地降低成本并满足业主/运营商制定的项目要求

应急系统规范

通常，作为对 NFPA 101 要求的回应，相应的主管部门要就是否需要应急系统做出决定。设备和安装必须符合《美国国家电气规程》(NEC)的要求。相关的美国国家消防协会(NFPA)规范包括《美国国家电气规程》(NFPA 70)、《卫生保健设施标准》(NFPA 99)、《生命安全准则》(NFPA 101)、《应急和备用电力系统标准》(NFPA 110)、《储存的电能应急和备用电力系统标准》(NFPA 111)。

应急照明

应急照明系统可以为人群聚集区域提供照明，以确保安全疏散，防止恐慌。规范要求，任何使用中的建筑物，所有出口必须保持 24 小时有人工照明，住宅除外。

有关应急照明的更多信息，请参见第十七章“照明系统”。

无线系统

无线系统不需要将电灯、风扇和其他设备直接连接到建筑物的硬接线上。无线系统广泛应用于电话和计算机数据传输，也用于建筑物的控制开关。

无线通信利用电磁能量(最常见的是无线电波)在两点或多点之间传输信息。每个开关和传感器都有一个小型发射器，它把射频信号发送给它控制的设备和区域控制器，所有这些区域控制器都有无线电接收器(探测器)。传感器可以由可更换电池、光电池来供电。无线开关也可以通过扳动或推动开关来控制。既有开关可以由遥控传感器操控的无线开关取代。

有关无线系统的更多信息，另请参见第二十章“通信、安全和控制设备”。

住宅电气设计

规范及制造商的说明书可能不允许电源插座直接安装在踢脚板加热机组的上方。向地方当局核实相关要求。

住宅电气要求由《美国国家电气规程》(NFPA 70A)确定。该规程规定了电源插座的距离，并要求在某些位置使用接地故障电流漏电保护器(GFCI)。炉灶、烤箱、敞开式燃气烤炉、烘干机和热水器都有自己的特定规范要求或标准。

私人住宅的供电设备和建筑物的配电盘通常是一个单元。主断路器通常是配电盘的主开关或断路器。在住宅中，配电盘通常位于车库、杂物间或地下室，并尽可能靠近主电力负荷，以减少电压下降。通常，还有一个小的子配电盘从主配电盘向厨房和洗衣房供电。

公寓的配电盘通常位于厨房或紧邻厨房的走廊中，这样配电盘断路器就可以作为《美国国家电气规程》(NEC)所要求的断开装置，用于断开大多数固定电器的电源。

住宅规范要求

《美国国家电气规程》(NEC)要求住宅墙壁上的任何一点与电插座的距离都不得超过6英尺(约1.8米)，因此电源插座应设置在中心12英尺(约3.7米)处。当遇到门口或其他障碍物时，应将插座设置在障碍物任一侧的6英尺(约1.8米)范围内。这样布置的结果是，至少可以安装四个插座，每面墙上一个。

住宅分支电路

设计住宅配电系统时，设计师要确定电力服务的规模和电路的数量，这一点很重要。住宅内的插座可以显示在电力系统规划图上(图16.12)。许多既有住房的用电为60~100安培，但200安培可能更合适。电工可以对供电情况进行评估，并应在保险丝盒或断路器面板上加盖印章。

一幢住宅所需的分支电路的数量，包括一个扩展限量，可以按照每400~480平方英尺(约37~45平方米)分配一个15安培电路或者每530~640平方英尺(约49~59平方米)分配一个20安培电路这个标准来估算，加上扩展量，根据需要提供更多的分支电路。一个经验法则是12个插座用于15安培电路，16个插座用于30安培的电路。

> 室内设计的住宅电力规划图中通常没有电路，只有插座信息。

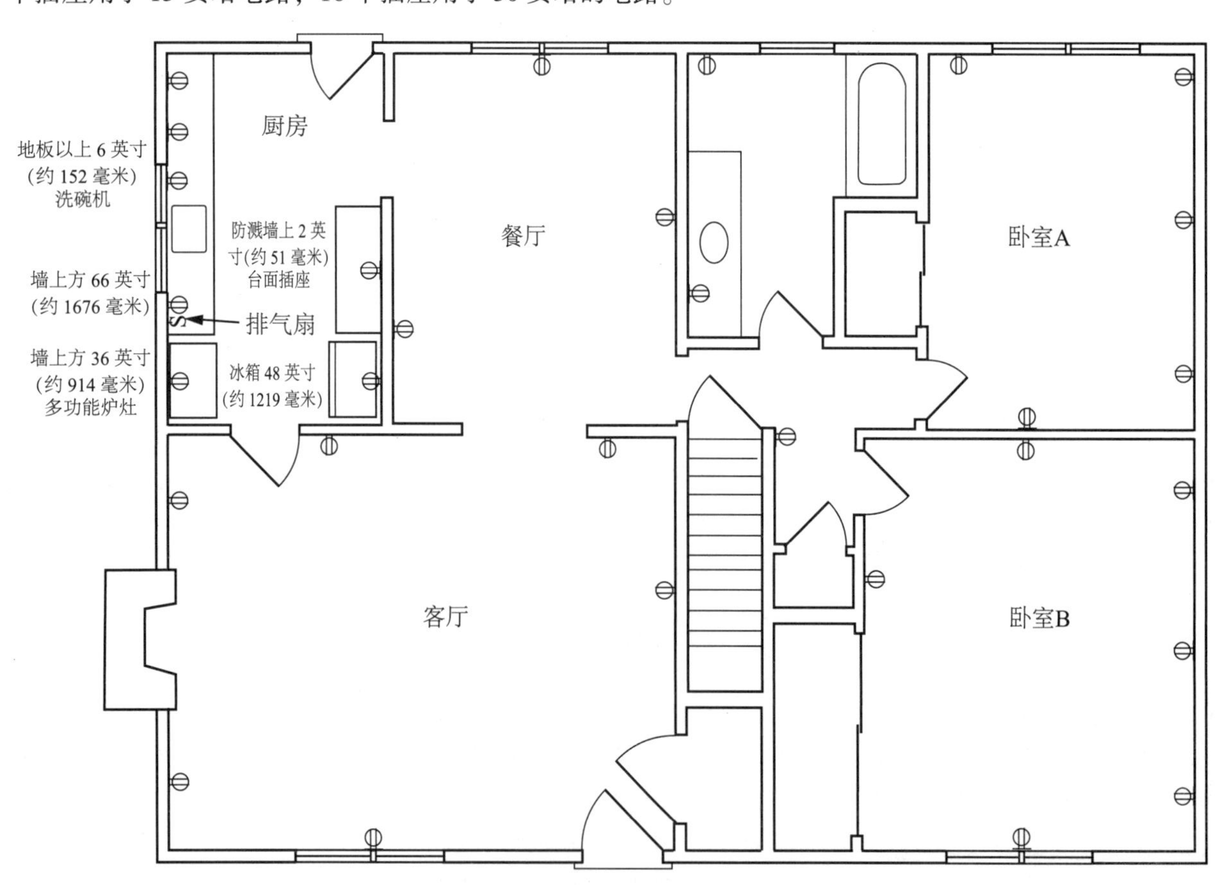

图16.12 典型的住宅电力规划图

住宅电路的指导原则

布置插座时，要确保墙上的任何一点距离电源插座都不超过6英尺(约1.8米)。只能使用20安培的接地型插座。不要将插座和开关连在同一个电源插座上，除非为了使用方便需要安装大量的插座。

所有台面电源插座必须是接地故障电流漏电保护器型。以前，只有在距离水槽6英尺（约1.8米）的范围内才需要安装GFCI型插座。

照明设备和插座都应环形布置，因此每个房间，包括地下室和车库，都至少有两条电路。不要把建筑物中的所有照明设备安置在一条电路上。在没有架空照明的房间里，要为半数的电灯提供开关控制。要用开关控制壁橱灯，不要用虽然便宜但很复杂的拉线。应该为电阻加热器或电热地板加热器设计单独的电路，也要为天花板加热器和通风系统规划布线。

使台面插座间隔一定距离是为了能插入电源线较短的小家电，防止使用加长线。《美国国家电气规程》(NEC)规定，至少要有两条20安培的适用于其他电器的分支电路为厨房、餐具室、餐厅及类似区域的所有插座供电，而且这些插座都必须是潜在的电器插座，并且必须按照电器插座进行供电和电路连接。永久安装的设备，如垃圾处理器、洗碗机或抽油烟机可以不与这些电路连接。所有厨房台面区的插座必须由至少两个这样的电器电路供电，这样即使单条电路发生故障，也不会导致整个台面工作区断电。

《美国国家电气规程》(NEC)还要求另增两条20安培的电路专用于厨房操作台，不得服务于其他任何区域；这两条电路要隔开一定距离，沿墙外围线的任何一点与插座的水平距离都不超过24英寸(约610毫米)。水槽或炉灶所占用的台面长度不算在内。插座要设在台面上方，最大距离为20英寸(约508毫米)。任何大于24英寸宽、12英寸深(约610×305毫米)的岛式或半岛式厨房操作台面至少要有一个电插座(表16.9、图16.13)。

表16.9 住宅分支电路的设计原则

区 域	原 则
厨房(也见文字部分)	提供容易接近的手段，以断开视线内的电炉、炉灶和烤箱的电源，通常在厨房的墙上嵌装配电板
	垃圾处理机、洗碗机、微波炉、冰箱、排风扇用120伏电路
	炉具、灶具、即时热水器、壁式烤箱用240伏电路
车间(车库、杂物间、地下室)	使用20安培的电路、20安培的插座，每条电路不超过4个这样的插座。必须是GFCI类型
卧室	如果没有中央空调，就要在每间卧室里安装一条用于窗式空调的附加电路，类似电器电路、只带一个电源插座
	很可能在床的两侧位置各安装两个双工插座，用于电热毯、时钟、收音机、灯具等
家庭办公室(书房、工作室或大卧室)	按照家庭办公室的标准来配备。至少2条不同电路上的至少6个双工15安培或20安培插座有足够的电涌保护，电路上最少有6个15安培或20安培的双工插座。其中2个插座带有单独的绝缘地线，连着绝缘接地(IG)插座。两个带电话插孔
洗衣房	《美国国家电气规程》(NEC)规定至少有一条20安培的电器电路只为洗衣房插座供电。如果预计安装烘干机，则需要一条单独的分支电路通过耐用插座为这一负荷供电
卫生间	在每个卫生间盥洗室附近至少有一个20安培壁挂式GFCI型插座，由20安培的电路供电，仅用于浴室插座。浴缸或淋浴间不用插座。浴室照明、排气扇、加热器等电器的插座不应与浴室插座电路相连。蒸汽浴、桑拿浴和浴缸加热器可能需要240伏的电路
室外	在房屋的前面和后面至少提供2个接地漏电保护插座和防水插座。其开关装在室内比较方便

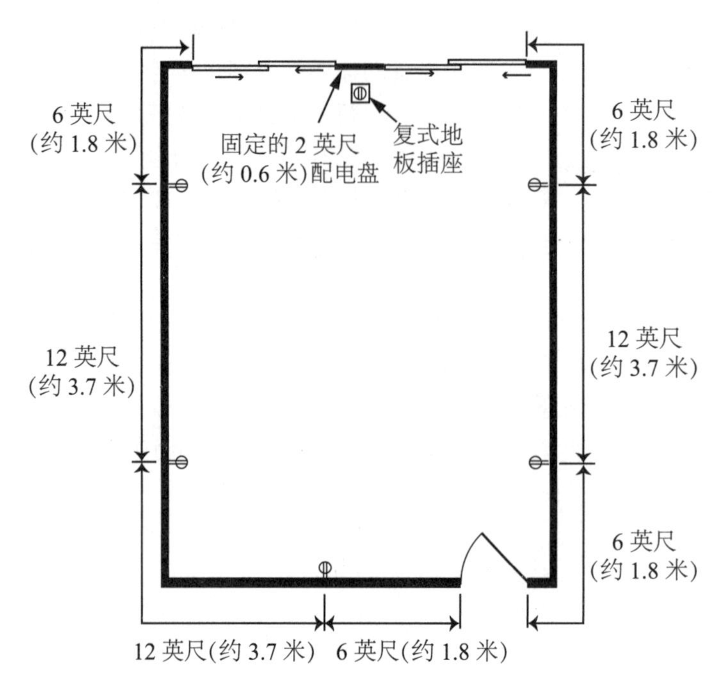

图 16. 13 《2015 年国际住宅规范》(IRC)规定的住宅电气插座位置

尽管 2010 年《美国残疾人法案》(ADA)没有规定电气开关和插座的高度，但其他标准有规定。《美国残疾人法案》(ADA)对突出的物体(如壁灯)的间隙距离有明确要求(图 16. 14)。

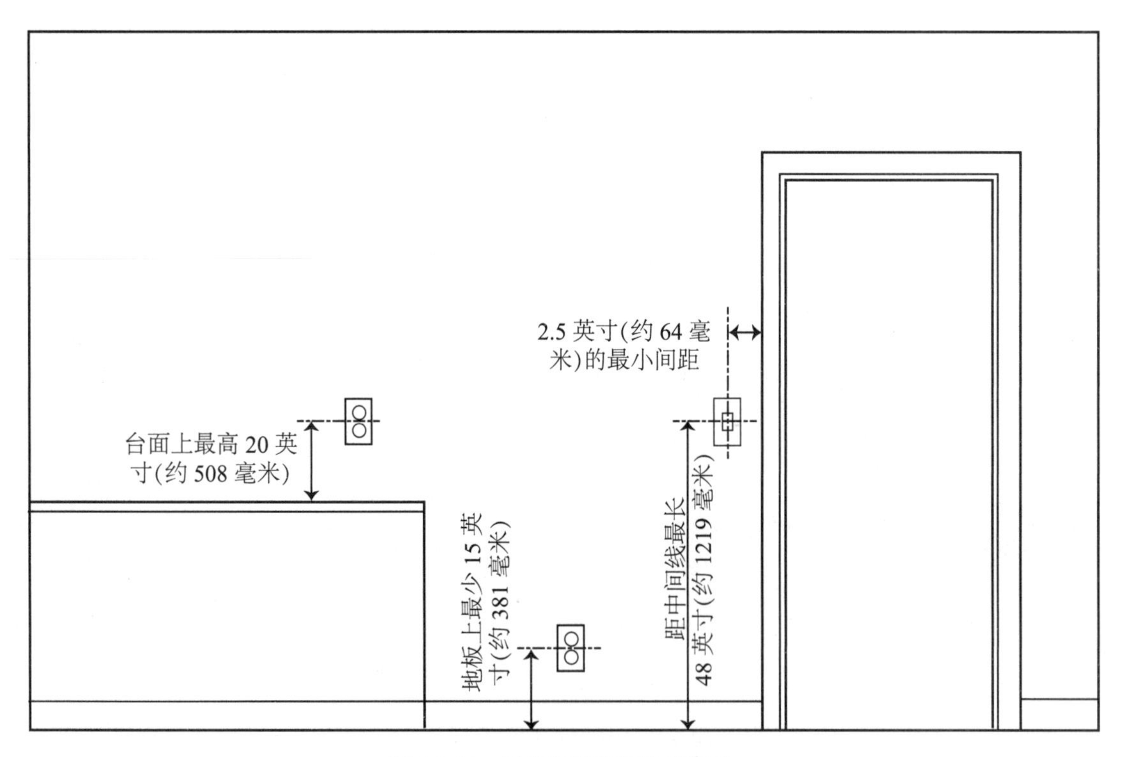

图 16. 14 开关和插座的建议高度

台面插座的位置在《2015 年国际住宅规范》(IRC)里有规定(图 16.15)。

图 16.15 厨房操作台面插座

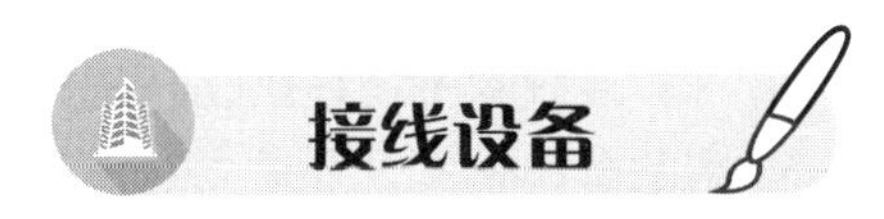

接线设备

无论你是打开一个墙壁开关、将电器插入插座，还是用调光器来调节灯光，都要使用安装在**出线盒**里的**接线设备**。**连接插头(帽)**和**壁式插座板**也被认为是接线设备，还有其他各种电气装置。

出线盒也用于照明设备与电气系统相连的地方。低压照明控制装置被认为是接线设备。**接线盒**是用于容纳和保护电线或电缆的装置，电路连接或分开(形成分支电路)都在此进行。

电气设备的电压和电流都有额定值。如前所述，额定电压表示可以连续安全地施加到设备的最大电压。一个普通的壁式电插座的最高额定电压为 250 伏，但在正常使用时只提供 120 伏的电压。电气设备所用绝缘材料的类型和质量及带电部件之间的物理间距决定了额定电压值。布线设备的额定电流通常为 300 安培或更少，20 安培较为常见。接线设备可以安装在墙上的小暗线箱里。

制造商按照等级对接线设备进行分类，以表明其质量和预期用途(表 16.10)。然而这些等级并非制造商们公认的标准等级，所以在指定接线设备的等级时一定要加上制造商的名字。

表 16.10　接线设备的等级

类　型	等　级	说　明
NEMA 和 UL 的等级	医院等级：质量最好、价格最贵	设备表面上有绿点。最高质量，能够承受严重的滥用，同时保持可靠的运行，必须满足 UL 等级要求
	美国联邦标准等级	大致相当于工业(高级)和商业标准级，不如医院等级严格
	UL 通用等级：质量最差、价格最低	大致相当于住宅等级，质量要求最低
制造商的等级	医院等级	必须符合工业标准。质量大致相同
	高级或工业标准等级	大致相当于美国联邦标准等级。用于工业建筑和高档商业建筑
	商业标准等级	通常用于大多数教学楼、高级住宅和商业建筑
	标准等级或住宅等级	通常用于各种类型的低成本建筑，但不一定适用于所有的住宅项目

在每个电气插座、照明器具或开关上，金属或塑料盒被牢固地固定在建筑结构上以支撑接线装置并保护其连接点。每根电缆或导管都紧紧地夹在电线进入的盒子里，以防止电线在电缆或管道受到干扰时被从它们的连接处拉下来。裸露的零线与接线盒和接线装置的框架连接，以防止设备出现故障时发生电击。在将布线装置固定在盒子上后，会附上一个盖板。

盖板可以用金属、塑料或玻璃制成，有多种颜色和饰面。室内设计师可以与电工协调来选定盖板的外观。

出线盒与设备箱

出线盒和设备箱都由镀锌冲压金属板制成。一些 NM 和 NMC 电缆和非金属导管的接线设施可以使用非金属盒。最常见的尺寸是 4 英寸(约 102 毫米)的正方形和八角形的出线盒，用于固定装置、接头和电气设备，以及 4×2.125 英寸(约 102×54 毫米)的出线盒，用于没有接头的单个装置。盒子的深度为 1.5~3 英寸(约 38~76 毫米)。

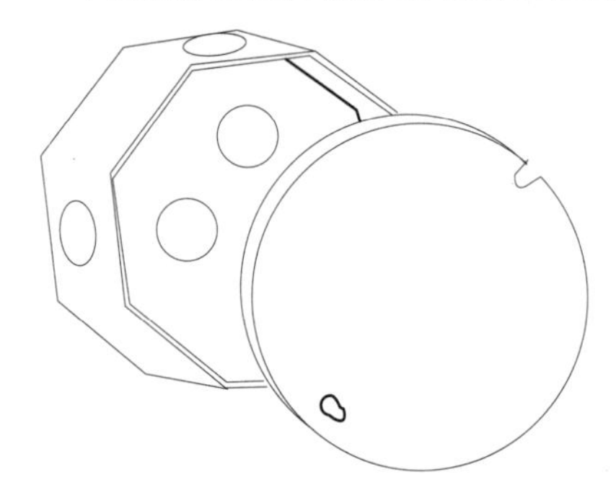

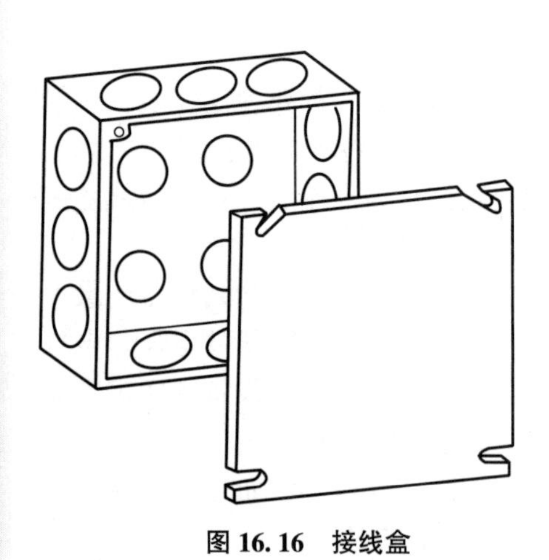

图 16.16　接线盒

插座的出线盒可以安装在墙上，也可以落地安装。照明设备安装在墙壁上或天花板上。金属铸造的地板插座可直接装入楼板中。

接线盒不能超出立柱墙的范围(图 16.16)，也可以配用裸露的布线钢管。开关盒通常安装在墙壁内的立柱上，以控制照明插座盒。配电箱的安装通常只穿透墙壁表面，不需要防火。墙上的开口不能允许大于配电箱和石膏墙板之间的间隙，不得大于 1/8 英寸(约 3 毫米)。

《美国国家电气规程》(NEC)规定了一些建筑类型，特别是住宅单元所允许的最少配电箱数。《美国国家电气规程》(NEC)和建筑规范通常规定，每 100 平方英尺(约 9.3 平方米)墙面上不得安装超过 100 平方英寸(约 645 平方厘米)的配电箱。

当不想再使用一个既有的配电箱时，必须把它的盖板拿下来或完全拆除，包括箱体及箱内所有的电线，墙壁上的开口也要适当地修补。如果两个配电箱安装在同一防火墙的两侧，那么它们必须保持 24 英寸(约 610 毫米)的水平距离。

电源插头

电源插头用于将电动设备连接到建筑物中的交流电源上。插头通常是设备电源线的一部分，是可移动的连接器。把插头插入与电路相连的固定插座上，即可使设备通电。它们在电压和电流额定值、形状、尺寸和连接器类型上都不同，在当今世界上使用的类型有很多(包括淘汰不用的)。

从技术上讲，“**壁式插头**”一词是指将电力输送到电器上的电线线帽的名称，即插入墙上的电线的末端部分(图 16.17)。

极化插头

过去的极化插头有一个加大的中性插脚，以确保火线连接火线，零线连接零线。小的狭缝和突出的插脚连接火线，大的缝隙和插脚连接零线。若插头没有接地插也没有极化，应使用接地插头或极化插头；这也减少了在安装错误时发生交叉连接的风险。

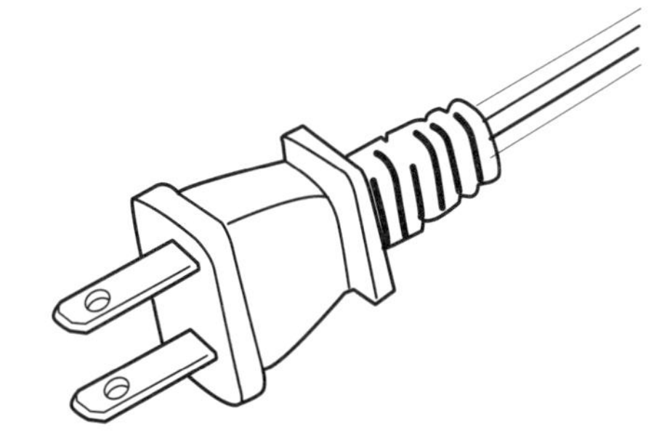

图 16.17 壁式插头

由于自 1962 年以来安装接地插座已经成为官方的强制要求，所以通常在五金店里只能买到接地插座这一种插座，而且如果没有接地线的话，通常要安装接地插座来替换无接地插座，因此必须检查旧建筑中看起来接地的插座是否真正接地。《美国国家电气规程》(NEC)要求新建筑中的所有电路都必须接地。

接地插头

《美国国家电气规程》(NEC)规定，所有分支电路上都要使用接地插头。接地插头保证了连接是正确的极化，并且提供了一种电流泄漏时断开电路的方法。

将接地插头连接到无接地插座的适配器可以使安全控制器失效。如果插座没有接地连接，将接地线或插头上的金属片连接到插座盖板上的螺钉上也无济于事。但有一个例外，那就是金属配电箱里的旧插座与接地的金属导管系统是连接着的。

> 用一种廉价的检测工具就能发现一些潜在的电气问题，如断开的接地路径。

设备接地(三脚插头)将设备的金属外壳直接连接到地面。由于中性点也与地面相连，因此设备中的故障导致电流从火线流到地面，再从地线流到零线。由此产生的故障电流会使断路器跳闸，以避免火灾或电击的发生。如果接地路径意外断开或故意切断接地插脚，这个安全系统就会失效。

电气插座

《美国国家电气规程》(NEC)对**插座**的定义是“安装在电路出口处的一种接触装置，用于连接插头与电路”。这通常是指普通的墙上插座，也可能指更大更复杂的装置。

电源插座

我们插入电线的插座在技术上被称为**电源插座**、插座出口或万用插头。“插座”是一个术语；一个普通的墙壁电源插座通常可接受两个连接插头，称为双电源插座或双工万用插头，一般简称为**双孔插座**或双插座(图 16.18)。

插座的类型由电极(插脚)和电线的数量及它们是否有单独的接地线来识别。接地插座用于标准的 15 伏或 20 伏的分支电路。设备的接地线与零线是分开的，不能与零线混淆。插座通常为 20 安培、125 伏，但 10~400 安培、125~600 伏的也都有。插座的设计类型多种多样，有锁定式、防爆式、防干扰式和装饰性插座等。有些装置，如排插，是专为特殊用途而设计的。分线插座有一个总是通电的插座，

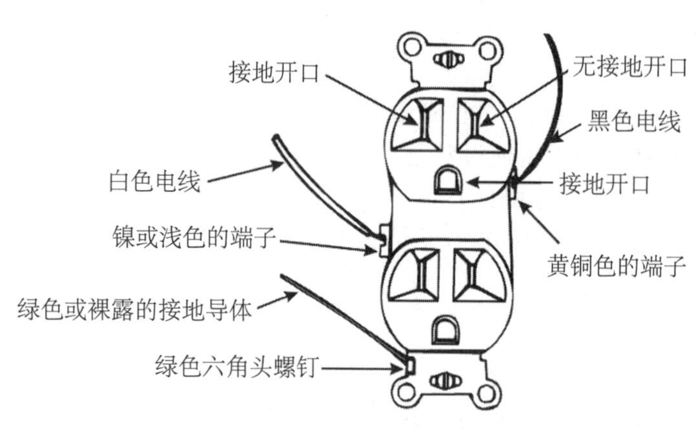

图 16.18　双工电源插座的接线

还有一个插座由壁式开关控制。这些插座有时用于灯具，开关靠近房间的入口处。

插座通常安装在成品地板上方 12~18 英寸(约 305~457 毫米)处。厨房台面上方的插座通常安装在成品地板上方 48 英寸(约 1219 毫米)处。在商店、实验室和其他有靠墙的桌子空间里，插座通常安装在地面以上 42 英寸(约 1067 毫米)处。

通用设计旨在服务所有用户。为了符合通用设计标准，插座距离地面应小于 44 英寸(约 1118 毫米)，只比标准的 36 英寸(约 914 毫米)的柜台高度高出 8 英寸(约 203 毫米)。无障碍插座不应安装在距离柜台顶部超过 12 英寸(约 305 毫米)的位置。台面以下的插座不应位于台面延伸超过其支撑底座 6 英寸(约 152 毫米)以上的地方。为特定设备(如洗衣机)安装的插座应位于设备预定位置的 6 英尺(约 1.8 米)范围内。

非住宅用插座

《美国国家电气规程》(NEC)规定了商业场所使用电源插座的要求。《美国国家电气规程》(NEC)要求，商业场所的插座要配备充足，在保证空间内总能量够用的同时，也要尽量减少拉线，以避免加长线过长而发生缠结。

> 规程要求也会更改。《美国国家电气规程》(NEC)每三年修订一次，因此请查看最新的版本。

一般的设计考虑因素包括插座的设计要适应某些类型的建筑，如实验室、研究设施和小型教育类建筑。电源插座用于建筑的供电和电气服务的延伸，但同时也要注意避免过度设计，浪费金钱和资源。插座的设计还应遵守安全规范要求，应避免将插座设置在妨碍出入空间、通道、壁橱和电气设备的表面这类地方。

浪涌抑制与设备接地

现代电子设备对随机的、杂散的电压(称为电噪声)非常敏感。两类特殊插座有助于消除电噪声。装有内置浪涌抑制装置的插座能保护设备免受过电压的冲击。带有绝缘设备接地端子的插座可将设备接地终端与系统(电缆管道)接地分开，从而消除大量有害的电噪声。后一类插座仅在进户线的入口处与系统接地相连，并由面板上的橙色三角形标识。

> 请参见第十五章“电气系统的基本知识”，了解更多关于浪涌抑制和接地终端的信息。

开　关

打开或关闭一盏灯通常有以下两种方式：通过把灯具插到电插座上，然后打开或关闭灯具上的开关；通过将照明灯具直接连接到建筑物的供电系统中，使用墙壁开关来控制电源。

安装在出线盒里的 30 伏的开关，被认为是布线装置。开关只安装在火线上。当开关断开电气设备的电流时，使设备没有电压通过，此时即使开关是开着的，也不会发生电击。

建筑物中使用的开关种类很多(图 16.19、表 16.11)。

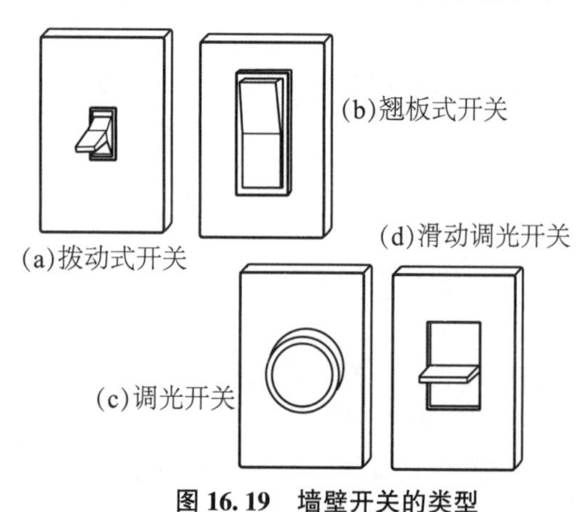

图 16.19　墙壁开关的类型

常见的壁灯开关是一般责任安全开关，又称**电流接触器**。接触器通过使两个电导体彼此接触而使电路在物理上闭合，从而使电力能够流至照明灯具。接触器在物理上将两个导体分开，打开电路，从而使电流停止，灯关闭。接触器适用于通过手动或遥控按钮进行远程控制，或适用于定时器、浮动开关、恒温器和压力开关等自动装置。它们也被用在照明、采暖和空调设备及电机中。

表 16.11 开关类型

类 型	说 明
一般安全开关	一般用于照明和电力线路中
重负荷(HD)开关	频繁中断、高故障电流环境、易于维护
三路开关	与另一个开关一起使用，控制 2 个位置的灯。有 3 个接线端子，所以开/关的位置可以改变
四路开关	与 2 个三路开关配合使用，控制 3 个位置的灯
遥控(RC)开关	用于照明设备、外部灯光、整个建筑物的开关组。电磁铁远距离操纵装置，无须接线。也可用于吊扇和窗帘
固态开关	具有导电和非导电两种状态的电子装置。电压控制信号瞬时、无噪声变化
时控开关	固态开关，无移动部件的电子定时装置
带存储电路的可编程定时开关	适用于照明、能源管理、自动楼宇控制、时钟和程序系统的壁装电源插座
可编程开关控制器	微处理器以特定的控制计划响应给定的输入信号以获得特定类型的功能
自动切换开关	应急和备用电源的配置。在应急服务和正常服务之间自动切换

接触器可由手、电线圈、弹簧或电机来操作。墙壁开关就是一个典型的小型机械式接触器的例子。继电器是一种小型电动接触器。接触器的操作手柄可以是纽扣形、按键、按钮、触摸、摇杆、旋钮或碟形旋钮。

开关可以有多个控制点。如果控制位置超过 4 个，最好选择低电压、可编程或无线控制器。

智能开关使用占用感应器、日光感应器、可编程恒温器和定时器，可以减少用电。专业的灯光调光器有预设的控制装置，既能调节亮度也具备开关的功能。调光器可用于风扇转速平稳控制、本地和远程控制、自动调光，以及带有调光镇流器的荧光灯。其他特殊设备包括指示灯、风扇控制器和其他小型电机控制器。

有关照明控制的更多信息，请参见第十七章“照明系统”。

低压开关

使用轻型的、24 伏开关的**低压开关**也称为遥控开关和低压控制器。低压开关控制着负责实际开关的继电器。这使低压开关具有了许多胜过全电压开关的优点，如控制位置的灵活性，并且使局部控制装置(如占用感应器和光电电池)优于单一负载控制，中央控制装置(如定时器、日光感应器和能量管理系统)优于群组负载控制装置，两者都促进节能。低电压、低电流的线路不需要管道，也比传统的建筑物布线便宜。单一负荷的状态可在中央控制面板上监控。

调光器、开关、插座、风扇控制器、有线电视和电话插孔都有各种各样的颜色可供选择。请注意，如果墙壁颜色或其他装饰发生改变，则可能需要更换插座盖板，以确保其颜色醒目。

电力负荷

常见的建筑电力负荷类型包括照明设备、暖气通风空调和管道系统的电机、电源插座、加热元件和电子器件。特殊的处理设备，如实验室设备和 X 光机也会产生电力负荷。

> 照明负荷将在第十七章“照明系统”中介绍。

便利设备的额定值根据所有同时运行的连接负载的预期电流总量而定。家用电炉和烘干机在 240 伏电压下运行，而功率较大的窗式空调通常需要 240 伏。这些设备必须直接连接到电路中，或插入专门为连接电路而设计的特殊插座。

许多电气设备在待机状态下仍然消耗电力，即使处于关机状态或休眠模式也是如此。例如，这些所谓的“**吸血鬼负载**”发生在电池充电器、电视和计算机上。在家庭中，吸血鬼负载占能源消耗的 10% 左右。而在工作场所，近半数员工下班时不关电脑，这不仅会带来安全隐患，也会浪费能源。

家用电器

电器设备有几种额定值，表明设备对布线的要求。如前所述，电压列表展示的是额定电压，即可以连续安全地施加到装置上的最大电压。一个普通的墙壁插座有 250 伏的额定值，尽管通常它仅使用 120 伏，因此即使电压超过 120 伏，使用该插座也是安全的。

> 以前使用 120 伏电压的电器，现在它的新型号可能需要 240 伏。这些电器可能包括将水加热到更高温度的洗衣机，或大功率要求的烤箱。

电器设备的另一个布线额定值，电流承载能力，用安培数测量。一台设备(如烤面包机)的各个部件可以连续工作的最高工作温度决定了安培数的数量。设备内部的绝缘体越好，它能安全承载的电流就越大。

能效标签

在美国，洗碗机、冰箱、冰柜和洗衣机上都可以找到黄色的能效标签“Energy Guide”(图 16.20)。这些标签根据美国的全国平均能源成本，以及按千瓦时估算的每年用电量，给出了一台电器每年的估算用电成本。该标签包含一个图表，显示运行类似电器的用电成本范围，以及带有能效标签的电器如何与该范围进行比较。

加拿大的黑白色能效标签“Energy Guide”与美国的能效标签“Energy Guide”相似。所有在加拿大生产或进口到加拿大的新电器都要求贴上这一能效标签。标签标明该电器的用电量。使用能效标签要有第三方的验证，确认该设备符合加拿大的最低能源性能水平。

> 有关家用电器的更多信息，请参见第十一章“卫浴设备与电器”。

当帮助客户决定购买什么类型的设备时，重要的是确定最有效的解决方案。例如，窗式风扇比空调更节能；使用定时器、恒温器或感应器的设备在不降低舒适性的前提下还能节省能源；光电电池白天和夜间都能用；空调上的定时器可以根据房间是否有人在、外部温度变

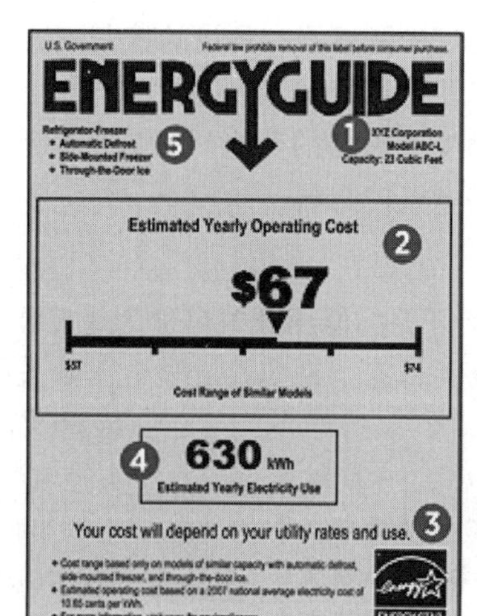

①制造商、型号和尺寸
预估每年的营运成本$67

②成本范围有助于比较
不同型号的能源使用情况

③能源之星标志
630千瓦时

④基于典型用途
估算的年用电量

⑤主要特点

图 16.20　美国的能效标签

化或预定的时间表来打开或关闭空调。

厨房电器

厨房电器主要用于家里，但也可能用在其他地方(表 16.12)。从事商用办公室项目的室内设计师发现自己在设计办公室厨房和咖啡间区(图 16.21、图 16.22)。办公室厨房也可以兼顾餐饮厨房、咖啡休息区和员工餐厅的功能。这样的场所如果不易于维护和共享，则可能会招致员工的不满，甚至连美容院和类似的零售场所也可能需要厨房和洗衣用具。厨房空间的设计包括多个层次的插座、水槽和洗碗机的管道，以及墙壁挂件所需的支撑。

表 16.12 住宅内的厨房电器

电 器	伏特数	安培数	电路上的插座数量
电炉	115/230	60	1
烤箱(内置)	115/230	30	1
炉灶	115/230	30	1
洗碗机	115	20	1
垃圾处理机	115	20	1
微波炉	115	20	1 个或更多
冰箱	115	20	建议使用单独电路
冰柜	115	20	

图 16.21 办公室厨房

自从中世纪的厨房用火以来，厨房的设计已经走过了很长的一段路，从屠宰牲口到准备饭菜，一切都从那时就开始了(图 16.23)。

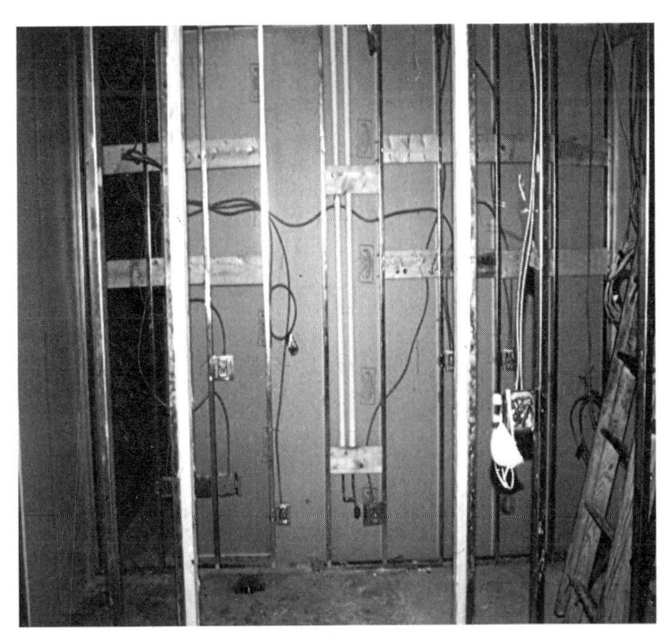

图 16.22 办公室厨房的电气布线

图 16.23 中世纪的厨房

冰箱和冰柜

冰箱在能效方面已经有了很大的改进。如今的冰箱平均每年耗电约700千瓦时，相当于1973年型号的三分之一，体积更大，控制也更好。新型冰箱使用了更多的绝缘材料、更严密的门密封条、更大的线圈表面积，以及改进了的压缩机和电机。

冰箱的体积越大，使用的能量就越多，但是一台大冰箱比两台容量相同的小冰箱耗能要少。能源利用率最高的冰箱介于16~20立方英尺(约0.45~0.57立方米)的范围内。对开门式冰箱不如冷冻机在顶部的双门冰箱节能。内置式冰箱有时比独体式耗能更多。自动制冰机和自动贩卖机也很耗能。

选择冰箱时，要考虑门打开90度时所需的空间。推拉门式冰箱几乎不占用正面的空间。冰箱通常使用115伏、15安培、60赫兹的交流电接地插座。有的制造商还提供了一种与橱柜匹配的冰箱，冰箱深度与柜体相当，冰箱正面与橱柜齐平，既不占用太多厨房面积，又可提供最大的存储空间。

从顶部装载的卧式冰柜要比从正面装载的立式冰柜节能10%~25%，这要归功于前者更好的保温性能，以及开门时冷空气比较不容易溢出，但卧式冰柜比较难整理。手动除霜比自动除霜更为常见，但自动除霜可能会导致食物脱水或烧坏冷冻机。内置式或独体式冰柜都有制冰机，每24小时可生产高达50磅冰块。制冰机需要供水，因此有些型号的冰箱安装了排水泵。

冰箱和冰柜应远离热源，如洗碗机和烤箱，避免阳光直射。此外，应在每侧留出1英寸(约25.4毫米)的空间，以确保空气流通。

炉灶和烤箱

炉灶既可以是标准化的组合，也可以是独立的单位，既有电气灶也有煤气灶。新型煤气灶都用电点火，而不必再常年保留煤气灶的明火。电气灶一般需要240/208伏、60赫兹、20或40安培的接地供电设备。

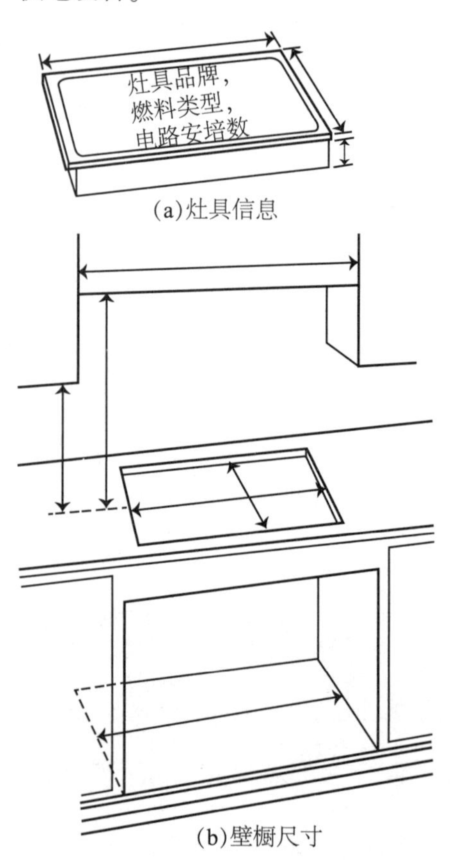

(a)灶具信息

(b)壁橱尺寸

图16.24 炉灶安装所需的信息

灶具安装的关键尺寸包括炉灶本身的尺寸和类型、灶台上下橱柜之间的水平距离、灶具上方的垂直间隙及所需的台面开口的尺寸(图16.24)。

滑入式组合炉灶没有任何缝隙，更坚固；也不再有灶架，呈现漂亮的流线型。独立式和滑入式电灶都要求配置50安培的单独接地电路，提供120/240伏、60赫兹的电力。

电气灶配有各种类型的加热元件(表16.13)。

表16.13 电气灶加热元件

元件类型	说　明
裸露的线圈	升温快、难清洁
实心磁盘元件	美观、易清洗；升温慢，能耗大
陶瓷玻璃下的辐射元件	极易清洗，比实心磁盘加热快；比线圈或实心磁盘更节能
卤族元件	通过在陶瓷玻璃表面接触平底锅来加热食物。节能，但价格较高
感应元件	将电磁能直接传递到平底锅上。非常节能，但只能用于含铁金属炊具，而不能用于铝制炊具。当把锅具从加热设备上取下时，炉灶上几乎不留热量。通常很贵

燃气炉灶应该有电子指示灯，通常还要有密封的煤气燃烧器。一般来说，燃气炉灶需要单相交流电、120 伏、60 赫兹、15 安培的接地插座。燃气灶具可与燃气烤架一起使用。一些制造商提供双燃料型炉灶，既有燃气燃烧器又有电对流烤箱。顾客购买燃气灶时，送货和安装必须包括管道工人连接燃气管道的服务(图 16.25)。

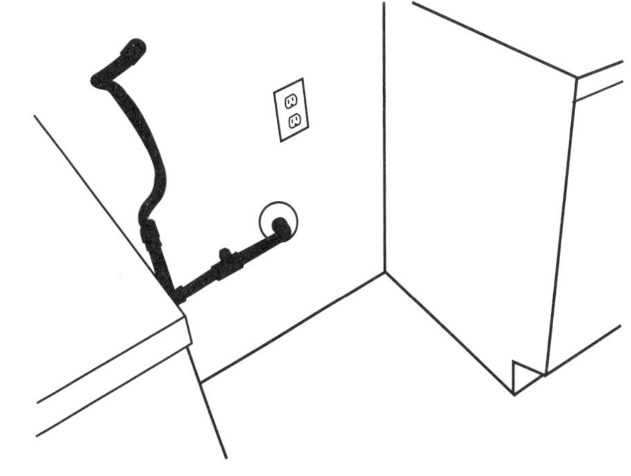

图 16.25 炉灶和烤箱的燃气连接件

燃气炉灶消耗室内空气中的氧气，释放二氧化碳和水蒸气，因此必须安装风扇以确保把气体燃烧产物从房屋中排除。当炉子在使用中时，风扇必须向外排气，而不是仅仅循环空气。风扇不要太大，因为会浪费电，还可能导致气流倒灌的问题。灶具和炉灶中的大型下吸式通风扇可能会吸入大量空气，使房屋处于减压状态，从而导致加热系统无法正常排气，并产生燃烧气体的回流。大风扇需要另外的通风道，可由风扇制造商提供。

有关排气设备的信息，请参见第十一章“卫浴设备与电器”。

带有自洁功能的传统烤箱，其保温性能超佳，而且也更节能——除非一个月使用一次以上的自清洁功能。如果想查看正在烹饪的食物的进展，门上的窗口会比打开门节省能源。内置的电烤箱通常需要一个单独的 208/240 伏、60 赫兹、30 安培的接地电路。建议使用延时熔断器或断路器。双层烤箱叠放可以在少量的地板空间里放置多台烤箱。燃气烤箱比电烤箱耗能少，而且燃气也比电便宜。安装壁挂式烤箱和微波炉的橱柜一定要设计得刚好装得下这些电器(图 16.26)。

对流烤箱比传统烤箱更节能。加热的空气在食物周围连续循环，以使热量分布得更均匀。食物可以煮得更快，在较低的温度下可以节省大约三分之一的能源成本。

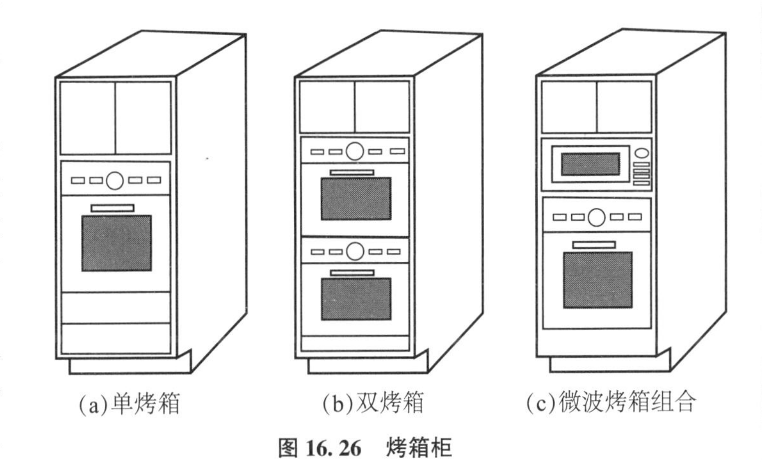

(a)单烤箱　(b)双烤箱　(c)微波烤箱组合

图 16.26 烤箱柜

如今，可供选择的辅助性烹饪器具越来越多。电热屉能将里面的食物保持在 90~225 ℉(32~107 ℃)的范围内。电热屉带有可移动的上菜盘，抽屉本身也是可拆卸的。电热屉的供电要求是 120 伏电压、60 赫兹。家用旋转烤箱要求有电气连接和燃气连接，以及排气罩。家用旋转炉很重，约 130 千克(290 磅)，必须得到足够的支撑。

微波炉

微波炉使用非常高频的无线电波穿透食物表面，加热食物内部的水分子。使用微波炉可以减少能源的使用，烹饪时间也比传统烤箱缩短了约三分之二，特别适宜于加热小份食物和剩菜。微波炉排放到厨房的废热也较少。温度探针、食物煮熟后关闭的控制器，以及可变功率设置都能节省能源。

根据摆放位置，微波炉有以下几种外型，如厨房操作台面式、炉灶上方式、长台面上方式和嵌入式。大多数微波炉都指定 120 伏、单相、60 赫兹、交流电、15 安培的三线接地电路。嵌入式微波炉有一个下拉门和一个对流罩，要求 120 伏或 240 伏、20 安培的供电服务。壁挂式微波炉不应该直接挂在上面的橱柜上，通常需要由安装在墙上的支架来支撑。

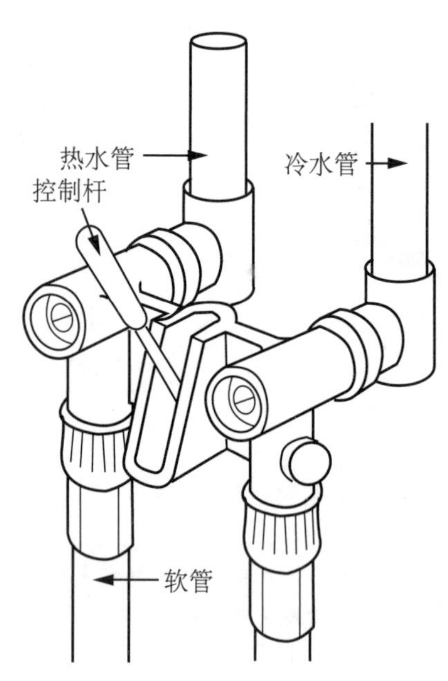

图 16.27 洗衣机的单杆关闭阀

微波组合炉下面有一个对流恒温烤箱，要求 120/240 伏、60 赫兹、40 安培的接地供电。用微波炉、烤箱和慢炖锅（绝缘陶瓷锅与电加热元件的组合）来制备简餐，可以节省能源。

有关微波炉、洗碗机和洗衣设备的更多信息，请参见第十一章“卫浴设备与电器”。

洗碗机

自动洗碗机 80%的能耗用于加热水，因此减少用水就可以节省能源。电气连接通常是 120 伏、60 赫兹、15 安培或 20 安培，装有熔断器的单独电路。建议采用延时熔断器或断路器。

洗衣设备

洗衣机要有热水连接件和冷水连接件，分别用来连接冷热水管，同时还应有一条符合《美国国家电气规程》（NEC）要求的排水管。不使用洗衣机时，要拉上控制杆，关闭供水，以防水涌出（图 16.27）。

洗衣机和（或）烘干机都需要专用电路（表 16.14）。电动烘干机要求 240 伏的电路。有些欧式洗衣机也要求配备 240 伏的电路来加热水。其他生活区和公用设施也有电路要求（表 16.15、表 16.16）。

表 16.14 家用洗衣设备

器 具	电压(V)	电流(A)	电路上的插座数(个)
洗衣机	115	20	1
烘干机	115/230	20	1
手动熨斗	115	20	1

表 16.15 住宅生活区设备

器 具	电压(V)	电流(A)	电路上的插座数(个)
车间	115	20	≥1，重型设备要有单独电路
便携式加热器	115	20	1
电视	115	20	≥1
音频中心	115	20	≥1
个人计算机及周边设备	115，可能需要绝缘的接地导体	20	≥1，建议配备过载保护

表 16.16 家用设备

器 具	电压(V)	电流(A)	电路上的插座数(个)
固定照明	115	20	≥1
窗式空调(0.75 马力)	115	20 或 30	1
中央空调	115/230	40	1
排水泵	115	20	≥1
加热设备(加压炉)	115	20	1
屋顶风扇	115	20	≥1

家电控制与节能

如今，智能家居已经出现，其中一些电器是通过家庭的电气系统彼此连接的，而大多数则是利用无线或互联网手段连接。这些电器被设计成执行智能任务，如从互联网上收集食谱、跟踪食品库存，以及为不同种类的衣服下载新的洗涤周期。

厨房电器使用的电力几乎占家庭用电的三分之一(图 16.28)。室内设计师在节能家电的选择上可以发挥重要作用(图 16.29)。

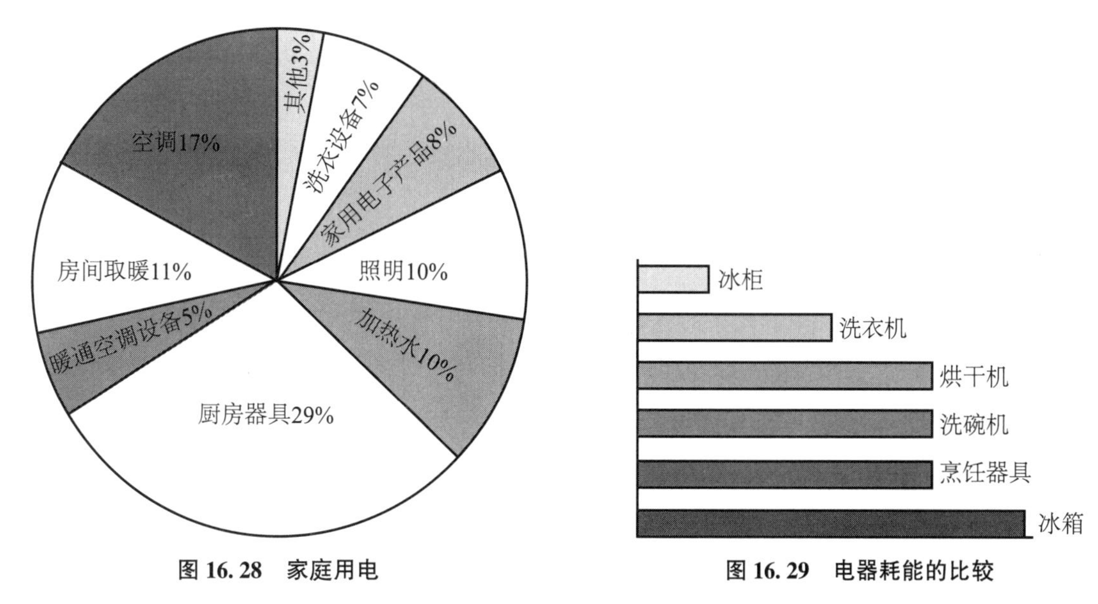

图 16.28　家庭用电

图 16.29　电器耗能的比较

许多冰箱内部都有一个节能开关，可以在湿度低的时候关闭。打开这个开关也就启动了加热器，可以减少水汽凝结。这在潮湿的环境中效果很好，但是在干燥的气候条件下它消耗的能量比节省的还多，应该关闭。

综上所述，配电会影响安全和能效。建筑物中大部分电气设备和能源都用于照明。在第十七章“照明系统”中，我们将探讨如何将日光与电气照明相结合，实现全天候照明。

第十七章　照明系统

在大多数建筑中，照明一直是用电第一大户。商业建筑、空调系统的发动机、管道泵、电梯及大多数工业生产过程，是电能的第二大户。

许多室内设计培训项目提供了一个学期的照明设计课程。光物理学是另一个内容翔实的话题。我们不涉及这一学科的全貌，但我们确实涵盖了视觉、色觉及其他主题的主要观点，因为它们影响室内采光和电气照明。

> 日光照明的主要缺点是它的不稳定性，尤其是日落和日出之间的完全不可用性。人造的电光可以随时随地使用，很容易被操控，也可以被建筑物的居住者控制。这强烈地表明，自然采光和人工照明是很好的合作伙伴，人工照明主要用于夜间照明，在自然采光光线不足时，人工照明作为补充。
>
> 引自爱德华·艾伦，《建筑是如何工作的》(第3版)，牛津大学出版社，2005年。

引言

美国能源信息管理局估计，2012年美国用电总量中约12%用于住宅和商业照明。良好的照明设计可以节省多达一半的照明用电。

照明是建筑物热负荷的主要贡献者。1瓦特的照明可以为空间增加1瓦特的热量。在夏天，照明产生1瓦的热量需要额外消耗约0.28瓦的能量才能得以冷却，然而增加的热量在冬天会是受欢迎的。将大部分区域的照明功率能级降低到2瓦特/平方英尺(约0.9平方米)以下，灯光产生的热量对空调系统的影响就会减少。

照明的历史

最早的煤气照明用植物和动物(包括鲸鱼)油、蜂蜡，或类似的燃料。到18世纪晚期，煤气灯使街道更加安全，也使英国的工厂每天可以运行24小时。

> 正如第十五章“电气系统的基本知识”所示，“灯”是我们通常所说的灯泡的技术名称。

19世纪到20世纪初，天然气开始取代煤气(图17.1)。1880年，美国的托马斯·爱迪生取得了白炽灯的发明专利。

> 多年来，照明设计领域存在一种不合理的划分，将其划分为“建筑照明”和“功利设计”两个学科。前者在设计中表现出对视觉任务需求的认识不足，而表现出对白炽灯、建筑照明元素和阴影造型的过度偏好。后者根据照度水平和腔体比来看待所有空间，并以尺烛光(勒克斯)和美元作为主要考虑业务因素来执行其设计功能。这两种趋势大体上都被淘汰了，主要是由于一些有思想的建筑师、工程师和灯光设计

师的努力，部分得益于1973年“石油危机”之后的能源意识。最后这个事件促使人们研究如何在最少的能源消耗框架内满足视觉需求。这项研究及由此产生的能源法规和高效率资源的继续发展，如今都驱动了对环境的关注。

引自沃尔特·T. 葛荣德、埃里森·G. 沃克，《建筑的机电设备》(第12版)，威利出版集团，2015年。

直到1973年，自然采光仍然被认为是建筑设计的一部分，而不是照明设计的一部分。既然必须安装人工照明系统，这种做法就是忽视日光，甚至在一定程度上完全关闭它。然而自石油危机以来，在非住宅建筑中广泛使用电能来照明，推动了设计师整合最便宜、最丰富而且在许多方面最理想的照明形式——日光。

照明设计团队

最好的照明设计应与整体室内设计完美地融合在一起。室内设计师和电气工程师的目标中固有的差异可能会导致难以实现这个目标。这些差异的根源在于与每个职业相关的培训和职能。室内设计师可能专注于美学，并会为争取支持客户形象和工作进程的内部空间而努力。电气工程师的视角可能集中在技术问题上，强调标准化和能源效率。21世纪的照明设计促进了团队方法的改进。

照明计算方法

照明应该是为人们的感知而设计，而不是为了测量仪的数据。

引自诺伯特·M. 莱希纳，《加热、冷却、照明：建筑的可持续设计方法》(第3版)，威利出版集团，2009年。

图17.1 煤气灯

带着这些睿智的话，我们来简单地看看工程师们是如何测量照明的。工程师们用“流明法”计算需要整体均匀照明的空间，平均照度。需要局部或局部加上普通照明的空间是通过逐点法或其他方法计算的。

“流明法”利用房间表面反射率系数的区域腔进行计算，来模拟墙壁和天花板反射的光线在房间的工作水平上提供有用的照明。今天，计算机程序完成了这一计算，三维计算机模型帮助设计团队和客户直观地看到设计结果。

点到点方法指示在特定位置上单位面积的光通量。它可以用于计算多个光源的照明水平，并将结果加在一起以获得整体照明水平。

采光图有助于采光设计。它们考虑了天窗的方向、光的控制和北方的方向，以保持一致的照明。采光图可以帮助将日光与电光源及其他环境问题结合起来。

另一种称为**亮度设计**的方法是使用计算机对一个空间进行透视，以获得所需的亮度水平；接下来的照明设计就是要满足这些照明需求。计算机模拟图为设计者提供了一个空间亮度模式的图片，并鼓励对窗户的配置和处理、光源和阴影进行实验。亮度设计在很大程度上依赖于设计师的经验，与分析照明设计相比，它更直观、更不可量化。

室内设计师和工程师可能对他们与客户的关系有不同的看法。室内设计师通常与客户的执行管理团队合作，将业务目标、工作流程和企业形象融合在一起。工程师经常与设备管理人员一起工作，他也可能是室内设计师的联系人之一。设备管理人员正在寻找一种灵活、高效、维护低的照明方案。第三个客户群体是包括员工在内的用户，他们的需求主要集中在舒适性和生产力之上。

除非室内设计师和电气工程师理解这三个不同客户群体的需求，否则他们可能无法有效地合作。当室内设计师和电气工程师合作愉快时，他们帮助客户确认每个客户群体的目标并确定优先级，最终实现一个既融合了每个学科的长处又满足客户整体需求的设计。

专业照明设计师可以帮助缩小这一距离。凭借在照明技术方面的专业知识，以及在照明设计上拥有美学和功能方面的强大资源，照明设计师能够从两个角度看问题。此外，他们还对市场上的灯具有广泛了解，具备用电工的语言与电工进行交流的能力。

有思想的建筑师、工程师和照明设计师正在研究用最少的能源满足视觉需求的方法。照明能源协会(IE)是一个研究、标准制定和发布机构，为照明提供稳定的科学基础，同时还保持对艺术方面的意识。科学与艺术的结合使照明设计成为一门真正的建筑学科。

照明设计过程

一个项目的照明设计者首先考虑日光与灯光的结合，以及电照明、日光、采暖和制冷之间的能源利用关系。室内设计师应参与室内空间布局与照明设计的协调，对有关电气照明的来源、特性和设备要求做出决定，对具体任务和居住者的视觉要求进行评估。

> “灯具”是照明器材的另一个名称。灯具容纳电力，为光源供应电力并引导其输出。

为了达到这些效果，可以采用三种基本的照明方式。**焦点投射和工作照明**可以使我们集中注意力，帮助我们识别重要的内容(图 17.2)。**环境照明**利用漫射和间接照明光来照亮空间(图 17.3)。装饰光源和反射的**闪烁光**使人们注意到视觉上令人兴奋的元素(图 17.4)。

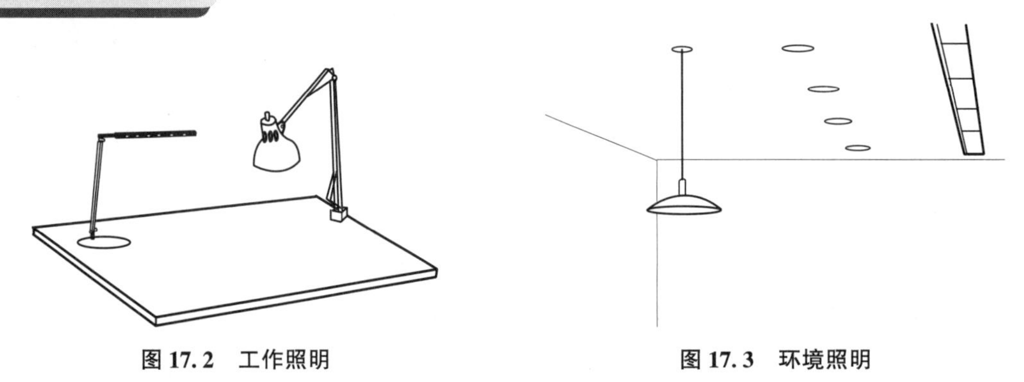

图 17.2　工作照明　　图 17.3　环境照明

空间的几何形状影响光的分布状况。使用分区分割一个开放空间会降低照明效率。对于下面的任务来说，天花板是重要的光线反射体。

与室内照明设计有关的考虑包括如何利用自然光、照明灯具的选择、它们的间距和安装高度及室内表面的光反射水平，还考虑了装饰照明的作用和居住者的视觉需求及他们要做的工作。照明设计涉及确定亮度和阴影的位置、关系和心理影响。两种光源的颜色和它们照亮的表面也是重要的方面。

照明设计过程包括与其他设计过程相似的几个阶段。第一阶段包括建立项目照明和能源预算。接下来的工作分析要研究工作的特征，包括工作的重复性、可变性和持续时间，还要考虑完成工作的个体特性。在设计阶段，在与建筑师、照明设计师、室内设计师和工程师的互动过程中提出、考虑、修改、接受或拒绝的详细建议，以产生一个详细的、可行的设计。评估阶段包括分析成本和能源的设计方案。该过程的结果将会提交给建筑集团进行最终的总体项目评估。

照明的规范和标准

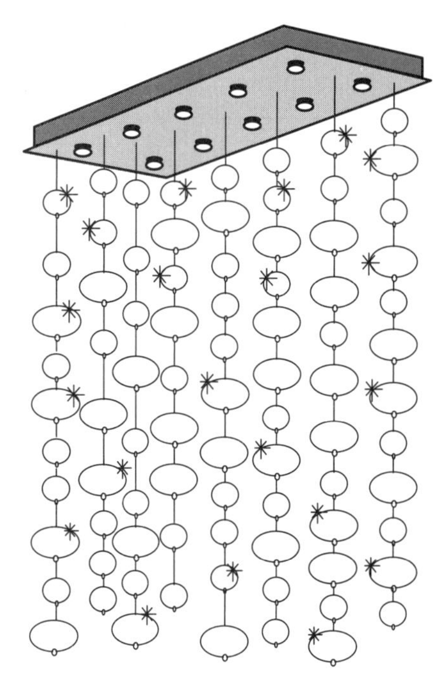
图 17.4 枝形吊灯的闪烁光

如前所述，近年来对建筑照明能效的要求出现了重大变化。能源法规和标准规定了新建和翻新建筑的最低能效要求。此外，LEED V4 对室内照明策略给予了支持。

建筑规范通常规定最低照明水平。通常情况下，应将一般区域照明保持在 30 尺**烛光**(**fc**，等于 300 勒克斯)以下，并根据需要使用额外的任务照明。在某些辖区，所有可居住和可占用的空间均须在地面以上 30 英寸(约 762 毫米)处有至少平均 6 fc(60 勒克斯)的自然光或电气照明。电气照明在卫生间所提供的平均照度必须至少为 3 fc(30 勒克斯)。

规 范

建筑规范不仅规定了照明能效，还规定了**每平方英尺**建筑面积允许的最大**瓦数**。能源限制通常适用于三层以上的所有建筑，以及除了低层住宅外的所有建筑物类型。规范通常允许在节能建筑围护结构组件和使用能源的暖通空调系统或照明之间进行权衡。室内照明能源的使用通常可以用建筑面积法计算，也可以按空间计算。规范要求通常适用于新建工程和添加物，不需要改变或移除现有的系统，尽管可能需要重新安装现有的固定装置。

《美国国家电气规程》(NEC)对电气元件的使用有严格的要求。所有配电箱，包括用于照明设备的电器箱，必须允许随时检修或更换电线。所有灯具都必须放置好，以便灯具和夹具都可以在需要时更换。在它们与天花板凹槽等建筑元素一起使用时，这一点尤其重要。

满足规范要求的过程涉及大量的计算和报告。这些数据由电气工程师或照明设计师用特殊软件提供，有时需要承包商提供证明文件。由于照明能源津贴符合建筑外壳和暖通空调的要求，整个建筑和工程团队都参与到致力于满足规范要求的工作中。有了良好的设计，照明能耗水平甚至可以低于规范设置的限制。能源效率规范规定室内照明必须有自动关闭的设备。

某些类型的设施不包括在总能源使用的计算中，如专门为视障人士准备的空间、封闭的零售陈列橱窗、画廊或博物馆中的展示照明、广告牌或方向指示牌的整体照明，以及剧院照明等。

《2015 年国际住宅规范》(IRC)要求每一个可居住的房间和浴室、走廊、楼梯、附属车库和户外入口必须至少有一个由墙壁开关控制的照明插座。除了厨房和浴室之外，房间内的单臂开关可以控制一个或多个插座，用于插入灯具。每个杂物间、阁楼、地下室或用于存储或存放可能需要维修的设备的地板以下空间都需要一个照明插座。

《2015 年国际住宅规范》(IRC)的第 40 章涵盖了电气设备和灯具及其安装方式等内容，其中包括对带电部件加以保护、防止接触的要求，以及在多雨或潮湿地带和衣物柜中对灯具的限制，轨道照明要求也包括在内。

室内项目应该使用经过测试并取得商标的照明灯具。在防火组件中只允许使用某些类型的灯具。当照明器材安装在可燃材料装饰的墙壁或天花板上时，该器材的机械部分必须完全封闭。通常，非燃材料必须夹在照明器具和成品表面之间。

将照明器具连接到出线盒的方法与其重量和器具的类型有关。出线盒通常可以支撑重达 50 磅(约 22.7 千克)的照明器具，较重的灯具需要额外的支撑。

司法当局主要参与能源预算和照明水平标准规划。有许多与照明有关的规范和标准(表 17.1)。如果涉及美国联邦资金，有关部门可能包括美国能源部和总务管理局。

表 17.1　与照明相关的规范与标准

类　型	名　称
规范	国际节能规范(商业和住宅建筑)
	NFPA 70 美国国家电气规范®
	《建筑能源规范》(ASHRAE 标准 90.1 和 90.2 的 NFPA 900)
标准	《非低层住宅房屋的建筑能源标准》(ANSI/ASHRAE/IES 标准 90.1)
	《低能耗住宅建筑的节能设计》(ANSI/ASHRAE 标准 90.2)
	《高性能绿色建筑设计标准》(ANSI/ASHRAE/USGBC/IES 标准 189.1)

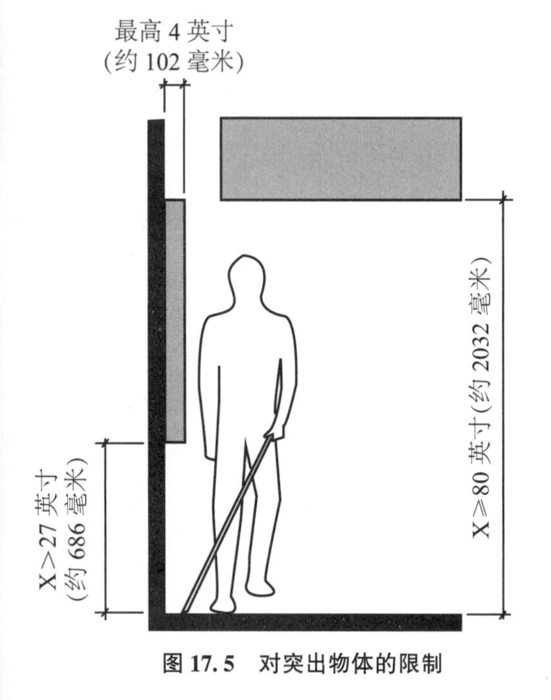

图 17.5　对突出物体的限制

标　准

照明标准由各种权威机构依据建筑的类型、是政府所有还是政府建造，以及它所在的位置来制定。发布照明标准和规范要求的机构包括美国能源部(DOE)；总务管理局(GSA)；美国国家消防协会(NFPA)，包括国家电气规程(NEC)；美国采暖、制冷和空调工程师协会(ASHRAE)；照明工程学会(IES)；美国国家科学技术研究所(NIST)。

这些标准所设定的能源预算和照明水平影响照明光源的类型、灯具的选择、照明系统、家具摆放和维护时间表。

无障碍性与安全要求

灯具一般都标记着安装方法，如墙壁安装、柜下安装、天花板安装或隐蔽天花板安装。安装在成品地板上方 27~80 英寸(约 686~2032 毫米)的壁挂式照明灯具(壁灯)必须符合《美国残疾人法案》(ADA)最大 4 英寸(约 102 毫米)的投影有限制(图 17.5)。

每一个照明设备都是为特定的地点制造和测试的。那些被批准用于潮湿地区的设备都被贴上了“适合潮湿地点”的标签。列在用于多雨地区的照明装置也可用于潮湿地区。

光线与视力

光属于一种电磁辐射，人类肉眼不借助任何辅助手段就可以察觉到。光具有波的特性，它是以量子单位释放。它自源头发出，向各个方向均匀地辐射，可以扩散到更大的区域。随着扩散，它的强度会降低。光会引起电子移动，一种**测光表**用来表示入射电磁辐射量的现象(图 17.6)。光的这些特性既适用于自然光，又适用于电照明。

测光表将辐射能转换成电流，表示出光照的强度。测光表通常用来测量入射在物体表面上的光照水平，也可以用来确定漫反射表面的亮度。

光的物理学

对光的基本物理学的一些了解有助于理解当今可用光源的变化性质。

> 电磁辐射通常以纳米或埃测量。每米有1000万纳米。

人眼能感觉到的电磁辐射的范围非常窄。波长最长的是红色，然后是橙色、黄色、绿色、蓝色、靛蓝，最短的可见波长是紫色。人类灵敏度在中间范围最大，大约550纳米，与黄色光一致。光的每个波长都有特定的频率，通常称为每秒周期数或赫兹(Hz)。

图17.6 测光表

可见光是由电子的振动发出的。随着温度的升高，温差决定了振动的速率，分子活动和辐射的量与能级的速率都增加。

可见范围内的辐射称为白炽辐射，并以不同频率的频带发射。在整个可见光谱中以近似相等的数量光源产生白光。

我们的眼睛可以调整以适应光。**色彩**含量差异较大(与颜色有关或由颜色产生)的光源在短暂的调整期之后都可能呈现出白色。只有当色度差异很大的光源被并排观看时，才会注意到彩色物体和中性表面的白度变化。

虽然波可以弯曲，但光不会弯曲。我们通常认为光是沿着直线传播的光线，直到它们遇到被吸收、透射或反射的物体。一般来说，这三种情况都可以发生在任何规定的表面上，但一两种情况通常占主导地位。光被吸收、透射或反射的比例取决于材料的类型和垂直于表面的光的入射角度。高于55度的入射角容易反射光线。当角度足够高时，即使是透明的玻璃或塑料也会像镜子一样。

反射率

入射角等于反射角。**反射率的**定义为反射光与入射光之比。吸收和反射的量取决于材料的类型和光的入射角度。**镜面反射**是在光滑表面(如抛光玻璃或石头)上的反射，其入射角等于反射角。大多数材料以镜面反射和漫反射的形式反射光。

反射系数(RF)表示落在表面上的光被反射的量。它等于反射光除以入射光。反射光总是小于入射光，因此RF总是小于1。由于极少量的光也会被反射，所以RF总是大于0。白色表面的RF约为0.85，黑色表面的RF约为0.05。

墙面反射率很少与空间内物体的表面光洁度相等。反射率的平均值应该按所有反射表面的面积计算，包括门、窗上饰品、白板和橱柜。

地板反射率对于桌面高度的工作来说不是很重要，但却能给人留下光线充足且分布广的印象。它为独立的任务提供照明，如检查物体的侧面或底面，不然那里需要增加其他的辅助照明。地板的低反射率也有助于一般的视觉舒适度，因为它降低了亮度的对比度。

> 为了控制桌面反射的眩光，应使用浅色、反射率为25%~40%的漫反射表面。暗抛光的木材或光滑的表面最容易引起眩光。

视觉舒适度取决于任务或其他元素与周围环境之间的关系(亮度比)(表17.2)。

透光率

光透射率是对材料传输入射光的能力的量度。**透射因数**(透光率或透射系数)是总透射光与总入射光的比值，仅用于均匀地传输各种组成颜色的材料。透明玻璃的透射因数为80%~90%；磨砂玻璃为70%~85%；固体乳白色玻璃为15%~40%，其余的光被吸收或被反射。半透明的材料导致漫透射。

可见光透射率(VT)是量化通过窗玻璃的可见光的量。其范围从透明玻璃的0.9到高透射玻璃或有色玻璃的不足0.1。

表 17.2 舒适的最大亮度比

教育/商业表面	平均比率
任务与周边环境之间	1 到 1/3
任务与较远的较暗表面之间	1 到 1/10
任务与较远的较亮表面之间	1 到 10
灯具或开窗与相邻表面之间	20 至 1
正常视野范围内的任何位置	40 至 1

强度的测量

人眼的视觉灵敏度是基于对数级数测量的；强度增加 10 倍时，视觉上认为是照明度增加了一倍。将实际的照明能级增加一倍所产生的变化几乎无法被视觉察觉到。

照明是用 IP 单位来测量的，包括流明、烛光(度)和尺烛光等。其中，有些也是 SI 单位，其余的与 SI 等同(表 17.3)。

表 17.3 照明单位

IP 防护等级单位	SI 单位	测量质量	说　明
流明(lm)	流明(lm)	光的供应	光能流量或光通量的测量单位。测量只适用于光源，而不是眼睛看到的光
烛光度(cp)或坎德拉(cd)	坎德拉(cd)	发光强度	烛光度描述了光束在任何方向上的强度。一个坎德拉的发光强度近似蜡烛的亮度水平
尺烛光(fc)	勒克斯(lx)	照度	照明强度单位。一尺烛光等于 10.76391 勒克斯
坎德拉/每平方英尺	坎德拉/每平方米	亮度	测光表的客观测量，从物体表面反射到眼睛的光量
流明/每平方英尺	流明/平方米	发光度	离开表面的总流明通量密度(现有的)，不管方向性或观察者位置

对亮度的感知是物体的实际亮度、眼睛的适应度和邻近物体亮度的函数。一个人对一件物体亮度的判断与其周围环境的亮度有关，而不是由测光表测量的绝对亮度。照明设计对于人要比测光表读数更重要，因此一般来说，感知亮度要比客观亮度更重要。

亮度恒定是大脑在一定条件下忽略亮度差异的能力。例如，在一个一端有窗户的房间里，其天花板的亮度看起来是恒定的，但实际上它是变化的。灯光一般在晚上比白天亮，但在测光表上显示的是相同的亮度。室内设计师可以利用亮度比来设计室内照明和表面反射(表 17.4)。

表 17.4 建议最大亮度比

比　率	说　明	示　例
3 : 1	任务与周边环境	纸张与工作台
5 : 1	任务与大环境	纸张与附近的墙
10 : 1	任务与远程环境	纸张与远处的墙
20 : 1	光源与附近较大的区域	灯具与毗邻的天花板

视 力

视力是我们通过进入眼睛的光来获取信息的能力。眼睛将光转换成我们的大脑可以处理的电信号。我们感知到的是眼睛和大脑的工作，加上我们的联想、记忆和智力。物体被照亮的方式对于我们如何在视觉上感知它至关重要。我们看到的是被物体排斥并反射到眼睛的电磁辐射。我们通过物体反射的颜色来识别物体的颜色。

一个人的视觉感知取决于他或她自己的主观经验。然而人们确实有共同的经历，特别是在文化中，因此存在相似性。

设计师可以巧妙地处理视觉信息，使其与实际的物理现实保持一致或有所独立。影响视觉的四个因素可以结合在一起创造出想要的效果。这些包括照明度、对比度、尺寸和曝光时间。

对于大多数视觉任务而言，足够的照明度在 10 fc 和 20 fc(100 勒克斯和 200 勒克斯)。光照超过 30 fc(300 勒克斯)照明效果会降低，视觉效果可能会下降到 120 fc(1200 勒克斯)。

视觉对象与其背景之间的对比提供了重要的信息。强烈的对比度(如 10∶1)，对于强调是有用的。

视觉对象的大小也很重要。当物体尺寸减小时，有必要增加照明度、对比度或曝光时间。

由于我们的眼睛在我们的身体的方向，垂直的墙壁是大多数空间的主要表面。在较大的空间里，天花板和地板在视觉上更占优势。

人的眼睛与大脑

眼睛将光聚焦在视网膜上对光敏感的杆状细胞和视锥细胞(图 17.7)。**视锥细胞**使眼睛能够敏锐地看到细节，也能检测颜色。焦点中心的清晰度是由于视锥细胞被挤进靠近视网膜中央凹的一个小区域。视杆细胞则离中央凹比较远。与视锥细胞相比，视杆细胞可以在更低的亮度下工作，但是对强光不太敏感；它们帮助我们在晚上看得见东西。由于视杆细胞缺乏视锥细胞具有的颜色敏感性，所以在微弱的光线中眼睛对颜色的感知力较弱。

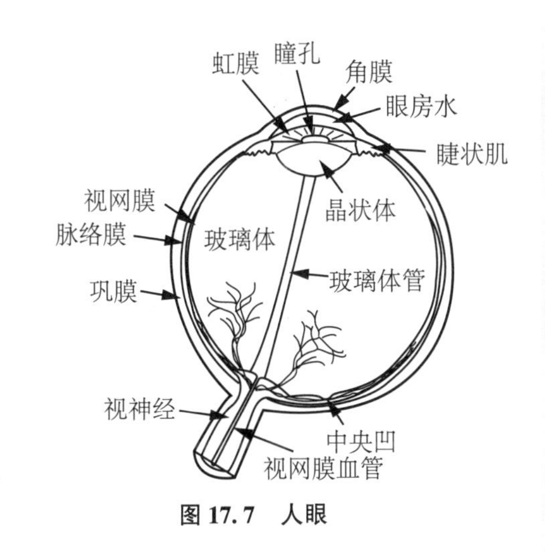

图 17.7 人眼

人眼对黄绿光很敏感，对红色或蓝色等颜色不太敏感。

需要大量增加光线，眼睛才能注意到亮度的微小增加。眼睛能很好地适应与日光有关的亮度的逐渐变化，但是从黑暗到明亮的完全适应可能需要 40 分钟以上的时间。

视敏度

影响**视敏度**(视觉敏锐度)的因素包括任务、照明条件和观察者(表 17.5)。基本的视觉任务通常需要对低对比度、精细细节和亮度等级的感知。

表 17.5 视敏度因素

类 型	主要因素	次要因素
任务	大小、亮度(明亮度)、对比度(包括颜色对比度)，所需或给定的曝光时间	目标类型(需要的心理活动、熟悉度)，需要的精确度、任务(移动或静止)、外围模式
照明条件	照明水平(照度级)、失能眩光、不舒适眩光	亮度比、亮度模式、色度
观察者	眼睛状况(健康、年龄)，适应水平，疲劳程度	主观感觉、心理反应

主观亮度

人眼探测到的亮度在1亿到1的范围内。在较低的照明水平下，视锥细胞适应2分钟、视杆细胞适应40分钟后，视力有所提高；从黑暗到光明的过程要快得多。

由于先增加了照明，任务亮度随之提高，所以视觉性能显著改善，但额外地增加带来的益处越来越小。当不需要辨别细节时，改进的照明不一定会提高性能，因此提高亮度是提高视觉性能的一种昂贵方式。可以通过降低背景亮度来提高性能，通过提高眼睛对光的敏感度来增加任务的相对亮度。这种方法被用于博物馆照明，保持低的照明水平可以保护那里的展品。

对比度与适应度

对比度对于详细的视觉任务来说很重要，如阅读纸上的印刷字体。当周围的亮度大于工作亮度时，视觉效率会迅速下降。当背景亮度介于工作亮度的10%~100%时，就达到了最佳的工作效率。工作地点周围的区域应该平均分配工作照明水平的三分之一，但不能少于20 fc(200勒克斯)。与工作空间相邻但没有视觉工作的流通和休息区域的平均照明水平可以低至10 fc(100勒克斯)。

尽管在大多数情况下3∶1的比例是可以接受的，但是拥有相同水平的背景和表面亮度是最好的。背景亮度高使物体看起来更暗，更容易辨别物体的轮廓细节，然而这也使表面检查更加困难。

在背景照明水平较低的情况下，辅助照明提供视觉兴趣和空间中的平衡。辅助照明可以用于选择性突出艺术作品和有特点的墙段，还可以定义空间的边界，有助于创建一个视觉上连贯的环境。轻微增加周围环境的照度可以使原本阴暗的空间变得明亮，并增强建筑材料的外观。

随着周围表面亮度的增加，眼睛对亮度的差异变得更加敏感。随着亮度总体水平的增加，减小亮度差异有助于视觉舒适。较低的亮度适应度在剧院、演讲厅、仓库和餐厅很有用，在这些地方明亮的灯光往往令人讨厌。

老化与眼睛

健康眼睛的视觉功能随着年龄的增长而下降。20多岁的人的视觉功能往往比50多岁的人好4倍，比60多岁的人好8倍。晶状体硬度导致最小聚焦距离随年龄的增长而增加。

在正常老化的眼睛中，角膜的浑浊造成敏感性降低，导致模糊，使所看到的图像变模糊。进入晶状体的光被不透明粒子的内部反射而散射。眼睛对强光的敏感性增强，对通过光谱紫外线(紫外光)端的蓝色不能忍受，对高照度水平的总体要求更高。

针对老化眼睛的照明设计需要非常仔细地选择和放置灯具，增加间接照明的使用，并且要特别注意所用的光源的光谱。如果需要更多的光，就应该消除眩光和外围光源。

颜色与光

眼睛所感知的颜色与电磁辐射的波长有关。如前所述，红色是可见光谱中波长最长的，而紫色是最短的，白光是各种可见光波长的混合体。清澈的天光，尤其是来自北方天空(北半球)，拥有光谱末端丰富的蓝色，是渲染冷色调的绝佳选择。

当红色、绿色和蓝色的光混合时，它们结合在一起形成白色的光。结合互补色(红色加蓝绿色、蓝色加黄色、绿色加洋红色)可以产生白色或灰色的光。与彩色光不同，彩色颜料是通过减色法混合而成的。

色温

开尔文温度标度已在第十二章“热舒适原理”中介绍。

色温基于吸光体(黑体)必须热到的温度，以辐射与所述光源的颜色相似的光。

色温只用于通过加热产生光的光源，如白炽灯。其他光源被分配了**相关色温**(CCT)，它们的工作温度和产生的颜色之间没有关系。

色温是对主色的表现，而不是各种波长的光谱分布。色温相同的两个源，其外观可能显著不同。

色温主要用于描述一个光源的热度或冷度(图 17.8)。低色温(温暖)光源往往呈现红色。高色温(冷)光源倾向于渲染蓝色。

人们喜欢 3000 ℃K(暖白色)和 4100 ℃K(冷白色)之间的白色光源。当光照水平较低时，为了补足肤色，暖色更受欢迎。在高亮度和炎热的气候中，较冷的颜色是首选。当需要对颜色做出非常准确的判断时，使用 5000 ℃K(冷白色)光。

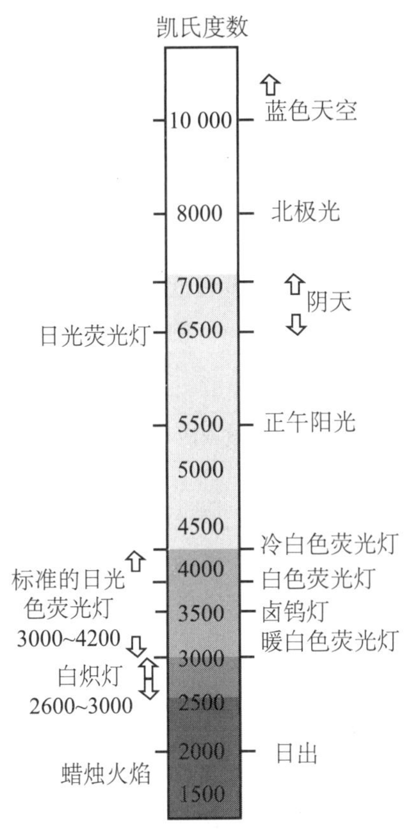

图 17.8 常见光源的大概色温

物体颜色

表面的颜色源于对落在其上的光的选择性反射。例如，红色反射大部分红光和少量的其他颜色。当光源的颜色混合较差时，就会产生问题。在物体颜色非常重要的地方，光源的选择至关重要，应该使用全光谱光源或富含所需颜色的光源。

透过有色玻璃或塑料的光传导与反射相似。被传导的主要是占主导地位的光色(如红色)，其他颜色大多数被吸收，因此通过红色的白光呈现主色(红色)。

黑色均匀吸收所有的光，反射很少。白色均匀地反射所有的光，吸收很少。没有选择性吸收的物体被认为是无色的。

> 光源的颜色会影响到家具、油漆和诸如地毯和地砖等预制建筑材料。室内设计师需要在合适的照明类型下选择颜色。

感知到的物体颜色在很大程度上取决于光源。光源必须包含物体的颜色，才能看到物体的颜色。

颜色的反应

如前所述，颜色稳定性是指大脑清除因光照的不同而引起的颜色差异的能力，这样我们就可以识别不同颜色光源下的物体。即使在相同的测量亮度下，浅颜色也比暗色亮。在相等照度的区域内，可以用颜色来界定空间。当光照度很高时，所有的颜色都显得不太饱和。

当同时使用多种类型的光源时，颜色是不可能保持稳定不变的，因此最好不要混合非常不同的光源，或者在有色玻璃窗旁边使用透明玻璃窗。

显色指数(CRI)

光源对颜色外观的影响称为“颜色再现”。**显色指数**表示测试源所照亮的物体的颜色与被参考源所照亮的相同物体的颜色相一致的程度(表 17.6)，是一种测量光源在相同色温下接近日光程度的方法。除非两个光源的色温相等或相当接近，否则无法比较两个光源的 CRI 值。

表 17.6 CRI 评级

CRI 评级	说 明
CRI 100	日光；与标准完美匹配
CRI 大于 90	颜色重要的地方
CRI 90	相当不错
CRI 高于 80	在任何可能的情况
CRI 70	可以为某些目的而接受
CRI 低于 60	在大多数情况下不可接受

显色指数有一定的局限性，应谨慎使用。它只能比较相同色温的光源。即使这样，某一特定的颜色也会显得不自然。在实际的测试中，用不同类型的光源对物体进行检查，即用光照亮被测试物体，这种方法最适合于颜色的选择或匹配。

当显色指数应用于发光二极管(LED)时，它是不可靠的，发光二极管可以比白炽灯更好地再现颜色。目前正在考虑采用新的测量和分类来解决显色指数不可靠的问题。美国的《国家标准和技术研究所的颜色质量》(CCQS)的要求比单纯规定显色指数更加严格；其他新的措施也将获得认可。

光　量

照明设计涉及建立照明用电预算。在需要高水平的工作照明的地方，照明工程学会(IES)能源标准鼓励采用日光照明与工作/环境照明相结合的设计方法(表 17.7)。照明工程学会(IES)照明标准将疲劳识别和任务熟悉程度列为确定照明水平的因素。表面反射率的差异具有很大的影响。在视觉任务差别很大的地方，单一的照明方案往往是不够的。

表 17.7　IES 推荐的照明目标(用尺烛光标记)

区域或活动	低于 25	25~65	65 以上
走廊	2	4	8
交谈	2.5	5	10
梳洗打扮	15	30	60
阅读/书房	25	50	100
厨房台面	37.5	75	150
经常做的事情	50	100	200

眩　光

眩光是光线对比度过大或来自错误方向的结果。它可能由于阳光过于强烈或由于照明灯具的选择和位置的不当造成的。眩光会导致不适和眼睛疲劳，因为要眼睛反复地从一种照明条件调整到另一种照明条件。

直接(不适)眩光是由视野中的光源引起的眩光(图 17.9)。反射眩光(光幕反射)是光源在被观察表面的反射。眩光的严重程度受到眼睛的适应水平、眩光源的大小、亮度比、房间尺寸和表面装饰，以及照明器材和窗户的尺寸与位置的影响。

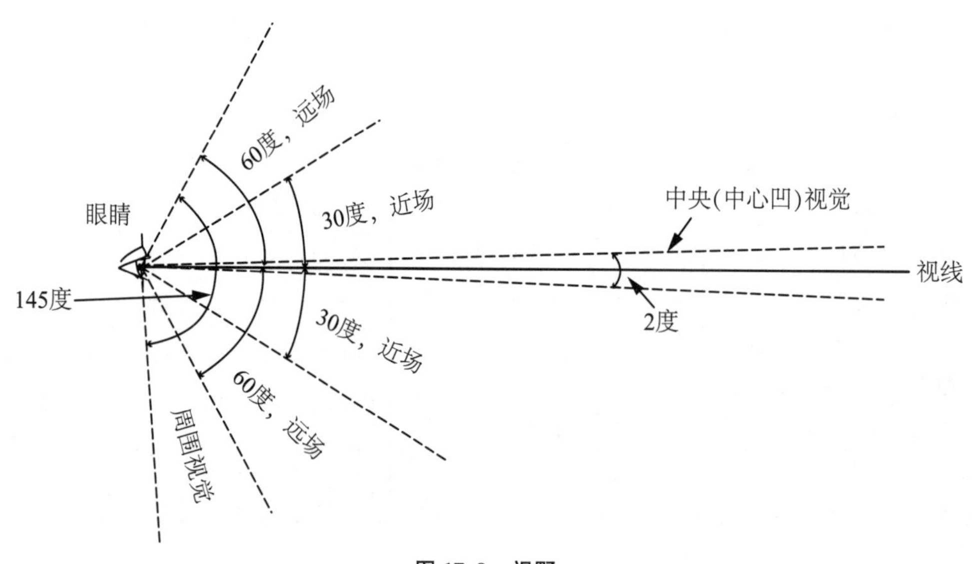

图 17.9　视野

直接的阳光或从明亮、闪亮的表面反射的阳光可能会干扰甚至使人丧失视力，不应该允许其进入建筑物居住者的视野。透过窗户看到的明亮的外部环境和内部空间的黑暗之间的对比会产生眩光。与其他物体相比，建筑物居住者正常视野内的窗户或天窗会显得非常亮。

> 第六章“窗和门”中包含了采光控制和遮光。有关眩光的问题也在那里做了介绍。

有两种基本方法来避免眩光和降低亮度对比，即敏感的室内设计和采光控制。

控制眩光的室内设计策略是把工作首先安排在自然光线充足的地方。表面亮度应该由外到内逐渐变化。在窗框、墙壁、天花板和地板上使用浅色和高反射率。入射的直射和反射天窗光首先照射到地板上，反射的阳光首先照射到天花板上。理想情况下，能够将家具摆放在合适的位置，以便日光来自视线的左侧或后方。改变光源的方向和强度，产生柔和的、重叠的阴影有助于扩散光线。

在黑暗的地方使用辅助照明，而不是在其他地方过量供应日光。在远离开口的地方使用浅色和高反射率可增加昏暗区域的光线。

直接眩光

当光源在视野范围内时，会发生直接眩光。直接眩光取决于每个光源在视野中的亮度、大小和位置。它是眼睛对场景中最高亮度(明亮度)的吸引力的反应。眼睛从整体场景反复切换到最亮的点，造成视觉疲劳。

直接眩光通常通过保持灯具、天花板区域和墙壁的亮度低于特定值来控制(表 17.8)。不可避免的眩光源应尽量远离工作站或视野(图 17.10)。光源应该分散开，同时保持必要的照明水平。

表 17.8 直接眩光的最小值

表 面	反射率
天花板	80%~90%
墙壁	40%~60%
地板	20%~40%
家具和设备	25%~45%

图 17.10 眩光区

反射眩光

当光源在视野内的表面上反射时，就会发生反射眩光(光幕反射)。当观察者向下看一个工作面的时候，反射的眩光就成了一个问题。光幕反射包括源和任务，靠近观测者的主光源是主要的贡献者。当入射角等于视角时，光幕反射效果较差。

> 术语“反射眩光”和“光幕反射”可以互换使用。人们经常用前一术语来表示镜子般的表面，而用后者表示无光泽或哑光表面。

为了减少光幕反射，通过合理安排光源、任务和观察者来使反射眩光减到最小。光源的最佳位置通常是在任务的左侧和前方(图 17.11)。尽量减少令人不快的亮度可以减轻眼睛的适应力；选择眩光反射率最低的光源也有帮助，也可以控制任务的质量或性质以适应反射。

照明效果

由照明产生的光和阴影模式有时会产生意想不到的照明效果。计算机模拟采光可以帮助揭示这些效果。

图 17.11　反光眩光的最佳位置

漫　射

漫射处理的是光没有影子的程度。它是光照射到某一特定点的方向的数量和它们的相对强度的函数。漫射的程度可以通过阴影的深度和清晰度来判断。来自多个光源且扩散良好的光线及来自房间高处表面的反射产生柔和的多重阴影，这阴影并不会使视觉任务模糊不清。

通过添加一些定向照明来制造阴影和亮度的变化，从而增加趣味。检查纹理或表面缺陷，则需要用高度定向的入射照明。

重点和闪耀

高亮度可以吸引视觉注意力。闪耀是由小的、高亮度的光源产生的，产生兴趣点和视觉刺激。

日光照明

日光照明通过减少照明用电和减少相关的加热和冷却负荷来提高能源效率。优先使用日光是可持续设计的一个重要元素，通过减少碳排放来限制全球变暖。

> 欧洲建筑规范也像LEED一样，要求建筑既要拥有景色也要有日光。

研究表明，日光是人类行为、健康和生产力的一个重要因素。窗户可以增加视野，并将我们与室外环境连接起来，但是必须采取措施控制眩光。

日光照明可以节省建筑物所用照明能源的一半左右，办公室和学校可节省高达70%，大大减少了总能源消耗。

日光照明的历史

从历史上看，早期的人工光源质量差、价格昂贵，所有的建筑都依赖于日光。直到1950年左右，廉价的荧光灯问世，这一状况才有所改变。

中世纪的欧洲开始结构创新，哥特式穹顶使巨大的窗户成为可能。直到20世纪，楼面设计为“E”形和“H”形的建筑物很少超过60英尺(约18米)深，所以室内没有任何地方距离提供通风和采光的窗户超过30英尺(约9米)。今天，高度降低了的天花板允许日光照进室内约15英尺(约4.6米)。

在20世纪，电灯似乎更容易设计和使用，使建筑师可以忽略窗户位置对采光的影响。20世纪70年代的能源危机导致人们重新审视了日光照明的潜力。

日光的特点

太阳光是一种高效的照明光源，也是相对较冷的颜色源。日光随季节、时间、纬度和天气条件而变化。夏天的阳光比冬天多，白天的太阳在中午达到高峰。阴天与晴天的天空截然不同，一天中的天气条件可能会变化好几次。在美国，大部分地区都有足够多的天数适合利用日光。当然，黎明前和黄昏后的阳光是无法利用的。

在阳光明媚的日子里，太阳光提供的照明亮度是人工照明的50倍。太阳直射可能是冬季太阳能采暖的理想选择，但来自太阳直射的眩光必须加以管理。间接阳光产生的照明度是直射阳光的10%~20%，但仍然高于室内所需的亮度。

人与日光

阳光帮助我们把室内和室外联系起来。色彩在日光中显得更明亮、更自然。光在一天中的变化和天气条件的变化激发了视觉兴趣。人们需要全光谱光，这是日光的主要特征。没有日光，人们就会失去时间的轨迹，感觉不到天气状况，可能会感到迷失方向。视野让我们可以眺望远方来避免眼睛疲劳。最令人喜欢的视野包括天空、地平线和地面。

黑司空·马洪集团对教室、窗户、日光和表现的研究(《窗户和教室：一项关于学生表现与室内环境的研究》, CEC Pier 2003)表明：采光好的教室里的学生比采光少的教室里的学生，在数学和阅读测试中的进步更快。眩光的来源对学生的学习有不利影响，因此控制阳光从窗户和百叶窗渗透进教室很重要。对零售店的研究发现，日光与月销售量的增加有关。(黑司空·马洪集团，《天窗与零售》, PG&E，1999 年)

采光设计

采光设计从画下第一条线起就是基础建筑设计的一部分。

日光照明对建筑结构的影响比电气照明大，影响开窗、建筑朝向和形状。从历史上看，建筑物的朝向和位置，连同窗户的开口和内部装饰一起，共同确保室内空间有充足的日光。

建筑物里的日光有三个组成部分：天空部分、外部反射部分和内部反射部分。室内设计师的工作对建筑物内部反射的日光至关重要。

日光的质量和数量取决于天空条件，并决定如何利用它。当太阳不直接穿透房间时，可用的自然光的数量取决于透过窗户和天窗可以看到多少天空，以及天空的相对亮度。地平线上的天空亮度大约是头顶亮度的三分之一，所以靠近天花板的光线更充足。地面可以将大量的光线直接反射进窗户里面，或者反射室内表面的光线。

空间的形状和表面光洁度对采光有影响。表面反射率高、层高高且进深浅的空间比层高低、进深深且表面暗沉、寒冷的房间，以及窗户只开在狭窄的一端的房间更明亮。当窗户高挂在墙上时，只需较少的反弹力光线就能从墙上进入房间深处。高窗可以将光线更均匀地分布在所有的墙壁上，并允许光线穿透到大型、低矮建筑物的内部。空间的天花板和后壁比侧壁或地板更有效地反射和分配日光。高大的物体，如办公室隔间或高大的书柜，会阻挡直射和反射的光线。

随着日光深入室内空间，日光照明的水平也随之而减弱。为了减少眩光，空间设计应该是从最亮部分逐渐过渡到最暗部分。离窗户约 5 英尺(约 1.5 米)处的光量不应该比房间最暗的地方亮十倍。在一个只有一面墙上有窗户的房间里，房间中光线较暗的那一半的平均照度应该至少是有窗户的那一半的平均照度的三分之一。为了使室内亮度平均，最好让光线从两个方向进入房间，最好是在离主日光源最远的房间尽头(图 17.12)。

遮阳板用于将阳光反射到建筑内部(图 17.13)。它们是建筑物外部结构的一部分，必须按照这样的方式进行规划。它们在天花板反射率高的地方工作效果最好。

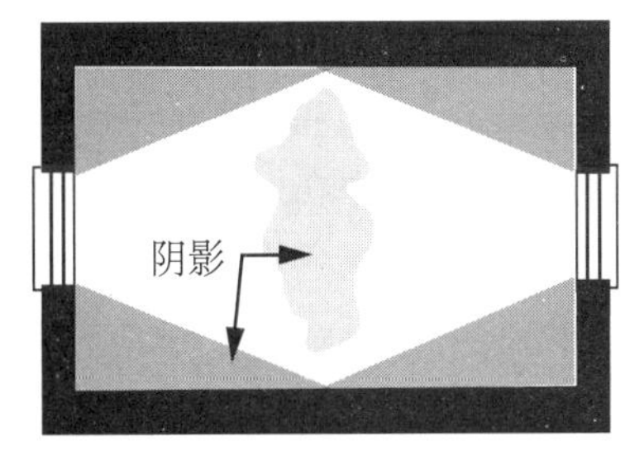

(a)对面墙

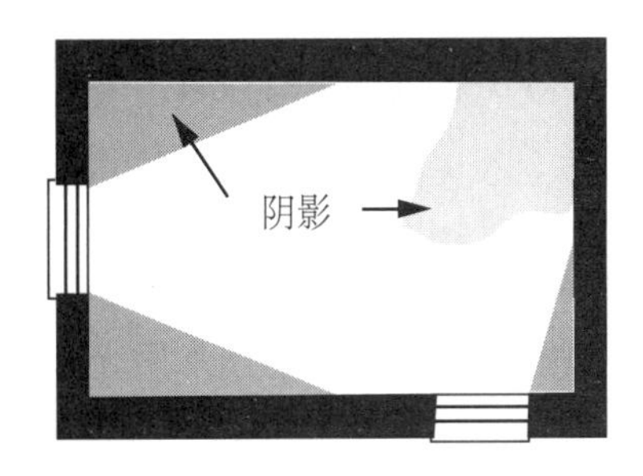

(b)相邻墙

图 17.12 双边采光

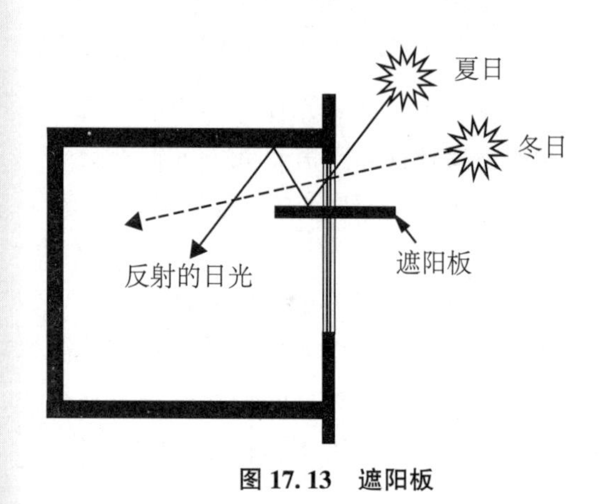

图 17.13　遮阳板

采光的设计过程

采光规划是一个复杂的系统一体化过程。在概念阶段，建筑师设计建筑形式、朝向、布局和主要孔径。在设计开发阶段，建筑师、室内设计师和工程师指定材料和室内饰面，并为与电气照明相结合而进行分区。他们还根据占用计划和调试程序来协调控制系统。通过对系统的微调和维护，该过程持续整个占用期间。入住后评估验证满意度、视觉舒适度和照明系统性能。

> 许多采光模拟程序提供了逼真的视觉采光输出，具有不同程度的精确度。

日光照明必须与视野、自然空气流动、声学、热增量和损耗及电气照明相结合。只有把灯关掉，日光照明才会节省能源，因此照明区域必须架设单独电路。当自然光充足时，灯熄灭或变暗；在光线不足的情况下，则开着灯。

电气照明应作为日光照明的补充。通常，日光用于环境照明，用户控制的电照明则用于任务照明。随着工程项目的进展，要不断地验证照明意图是否已经完成；如果没有，则要随时调整设计或确认做出改变是恰当的。

由于人的视觉感知具有很强的适应性，所以建议设计时考虑相对而不是绝对的照明水平。日光不是均匀分布的，即使在阴天和远离窗户的地方，日光通常也高于建议的最小值。日光因数(DF)是指在某一特定点的室内照度与室外可用照明度的比值(表 17.9)。

> 当涉及日光照明时，照明设计师使用日光因数而不是尺烛光。

一个开放的空间规划有助于将光线引入建筑物的内部。设计中使用玻璃隔板有助于这一点，但可能无法提供足够的视觉隐私。半透明的材料、百叶窗帘，或者眼睛高度以上的玻璃可以弥补这一缺陷。

亮色可以将光线进一步引入室内，并在室内扩散开来，以减少暗影、眩光和过高的亮度。按照重要性从高到低排列，高反射率在天花板、后墙、侧壁、地板和小家具上都很重要，以便使日光进入空间。

表 17.9　日光系数

空间类型	建议的最小日光因数
办公室、教室	2
走廊、卧室	0.5
大堂、接待区	1
艺术工作室、画廊	4~6
工业公司、实验室	3~5

采光与开窗

在采光设计中，建筑物内的热量和光线受到建筑物形式的制约。例如，在一个阳光明媚的中东清真寺里，有限的阳光透过高悬在天花板上的小窗户射进建筑物，然后随着它在室内表面的反射而扩散。另一方面，西欧大教堂的大窗户镶嵌着彩色玻璃，阳光滤过，室内色彩斑驳。直射阳光穿过无遮蔽的窗户使室内获得大量的热量；在早晨和傍晚太阳高度较低的时候东西两侧的窗户会产生眩光，并增加了夏季多余的热量。为了充分利用阳光而不产生过多的热量或眩光，建筑物的朝向应该是能使窗户开在北侧和南侧。美国建筑师弗兰克·利奥伊德·赖特在西侧和南侧建造了突出的屋檐以遮挡强烈的阳光。

真正的采光实际上是被动式太阳能设计，包括有意识地设计建筑形式，以获得最佳照明和热性能。工作空间中各种各样、要求很高的任务是最具挑战性的，而在舒适标准不那么严格、控制

> 有关被动式太阳能设计的更多信息，请参见第二章“为环境而设计”。有关窗户和天窗的更多信息，请参见第六章“窗和门”。

也不那么重要的公共空间中，它的挑战性最小。

为了获得最佳的光线分布效果，室内空间需要高高的天花板和高度反光的房间表面。太阳的方向和强度不断变化。光线从外面的地面反射到天花板上。反射光的地面既明亮又漫射，但相邻的建筑物或树木常常遮蔽地面。

采光一般分为两类：通过墙壁上窗户的侧方采光；通过屋顶的天窗和墙上高窗的顶部采光。

侧方采光

侧方采光准许光线进入室内，白天可以看到外面的景色，晚上在室外可以看到室内的情况。侧方采光的效果因其朝向和季节而有很大差异。侧光通常最适合案头工作，因为工作者通过适当的调整方向可以避免反射的光线。

从两面墙采光可使光线均匀分布并减少眩光。来自墙壁高处的光线照射到房间的更深处，分布得更均匀。将窗户安装在靠近相邻的墙壁上，可以降低窗户边缘的对比度，并将光线进一步反射到室内；靠墙安装的窗户还可以呈现阳光的千姿百态和斑斓色彩。打开墙壁上的窗户，光线沿着窗户周围或长或圆的表面区域倾泻而入，降低了对比度，增加了视觉舒适度，并减少眩光的可能性。

一旦进入建筑物内部，反射光可以直接到达室内各点，或通过室内其他表面的再次反射后到达。这些连续的反射可以使日光更深入地进入室内空间。

根据经验，你可以在窗口高度两倍远的室内某处利用日光作为工作照明。如果你想在没有眩光的情况下获得最大的日光穿透率和分布率，那么从窗户顶端到地板的理想高度应该是房间深度的一半(图 17.14)。

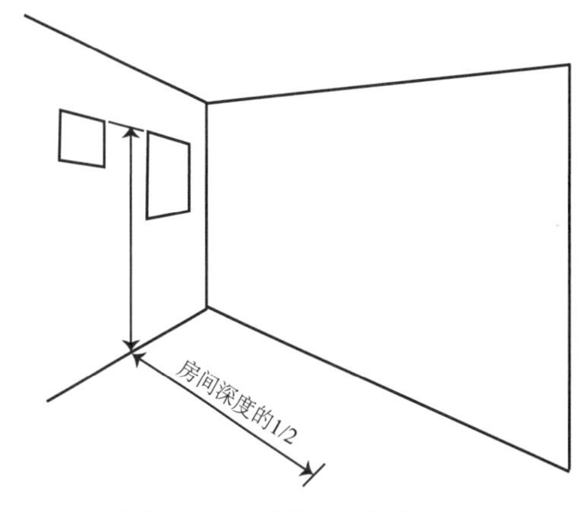

图 17.14 采光的窗口比例

高反射率的表面每次反射时吸收的光线较少，将更多的光线传递到室内。表面亮度应该从外到内逐渐变化。浅色的外部表面和窗框通过窗户收集了更多的反射光。以一定角度展开的框架有助于减少明亮的户外景观与昏暗的内部空间之间不舒适的对比。

根据入射光的主要来源选择室内表面颜色和反射率。直射的阳光首先照射到地板上，而反射的阳光首先照射天花板。浅色和远离开口的高反射率的表面有助于增加暗处的光线。通过将窗户设置在浅色的内墙附近，反射光穿过一系列的过渡强度，而不是在没有灯光的墙壁中间新开一个非常明亮的开口。

屋顶采光

来自上部的采光提供最佳的漫射光分布，日光的穿透性更深、均匀性更好。通过屋顶天窗的采光带给室内较大范围的均匀照明。虽然水平开口比垂直开口接收的光线更多，但是光线的强度在夏季比冬季大；水平开口也更难遮蔽。在屋顶上使用玻璃窗、监视窗和锯齿排列的垂直玻璃窗效果更好。

屋顶采光与侧方采光相比，每平方英尺提供更多的光线、更少的眩光。然而当直射的阳光照射进天窗时，它会直达室内表面并产生眩光和褪色。夏天，无遮蔽的天窗直接吸收太阳的热量，却又因此在冬季的夜里损失热量。

高侧窗在四季的更迭中提供稳定的日光，比天窗的效果好。高侧窗使用标准的防风雨窗结构。在北半球，朝南的高侧窗在冬季提供最多的热量。

天　窗

天窗可以让日光从上方进入室内空间，天窗通常是金属框架构件，预先装配有玻璃或塑料玻璃与防雨板。它们通常有标准尺寸和形状，也可以定制(图 17.15)。

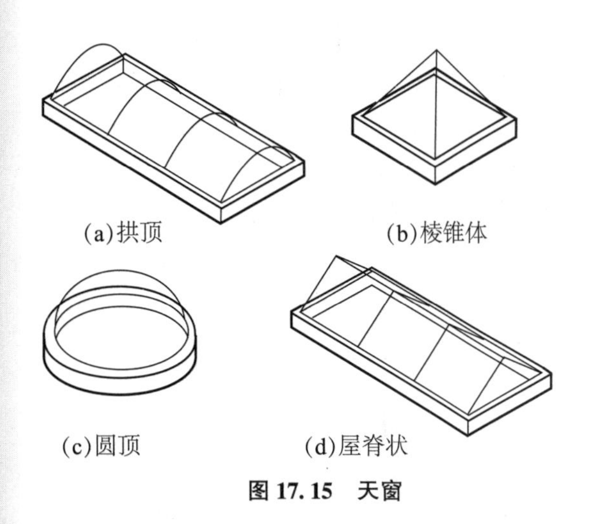

图 17.15　天窗

展开天窗的两侧，让日光漫射进入空间。带天窗的高高的天花板可以产生更多的表面积，以供光线扩散；如果天窗远远高于视野范围之上，漫射的效果最佳。将反射器放置在天窗、高侧窗或屋顶视窗口下方，以将太阳光反射或漫射到另一个表面。

一个精心设计、安装有半球形表面的水平天窗可以将日光引入室内空间，还能让室内的人们看到天空的景色。天窗可以水平安装或与屋顶的斜坡成一定角度。正确地安装天窗对于避免漏雨很重要。控制亮度和眩光可能需要百叶窗、遮阳板或反光板。

在朝北(北半球)或有遮蔽的屋顶上，有角度天窗可以避免与太阳直射相关的热量和眩光。它们将阳光从倾斜的室内天花板反射回来，使亮度进一步扩散。有角度天窗可以提供在室内看到天空和树木的景观。

冬季，水平天窗比有角度天窗获得冬季低角度的阳光要少。夏季，大部分热量通过水平天窗进入室内，需要遮阳来避免增加冷却负荷。水平天窗在冬天不会吸收太多的太阳热量，可能会被雪覆盖，也可能会漏风。它们在阴天条件下工作得最好。

其他屋顶照明选择包括管状天窗(光导管)、屋顶视窗、屋顶窗，以及倾斜的玻璃墙。

有关管状天窗和屋顶视窗及其他窗户信息，请参见第六章“窗和门”。

日光反射镜与跟踪装置

日光反射镜是一种碟形反射镜，它把太阳光聚焦在固定的第二反射镜上(图 17.16)。日光反射镜动态地调整主镜以跟踪太阳，最大限度地捕捉和利用全天候所有的阳光。收集的光通常用光导管分布出去。日光反射镜需要维护以防止污垢和灰尘积聚影响其性能。

有关建筑物外部的遮阳方法和内部的窗口处理措施，请参见第六章“窗和门”。

图 17.16　日光反射镜

电气照明

电气照明的设计主要考虑热量和视觉两个方面。此外，还要考虑照明与建筑、声学、结构、暖通空调系统、电气系统、寻路系统和预算的整合。

本书的目的并不是像一个完整学期的照明课程那样，试图涵盖电气照明设计的所有方面。相反，我们关注当前的照明设计实践如何影响建筑师、工程师、照明设计师和室内设计师之间的关系。本书还包括照明光源和控制装置的选择，并考虑灯具的要求和照明系统的维护。

电气照明的历史

在爱迪生发明电灯泡之前的 50 多年里，英国发明家一直在试验电灯。到 1882 年年底，超过 200 名曼哈顿人和企业客户在使用 3000 多盏电灯，每个灯泡的平均寿命只有 15 小时。由于降低电费和口口相传，到 1900 年有 1 万人使用电灯，到 1910 年这个数字超过了 300 万。

1934 年，通用电气公司的阿瑟·康普顿博士在美国开发了第一款实用的荧光灯。到 1954 年，节能荧光灯管已经在商业用途方面取代了白炽灯。

如今，低效率的发热白炽灯正在被固态发光二极管（LED）所淘汰，长管荧光灯正在为紧凑型的荧光灯所取代。现在几乎所有类型的灯具都可用节能的 LED。

电气照明的设计

电气照明的设计目标是创造一个既实用又美观的室内环境。照明水平必须足以看清手头的工作。通过在可接受的限度内改变亮度水平，照明设计避免了单调，增加了透视效果。

电气照明设计本质上是跨学科的，与暖通空调和开窗技术有着极为密切的联系。它也受到成本的制约。建筑师决定室内采光的数量和质量及室内空间的建筑性质。照明设计师和室内设计师的参与在建筑设计的这一方面是非常有价值的。

电气照明的设计过程

照明设计师负责准备相关的施工规范和图纸，以及负责订购灯具和控制装置，通常需要同时处理设计过程的几个阶段。灯具的交货时间通常很长，因此需要提前做好规划。当灯具送达时，必须检查和清点各部分零件。虽然灯具可能是最后安装的东西之一，但它们常常是需要首先计划和订购的东西之一。

电气照明设计从任务分析开始，评估难度、时间因素、用户类型、错误成本和任何特殊要求。初步设计对一般、局部或辅助照明的需求、光源和系统的选择、建筑照明元素、采光和环境进行评估。详细设计包括确定灯具和天花板系统、不均匀照明的程度，以及固定或可移动照明的使用，还包括详细的计算和考虑维护需求。评估着眼于设计的能源利用、建设和运营成本及使用寿命周期成本。

室内设计师或照明设计师通常准备灯光布置图、标明灯具位置和选择的清单（图 17.17）。然后，他们必须与暖通空调（HVAC）工程师协调他们的选择，因为后者将负责监控电力负荷。由此产生的详细设计仍可能涉及重新定位空间或改变照明或暖通空调（HVAC）系统细节。

安装完毕后，必须对亮度进行微调。负责日常使用的人员必须接受使用控制装置的培训，负责维护的人员必须了解灯具的类型和更换要求。照明设计师应该在安装之后再次造访，直到一切工作正常为止。

居住者过高的期望可能会导致认为一个有一般照明亮度的房间之所以亮度低，是因为看起来该房间的照明不够充分，即使房间中任务照明的亮度相当充分。

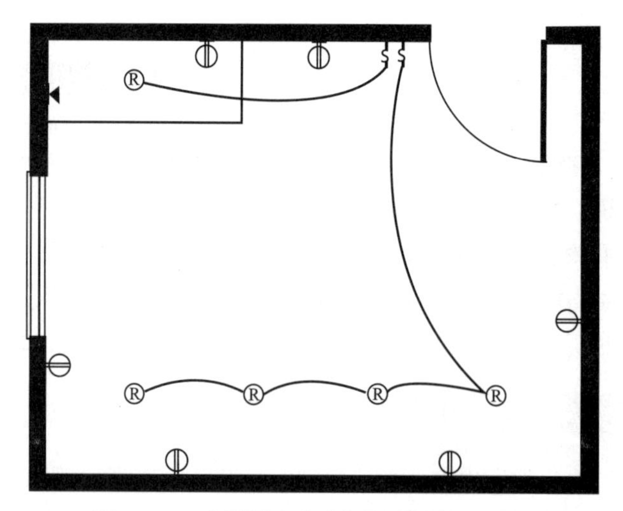

图 17.17　典型的室内电气照明设计平面图

照明设计的注意事项

今天，高亮度的照明通常只用于实际执行任务的区域，而环境照明则用于一般的照明水平。一般照明的亮度应该至少是任务级别的三分之一。突出某一特定对象的重点照明，其亮度不应超过环境照明水平的五倍。

裸露的电灯可以勾勒出空间轮廓，但其亮度可能是个问题。间接照明将明亮的光源隐藏在视野之外，同时将光线从房间表面(通常是天花板)弹出并将其反射到所需的平面上。

增加照明水平可以使空间的物理尺寸明显增加。强调墙壁可以改变房间的表面比例。

工作照明通常由小型便携式照明装置提供，可根据需要移动和开关。工作灯可以由工作人员调整，增加了用户的控制感和舒适感。设计工作照明作为照明系统的一个组成部分，需要对照明要求、工作地点和方位及照明设备进行复杂的协调，有时改进一项困难的视觉任务的完成方式比提高照明度更节能。

当一个空间用于两种或两种以上完全不同的活动、对照明的要求又大相径庭时，有必要为每个功能设计一个单独的照明系统，尽可能多地使用共同设备。

工作平面的高度和角度会影响工作照明的设计。工作平面通常是水平的，但是一些商品展示和图书馆书库是垂直的，并且有些工作表面是以其他角度建造的。

灯具的尺寸应与房间大小和天花板的高度相关。大于 2×4 英尺(约 610×1219 毫米)的荧光灯如果没有与天花板有效融合以尽量减小其表面尺寸，就不适合用于低于 10 英尺(约 3.1 米)的天花板。

空间的间距有规律，则照明度就会均匀。在交通枢纽等大型空间的流通领域和候车区可以采用有辅助照明的周边照明，作为寻找路线的方向标志。

墙壁照明一般在视线的直线范围内，因此要避免墙壁出现凹坑、斑点、无规律的变色和不必要的发光点，因为它们可能会成为主要的视觉干扰元素。

可以用中心区域集中照明、周围光线略暗的方式把照明区域与其他区域隔开。这种集中照明的方法可用于在较大空间内界定就餐区、工作区和学校区域。

电光源

在设计电照明时，最重要的决定可能是光源。灯具的选择影响颜色、热量的产生、能源使用、维护和成本。

光源的特点

照明设备的效率直接受温度的影响。**效能**是每瓦特用电量的流明比(表 17.10)。它测量光量与日光和电光源产生的热量之间的关系。日光产生的每流明热量比电光源少。

任何物体的外观颜色都受到照明灯的光谱和色温的强烈影响。可见光及其所包含的颜色仅占电磁光谱的一小部分(图 17.18)。

表 17.10 电光源的效能

灯的类型(带镇流器)	效能(lm/W)
白炽灯(15~500 W)	8~22
钨卤素灯(50~1500 W)	18~22
荧光灯(15~215 W)*	35~80
紧凑型荧光灯*	55~75
水银灯(40~1000 W)*	32~63
金属卤素灯(70~1500 W)*	80~125
高压钠灯(35~100 W)*	55~115
带电源的感应灯	48~70
带电源的硫黄灯	90~100
LED 螺丝灯座	55~102
LED 外壳 20	29
LED 外壳 30	60

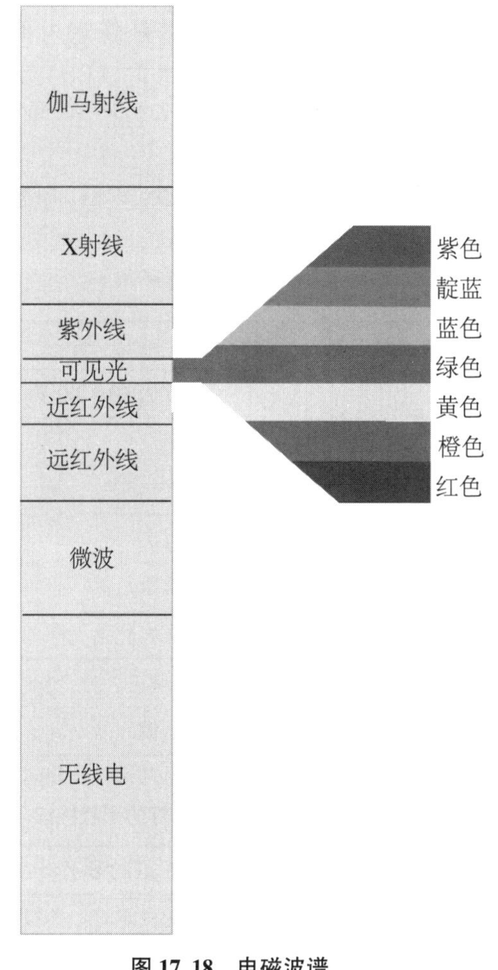

图 17.18 电磁波谱

色度是产生某一指定光源色所需的三原色(红色、绿色和蓝色)中每一种颜色的相对比例，是**国际照明委员会(CIE)颜色系统**的基础。国际照明委员会(CIE)颜色系统是国际公认的标明光源颜色的标准。

灯的色温表示其本身的外观颜色，如黄色、白色或蓝白色。色温通常也是其能量最多的颜色的指南。色温决定光源是否被认为是温暖的、中档的，还是冷的；色温越高，光源越冷(表 17.11)。

表 17.11 色温

光 源	颜色质量	色温(°K)
标准白炽灯	介质	2600~3000
荧光灯	暖色调	2700~3000
	中间范围或混合色调	3500
	冷色调	4100
	冷白色	4250

今天，LED 的设计几乎可以产生任何颜色，包括几种类型的白色，有些甚至可以改变颜色。

光源的选择

直到最近，白炽灯仍然是住宅内部最常见的光源。荧光灯在商业和机构空间中占主导地位(表 17.12)。今天，发光二极管(LED)与紧凑型荧光灯(CFLs)占据了大部分市场。

选择光源需要考虑的因素包括想要的照明效果、颜色再现、能量消耗和照明度(灯效能)、维护成本和初始成本。

灯具是通过其特殊的形状(字母)和尺寸(以 1/8 为单位的数字)来识别的。有些字母与灯的形状有联系，有些则不然(表 17.13)。

表 17.12　灯的类型和特性

灯的类型	说　明	瓦数范围	寿命(小时)	颜色再现
白炽灯	标准的 40~100 W	10~1500	750~3500	极佳
	卤钨	100~1500	2000~12000	极佳
荧光灯	标准	15~100	9000~20000+	很好
	高输出	60~215	9000~20000+	很好
高强度放电灯(HID)	标准汞蒸汽	40~1000	12000~24000+	差
	金属卤化物	175~1500	7500~20000	很好
	高压钠	35~1000	12000~24000+	一般至好
	低压钠	18~180	12000~18000	差

表 17.13　灯的形状标识

字　母	灯的形状
A	在美国已经停止使用的白炽灯；类似的有 LED 和 CFL
BR	凸出的反射镜；取代效率较低的 R 灯；泛光灯或聚光灯
G	球形
MR	小型反射镜；泛光灯或聚光灯
PAR	内部或外部使用重型玻璃灯泡的抛物面反射器；泛光灯或聚光灯
PS	梨形
R	灯泡为薄玻璃的反射镜；泛光灯或聚光灯
T	管状

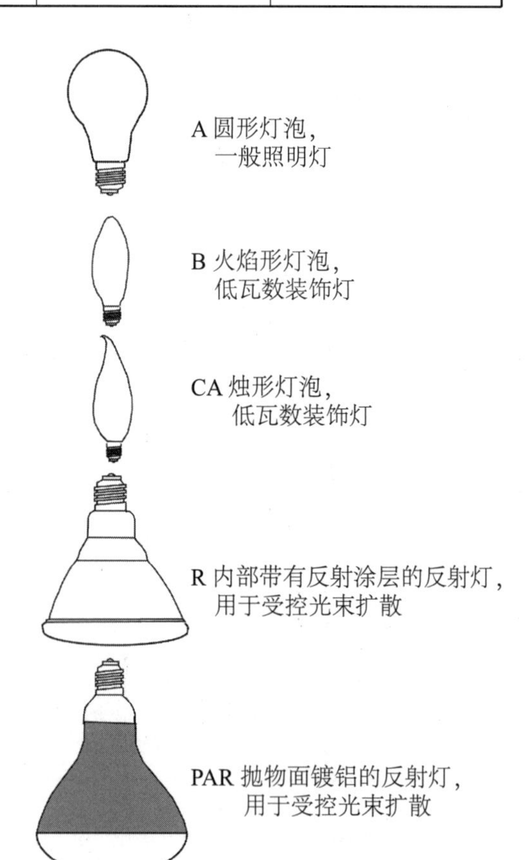

图 17.19　普通白炽灯泡的形状

白炽灯

明火、蜡烛或油灯发出的光是白热的，传统灯泡的发光灯丝也是如此。白炽灯所使用的电能中，高达 90%被转换成了热量，只有剩下的 10%以光的形式释放出来。未被吸收的热量增加了建筑物的冷却负荷。白炽灯一般寿命较短，标准时长约为 750 小时。常见的白炽灯形状都包括在这里，因为它们仍旧用于各种光源(图 17.19)。

作为2007年《能源独立与安全法案》的一部分，截至2014年美国逐步淘汰了可产生310~2600流明的白炽灯，而在这一范围之外的白炽灯则不受影响。到2030年，所有效率低于70%的灯具将逐步被淘汰。

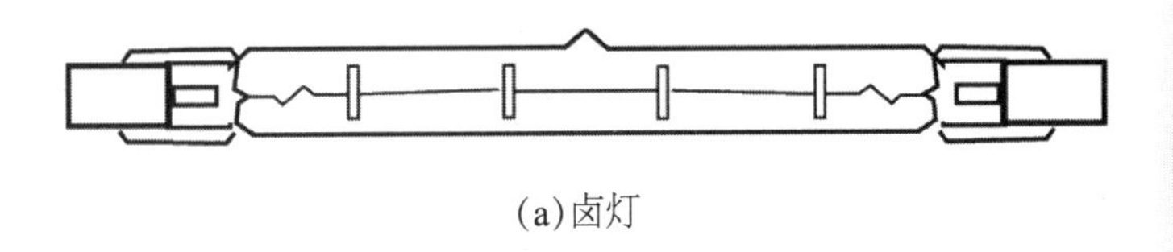

(a)卤灯

几类特种灯不受该法案的约束，包括家用电器灯具、耐用灯泡、三通灯、彩灯、舞台灯、厂房灯、球形灯、60瓦以下的枝状烛台灯、小于100瓦的户外柱灯、夜间照明灯和防震灯。到2020年，一些附加限制也将生效，要求所有一般用途的灯泡每瓦至少产生45流明，这类似于目前的紧凑型荧光灯。

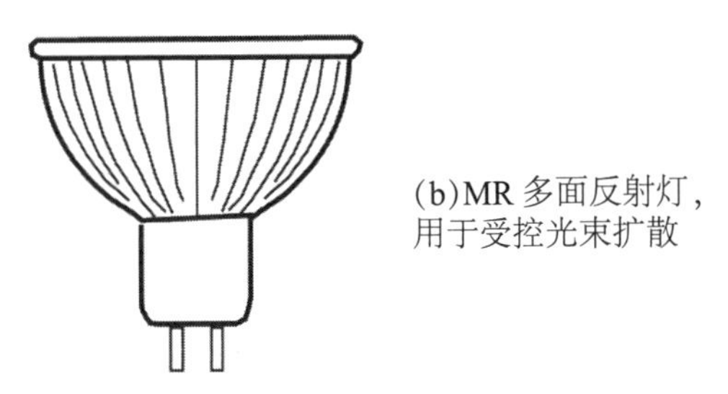

(b)MR多面反射灯，用于受控光束扩散

图17.20 钨卤素灯的形状

PAR钨卤素灯和反射灯从2012年开始逐步淘汰(图17.20)。40瓦或更高的PAR钨卤素灯或反射灯的生产已不再为了用于美国。某些反射式泛光灯受到了该法案的影响，而其他的灯则被豁免。

气体放电灯

气体放电灯包括荧光灯和高强度放电灯。它们通过在玻璃管或容器中产生电离气体来发挥作用。它们的使用寿命长、效率高。

气体放电灯需要镇流器来触发点火电压较高的灯，并控制电流以使其正常工作。镇流器本质上是一个电力变压器，通常由调节电压和限制电流的线圈组成。电子镇流器已经取代了旧的磁镇流器，这些镇流器可能仍在一些既有建筑物中使用。镇流器和灯具匹配与否是灯具能否顺利运行的关键因素。

荧光灯

荧光灯有两种基本类型：线型和紧凑型。线型荧光灯是管状的。高输出的标准型T8和T5(约26毫米和16毫米)灯是最受欢迎的，旧的T12(约38毫米)灯仍然可用。紧凑型荧光灯有单管、双管和三管灯，这些灯都用于专用插座。其他特殊类型的灯也可用(表17.14)。

表17.14 荧光灯管

类　型	说　明
标准型：直径1.5英寸(约38毫米)，长48英寸(约1219毫米)	新款的窄管灯具更高效
T12、T8和T4：直径为1.5英寸、1英寸和5/8英寸(约38毫米、25毫米、16毫米)	长度为1英寸和18英寸(约25毫米和457毫米)，从2~8英寸(约51~203毫米)有1英寸的增量
“U”形和圆形	适合方形灯具。类似于标准型
紧凑型荧光灯(CFLs)	整体镇流器灯。有许多形状
高输出(HO)型：直径为5/8英寸(约16毫米)	输出量是T8型的两倍。小直径用于低轮廓间接照明灯具
低能耗荧光灯	是标准灯具的替代品。成本更高，需要特殊镇流器，使用寿命较短，容易变暗
环保型灯	汞含量低；可以回收利用

荧光管两端之间的放电会蒸发少量的汞蒸汽，并激发它将紫外(UV)光释放到荧光粉涂层管的内表面。荧光粉发光，其发出的光的颜色取决于荧光粉的成分。

荧光灯有多种颜色(表 17.15)。三色荧光灯与绿色、蓝色和红色相结合，组合成高效的白色灯。通过改变三原色的比例，可以使灯光的颜色或偏向冷色或偏向暖色。

表 17.15　荧光灯的颜色

颜　色	说　明	CRI	色　温
暖白色	舒适的；适合厨房、浴室	78~86	3000 K
中性	均衡的；用于办公室一般目的的照明	70~85	3500 K
冷白色	高效的工作照明；适合车库、地下室	62~85	4100 K
自然光	模拟自然户外光；适合任何房间	70~98	5000 K
高级日光	很酷；适合车库、车间、洗衣房	78~85	6500 K

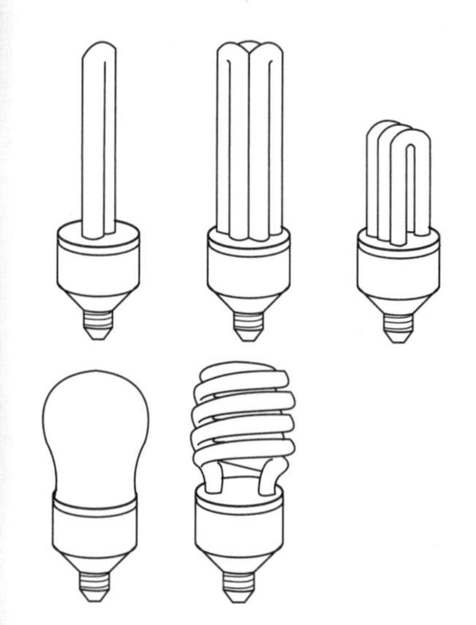

图 17.21　紧凑型荧光灯

荧光灯的输出只需要相当于白炽灯 25%的能量。荧光灯可以持续长达 24000 小时，更换的次数大大减少。它们在 4 ℉和 77 ℉(16 ℃和 25 ℃)的运行效果最佳。紧凑型荧光灯适合安装在原先为白炽灯设计的装置上(图 17.21)。

今天的荧光灯要么是快速启动，要么是瞬间启动；老式的预热灯与单独的启动器现在都被认为是过时的。荧光灯的启动顺序和持续运行取决于它的镇流器。荧光灯不能立即打开，在达到完全输出之前会有一个延迟。

调暗荧光灯系统的亮度可以降低能耗，还可以自由调整亮度。调光镇流器可用于某一些荧光灯，如 T8 灯和 T5 灯。模拟电子和数字调光器、无线红外发射器都被用于调光荧光灯。

所有荧光灯都含有少量的汞，可以产生紫外线能量，为荧光粉提供能量并产生光。汞是一种有毒物质，自 1980 年起就作为一种有害物质被严格管制。由于荧光灯的汞含量很高，所以很难处理。荧光灯和高强度放电(HID)灯不符合环保署(EPA)毒性特征浸出程序(TCLP)。

2000 年，环保署制定了普通废弃物法，要求建筑物业主和管理人员必须以无害环境的方式处置含汞灯具。如果灯具是批量而不是单独进行更换的，那么遵循这个规则更容易。建筑设施需要提供一个特定区域，以便在处置之前储存废弃的荧光灯。住宅用户可以把荧光灯拿到购买灯具的商店进行回收。

高强度放电灯

高强度放电(HID)灯通过高压蒸汽放电产生光。它们包括水银灯、金属卤化物灯和高压钠灯。目前在商业和机构建筑中使用的高强度放电(HID)灯主要是金属卤化物灯，在一些体育馆和大型公共场所使用的是颜色经过校正的高压钠灯。

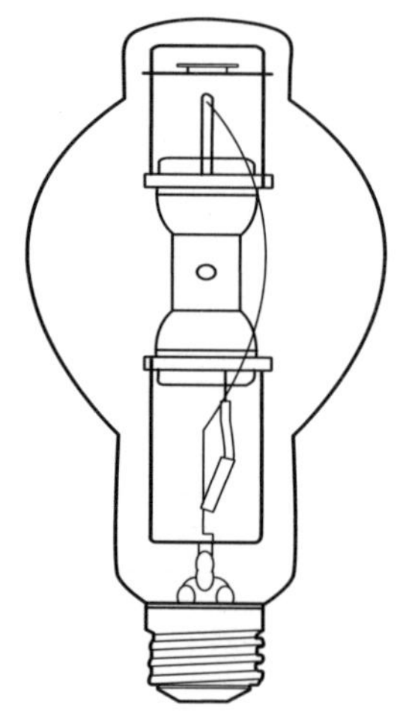

图 17.22　金属卤化物灯

金属卤化物灯通常具有高效能、快速升温、快速重启和显色性差的特点(图 17.22)。金属卤化物灯用于商店、办公室、工业厂房和户外。它们有很多类型和尺寸，需要一个镇流器。它们含有汞。金属卤化物灯的初始启动需要2~3分钟的时间，再次启动需要8~10分钟或更长时间。它们具有高能效、寿命长、光学控制尺寸小等特点。

固态照明和发光二极管

固态照明(SSL)正在迅速发展。固态光源能禁得住外观损坏，并且能够持续很长时间。目前最流行的固态照明(SSL)光源是发光二极管(LED)。

发光二极管被广泛用作光源。电流通过一个被制成半导体的固体，发出特定波长的辐射。这种从电流中直接释放的辐射是一种非常有效的发光方式，不会产生大量的热量。

自20世纪60年代以来，LED已经应用在许多方面。它们在建筑照明方面的应用包括引导标识、零售展示、应急标志和重点道路照明。近年来，它们在照明方面的发展有了很大的提高。

LED灯通常是几个单独的LED组合体，每个LED都相当小，流明输出很低。灯可以采用直线形式，也可以是一个紧凑的点光源。LED灯是微型光源，一个灯具可能要使用数百个独立的灯。

LED易于安装，也很耐用(估计为50000小时)。它们散发出的热量很少，非常节能。LED在直流电压下工作，直流电压在灯具内被转换成交流电压。LED可以被设计成聚焦光，广泛用于工作灯。它们不像荧光灯那样含有汞。LED确实会产生一些热量，需要利用空气来消散它。

高性能的白光LED用于照明。它们对温度不敏感，具有抗振动和抗冲击性能。1/8英寸(约3毫米)的小灯可以组合成更大的组合来混合颜色和增加照明(图17.23)。

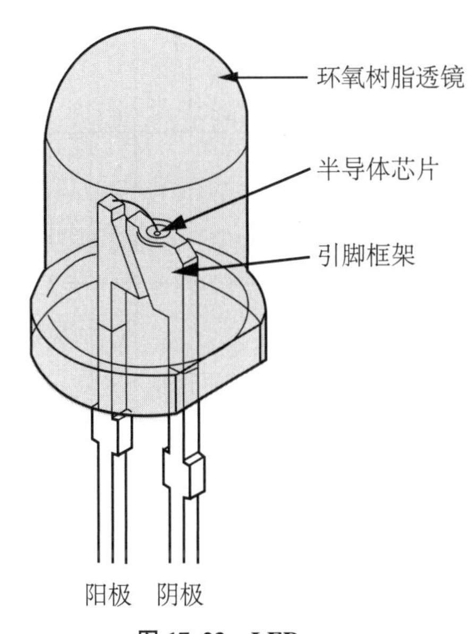

图17.23 LED

今天的LED可以产生任何颜色的光，CRI值大于90。目前的LED技术使用的是涂有磷光的蓝色发光二极管或红色、绿色和蓝色(RGB)LED，在大部分可视光谱中产生波长。这提高了人眼在任何环境下感知的准确性，并且比通常的荧光灯的CRI值更接近自然光。

LED灯具现在可以满足筒灯、吊灯、嵌板、天花板等灯具类型的需求。灯具可以很小，便于更有效地控制光线的分布。LED的其他应用包括楼梯间、地板和墙壁之间贴边凹槽，以及用于衣柜挂杆和扶手的LED灯带。廉价的LED带状照明可用于天花板下的光源隐蔽槽。LED和传感器技术相结合可以产生交互式照明表面和投影系统。

> LED灯可以作为A-形灯，取代白炽灯。

透明的有机发光二极管(OLED)已经用于墙布中，在市场上随处可以买到；电动金属条或方钢与面板连接在一起，形成电路板。其他应用正在研究中。

灯具的光量控制器

灯具的光量控制取决于灯罩、反射面和反射板材料。一般来说，所有裸露在外的白炽灯都会产生直接眩光。除了被选为光源的明露灯，室内所有灯具都应避开正常的视准线，以防止直接或致残的眩光。与视线成十字状安装的荧光灯也需要遮蔽起来。

扩散器

灯具扩散器在材料、特性和用途上各不相同。有些是灯具的组成部分，而另一些则可以根据需要添加。扩散器被放置在灯和照明空间之间，以扩散光、控制灯具亮度、改变光的方向及隐藏和遮蔽灯。扩散器用于走廊、楼梯间、层高较高的空间和其他对视觉作业要求不高的区域。

半透明的扩散器把灯隐藏得很好，尽管直接眩光和光幕反射可能是问题。透明的半透明扩散器由玻璃、丙烯酸、聚碳酸酯或聚苯乙烯制成。

棱镜式蝙蝠翼扩散器是透镜，通常是由丙烯酸树脂模压或挤压制成，用于线性或径向分布。它们由一系列的棱镜组成，这些棱镜在观察者的左侧和右侧形成光带，几乎没有直接向下的照明。它们的效率高，直接眩光和反射眩光低，扩散性佳。然而镜头也是个集尘器，需要经常清洁。

百叶窗、挡板和格片

百叶窗和挡板通常是长方形的金属或塑料材料。它们的主要用途是遮蔽光源并将光扩散出去。百叶窗的整体效率较为平均，但抛物面百叶窗设计的效率可能较低。白色百叶窗会产生眩光。镜面铝或深色百叶产生的直接眩光很少，但效率较低，可能导致严重的光幕反射。

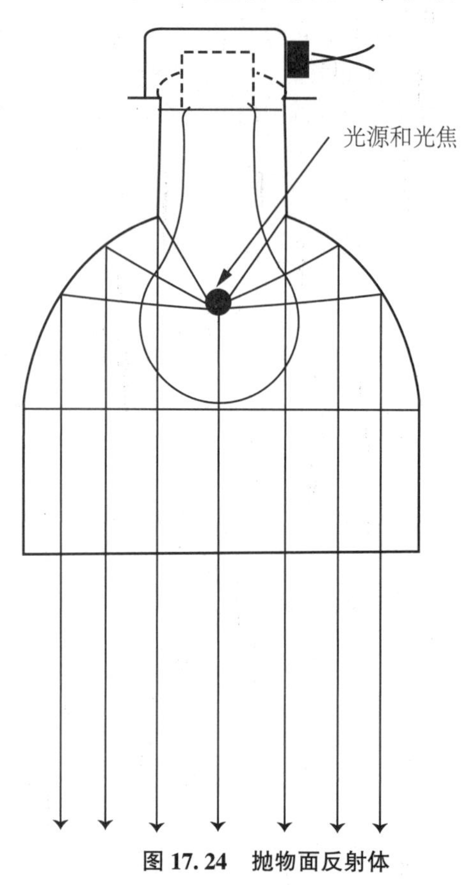

图 17.24　抛物面反射体

抛物面百叶窗是具有镜子般表面的抛物线楔体。它们几乎垂直地向下分布光线，可以用来防止垂直视窗上的眩光。但是，抛物面百叶窗照射垂直表面的效果不佳，也不能防止水平表面上的光幕反射。

透镜和反射体

许多使用大型灯具的荧光装置依靠透镜来控制光的分布。棱镜透镜效率高、扩散性好、间距宽，几乎不产生直接眩光，但是光幕反射可能是一个问题。

透明塑料片的表面可以形成透镜和棱镜以进行良好的光学控制。折射光一般向下照射，从而减少了直接眩光。

用于圆形灯具的菲涅尔透镜可以集中或分散光线。它们的外壳较小、没有反射体，但仍然保持光束控制。菲涅尔透镜的遮光能力差，但是效率高、视觉舒适度强。菲涅尔透镜由带斜面凹槽的薄片制成。

光源的反射体用白漆处理，漫射光效果好。新的和干净的镜面阳极氧化铝板具有较高的反射性，但因老化、高温、灰尘而变得分散。

抛物面反射体把灯泡遮蔽起来，然后以更高的照明度、按照所需的输出量，将光线重新折射出去(图 17.24)。抛物面反射体越深效率越高，反射眩光也低，亮度低。可以达到非常低的亮度。如果配置长轴，最好与视线平行。

光源控制

控制光源的技术不断改进。日光采集和多级开关都对可用日光的变化做出了响应。对不同类型使用空间的亮度控制影响其使用模式。美国的许多能源法规要求在某些封闭的占用空间中控制亮度级。

日光采集

日光采集使用光电传感器来检测日光水平，自动调节电气照明的输出水平，为空间创造所需的照明水平。照明控制系统可以自动关闭全部或部分电照明或调暗照明，并且在日光照明降至预设水平以下时，立即重新激活电照明。

日光采集控制可以与占用传感器和手控超越控制集成。有的控制系统还可以通过改变安装在头顶灯具上的不同颜色的 LED 灯的强度来调节灯光的色彩平衡。

多级开关

双级开关是一个可以为空间提供两级照明功率的照明控制系统。开关系统可以独立地控制灯具、备用灯具或备用照明电路中的备用镇流器或灯泡。该系统用光传感器来检测日光水平、用传感器来检测用户，还使用基于时间的控制面板或手动开关。

多级开关是双级开关的一种形式，一个灯具中的多个灯泡可以相互独立地开关。这使在全输出和零照明之间只有一个或两个步骤，同时还能保持光线均匀分布。多级开关提高了照明控制系统的灵活性，并且减少了双级开关中光线强度突变的现象。

连续调光

连续调光通过调节电灯和固定装置的输出，使其与光传感器检测到的可用光量成比例，来维持所需的亮度水平。连续调光系统最大限度地减少了由双级和多级开关系统所产生的亮度突变。

人体感应控制

人体感应控制是一种自动照明控制系统。当探测到人类活动时，运动传感器或感应传感器就会打开灯，而在空间空置时关闭。它们可以替换壁挂式照明开关，也可以远程安装。保留正常开关作为过载开关，这样即使空间里有人，也可以关闭照明。

远程光源照明

远程光源可以将光传输到需要它的地方。光纤和棱镜光学膜都被用来传输来自远方光源的光。光纤和光导使用非常小的隐形光源。

远程光源照明可用于照亮光敏感和热敏感物体，或者用在物体对紫外线敏感的地方。它也用于更换灯具比较困难的地方，如天花板较高的空间、无尘室、安全通道区域和无法中断维护的空间。使用远程光源照明解决了灯具散热的问题，如在零售窗口和冷藏品展示区使用远程光源照明就特别有意义。它还用于不需要电线的地方，如患者控制的医院病床照明和儿童设备，以及其他应用。

光　纤

光纤可用于替代嵌入式天花板射灯、轨道和博物馆展示柜照明、游泳池或水疗中心的照明，以及超市等商业建筑的照明。光纤照明采用一个远程源来为多个相对小的点光源提供电力，使洒满星光的天花板成为可能。光纤照明可以用于指引方向和创建路标。

光纤通过全内反射来传导光。光导纤维的内芯材质是透明的二氧化硅、玻璃或塑料，外面包有一层折射率较低的涂层。光线在这两种材料的交界面处被反射出去，然后沿着芯向前移动，畅通无阻。整个路径几乎没有损失任何能量。

超高清玻璃纤维用于通信，塑料光纤用于照明。照明器通常是一个金属盒，包含光源和附件、滤色器，以及通常用于冷却光源灯的风扇或鼓风机。光纤系统的照明器应用于各种类型的灯具。光线离开光纤时不产生任何热量，也不会传输紫外线。携带光线的纤维束几乎可以被埋入任何基体中。

光纤照明有许多配置，包括轴向波形的光条和从其末端发射光的离散光源，以及沿其长度发射光的横向模装置(图 17.25)。

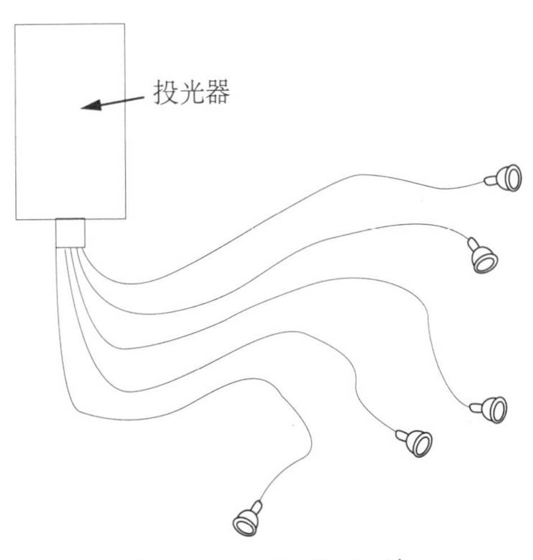

图 17.25　光纤照明系统

轴向线性装置由一束纤维组成，安装在一个称为

灯条的狭长附件中。单根纤维或小束纤维被从附件中引出，作为一个发光点。灯条常用于零售展示、强调、装饰和定向等用途。大束轴向纤维可以用来制造点光源照明装置，它们在空间中不产生热量，维护费用低，比照明灯具效能高。

> 术语“远程光源管状照明”有很多不同的名称。这些装置被称为导光管、光管、空心光管、棱镜导光管或光管、空心棱镜导光管和远程导光管。

横向模纤维用于线性照明任务，如照明楼梯阶沿、路径照明和装饰性照明。照明器中的彩色滤光片可以产生引人注目的轮廓效果。

棱镜光导

用塑料薄膜制成的棱镜光导采用全内反射。棱镜光导、管道和照明装置具有光纤照明的所有优点，可以处理大量的光而不会造成颜色失真。当与高能输出源连接时，这样的灯具能够照亮较大范围的内部或外部区域。

使用光学照明膜(OLF)作为照明器材，需要运用特殊的技术和材料从管道中提取光。工商业设施中常见的高架金卤灯就是典型的棱镜薄膜光管装置的室内照明应用。

照明器

如上所述，“灯具”是照明器材的另一个名称。灯具的目的是储存电能、为光源供电并引导光源的输出。灯具设计款式的千姿百态给选择合适的灯具带来了困难。除了给空间带来了光明之外，灯具可以作为空间的焦点，给空间增加活力、赋予空间独特风格和视觉质感。没有一个灯具可以适用所有场合，每个应用都对光的控制有自己的需求。

通过将具有相似照明要求的工作分类组合在一起，并将最密集的视觉作业安排在采光最佳的位置，这样就可以减少使用灯具的数量，从而减少用于照明的能量。用有效的、高质量的、高效率的、低维护和热控制的灯具进行设计。

眩光是选择灯具时需要考虑的一个重要问题。高效节能的安装方式能够提高灯具的亮度，但也会产生眩光。以较高角度输出光的壁灯可以产生直接眩光。低角度照明虽能最大限度地减少直接眩光，但增加了光幕反射的可能性。高屏蔽角度可以提供良好的视觉舒适度，但降低了效率。

照明器材的特点

照明设备的选择要考虑到电光源的特性，包括颜色组成、发电装置的外形尺寸、灯的使用寿命、电气要求和运行效率。**光度学**是依据人眼感觉到的亮度来测量光的科学。灯具制造商应该能够提供来自可靠的独立实验室的完整的光度测试数据。

灯具的配置改变了灯光的分布方式。调节灯具之间的间距可以减少所需的灯具数量。高效率灯具可以将更多的光线直接传递到工作台面上，其他表面反射的光线较少。

建筑照明

照明设备是建筑物的组成部分，被称为**建筑照明**(表 17.16)。**凹圆**、**檐板**、**镶板**和**帘头**常被设计为室内建筑的一部分，并成为空间形式的重要部分(图 17.26、图 17.27 和图 17.28)。镶板和帘头也可以直接作为空间的内表面。

表 17.16 建筑照明的类型

类 型	说 明
凹圆形天棚照明	来自连续的壁挂式灯具的天花板间接照明。凹槽要设置得足够高，以遮蔽光源。光源必须离天花板足够远，以防止产生过热点。凹槽的内部、上层墙和天花板都要使用高反射率的材料
檐板照明	天花板正下方沿墙壁一周的装饰用造型嵌线，只照亮天花板
镶板照明	天花板上镶嵌的面板。大型镶板被环绕底部边缘的天棚照明照亮。小型镶板通过安装在中心部位的嵌入式灯具照明
墙装托架上的帘头	屏蔽板照亮上下壁。必须完全屏蔽通常视角内的光源。要在天花板以下至少 12 英寸(约 305 毫米)的范围内防止过亮
天花板上的帘头	所有的照明都朝下，天花板可能看起来很暗。除非用十字形百叶窗帘遮挡，否则光源可能是可见的

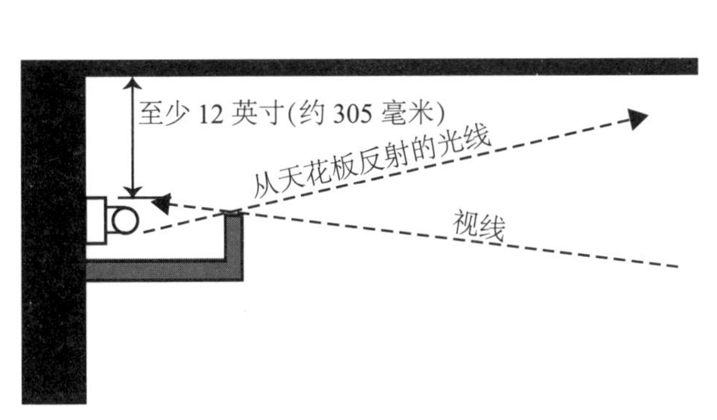

图 17.26 凹圆形天棚照明

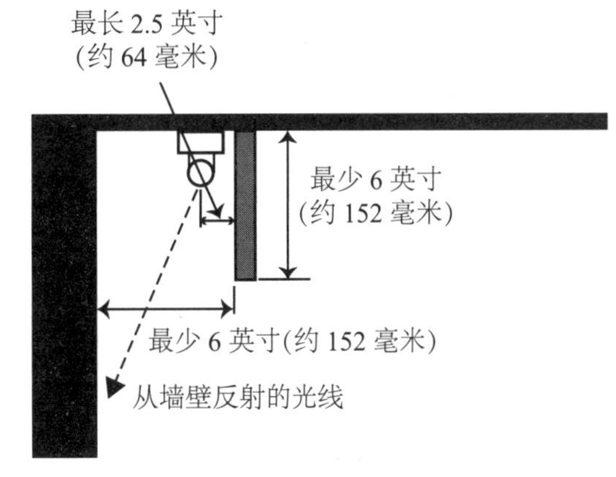

图 17.27 檐板照明

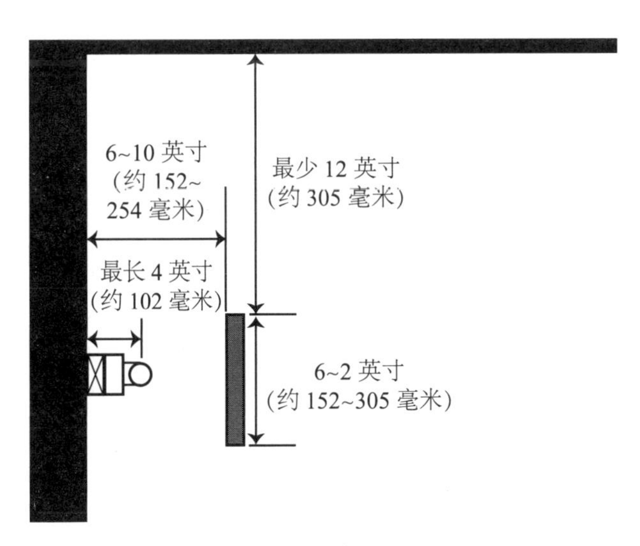

图 17.28 帘头照明

天棚照明、帘头照明和檐板照明都可以提供柔和的、间接的辉光，常常用来凸显天花板细节或墙壁纹理。

凹圆形天棚照明可以安装在一个凸起的天花板开口周围，在中央空间营造出柔和的光晕(图 17.29)。光源下方的遮光格栅将光线散射出去(图 17.30)。

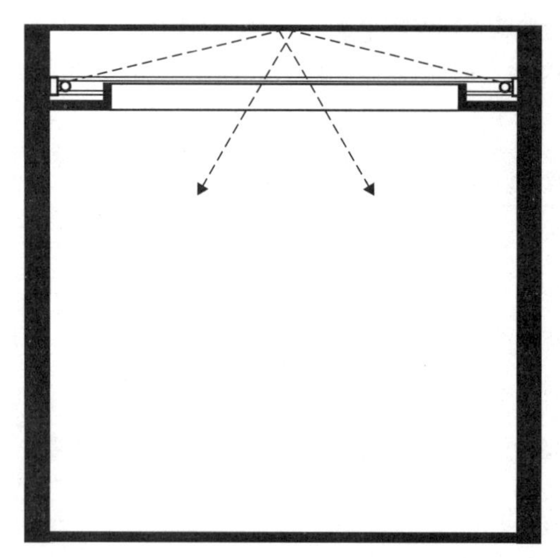

图 17.29　环嵌入式天花板镶板的凹圆形天棚照明

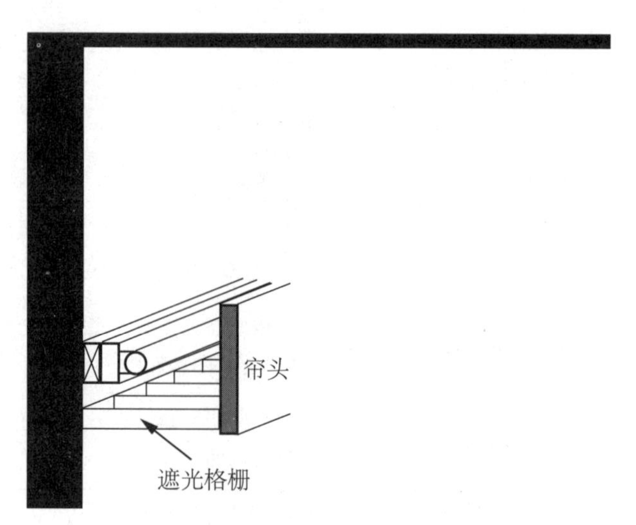

图 17.30　带遮光格栅的天花板帘头

发光墙板

垂直的表面通常是室内的主要景观。安装在天花板或墙壁上的辅助照明装置增加亮度，凸显纹理、墙面特色。

发光墙面板的表面亮度必须非常低才能防止直接眩光或过高的亮度比。由于发光的墙面板暗示着一扇窗户，但实际上并不能看到外面的景色，这难免有点令人沮丧。灯箱和面板可用于从背后照亮图形、广告或路标。LED 显示屏的厚度不足 1 英寸(约 25.4 毫米)，也有较厚的荧光灯箱。

照明器材的选择

照明设备应该是不显眼的，但不一定是看不见的。可以用灯具来补充建筑的架构，凸显建筑的特色和模式。装饰灯具可以增强室内装饰效果。

照明器材由一个或多个电灯泡，以及安装灯泡所需的所有零部件和线路组成。

烛光分配图显示了灯光的垂直分布情况。有的制造商会为他们生产的每个照明设备提供烛光分布图。

照明的均匀性确保远离灯具中心线的地方获得与灯具下方相同的照度。有了这一特性，灯具间的距离可以更宽一些。

高效率的设计可以引导灯具的输出直达工作表面。但是，正如我们前面提到的，直接照明设备可能会产生眩光问题。

扩散性允许光从多个方向到达工作表面，尽管表面多次反射了照度。间接和半直接照明灯具能够产生漫射光。天花板上的间接照明和向上照明灯具的照明具有良好的扩散性，而且没有过热点。

每个光源的亮度产生了一个视觉上的关注点。许多大型或非常明亮的灯具会把人们的注意力从其他表面吸引过来，尤其是当这些灯具以醒目的图案排列的时候。该特性可用于突出一个区域或物体，以避免单调。

灯具尺寸应与房间大小和天花板高度相关联。2~4 英尺(约 0.6~1.2 米)以上的荧光装置一般不用于 10 英尺(约 3 米)以下的天花板，大于 2~4 英尺(约 0.6~1.2 米)的荧光灯具通常不用于高度小于 10 英尺(约 3 米)的天花板上，除非它们的尺寸被更小的灯具表面图案所掩盖。

照明系统分配

照明系统是以特定方式应用的特定灯具类型(图 17.31)。照明系统根据控制或分配光线的方式不同而不同(表 17.17)。它们的主要区别在于向上或向下的光的比例不同。

表 17.17 照明系统的分配类型

类 型	分配百分比	说 明
直接集中型	向上 0~10，向下 90~100	光指向下方。从地板和房间表面反射的天花板照明。光线集中
直接散开型	向上 0~10，向下 90~100	光指向下方。从地板和房间表面反射的天花板照明。光线分散
半直接型	向上 10~40，向下 60~90	向上的光使用高反射率材料的天花板，可以使直接眩光最小化。适合办公室、教室、商店。需要至少 12 英寸(约 305 毫米)的灯具固定杆
全面漫射型	向上 40~60，向下 40~60	光向四面八方扩散。大致相等的光分布照亮了天花板和顶壁
半间接型	向上 60~90，向下 10~40	扩散、低眩光房间照明。光线通常以天花板作为主辐射源，透过半透明的扩散器向下漫射
间接型	向上 90~100，向下 0~10	天花板和顶壁作为光源。由于反射率高，光线高度散开且无影。照明器悬挂于天花板下至少 12 英寸(约 305 毫米)，最好是 18 英寸(约 457 毫米)处。天花板高度至少为 9 英尺 6 英寸(约 2.9 米)
直接-间接型	向上 40~60，向下 40~60	良好的扩散性。垂直的平面照明，很少有水平型的。明亮的天花板、顶壁。需要至少 12 英寸(约 305 毫米)灯具固定杆

在深色天花板的直接照明系统中，可以使用吊灯来隐藏管道系统或者降低天花板的表面高度。

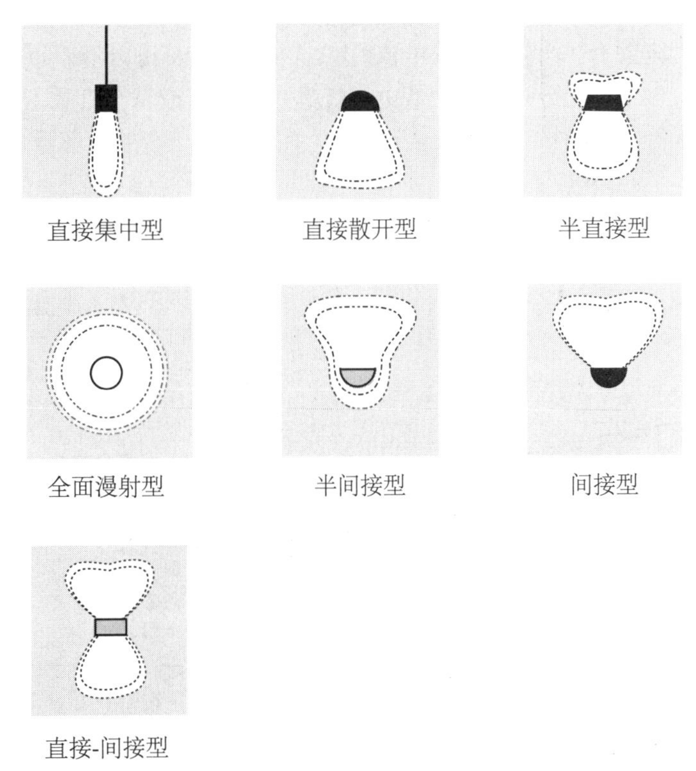

图 17.31 灯光分配类型

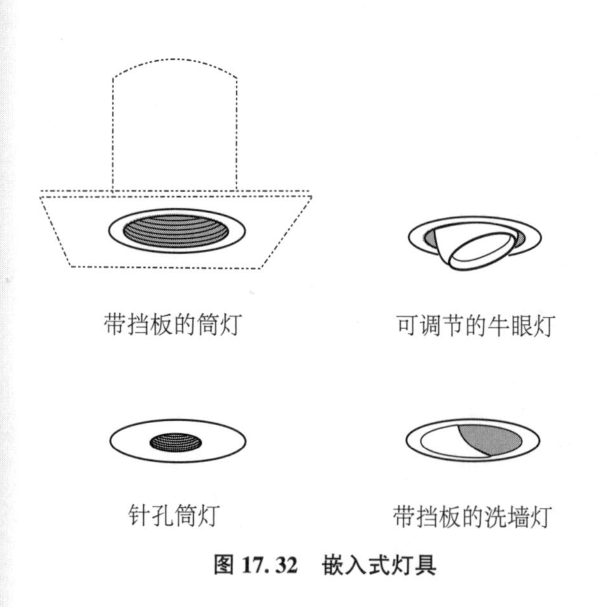

图 17.32　嵌入式灯具

安　装

隐藏式照明设备以一种不引人注意的方式照亮循环路径，或者增加特定区域的光照水平(图 17.32)。多个**筒灯**为大空间提供环境光，或在地板或工作台面上提供聚焦光。嵌入式筒灯可以遮蔽点光源。添加黑色挡板虽然可以遮蔽灯具并限制其光线扩散，但由于其吸收了大量的光，因此效率也降低了。有些嵌灯在关闭的时候，在浅色天花板上显示为黑色的洞。半嵌入式灯具是部分地嵌入天花板或墙壁结构中，仍有一部分突出于安装表面。

墙照明装置被设计用来均匀地照射无光的垂直表面。每个墙照明装置应设置在墙壁高度的三分之一处，避开墙壁且彼此保持相等的距离，以避免产生扇形光斑。

表面贴装的照明灯具包括凹圆形天棚照明、檐板照明和帘头照明装置及壁灯。天花板灯具通常安装在人们和家具上方的宽阔区域。壁挂式灯具可用于工作照明。从壁挂式灯具反射到墙壁或天花板上的光线增加了整个空间的亮度。这些灯具的位置必须与窗户和家具协调。

间接照明装置(向上照射的灯)可以悬挂在天花板上、安装在高大家具的顶部，或者附在墙壁、柱子或落地板支架上。**吊灯**可以向上、向下或以可调的角度分配灯光。悬挂式灯具悬挂在天花板下方的吊杆、链条或绳索上。

轨道式装置包括可调射灯或泛光灯，它们安装在嵌入式、表面式或垂悬式轨道上，由轨道传导电流(图 17.33)。灯具可以沿轨道移动并调整，向多个方向分配光线。低电压灯具在轨道上或每个灯具上都装有一个变压器。它们被连接到长度超过 20 英尺(约 6 米)的天花板支架上。

> 建筑能源规范可能要求将轨道上的每个灯头都应该被视为一个单独的灯具装置。

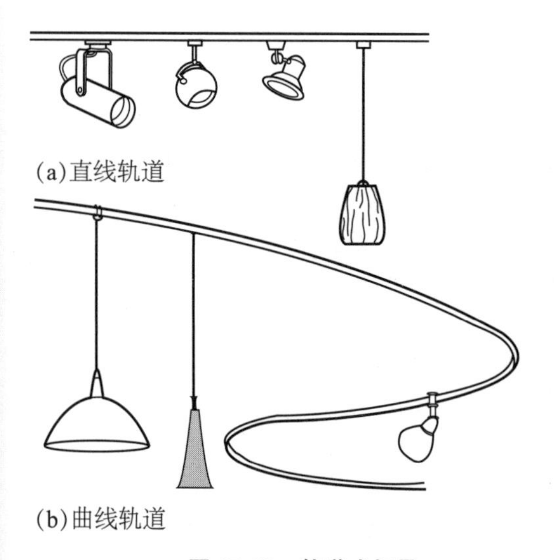

图 17.33　轨道式灯具

表 17.18　吸顶灯的安装高度

灯具类型	建议高度
间接式和半间接式灯具	距天花板至少 18 英寸(约 457 毫米)，最好为 24～36 英寸(约 610～914 毫米)
带有倒置蝙蝠翼状灯罩单灯灯具	光线分布广。距离天花板至少 12 英寸(约 305 毫米)
直接-间接型和半直接型荧光灯具	至少 12 英寸(约 305 毫米)的高度适合双头灯具
	至少 18 英寸(约 457 毫米)的高度适合两至三个灯头的灯具

装饰性的灯光是空间内的照明重点。它们对照明的贡献可能不如它们的外观重要。

便携式插电照明装置通常被称为灯，其光源被称为灯泡。台灯和工作灯在需要时提供聚焦光，允许周围的亮度处于较低的水平。便携式灯具通常在灯具本身进行操作，由用户来控制环境的亮度。

天花板照明应能覆盖整个天花板，无过热点、扩散性好(表 17.18)。如果灯具的吊架太短，则会导致天花板上的热点集中和照明不均匀。如果灯具包含向上的部件，则需要降低灯具的安装高度，以控制天花板亮度并提高光的利用率。

施工和安装

照明器材的质量常常在不经意间被人们注意。优质的灯具结合了足够的光量，良好的结构，易于安装和维护，使用寿命长。要保证这一点就必须注意说明书和检查施工图。检查样品的工艺、硬度、材质和表面加工质量，以及安装、布线和找平的方便性。

恰当的安装包括机械的刚度和安全性、电气安全、耐受高温烤炙及零部件和灯具引线盒的可接近性。建议不要将灯具直接安装在吊顶系统的水平构件上，以降低坠落的风险。所有装置应该由天花板系统支架支撑或直接由建筑结构支撑，而不是由天花板系统本身支撑。

照明的控制系统

好的照明控制设计允许多种多样的照明水平和照明模式，同时节省能源和金钱。为了满足建筑规范的能源预算要求，经常需要采用调暗或关闭灯具等节能照明控制。

许多建筑法规要求每个项目都要有一个强制性的程序来制定照明电力预算。设计师必须在这些能量约束下设计照明。美国国家认可的制定照明电力预算的标准是《非低层住宅建筑的建筑能源标准》(ANSI/ASHRAES/IES 90ANSI/ASHRAES/IES 标准 90.1)。

在进行设计照明时就要确定其控制系统，以确保控制装置与光源相适应、系统布置及配件与控制方案协调。

> 为一个复杂的多用途空间设计照明，重要的是要与那些每天都要使用这个空间、了解其常见问题的人进行交谈。通常，控制装置位于难以到达的地方，或者位于调整照明水平不会被注意到的位置。

为适应不同空间的调度和功能，划定了光区。在做分区规划时要考虑环境、工作和重点照明。每个区域都应该单设电路，每个作业灯都应该有自己的开关。

照明控制可以是手动的、自动的或组合的，通常有对自动控制的手动控制。它们可以是独立的控制件，也可以是大型能源管理系统和(或)建筑自动化系统的一部分。照明控制系统的设计者选择要切换到一起的照明元件的数量并建立控制水平的数量。

手动照明控制通常会给员工一种控制感，从而带来一种满足感，能提高生产力。通过遥控调光系统，使用者可以在不干扰其他员工的情况下调整离自己工作台最近的照明装置，这可以帮助他们减少眩光。

会议室的无线照明控制系统操作简单，演示者只需触碰按钮就可以控制灯光、电动窗帘和投影屏幕。为教室和演讲厅设计的照明控制系统应该易于使用，因为演讲者可能不熟悉复杂的视听设备。

占用感应器

占用感应器可以在至少 10 分钟后关闭或调暗办公室的灯。占用感应器的类型包括被动红外、超声波和混合感应器(表 17.19 和图 17.34、图 17.35)。它们还可以关闭风机盘管空气机组、空调和风扇。再次启动可以是瞬时的、延迟的，或由使用者手动操作。

> 有关将占用感应器用作入侵检测器的内容，请参见第二十章“通信、安全和控制设备”。

表 17.19 占用感应器

类 型	说 明
被动红外(PIR)感应器	对穿过配光曲线的热源做出反应。可能无法探测到微小或非常缓慢的动作，所以当一个人静静地坐着的时候，灯光可能会熄灭。热源不能被家具遮挡。如果感应装置没有正确设计或定位，梁下的位置可能是死角
超声波感应器	发射超出人类听觉范围的能量。检测微小动作时，可能需要降低敏感度以避免误检，但这也降低了覆盖率
混合(双技术)感应器	对开灯做出反应，两种技术中任何一种技术的反应都会使灯亮起来，最少 10 分钟或手动关闭。感应器的放置非常重要，最好在单独的房间和工作区。安装在墙壁或天花板，或安装在有壁式开关的壁式插座盒里

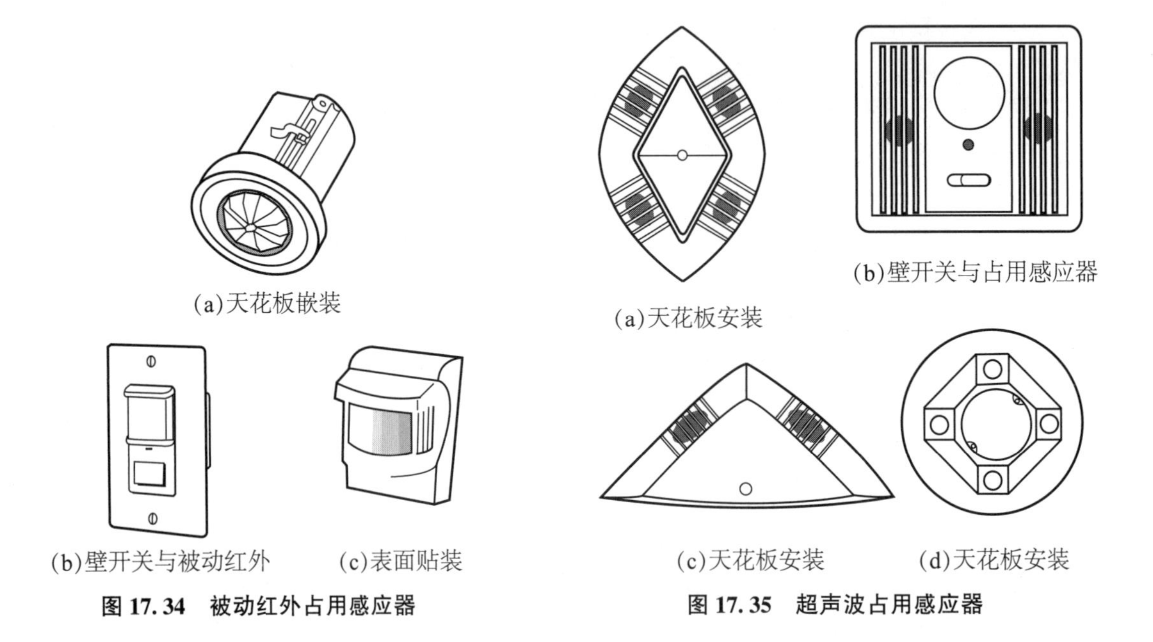
(a)天花板嵌装 (b)壁开关与被动红外 (c)表面贴装

图 17.34 被动红外占用感应器

(a)天花板安装 (b)壁开关与占用感应器 (c)天花板安装 (d)天花板安装

图 17.35 超声波占用感应器

日光的补偿作用

当日光可以满足照明需求时，日光的补偿作用可以减少建筑物内的部分人工照明。光电池可以按要求启动自动调光。日光补偿调光可以减少周边地区高达 60%的能源消耗。

因频繁开关灯而造成的亮度快速变化可能会令空间的居住者非常烦恼，也会对灯具造成损害。在整个空间范围内安装自动调光的日光辅助照明，可以避免这个问题。

调整和维修

设计和指定照明设备是复杂的，而照明系统在现场按照设计完美运行也是很少见的。需要根据现场的具体情况对系统进行调整，以适应各种变化，并最终实现设计师的目标。

调整照明系统可以减少 20%~30%的能源消耗。由于散射光通常可以满足流通和其他功能，调整照明系统通常会导致非工作区的照明水平降低。当整个空间的功能发生变化或家具移动或某个局部区域的工作发生改变时，也需要对照明系统进行调整。调整照明系统可以帮助减少眩光，提高工作场所的能见度。将照明系统的调整过程作为照明设计师全部服务范围的一部分，无疑是一个好主意。

照度的降低可以通过现场调试设备及通过更换灯和镇流器来实现。墙上开关可以用超时装置、可编程装置或调光装置来代替。

在选择照明设备时，维修通常是最后考虑的问题，但这却是最有可能导致业主和设施管理者长期投诉的一个因素。照明系统的维修问题可能不在于其设计，而在于安装和维护时的不当操作。照明系统可能是由没有受过多少训练或没有使用最新设备经验的人操作和维护的。灯具应该是可以简单快速更换的、防尘的且清洗简单。灯泡寿命短，必须容易更换；难以更换说明应该指定使用寿命长的灯，更换零件应该是容易做到的。

应急照明

应急照明在一般电力故障、建筑物电气系统的故障、电流流向照明装置的中断，或因操作失误意外断开开关控制或电路的情况下，为关键照明系统提供电力。传统的做法是将电池供电的设备硬连到建筑电气系统中，这样电池就可以通过建筑电源充电。

应急照明的总体目标是避免危难或恐慌，并为建筑物的出口提供照明。所需的照明水平与正常照明的水平和危险程度有关。

应急照明应该基本上是均匀的，避免瞬间从亮到低，因为需要大约 5 分钟才能完全适应。要非常仔细地安排明亮的点状式灯头，以避免眩光和扭曲阴影。特定区域的应急照明照度应与该地区的正常照度和危险程度相关(表 17.20)。应急照明灯具的选择已经扩大到了 LED 灯(图 17.36)。

表 17.20 应急照明

区　域	尺烛光(lux)
出口区域	5(50)
楼梯	3.5~5(35~50)
危险区域	2~5(20~50)
其他空间	1(10)

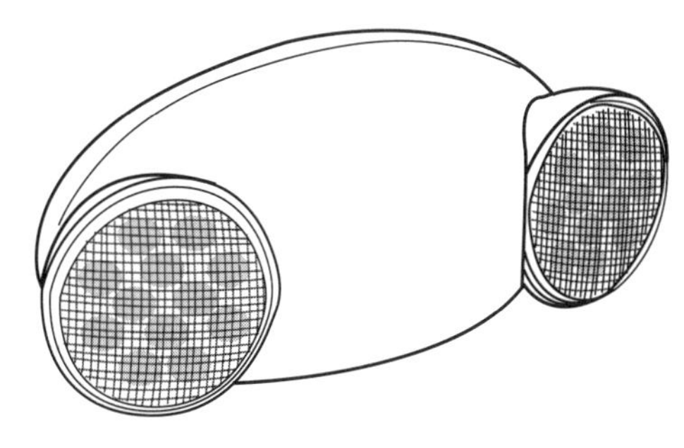

图 17.36 LED 应急照明灯具

对于需要整套应急电力系统(备用发电机、中央电池系统)的设施，通常把部分常规照明系统指定为应急照明，并由应急电源供电，否则要为这些设施配备独立的电池供电照明包，以备在停电期间提供照明。

应急照明的规范与标准

《生命安全准则》(NFPA 101)中详细说明了需要应急照明的地点、照明等级和照明持续的时间。《美国国家电气规程》(NFPA70)要求对应急灯和电力电路做出系统安排，包括出口和出口照明的设置等。《美国国家电气规程》(NEC)还讨论了电源和系统设计。此外，当地的规范要求也是适用的。

《医疗机构标准》(NFPA 99)规定了这些场所的特殊应急照明和电力安排。美国职业安全与健康标准的要求主要以安全为导向，涵盖了出口和疏散照明。

美国照明工程学会及电子和通气工程师协会和 IEEE 在其出版物包括 IEEE 的《IEEE 关于工商业应用中应急和备用电力系统的操作规程建议》(446-1995 标准)中，对行业标准给出了明确定义。

大多数行业规范和权威机构都要求在整个疏散通道的平均照度至少达到最低标准的 1.0 fc(10 勒克斯)，以确保疏散有序。出口路径沿途的照度最大与最小比值不应超过 40：1。按照规定，1.0 fc(10 勒克斯)的应急照明水平通常应该持续至少 90 分钟，90 分钟后应维持在 0.6 fc(6 勒克斯)。不能迅速撤离的设施需要在不同时期有更高的水平。

> 有关应急照明和出口照明的更多信息，请参见第十八章“消防安全设计”。

由于担心烟雾通常会遮挡视线的水平视野，阻止天花板上的应急照明照亮烟雾弥漫区域的地面，或者使事情变得更糟，规范可能会要求在踢脚板处安装疏散照明，同时避免分散安装过亮光源。

出口标志灯

所有出口及任何过道、走廊、通道、坡道和通向出口的大堂都必须有出口照明。总出口照明和出口标志灯都必须在建筑物使用时始终保持开启状态。

> 在美国，出口标志通常是红色的单词“EXIT”，但在世界上大多数地方它都是绿色的，并且通常被描绘为一个跑步的人。

大多数规范要求出口标志的亮度达到 5 fc(50 勒克斯)(图 17.37、图 17.38)。有的出口标志配备了电池和控制装置。有的则在出口标志的下方区域安装了照明装饰灯，这对于在烟雾弥漫的房间里找到出口特别有帮助。有的出口标志装有闪光灯和(或)蜂鸣器。无电的自发亮标志灯被认为是应急照明系统的一部分。地板或矮墙上的光带所用的光致发光材料能够吸收光，并在它们没有光照时发光。

图 17.37　典型的美式出口标志

图 17.38　国际标准化组织(ISO)制定的出口标志符号

照明设计的应用

随着固态光源的出现和能源效率的不断提高，照明设计在特定类型占用中的应用正在经历重大变化。下面的信息提供了一些一般的指导方针。

深色的墙壁往往会让空间看起来更小，而白色墙壁的高反射率则会给人宽敞的感觉。明亮的照明会使墙壁大为逊色，甚至会使人感觉空间缩小了。柔和的灯光和鲜艳的色彩会让人感到放松和舒适。无法识别的间接照明光源和亮度极低的灯具可能会引起不适。按照规范要求，所有照明器材和组件都应该具有北美认证系列(UL)或加拿大标准协会(CSA)的标签或等效物。

住宅应用

照明设计从采光开始是很重要的。家庭的每个区域都应该有多个亮度级别(表 17.21)。多层设计方法包括任务、环境和重点照明，可以营造出各种不同的情境或情绪。最好的方法是首先提供任务照明需求，然后确定需要什么样的环境照明来补充该层。最后，提供恰当的照明方式增强和凸显艺术作品和建筑元素。

表 17.21 住宅照明的类型

类 型	厨 房	卫生间	其他空间
环境照明和一般照明	运输通道、橱柜、大型配餐室、洗衣区	一般照明很可能足以满足化妆间的照明要求。最好安装调光器	家庭娱乐室和客厅
工作照明	水槽、案台上方、橱柜下方和餐桌上方的操作表面	在不同的位置梳洗。在镜子处额外安装一盏灯	视觉作业所需的射灯、壁灯、台灯；床边阅读灯；书房和家庭办公区域的课桌上
重点照明	在墙面陈列柜上、开放货架、玻璃门橱柜、艺术品、建筑特色	踢脚线处的夜灯，灯具要远离水源	艺术品、雕塑、建筑特色
装饰照明	小厨房里的枝形吊灯，以及装饰性挂件	在狭小的空间里，通常会有多种用途	添加闪烁的效果，增强想要的氛围

为所有房间的低照度照明提供开关和调光器。使用局部任务照明来完成要求很高的视觉任务。低电压或无线遥控可以节省能源。

商业应用

每一种类型的商业机构或工业空间都有自己的照明要求。这些空间都包括卫生间，其中一些是向公众开放的。

办公室照明

为办公室设计照明意味着为变化而设计。设计的灵活性既要体现在整体布局上，也要体现在每个员工对其工作空间的控制程度上。日光应被包括在设计之中，既可以作为一种节能光源，又可以与大自然保持接触。在较大的办公室或开放式空间中，可以使用多种类型的灯具，每种灯具都具有特定的分布特征。

零售店照明

零售商店良好的照明可以提升商店的形象，引导顾客走进店内，把注意力集中在产品上，最终增加销售额。不同类型的零售空间有不同的照明要求(表 17.22)。零售商店里的照明必须有良好的色彩、对比度和平衡性。这一切都可以通过节能照明来实现，这是符合能源规范的。

表 17.22 零售店的照明设计

商店类型	照明建议
小型商店	使用位置固定的聚光灯，而不是活动式射灯和泛光灯。避免灯具的布局杂乱无章，店内的表面不要太亮或太暗。较低的环境照明水平足够用来检查商品，把照明重点放在重要的地方
中型商店	用少量重点照明补充环境照明，将产品分开，创建亮点，突出产品的质地
高端零售店	用灯光树立形象、突出产品。降低环境光线水平以凸显亮点和焦点
客流量大的零售商店	灯光要均匀地照亮所有物品，要有良好的能见度，便于阅读产品标牌

公共厕所照明

良好的照明是保持公共厕所清洁和舒适的必要条件。灯光明亮的卫生间鼓励维护人员保持空间明亮而清洁，并确保使用者的安全和卫生。马桶、小便池和洗手盆受益于空间内明亮的灯光，显得明亮而洁净；其他区域则可以略暗一些。所有设备都必须能经受住公共场所潜在的滥用。

在这一章里，我们介绍了很多基础知识，但是关于照明还有很多东西需要学习。由于新技术和新产品不断涌现，照明继续教育课程一直深受室内设计师的欢迎。

在第七部分，我们将看到建筑系统如何处理消防安全、运输工具(电梯、自动扶梯和物料搬运)和通信设施。第十八章探讨了建筑物如何预防火灾，以及如何防止火灾造成的死亡和破坏。

第七部分

消防、运输、安保与通信

第七部分总结了《建筑系统的室内设计师指南》(第三版)的内容，涵盖了影响多个建筑系统的各种主题。消防安全是住宅和商业项目设计中的一个关键要素。包括电梯和自动扶梯在内的运输设备，是在高层建筑物中运送人员和为使用移动辅助设备的人员提供通道的基本手段。在这个数字设备和无线通信的时代，安全与通信系统正在迅速发展。

根据2013年美国国家消防协会(NFPA)关于家庭火灾的报告，在美国平均每天七人死于家庭火灾。烹饪设备依然是导致住宅建筑火灾和伤害的主要原因，但造成死亡的首要原因仍然是烟草制品。造成家庭火灾死亡的两个主要项目仍然是软垫家具、床垫及床上用品，尽管以这些地点为起火源的死亡人数持续下降。

高层建筑为了便于疏散，要求大量人员垂直走下楼梯。根据美国国家消防协会(NFPA)报告，“在2001年第一次恐怖主义爆炸后，在从世界贸易中心高层办公大楼的撤离中，数以万计的居民安全地通过了总共大约500万级楼梯”。从那时起，美国国家消防协会(NFPA)做出了使用电梯作为建筑物疏散计划一部分的规定。

通信、安全和控制设备增加了建筑物的功能与安全性。无线通信正在改变这一设备的工作方式及建筑系统的需求。

第十八章“消防安全设计”介绍了如何设计建筑物内部才能防止火灾并帮助人们逃生。对室内设计师来说，这或许是了解建筑系统的最有价值的信息。

第十九章“运输系统”介绍了运送人员和物料的建筑系统，包括电梯、自动扶梯和物料搬运设备。

第二十章“通信、安全和控制设备”带领读者结束了关于建筑系统的探讨，并回顾了这些系统的快速发展。

第十八章 消防安全设计

火灾对建筑物及其居住者的极端危险，要求我们对建筑、机械、管道和信号系统进行整体分析和研究。重要的是要记住，消防技术仍然在发展中，关于每种方法的有效性的信息也在发展中。

引自沃恩·布莱德肖，《建筑环境：主动与被动控制系统》(第3版)，威利出版集团，2006年。

第十八章讨论基本的消防原则和消防安全规范。疏散设施保护建筑物的居住者并直接影响室内设计。隔间和建筑组件的设计是为了保护建筑本身。为了消防安全，必须选择和测试室内材料。排烟系统有助于消防员和居住者的逃生。火灾探测、报警和灭火系统的组件必须与建筑物的室内设计相协调。

引言

据美国国家消防协会(NFPA)的数据，2012年美国共发生了480500起建筑火灾，造成2470人死亡，14700人受伤，9.80亿美元的财产损失。2009—2011年，在住宅建筑中的火灾死亡人数占所有火灾死亡人数的82%。(“FEMA局部火灾报告系列”——2009—2011年住宅建筑中的火灾死亡人数，2013年4月)

需考虑消防安全的整体概念，而不仅仅是关注个别系统，这一点很重要。要根据建筑物的具体情况进行全面评估。消防安全战略应从预防和被动消防开始。消防设计的众多主题包括疏散设施、早期检测和报警系统的设计，以及防火分区、烟雾控制及其与材料选择和建筑设计、灭火系统和应急电源的关系。

消防设计需要与建筑物的结构与内饰、机械、电气和管道系统，以及信号系统相互协调(表18.1)。建筑系统可以将火灾探测和报警系统与暖通空调系统集成在一起进行能源管理。发信号可以与安保措施和内部通信功能相结合。

表18.1 建筑物组件和消防安全

组　件	通常条件下	发生火灾时
高天花板和低隔断	有利于采光和自然通风	没有洒水装置，任由火焰和烟雾在架空层蔓延
内部装饰	有助于营造舒适、美观的环境，便于维护	可能容易燃烧和(或)散发有毒气体
暖通空调系统	提供热量、通风和凉爽	可能是烟雾和火焰的通道。通风口可以在没有外部空气的情况下净化烟雾
窗户	提供日光、视野和新鲜空气	救火通道、逃生路线、新鲜空气可以冲淡烟雾

续表

组　件	通常条件下	发生火灾时
电梯	提供通往建筑较高楼层的通道	电梯开口为火和烟的垂直扩散提供了通道；可以帮助消防队员和撤离人员
自动扶梯	连接商场购物层或连接酒店大堂与舞厅	自动扶梯的孔隙为火和烟的垂直扩散提供了通道；可以作为疏散通道

抗火性可能与采光、被动冷却和暖通空调系统等特性存在冲突。安全疏散人群与火灾扑救之间也存在潜在的冲突。

历　史

1666 年，伦敦发生大火，成千上万的人无家可归。在此之前，这座城市没有组织有序的消防系统。之后，保险公司成立了救火队，这些救火队只在他们公司承保的建筑物里救火。此后的新建筑物开始用石头而不再是木材建造。

1736 年，本杰明·富兰克林在费城成立了一个志愿消防部门，这是在美国殖民地上的第一个消防部门。直到 19 世纪中叶，第一批付费的政府消防部门才出现。

1871 年的芝加哥大火蔓延了 3.3 平方英里(约 9 平方千米)，摧毁了中心商业区的大部分木结构建筑。这场灾难导致了更严格的消防法规，并造就了一批美国最好的消防队员。

消防安全的设计

为了安全地应对火灾紧急情况，建筑物的居住者需要早期警报，熄灭小火的方法，以及至少两种离开建筑物的方式。一旦建筑物起火，可能只有几分钟的安全撤离时间。火势会以每秒 15 英尺(约 4.6 米)的速度蔓延。烟雾的传播速度更快，瞬间即可使人无力招架，视力模糊，呼吸困难。建筑物里的人可能会惊慌失措，想要立即赶到门口。建筑物的设计对于他们能否安全疏散至关重要。

建筑物的消防安全设计既要考虑到常见的问题，也要考虑到可能导致大量人员死亡和巨大财产损失的罕见问题。这使设计烦琐的消防安全系统显得十分必要。

在旧建筑中，消防安全设计的目标是防止火势蔓延到其他建筑物。随着耐火建筑的增加和建筑规范的不断强化，现在的火灾通常能被控制在一幢大楼之内。今天，最常见的消防安全目标(按重要性排序)是保护生命、保护建筑物及其内部财产，以及确保建筑物的持续运行。

图 18.1　燃木火炉周围的蓄热体

由于自动火灾探测器和灭火系统的广泛使用，整幢建筑火灾在北美相对罕见。消防安全的重点转向尽量减少水和烟雾带来的损害。

灭火系统可以把火情控制在一个或两个楼层或一个房间内。一个喷头可以在大约四分钟内将小火熄灭。在绝大多数住宅火灾中，只激活了 1~5 个洒水喷头，就控制住了水和火的破坏。

在温暖又密闭的小房间里，火势会迅速增强。大多数热块状材料不易燃烧，蓄热体也利于被动加热、冷却和隔离空气声(图 18.1)。高高的天花板为烟雾的聚积提供了空间，使居住者不会在第一时间受到烟雾的伤害，聚积高处的大量烟雾和火焰很容易被远处的人发现，为其撤离争取时间。

对于某些建筑而言，在火灾中继续进行作业是首要任务。在一些特别关键的操作区域，如控制室，应该设置特殊的火灾报警和灭火系统。地板应该是防水的，以便快速清除火灾自动喷水灭火系统倾倒在火上的水。防水剂应在墙、柱、管道和其他垂直要件上向上延伸 4~6 英寸(约 102~152 毫米)。

基本原则

防火首先要认识到火灾风险。对燃烧过程的了解有助于防火方法的应用。

火灾风险

我们往往最容易发现大型高层建筑物的火灾。然而 2009 年美国大约 85%的火灾死亡发生在家里(《2010 年美国火灾损失》，美国国家消防协会火灾分析和研究司，2011 年)。风险最大的群体包括 4 岁及以下的儿童、65 岁以上的老年人、非裔美国人、美国原住民和穷人。(《火灾死亡和伤害情况说明书》，疾病控制和预防中心，2011 年)

当人们被火困住时，他们的肺和呼吸道可能被热空气灼伤，皮肤被热辐射严重损坏。有些死亡发生在人们因恐慌而推搡、拥挤和踩踏他人时。惊慌失措的人们有时会做出不理智的决定，如跑回着火的大楼去抢救财物。

由浓烟造成的窒息死亡人数是由烧伤造成的死亡人数的三倍。火灾的受害者通常是因氧气耗尽和吸进有毒气体窒息而死。氧含量低于 17%足以维持火焰燃烧，但降低了呼吸和氧化血液的能力。

建筑物集中了足以引发火灾的燃料。木质的建筑结构、木镶板和塑料绝缘材料都会燃烧。建筑物里常常还含有石油、天然气、汽油、油漆、橡胶、化学品或其他高度易燃的材料。

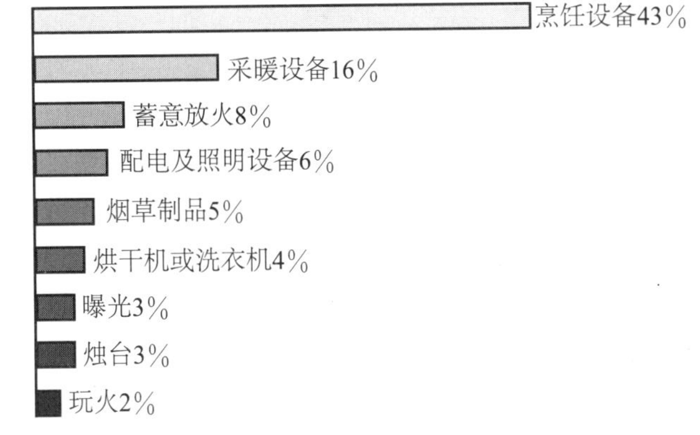

图 18.2 家庭火灾的两个主要原因

建筑物为火灾提供了许多潜在的火源(图 18.2)。有缺陷的火炉、壁炉里的火花、漏气的烟囱和无人看管的炉灶都可能引发火灾。松散的电气连接和过载的电线是常见的火源。许多家庭火灾都是由火炉或炉灶维护不善、开裂或生锈或杂酚油积聚过多的烟囱引起的。公认的家中起火的最大原因是做饭。这些通常是能够扑灭的小火灾，没有对居住者造成伤害。

根据美国消防管理局的统计，在农村地区，滥用柴灶、便携式空间加热器和煤油加热器是普遍风险。柴灶每年造成 4000 多起住宅火灾。虽然仅有 2%的家庭采暖火灾涉及便携式加热器，但它们却占所有致命家庭火灾的 45%。在这些火灾中，有 52%是由于便携式加热器太靠近易燃材料所引起的。

建筑物就像一个装着火的炉子，不断助其发展。建筑物集中了热量和易燃气体。室内火灾完全燃烧时的温度超过 1100 ℉(593 ℃)。贯穿建筑物的垂直通道处于开放状态，产生强烈的对流气流，使火焰越烧越猛。火焰以每秒 15 英尺(约 4.6 米)的速度扩散。随着火势蔓延至整个建筑物，它不断找到新的燃料来源。

消防员的生命损失是火灾的悲剧性后果。建筑物的设计可能会限制他们的逃生能力，甚至成了他们的障碍。消防梯只能到达七层，所以在高层建筑中消防员必须使用楼梯(图 18.3)。此外，非常宽的低矮建筑物可以使火势超出消防水龙带的长度范围。消防员暴露在高温、毒气和爆炸之中。他们面临着从高处坠落、墙壁倒塌、屋顶坍塌和地板下陷的危险。

图 18.3 消防梯

燃 烧

氧化是燃料分子与氧分子结合的过程，其结果是气体的混合和能量的释放。氧化是我们身体将食物转化为能量的方式。铁锈是铁的氧化。大火中，燃料分子与氧分子迅速结合，释放出能量——热量和光。气体也被释放出来，当不完全燃烧的颗粒明显地悬浮在空气中时，就会产生烟雾。

火三角

要让火存在，需要三样东西：燃料、氧气和高温。当燃料和氧气在足够高的温度下被放到一起时，就会起火。火燃烧时会消耗燃料和氧气，并释放出气体、颗粒和大量的热量。

火三角是火灾形成所需的三样东西的图形表示(图 18.4)。限制火三角(燃料、空气中的氧气或高温)中的一个元素就可以防止火灾的发生或将火熄灭。

灭火系统通过覆盖燃料或用另一种气体取代氧气的方式来限制氧气的供应。高温可以通过自动灭火系统喷出的冷水来控制。然而我们要努力预防和控制建筑物火灾的主要方式是控制燃料，即建筑物的结构和内容物。

图 18.4 火三角

建筑规范和分区条例对材料在城市不同区域的可燃性做出了规定，同时也规定了在建筑物内或附近储存易燃易爆物的条件。消防员和消防承保人(保险公司)要定期检查建筑物，寻找积聚的可燃材料。加热设备、烟囱、电气系统、电气设备和危险的工业生产过程都受到特别严格的控制。现在，许多地方的法律禁止吸烟。

燃烧产物

火的热产物是火焰和热量。这些是造成烧伤、休克、脱水、中暑和流体阻塞呼吸道的原因，造成约四分之一的人死于建筑物火灾。

大多数火灾造成的死亡是缘于燃烧的非热产物，包括烟雾，以及它所包含的各种气体、液体和固体。没有可见烟雾的气体往往难以察觉；有些是有毒的，但所有的气体都是危险的，因为它们会取代氧气。建筑火灾通常释放气体，包括一氧化碳和二氧化碳。烟雾是由易燃的焦油飞沫和悬浮在气体中的碳微粒构成的。它刺激人的眼睛和鼻腔，有时会使人失明或窒息。

大多数用于家具、地毯、窗帘、墙面涂料、管道系统、电线等产品的塑料都是石化产品，它们通常比其他材料燃烧得更快、更热。塑料产生的烟气和微粒可能含有数百种不同的化学物质，其中许多化学物质只存在几分钟后，就与其他化学物质混合，转化为另一种物质。燃烧气体包括二氧化碳、一氧化碳、氰化氢、硫化氢和二氧化硫。氯化氢是在燃烧电子设备和电缆套管、某些墙纸和地板材料及其他内部装修材料中的聚氯乙烯时产生的。

分解塑料的火会导致肺脏和肺动脉损伤，还可能导致迷失方向和嗅觉的丧失。随之而来的是呼吸衰竭。低于致死水平的有毒化学物质结合在一起则可能是致命的，反复接触尤其危险。有些化学物质在火灾发生后仍然是危险的。

消防安全规范

现代建筑规范最初是作为对毁灭性火灾的反应而发展起来的，逐渐发展涵盖了许多其他健康和安全问题。消防规范要求的目标是保护建筑免遭火灾，并控制火势的发展，使人们能够安全地撤离建筑物。建筑规范根据建筑物的占用或使用情况及建筑的结构类型，设定高度和面积限制。规范还制定了建造墙壁、地板和屋顶的结构标准。规范也对消防系统和紧急疏散设施做了详细要求。

消防安全规范规定了空间如何规划及材料如何使用。它们规定了火灾报警和出口标志的位置和数量，还对影响天花板设计和照明设备布局的喷水灭火系统设置了具体要求。

许多社区的消防部门官员会在施工许可证下达之前审查建筑规划。建筑检查员在施工期间进行检查，以确认施工符合规范要求。消防部门的检查员也会到现场查看。

美国国家消防协会(NFPA)是世界上火灾预防的主要倡导者和公共安全的权威性来源，它发布了一系列关于消防安全的规范和标准(表 18.2)。

表 18.2　几项重要的美国国家消防协会的安全规范和标准

名　称	说　明
NFPA 101®生命安全规范®	对疏散设施、火警警报系统、火灾和烟雾探测设备的最低要求
NFPA 70：国家电气规范(NEC)第 760 条火警警报系统	包括火警探测和报警通知、洒水装置、安全功能、风门控制和风扇关闭的火灾报警系统接线。包括电梯专用和对讲机
NFPA 72®：国家火灾报警和信号传递规范	保护信号系统及其组件的规定
NFPA 80：防火门和其他开口保护体的标准	规范组件和设备的安装与维护，以保护墙壁、地板和天花板上的开口，防止火势和烟雾的蔓延
NFPA 99：卫生设施规范	卫生设施中的火灾和生命安全问题
NFPA 220：房屋建筑类型的标准	基于结构元件的可燃性和耐火等级来界定结构组件

《2015 年国际住宅规范》(IRC)涵盖了防火建筑、防火屏障和住宅喷水灭火系统。UL 发布了许多用于火灾探测和报警设备的标准。消防安全的设计和施工也受地方法规、地方消防队长和建筑物的保险提供者控制。

当一个行之有效的灭火系统被设计到建筑物时，规范中的严格规定常常缓和了几分。它们可能会允许一个装有喷水器的建筑面积超标，或者当建筑物被防火隔墙分成单独的区域时，每个区域不超过面积限制。在一项指定的设计中，通过对火势蔓延和人员的评估，经过详细的计算机分析可能会做出延长到出口距离、加宽房屋面积，甚至改变施工方法的决定。这种基于性能的分析设计方法需要建筑设计师和消防法规执行人员之间的密切合作。

负责项目设计的专业人员要确保设计符合所有适用的规范，并对其负最终责任。室内设计师要经常检查建筑规范的消防安全要求。无论是指定商业项目的建材还是检查出口数量、大小和位置的平面布置图，室内设计师都应依赖于适用的规范要求。室内设计师必须熟悉每个项目位置的规范，并确保其设计符合要求。一定要核实所依据的适用规范是最新版本，这一点非常重要，否则可能会导致代价高昂的错误、工期延误、客户不满。

结构类型

要按一定的结构类型分类，建筑物必须符合该类型的每个结构要素的最低标准。当设计人员更改现有的内部结构元素或添加新的结构元素时，结构类型就可以发挥作用。如果变化与现有建筑材料不一致，则可能降低整个建筑的等级。这将降低建筑物的安全性，并可能影响建筑物的保险和赔偿责任。

受结构类型和建筑物尺寸影响的室内设计工程包括重置墙壁、增加楼梯或其他结构工程。可能涉及室内设计师的主要结构元素是室内墙，可能是承重的也可能是非承重的。设计师的工作也可能影响到防火墙和共用隔墙、烟雾屏障和竖井外壳。室内设计师有时也会使用柱、地板和天花板组件、屋顶/天花板组件。

每种结构类型都为其结构元素规定了最低的防火等级。这是结构元素必须能够在不受火焰、热量或热气体影响的情况下耐火的时间长度。它本质上是一种耐火等级。在需要防火的建筑内，该建筑的结构通常必须能够耐火达 1 小时。必须用现行适用的规范来验证耐火要求。

占用危险的分类

建筑规范根据火灾危险对各种占用进行了分类(表 18.3)。这些分类用于确定自动喷水灭火系统的设计。一般来说，工厂、危险品存放区和仓库，或者大量人员聚集地，如集会、政府机构和大型商业区和住宅区，都需要自动喷水灭火系统。这些要求是根据居住者的数量、居住者的流动性及存在的危险类型确定的，因此要向有管辖权的当局核实占用分类。

表 18.3　占用危险的分类

分　类	容　量	类似条件	最大喷淋间距
低火险	总量低、可燃性低和放热率低。相对容易防火	住宅、教堂、礼堂、医院、博物馆、办公室、餐厅座位区、教育机构	15 英尺(约 4.6 米)。每个喷头最大保护面积为 200 平方英尺(约 19 平方米)。喷水器不需要错开
普通火险	中等到高的总量和放热率，相对低到高的可燃性。材料可能快速引发火灾	面包店、洗衣店、干洗店、制造设备、大型图书馆书库、商业区、邮局、餐厅服务区、舞台	15 英尺(约 4.6 米)。每个喷头最大保护面积为 130 平方英尺(约 12 平方米)，适用于不易燃材料的天花板和 120 平方英尺(约 11 平方米)的可燃性天花板。如果喷头之间的距离超过 12 英尺(约 3.7 米)，则喷头必须交错排列
高火险	非常高的总量和易燃性，起火快；非常危险。可能会发展成为高热量释放的火灾	飞机库、胶合板和刨花板生产、纺织加工、塑料泡沫装潢、油漆店	12 英尺(约 3.7 米)。每个喷头最大保护面积为 90 平方英尺(约 8.4 平方米)，适用于不易燃材料的天花板和 80 平方英尺(约 7.4 平方米)的可燃性天花板。如果喷头之间的距离超过 8 英尺(约 2.4 米)，则洒水器交错排列

现在，许多规范都要求在住宅内安装喷水器。住宅型喷水器是为了居住单元在火灾发生时能快速反应而设计的保护装置。它们对引燃和迅速发展的火情都很敏感。它们被设计成带有一个或两个喷头，可以快速打开以阻止烟雾和有毒气体充满房间。住宅型喷水器的设计是为了将水输送到足够高的墙壁和天花板上，以防止火势超过喷水器。通过使天花板降温，可以减少打开的喷水器的数量，由此限制水带来的破坏。

住宅系统是为那些通常不具备标准自动喷水灭火系统供水能力的建筑物设计的。大多数规范都对住宅内无须安装洒水装置的空间做了明确规定：面积在 55 平方英尺(约 5.1 平方米)的浴室；最小尺寸达 3 英尺(约 0.9 米)的壁橱；开放式门廊、车库和车棚；不适于居住的阁楼和不用于储物的低矮空间；不是唯一疏散通道的入口门厅。

疏散通道

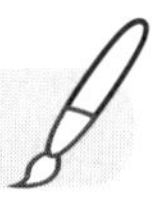

疏散通道是指从建筑物中的任何一点到其出口或公共道路的一段连续畅通的路径。疏散通道也指居住者在建筑物内到达安全庇护所需的行进路径。疏散通道必须有安全、适当的通道，确保人们从建筑物的任何一点都能到达受保护的安全出口，从而到达避难所。疏散系统包含三个组成部分，即出口通道、出口和出口场地(图 18.5)。

很多规范要求都是源于对火灾中恐慌行为的担心，尽管恐慌行为实际上很少见。在火灾中，建筑物的居住者通常能够做出预判。首先，他们能闻到烟味、玻璃破碎的声音、警报声或警铃的声音，或者看见火苗。接下来，居住者会判定火灾的严重程度。其他人的行为是很有影响的，其影响甚至可能导致在火灾的早期阶段拒绝疏散。然后是应对行为，决定逃离还是扑火。清晰的出口通道和消防设备能否使用是决定的关键。《美国国家消防协会消防手册》讨论了人类在火灾中的行为。

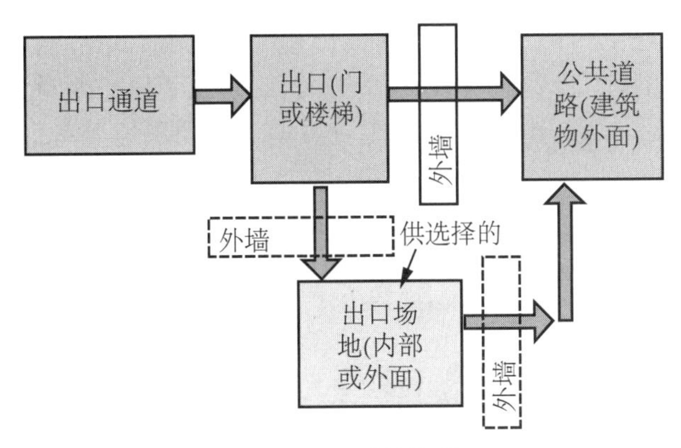

图 18.5　疏散通道的构成

典型的建筑规范要求指出，必须为消防疏散提供安全出口的数量、门的宽度、通道、消防楼梯及可接受的行程长度。具体要求因建筑类型和占用情况的不同而异。

建筑类型

不同建筑类型的疏散通道要求也不同。低层建筑通常比高层建筑更容易疏散。正如我们所观察到的，火灾造成的死亡和伤害多发生在住宅建筑中。

低层建筑和高层建筑

在低层建筑中，在发现火灾和消防员到达之前疏散所有人员是一个合理的目标(表 18.4)，但在高层建筑中却无法做到。

表 18.4　低层建筑的疏散规范

疏散出口的构成	规　定
出口通道	出口路径要清楚明确。保持相对无烟。最窄 32 英寸(约 813 毫米)的轮椅通道
垂直出口	排烟塔、室内外楼梯、坡道和部分自动扶梯
水平出口	直接通向外面的门，耐火 2 小时的封闭走廊、电动过道。特殊的水平出口有内部防火墙，两扇防火门向相反方向摆动
出口场地	通向公共道路的外部出口区域

消防设备通常限于七层或约 90 英尺(约 27 米)。消防规范将可占用楼层超过最低消防通道 75 英尺(约 23 米)以上的建筑物归类为高层建筑，并施以特殊的消防安全设计。

通常，高层建筑只设置两个出口楼梯。一幢 15 层楼的建筑，每层楼 60 人，可在 9 分钟左右完成疏散。一幢 50 层的建筑，每层 240 人，楼梯大小相同，疏散至少需要 2 小时 11 分钟。当门被打开时，烟进入楼梯井，因此人们不断地被告知要撤离，但人们可能拒绝撤离。

住宅出口

如果一个居住单元最多只有10名住户，并且居住单元内的行进长度不超过75英尺(约23米)时，通常允许只设置一条疏散通道；这也适用多层的个人住宅。出口必须是直接通向外面，或者如果是多户式结构，则通向有规定数量的出口的那个楼层，从那里撤离。按照房屋面积和(或)居住荷载，该楼层通常至少有两个出口。出口必须根据适当的距离和行进距离要求进行定位。

《2015年国际住宅规范》(IRC)要求，从住宅的各个部分到安全出口门之间，疏散通道要提供一条连续的、无障碍的垂直和水平的疏散路线，而不需要穿过车库。每个居住单元都至少要有一扇开口净宽度不少于32英寸(约813毫米)的侧面铰链门，该出口门的门洞净高至少为78英寸(约1981毫米)。出口门必须易于操作，出口门必须便于住宅内部操作，而无须使用钥匙或特殊知识或特别用力。

> 要始终对照由具有特定项目管辖权的当局认可的现行版规范，来验证其对疏散通道的要求。

要求地下室、可居住的阁楼和每间卧室都至少有一个可直接打开的应急出口和救援通道，可以直接通向公共通道或通往连接公共通道的院子。如果地下室里有一间或多间卧室，那么每间卧室都需要有这样一个通道。《2015年国际住宅规范》(IRC)对基准标高以下的紧急出口通道做出了详细规定，要求其必须配备窗口井或防水壁。

疏散通道的组成部分

如前所述，疏散通道有三个组成部分，即出口通道、出口和出口场地。疏散通道包括垂直通道和水平通道，包括门口、走廊、楼梯、坡道、围墙和中间的房间。《国际建筑施工规范》和《生命安全规范》制定了大多数疏散出口要求。还应查阅《美国残疾人法案》(ADA)以了解相关要求。

建筑物内的所有区域或空间都应该至少有一个不能锁住的门或出口，以免影响疏散。为了不影响疏散，在所有的房间、空间及能容纳50人以上的区域内，至少有两个可锁定的出口不能被锁住。

要计算每个楼层的最小出口宽度，就要依据适用规范表所列的细则，先计算净面积或总楼面面积，然后用居住荷载除以楼面面积，得到的数字为该楼层的居住者人数，且必须为这些人提供逃生出口。

下一步是根据其净宽度计算出口容量。虽然要求各不相同，但一般来说，每个人所需的楼梯出口宽度为0.3英寸(约7.6毫米)，其他情况为0.2英寸(约5.1毫米)。设计通常基于22英寸(约559毫米)宽的一个出口单位。对于不足一半的附加部分，增加12英寸(约305毫米)；如果超过一半，则增加一个完整的单位。

在大多数情况下，逃生路线上的门必须从室内到室外方向打开；如果占用人数少于50人，则无须如此要求。向外摆动的门会干扰出口通道，因此最好是嵌壁式的。但根据大多数规范，只要没有使通道宽度减少一半以上，门扇可以朝走廊方向打开。

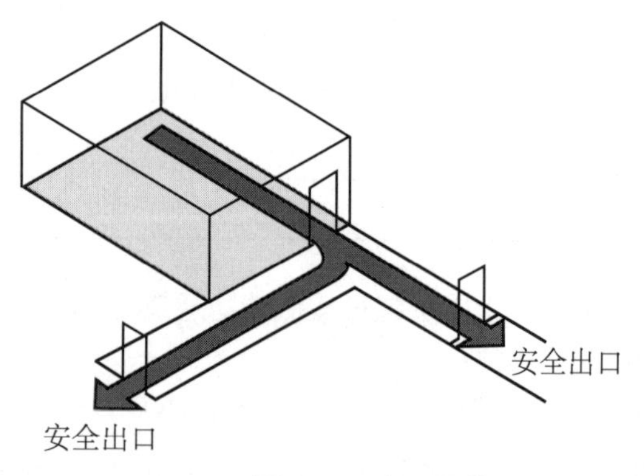

图18.6 出口通道

出口通道

出口通道是指通向出口的那部分疏散通道。出口通道从房间或空间通往出口，包括门、楼梯、坡道、走廊、过道和介于中间的房间(图18.6)。出口通道不一定需要防火等级，也不需要完全封闭。当需要防火等级时，通常是1小时。

出口通道中的门根据其所在位置来确定其类型、大小和摆动方向。走廊的门必须是防火的。一般需要达到80英寸(约2032毫米)的最低高度。占用率较高的大空间可能需要两个或更多的出口通道门。

出口通道走廊是指通向建筑物出口的任何一条走

廊。典型的走廊可能需要 1 小时的防火等级。走廊的宽度和最大行进长度受到规范和无障碍性要求的限制。出口通道走廊必须由防火结构的墙壁封闭起来，以便充当必要的安全出口。

过道是在家具、设备、商品或其他障碍物之间形成的通道，其最大壁高为 69 英寸(约 1753 毫米)。如果家具或设备再高一些，则被视为走廊。办公室内活动面板系统之间的通道被认为是过道，餐馆中的桌椅之间及商店中陈列架之间的路径也是过道。作为出口通道一部分的过道，其设计规则与走廊相似。

《2015 年国际建筑规范》(IBC)要求，在 B 组和 M 组中提供一条**过道通道**，提供通往相邻过道或过道通道的路径，其宽度为 30 英寸(约 762 毫米)。商品展示区(商品展板)要有一个至少 30 英寸(约 762 毫米)的过道通道。查阅《美国残疾人法案》(ADA)，了解空间的具体尺寸要求。

根据《2015 年国际建筑规范》(IBC)的要求，桌子或柜台座位旁边的过道进出通道的净宽度为 19 英寸(约 483 毫米)，即从桌子或柜台边缘测量到进出通道 19 英寸(约 483 毫米)处的平行距离。如果桌子或柜台四周的座椅是固定的，则过道的宽度可测量到墙壁、座椅边缘和台阶边缘(图 18.7)。其他要求也适用。

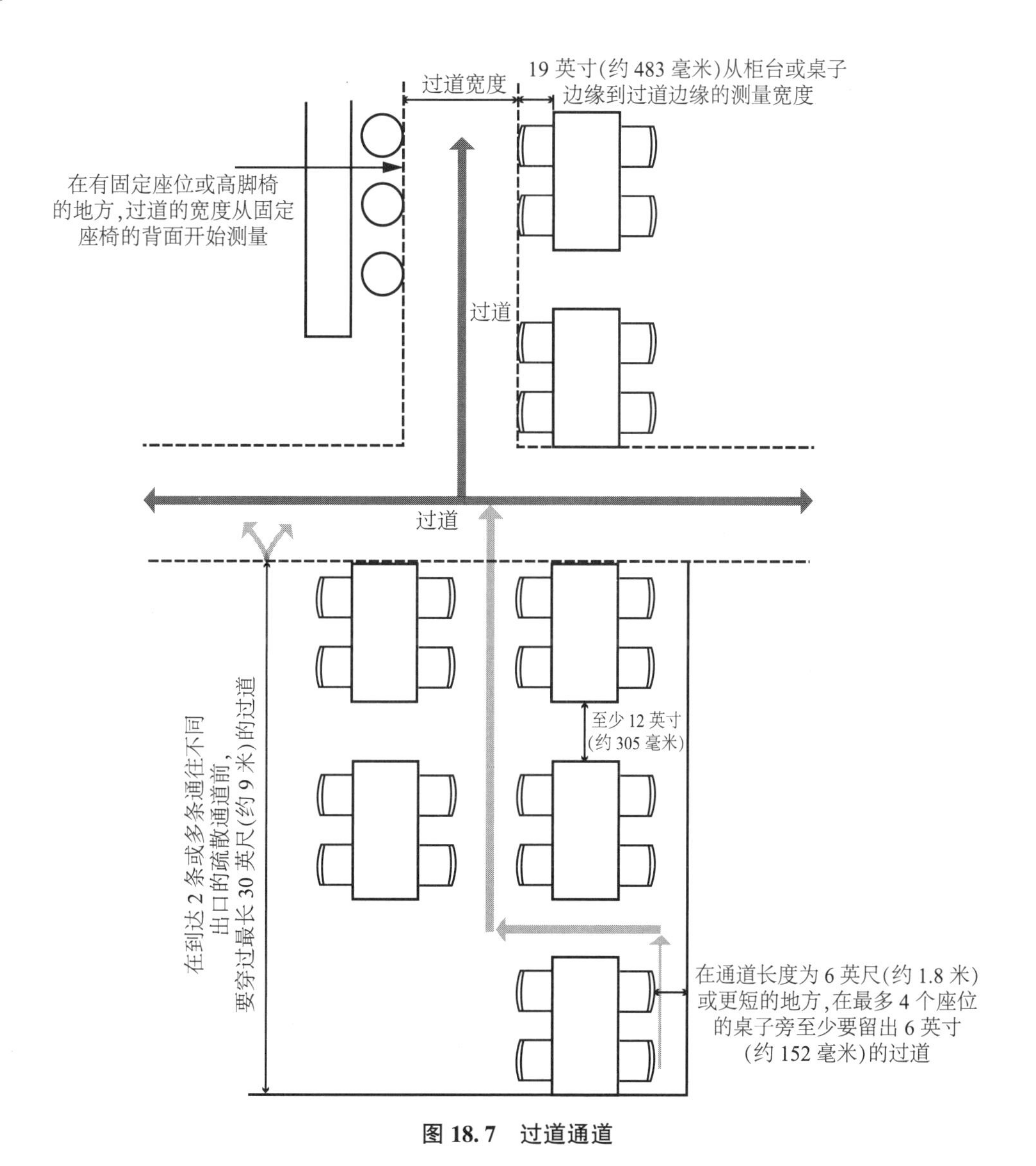

图 18.7 过道通道

集会场所有时会为大量人员提供固定座位。规范根据占用的面积、每个通道的座位数量及过道是斜坡还是楼梯来限制过道宽度。规范也对座位之间的最小距离和过道尽头的位置做了规定。

通往出口的通道应该尽可能是直的。在某些项目中，通道可能需要先经过相邻的房间或空间，然后才能到达走廊或出口。如果这条通道是直通的、无障碍的，并且明显通向出口方向，则这样做是可以的。

规范允许经由大空间中的小房间进入走廊。接待区、大堂和门厅，只要符合规范要求都可以这样设计。但是，厨房、储藏室、卫生间、壁橱、卧室和其他需要上锁的空间一般不允许作为出口通道的一部分，除非是在一个住宅单元，或者居住人员少。易燃性较高的房间也受到限制。

有关坡道的更多信息，请参见第五章“地板/天花板组件、墙壁和楼梯”。

无论哪个楼层都不能在疏散通道内设有台阶或楼梯。高度有变化的地方或轮椅使用者可以使用坡道。坡道的宽度和净空要求与走廊类似。根据坡道的长度和方向改变的次数，坡道每间隔一定距离就需要有一个休息平台。在坡道的顶部和底部也需要有平台。坡道和平台的边缘都要经过仔细的边角处理；地面要防滑。当坡道超过一定的角度或高度时，通常需要安装扶手，也需要做些防护措施。

出　口

出口是疏散通道的一部分，与建筑物的其他所有空间是分开的。出口连接了出口通道和出口场地。火灾发生时，出口必须为建筑物内居民提供安全封闭的疏散路径。出口的数量、位置和大小都有明确规定，对其无障碍性的要求与出口通道类似。出口必须是完全封闭、耐火且难以渗透的。与通常要求1小时抗火等级的出口通道和出口场地相比，出口需要2小时的抗火等级。

垂直出口包括防烟塔、内外楼梯和坡道、符合特定要求的自动扶梯，有时还包括电梯。水平出口包括直接通向外面的门，耐火2小时的封闭走廊和自动步道。特殊的水平出口由安装了两扇防火门的内部防火墙组成，一扇门向内摆动，一扇门向外摆动。

出口必须通向另一个出口、出口场地，或直接通到公共道路。安全出口通常是一段能够抗火2小时的消防楼梯、一条穿过防火屏障的水平防火通道，或者是一个从一楼的房间或走廊直接通向室外的门洞。在某些情况下，安全出口也可能是带有耐火结构墙的出口通道。

一个不到50人的房间需要有一个出口。超过50人的房间需要在房间的两端分别安装两扇门，通常采用**半对角线规则**。根据半对角线规则，对于单独的房间、楼层和整栋建筑来说，两个出口必须隔开一定的距离，至少是所在区域对角线一半的距离。

规范要求，即使有两个以上的门，每个门的大小至少要能应对一半的住户。这通常也适用于出口门和消防楼梯。某些集会场所例外。

从任何一个房间门到最远的安全出口之间，最大的允许距离通常为150~200英尺(约46~61米)。居住人数最多的楼层需要最多的出口。规范要求，居住荷载超过1000则需要4个出口。这一荷载逐层向下，到达第四层以下的所有楼层，每个人都必须通过这些层才能离开大楼(表18.5)。

出口通道

出口通道是一个完全封闭的防火走廊，连接着出口或与公路相通的公共广场。出口通道与出口楼梯的防护等级相同。出口通道由沿途两侧的墙壁和通往出口的门组成，除了必需的出口外没有其他的开口，并且为建筑的墙壁、地板和天花板所需的防火结构所包围。

出口通道常用来延伸出口。如果封闭的疏散楼梯不在外墙边上，则出口通道可以将出口楼梯的底部连接到外面的出口门。根据规范，出口通道的最大长度是走廊的尽头。

通过在出口通道上增加一条通向出口楼梯门的封闭防火走廊，可以缩短到出口的距离。这为测量到出口的距离提供了一个新的终点，并有助于到出口的行进距离符合规范要求。

表 18.5 多层建筑的出口数量样本

楼层数	居住荷载	出口数(个)	最少出口数(个)
楼层 8	450	2	2
楼层 7	825	3	3
楼层 6	495	2	3
楼层 5	800	3	3
楼层 4	1020	4	4
楼层 3	982	3	4
楼层 2	905	3	4
楼层 1	400	2	4
地下室	51	2	2

类似走廊这样的出口引道也可以进入出口通道。这可能发生在建筑物的一层，当需要二级安全出口时，如在处于建筑核心地带的商场和办公楼中。这种出口通道处于两个租户之间的建筑物周边，这样就可以通过公用走廊到达一个户外门。

出口场地

所有出口必须通到建筑物外面的安全避难场所，如庭院或地面上的公共道路。**出口场地**可以是庭院、露台或外部门廊，连接着外部出口门和公共道路。**公共道路**是一条露天的街道、小巷或类似的地块，可供普通大众永久地免费通行和使用。宽度小于 10 英尺(约 3 米)的小巷或人行道不被视为公共道路，而被当作连接外部出口门与更宽的巷子、人行道或街道的外部出口场地。

出口场地的宽度由出口的宽度和无障碍性要求决定。如果通向出口场地的安全出口不止一个，则宽度是所有出口的总和。通常，高度至少为 8 英尺(约 2.4 米)。

在主建筑大厅中，出口楼梯门与外门之间的距离被认为是出口场地。门厅或前庭(在建筑物一层、走廊的尽头和外面的出口门之间的一块地)可以作为出口场地的一部分。如果门厅或前庭的面积很小，规范不会要求其达到很高的耐火等级；如果面积较大，则可能被当作出口通道，因而要求具备较高的耐火等级。

出口标志

在规范强制要求设置两个或多个出口的地方，通常需要设立安全出口标志。安全出口标志设置在楼梯间门口、出口通道及所有楼层的水平出口处。当疏散方向不明确时，则将出口标志设在外部出口门和任何一扇离开该空间或区域的门上，引导人们去往有方向标志的地方。空间较小则不需要安全出口标志，但最好在门、通道或楼梯口处清楚地标出“不是出口”。

> 有关出口标志的更多信息，请参见第十七章“照明系统”。

在出口通道内，离出口标志的最大距离限制在 100 英尺（约 30.5 米）。《2015 年国际建筑规范》(IBC)要求，在 R-1 组居住型建筑中，出口标志除了安装在天花板或墙壁上外，还要安装在门的上方或客房内地板附近的墙壁上(图 18.8)。

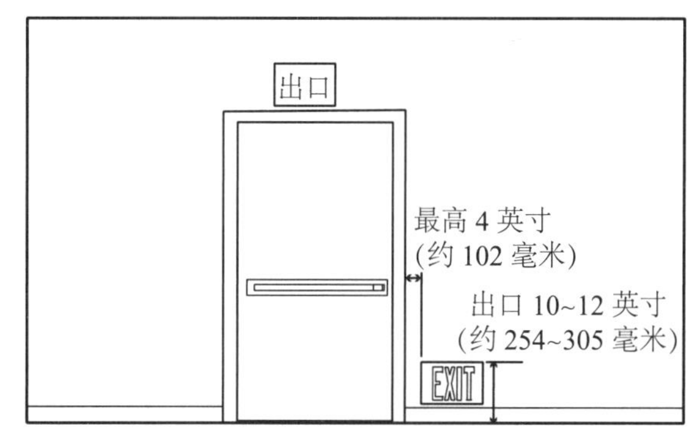

图 18.8 地面高度的出口标志位置

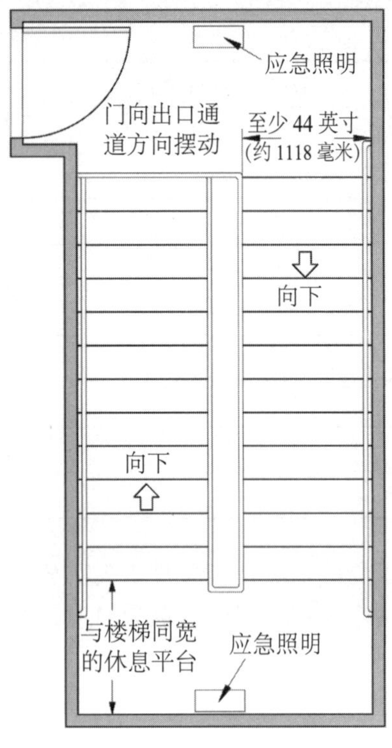

图 18.9 出口楼梯

行进距离和袋形走廊

大多数用于确定到达最近的消防出口的最大行进距离的表格，都将装有喷水灭火系统的建筑物和没有喷水灭火系统的建筑物进行区分。然而这一区别目前仍在审查中，因为一些规则制定机构认为，现有的喷水装置已将最大距离提高到合理的安全水平之上了，因此一定要检查当前适用的规范。

袋形走廊通常是主走廊上的一个分支。主走廊连接着至少两个消防楼梯。在没有连接到主走廊之前，袋形走廊只有一个出口。《2015年国际建筑规范》(IBC)规定，当需要一个以上出口或通道出入口时，出口通道的安排必须确保长度超过20英尺(约6米)的走廊不是袋形走廊。长度限制对其他条件和其他要求也适用。

出口楼梯

出口楼梯是最常见的出口类型，由防护结构组成(图 18.9)。出口楼梯包括楼梯间、进出楼梯间的门，以及楼梯间内的楼梯和休息平台。出口楼梯的围护结构必须由规定的组件构成。

出口楼梯可以通向出口通道、出口庭院或公共道路。出口楼梯的门必须向出口场地的方向摆动。出口楼梯必须能够同时允许消防员向上移动和住户向下移动。它们的尺寸要符合要求，允许楼梯井里的人们继续往下走，而不会受到门的干扰。未封闭的楼梯通道不算是符合要求的出口楼梯。

封闭的楼梯间可能会充满烟雾。不建议在同一通道内设置两个单独的出口楼梯(称为剪刀式楼梯)，因为它们的入口彼此离得太近；这种安排会造成混乱，而且一旦发生火灾，大火可能同时封阻两个入口。最安全的消防楼梯在**防烟塔**内，每层楼都有直接通往室外的通道。

有关消防楼梯的数量和大小的规范要求还考虑到了经济和安全问题。楼梯的数量越多越宽敞，使用的人也就越多。使用规范核准的防火玻璃可以使楼梯更加显眼，以此来增加它们的吸引力。

> 有关出口楼梯和坡道的更多信息，请参见第五章“地板/天花板组件、墙壁和楼梯”。

我们在楼房里使用的大多数楼梯都是出口楼梯。规范中所包括的另一类楼梯是**出口通道楼梯**，它不像典型的出口楼梯那么常见。当住户占用了建筑物的一个以上楼层或者当建筑物有夹层时，通常在空间内使用出口通道楼梯。出口通道楼梯一般不需要防火的楼梯间，除非它们连接两层以上的楼层。

居住荷载

建筑规范用**居住荷载**来确定一个建筑的出口的数量和宽度。居住荷载决定了在任一时间内某种特定占用所允许的最多人数。

> 请注意，居住荷载与占用分类不一样。占用分类表示空间的使用情况，而不是使用空间的人数。

规范依据特定的占用用途和建筑物用途将每位使用者所需的预定空间量或平方英尺进行分配。这个空间量被称为**居住荷载系数**。

一个空间的居住荷载是指在任何一个时间可能占据一幢建筑物或其中一部分的总人数。它由分配给特定用途的建筑面积除以在该用途中每个使用者可用的平方英尺(在美国)来确定。

居住荷载是利用外墙以内的面积来计算的。有的荷载系数以总平方英尺计算，包括内墙厚度和整个建筑物中所有空间。有的荷载系数是基于实际占用空间的净平方英尺，不包括走廊、卫生间、设备间和其他空置区域。有时，一些占空间的固定项目，如内墙、立柱、内置吧台和排架，会从计算中使用的平方英尺数中扣除。再次强调，请检查项目所在管辖区当前的规范要求。

避难区

要为高层建筑和多层建筑中的轮椅使用者设立**避难区**。在大型建筑中，并非每个人都能够及时撤离，而避难区可以提供一个躲避烟雾的等候区。理想的避难场所应该在整个火灾和救援过程中保持无烟、无有害气体、无高温和火情，直到救援赶到。《美国残疾人法案》(ADA)规定了避难区内无障碍空间的最低要求。

避难区通常设在被保护起来的楼梯附近，不会受到烟雾的伤害(图 18.10)。避难区里配备了通信设备，可以召唤消防员来营救避难者。

当楼梯被用作避难区时，其设计应该能容纳下建筑物的所有住户，允许每人占用 3 平方英尺(约 0.28 平方米)的空间。水平出口、防烟的前庭或邻近出口楼梯的加大平台也都可以作为避难区。

在出口楼梯中间，楼梯入门处的平台可以建得宽敞一些，这样一个或多个轮椅在此等待救援时不会阻碍出口；也可以在出口通道走廊中紧邻出口封闭间的一处，为轮椅提供一个凹室，供轮椅停靠；还可以在紧邻出口封闭间的地方建一个封闭的出口场地，如前庭或门厅，作为轮椅使用者的避难所(图 18.11)。

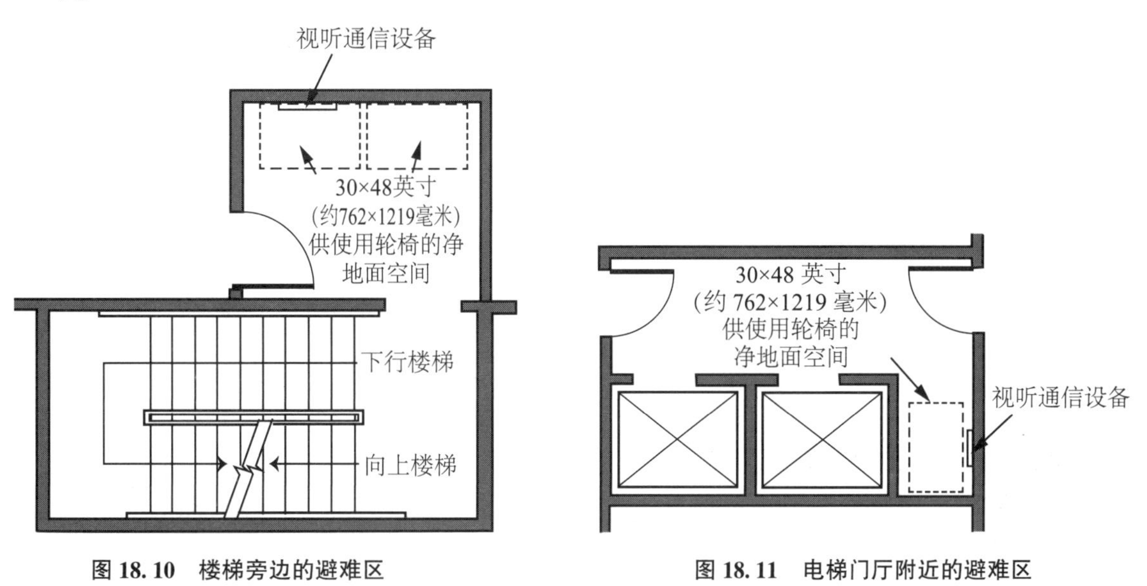

图 18.10 楼梯旁边的避难区

图 18.11 电梯门厅附近的避难区

电梯和自动扶梯

由于电梯在火灾中固有的不可靠性，电梯通常不作为疏散设施的一部分使用。当火灾警报响起时，所有电梯都立即被召回到一楼。持有特殊钥匙的消防员可以手动操作电梯，让戴呼吸面具的消防队员迅速将消防设备带到起火的楼层下面。

目前，规范和消防安全官员正在重新考虑在高层建筑中使用电梯进行人员疏散。在亚洲，一些建筑已经在使用电梯协助疏散；美国正在就使用电梯疏散进行调查论证。在内华达州拉斯维加斯的云霄塔，人们可以在紧急情况下使用电梯逃生。

有关电梯和消防安全的更多信息，请参见第十九章“运输系统”。

垂直开口

由于火灾在建筑物中的垂直蔓延是最大的问题，所以对垂直开口的要求往往特别严格，以防止火灾和燃烧产物通过建筑物对流。任何类型的竖井，包括楼梯、电梯、管道系统、电气线路和管槽，都必须用防火墙封闭起来，每个楼层都要有自动关闭的防火门。

多层楼梯的结构复杂，楼梯间墙壁的高度不等，规范对这种情况难以进行分类说明。室内设计师可能需要咨询建筑师、规范专家和(或)建设部门官员来做决定。

对竖井围护结构要求的唯一例外是垂直中庭。在规范中，**中庭**被定义为一个有屋顶的空间，包括一个地板开口或连接两个或多个楼层的一系列地板开口。中庭常见于购物商场、酒店和办公楼。中庭周围的阳台对其开放，但周围的房间必须与阳台和中庭隔离开来。但也有例外，那就是建筑设计师任选三个楼层，不设隔断，这样几个楼层的大堂空间可以与中庭相通。

规范要求，在每个楼层的中庭开口处，设置一块 6 英尺(约 1.8 米)深的**遮板**作为挡烟板(图 18.12)，还需要在管道中安装烟雾探测器和电动挡板。

带有中庭的建筑物必须安装喷水器。喷水器安装在大堂所在楼层、中庭所在楼层及其他与中庭相通楼层的中央位置，距地面 6 英尺(约 1.8 米)，以便形成水幕。中庭四周的玻璃窗框架应当设计为热胀冷缩的，这样当框架受热时玻璃就不会破裂。中庭必须设有带风门的风扇，如果发生火灾，风门会自动打开并启动，使新鲜空气进入地面空间，并排出天花板上的烟雾。

水平出口

不同的居住空间之间都根据需要建造了隔离墙。**水平出口**指的是通过一堵墙的通道，由一扇自动关闭的防火门保护，并可通向同一建筑物内或相邻建筑物大致相同楼层的避难区(图 18.13)。居住者从发生火灾的一侧逃出，水平地通过自闭防火门到达另一侧的安全区域。

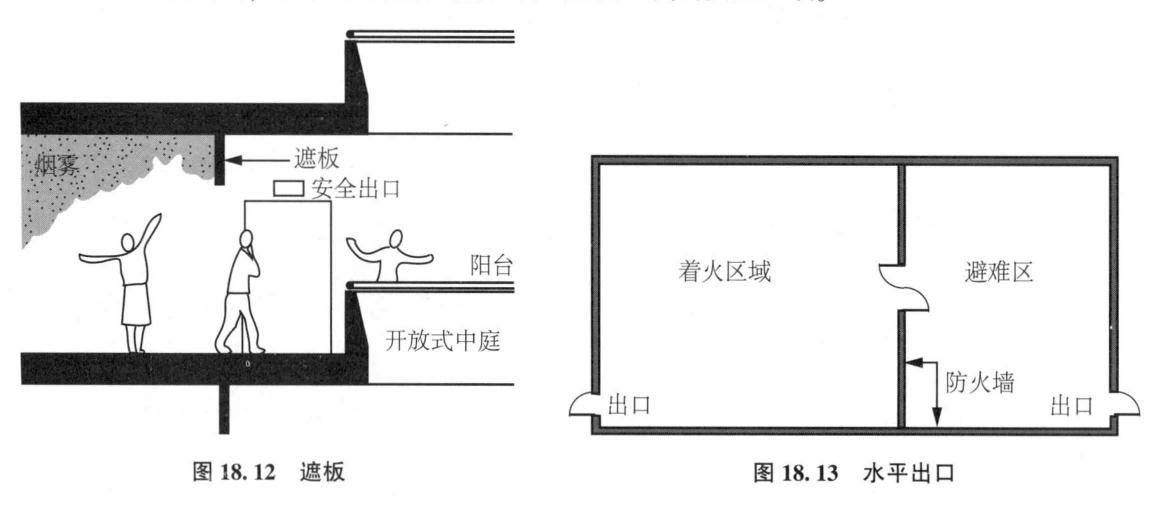

图 18.12　遮板

图 18.13　水平出口

水平出口的门必须是防火的，并向出口方向摆动。如果水平出口的两侧都有避难区，那么它必须具有两扇门，分别朝相反的方向摆动，以便居住者可以从任一侧推开门逃生。

当你从水平出口的门中走出时，你面对的整个空间都被认为是避难区，你可以在那里等待援助或通过另一个出口离开建筑物。水平出口也用于为医疗保健机构、拘留所和教学楼等大型建筑里的人群提供避难所。

水平出口可以减少其他类型出口的数量，但规范对建筑物的水平出口的总量有限制。只有当需要两个或更多的出口时，才允许建水平出口。

建筑物的保护

保护好建筑物的结构，可以防止建筑物在火灾发生期间倒塌或延缓低矮建筑物的坍塌，为所有住户逃离、消防员拯救建筑物创造机会。这样，在火灾中幸存下来的建筑物可能会得到修复，而不是被拆除。保护好结构也就保护了住户、消防员和邻近建筑物。如果建筑物全部或部分倒塌，那么高楼大厦就会构成重大危险。

要保护的结构中最重要的元素是柱子，其次是大梁和横梁，最后是楼板。

大多数大型建筑物都是用钢筋混凝土或者保护钢建造的。钢铁不会燃烧，但会在火灾中丧失大部分的结构强度，或者在普通建筑火灾经常达到的持续温度下会下陷或坍塌。混凝土比钢更耐火，但它的水泥黏结剂会分解，如果火灾持续的时间过长，可能会导致严重的结构损坏。

钢梁和钢柱被混凝土、板条和石膏包裹，或被多层石膏墙板(干墙)包围加以保护(图 18.14)。有时也会在胶凝黏结剂中喷洒轻质矿物绝缘材料，或者在其上粘贴预制的矿物绝缘板(图 18.15)。**发泡涂层**是以油漆的形式或用泥刀抹上的厚涂层，当暴露在高温下时会软化并释放出气泡，使涂层膨胀，从而形成一层保护性的绝缘层。

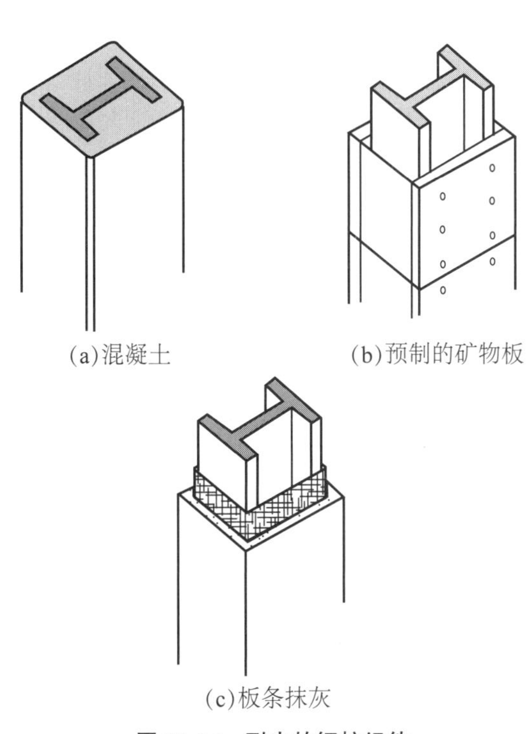

图 18.14 耐火的钢柱组件

图 18.15 带喷射消防设备的柱子

砖、瓦和矿物纤维不受火灾的影响，可以用来保护建筑结构，但是它们的灰浆接头可能会分解碎裂，从而导致构造失效。

有关建筑结构系统的更多信息，请参见第四章“建筑的形式、结构与元素”。

由无防护层的钢构件建造的低矮工业和商业建筑被认为是不可燃的，但有一种不太可能的可能性，那就是人们还没来得及逃离，这些建筑可能就在大火中迅速坍塌了；用重型木材建造的建筑物被认为是燃烧缓慢的建筑物，因此它们可以比无防护层的钢结构建筑高出一到两层；石膏或石膏墙板建造的墙壁和天花板可以为小型木制建筑提供 1.5 小时的保护。

分 区

分区通过将火、热、烟和有毒气体限制在它们的发生地，直到火被扑灭或完全燃尽来保护建筑物的居住者和财产。整个建筑或大空间可分为两个或两个以上的独立空间，每个空间都被完全封闭在由地板/天花板组件和墙壁组成的防火结构中，这样可以防止火灾、烟雾和热量扩散到建筑物的限制区域之外。

建筑物内不同类型的功能之间需要进行分区。分区也被用来为居住者和消防员提供避难场所。在一排排的房子里，墙壁把房子分隔成独立的隔间。

分区是用来隔离那些经常发生火灾的地方或者那些特别害怕发生火灾的地方。规范要求防火结构的耐火等级为 30 分钟至 4 小时。要对结构组件的结构充分性、完整性和隔热性进行测试。

防火墙的开口必须用防火门和强制通风系统中的防火挡板加以保护。规范要求用防火屏障限制垂直方向的火势蔓延，也可以用卷帘式百叶窗和手风琴式折叠门来分隔建筑物。

防火屏障

防火屏障是防火结构元件，包括墙壁、天花板或地板系统。通过使用具有耐火(FR)等级的防火结构材料来防止火焰和热量的蔓延。防火屏障可分为三种类型：**防火墙**具有最高的防火等级，通常是建筑围护结构的一部分；**防火隔离墙**被用在建筑物内创建防火隔间；**地板/天花板组件**的防火等级取决于它们周围的墙壁。

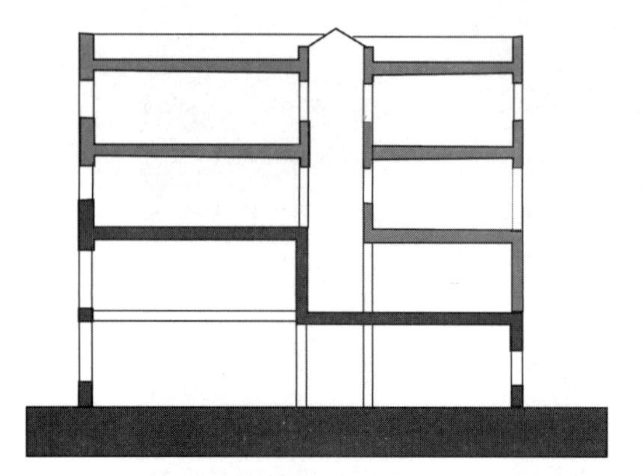

图 18.16　显示防火墙和防火地板的截面图

防火墙，也称为共用隔墙，通常用于将建筑物细分为两种不同类型的结构。防火墙与耐火地板结合在一起，可以从水平和垂直两个方向控制火势(图 18.16)。防火墙还用于混合用途的建筑物中将一个占用空间与另一个占用空间分隔开。

从建筑物的地基到屋顶，再到每一面外墙，防火墙提供连续不断的保护。防火墙的特点是，即使墙的一侧倒塌掉落，另一侧仍能保持矗立。防火墙通常有 3~5 小时的耐火等级。

建筑规范限制了防火墙开口的数量。室内设计师一般不参与设计防火墙，但其工作可能涉及开口。防火墙的所有开口都被限制在墙壁长度的一定百分比内。开口需要通过自闭式防火墙、防火的窗户组件或防烟火挡板来加以保护。贯穿式开口必须仔细密封，以保持隔间处于密闭状态，防止火势蔓延到相邻空间。任何通往公用设施的检修门都必须保持防火屏障的耐火等级。

在室内项目中，防火分隔墙包括租户分隔墙(分户墙)、走廊墙壁、竖井和房间分隔墙，都比防火墙更有可能增加或改变。租户分隔墙在建筑物内创建防火等级的隔间，将两个租户或住宅单元分开。租户隔墙通常需要 1 小时的耐火等级，取决于使用率和是否使用喷水器。

走廊墙壁根据走廊的使用方式、使用率及是否使用洒水喷头，有 1~2 小时的耐火等级。作为出口的走廊墙壁通常有 2 小时的防火等级，作为出口通道的走廊通常需要 1 小时的防火等级。通常，法规要求走廊墙壁必须从楼板到楼板连续不间断，贯穿吊顶。有些走廊墙也可以作为分户墙，在这种情况下相对应的要求也更为严格。

为楼梯间、电梯和垃圾升降机建造的竖井井壁通常从建筑物的底部一直延伸到屋顶平台的底部。作为出口的一部分，楼梯要达到一定的防火等级，只能有有限的渗透，楼梯的围墙必须是防烟的。楼梯间三层以下必须达到 1 小时的防火等级，四层及以上则要达到 2 小时的防火等级。如果楼梯在一个空间中只连接两个楼层，那么这个空间可以被视为中庭，对中庭围护结构的限制可以不那么严格。

一个空间内的大多数房间都不需要防火墙。根据规范，如果房间内存放危险物品，这些物品与建筑物的其余部分必须由防火墙隔开。

防火地板和天花板按照地板/天花板组件或屋顶/天花板组件来评定防火级别。该组件包括从天花板材料的底部到上面的地板或屋顶的所有东西。这包括成品天花板和其上方的成品地板之间的所有管道和电线。要求的最高等级是由周围墙壁的等级决定的。

隐蔽空间

火可以迅速在天花板上、墙壁后面、管道内、阁楼里和活动地板下等隐蔽空间中蔓延开来，因此在这些空间中应尽可能指定不燃材料。要在隐蔽空间中安装自动火灾探测、灭火系统和除氧系统。用防火屏障或防火墙进行分区可以打破隐蔽空间的连续性。自动火灾探测和灭火设备，包括除氧法，可用于无人居住的隐蔽空间。

建筑组件和元素

《建筑结构和材料燃烧试验的标准测试方法》(ASTM E-119)确立了建筑组件的防火等级，分别为1小时、2小时、3小时和4小时。根据本标准测试的组件包括永久隔墙、楼梯和电梯的竖井围护结构、地板/天花板结构、门和玻璃开口。门和其他开口组件也可接受20分钟、30分钟和45分钟的防火评级。

任何贯穿整个建筑组件的开口都被称为贯穿洞口。规范要求，防火组件中被穿透处应该用防火门、防火窗、防火墙和防火挡板等形式的消防设施组件保护起来。这些开口保护装置或贯穿保护系统必须具有防火等级。所有开口的总宽度不得超过墙壁长度的25%。通常不允许有超过120平方英尺(约11平方米)的开口。任何通过必要测试的组件必须贴上一个永久性标签，以证明它是防火的。

防火门

防火门实际上指的是全部门配件的组合。典型的防火门包括门扇、门框、五金和门口(墙壁开口)。防火门组件就是要保护防火墙上的开口。整个组件作为一个单位进行测试和评级。

出口通道走廊的围墙要求具备1小时的耐火等级，而墙上的门至少需要20分钟的防火等级。对于需要4小时耐火等级的防火墙，其门的防火等级应达到3小时。

许多类型的门都是按照建筑规范来设置的防火门，包括旋转门和垂直滑动门、折叠门、卷帘门和双扇门等。

防火门通常是全板门，无论是实心木门还是金属门，核心部分都含有矿物成分。少量的镶板门也符合防火门要求，有的防火门贴上装饰面来改善它们的外观。框架是木材，中空部分填充金属，如钢或铝。门框和五金件的防火等级必须与门本身的防火等级相同。防火门最大的尺寸为4×10英尺(约1.2×3米)。

防火门的五金件包括铰链、门闩和锁套，以及拉手和闭门器。铰链、门闩和关闭装置是受到最为严格管理的装置，因为它们必须在发生火灾时将门牢牢地锁住，还要承受火灾产生的压力和热量。门必须是自动上锁并配有闭门器的(图18.17)。

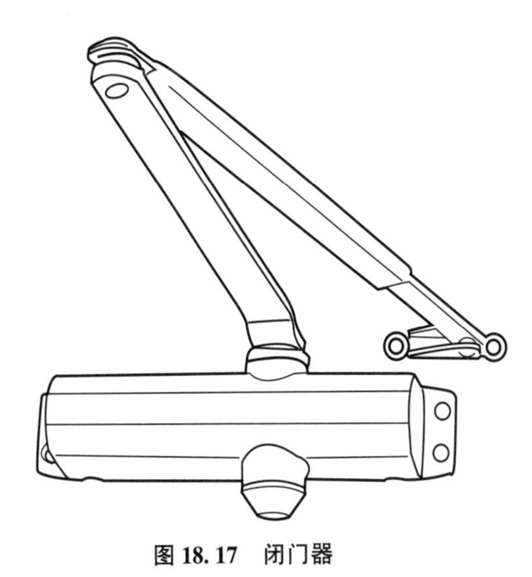

图18.17 闭门器

闭门器是一种液压或气动装置，可以自动地、快速而安静地关闭门。建筑规范要求使用具有UL级的五金件的自锁式自动关闭门，以保护防火墙和分户墙上的开口。对于通常处于打开状态的门，自动关闭装置使用由热触发或由烟雾探测器激活的保险连杆来关闭门。其他防火等级较低的门则需要自动关闭装置在每次使用后关闭门。

防火等级的出口门也需要特定类型的门闩。最常见的称为“**消防安全门五金件**”，由一个门闩组件组成，当压力施加在一个水平的杆上时，它会在腰部高度的紧急出口门内部断开(图18.18)。

消防安全门五金件必须是经过测试和等级评定的。尽管"太平门闩"一词经常被用到，但在技术上太平门闩未经测试，不应该用于防火门。

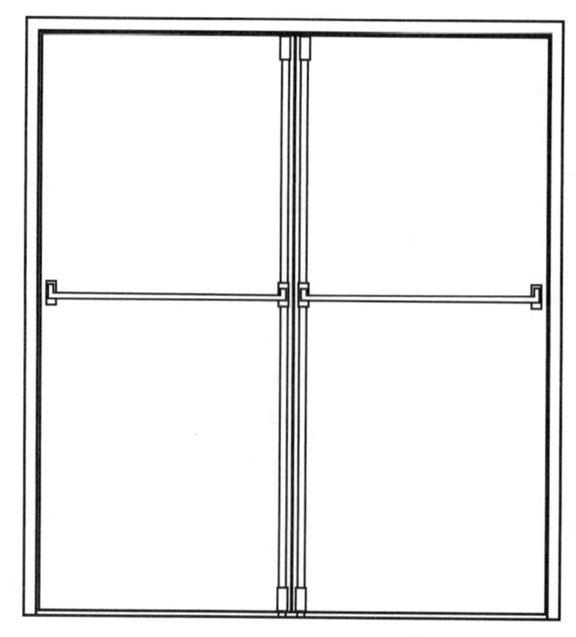

图 18.18 消防安全门五金件

大型集会场所和教育机构通常要求使用消防安全门五金件，也经常在其他出口门上使用。规范还根据建筑物的使用和占用情况规定了出口门的宽度、摆动方向和位置。2010 年 ADA 无障碍设计标准要求推或拉开门所需的力不超过 5 磅(约 2.268 千克)。

出于安全原因，可能需要锁定消防安全门五金件。任何试图打开这扇门的人都会触发警报——这在火灾期间当然不是问题，但若是在火灾以外的情况下就会非常显眼、令人尴尬。

有关防火门窗的更多信息，请参见第六章"窗和门"。

窗

建筑消防规定中的窗户类型包括平开窗、双悬窗、铰链窗、回转窗和斜窗，还包括固定窗、侧窗、气窗、观察窗，以及借光窗。玻璃幕墙也要符合消防法规的规定。

建筑规范规定了住宅睡眠空间中可作为紧急出口的窗户的净宽度。通常，允许的最小面积为 5.7 平方英尺(约 0.53 平方米)，最小净宽为 20 英寸(约 508 毫米)，净高为 24 英寸(约 610 毫米)。窗台必须在地面以上不超过 44 英寸(约 1118 毫米)。规范可能会限制窗玻璃的位置。

具有防火等级的窗户通常由框架、夹丝玻璃和五金件组成。它们用于走廊、房间隔断和挡烟板的开口。窗户的防火评级与门的评级相似，时间级别通常不超过 1 小时。

传统上，夹丝玻璃就被用作防火玻璃(图 18.19)。它由嵌在玻璃板中间的金属丝网组成。金属丝散发热量并增加玻璃的强度。夹丝玻璃具有相对低的抗冲击性能。规范正在逐步淘汰夹丝玻璃在各种类型建筑物中的使用，尤其是在易受撞击和破损的危险场所，如门、侧窗和靠近地板的窗户。

传统夹丝玻璃的一种替代品是陶瓷玻璃，陶瓷玻璃在门上的防火等级高达 3 小时，在其他位置可达 90 分钟。另一个防火选项是透明护墙板，其防火等级可达 2 小时。

最后一类耐火玻璃是特殊钢化玻璃。这些产品只能承受 20 分钟或 30 分钟的额定压力，不能承受来自洒水喷头或消防水带的热冲击力。这类产品有时用于防火等级为 20 分钟的门。

玻璃砖通常有 45 分钟的耐火评级，较新的型号可提供 60~90 分钟的耐火评级(图 18.20)。规范限制了直接用玻璃砖作为内墙的平方英尺数。规范还限制玻璃砖用于耐火墙的观察窗，在那里玻璃砖必须安装在钢槽中。

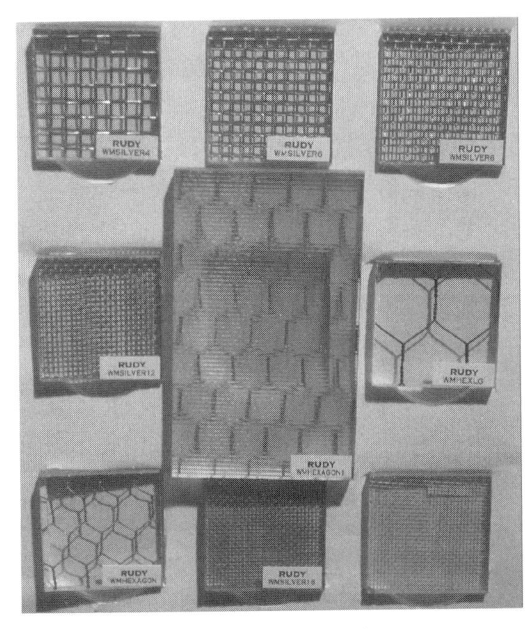

图 18.19 夹丝玻璃

图 18.20 玻璃砖

在玻璃平面内或外水平方向 36 英寸(约 914 毫米)的范围内有一个可走表面时，需要在双层玻璃板上使用安全玻璃(图 18.21)。如果在地板以上 34~38 英寸(约 864~965 毫米)的玻璃可接触面上安装有至少 1.5 英寸(约 38 毫米)宽的保护条，则不需要安全玻璃。其他要求也适用于超出限定范围的窗格。

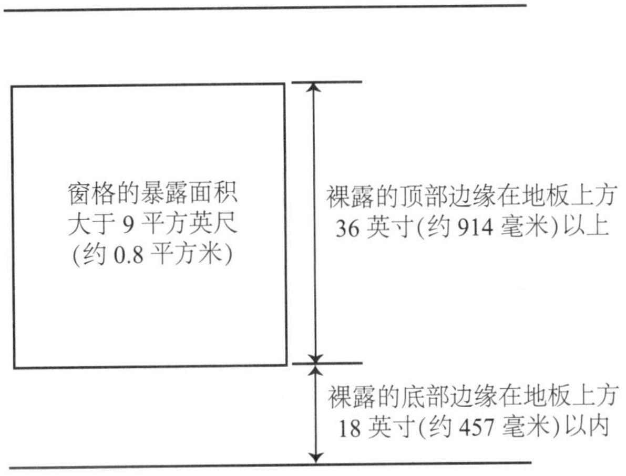

窗格的暴露面积大于 9 平方英尺(约 0.8 平方米)

裸露的顶部边缘在地板上方 36 英寸(约 914 毫米)以上

裸露的底部边缘在地板上方 18 英寸(约 457 毫米)以内

图 18.21 安全玻璃的限定范围

防火阀和风挡

防火阀安装在暖通空调管道系统中，可以在紧急情况下自动中断空气在管道系统中的流动。防火阀也可以限制烟、火和热量的通过。防火阀包含一个保险连杆，安装在管道所穿过的组件的一侧。火灾发生时，火焰入侵风道，高温使阀门上的保险连杆熔化，导致防火阀关闭，管道被封。在任何有管道穿过耐火组件的墙壁、天花板或地板时，必须安装防火阀。

在可燃结构中，需要用**风挡**来封闭较大的隐蔽空间。风挡本身不一定是不可燃的。风挡安装在地板以上和天花板之间的空间、阁楼及其他隐蔽空间中，以形成独立的空间并防止空气的流动。

挡火器

在火焰和烟雾穿过屏障的地方需要挡火器。在墙壁之间的隐蔽空间中及水平和垂直平面之间的连接处也可能需要挡火器。挡火器可以限制烟雾、热量和火焰在隐蔽空间中的传播。它们密封并保护用于水管、电线导管、电线、暖通空调管和电缆等穿过墙壁、地板和天花板的开口。

创建火延烧系统最常见的方法是，用防火材料填充开放的空间并用密封剂做密封处理。工厂制造的挡火装置通常是作为墙壁或天花板/地板组件的贯穿物的一部分来安装的。

材料与防火

耐火结构涉及降低材料的易燃性和控制火势的蔓延。耐火材料、耐火组件和耐火结构都具有其用途所需的耐火等级。用于消防的材料必须是不可燃的，必须能够承受极高的高温而不会崩解。它们还应该是热的不良导体，能够使受保护的材料免受火灾产生的热量的影响。这些材料包括混凝土、石膏或蛭石石膏、石膏墙板和各种矿物纤维制品。

控制从精心设计和规范建筑材料、装饰材料和家具开始。由于本书侧重于建筑系统而不是建筑材料，所以我们在这里只讨论基础知识。

在选定合适的装饰材料之前必须先确定建筑物或空间的用房分类，以及确定该建筑物是新建筑还是既有建筑。建筑规范的最后章节包含了装饰材料表，其中详细列出了不同的疏散设施组件和建筑类型所需的不同装饰材料。

一些居住场所，包括医疗保健、拘留或劳教机构、旅馆或宿舍，以及公寓楼对装饰材料有特殊要求。结构特殊的建筑物也可能有特殊要求。通常，在居住者不能移动的地方或者对他们采取安全措施、限制他们的行动自由时，或者在提供夜间住宿的地方，会实行更严格的装修要求。遍及整个建筑物的洒水装置可能会改变装饰材料的耐火等级。

建筑材料常用的防火安全术语包括不燃、可燃、易燃、耐火、抗火、防火和阻燃(表 18.6)。

火灾伤亡的大约 80%是由烟雾造成的。这通常源于塑料材料的燃烧或阴燃。

表 18.6　防火安全材料术语

术　语	说　明
不燃	遇火时材料不会着火燃烧。包括钢、铁、混凝土和砖石。实际性能取决于它们的使用方式
可燃	即使火源被移走，材料仍会着火并继续燃烧
易燃	“flammable”和“inflammable”两个词的意思是一样的，就是容易着火和迅速燃烧。两者都表示“高度易燃”，一组不易混淆的术语
耐火	经过测试已取得 1 小时防火等级的产品
抗火	根据耐火性测试已具备规定的耐火等级的建筑构件或系统
阻燃	一种抑制、压制或延缓火焰产生以防止火势蔓延的化合物
防火	没有什么东西是真正防火的；所有的建筑材料、部件和系统都有一定的极限，到了这个极限，它们都会受到火灾不可挽回的损坏

规范与标准

相关组织机构发布了经过测试的、可用于墙壁和隔墙、地板/天花板系统和屋顶/天花板系统组件清单。他们制定了保护横梁、大梁、桁架、柱和门窗组件的标准。

符合规范的内墙饰面材料包括用于固定或可移动墙壁、隔墙和立柱的大多数表面材料。天花板的内部装饰材料包括在规范中。完工或未完工的地板、楼梯和坡道的覆盖物也包括在内。室内装修和家具的标准与测试要求经常改变。规范确定了最低限度的要求；出于谨慎，规范显得更为严格。

内嵌式橱柜和带有连续的大片塑料层压板和木质贴面的座椅被许多司法管辖区视为合格的内饰材料。软垫装饰的高靠背餐厅包厢在某些司法管辖区可能会受到限制。通常，只有相对少量的泡沫塑料和多孔材料可以用作墙壁或天花板饰面。

在《生命安全准则》中有一张列有装饰材料的表格。美国保险商试验室(UL)认证了可用于防火和分隔相邻空间、能够防止火灾和烟雾扩散的材料、系统和组件。美国石膏协会的《防火设计手册》(GA-600-12)描述了600多个可用于耐火墙和隔墙、地板/天花板系统、屋顶/天花板系统，能够保护柱子、横梁和大梁的系统。需要注意的是，如果不能正确使用和维护产品，这些材料和组件的测试结果和防火等级就可能无效。

室内设计师有责任核对各项要求，并选择符合规范和标准的室内装修材料。影响室内装修材料的规范包括家具和窗上用品中暴露的饰面，如织物、木贴面和层压板，也包括未暴露的饰品，如软垫座椅里的泡沫和窗帘衬里。家具包括整件家具和软垫座椅及镶嵌面板系统。指定材料时要考虑的事项包括易点燃性、火焰蔓延速度、热释放量、烟释放率和燃烧产物的毒性。

饰面材料类别与测试等级

对饰面和家具的测试着眼于材料引发全面火灾及烟雾增长和蔓延的可能性(表18.7)。小规模测试可在小块的饰面材料或家具的小样品上进行。大规模的测试则要使用较大的样品或完整的组件，包括饰面材料、基材、黏合剂、紧固件和其他部件；也可能是整个房间或整件家具。

表18.7 装饰材料和家具的测试

测试项目	说 明
床垫测试	测试结果为通过或未通过，用于测定燃烧中床垫释放的热量、烟雾密度、有毒气体的产生量和重量的损失
乌洛托品片测试	测试结果为通过或未通过，所有在美国销售的地毯和部分地垫都要求通过易燃性测试
辐射板测试	测量火势蔓延的趋势，以及维持地毯、弹性和硬木地板、墙基燃烧所需的最低能量
墙角火测试	用于测试覆盖墙壁和天花板的有拉毛的、植绒的或环形纺织品
阴燃性测试	测试新的软垫家具在燃烧或熄灭之前如何闷烧(香烟引燃测试)
斯坦纳隧道测试	测试用于墙壁、天花板的室内装饰材料在火灾中火焰如何蔓延和烟雾如何扩散
毒性试验	测量材料燃烧时毒性物质的排放量(半数致死浓度测试或皮茨测试)
软垫座椅测试	测试结果为通过或未通过，针对整件家具的耐火性测试
垂直燃烧测试	测试结果为通过或未通过，是对垂直方向装饰物阻燃性的测试，如窗帘、大型壁挂和装饰性塑料膜

所有出口的路径都必须清除家具、装饰物或其他物品。不允许窗帘或镜子遮挡出口门，禁止在出口门附近安放镜子。安全出口标志必须清晰可见。

木柱、重型木梁和大梁通常允许裸露在外，因为它们之间的间隔相对较远，并未形成连续的表面，不利于火焰的蔓延。

膨胀材料遇火后迅速膨胀，从而形成气泡，使表面与火焰隔绝，或者使材料膨胀以堵住火和烟可以通过的开口。常见的膨胀材料有膨胀涂料、填缝剂和腻子，它们就像一块块厚0.25英寸(约6毫米)、饰面材料各异的板一样，起着保护作用。

根据《2015年国际住宅规范》(IRC)的规定，住宅墙壁和天花板饰面的火焰蔓延指数不得超过200，但也有例外情况，如装饰材料、门窗框，或厚度小于1/28英寸(约0.91毫米)、符合特定条件的饰面黏结材料。墙壁和天花板饰面材料的烟雾产生指数不得超过450。泡沫塑料的使用也有限制。

《2015年国际住宅规范》(IRC)的第七章涉及建筑物内外墙面的设计和施工。它对室内覆盖物或墙体饰面，包括石膏灰泥、水泥灰泥、石膏板和板材、瓷砖等都做出了要求。

国际规范委员会(ICC)认可室内装饰材料的三个耐火等级(表18.8)。其中，A级是最严格的。

表18.8 室内饰面材料的耐火等级

评 级	说 明
A级	包括任何火焰蔓延等级小于25、烟雾生成等级低于450的材料
B级	包括火焰蔓延等级介于25和75之间、烟雾测试等级低于450的材料
C级	包括火焰蔓延等级从76到200、烟雾测试等级限制在450以下的材料

未经过测试的饰面材料和阻燃剂

有时，面向住宅的饰面材料或来自小生产厂家的特色产品是没有经过测试的。那么，室内设计师就需要完成测试或确保它被妥善处理，以符合规范的要求。在有些情况下，测试公司的使用成本可能非常高，因为它们可能需要模拟实际的安装。

阻燃化学品抑制或阻止火势的蔓延。它们的广泛使用正在接受审查，因为它们作为防火安全元素的效力似乎不如以前认为的有效，而且对环境和人类健康的危害更大。**多溴联苯醚**(PBDE)用作建筑材料、家具、聚氨酯泡沫和纺织品的阻燃剂。多溴联苯醚和其他一些阻燃剂与人类的生育问题有关。它们被欧盟和美国一些州禁止。

消 防

建筑设计和建筑系统对消防员的安全性和有效性至关重要。烟雾管理是这一努力的重要组成部分。

烟雾管理

在建筑火灾中，烟雾造成的死亡人数比高温或建筑物倒塌造成的死亡人数多。即使一个人没有死于烟雾，他吸入的烟尘也会导致记忆力丧失和长期的身体影响。现代建筑中的火灾通常持续不到30分钟，但烟雾问题可能会持续数小时。吸入烟尘可能会导致人的思维模糊，遭受热烟的袭击会导致人们恐慌，而随着逻辑的消失，恐惧会压垮他们。

大多数建筑规范都要求控制烟雾。**烟雾管理**的目标是减少死亡和财产损失，以及尽量减少烟雾对建筑物持续运行造成的影响。屏障在限制烟雾运动上是否有效取决于烟雾如何通过屏障和屏障两侧的压力差。压力取决于火势、烟囱效应、风力、建筑的几何形状和暖通空调系统之间复杂的相互作用。

传统的被动改变烟气运动的方法被用来保护建筑使用者和消防人员，并减少财产损失。这一方法包括使用防火间隔、排烟口和排烟道等烟雾隔离法。主要的流动路径是打开或关闭的门窗。防烟门通常是处于磁控开启状态，当火灾报警系统被激活时门自动关闭。烟雾也会由于气流通过隔墙、地板、外墙或屋顶的裂缝而移动。泄漏常常发生在管道穿过墙壁或地板处、墙壁与地板的接缝处及门周围的裂缝。

排烟口和排烟道的有效性取决于它们靠近火源的程度、烟雾的浮力和其他驱动力的存在。暖通空调系统可以在火灾中关闭，以限制烟气的扩散。目前的做法是用风扇控制烟雾的运动。

限 制

应该将烟雾限制在火灾区域，将其排除在避难所之外。防火墙和烟雾屏障可以限制烟雾。分隔墙上方的大型开放空间可以容纳大量的烟雾，趁烟雾上升，居民得以疏散。

如前所述，窗帘板是从天花板悬垂下来的半深的烟雾隔板，用来限制热空气和烟雾，有助于更快地启动火灾探测和灭火系统。当烟气层过厚而无法容纳时，或者当空气压力迫使烟雾下行至窗帘板下方时，窗帘板就会迅速失效。

水幕可以抑制烟雾的流动，但只能延缓其蔓延，并不能消除它。水幕为疏散居民争取了时间，也能帮助消防员控制火势。

防烟围护结构是用防火结构墙将出口楼梯封闭起来而成，可通过前厅或开放的外部阳台进入。防烟围护结构必须通过自然或机械手段通风，以限制烟雾和热量的穿透。防烟塔内的楼梯与室外空气直接相通，并可通达每层的消防设备，因此是最安全的楼梯。建筑规范通常要求高层建筑要有一个或多个出口楼梯是由防烟围护结构保护的。

从外墙到外墙、从楼板到楼板的连续墙体都是很好的防烟屏障。在高层建筑中，还可以将楼梯、电梯、废物溜槽所处的竖井都设计成带有通风设备或增压系统的空间，以达到防烟的目的。

烟雾控制系统

超过六层楼的建筑物必须安装控烟系统。出口通道必须不断加压。防火结构的楼梯、走廊和出口通道的所有正门和开口，都必须用防火等级相同的门、防火百叶窗或挡板来加以保护。疏散过程中打开的楼梯门和其他门有时会意外地一直开着或在火灾期间被撑开，必须加压才能保持烟雾不顺门而入。

火灾初期，利用户外空气稀释烟雾有助于人们撤离燃烧的建筑物，但仅仅稀释是不足以控制烟雾的，尤其是当有毒气体出现的时候，因此烟雾稀释通常要与限制手段、早期检测和抑制系统相结合。

仅在火灾中起作用的特殊排气系统正变得越来越普遍。它们利用空气速度和空气压力的组合来控制烟雾的移动。排烟系统在大空间的中庭中工作良好，除去天花板处的烟雾并提供下面的新鲜空气。排烟系统有助于将有毒气体排出避难所，降低有害气体的浓度。它们还有助于在火熄灭后去除烟雾。

自动排烟器可以在没有风扇的情况下排放热量和烟雾。它们适合小型和单层建筑物。高温和烟雾触发控制器，排烟器自动打开。排烟器可以为消防队员改善火灾附近的条件，并帮助屋顶上的消防队员确定建筑物内的火灾位置(图 18.22)。

图 18.22 自动排烟器

暖通空调(HVAC)系统、火灾探测和灭火系统及排烟系统三者之间的协调是烟气治理的关键。火灾探测和灭火系统必须启动排烟扇，并取代传统的暖通空调(HVAC)控制器。

火灾探测

消防系统主要用于保护生命，其次是防止财产损失。它们必须根据特定设施的需求量身定制。消防系统是整个建筑系统的一部分，包含三个基本的组成部分。

(1)信号启动：手动或自动装置。

(2)信号处理：控制设备。

(3)报警指示：声音/灯光警报。

消防系统的设计是为了尽可能早地发现火灾的存在，发出警报，灭火或至少控制火灾及其影响，直到消防队员能够控制住它。喷水灭火系统的设计是当水流过喷头时，同时启动灭火并发出警报。

火警警报通常与当地的私人监管机构联系在一起，后者可以呼叫市政消防部门。所有公共建筑和一些其他建筑物都必须配备带有火灾位置指示器的火灾探测和报警系统。

报警启动装置是一种感应火灾或烟雾的信号源。住户可以使用手动报警按钮来启动警报。自动报警设备可以是火灾探测器、烟雾探测器，或者无论建筑物是被占用还是空置都不会停止工作的水流开关。自动设备可以在本地、远程或两者同时发出声光警报，还可以启动自动灭火系统。许多州和地方建筑规范都要求安装火灾和烟雾自动探测器。

应用于商业和轻工业的建筑火灾报警控制面板是一套完整的系统，可以探测火灾、发出警报，并激活灭火功能(表 18.9)。它们可以按照既定程序，关闭防火安全门、关闭空调和加热管道的防火阀、为排气风扇提供辅助电源、排除烟雾、关闭建筑物风机系统，以及关闭其他机械装置。

表 18.9 商业火灾报警系统

报警系统类型	说　明
多户住宅报警系统	音响/灯光报警系统适用于多户住宅。该系统能唤醒所有的沉睡者。探测包括客厅、走廊、维修间、公用设施、储物室内的烟雾。与备用电源连接。每间公寓的门上都有报警灯，加上安装在高层楼房的紧急语音/报警系统
有火灾探测系统的房屋	语音警报系统仅用于有火灾探测系统的房屋，而不用在中心位置以外的地方
辅助系统	与市政火灾报警箱直接连接的局部系统。用于公共建筑，如学校、政府办公室、博物馆
远程站保护信号系统	类似于辅助系统，配备 24 小时值守服务，然后致电消防部门。适用长期空置的私人楼宇
专属报警系统	大型综合性设施，如大学、生产基地。设施的工作人员在现场监控
总站	类似于专属报警系统，但由服务性公司持有和经营

火灾报警系统需要应急电源。大多数检测和报警系统将电源从 24 伏直流电池转换为交流电。

火灾的发生一般经历四个阶段：初期、阴燃、火焰和高温阶段。每个阶段出现的问题可以用不同类型的火灾和烟雾探测器显示(表 18.10)。火灾初期的探测器最为敏感——对于许多产生假警报的内部空间而言，这种探测器过于敏感。大多数火灾都是在阴燃阶段被检测到的。

表 18.10 火灾和烟雾探测器

阶　段	说　明	检测器
初期	已经达到燃烧的温度，看不见的颗粒和燃烧气体已经开始释放出来，但几乎难以察觉	电离探测器、气体探测器
阴燃	烟尘加上可见的气体，大部分是烟雾	烟雾探测器、光电探测器、空气采样系统
火焰	火发出了可见光和红外(IR)辐射，再加上烟雾和气体	火焰探测器用于烟雾较少的火情；紫外线(UV)和红外(IR)辐射探测器，加上紫外/红外组合探测器
高温	非常热的火焰使空气膨胀，火势因烟囱效应而垂直扩散，并由于辐射向四面八方蔓延	点或线性热量探测器用于蔓延迅速、烟雾较少的火情；热敏电阻用于检测热量

探测器的类型包括烟雾、火焰和热量探测器等(图 18.23、图 18.24 和图 18.25)。

威尔逊云室型探测器对火灾初期的微观粒子敏感，但对灰尘不敏感。它们不断地对受保护空间中的空气进行采样，很少发出假警报。威尔逊云室探测器需要管道，在小型设备中是昂贵的。这些探测器用于博物馆、数据处理室、图书馆、净化室和设备控制室等高价值的设施中。

烟雾探测器在这些区域经常出现问题，如厨房、洗衣房、锅炉房、淋浴房和其他湿度与水汽都比较高的空间，使用明火的修配车间和实验室，以及废气影响传感器的车库和发动机测试设施。吸烟室和指定吸烟区附近的区域可能是一个问题，因为那里是大量灰尘和污垢堆积严重的地区。装卸码头、安全出口、空调出风口和锅炉配风器等附近的大量空气流动也是问题。不要在厨房里安装烟雾探测器，以避免正常的烹饪过程，因为会激活报警器。

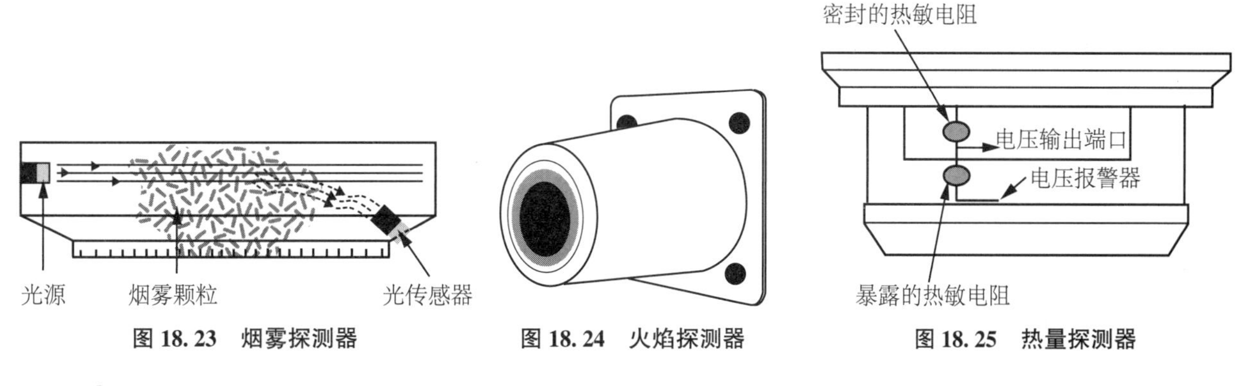

图 18.23 烟雾探测器 **图 18.24 火焰探测器** **图 18.25 热量探测器**

家用探测器

这是一种基本的家庭用烟雾探测系统。在每个睡眠区域的外面和附近、每间卧室、每个楼梯的头部，以及在包括地下室在内的每个楼层上，至少放置一台烟雾探测器。在锅炉房、厨房、车库和阁楼上，推荐使用烟雾和热量组合探测器。任何一种探测器中的警报器都用各种听觉和视觉装置发出警报。该系统应该包含中央控制单器、备用电源，以及带有故障报警的监控电路上的接线。

安装在墙上的烟雾探测器通常位于距离天花板 6~12 英寸(约 152~305 毫米)的位置。如果警报器太靠近墙壁和天花板的交界处或太靠近门口，气流可能会携带烟雾和热量穿过探测器而进入室内。

烟雾探测器会因空气中水分和微粒而发出虚假警报。一般来说，探测器的灵敏度越高，误报就越多。选择适当的报警器类型、避免将报警器放置到容易引起问题的位置，这两种方法都可以限制错误警报。如果烟雾报警器必须放置在一个较差的位置，则应使用一种以上的检测器，并要为多增加的维护和检修工作做好准备。

大多数司法管辖区要求在住宅、酒店或汽车旅馆房间中安装带有硬接线的烟雾探测器。新建或改建的房屋必须把互连的探测器连接到建筑物的电气系统上，而且要带备用电池。其他房屋则至少要配备电池供电设备。通常，住宅要在每个睡眠区和所有可居住楼层的外面安装烟雾探测器。联排别墅甚至有更严格的要求。

多户住宅探测器

烟雾探测器应安装在多户建筑的走廊区域、服务区、公用设施和储藏室内。电池供电的探测器不允许在多户住宅中使用。所有的火灾报警电路都应该有备用电源。

火灾报警系统

火灾报警系统的目标首先是保护生命，其次是防止财产损失。该系统可以根据特定的建筑类型和用途定制。火灾报警系统包括信号预警设备、信号处理设备和发出火情警报的设备。作为整体防火计划的一部分，火灾报警系统可以启动风扇控制器、排烟孔、防烟门关闭器、卷帘窗和电梯控制装置。

建筑师或火灾报警系统的设计者必须在设计该系统之前确定哪些现行法规具有管辖权。通常，这些规范会详细说明哪些地方需要安装手动或自动消防信号系统或火灾报警系统，也会指定所需的系统并提供测试数据。电气工程师将全面参与火灾报警系统的设计。

警报是由火灾探测器或手动报警器启动的。手动报警器包括一个用于双向通信的手持通话设备。根据建筑物的类型，警报系统可以用铃铛、喇叭或汽笛声来提醒住户；《美国残疾人法案》(ADA)还包括对灯光警报的要求。系统会提醒中央控制台火灾位置，并向当地消防和警察部门发出警报。

第一个发现火灾的人，可以通过手动报警按钮或电话发出警报。**手动报警按钮**有多种形式(图 18.26)。最常见的是有玻璃棒或玻璃窗户，必须打碎窗户才能扳动手柄，启动开关。另一种设计是手柄的前面有一个盖子，必须打开盖子才能扳动手柄，或者直接去扳弹簧控制的手柄。手动火灾报警站必须设置在正常的疏散路径上，以便疏散人员使用。手动报警站必须标记清楚，容易找到。

> 室内设计师们永远不要指定在烟雾探测器或其他消防设备上涂漆，因为这可能会妨碍保险丝熔化，从而妨碍探测器的有效性。

图 18.26 火警手动报警按钮

残疾人能接近的拉线盒型报警按钮是向上推的，而不是向下拉的，操作起来丝毫不费力。不论是常规的拉式报警按钮还是无障碍的推式报警按钮都必须是红色的。

有些报警系统可以自动关闭防火门和百叶窗，以及管道中的防火阀。它们可以提供辅助电源来操作消防安全系统，如安全出口标志、出口照明和排烟风机。控制装置可以关闭指定的机械，包括空气处理器，以防止烟雾经由暖通空调(HVAC)系统扩散出去。系统通常还将电梯返回底层并使其保持在那里。

住宅报警系统

居住用房包括单户型住宅、多户型公寓、联排别墅和共管公寓。它们的报警系统应该为居民的疏散提供足够的时间，对于大型建筑应启动适当的对策。系统组件包括警报启动装置、接线和控制面板及声音报警设备。

多户住宅报警系统

多户住宅报警系统用于公寓式住宅、学生宿舍、旅馆、汽车旅馆和寄宿公寓(表 18.11)。设计报警系统是为了在建筑物的居住者睡着的时候(包括可能睡在客厅里的人)，提供早期预警和有序的疏散。声光报警器要设在能让所有熟睡的人，包括那些有视力或听力障碍的人，都会被唤醒的位置。每一套公寓或套房的门上都应该有一个警示灯来指示警报位置，特别是当中央面板只显示一个区域位置时。高层住宅建筑应提供紧急语音报警通信系统。

表 18.11 基本的多单元住宅报警系统

设　备	说　明
登记注册的烟雾探测器	在每个卧室的外面和旁边、在每个楼梯的头部、每层至少有一个(包括地下室)。锅炉房、厨房、车库、阁楼都有组合的烟雾和热量探测器
警报器	任何一种探测器中的警报器都用各种听觉和视觉装置发出警报
信号控制板	面板显示设备位置，关闭油气管道和阁楼风扇，以防止烟雾扩散
备用电源	涓流充电器监控的蓄电池
线路系统	发生故障时能发出特殊故障警报的监控电路

《生命安全准规》(NFPA 101)和《国家火警警报和信号规范》(NFPA 72)包含了住宅火灾报警系统的详细要求。

所有警报都必须通过定位或通告警报的位置来加以识别。有地图和灯光的**警报器指示面板**可以设在建筑管理办公室的系统控制面板上，或在酒店或宿舍的大堂服务台，以帮助消防员。

在公寓，因厨房的烟雾和过多的灰尘而引发的假警报十分常见。一些公寓楼的报警系统只提供本公寓疏散用的区域警报。而用一个独立的中央热探测器系统发出远程警报，这样可以减少误报的次数，但增加了灭火系统启动之前或派遣消防人员到场之前发生火灾的风险。

商业和公共机构报警系统

商业和公共机构建筑的报警系统差别很大。对于这一类建筑，如果情况允许，仅向关键人员发出**预警信号**会更有益。在学校(尤其是小学)，迅速、有序的疏散是首要要求。公共建筑应该与消防部门有辅助性连接。

高层写字楼因其自身结构的特殊性需要配备紧急语音/警报通信系统，因为对这些建筑而言，要在同一时间疏散所有居民是不切实际的。

报警系统的操作

警报信号可以连接到位于建筑物出口的正常路径上的报警器指示面板上。报警器指示面板上每个红色的指示灯代表一个探测区。该指示板可以设在消防队指挥站，可直接从街上前往。它必须标记清楚，容易找到，而不应该是伪装的或隐藏起来的。

当警报启动装置直接与远程消防站或警察总署的指示装置连接时，通常还需要在现场再安装报警指示灯，以通知建筑人员疏散。警报一般通过位置编码来定位(表 18.12)。

表 18.12 报警系统的编码

系统类型	说　明
非编码系统	该系统可以分区并分别报告火情。响铃、喇叭和灯光连续不断
主编码系统	一旦任何一个信号启动装置开始运行，该系统就会发出 4 轮声光编码警报，在建筑物内所有的警报设备上闪烁
区域编码系统	可以通过报警区域识别。区域警报灯必须转到信号板或信号器上，或对建筑物的所有警锣进行声音编码
双编码系统(组合编码和非编码)	将警报识别码发送到维护办公室，同时在整个建筑物内连续不断地发送不同的疏散警报。要求办公室配备全天候办公人员
选择性编码系统	完全编码系统，所有手动设备都单独编码。所有自动设备都在信号板上安装代码传送器。通常有带自动喷水装置和烟雾探测器的大型系统作为子系统
预信号系统	仅警告工作区的主要工作人员。如有必要，这些人员会进行调查并发出警报。仅适用于疏散难度大且工作人员充足、可以查清报警原因的建筑

在公共建筑中，声光报警装置的类型和布置必须符合 NFPA 72 和《美国残疾人法案》(ADA)的要求。这些规范规定了睡眠区和机械设备间的声音信号的最低水平和位置。NFPA 72 和《美国残疾人法案》(ADA)等法规也包括对可见信号的要求，也有将声光信号结合在一起的火灾报警装置。

2010 年 ADA 无障碍设计标准要求，无论是升级、更换原有设备，还是安装新设备，无障碍警报系

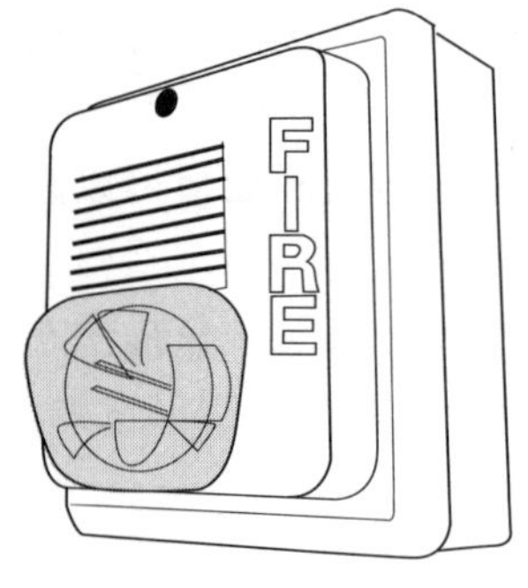

图 18.27　声光报警器

统必须是既能听见又可看见。《美国残疾人法案》(ADA)也对瓷砖类型和具体位置设置了要求。必要时，必须在每个洗手间、走廊和大厅及其他常用场所，如会议室、休息室、考场和教室提供警报。在有多个睡眠单位的住房中，必须为一定比例的单位配备声光报警器(图 18.27)。

高层办公大楼可能需要紧急语音报警通信系统。**语音火灾报警器**会在建筑物的各个部分向用户发出具体指示，介绍避难区的位置和救援工作的进展情况。这对于高层建筑中的高层尤为重要，同时也有利于酒店和会议中心的游客，因为如果没有特定的口头指示，他们往往会忽视或误解铃声或警报声。

灭火系统

火灾初期，自动喷水灭火系统有机会在火灾失控之前将其熄灭。喷头的效率非常高，通常 1~2 个喷头就可以扑灭火灾。

如前所述，建筑规范允许有喷水灭火系统的建筑物的各个出口之间有更大的距离，这样就可以在大型建筑物中少建一个或多个楼梯。通过允许在防火分隔之间留出较大的楼面面积，就可以少安装一些防火墙和防火门。有了喷水灭火系统，建筑物的整体面积和高度都可以提高。有些结构元件不需要太多的防火保护，建筑物就能容纳更多的可燃性建筑材料。

水能冷却、闷熄、乳化和稀释火，但它也损害建筑物的内容物，而且水流还能导电。水不能熄灭燃烧着的油；易燃的油会浮在水面上燃烧。当水碰到烈火，产生的蒸汽会伤害消防队员。尽管有这些缺点，水仍然是灭火的主要方法之一。

还有其他方法可以用来扑灭建筑物火灾。二氧化碳、其他气体、发泡剂和干粉灭火剂可以通过化学方法抑制火焰蔓延，进而熄灭火焰。通过排除氧气来扼制火焰，也可以通过中断氧气与燃料结合的化学作用或密封并冷却燃烧中心来消灭火灾。

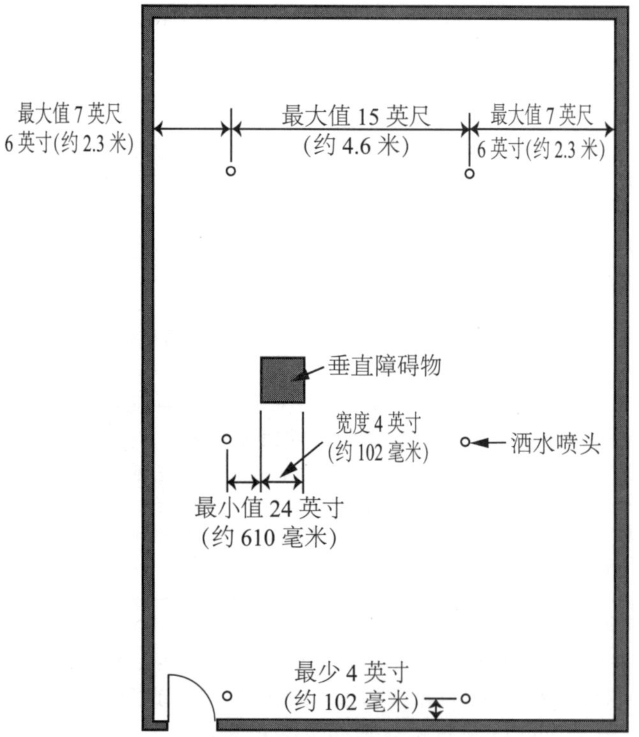

由于供水管道的间距和尺寸都很复杂，大多数喷水灭火系统都是由专业的承包商或为喷头制造商工作的工程师设计的(图 18.28)。《喷水灭火系统的安装标准》(NFPA 13)中列出了安装喷水灭火系统的详细要求。

最大值 7 英尺 6 英寸(约 2.3 米)
最大值 15 英尺 (约 4.6 米)
最大值 7 英尺 6 英寸(约 2.3 米)
垂直障碍物
宽度 4 英寸 (约 102 毫米)
洒水喷头
最小值 24 英寸 (约 610 毫米)
最少 4 英寸 (约 102 毫米)

图 18.28　喷水灭火系统的间隙

> 消防系统的分布必须能够立即被消防员所识别。由于这个原因，它很少在视觉上被当作一个整体的设计元素来看待。

室内设计师应该和喷水灭火系统的设计师密切合作，以确认喷头的位置和为每个喷头提供足够的间隙。通常，必须保证喷头下方至少有 18 英寸(约 457 毫米)的空间是开阔的、没有任何遮挡。室内设计师应严格遵守这一要求，尤其是在使用墙柜或搁架的地方，如储藏室、厨房和图书馆。

正如我们之前所指出的，在高层建筑和面积较大的建筑物中，有些地方是消防梯和消防水龙带都无法到达的。尽管大多数火灾死亡都发生在面积较小，通常是住宅建筑中，但面积较大的商业、工业和公共设施类建筑也存在一场火灾造成多人伤亡的可能性。高层建筑需要超长的疏散时间。高度超过 75 英尺(约 23 米)的高层建筑可能会产生烟囱效应。这类建筑物必须有自己的消防系统，通常是自动喷水灭火系统。

自动喷水系统

自动喷水系统依赖于洒水喷头。当被激活时，水流冲击喷头形状的导流板，它将水喷洒到喷头所保护的区域。

自动喷水系统由天花板内或下方的管道网络组成(图 18.29)。管道与供水系统连接。管道上有阀门或洒水喷头，在一定温度下自动打开。每个洒水喷头都由一个易熔金属塞或环控制，当温度达到 150 ℉(66 ℃)左右时，该金属塞或环就会熔化。

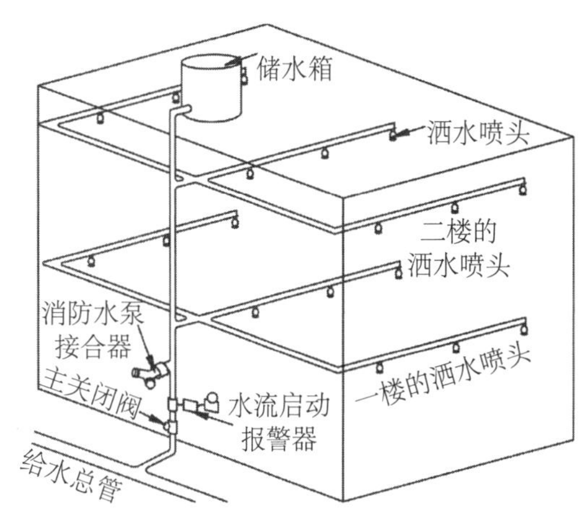

图 18.29 喷水灭火系统

自动喷水系统可能需要大的供水管道和阀门、消防泵及监控和维护通道(图 18.30)。这些管道通常不大美观，设计时必须将其融合到建筑结构之中。

大型建筑物通常安装一个**水泵接合器**，以备消防部门的消防车将水从消防栓泵送到喷水系统时使用(图 18.31)。它提供二重或多重连接，消防员通过这些连接将水泵到储水管或喷水系统。

图 18.30 洒水器的供水管道

图 18.31 室内水泵接合器

洒水喷头

最常见的喷头类型是通过用杠杆或其他控制装置将塞子或盖子紧紧地抵靠在孔口(开口)上来保持系统中的水不外泄。这种控制装置通常是一个含有有色液体和气泡的玻璃球。火的热量使液体膨胀，直到它吸收气泡。持续的膨胀使玻璃球破

> 洒水喷头的表面处理方式也是多种多样。可以在隐蔽的喷水器的盖板上，或者在嵌入式和平面式的护罩上涂油漆，但是您应该检查适用的规范，确保不要封住盖子。

裂，水以稳定的水流从孔口释放出来。垂吊、直立和侧壁式喷头经常被采用(图 18.32、图 18.33)。还有各种其他类型的喷头(表 18.13)。

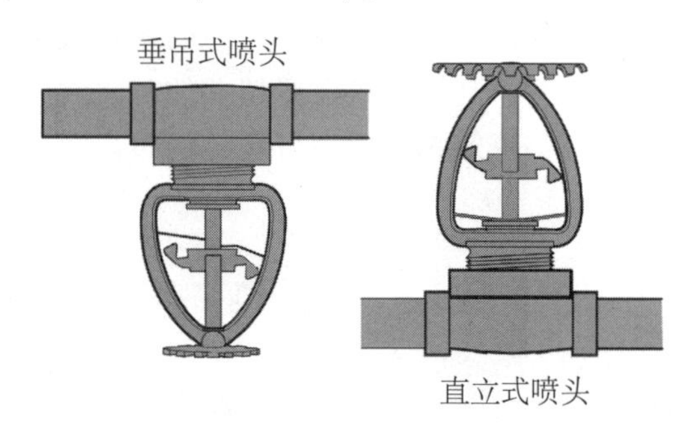

图 18.32　垂吊和直立式洒水喷头

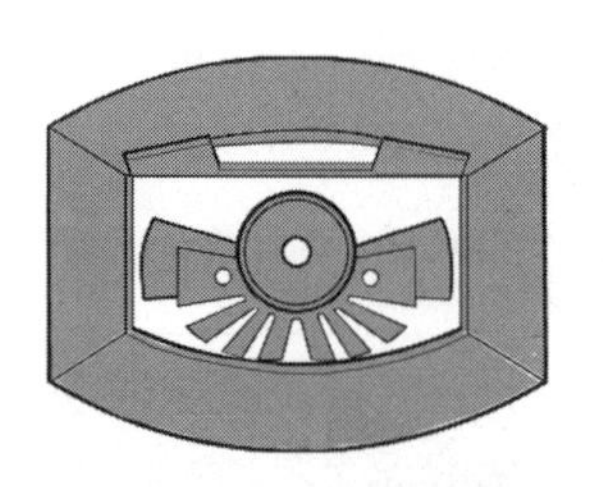

图 18.33　侧壁式洒水喷头

表 18.13　洒水喷头的类型

喷头的类型	说　明
直立式	安装时，孔口朝上，在外露管道顶部安装导流板
垂吊式	从带节流孔的管子上向下悬挂，孔口朝下，导流板在下面
	平头式喷头，只在天花板下方有热探测元件
	隐藏式喷头完全在天花板之上。火灾中盖板会脱落
侧壁式	用一个洒水喷头向整个小房间喷水。通常每一个旅馆或公寓都有一个房间与一面墙相毗邻
快速(迅速)反应型	用于轻度危险场所(办公楼、酒店、汽车旅馆)。对热量更敏感，比普通喷头启动快，因此无须更多喷头。可能因高温而非火灾开启
早期抑制快速反应型(ESFR)	用于特殊类型的火灾危害，如堆满物品的仓库。喷水器的高压和强力水流能更快地穿透火场
特大孔口型	在水压相对较低的地方，可输送大量的水
多层型	用于有其他喷水器在同一空间内的较高平面上使用的情况
扩大覆盖范围的洒水喷头	用于无阻碍的结构中，如平坦、光滑的天花板，坡度不大和灯具较少，齐平或内嵌式的吊顶格栅。其他用途

住宅喷水器

《2015 年国际住宅规范》(IRC)涵盖了对住宅火灾自动喷水系统的要求。有些法规现在要求在所有居住场所中都安装喷水器，但大多数法规中也都规定了例外情况，即高达 55 平方英尺(约 5.1 平方米)的浴室、最小尺寸不超过 3 英尺(约 0.9 米)的壁橱，以及开放的门廊、车库和停车场。不适宜居住的阁楼、不用于仓储的狭窄空间和不是唯一疏散出口的入口门厅，这些也都是常见的例外。

住宅喷水器是一种快速反应装置，是保护住宅单位的指定用品。它对阴燃和燃烧迅猛的火势都很敏感。由于住宅的供水量小，每次火灾只运行一个或两个喷头；由于住宅的供水量小，并且有毒气体和烟雾很快就会填满小空间，所以住宅喷水器打开迅速。

住宅喷水器的配水方式特殊。按照设计，住宅喷水器要把水喷到足够高的墙壁上，以防止火焰超过喷水孔口上方。这一策略也有助于冷却天花板上的气体，这样打开的洒水器更少，水造成的损害也随之减少。

自动喷水灭火系统

自动喷水灭火系统的类型包括湿管、干管、预作用装置和雨淋系统(表 18.14)。

表 18.14 自动喷水灭火系统的类型

类 型	说 明
湿管	最常见的类型。管内含水，与一直处于压力之下的供水系统连接，反应迅速，是最可靠的类型
干管	管道内充满了受到压力的空气。当喷头打开时，水充满管道并从打开的喷头流出。运行比湿管慢。通常直立安装，只有在结冰时可能是一个问题
预作用装置	可消除自动洒水装置意外排放时造成的水损坏。雨淋阀会抑制水的流出直到被火灾探测系统打开。只有在某个喷头由于火焰或手动操作被打开时，水才会排出。有点不可靠
雨淋系统	可在最短时间内提供最多的水。水储存在始终处于开启状态的喷头或喷嘴中；当自动检测系统打开喷头或喷嘴的阀门时，即可供应水。在储存易燃液体的超危险场所，随时存在发生火灾的风险

有喷水器的空间应在火灾期间和火灾后有足够的排水能力。地漏可以安全地把水从建筑物中排出。救捞盖可以保护敏感物体，并将水引向排水点。一个易于接近的外部阀门控制着系统的所有正常供应源，当不需要水时它可以迅速切断水。

储水管和水龙带灭火系统

储水管和水龙带系统有助于扑灭建筑物内的火灾。该系统是按预期用途分类的。系统组件可能包括标准软管架或软管机架和壁柜里的灭火器。

储水管是一种水管，垂直地穿过建筑物，为每一层提供消防水管。如今，储水管通常位于防火楼梯内，没有软管。储水管不适合非专业人员使用，因为这可能会耽误报警。将消防水龙带壁柜设置在楼梯转弯平台处可以方便楼上和楼下同时使用，但会缩短水龙带在楼梯间以外运行的总长度(图 18.34)。

图 18.34 储水管的检修口

储水管和水龙带可以由单独的备用水、向上泵送或消防水泵接合器供水。湿式储水管内含加压水，配有消防水带，供建筑物的居民在紧急情况下使用。干式储水管内无水，由消防部门将消防水带连接到消防栓或泵车上。

其他灭火系统

当水害对建筑物的结构或内容物造成的威胁几乎和火灾一样严重时，人们会使用各种其他方法。这些包括膨胀材料、喷雾系统、泡沫、二氧化碳(CO_2)、干粉灭火剂和清洁剂气体(表 18.15)。由于对地球臭氧层的破坏，哈龙的生产已逐步停止。

便携式灭火器

便携式灭火器能够扑灭火灾初期的小火或者在消防队员到来之前控制住火势，从而挽救生命和财产。然而便携式灭火器具有局限性。

便携式灭火器是可移动的，不需要进入管道。根据火灾的程度，便携式灭火器划分为不同的防火等级。需要多少台便携式灭火器、要把它们放置在哪里，都取决于建筑所存在的危险分类。便携式灭火器必须放置在普通出口路径上的显眼位置。

表 18.15　其他灭火系统

系统类型	说　明
喷雾系统	报警启动迅速，响应速度快。用水量少，损害较少。雾气不容易被障碍物阻挡
二氧化碳	取代氧气，会使人窒息；用于没有人或动物的密封空间。自动气体灭火系统最常见。无须清理。向大气中排放气体会加剧全球变暖
高膨胀泡沫系统	用于密闭区域。喷射到过滤网上的清洁剂在空气的作用下产生泡沫，泡沫完全覆盖整个区域。用水量少，但肥皂薄膜或残留物需要清理。用于有易燃液体的大空间。遮蔽视野，但不会使人窒息
低膨胀泡沫系统	将泡沫添加到喷水系统的水中。可用最少量的水灭火。当泡沫耗尽时，该系统可以变成雨淋系统
干粉灭火剂	商用厨房中炊具的瞬时点火可以点燃集气室或管道中的油脂。含有碳酸氢钠基本成分的干粉灭火剂，在几秒钟内就可以喷熄烹饪区和管道内的火
清洁剂气体	卤代烷的替代品，包含钾基气溶胶和 FM-200®（七氟丙烷）。FM-200®是温室气体，但不会引起臭氧损耗，使用寿命较短，无残留

灭火器可以放置在一个带有观察窗的特殊箱体里，安装在墙壁表面或嵌入墙壁内。灭火器必须随时可见，定期测试，附有批准标签。既要做到灭火器和相关设备都是亮红色的，又要将其设置在非常显眼的位置，这对室内设计师来说是一个挑战。在室内立面图上展示这一设备有助于设计师和他们的客户了解房间的最终外观。

灭火器必须有足够的力量，才能完全扑灭火灾。典型的家用灭火器并不是用来扑灭大火或不断蔓延的火灾，而是扑灭 8 秒甚至更短的时间内就可能熄灭的火灾。灭火器必须位于快速和安全的地方，一旦发生火灾能够快速、安全地到达。操作灭火器的人员必须有足够的力量和正确使用灭火器的知识，使用时要毫不犹豫。

建筑规范规定了哪种建筑物用途和类型需要灭火器。大多数房屋都需要灭火器，建筑物内的一些特定区域也有特殊要求。商用厨房及商业场所中的小型厨房和休息室都需要灭火器。《便携式灭火器的标准》(NFPA 10)中确立了相关要求。

灭火器是按字母表示的类型进行分类的(表 18.16)。它们也有用数字表示的力量等级。等级数越高，灭火器所含的灭火剂就越多，因此它所能扑灭的火也就越大。力量等级越高也意味着灭火器越重。

灭火器应放置在住宅厨房的内部或靠近厨房的地方，但不要靠近炉灶或烤箱，因为一旦发生火灾，那里可能无法接近。应该把它放置在靠近出口的地方，通常在距离出口 15～48 英寸(约 381～1219 毫米)的可及范围内。

室内设计师需要熟悉便携式灭火器的规范和《美国残疾人法案》(ADA)的相关要求。如果灭火系统的使用者是建筑物的居民，则必须将其安放在伸手可及的高度，并且必须处在从轮椅的前面或侧面都能够到的范围内。此外，灭火设备向走道方向探出不得超过 4 英寸(约 102 毫米)。这一规定可能会使某些地区不得不打消安装托架式灭火器和壁挂式消防柜的念头。

在这一章中，我们探讨了如何防止建筑火灾对人员和财产的伤害。在第十九章，我们将研究建筑物内运送人员和材料的电梯、自动扶梯和材料搬运设备。

表 18.16 便携式灭火器

分 类	内 容	用 途	效 果
1A 至 40A 类	水、水成膜泡沫（AFFF）灭火剂、成膜氟蛋白泡沫（FFFP）灭火剂、通用干粉灭火剂	普通可燃物，如木制品、织物、纸张、橡胶、多种塑料	水：吸热，冷却； 干粉灭火剂：形成覆盖层，使燃烧链反应中断
5B 至 40B 类	二氧化碳、干粉灭火剂、水成膜泡沫（AFFF）灭火剂、成膜氟蛋白泡沫（FFFP）灭火剂	易燃或可燃液体、易燃气体、油脂、其他类似材料	排除氧气、抑制可燃气体的释放或中断燃烧链反应
C 类	二氧化碳、干粉灭火剂	带电设备中的火灾	不导电
A：B：C 类	干粉灭火剂，主要是磷酸铵	多种用途	如果不立刻彻底清理，磷酸铵会残留下来难以清除
D 类	干粉：铜或石墨化合物或氯化钠	可燃金属或金属合金	用于特定金属的设计和标记
K 类	基于乙酸钾的低 pH 雾剂	涉及植物油、动物油和脂肪的厨房火灾	有助于防止烹饪器具冷却时发生油渍飞溅

第十九章 运输系统

电梯垂直运行，把乘客、设备和货物从一个楼层运送到另一个楼层。自动扶梯在有限的楼层之间高效而舒适地运送大量的人。

> 在多层建筑的设计者必须做出的众多决定中，可能没有什么比选择垂直运输设备更重要的了——即乘客、服务、货运电梯和自动扶梯。这些项目不仅代表了一大笔建筑费用……但是电梯服务的质量也是租户在竞争建筑中选择空间的一个重要因素。
>
> 引自沃尔特·T. 葛荣德、埃里森·G. 沃克，《建筑的机电设备》(第12版)，威利出版集团，2015年。

引言

运输系统包括水平(自动人行步道、水平输送带)和垂直运输系统(电梯、自动扶梯和升降机)。垂直运输是建筑形状、核心布局和大厅设计的决定性因素。垂直运输占高层建筑预算的10%~15%，加上运营成本。

历史

图19.1 中世纪的电梯设计

电梯的历史比我们想象的要长。在古罗马斗兽场的竖井中，有由绳索和滑轮操控的升降机，用来运输舞台布景、动物，有时还会把角斗士从地下运到竞技场。中世纪的欧洲也使用了升降装置，尽管由于频繁故障通常避免用于输送人员(图19.1)。

18世纪时，宫殿里安装了几部电梯，其中包括1743年法国路易十五的一部客运电梯。1793年，伊万·库利宾在俄罗斯圣彼得堡的沙皇冬宫里，建造了一部更安全的螺旋动力电梯。

从历史上看，摩天大楼和电梯是一起发展的。第一部电动电梯是由沃纳·冯·西门子于1880年在德国建造的。1852年，伊丽莎·奥蒂斯推出了一种带有限速器的安全装置。当电梯以过快的速度下降时，该装置会把电梯锁定在它的导轨上。

规范与标准

有关楼梯的更多信息，请参见第五章“地板/天花板组件、墙壁和楼梯”。

建筑规范对电梯的设计、安装和信号都有严格的规定（表 19.1）。这些规范会影响室内设计师对电梯轿厢和电梯门厅的选择。

表 19.1 电梯和自动扶梯的规范和标准

名 称	说 明
ASME 标准 A17.1——电梯和自动扶梯的安全规范	美国机械工程师协会（ASME）的安装要求，包括有限使用/有限应用（LU/LA）电梯
ASME A17.3-2011——既有电梯和自动扶梯的安全规范	对电动电梯、液压电梯和自动扶梯的要求
ASME A17.4-1999——紧急救援人员指南	电梯、自动扶梯和相关运输工具的安全
NFPA 101 生命安全准则	消防安全要求
NFPA 70 国家电气规范	电气要求
2010 年 ADA 无障碍设计标准	引导标识、轿厢控制、门、轿厢、有限使用/有限应用电梯
ANSI A117.1——无障碍的和可用的建筑物与设施	为残疾人士提供的方便设施
建筑交通标准和指南	国家电梯工业公司（NEII）的在线参考信息

《美国机械工程师协会（ASME）标准》中的 A17.1 条款——“电梯和自动扶梯的安全规范”对垂直运输设备的安装有严格的要求。一些州和城市还有各自更严格的法规。其他地区和州可能有附加要求。

大多数规范规定，在特定类型的建筑中需要有应急电源，一次至少可以运行一部电梯，加上用于照明和通信的电源（通常是发电机和电池）。

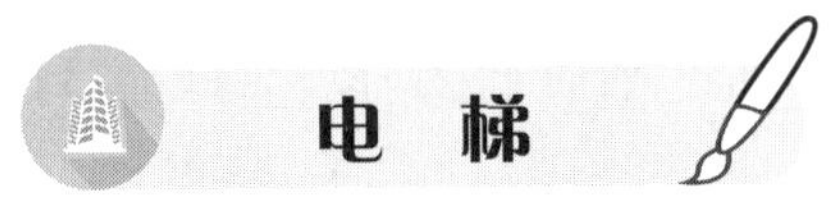

任何一幢多层建筑都需要把人和物体从一层运到另一层的方法。楼梯固然是最基本的垂直交通工具，即使是非常高的建筑物也把楼梯作为火灾发生时的安全出口。然而没有人愿意走上 20 层楼梯或扛着家具和日用品爬楼梯，这正是需要电梯和自动扶梯的地方。有四种基本类型，即客运、服务、货运和住宅电梯。

电梯的设计

建筑师与工程师、电梯顾问或制造商合作，共同设计和应对电梯安装的复杂性。电梯设计就电梯数量、速度和系统容量等做出决定，而这些取决于电梯服务的人数和建筑物的高度。

虽然建多少部电梯及建在哪里这样的决定，通常不由室内设计师负责，但这些决定会影响空间规划，因为电梯会在关键位置占用大量空间，并且是流通路径中的焦点。

室内设计师经常要参与电梯轿厢和电梯大厅表面装饰材料的选择，以及确定轿厢内和每个楼层平台的按钮和显示器的外观。人们在等电梯的时候，常常被迫聚集在电梯大厅旁边等待，这些区域的精心设计可以给居民和访客带来舒适感，也会使他们对建筑物本身及建筑物内部的企业留下深刻印象。这对于那些每天都必须使用电梯的人来说尤为重要，当不愉快、不安全或不舒适的环境变成日常生活的一部分时，那是多么可怕！电梯及其大厅的设计也对这些区域的安全、消防安全和维护有影响。

一楼的电梯大厅也被称为下层终端，通常位于靠近正门入口的地方，设有楼层布置平面图、电梯楼层显示器，附近可能还有一个控制台。大厅要设计得足够大，能够容纳最大荷载的乘客。每个乘客在等候一部或多部电梯时，可使用的楼面面积为5平方英尺(约0.5平方米)。通往大厅的走廊也应给予相同的面积限额。

设计电梯系统的一般规则是每250~300人就有一部电梯。电梯轿厢的尺寸和上下往返的频率决定了轿厢的容量。这与电梯组中的轿厢数量无关。根据许多现有设施在高峰期间的实际计数，轿厢通常不会装载到最大容量，而通常只有80%的容量。

制造商和电梯顾问公司为电梯提供标准布局，包括尺寸、重量和结构荷载。平均行程时间是由在大厅等候的时间加上行进到中间楼层停留所花费的时间来确定。对于商业电梯来说，不到一分钟的行程是非常理想的，75秒是可以接受的，90秒的旅行时间令人厌烦，超过120秒的时间就超出了忍耐的限度。而对于住宅电梯来说，仅仅等待电梯通常就会花掉用户一分钟或更长的时间。

制造商在结构设置上要求从地基一直到楼顶结构柱支撑着电梯，主梁支撑着顶层楼面。

最初，电梯使用直流电来进行精确的速度控制，但现在用的是能被精确控制的交流电机。交流电机不仅可以节省能源，占用的空间也小。

一旦停电，电梯的轿厢立即停止运行，轿厢保持静止不动，也不会下降到最近的楼梯平台。通过手动阀的操作可以使液压轿厢下降。小型曳引车可以手动转移到平台，但是大型轿厢的位置是固定的。

电梯的无障碍性

电梯至少必须达到2010年ADA无障碍设计标准，其附加设施符合特定的建筑意图或当地规范。《美国残疾人法案》(ADA)要求轿厢具备自动调平功能，并规定了轿厢控制器和照明的标准。《美国残疾人法案》(ADA)还对电梯门的操作和信号系统做出了规定。在升降机的每个入口处都必须设有视、听信号，以显示哪部轿厢回应了呼叫及其行驶的方向。

> 对电梯无障碍性的要求是复杂和详细的。请参阅当前适用的《美国残疾人法案》(ADA)标准，以验证《美国残疾人法案》(ADA)对特定项目的要求。

电梯轿厢必须提供至少36×48英寸(约914×1219毫米)的地板空间。《美国残疾人法案》(ADA)对最小尺寸的要求随着电梯门的位置不同而变化(表19.2和图19.2、图19.3)。

如果无障碍电梯轿厢的门向一侧开，轿厢的宽度至少为68英寸(约1727毫米)。中分式开门的轿厢则至少有80英寸(约2032毫米)的宽度。净深度至少为51英寸(约1295毫米)。

表19.2　2010年ADA无障碍设计标准规定的电梯轿厢最小尺寸

门的位置	门的净宽度(mm)	轿厢内，一侧至另一侧(mm)	轿厢内，后壁至轿厢前帮(mm)	轿厢内，后壁至门的内表面(mm)
居中	42英寸(约1067)	80英寸(约2032)	51英寸(约1295)	54英寸(约1372)
旁边(偏离中心)	36英寸(约914)	68英寸(约1727)	51英寸(约1295)	54英寸(约1372)
任何位置	36英寸(约914)	54英寸(约1372)	80英寸(约2032)	80英寸(约2032)
任何位置	36英寸(约914)	60英寸(约1524)	60英寸(约1524)	60英寸(约1524)

电梯的部件

电梯的主要部件包括轿厢、电缆、曳引机、控制设备、对重、电梯井道、导轨、顶棚屋和底坑(图19.4、表19.3)。电梯本质上是一个支撑在结构框架上的罐笼，由耐火材料制成，吊索固定在顶部。轿厢由其边梁上的导块引导在竖井中垂直运行。

电梯配有安全门、操控设备、楼层指示器、照明、紧急出口和通风设备，这样的设计使用寿命长、操作安静、维修保养少。

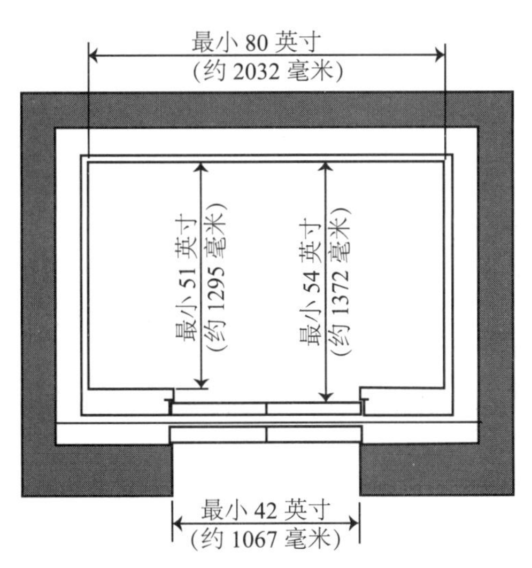

图 19.2 无障碍电梯的轿厢尺寸，门居中

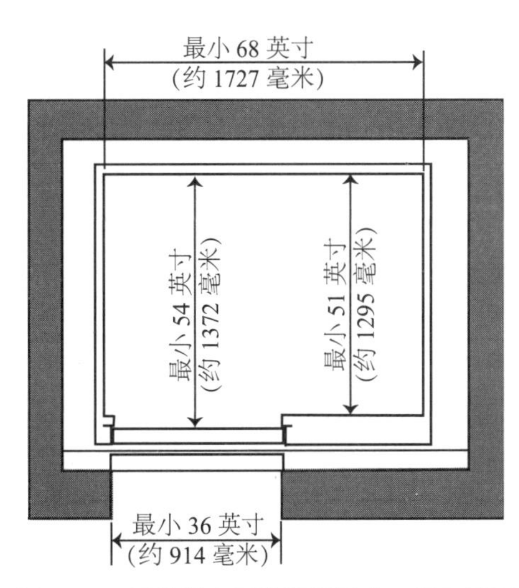

图 19.3 无障碍电梯的轿厢尺寸，门在侧面

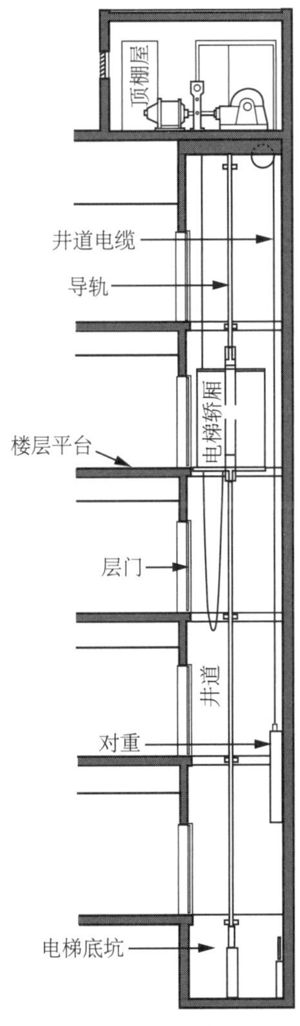

图 19.4 电梯的截面

表 19.3 电梯的部件

组成部分	说　明
轿厢(升降机厢)	在电梯井中上下运载货物或乘客
井道(竖井)	供一个或多个电梯垂直运行的空间
导轨	竖井侧壁上的垂直钢轨，用于控制轿厢的运行
电缆	连接到电梯的顶部横梁；在竖井中提升轿厢
对重	安装在钢制框架中以平衡电梯轿厢的矩形铸铁块
曳引机	驱动电机在重型结构框架上转动滑轮提升和降低汽车，以及其他设备
顶棚屋	曳引机安置屋顶
控制设备	驱动(运动)控制：轿厢的速度、加速度、位置确定和平衡
	操作控制：轿厢门的操作和轿厢信号的运行，包括楼层呼叫按钮和指示装置
	监控控制：多轿厢设备的集中操作；指示和控制装置：轿厢和门厅的按钮与灯等
电梯底坑	从电梯最低层楼梯平台的水平面向下延伸到电梯井的底部

电梯可能噪声较大。噪声敏感区域（如卧室）应远离电梯井和机房。使用电晶体的设备没有了老式机房的咔嗒声和呼呼声。

电梯门

轿厢和井道门的设计应与建筑物的整体结构相协调。门可以是单、双或四个面板，在中间或一侧打开。中间开门是最快的。电梯的轿厢和井道门的尺寸相同。

规范要求表明，电梯门开口的净宽度应至少为42英寸（约1067毫米），最好为48英寸（约1219毫米）。较小的门只适用于住宅或小型、人流量少的商业建筑。对于轿厢小、升降行程短的电梯，可以允许使用摆式手动走廊门。轿厢大的电梯则需要动力驱动的滑动门。

如果门宽仅为36英寸（约914毫米），不够两个人同时进出电梯。乘客的装载只能等乘客卸载完毕才能进行，这就会影响服务的速度和质量。

电梯门必须具备延迟关闭能力。当检测光束检测到乘客时，门会在还没接触的情况下重新打开。延迟关门会增加行程的时间，因此在有交通高峰的建筑物中可以指定一部或多部电梯在繁忙时段供残障人士使用。

可以给电梯门配备一个电子感应装置，它不仅能探测到轿厢门口的乘客，还能探测到轿厢前面的楼层平台上较大范围内的乘客。该装置通常发出声音信号，电梯门在预定的时间长度内保持打开。当乘客因为拖着行李或抱着孩子、使用轮椅或搬运笨重的物体而无法快速靠近电梯入口或进入轿厢时，这种安排特别有用。

电梯轿厢

电梯轿厢内部几乎是一个无法逃脱的亲密的地方。对于商业或机构建筑中的电梯轿厢来说，创造一个积极的印象是很重要的。轿厢内部必须能够应对外观的损坏、快速地加速和减速而引起的自重应力，以及不断移动而引起的变化和振动。此外，乘坐电梯的人有时会对在密闭的空间里旅行和与陌生人的亲密接触感到不安。

用预制件预制的电梯系统是完全工程化的系统，性能和成本都是已知的。它们不需要建筑企业和业主过多的监督，能很快投入使用，降低成本。

室内设计师很可能会参与电梯轿厢的装饰及门厅和轿厢信号的造型设计。常规的电梯操作规范会描述设备的预期运行，以及包括基本装饰在内的电梯荷载量。指定的信号设备的类型和功能、饰面材料和款式，这些都由建筑师和室内设计师来选择和确定。

标准的原始设备制造商的选择可能不是很引人注目。然而由用户定制设计的电梯内饰却可能是昂贵的、耗时的，还有可能会被取消订单。

电梯轿厢的内饰可以采用木镶板、塑料层压板、不锈钢等材料。地板通常是瓷砖、木头或地毯。材料的选择取决于建筑物的建筑风格、可用的预算以及材料是否与电梯的预期用途相符。通常，每一组电梯都有一套防护墙垫，特别是当没有单独的服务电梯时。

天花板拱顶、天花板上的灯具或完全照亮的发光顶棚为轿厢提供照明。照明灯具可以是标准的或特殊的设计。照亮轿厢的目的应该是提供愉快、均匀的照明，所以应该防止破坏和滥用光源。

轿厢的饰面应该适合残障人士使用。许多视力有问题的人在光线充足、没有眩光的情况下能够看得见东西。牢固的扶手和防滑的地面可以帮助那些行动不便的人。精心设计的信号和呼叫按钮每个人都能理解，包括有感知问题的人。

轿厢操作面板和信号

在电梯轿厢内，表示行进方向和当前轿厢所在位置的信号，要么是轿厢壁板的一部分，要么是单独的固定装置。语音合成器会通知有关楼层、行进方向及轿厢内的安全或紧急消息。语音合成器对有视力障碍的人很有帮助。

轿厢的操作面板必须配备全部按钮，用于呼叫登记、开门、报警、紧急停止和消防员的控制。对讲机与大楼控制室相连接，提高了安全性。如果希望有手动操作，则要配备关门按钮。

不由乘客使用的控制装置集中在一个锁着的隔间里，包括手动开关及电灯、风扇和电源控制开关。其他特殊的安全装置和应急控制装置也可能包括在内。还有一些其他的控制器设置在轿厢隔间中，只有电梯技师才能接触，包括电梯门的运动控制装置、轿厢信号、轿厢门和轿厢位置传感器、负载称重控制器、门和站台检测光束设备、可视信息显示控制器和可选的语音合成器。

轿厢及门厅的信号与指示灯

轿厢及门厅的信号和指示灯要符合轿厢与走廊的装饰风格。规范要求，视听呼叫信号或指示灯必须安装在与电梯毗邻楼层区域的视线之内。《美国残疾人法案》(ADA)明确规定了适合残疾人的信号要求(图 19.5)。

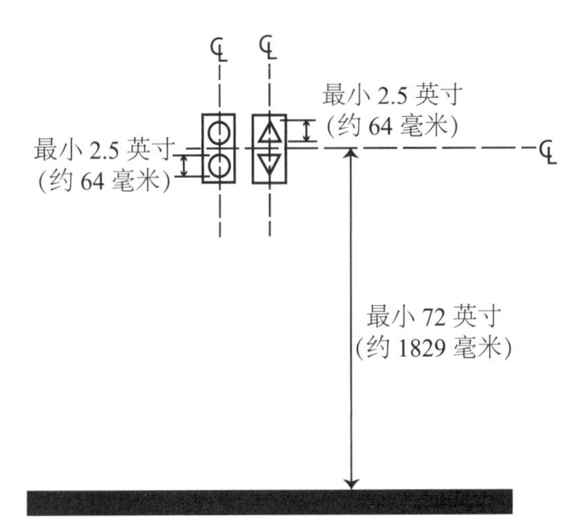

图 19.5　2010 年 ADA 无障碍设计标准规定的电梯门厅信号

信号必须集中设置在每个电梯井道入口的地板上方至少 72 英寸(约 1829 毫米)处。电梯井入口两侧的壁柱都必须标有凸起的字符和用盲文印的楼层标记，集中设在地板上方 60 英寸(约 1524 毫米)处。

呼叫按钮应集中设在每个电梯大厅的地板上方 42 英寸(约 1067 毫米)处，门厅按钮显示所需的行进方向，能够直观地看到呼叫已经被设定。每个轿厢入口的门厅灯都必须能够直观地显示到达电梯的行进方向，最好是指定楼层数。提示电梯即将到来的声音信号催促人们向电梯方向移动，加快服务的速度。在门厅候电梯处可根据需要配备专用开关，用于消防、优先和有限的接入服务。

电梯类型

两种最常见的电梯类型是**电动(牵引)电梯**和**液压电梯**(表 19.4)。

表 19.4　曳引机的类型

类　型	说　明
齿轮曳引机	采用带齿轮箱的电机调节绞缆车的转速。中高层建筑
无齿轮曳引机	电机直接旋转曳引轮，比齿轮更快。高层建筑。提供一段非常平稳、高速的旅程
无机房(MRL)电梯	新技术。在电梯井内安装小型电机；没有机房。电机更高效，耗能最少
液压升降机	由向下延伸到深井的液压机构(活塞)支撑的升降设备。安装在轿厢底部的活塞升降轿厢

客运电梯

空间需求和交通模式是客运电梯内部空间规划的决定因素。性能目标包括尽量缩短轿厢在任何楼层的等待时间、加速时无不适感、快速的运输及平稳、快速的制动。停靠时电梯应能找位准确、自动与站台调平，在各站快速装卸，门的开关应快速、静音。所有机械设备在装载条件下应能保持平稳、安静、安全地运行。应急和安全设备应该安全可靠。

轿厢内和停靠处都应该有良好的楼层状态和行驶指示，有容易操作的轿厢和停靠平台的呼叫按钮等设备。舒适的照明和宜人的轿厢环境也很重要。电梯井和大厅的设计应融入建筑布局和设计中。轿厢门和井道门应与建筑的设计一致。

消防安全注意事项

美国国家标准协会(ANSI)和地方性消防法规都要求向消防员提供电梯内紧急返回服务。应该为紧急救援人员配备与轿厢和控制中心双向沟通的手段。

一些建筑规范要求在电梯井顶部设置排烟口，以便在紧急情况下电梯井可以作为排烟通道。如果火灾发生在较低的楼层，井道里就会充满烟雾，这有助于清除火灾区域的烟雾。然而这也会阻止消防员等救援人员使用电梯。规范要求，在发生火灾时所有电梯轿厢都应关闭轿厢门，并且要中途不再停靠地返回大厅或另一指定楼层，开着门停在那里。电梯只有在消防员用轿厢壁板上的钥匙启动手动模式后才能运行。

有关电梯消防安全的更多信息，请参见第十八章“消防安全设计”。

住宅电梯与有限使用/有限应用电梯

小型私人住宅电梯可以兼作轮椅升降机。由于标准的曳引电梯需要架空的设备空间，所以它们在私人住宅中并不常见，而且液压电梯的下面必须有一个柱塞孔。相反，住宅电梯通常依赖于卷绕滚筒装置、绳索液压系统或涡轮螺杆装置。建筑规范认为，如果住宅电梯的最大尺寸为 18 平方英尺(约 1.7 平方米)、载重 1400 磅(约 635 千克)、上升高度 25 英尺(约 7.6 米)、速度为 30 英尺/ 分钟(约 0.15 米/秒)，则它们可以作为单独的一个类别。

住宅电梯采用层压板或实木板作为轿厢的内饰材料。门可以设计成类似住宅木门，带有隐藏的安全锁。轿厢的大小可以根据需要改变，以拥有更多的头顶空间或更多的平台面积(图 19.6)。

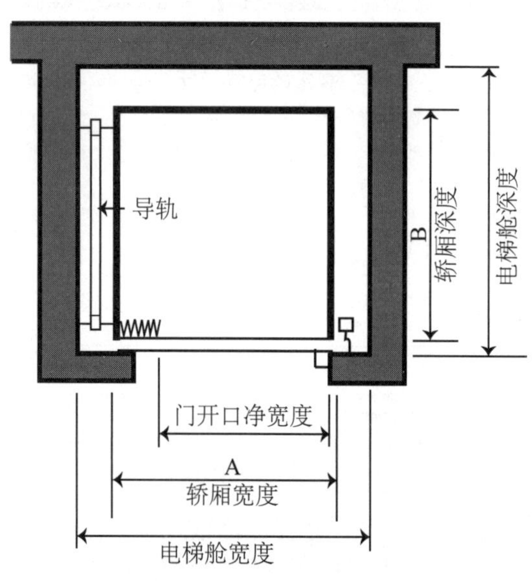

轿厢尺寸(英尺)	A(宽度)	B(深度)
3×3	3 英尺(约 0.9 米)	3 英尺(约 0.9 米)
3×4	3 英尺(约 0.9 米)	4 英尺(约 1.2 米)
特殊情况	12 平方英尺(1 平方米)最大平台面积	

图 19.6　住宅电梯

住宅电梯主要是为行动不便的人设计的。然而轿厢尺寸过小可能会无法容纳轮椅或另一个提供帮助的人。轿厢可以有一个单独的开口或两个彼此相对或成直角的开口。住宅电梯需要单独的机器空间。

自《美国残疾人法案》(ADA)颁布以来，人们就有了对另一种垂直运输方式的需求——有限使用/有限应用(LU/LA)电梯。LU/LA 电梯被定义为动力客运电梯，其使用和应用受到大小、容量、速度和高度的限制，该类电梯的主要目的是为残疾人提供垂直交通。LU/LA 电梯为坐在轮椅上的人和他们的同伴提供高品质的服务。

LU/LA 电梯的问世，填补了商业电梯和垂直平台电梯或轮椅升降机之间的空白。典型应用包括学校、图书馆、小企业、教堂和多户住宅。

根据2010年ADA无障碍设计标准的规定，LU/LA电梯轿厢的最小净宽度为42英寸(约1067毫米)，净深度为54英寸(约1372毫米)(图19.7)。但是也有例外，净深度为51英寸(约1295毫米)和51英寸(约1295毫米)、净开口为36英寸(约914毫米)的轿厢。还有一个例外是净宽度为36英寸(约914毫米)、净深度为54英寸(约1372毫米)、最小净平台面积为15平方英寸(约1.4平方米)的既有轿厢。

轮椅升降机

倾斜的轮椅升降台和升降椅的设计款式多样(图19.8和图19.9)。所有设计在电梯规范中都有详细说明，必须按照规范要求进行安装，包括安全元件和控制装置。

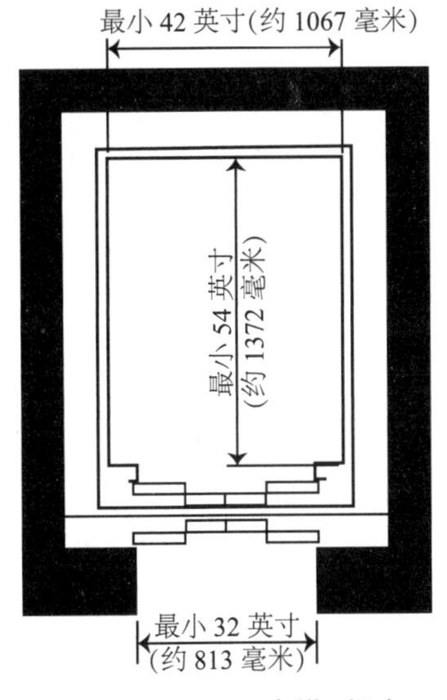

图19.7 LU/LA电梯(新建)

图19.8 楼梯上倾斜的轮椅升降台

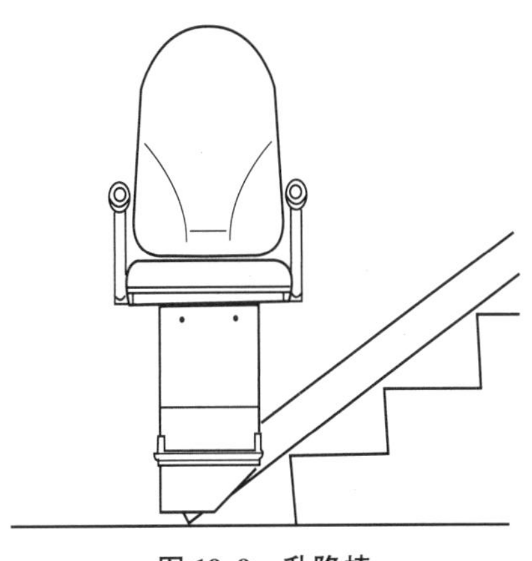
图19.9 升降椅

大多数楼梯都可以使用升降椅，即使是有转弯的楼梯也可以使用。轮椅升降机的上升高度可达14英尺(约4.3米)。倾斜的升降椅与楼梯使用相同的空间，但比电梯便宜得多。

垂直的升降台是安全、经济和节省空间的运输方式，可以克服高达12英尺(约3.6米)的建筑障碍。垂直的升降台有固定的外壳，包括大小不一的各种门，每个门对应不同的需要。垂直的升降台通常会占用大量的空间，除非它可以缩在楼梯平台旁边(图19.10)。

货运电梯

货运电梯的设计要素包括每小时必须运输的重量、每件货物的大小、装载方法和行驶距离，还要考虑负载的类型、门的类型及轿厢的速度和容量。

对于低于60英尺(约18米)的低层升降，液压电梯可以提供精确的控制、平稳运行和准确的自动找平。轿厢由大口径钢材和多层木地板设计制成，可用于重荷载运输。天花板照明灯具必须有防止破损的保护措施。货运电梯门至少6英尺(约1.8米)高，垂直向上滑动。电梯门垂直升降或中心开启，手动或电动操作。

液压和机械垂直升降机可用于仓库和工业用途。它们采用开放式架构，可以根据需要量身定做，从简单的两级应用到复杂的多层次、多方向系统。

服务轿厢与专用电梯

在办公楼中，每10辆客运轿厢通常配备一辆服务轿厢。在高峰时段，**服务轿厢**也可以充当客运轿厢。服务轿厢门宽 48~54 英寸(约 1219~1372 毫米)，可以用于搬运家具；服务轿厢应该设有通往货车门或货物入口，以及电梯门厅的通道。

由于医院的电梯必须能容纳轮床、轮椅、床、床单车和洗衣车，所以医用轿厢比正常的轿厢要深得多。医用电梯可容纳 20 多人，运行缓慢。

观光轿厢

观光轿厢由一个玻璃封闭的轿厢和安装在轿厢后面的牵引提升机械设备组成(图 19.11)。轿厢背面装饰为屏幕，用于隐藏设备。**观光轿厢**也可以设计成液压升降机式和悬臂式轿厢。

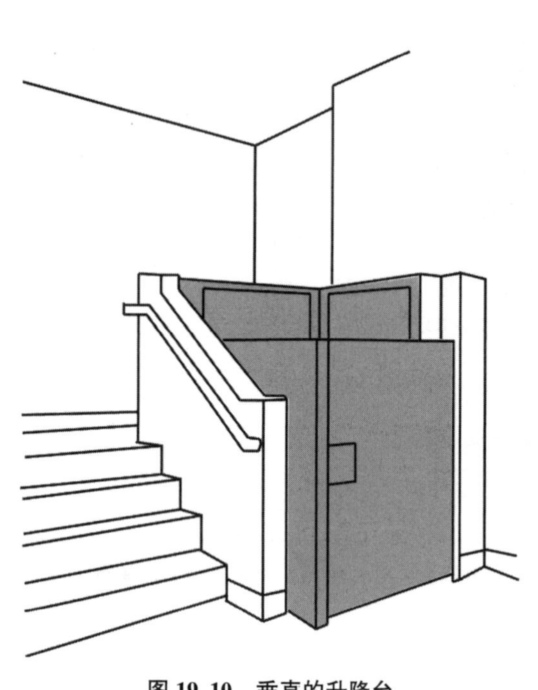

图 19.10　垂直的升降台

图 19.11　玻璃封闭的观光电梯

倾斜式电梯与齿条齿轮式电梯

倾斜式电梯是在倾斜的轨道上沿对角线路径运行的轿厢，由牵引索牵引。圣路易斯拱门的两侧各有一部可乘坐 10 人的倾斜式电梯。

齿条齿轮式电梯在齿条上上下运行。一个带齿轮形轮子的旋转小齿轮连接在垂直的齿条上，拉动齿条上的轿厢上下移动。齿条齿轮式电梯简单、安全，可以无限制地使用；维护和运行成本低，占用空间小。在 1986 年纽约自由女神像的改造中，一架长约 210 英尺(约 64 米)的齿条齿轮系统被用来疏散心脏病患者。齿条齿轮式电梯适用于工业环境中的室内和室外，用来垂直运输乘客和材料。

电梯安全

如果有人在电梯里受到袭击，袭击者可能会按下紧急停止按钮，使人无法进入封闭的轿厢，然后袭击者可以重新启动电梯，并在任何楼层逃跑。为了防止这种危险，电梯里安装了警报按钮，受害者借助该按钮可以向建筑物居民和安保人员发出警报。

根据建筑规范，电梯必须配备通信设备。轿厢内安全的最佳选择是自动操作的双向通信系统。通过给每个轿厢配备一台带有广角摄像头的闭路电视监视器，并在建筑物的安检处进行持续监控，提高了轿厢内的安全性。

有时有必要限制进出某一楼层或电梯轿厢。此时，就可以启用按钮组合锁和密码卡，但不要让未经授权的人员跟随用户进入电梯。最好的系统是将自动监控与进出检验装置相结合，该装置应该有专人持续监控，在紧急情况下这些监督人员知道如何采取最恰当的措施。

电梯系统

单区电梯系统，即所有轿厢服务所有楼层的电梯系统，通常适用于15层以下的建筑物。多区电梯系统是以两个或多个区的形式提供服务的电梯系统，适用于20层以上的建筑物。16~19层的建筑物可以使用两者中任何一种类型的电梯系统。

大型电梯系统使用非常复杂的操控装置。小型电梯系统的操控要简单得多。固态系统现在普遍用于新电梯上。

电梯大厅

每个楼层的电梯大厅都是一个焦点，走廊自此辐射延伸，通向所有房间、楼梯、服务室等空间。电梯大厅必须彼此垂直相邻，即一个在另一个上方。

电梯大厅通常是人们在每个楼层看到的第一个地方。大厅作为等候区，要远离其他的流通场所。大厅一定要足够大，以便让乘客在客流高峰时段能够舒适地等待。每个在高峰期等候的人都应该拥有4~5平方英尺(约0.4~0.5平方米)的楼面面积。

一楼的电梯大厅(底层终端)必须位于方便进出建筑物主入口处。该电梯大厅通常包含建筑物的平面图、电梯指示器，很可能还有一个控制台。

在非常高的建筑物中，可以建一个装饰精美、视野良好的空中大厅，来暂时中断人的长途旅程，在这里休憩片刻。一大群人从街道上穿梭往来于这个高空大厅，再从这里转乘另一部电梯继续他们的旅程。

双层电梯轿厢减少所需的电梯井空间和局部停靠的次数。他们可以与在两个层面上的空中大厅一起使用。

特定类型的空间，如办公楼、公寓楼、医院和零售店都有自己的电梯要求(表19.5)。

表19.5 对特殊场所电梯的建议

场　所	评　论
办公楼	用作搬运家具的服务电梯，建议使用4~4.5英尺(约1.2~1.4米)的超大型门，并与装卸区相通
公寓楼	轿厢较小，上升高度较短。可以安装摆式手动走廊门。建议把井道和机房与卧室隔离开
医院	轿厢较大，可容纳20人以上，运行缓慢。建议增加一些仅限乘客使用的轿厢和小型货运升降机来加快速度
零售商店	建议设一或两部电梯，供工作人员和残疾人士使用

自动扶梯与移动步道

自动扶梯是一种动力驱动的楼梯，由固定在连续循环带上的台阶组成。移动步道(移动的人行道)和移动坡道是动力驱动的、连续移动的表面，类似传送带，用于水平地或沿着低坡度运送行人。

自动扶梯

自动扶梯(也称电动扶梯或自动楼梯)比电梯输送的人数多，转移的速度更快。自动扶梯可以将大量人员高效而舒适地移动六层楼之高，尽管它们最有效地连接两到三个楼层，但三层以上人们首选电梯。自动扶梯的装饰设计让用户可以观赏到全景。除了标准的直行扶梯，自动扶梯还有弧形等特殊的设计款式。

乘客不会因停电而被困在自动扶梯上，自动扶梯也不需要应急电源，因为乘客只需在静止不动的扶梯上走上或走下，就像平时走楼梯一样。

自动扶梯需要空间，用作扶梯的地板开口和自动扶梯在周围的循环。由于自动扶梯以恒定的速度运行，几乎没有等待时间，但在每个装卸点都应有足够的排队空间。

自动扶梯不得用作紧急出口，也不能搬运轮椅或货物，因此建筑物至少还需要一部电梯。

最早投入使用的自动扶梯是由杰西·雷诺于1896年设计的，并作为游乐设施中一段新奇的旅程，安装在纽约州的布鲁克林区的科尼岛。第一部商业化的自动扶梯由查尔斯·斯伯格和以利沙·格雷夫斯·奥蒂斯设计，获得了1900年法国世界博览会一等奖。

自动扶梯的部件

自动扶梯的结构由桁架支撑(表19.6)。台阶旁边的栏杆有移动的扶手(图19.12)。

表19.6　自动扶梯的部件

组　件	说　明
桁架	焊接钢框架支撑自动扶梯的两端，如果上升超过18英尺(约5.5米)，则支撑力会转到中间。要为机械设备提供空间
轨道	连接到桁架的角钢引导梯级滚轴和控制梯级运动
驱动系统	链轮组件、链条和就像自行车链传动那般工作的机器
紧急制动按钮	位于自动扶梯的两端。停止传动装置并施加制动
加长型楼梯端柱	《美国残疾人法案》(ADA)要求，在到达梳板前至少两个水平踏面的距离内，设置加长端柱，以便人们在离开自动扶梯前调整步伐
扶手	与梯级的移动同步，以确保乘客的稳定和支撑
护栏	为最大限度地保护乘客踏上和离开扶梯时的安全而设计。自动扶梯的侧板由玻璃纤维、木材或塑料制成

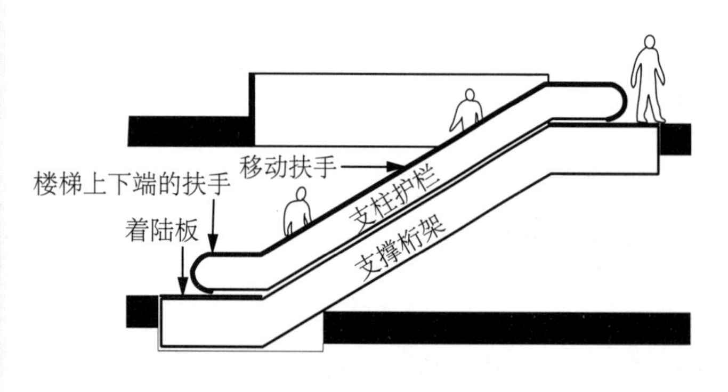

图19.12　自动扶梯的部件

与电梯相比，自动扶梯更受商家的青睐，因为顾客站在自动扶梯上就可以看到商品。自动扶梯通常安装在交通要道上，顾客很容易就可以看到它们，也能看到自动扶梯的目的地，然后轻松舒适地走向自动扶梯。在布置零售店时，要避免用大显示器挡住自动扶梯的视线。

在美国，所有的自动扶梯都与水平面成30度角。标准的自动扶梯的高度为10~25英尺(约3.1~7.6米)。头顶必须保留7英尺(约2.1米)的净空。

自动扶梯的设计

从理论上讲，40 英寸(约 1016 毫米)宽的踏板可以容纳两个人(表 19.7)。实际上，出于心理和身体上的原因，每个踏板一个人以交替对角线模式站立是最常见的。24 英寸(约 610 毫米)宽的自动扶梯上有一半的踏板通常是未被使用的。

ASME A17.1 目前将自动扶梯的宽度定义为楼梯踏板的宽度(以英寸为单位)。以前这一宽度指的是护栏间的距离，这一测度现在被称作"踏板尺寸"。

表 19.7 标准自动扶梯的宽度、尺寸和容纳人数

踏板宽度	踏板尺寸	容纳人数
24 英寸(约 610 毫米)	32 英寸(约 813 毫米)	一名成人和一名儿童(1.25 人)
32 英寸(约 813 毫米)	40 英寸(约 1016 毫米)	每个梯级 2 名成人
40 英寸(约 1016 毫米)	48 英寸(约 1219 毫米)	每个梯级 2 名成人

自动扶梯在每个装卸点都需要足够的排队空间。当人们不断地从自动扶梯上下来时，特别是在人流高峰期的剧院和体育馆，拥堵是非常危险的。在显眼的位置注明自动扶梯的承载容量可以避免拥堵。自动扶梯前面的着陆空地应至少为 6~8 英尺(约 1.8~2.4 米)深，而扶梯的运行速度越快，这个深度越大。

以 30 度角倾斜的自动扶梯的长度等于楼层高度的 1.782 倍。顶部和底部的水平着陆平台的长度之和加上楼层高度就是自动扶梯的长度。

在中间的着陆平台上设立一个聚集空间可以缓解压力。在中间着陆平台的转弯处进行分区可以引导乘客远离终端出口。下了扶梯后，到反方向乘坐下一段扶梯可以避免 180 度的转弯，这样就避免了人们为了乘上下一段扶梯而挤作一团了。

自动扶梯的出口处应是一片开阔区域，没有转弯或方向的改变。如果需要转弯，应该用大的清晰的标志引导用户。

自动扶梯的安全功能

自动扶梯是非常安全的，扶梯的表面和扶手都设计得非常平滑，即使磨蹭也不会被卷入下面。顶部和底部的梳状板设计可以防止梯级卡住，也可以避免滑倒。

自动扶梯发生伤亡情况通常是由于绊倒或坠落，而不是设备故障。物品(包括身体部位)可能会被卡在有齿的自动扶梯踏板上和(或)踏板与扶梯两侧之间。安全机制有时不会按预期的那样制动。

自动扶梯的消防措施

自动扶梯的机械设备(桁架、回程踏板、电机)必须密封在防火结构中。楼层之间的自动扶梯开口设计必须能够防止火势蔓延。

自动扶梯有四种防火方法(表 19.8)。当自动扶梯的运行超过两层楼以上时，规范要求使用一个或多个防火方法，以防止火灾通过自动扶梯的开口蔓延。

通常不允许自动扶梯作为疏散通道，但是对于那些既有建筑物中完全封闭在防火墙和防火门内的自动扶梯则可例外。规范也可能要求为自动扶梯配置特定的喷水灭火系统。

自动扶梯的照明

自动扶梯必须有足够的照明以确保安全，特别是在着陆时。要在自动扶梯上方的天花板上，特别是在梳板上补充一般照明，也可以在护栏上安装照明。此外，照明作为装饰的重要组成部分，应该增强自动扶梯的视觉焦点。

自动扶梯的布置

交错安排是自动扶梯最常见的布置形式。这种布置形式把自动扶梯的入口和出口定位在上下两端。

交错式自动扶梯占地面积最少，对结构的要求也最低。

表 19.8 自动扶梯的防火方法

方　法	说　明
防火卷帘	由温度和烟雾探测器启动。在一定程度上完全关闭井道，防止气流和火势蔓延。在美国不常见，在英国和欧洲更为普遍
烟雾防护装置	用防火挡板包围井道，从天花板向下延伸约 20 英寸(约 508 毫米)，以使烟雾和火焰偏转。天花板上的洒水喷头自动喷出水幕将自动扶梯隔离开来
喷嘴水幕	与烟雾防护装置类似。密集排列的水喷嘴高速喷出大量的水，形成水幕。防止烟雾和火焰升起。要所有喷嘴同时打开
洒水通风口	屋顶的新鲜空气进气口。鼓风机驱动空气下降通过井道，屋顶排风扇制造出的强大气流向上通过排气管道，抽出天花板下方的空气。通风口内含有水喷嘴

分开布置的自动扶梯为顾客提供了一个更长的步行路程去查看商品。分开的布置使进场的顾客与继续购物的顾客更容易混合在一起。这种分置距离最长可达 10 英尺(约 3 米)左右。

分开的交错布置只包括一个位置上的向上或向下的自动扶梯。这种安排方式可以在扶梯运行结束时留出空间供顾客选购商品。如果与下一部自动扶梯相隔的距离过长，或者下一部自动扶梯不在视线内，顾客就会很恼火。而如果两部自动扶梯之间的行程不足时，情况会变得更糟，会导致拥堵、推挤和延误。

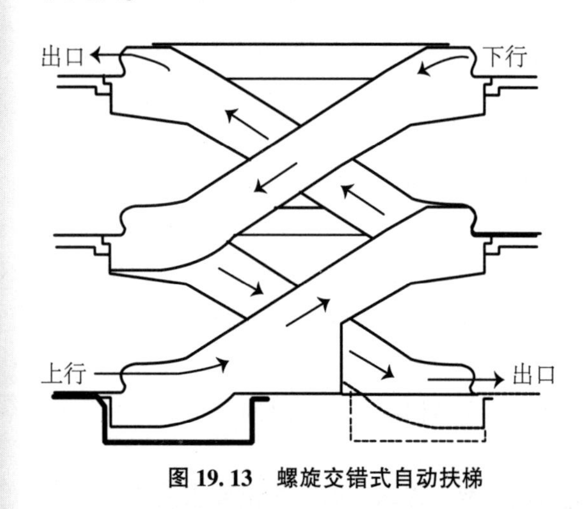

图 19.13 螺旋交错式自动扶梯

交错自动扶梯的第二层，楼梯的方向发生了反转，这迫使乘客绕过楼梯的整个长度，才能继续上行。这种安排要求自动扶梯周围有额外的楼面空间。在乘客绕行的过程中，商店展示的商品逐一呈现，但是这种做法可能令人讨厌。

螺旋交错式自动扶梯提供了一种不间断的上行螺旋和下行螺旋行程(图 19.13)。楼梯相互嵌套以节省空间。螺旋交错式自动扶梯最多可用 5 层楼，不会让乘客感到厌烦。

平行式自动扶梯朝向同一个方向。与交错式自动扶梯的布局相比，它们效率较低、成本较高、占地面积也较大，但外观却令人印象深刻。平行式自动扶梯可以采用螺旋布置或堆叠的平行布置。(图 19.14)三四个平行单位堆叠的布置通常用于运输枢纽终端，其中除了一个以外，其他所有单位都沿着同一方向运行，它们的方向也可以颠倒，以适应繁重的交通状况。

移动步道与坡道

移动步道和斜坡在构造和操作上非常相似，但应用不同。它们的组成部分类似于自动扶梯的部件，但是用一个扁平的栈板代替了台阶。移动步道与坡道的长度限制在 1000 英尺(约 305 米)左右。支撑桁架的深度通常为 3 英尺 6 英寸(约 1 米)，这很可能紧贴着下方地板的天花板。

移动步道和坡道的尺寸和速度不像自动扶梯那样标准化，通常是为特定的应用而设计的。有多种宽度设置，在运输终端有 55 英寸(约 1397 毫米)宽的装置，以便步行者通过其他乘客。

移动步道

移动步道(也称移动人行道或自动人行道)是能够连续输送大量人员的移动设备，旨在减少拥挤和迫使人们沿着指定路径移动。它消除或加速了在建筑物中长距离行走的需要。移动步道由动力驱动的连续移动的路面组成，类似于传送带。

用移动步道运输大型、笨重的物体很轻松。它们最常用于航空运输终端和其他运输设施(图 19. 15)。

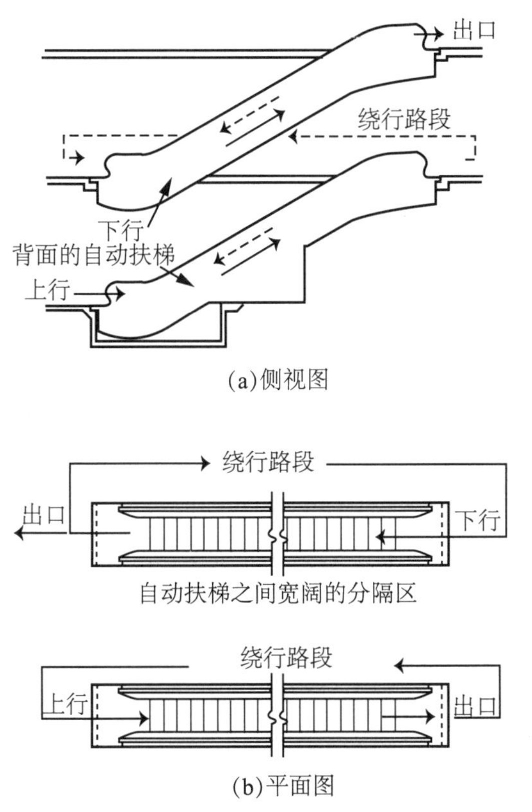

图 19. 14　平行堆叠式自动扶梯

图 19. 15　移动步道

移动步道也用来将人们移动经过玻璃橱窗或其他拥堵和不宜停留的地方。此外，它们对于行动不便的人是很有用的。

尽管早在 1893 年，在芝加哥举行的哥伦比亚世界博览会上首次推出了移动步道，但直到 20 世纪 50 年代美国才安装第一部商用移动步道。当时这一快速步行道是由固特异公司为新泽西州泽西市的哈德逊和曼哈顿艾尔站建造的。

移动步道可以将大量人员水平移动至少 100 英尺(约 30. 5 米)的距离。超过 300 英尺(约 92 米)的距离使用多个单元首尾相连，各单元之间都设有开/关装置。移动步道的宽度为 2~9 英尺(约 0. 6~2. 7 米)，宽度通常为 32 英寸、40~56 英寸(约 813 毫米、1016~1422 毫米)。

移动步道在水平方向上的倾斜度不得大于 5 度。水平移动步道的最高速度为每小时 2 英里(3. 2 千米/小时)。

移动坡道

移动坡道是一条倾斜 5~15 的移动人行道。移动坡道为轮式车辆和大而重的包裹提供了一种在建筑物中垂直和水平移动的方式。对于使用自动扶梯有困难的人来说，移动坡道也是一个不错的选择。多层商店使用移动坡道将购物车运送到屋顶停车场。运输终点站使用移动坡道运载不容易推上自动扶梯的行李车。

物料搬运

直到20世纪70年代后期，材料在商业和机构建筑内的运输还主要是靠人力，辅以一些机械的帮助。办公室的邮件由信差搬运。医院使用小型升降机、服务电梯、输送带或溜槽。大型商店使用气动导管运载线。今天，这些工作都可以自动完成，而且通常更快。自动系统的初始成本高，但劳动力的减少和速度的提高导致投资回收期短和效率提高。

物料搬运系统包括电梯、传送带和气动系统等(表19.9)。

表19.9　物料搬运系统

系统类型	说　明
电梯式系统	垂直升降轿厢，包括小型升降机和弹射升降机
传送带式系统	水平、垂直或倾斜
气动系统	先进的气动管道系统、风力输送垃圾和亚麻系统
其他系统	自动送信车、自动履带式集装箱传送系统等

小型升降机

在百货公司，人们用手工装卸货的小型升降机把商品从库区运送到销售和取货中心。医院用小型升降机来运送食物、药品和亚麻制品。多层餐厅用小型升降机从厨房运送出食物，再把脏盘子运回。

小型升降机的设计包括牵引或滚筒式(图19.16)。轿厢经常由货架隔开。小型升降机可以设计成在地板、柜台或其他指定高度上装载，小型升降机的升降平台面积最大为9平方英尺(约0.8平方米)、最大高度为4英尺(约1.2米)。许多小型升降机的高度限制在50英尺(约15.3米)，每次载荷为300~500磅(约136~227千克)。

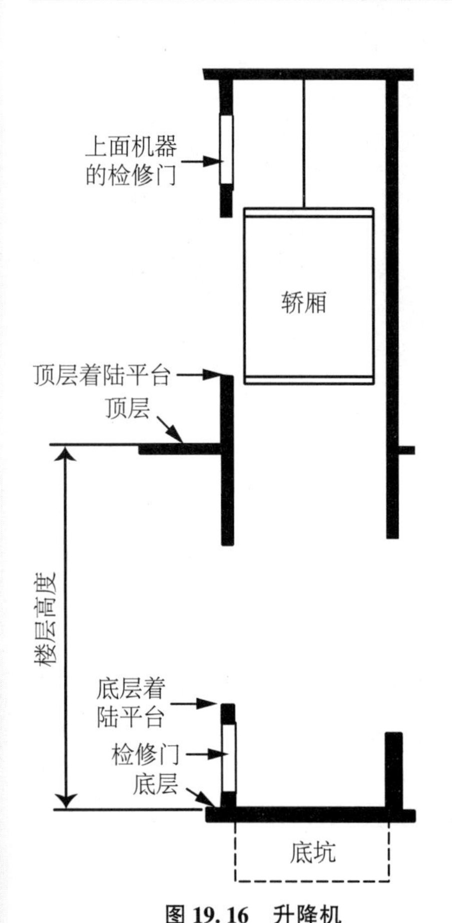

图19.16　升降机

弹射升降机

弹射升降机是自动化的小型升降机，它可以垂直、快速地移动手推车或篮子中相对较大的物品。机构和其他设施使用它来快速地垂直搬运相对较大的物品。例如，它可以运送食品车、亚麻制品、餐具和散装液体容器。每次运送的货物都是手动或自动地装在手推车或篮子里。交货时，必须拿起物品并将其水平转移到最终目的地。

输送机

工业设施和像邮购商店这样的商业建筑采用水平输送机。它的成本相对较低，可以运送大量商品。但是它要求固定的通行线路，而且噪声很大，如果使用不当，可能会有危险。水平输送机用于机场托运行李、自助餐厅运送脏盘子、办公室投递邮件和邮局邮寄包裹。

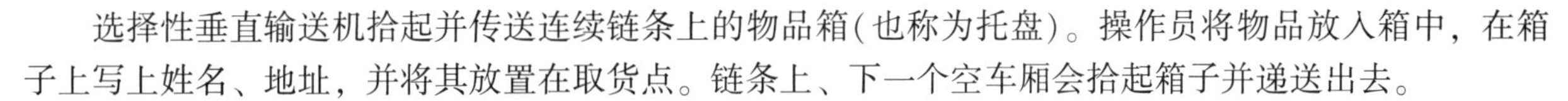

选择性垂直输送机拾起并传送连续链条上的物品箱(也称为托盘)。操作员将物品放入箱中，在箱子上写上姓名、地址，并将其放置在取货点。链条上、下一个空车厢会拾起箱子并递送出去。

气动系统

气动系统发明于19世纪，尽管在数据传输方面数字媒体已经取代了气动系统，但它一直用于物品的实物传递。它是可靠、快速和高效的传输方式。气动管道系统由直径为2.5~6英寸(约64~152毫米)的单管或多管环组成，也有特殊的形状。在过去，气动管道系统依赖于大型的、有噪声的压缩机。新的计算机控制系统相对安静。

气动垃圾和亚麻系统可以将袋装或包装的垃圾及亚麻布从许多外围站点快速转移到中央收集点。卫生法规要求用单独的系统处理垃圾和亚麻布。亚麻系统通常用于医院。垃圾系统用于多种类型的建筑物中，通常与垃圾压缩机一起使用。

气动垃圾或亚麻系统由直径为16英寸、18~20英寸(约406毫米、457~508毫米)的大型管道组成。它们以每秒20~30英尺(约6~9米)的速度完成一次装载。这些气动系统确实要依赖于需要隔音的大型压缩机，但是它们能够高效且廉价地完成任务。

自动化集装箱运输系统

在一个自动化的集装箱运输系统中，集装箱被锁在一个机动的车厢上，而该车厢又被锁定在轨道系统上。集装箱有各种规格。自动化集装箱运输系统因其体积小、轨道布局灵活，所以很容易改造成建筑物，但往往价格昂贵。

在另一个集装箱运输系统中，安装在地毯下面的被动导向带，以无形的方式将由电池驱动的机器人车辆连接到电梯上进行垂直运输。它们用于工业环境中提取和交付零件、医院的食品和日用品分发，以及在办公室中进行邮件和文件的提取与递送。

随着本章对传输系统的介绍接近尾声，我们几乎完成了对建筑系统的全部调查。在第二十章中，我们将看到技术是如何改变今天建筑物中的通信、安全和控制设备的。

第二十章 通信、安全和控制设备

建筑物的设计和运行是由计算机软件完成的。该软件集成了建筑系统、通信、安全和控制系统。如今，住宅建筑中已经拥有家庭报警系统、火灾监控、天气监测等安全系统，以及对家电、照明和其他建筑功能的无线移动操控装置。室内技术设计的新兴领域可以帮助创建一个由遥控或触摸屏控制的家庭照明和媒体视听体验。

在建筑设备的设计和应用领域中，没有一个领域像信号设备那样发生了如此迅速和持续的变化。信号设备包括所有的通信和控制设备，其功能是协助建筑物的正常运行，包括消防和访问限制等监控设备，电话、对讲机和电视(公共和闭路)等音频和可视通信设备，以及计时设备，如时钟和程序设备，所有基于时间的控制装置。

引自沃尔特·T. 葛荣德、埃里森·G. 沃克，《建筑的机电设备》(第12版)，威利出版集团，2015年。

在本章中，我们将研究住宅和商业建筑的通信、安全和控制设备的设计。我们不会假装知道未来会发生什么，所以我们的重点是基本的设计原则。

信号系统

信号系统发送和接收电子编码信息。它们包括所有通信和控制设备、安全、音乐和声音、对讲、时钟和程序、寻呼和楼宇自动化系统(表20.1)。这些功能以前是分开的，但现在经常结合起来并且用途广泛。信号系统由电气顾问或专门的消防、视听或声学顾问设计。

请参见第十八章“消防安全设计”，了解有关火灾探测和报警系统的更多信息；有关暖通空调的控制装置，另见第十四章“采暖与制冷”。

表20.1 信号系统的类型

类 型	说 明
监控设备	安全、防火和访问限制
视听通信设备	电话
	用甚高频(VHF)和超高频(UHF)接收的广播电视
	用于安全或教育目的的闭路电视
	带有AM/FM调谐器和内部通话装置的对讲及音响系统

续表

类　型	说　明
计时设备	时钟和程序设备，纳入建筑机械控制系统的时间控制装置
	带有相互连接的时钟和铃铛的主时钟系统
暖通空调(HVAC)的控制装置	从简单的恒温器到计算机化的能源管理系统

酒店、汽车旅馆、医院、学校和博物馆等公共建筑通常对数据处理和电话服务有不同于办公大楼的特殊要求。这些场所可能还需要扩音装置、背景音乐和**闭路电视**(CCTV)。

所有的信号系统都由一个源、一种传送信号的手段和在目的地的指示设备组成(表 20.2)，信号设备的符号通常标注在图纸上(图 20.1)。

表 20.2　信号系统的基本组件

零　件	说　明
信号源	获取信号的传感器，加上处理和传输信号的闭路电视摄像机、电话或对讲设备、电视或无线电信号的接收天线
信号传送装置	通常是低压电线或无线电波。必须屏蔽电视天线电缆和闭合电路连接器。由于可能的信号干扰，一般不与电话线组合
信号指示设备	可听的、可视的、打印出来的复印文本。信号指示器包括扬声器、计算机显示器、铃铛、喇叭、汽笛和闪光灯

图 20.1　信号设备的符号

通信系统

通信线路支持计算机、电话、视频、电视、音频麦克风和扬声器，以及时钟等信号设备。电话、电缆、对讲机、安全或火灾报警系统的语音和信号设备需要单独的接线电路。

> 请参见第十六章“配电系统”，了解有关电力线载波(PLC)信号的更多信息。

建筑电气系统与通信系统有着密切的关系。通信线路的安装也影响墙壁、隔墙和饰面。

通信和建筑控制线路使用低压电线在建筑物内传送信息。其他信息在电力线载波(PLC)系统、光纤系统或无线系统上传输。电力线载波(PLC)信号是电力线路上的高频信号。

住宅通信系统

今天的住宅通过移动和无线设备与世界其他地区紧密相连。先进的自动化住宅系统控制着安全、火灾警报、计时功能、恒温器、百叶窗、照明和门锁等。这些系统使用专用的线路、控制总线或电力线载波(PLC)信号。这一切都显示出统一控制的趋势，单个控制面板可以为多个住宅系统提供服务。

住宅电话服务通常效仿电气服务，采用架空或地下线路，但设有单独的服务入口。在住宅建成后铺设电话线路需要把电缆安装在表面，这很不雅观，往往令人反感。电话服务可以通过预埋线来实现，即在未建成的墙体结构内预先铺设电缆线并连接到空的设备盒中，以便日后连接使用。无线电话服务的普及使人们对有线电话和数据线的需求日益减少。

无线通信使居住者可以在家中的任何地方工作。通常在厨房里设一个家庭规划中心，里面配有手机充电站。这里可以作为家庭成员的通信中心。

厨房或其他空间可以作为家庭办公室，配有计算机和互联网宽频带、笔记本电脑插接站、电子充电站，以及打印机和碎纸机等其他设备。如有必要，可用电缆槽或电缆管道来管理电线。网线也可以为联网设备提供支持。

如今以无线的方式与互联网连接的冰箱可以追踪食品的到期日期，或通过智能手机在线订购食物。嵌入数字墙后挡板的屏幕可以使用户与电视厨师一起做饭，或者检查监控摄像机拍摄的食物。软件能使智能设备彼此交谈，语音和手势控制也即将问世。

要为计算机组件提供良好的通风，而不应将其密封在柜子里。计算机需要一个或多个专用电路，并配备与设备相适应的过载保护装置。

厨房和其他房间的电视可以与家庭有线电视或卫星系统相连。可能还需要为 DVD 播放机、扬声器和音响系统提供连接；无线系统将越来越普遍。设备可以与天花板和内嵌或壁挂式扬声器一起安装。

家庭中可能有内部通信网络，供小孩和老年人在需要帮助时使用。所有家庭成员都应该可以访问这些网络，并且应该将操控装置设在所有人都能够得到的地方。使用电话连接进行紧急呼叫的帮助系统可以挽救生命。

一个基本的住宅对讲系统有一个或多个主站和几个遥控站，可以从家中的不同位置对前门的情况做出应答，也可以给对讲系统添加语音通信和闭路电视功能进行识别。将对讲系统置于开放位置以便远程监控。低压多媒体对讲电缆通常隐蔽在墙壁、阁楼和地下室里。其他对讲系统都不再单独接线，通过在房屋电力线路中添加语音信号和把插入式连接器插进电源插座，使遥控站成为便携式遥控器。

办公楼通信系统

办公楼通信系统经常将四个功能组合成一个网络。这些功能包括内部办公室语音通信(对讲机)、使用电话和通信电缆的局间和局内数据通信、通过电话公司或数据线进行外部通信及寻呼功能。办公大楼通信系统通常是从私人公司购买或租用的。同样的仪器和开关设备既可用于对讲，也可用于外部连接。

> 室内设计人员在布置办公桌时，要考虑数据线和电话插座的位置，这一点很重要。插座应该放在靠近办公桌的墙壁上，而不是在需要使用延长线的地方。

办公楼的通信系统规划可能需要在关键位置为进户线房间(设备室)、垂直叠置的立管空间(竖井)和立管壁柜，以及必需的附属壁柜预留出大量的空间。壁橱和设备之间的水平分布可以使用管道、箱子和橱柜、楼板下电路和天花板上部系统。就此，要再次强调的是无线通信系统有望节省空间和设备。

学校通信系统

一套为学校而设计的综合了声音—传呼—无线电设备的通信系统提供了一种将信号从录音、广播或现场声音分配到选定区域的方法。这个简单的系统可以为全校所有的扬声器提供一个 CD 播放机和一个有单一频道的单麦克风。更复杂的系统可以将多个输入信号分配到学校的不同区域。小型系统可以安装在紧凑型的桌面控制台中。大型系统则需要一个单独的控制台，通常是一张既能摆放下设备，也足够操作人员工作的大桌子。可以预留一个 30~50 平方英尺(约 2.8~4.6 平方米)的凹室用来放置桌子和保存录音资料。

学校的电子教学设备发展得太快，以至于无法准确预测未来的需求。被动模式和交互模式都在使用。

被动模式的设备包括所有以任何格式记录的材料，学生可以通过信息检索获得这些资料。被动模式的使用包括传统和电子图书形式的打印、音频和视频资料。

交互模式是指学生按自己的节奏利用计算机进行个人学习。建筑设计师必须适应所有教育层次在这一领域的快速发展，了解它们在电力、电缆管道、照明和暖通空调等方面的相关规定。

数据和通信系统线路

室内设计师通常负责展示家庭和办公室里电源、数据和电话连接的位置。设计以灵活和使用方便为目标。插入设备不应该要求用户在地板上爬行。重新布线装备新技术不应该破坏墙壁和地板。鉴于数据和通信系统对设计的特殊要求，可以考虑聘请一位熟悉最新技术的设计顾问。

许多小型低压电线可以成对或同轴地绞合(表 20.3 和图 20.2、图 20.3)。有些电线是屏蔽的，以防止电路之间的信号干扰。

表 20.3 通信电缆

类 型	说 明
5e 类和 6 类无屏蔽双绞线(UTP)电缆	用于计算机网络，如以太网。Cat 5 已经大部分被 Cat 5e 和 Cat 6 电缆取代
屏蔽双绞线(STP)电缆	消除来自外部的电磁干扰；户外路上通信线
光纤电缆	传输转换为光脉冲的数据。包裹在塑料护套中的玻璃芯或塑料丝
同轴电缆	抵抗电子干扰。用于有线电视和射频局域网(LAN)。通常为带绝缘层的单线导体，外部包裹着屏蔽导体和第二绝缘层

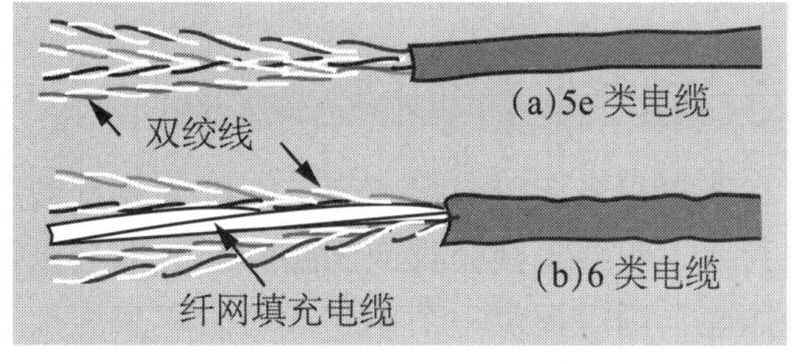

图 20.2 5e 类和 6 类无屏蔽双绞线(UTP)电缆

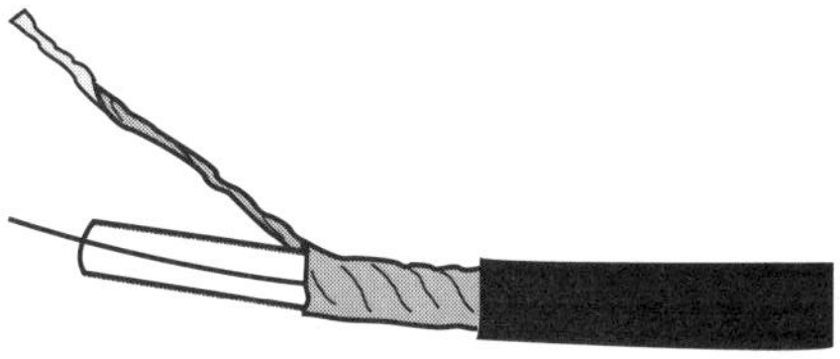

图 20.3 同轴电缆

扁平电缆用于信号和通信布线，以及用于数据传输的电力电缆和光纤电缆及附件。在数据传输量非常大、视频系统或高安全性、低噪声和宽频带要求的设备中，用光缆代替铜线(图 20.4)。

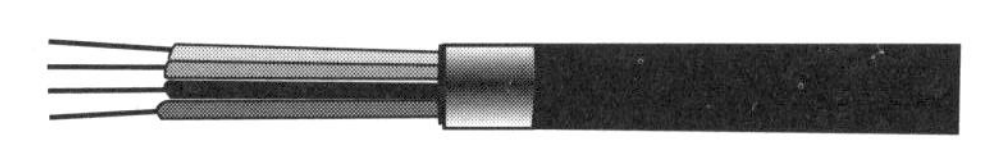

图 20.4 光纤电缆

只要我们继续使用电线来传送信息，电线就会成为我们内部环境的一部分。既有建筑物中的大量线路是闲置不用的或是以前的租户遗留下来的(图 20.5)。随着无线技术的发展，越来越多的线路将被废弃。

只需把活动地板抬高几英寸就可以完成室内布线。这样布线既方便使用，又几乎看不见(图 20.6)。遇到高度变化可能需要把地板铺成斜面或以其他方式进行。

请参见第十六章“配电系统”，了解有关活动地板的铺设和布线的更多信息。

房屋布线系统

专门用于所有类型通信系统的线槽、线盒和插座系统(一般情况下，音频信号除外)被称为**房屋布线系统**。该术语通常不包括布线本身。房屋布线的线槽通常是表面安装，便于经常访问，并容纳预先端接的数据电缆，这些电缆很难穿过隐蔽安装的线槽(图 20.7)。与其他安装在表面上的设备相比，较大的房屋布线线槽更容易安装，也较便宜。引线装置和线槽也称为**电线管理**。

图 20.5　天花板上的布线

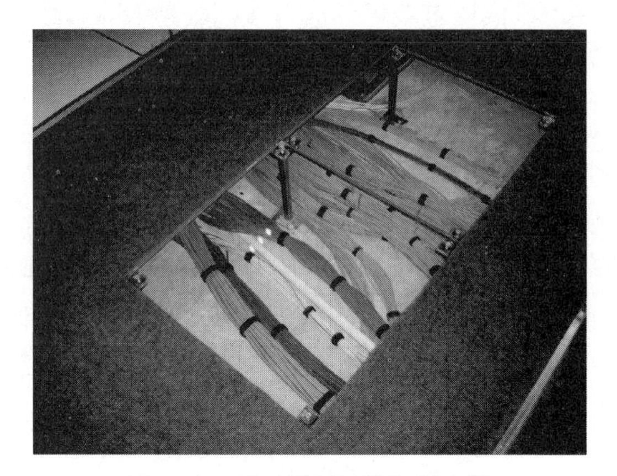

图 20.6　活动地板下的数据电缆

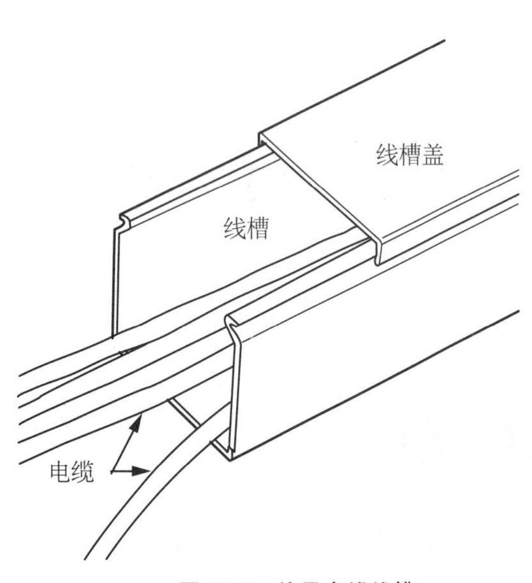

图 20.7　信号电缆线槽

电 视

有线电视系统可以接收来自户外天线或圆盘式卫星电视天线、有线电视公司或闭路系统的信号。如果需要几个插座，则应提供一个 120 伏的插座来为放大器提供服务。非金属导体线槽中的同轴电缆将放大的信号传输到各个插座。

在如今的多户住宅中，每个房间都有一个或多个有线/互联网“插孔”插座，用于接收卫星天线或有线电视提供商发出的信号。该系统被建造成连接机柜内拉线点的空管道；分包商随后安装电线。在低成本的住宅建设中，仅提供地板和穿墙套管，同轴电缆则是暴露在外的。

用于安全目的的闭路电视(CCTV)摄像机在银行、零售店、高层公寓楼和工业综合体中非常普遍。它们位于停车场、电梯和所有可能的通道中，包括门窗、风扇和风管的外部通风口。

电 信

出租的公寓楼和学生宿舍楼在每一层都有相似的布局。公寓内的壁橱整齐排列，电缆通过套管在垂直的立管中穿行。每个房间可以在没有管道或只有几个短套管的情况下预先接好线。电话柜要有充足的照明和电力供应，以便维修保养。

大型设备需要有引入连接、终端机箱、立管空间及其他类似电气系统的设备。大型系统通常由电信公司设计、装备和安装。

安全系统

建筑的安全系统应该是建筑设计最初阶段的一部分。今天，安全硬件常常需要布线。信息可由设备制造商或安全系统设计顾问提供。

安全系统的应用

住宅安全系统是专为豪华住宅或多户住宅而设计的。商业建筑的安全系统侧重于监视、入侵检测和威慑。

住宅安全系统

住宅报警系统可以非常简单，仅是一个电池供电、手动操作的无线设备。较为复杂的住宅报警系统包括附加的警报器、温度传感器和安装在地面之上的水传感器。

今天，由智能手机操控的锁可以取代传统的锁和插销，实现了无钥匙进入，使居民可以监控和自定哪些人可以进入，并跟踪其在家里的一切活动，如上网和开灯等。智能手机控制的安全警报器可以通过使灯光改变颜色或闪烁来提醒房主家里进了入侵者。智能产品还可以使房主能够与按门铃的人进行视频聊天，即使他们自己不在家。

住宅最常用的是磁性门窗开关及被动红外(PIR)和(或)运动检测器。在一根长绳子的一端安上开关，居民可以自己设置手动警报器。入侵报警系统可由安保公司进行监控，安保公司通过监控中心总站实行全天候监视，以便直接采取行动或通知警方。

住宅报警系统可以将网络、计算机处理、自动化和娱乐功能整合到一个中央控制平台中。照明控制、温度控制、全屋音乐视频和能量监测都可以实现智能化监控。

在公寓楼中，安全功能和门铃功能常常是结合在一起的。大楼入口的双向对讲机使公寓租户可以在打开门厅入口门之前与呼叫者进行沟通。

多户住宅安全系统

公寓大楼经常将保安措施和门铃功能合二为一。在大楼入口和每间公寓之间使用双向对讲机，住户可以先筛选呼叫者再按下释放按钮打开门厅入口门。闭路电视经常被添加到该系统中。

为了防止入侵者闯入，公寓内的紧急呼叫按钮通常与公寓大楼的报警系统相连。在豪华公寓楼中，公寓门可以从一个中央警卫室进行监控。

专为老年人设计的住房通常包括打开公寓门的规定，以允许通过灯光和警报召唤来的帮助者进入。为老人、残疾人士等居民设置的紧急呼叫系统可以向外面的人发出呼救信号，提醒人们，住在封闭公寓内的人可能由于生病或遇险而处在紧急状态。许多建筑和住房规范都对所需的设备做了描述，包括一个安装在每间卧室和浴室的呼叫启动按钮。该按钮每天24小时监控，还会显示发布的声音报警和可视信号。在每个楼层的走廊和每间公寓也都设有报警信号，用于向最近的邻居发出求救信号。

磁卡和密码组合锁特别适合接待旅客的住宅设施，因为这种锁的密码很容易更改。

酒店和汽车旅馆的安全系统

酒店和汽车旅馆的安全系统包括客房出入安全和设备安全。现代的酒店大多数使用电子客房锁，每位客人有不同的开锁编码。这种锁可以在中央控制台更改编码，包括磁卡或电子编码卡，或者使用可编程电子锁和编码密钥设备。

客房和会议室的设备安全通常由专业的防盗顾问设计。酒店、学校、办公楼和工业设施中使用的防盗系统可以检测到设备与电源连接的断开，并向监控点的报警器报警。

学校的安全系统

学校的安全设备包括门窗感应器。它既可以触发现场的警报装置，也可以通知警察总部。学校周边的报警检测系统有助于防止下班后破坏者的闯入。可以开启外部照明阻止破坏者。外部上锁的门可以使用出口控制警报器，在紧急情况下该警报器必须是从内部可操作的。

今天，学校时钟和程序系统组合成了一个单一的系统，该系统也为所有可编程的开关和控制器提供时间。时钟和程序设备控制时钟信号、可听设备和其他可选设备。教室扬声器上产生的音调通常比钟、锣、蜂鸣器或喇叭更受欢迎。

办公楼的安全系统

办公楼安保系统通常使用一种看守人手动巡视系统，定期对空置区域进行监视。一个简单的手动系统由一些装着一把钥匙的小型机柜组成。这些机柜彼此相隔一定距离，放置在建筑物周围。看守人用里面的钥匙打开一个特殊的壁挂式或便携式时钟，时钟会记录下他每次检查具体位置的时间。该系统的计算机化版本自动记录数据并提供打印单。一个可以进行持续监视的中心位置也有这种系统。

目前，有一种把安保系统与通信、消防安全和应急管理系统整合的趋势。一些闭路电视、消防、大规模通信系统和防盗系统已经被整合到了门禁控制系统中。

建筑安全影响室内布局。有必要在尽可能多地提供消防出口与尽可能少地用于安全目的之间达成妥协。不能在出口门的外面上锁，但可以在门内上锁。封闭的出口尤其容易造成安全问题，因为它们为窃贼提供了方便的逃跑路线、指出了一条逃往禁止楼层或者躲避前台问询的路径，以及不被察觉地进入未经授权的地方。

安全设备电子化扩展了安保人员有限的监视能力，以消除或减少盗窃、袭击或破坏行为的发生率，但仍然需要安保人员监视安全设备并逮捕犯罪分子。检测设备可以自动报警，私人保安可以报警，同时逮捕罪犯。

安全设备

建筑物的安全设备从入侵检测开始。公共紧急情况报告系统(PERS)为身处公共场所的人们提供帮助。

入侵检测

如果有人进入未经授权的区域，门窗上的入侵探测器和建筑物内的运动探测器就会触发警报(图20.8、表20.4)。当传感器检测到问题时，入侵检测开始。检测设备可以是闭路电视、运动检测器、入侵检测器或烟雾/火灾探测器。这些设备可以作为单独的系统或作为综合安全系统的一部分进行检测工作，然后对信号进行处理并采取适当的措施，包括拉响警报、打开灯光和(或)向中枢或私人监视服务部门或警方发送信号。

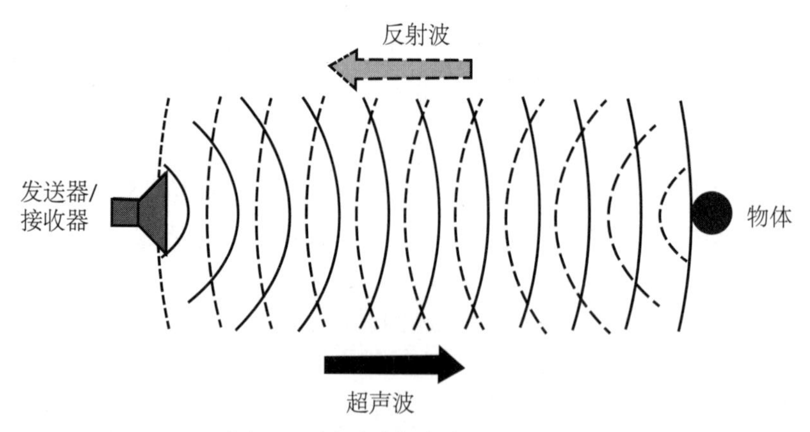

图20.8 主动式超声波入侵探测器

表 20.4 入侵探测器

类 型	说 明
简单的常闭(NC)式接触感应器	发送报警信号。用于闭路监控电路中。包括用于门窗、窗箔和压力/张力装置的磁性接触器和弹簧加压的活塞接触器
机械运动检测器	带弹簧的接触器悬挂在第二界面内侧。在放置设备的表面上运动产生警报。非常敏感，大多数检测器都有灵敏度调节器
光电设备	当接收到光束时，接收器中的接触器闭合。光束中断导致接触器打开，产生警报。激光或红外(IR)光束。激光束信号可以形成围篱
被动红外(PIR)存在型检测器	透镜或反射镜将红外辐射集中在传感器上。红外读数的快速变化表明物体进入或离开空间，触发报警。也被用作灯控感应器来关灯
运动检测器	检测信号频率的变化，如果移动体反射信号，则启动报警。超声波和微波装置
声探测器	噪声等级或频率增加时发出警报(打碎玻璃、强行进入)，也可以用于照明设备的灯控感应器

消防员通信系统使用插在楼梯间、电梯门厅和其他关键位置的特殊插座中的电话，为消防人员之间和指挥站之间提供通信。在大型高层建筑中，经常由中央控制中心控制暖通空调(HVAC)系统和电气服务系统，并从单一点监控火灾报警。

紧急通信系统

公共紧急报告系统(PERS)可以设在主要出口和公共聚集区域。火灾、治安或医疗等紧急事件可以向设施内的合格操作员报告。拉动消防手柄以向大楼控制室发出声音警报和位置显示。从托架上抬起手柄可以在中央控制室内发出视听警报。中央控制室与公共紧急报告系统(PERS)站直接相连。用医院里的某种操作装置可以自动召唤医疗/护理服务。

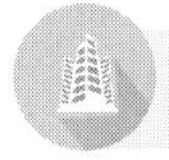

控制与自动化设备

办公大楼机电系统的集中监督、控制和数据收集机制，为从一个位置对整个建筑的功能进行监查和控制提供便利，同时也为自动化提供了机会。该监控中心通常安装在办公楼内，配备了处理数据的计算机，以做出运行决策。这样的系统优化了系统性能，从而节省运营和维护成本。

自动化

> 与自动化系统不同，远程控制系统采用一种技术，通过该技术可以借助一些中间手段(如低压接线或无线信号)在远程控制的设备上手工执行操作。

一般来说，监控中心系统被称为**楼宇自动化系统**(BAS)。楼宇自动化系统(BAS)中心所在的空间需要良好的照明和通风，以及大量的电缆管道空间，但占地面积很小。

自动化系统使用来自定时装置或可编程装置(如微处理器或计算机)的自动信号。自动化系统可以简单地利用自动信号来控制一个动作。它也可能非常复杂，但只控制一个单一的功能，如一个自动照明系统，其传感器可以激活或停止能够启动调光器和开关的场景预置装置。这样的系统被称为独立(自动化)系统。互联和监督几个独立的系统产生一个集成控制系统，当它被应用到建筑系统时，该集成系统被称为楼宇自动化系统(BAS)。

独立控制和自动化系统为住宅、多层建筑、酒店、汽车旅馆和学校提供服务。它们还可以控制照明系统和窗帘。

如今，楼宇自动化在经济上是可行的，并使详细的多点监测和实时控制成为现实。这促进了效率、环境效益和成本节约。对既有建筑物进行改造并安装自动化系统变得越来越具有成本效益。

控制线路支持火灾报警、安全、照明和暖通空调(HVAC)控制系统。电力线载波(PLC)系统主要用于楼宇控制功能。它们使用线电压电缆携带信息信号和电力。

智能建筑

根据智能建筑研究所1987年的定义，**智能建筑**是“通过优化其四个基本要素(结构、系统、服务和管理)及它们之间的相互关系来提供一个富有成效和成本效益的环境的建筑物……最佳的建筑智能是解决方案与居住者的需求相互匹配”。

该定义引自沃尔特·T. 葛荣德、埃里森·G. 沃克，《建筑的机电设备》(第12版)，威利出版集团，2015年。

智能住宅

智能住宅，也称为智能或自动化房屋，其设备的自动化程度各不相同。最简单的可能是一个低电压控制系统，采用相对简单的微处理器进行基于时间的编程。其他的则使用触摸屏电脑进行控制。设备通过专用线路、有线网络或无线网络进行通信。今天，用户可以用电话直接控制系统的任何部分。

住宅系统应在设计过程的早期就加以规划，并考虑监测和减少能源使用的具体方法(表20.5)。邀请电子系统的专业人员参与设计过程是一个好主意。

表20.5　家庭自动化系统组件

设　备	说　明
传感器	测量或检测温度、湿度、日光、运动等
控制器	计算机或家庭专用自动化控制器
制动器	电动调节阀、电灯开关、电机等
总线	用于有线或无线通信
接口	用于在智能手机或平板电脑上运行的人机交互和(或)机器对机器交互

私人住宅自动化系统操控安全、火警、时间功能和照明等设备。它们使用专用线路、控制总线或电力线载波(PLC)信号。单个控制面板(信号器)可以为多个住宅系统提供服务。

建筑物的控制装置

> 不必再把控制器安装在难看的暗线箱里。造型优美的温控器和照明控制装置随处都可以买到，也可以定制与室内设计相协调的屏幕背景或盖板。

控制系统可以包括对居住者的习惯、日出和日落时间做出反应的灯控感应器。微光感应器可以对日光做出响应。电池供电的遥控自动窗帘既有助于采光，又能保证安全。楼梯上的压力传感器可以控制照明。

住宅暖通空调(HVAC)系统的控制器被分设在使用最多的区域(图20.9)。可以给这些控制器装配上“离开”和“休假”按钮，以响应远程指令。住户在回家的途中发出打开暖气的指令，该按钮就会打开空调为房间加热。现在的温控器能够了解用户的喜好并依此设定温度，从而减少采暖和制冷的费用。当恒温器被一个一角硬币大小的圆盘所取代时，墙上的杂乱无章就不见了。

照明控制系统

由计算机操控的照明控制系统可以确立照明级别和设置，对日光和占用传感器做出反应，也可以控制窗帘。会议室的灯光和明暗度控制可以通过演讲者的讲台来完成。

能源管理控制系统

能源管理控制系统(EMCS)关闭不使用的设备、优化暖通空调(HVAC)操作及循环电力荷载以限制总体需求。该系统可以包括一个安全监控系统。能源管理控制系统(EMCS)需要照明、通风和管道空间。

这里我们结束了《建筑系统的室内设计师指南》(第三版)的最后一章。接下来是参考书目和索引。我把它们呈现在这里是为了帮助读者朋友们找到所需要的信息。

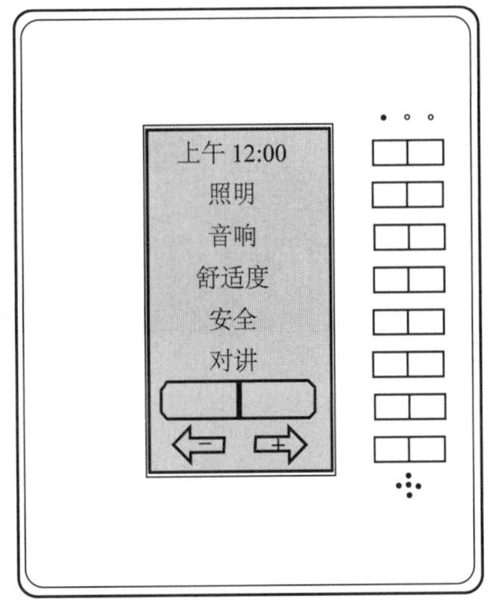

图 20.9 住宅控制系统的键盘

参考书目

尽管一本书涵盖全部内容的想法很诱人，但却不现实。《建筑系统的室内设计师指南》(第三版)是对下面所列出版物的补充完善。我把它们推荐给你们，因为它们所包含的信息远远超出了《室内设计师的建筑系统》(第3版)的范畴。

科基·宾格利为室内设计师撰写的其他书籍均来自威利出版集团。

室内设计师的终极指南建筑系统和安全更新版+扩展版

第三版的《建筑系统的室内设计师指南》仍然是设计师首选的技术参考资料和美国室内设计资格考试(NCIDQ)考试的公认备考指南。这个经过广泛修订和扩充的版本为设计师提供了了解今天的建筑系统设计和相关设备所必需的背景知识，同时也为培养建筑设计团队的新成员贡献了一分力量。

屡获大奖的室内设计权威科基·宾格利为室内设计师介绍了如何就工程问题和建筑系统的技术问题与建筑师、工程师和承包商进行有效沟通。这些问题包括室内空气质量、湿度控制、采暖与制冷、水和废物、照明、运输及消防安全。这些内容对于住宅、商业和机构空间的室内设计同等重要。这本方便的指南为设计师提供了无须任何数学深度即可理解的机械基础，助力与建筑结构相协调的室内设计。无论你是从事设计实践还是进行学术研究，这一资源都可以给你无与伦比的优势：

(1)全新的可持续设计和节能资讯。

(2)实用的电气系统基础知识和配电信息。

(3)全新的全方位艺术设计，包括250多幅设备和室内建筑的新插图。

有《建筑系统的室内设计师指南》在手，明智的设计决策不用愁。

科基·宾格利是位于马萨诸塞州阿灵顿市的科基·宾格利室内设计公司的负责人。她是美国室内设计师协会(ASID)的专业成员，美国室内设计师协会(ASID)在新英格兰的前主席，并曾在波士顿的温特沃斯理工学院和波士顿建筑学院任教。她是《室内设计材料》一书的作者，也是《室内设计图解》的合著者，《室内图形标准》(第2版)的编辑，全部出自威利。

附录 A　米制单位换算表

物理量	英制单位	米制单位	符号	换算关系
长度	英里（mile）	千米	km	1 mile = 1.609 km
	码（yd）	米	m	1 yd = 0.9144 m = 914.4 mm
	英尺（ft）	米	m	1 ft= 0.3408 m = 304.8 mm
		毫米	mm	1 ft = 304.8 mm
	英寸（in）	毫米	mm	1 in = 25.4 mm
面积	平方英里（$mile^2$）	平方千米	km^2	1 $mile^2$ = 2.590 km^2
		公顷	ha	1 $mile^2$ = 259.0 ha（1 ha=10000 m^2）
	英亩（acre）	公顷	ha	1 acre = 0.4047 ha
		平方米	m^2	1 acre = 4046.9 m^2
	平方码（yd^2）	平方米	m^2	1 yd^2 = 0.8361 m^2
	平方英尺（ft^2）	平方米	m^2	1 ft^2 = 0.0929 m^2
		平方厘米	cm^2	1 ft^2 = 929.03 cm^2
	平方英寸（in^2）	平方厘米	cm^2	1 in^2 = 6.452 cm^2
体积	立方码（yd^3）	立方米	m^3	1 yd^3 = 0.7646 m^3
	立方英尺（ft^3）	立方米	m^3	1 ft^3 = 0.02832 m^3
		升	L	1 ft^3 =28.32 L（1000 L=1 m^3）
		立方分米	dm^3	1 ft^3 =28.32 dm^3（1 L=1 dm^3）
	立方英寸（in^3）	立方毫米	mm^3	1 in^3 = 16390 mm^3
		立方厘米	cm^3	1 in^3 =16.39 cm^3
		毫升	ml	1 in^3 = 16.39 ml
		升	L	1 in^3 = 0.01639 L